国外油气勘探开发新进展丛书（十六）

提高采收率基本原理

[美] Larry W. Lake，Russell T. Johns，
William R. Rossen，Gary A. Pope　著

朱道义　译　侯吉瑞　审

石油工业出版社

内 容 提 要

本书是1989年出版Enhanced Oil Recovery（第二版）的修订版本，将提高采收率的有关研究作为一门学科进行编写，以分流量理论和相态特征作为两个中心点，介绍了提高采收率基本原理并论述了各种提高采收率方法。

本书适用于从事提高石油采收率的研究及工作人员参考借鉴，也可供高等院校石油工程相关专业的师生学习参考。

图书在版编目（CIP）数据

提高采收率基本原理 /（美）拉里 . W . 莱克（Larry W. Lake）等著；朱道义译 . —北京：石油工业出版社，2018.3

（国外油气勘探开发新进展丛书：16）

书名原文：Fundamentals of Enhanced Oil Recovery

ISBN 978-7-5183-2428-6

Ⅰ . ①提… Ⅱ . ①拉… ②朱… Ⅲ . ①提高采收率－研究 Ⅳ . ① TE357

中国版本图书馆 CIP 数据核字（2018）第 043545 号

Fundamentals of Enhanced Oil Recovery

Larry W. Lake，Russell T . Johns，William R. Rossen and Gary A. Pope

Copyright © 2014 Society of Petroleum Engineers

All Rights Reserved. Translated from the English by Petroleum

Industry Press with permission of the Society of Petroleun Engineers.

The Society of Petroleum Engineers is not responsible for，and does

not certify，the accuracy of this translation.

本书经美国 Society of Petroleum Engineers 授权石油工业出版社有限公司翻译出版。版权所有，侵权必究。

北京市版权局著作权合同登记号：01-2018-1076

出版发行：石油工业出版社
　　　　　（北京安定门外安华里2区1号楼　100011）
　　　　　网　　址：www.petropub.com
　　　　　编辑部：(010) 64523710　图书营销中心：(010) 64523633
经　　销：全国新华书店
印　　刷：北京中石油彩色印刷有限责任公司

2018 年 5 月第 1 版　2018 年 5 月第 1 次印刷
787×1092 毫米　开本：1/16　印张：33.5
字数：820 千字

定价：168.00 元
（如出现印装质量问题，我社图书营销中心负责调换）
版权所有，翻印必究

《国外油气勘探开发新进展丛书（十六）》
编 委 会

主　　任：赵政璋

副主任：赵文智　张卫国　李天太

编　　委：（按姓氏笔画排序）

朱道义　刘德来　杨　玲　张　益

陈　军　周家尧　周理志　赵金省

章卫兵

序

为了及时学习国外油气勘探开发新理论、新技术和新工艺，推动中国石油上游业务技术进步，本着先进、实用、有效的原则，中国石油勘探与生产分公司和石油工业出版社组织多方力量，对国外著名出版社和知名学者最新出版的、代表最先进理论和技术水平的著作进行了引进，并翻译和出版。

从 2001 年起，在跟踪国外油气勘探、开发最新理论新技术发展和最新出版动态基础上，从生产需求出发，通过优中选优已经翻译出版了 15 辑 80 多本专著。在这套系列丛书中，有些代表了某一专业的最先进理论和技术水平，有些非常具有实用性，也是生产中所亟需。这些译著发行后，得到了企业和科研院校广大科研管理人员和师生的欢迎，并在实用中发挥了重要作用，达到了促进生产、更新知识、提高业务水平的目的。部分石油单位统一购买并配发到了相关技术人员的手中。同时中国石油天然气集团公司也筛选了部分适合基层员工学习参考的图书，列入"千万图书下基层，百万员工品书香"书目，配发到中国石油所属的 4 万余个基层队站。该套系列丛书也获得了我国出版界的认可，三次获得了中国出版工作者协会的"引进版科技类优秀图书奖"，形成了规模品牌，获得了很好的社会效益。

2017 年在前 15 辑出版的基础上，经过多次调研、筛选，又推选出了国外最新出版的 6 本专著，即《提高采收率基本原理》《油页岩开发——美国油页岩开发政策报告》《现代钻井技术》《采油采气中的有机沉积物》《天然气——21 世纪能源》《压裂充填技术手册》，以飨读者。

在本套丛书的引进、翻译和出版过程中，中国石油勘探与生产分公司和石油工业出版社组织了一批著名专家、教授和有丰富实践经验的工程技术人员担任翻译和审校工作，使得该套丛书能以较高的质量和效率翻译出版，并和广大读者见面。

希望该套丛书在相关企业、科研单位、院校的生产和科研中发挥应有的作用。

中国石油天然气集团公司副总经理

译者前言

提高采收率是油气田开发的永恒主题之一，它被定义为除保持地层能量开采石油方法和一次采油方法之外的其他任何能提高产量或油藏最终采收率的采油方法。常用的提高采收率方法包括注气（或溶剂）方法、化学驱方法、热力采油方法和其他方法（微生物采油方法、电磁采油方法和地震采油方法等）。

本书将提高采收率的有关研究作为一门学科来编写，以分流量理论和相态特征作为两个中心点，并将分流量理论中高度非线性的干扰作用与相态特征相结合，进而解释不同类型的提高采收率基本原理。

本书作为提高采收率方面的基础理论读物，不再介绍有关渗流力学的基础内容，并增添了一些高质量的背景材料。第1章至第6章介绍提高采收率基本原理，主要包括提高采收率的定义、渗流基本方程、岩石物理和岩石化学、相态特征和流体性质、驱替效率以及体积波及效率。第7章至第11章论述各种提高采收率方法，主要包括溶剂（气体）提高采收率方法、聚合物提高采收率方法、表面活性剂提高采收率方法、泡沫提高采收率方法和热力提高采收率方法。

本书在给出大量示例的同时，还在章节末给出了相应练习题，因此，读者可以进一步理解与吸收书中所介绍的提高采收率基本原理及分析方法。

感谢原著作者美国得克萨斯大学奥斯汀分校 Lake 院士在本书版权引进工作中给予的重大帮助，使得中文版能够在中国大陆顺利出版。感谢中国石油大学（北京）提高采收率研究院院长侯吉瑞教授对本书进行释疑纠谬、审核。

尽管在翻译的过程中尽了最大的努力，但由于译者水平与时间有限，书中难免有不足之处，甚至错误，恳请广大读者提出宝贵的意见和建议。

朱道义

2017年12月

于美国密苏里州

原书前言

本书是 1989 年出版 Enhanced Oil Recovery（第二版）的修订版本，它反映了随后发生在石油增产技术领域的重大变化，从十九世纪八十年代初期的微小技术到当今全球石油产量重要且持续发展的重要技术部分。

本书的新颖之处在于首先它拓宽了话题内容。尽管本书是有关提高采收率的，而提高采收率不仅仅是水驱，但是全书大部分内容是关于水驱的，即基本渗流方程、岩石物理和相态特征等。事实上，1989 年版本曾作为（或部分作为）油藏数值模拟、水驱、热力学和岩石物理等科目的教材。其次，它抓住了基本原理。基本原理的发展与演变是非常缓慢的，这本书将继续专注于物质平衡方程、能量平衡方程、相平衡方程和分流量理论。

本书与 Enhanced Oil Recovery（第二版）相比，主要做了以下修订：

（1）各章加入了示例计算；

（2）在气驱章节中，增加了蒸发气驱和凝析气驱的内容，并且介绍了它们在混相驱中的作用；

（3）增加了"泡沫提高采收率方法"一章；

（4）在 1989 年版本的基础上，添加了蒸汽辅助重力泄油 SAGD 技术和三元复合驱 ASP 技术；

（5）根据多年的教学经验，删除了部分不利于课堂教学的内容；

（5）在弥散作用、压力降落曲线和 Walsh 图等中增加了新的内容；

（6）在化学驱章节中，添加了一些技术前沿。

最大的变化是，本书包含四个作者，并且每个作者在其各自的技术领域都有一定的教学与研究背景，使得该书在之前版本的基础上有了更大的提升。同时，从四个作者的不同角度，来检查本书中不一致、不清晰以及错误的地方，特别是书中的大量方程。

即使在新版本中，我们仍然忽略了很多内容：

（1）低（或调整的）矿化度水驱；

（2）重力稳定的表面活性剂驱；

（3）复合方法，比如加热的表面活性剂驱和聚合物驱；

（4）包含层内聚合物改性的技术；

（5）电磁采油方法；

（6）地震采油方法。

在今后的油田实践中，这可能是很明显的疏漏。但是，本书中的基本原理至少会使其拓展至新方法时，处理方法会变得更加容易，这些基本原理主要包括平衡方程、相态特征和分流量理论。

本书致谢如下：

Larry W. Lake 感谢 Joanna Castillo 对书中的图提供实质性和始终如一的帮助，感谢

Mary Pettengill 对参考文献进行了查找和修正。

Russell T. Johns 感谢 Hung Lai 在新版的准备过程中对第一版进行了扫描和排版。

William R. Rossen 感谢 Joeri Brackenhoff 对本书中的图和参考文献进行了修订。

Gary A. Pope 要对过去 25 年间在化学提高采收率技术众多进步中作出贡献的许多有才华的研究生表示感谢。

最后，我们将本书献给近几十年的本科与短期课程学生们，是他们给予了相应的帮助和指导，让我们受益匪浅，远比你们学到的内容多很多。

作者简介

  拉里 W. 莱克（Larry W. Lake），得克萨斯大学奥斯汀分校石油工程和系统工程系教授，分别获得亚利桑那州立大学化学工程专业学士学位和莱斯大学化学工程专业博士学位。Lake 发表或合作发表了超过 100 篇学术论文，编写了四本教材，并且是三个（期刊）合订本的编辑。他曾经担任 SPE（美国石油学会）董事会董事，获得 1996 年 Anthony F. Lucas 金奖、2002 年 DeGolyer 杰出服务奖，自 1997 年来担任美国国家工程院院士。

  罗素 T. 约翰（Russell T. Johns），宾夕法尼亚州立大学石油和天然气工程专业系 Victor 和 Anna Mae Beghini 教授。1995 年至 2010 年，他工作于得克萨斯大学奥斯汀分校。他分别获得西北大学电子工程专业学士学位和斯坦福大学石油工程专业硕士和博士学位。他发表了 200 多篇技术论文、报告并出版相关书籍，获得 1993 年 SPE Cedric K. Ferguson 奖章（为了表彰其在凝析气驱—蒸发气驱复合过程领域中的研究），2009 年 SPE 杰出会员奖。从 2002 年至 2004 年，Johns 担任 SPE Reservoir Evaluation & Engineering 杂志的执行主编，目前是 SPE Journal 杂志的副主编。他也是宾夕法尼亚州立大学 EMS 能源研究所气驱研究室主任和非常规资源研究室的副主任。

  威廉 R. 罗森（William R. Rossen），代尔夫特理工大学油藏工程系教授。他的研究领域包括泡沫提高采收率技术、气驱中的波及效率和多孔介质模型中的流动。Rossen 获得 2002 年 SPE 石油工程领域杰出成就奖，并获得 SPE 杰出会员奖，被评为 2012 年提高采收率 SPE/ DOE 研讨会的 IOR 先锋。2011 年，他被评为代尔夫特理工大学的最佳导师，分别获得麻省理工学院化学工程专业学士学位和明尼苏达大学化学工程专业博士学位。

  加里 A. 波普（Gary A. Pope），得克萨斯大学奥斯汀分校石油工程系的 Texaco 百年主席。1977 年在此教学至今，他的主要教学和科研领域是提高采收率、油藏工程、天然气工程和油藏数值模拟。Pope 分别获得俄克拉何马州立大学化学工程专业学士学位和莱斯大学化学工程专业博士学位。他获得 SPE 奖项包括荣誉会员和杰出会员奖、IOR 先锋奖、Anthony F. Lucas 金奖、John Franklin Carll 奖、石油工程领域杰出成就奖和油藏工程奖。Pope 自 1999 年来担任美国国家工程院院士。

目　　录

第1章 提高采收率的定义

提高采收率（enhanced oil recovery，缩写为 EOR）是指向油藏中注入其他外来物质的采油方法。这一术语包括了所有类型的采油方法（包括驱动开采 / 吞吐采油和增产措施等）和大多数采油化学药剂。提高采收率技术也可以用于抽提地下可渗透介质中的有机污染物，这里的"抽提"意指清除或治理，并且将污染物作为产物，比如 CO_2 地质埋存技术等。

提高采收率的上述定义并未将其自身局限于油藏生产过程中的某一特定阶段，即一次采油、二次采油或三次采油阶段。其中，一次采油指依靠天然能量驱动的采油方式，包括溶解气驱、水侵作用、气顶气驱或重力泄油等，如图 1.1 所示。二次采油指通过增加地层压力或保持地层压力的采油方式，比如注气开采或注水开采等。三次采油指二次采油之后所采用的各种采油方法，矿场中几乎所有的提高采收率方法都经历过二次采油阶段。许多热力采油方法在一次采油和二次采油过程中都具有一定的商业价值。但关注更多的是三次采油提高采收率方法，而本书中的提高采收率定义并没有加入任何以上限制。

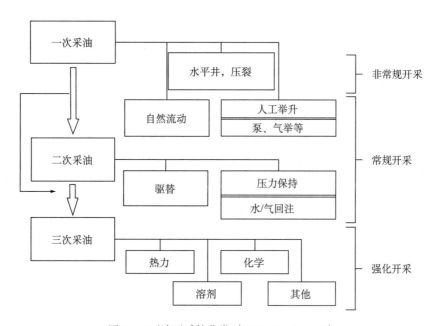

图 1.1 石油开采的分类（Oil & Gas Journal）

另一个相近的术语是改善石油采收率（improved oil recovery，缩写为 IOR），即在提高采收率的基础上加上许多其他技术以增加最终采收率。例如水力压裂、水平井和多分支井、加密井网、增产措施以及优化单井产量和注入速率等。

提高采收率定义在监管机构部门的眼中显得尤为重要，因为他们负责给相应的提高采收率应用提供税收或信贷价格。以上介绍的定义在全文中都适用。

但是，以上的提高采收率定义中并不包括人工注水，即不包括各种依靠压力保持的采油方法。压力保持和驱替之间的区别比较模糊，这是因为在许多依靠压力保持的开采的过程中也存在着驱替作用。然而，许多驱油剂并不满足以上定义，比如高压气驱过程中的甲烷或溶解在 CO_2 储层中的 CO_2 气体等，但很显然它们都属于提高采收率的范畴，同理，CO_2 地质埋存方法也属于提高采收率方法的范畴。通常，对于那些不满足定义的提高采收率方法而言，可能通过其过程实质来进行明确地分类。

图 1.1 也给出了提高采收率方法的主要类别。本书中的大部分篇幅将主要围绕溶剂提高采收率方法（第 7 章）、化学提高采收率方法（第 8~10 章）和热力提高采收率方法（第 11 章）。尽管提高采收率方法中不包括水驱，但是水驱是所有驱替技术的基础，因此，在第 3~6 章中对水驱进行了详细的介绍。值得注意的是，所谓的非常规采收率方法或者通过压裂开采低渗介质中油气的方法等均属于一次采油的范畴。

图 1.2 从另一方面描述了各采油阶段。其中，图 1.2 (a) 为产量变化图（单位为体积/时间），图 1.2 (b) 为压力变化图（图中 p_{wf} 为井底压力，$\bar{p}$ 为平均地层压力，p_{inj} 为注入井压力），图 1.2 (c) 为平均含油饱和度变化图，它们均采用同一时间坐标。该图为单井作为注入井和生产井时的示意图（实际大多数油田都存在很多口井）。时间坐标被分成一次采油阶段、二次采油阶段和三次采油阶段。

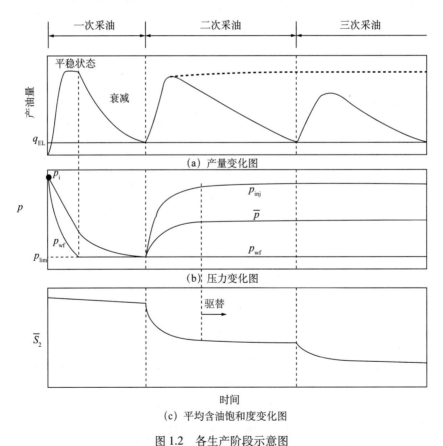

图 1.2　各生产阶段示意图

图 1.2 (a) 和图 1.2 (b) 分别与经济极限产量（economically limiting rate，记为 q_{EL}）和

极限压力（limiting pressure，记为 p_{lim}）有关。经济极限产量指生产收益等于操作成本时的油井产量，极限压力指无外界能量补充时地层流体无法运移至地面的最低压力。这两者相比较而言，经济极限产量更为重要，因为它可以作为连接油藏工程领域和经济领域的桥梁。

一次采油量通常指依靠压力下降时流体膨胀和孔隙体积压缩而采出的油量。在此阶段中，没有额外的流体注入油藏中，油藏中的平均含油饱和度几乎保持不变（当然也有例外情况）。生产伊始，产量快速增加，增加的速率主要受到新钻油井速率的影响，随后产量进入高产稳定期，然后产量逐渐衰减。当油井压力低于 p_{lim} 时，高产稳定期结束。平均地层压力一直处于下降状态，当生产压差（$\bar{p}-p_{lim}$）不足以维持产量大于经济极限产量 q_{EL} 时，一次采油阶段结束。通常在整个一次采油过程中很少或基本不存在出水量。通常，油田的无水开采和自喷过程，使得一次采油阶段成为整个油田开采期限中最为盈利的阶段。

二次采油量是指依靠向油藏中注入第二种流体采出的油量，通常使用水作为注入介质，但偶尔也会使用天然气。在该阶段和此后的整个油田开采期限中，生产井的压力均为 p_{lim}（即将泵抽空），平均地层压力会上升。对于注入井而言，将产生一个新的压力，即 p_{inj}。当然必须保证 $p_{inj}>\bar{p}>p_{wf}=p_{lim}$ 来使地层流体处于流动状态。当 $\bar{p}$ 一定时，称之为压力"保持"，当然，由于生产压差的增加，产量也会随之增加。

但是，生产压差的增加也会导致注入流体的采出，如图 1.2（a）中的虚线所示。$\bar{p}$ 的增加可能导致流体被压缩，因此，在此后的生产过程中主要依靠驱替作用。驱替作用使得平均含油饱和度降低。当产量接近经济极限产量时，二次采油阶段结束，此时，出水量可能是产油量的数倍。

当水驱开采不经济或产量低于经济极限产量时，开始进行三次采油。此时，向地层中注入化学药剂（表面活性剂或溶剂）或热量，使原油产生物理化学变化，整个开采过程的本质为驱替作用，压力随着时间的变化很小，由于平均含油饱和度不断下降，原油将不断地被采出。

使用图 1.2 时应该注意以下几点：

（1）在整个油田开采期限中，可以通过降低 p_{lim} 来增加产油量，大多数油田现场技术都以此为直接目标。

（2）同理，可以增加压降与产量之间的比例常数（即生产指数，productivity index，缩写为 PI）来增加产油量，大多数油田都采用该方法，包括很多类型的提高采收率方法。

（3）随着油藏条件的不断变化，经济极限产量并非一直保持不变。实际上，在三次采油过程中经济极限产量很可能会增加，当药剂成本成为油田生产的主控因素时，经济极限产量与油价紧密相关。

（4）图 1.2 中油田开采期周期的长度是不断变化的，通常一次采油比二次采油的开采时间短，而一次采油与三次采油的时间基本一致。整个油田开采期限可能会超过 100 年。

（5）通常，一次采油、二次采油和三次采油的最终采收率分别为 10%、25% 和 10% 的原始原油地质储量（original oil in place，缩写为 OOIP），但也有较大幅度的变化。图 1.2 给出了常规油田生产时的典型最终采收率为 35%。在大多数油田实例中，水驱过程中的最高产量低于一次采油过程中高产稳定期时的产量。最终采收率为图 1.2 中产量曲线以下的面积。

（6）图 1.2 为示意图，一次采油阶段有许多变化（Walsh 和 Lake，2003）。例如，有时并不存在一次采油过程中的高产稳定期，或者此时的经济条件并不适合选用提高采收率技术等。另外，在整个油田开采期限中也可能会增加或关闭很多口井（近似于改变生产指数 PI）。对于陡峭倾斜地层而言，图 1.2 中的压力将被产能所替代。

（7）实际上，油藏的生产方式在达到极限经济产量前通常会发生改变或转变，这种转变发生在产量将要达到极限经济产量的时候。

（8）尽管图 1.2 给出了一种典型的开采顺序，但有时整个阶段可能会消失掉。如前所述，许多热力采油项目并没有经历一次采油阶段和二次采油阶段。并且从一个阶段到另一个阶段的转换时间也可能与图中描述的不一样，Parra–Sanchez（2010）认为转换时间（即在达到极限经济条件时从一次采油阶段到二次采油阶段的转换时间）应较早。

本书主要介绍图 1.2 中的驱替部分，包括水驱和提高采收率方法。因为在这些采油阶段中，压力为常数，则流体为不可压缩流体，全书中的这一假设经过验证是正确的。尽管存在压差时，产油量基本为零，但不可压缩性使得驱替压差和压力变化基本维持在原始状态。

1.1　提高采收率简介

科研工作者们对提高采收率的兴趣主要集中在运用该方法能采出的产油量上。图 1.3 中给出了提高采收率的预期可采剩余储量。大量数据表明，使用常规采油方法获得的最终采收率大约为 35%，这里的最终采收率为常规采油方法不经济时的产油量占原始原油地质储量的百分数。这意味着，若某油田的原始原油地质储量为 1×10^9 bbl 时，使用常规采油方法将会有 6.5×10^8 bbl 剩余在地层中。当考虑整个美国油田的原始原油地质储量时，由于勘探和钻井技术的不断发展，这一数值将比预期的多得多。

图 1.3 给出了一次采油和二次采油结束时的最终采收率，由图可以看出，对于同一地质区块的油井，其最终采收率之间的差别也是非常明显的，因此，无法通过整体区块来预测提高可采储量采收率。由图 1.3 可以看出，即使每一区域的最终采收率相差很大，但大多数区域的最终采收率中值基本相同，最终采收率中值大约为 30%，其余 65% 的原油将残留在地层中，成为提高采收率技术重要的预期可采储量。

1.2　对提高采收率的需求

1.2.1　储量

储量的其中一个定义指在现行经济和技术条件下某已知油藏的可采储量（包括原油和凝析油），也可以由下列物质平衡方程进行表示：

$$目前储量 = 原始储量 + 增加储量 - 采出储量$$

实际中也存在许多种类型的储量，其中包括探明储量和部分探明储量等，对油藏的经济性评价而言，正确区分这些储量是非常重要的（Rose，2011；Cronquist，2001）。上述物质平衡方程的右侧两项会随着时间的变化而变化，因此，储量也会随着时间的变化而变化。对于生产井而言，获得最佳经济利益的方法是维持储量或增加储量。

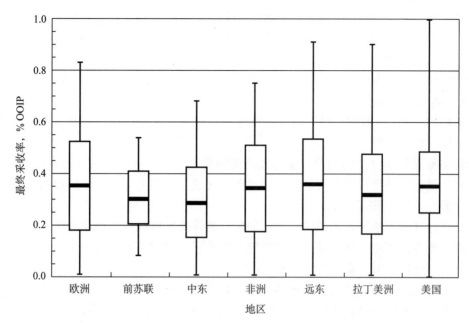

图 1.3　最终采收率条形图（区域 75% 的最终采收率位于垂直条带中，条带中部的水平线为提高采收率中值，垂直线为提高采收率的变化幅度。最终采收率的变化非常明显，但全球采收率基本保持在同一水平）

（Laherrere，2001；TORIS 中的美国数据）

1.2.2　增加储量

增加储量的方式有四类：

（1）发现新油田；

（2）发现新油藏；

（3）在已知油田中勘探出更多的原油；

（4）根据开采工艺经济性的变化对储量进行重新评估。

在后续章节中，将对第（4）种途径进行详细地介绍。

由于大多数生产井在图 1.1 所示的所有分类中都分配有储量，因此，提高采收率方法与常规采油方法之间处于竞争关系，这种竞争关系在很大程度上与经济性和储量交换有关。如今，许多提高采收率技术和钻井等增产技术相互竞争以分配地质储量，最主要的经济竞争是提高采收率技术能够开采出的原油量，有关储量的估算方法将在下一节中进行讨论。

1.3　增产油量

1.3.1　增产油量的定义

提高采收率方法的成功与否的通用技术指标是运用该技术能够开采出的原油量或增产石油采收率（incremental oil recovery，缩写为 IOR）。值得注意的是，改善石油采收率与增产石油采收率这两个概念很容易被混淆，读者必须根据文中的上下文加以甄别，改善石油采收率这一术语在本节中将不再被使用。图 1.4 提出了"增产油量"的概念。假设某油田、油藏或油井的产量正处于递减状态，比如产量从 A 点降到 B 点。在 B 点时，开始实施某种提高采收率方法，若该提高采收率方法有效，则在产量曲线中 B 点以后的产量将偏离预测值。此时的增产油量为 B 点与 D 点之间实际开采油量与 B 点与 C 点之间没有实施提高采收率方法时油井的预测产量之间的差值。产量与时间的关系曲线的面积曲线可以进行积分，即图 1.4 中所示的阴影部分面积。

图 1.4 中的概念虽看似简单，但在实际运用过程中，要确定增产石油采收率是非常繁琐的，有如下几点原因。

（1）实施采收率方法的油井产量和没有实施提高采收率方法的油井产量混杂在一起，使得油井产量的区分变得非常复杂，出现这种情况通常是因为油田在实施提高采收率方法的同时也采用了其他采油方法。

（2）通过其他方法开采出的原油量。通常，油井在实施提高采收率项目之前都进行了严格的洗井作业或采用了其他油井改善措施。因此，通过这些方法开采出的油量与实施提高采收率方法开采出的油量之间很难被区分开。

（3）产量递减预测方法的不准确性。图 1.4 中 B 点到 C 点之间的曲线必须要保证其在预测过程中的准确性，由于这条曲线并未真实存在，因此很难评价其准确性。

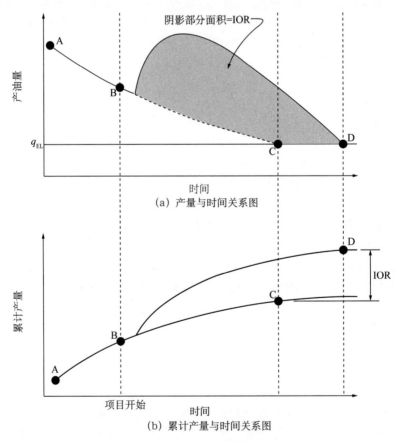

图 1.4　典型提高采收率方法响应图版的增产石油采收率示意图

从高度复杂的数值模型分析到图形分析，都可以利用生产历史数据推断出增产石油采收率。图形分析方法基于产量递减曲线分析理论，将在下一节中进行介绍。

1.3.2 通过产量递减曲线估算增产石油采收率

产量递减曲线可应用于大多数烃类的开采过程，以下简要介绍其在提高采收率技术领域的应用，更多深入的分析可以参考 Walsh 和 Lake（2003）发表的文献，相关基本理论已在 Arps（1956）和 Fetkovich（1980）的经典文献中进行了详细描述。本书主要对产量与时间之间的关系和累计产量与时间之间的关系进行了推导。

产量 q 随时间 t 的增加而下降，其递减率为 D，三者之间的关系式如下：

$$\frac{1}{q}\frac{\mathrm{d}q}{\mathrm{d}t} = -D \tag{1.1}$$

式中，产量 q 的单位为数量 / 时间，或标准体积 / 时间；时间的单位可以是 d（天）、mon（月）或 a（年），并与产量 q 的单位相对应；递减率 D 的单位可以是产量 q 的函数，但此处假定递减率 D 为常数（此时代表指数递减）。

结合方程（1.1），有

$$q = q_{\mathrm{i}}\mathrm{e}^{-Dt} \tag{1.2}$$

式中，q_{i} 为初始产量，或 $t=0$ 时（产量递减开始时）的产量。方程（1.2）表明产量与时间之间的关系为半对数关系，如图 1.5（a）所示。指数递减分析方法是产量递减分析方法中最为常见的类型。

图 1.5 中给出了一系列数据点，并且在第 9 个数据点时产量开始进行指数递减，并定义此时的点为 $t=0$ 时的点。实线表示根据数据点拟合出的递减曲线模型。q_{i} 为根据此模型得出的 $t=0$ 时的产量，而不是此点时实际测得的产量。该模型的斜率为 $-D/2.303$，这是因为半对数坐标的基数是 10，而不是自然对数。

该模型中的曲线为直线，因此，（图中的直线部分）可以延伸至某一未知产量，如果 q_{EL} 表示该提高采收率项目的经济极限产量，则通过模型延伸至 q_{EL} 处时的点可以预测该项目或油井的经济寿命。经济极限产量为收益与操作费用和管理费用相等时的额定测试产量。经济极限产量 q_{EL} 可以从每天百分之几桶到数百桶不等，这主要取决于生产时的操作条件。当然这也与现行经济紧密相关，随着石油价格的增加，经济极限产量 q_{EL} 会下降，这在储量计算事尤为重要。

产量与时间的关系曲线分析是非常有帮助的，但在估算提高采收率效果时，产量与累计产量曲线分析更为重要。累计产量 N_{p} 为

$$N_{\mathrm{p}} = \int_{\xi=0}^{\xi=t} q\mathrm{d}\xi \tag{1.3}$$

上式具有普遍性，在全书中都会被使用到，尤其是在第 2 章中使用得更多。为了推导出产量与累计产量之间的关系式，将上式代入方程（1.1）中，整理后再次代入方程（1.1）

中，得

$$q = q_i - DN_p \tag{1.4}$$

方程（1.4）表明，在直角坐标系中，产量与累计产量之间的关系为直线关系，如图 1.5 (b) 所示。

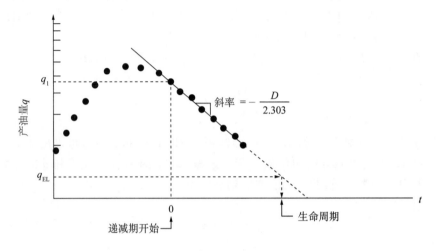

（a）产量与时间关系图

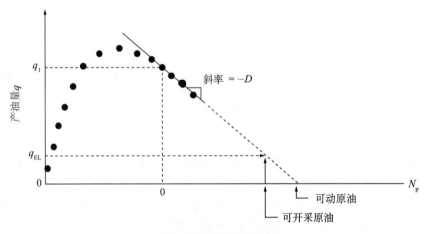

（b）产量与累计产量关系图

图 1.5　指数型产量递减曲线示意图

　　值得注意的是，图 1.5 (b) 中累计产量为图形的横坐标，该累计产量数据来源于实际产量数据，而不是来源于产量递减曲线。若非如此，则产量与累计产量曲线无法提供其他额外的生产信息。计算 N_p 时，通常将产量数据进行积分处理。

　　油藏工程中可以使用方程（1.3）和方程（1.4）分析产量数据，如图 1.5 所示，分析方法如下：

　　（1）建立产量递减模型，得出方程（1.3）和方程（1.4），实际中的产量递减模型比这些更为复杂，但模型的结构基本保持不变；

（2）根据生产数据拟合产量递减模型。值得注意的是，图 1.5 中的数据点为实际生产数据，直线为拟合出的产量递减模型；

（3）拟合出产量递减模型后，将模型外推来预测油井产量变化。

在产量递减的开始阶段，产量数据开始沿着直线下降，可以据此拟合出一个线性的产量递减模型。实际操作中，可以使用图 1.5（b）中所示的累计产量代替图 1.3 中的时间，但有一个非常重要的区别是，图 1.5（b）中的两个坐标都是线性坐标。这种线性坐标会产生以下三种结果：

（1）该产量递减模型的斜率为 $-D$，因为此时并不存在对数坐标系中的关系；

（2）存在附加条件时，该模型的原点可以在任一方向发生位移；

（3）可以将产量外推至 $q=0$ 处。

上述的第（2）点意味着可以根据相同的产量与累计产量之间的关系曲线，得到产量递减之前所有阶段的累计产量。第（3）点意味着可以将产量递减模型进行外推，从而得到总可动油量（此时的产量为 0），而不是仅仅得到可采油量（此时的产量为经济极限产量 q_{EL}）。

产量与累计产量曲线是一种简单有用的提高采收率分析工具，它可以区分可采油量和可动油量，从而预测增产石油采收率。下面通过几种理想案例对此进行详细介绍。

图 1.6 给出了某种提高采收率过程刚刚开始前和开始后指数递减曲线的产量与累计产量之间的曲线。给出该模型中的曲线（而非数据点）是为了便于描述，同时也可以将两个不同采油阶段的产量置于同一个横坐标系中。

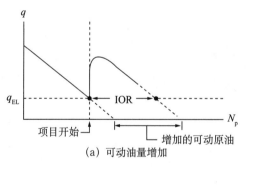

（a）可动油量增加

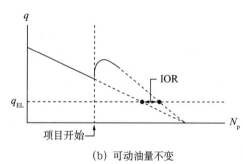

（b）可动油量不变

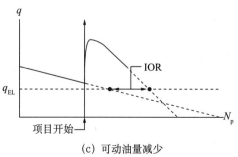

（c）可动油量减少

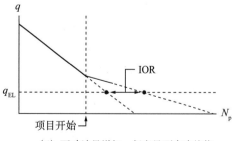

（d）可动油量增加，但产量不存在峰值

图 1.6　各种提高采收率方法中产量与累计产量关系图。图中所有项目的增产石油采收率均为正值

如图 1.6 (a) 所示，该提高采收率方法并没能增加产量，因为两个采油阶段的递减率相同。但该过程增加了可动油量，进而能够提高增产石油采收率。在此情况下，增产油量与可动油量相等。这种理想过程常见于热力提高采收率技术、表面活性剂—聚合物（SP）驱油技术和溶剂提高采收率技术。

图 1.6 (b) 给出了另一种极限情况，只有产量增加，采用该提高采收率技术时前后的递减率不同。此时，曲线外推到同一可动油量，但增产石油采收率为正值。这种类型提高采收率方法的产油量将比通过增加可动油量方法得到的产油量要少，但仍然是有利的，特别是在注入药剂并不昂贵的时候。这种理想过程常见于聚合物驱、聚合物凝胶提高采收率等方法，它们并不影响残余油饱和度，但可以驱替绕流油，并将其开采出来。这种增产方法对经济因素非常敏感，经济极限越大，增产石油采收率也就越大。

图 1.6 (c) 给出了一种不利的情形，该过程实际上减少了可动油量。在实际生产过程中并不会故意地减少可动油量，但此项目仍然具有一定的经济效应，如图中所示，增加产量可以抵消可动油量的影响，因此，增产石油采收率仍不为 0，这种提高采收率方法很有可能代表今后提高采收率应用的方向。

图 1.6 (d) 给出了另一种常见情形。此时，该提高采收率方法可以增加可动油量，但也使递减率减小，该过程常见于溶剂提高采收率方法。

1.4 提高采收率方法比较

1.4.1 提高采收率方法的性能比较

本书的大部分篇幅将详细介绍各种提高采收率方法。因此，文中对比了三种基本提高采收率方法的特点，且提出了一些问题，并以筛选指南的形式加以介绍。这种特点主要包括典型采收率（增产石油采收率为原始原油地质储量的百分数）和各种利用率，这两者均以实际经验为依据。利用率表示每增产 1bbl 原油需要的药剂数量，并且给出了一种粗略测量提高采收率经济性的方法。

表 1.1 总结了化学驱提高采收率方法中的上述参数。所有化学驱采油方法的抗高盐性均相同，溶解度固体总量（total dissolved solids，缩写为 TDS）应小于 $100000g/m^3$，硬度（hardness）应小于 $2000g/m^3$，更多详细内容可以参考第 8 章和第 9 章。由于岩石与流体之间的相互作用，化学药剂很容易在地层中被大量消耗。同时，如何保持适宜的注入速度将是化学提高采收率方法的持久性难题。

表 1.1 化学提高采收率方法

提高采收率方法	采收率机理	问题	典型采收率，%	典型药剂利用率
聚合物 （P）	降低流度，提高体积波及效率	聚合物的注入性、稳定性和抗高盐性	5	每增产 1bbl 原油需 1 lb 聚合物
表面活性剂—聚合物 （SP）	与聚合物机理相同；降低毛细管力	与聚合物相同；化学剂的利用率、滞留性和抗高盐性	15	每增产 1bbl 原油需 15~25 lb 表面活性剂

续表

提高采收率方法	采收率机理	问题	典型采收率, %	典型药剂利用率
碱—聚合物 （AP）	与 SP 机理相同； 增加原油溶解能力； 改变润湿性	与 SP 相同； 原油组成	5	每增产 1bbl 原油需 35～45 lb 药剂
碱—表面活性剂—聚合物 （ASP）	与 SP 机理相同	与 SP 相同； 低矿化度； 矿物沉淀	—	—

注：1 lb/bbl=2.86kg/m³。

典型采收率从聚合物驱时的较小值（5%）到其他提高采收率方法的中上等水平数值（15%）。只有当其与单独化学药剂的成本进行对比时，化学剂的利用率才具有意义。例如聚合物的成本（单位质量）通常是表面活性剂的 3～4 倍。聚合物驱的平均水平基于流度控制驱替和调剖处理的总和，后者的采收率通常较低。流度控制驱替的平均采收率大约为10%，特别是对于近期开展的矿场项目。碱—聚合物复合驱在如今的矿场应用中已经很少被使用，而是被三元复合驱（ASP）所替代。由于 ASP 复合驱技术较新，因此还很难总结出其数据，但矿场的初期效果表明其性能同于或优于 SP 复合驱技术。

表 1.2 给出了热力提高采收率方法之间的比较。这些方法通常是为了提高稠油或超稠油油藏的采收率，这一类型提高采收率方法的采收率要比化学提高采收率方法的采收率要大很多。他们之间存在的问题也比较类似，主要集中在热量损失、超覆和空气污染等。蒸汽的产生通常需要燃烧一部分剩余油或相当数量的燃料油。许多地方使用天然气作为燃料，而并非使用原油。如果在地面进行燃烧，那么排放物将污染空气；如果在地层中进行燃烧，那么生产井将成为污染源。最新的火烧油层技术包括高压注气方法（high-pressure air injection，缩写成 HPAI）等。

表 1.2　热力提高采收率方法

提高采收率方法	采收率机理	问题	典型采收率, %	典型药剂的利用率
蒸汽 （驱替和吞吐）	降低原油黏度； 蒸发轻组分	深度； 热损失； 超覆； 污染	50～65	每增产 1bbl 原油需 消耗 0.5 lb 燃料油
火烧油层	与蒸汽的机理相同； 原油裂解	与蒸汽相同； 燃烧控制	10～15	每增产 1bbl 原油需 消耗 10ft³ 空气①
SAGD	与蒸汽的机理相同	垂向渗透率； 重组分的地面处理	与蒸汽驱相同	与蒸汽驱相同
电磁加热采油	与蒸汽的机理相同； 原油裂解和蒸馏	热量的传递	—	—

① 1ft³/bbl=178m³（气）/m³（油）。

这一类型有两种最新技术，即蒸汽辅助重力泄油（steam-assisted gravity drainage，缩写成 SAGD）和电磁加热采油（electromagnetic heating，缩写成 EM 加热）。蒸汽辅助重力泄油与蒸汽驱类似，只是其注入井和生产井为一对平行的水平井，主要的提高采收率机理是重力泄油，而非黏滞力。尽管目前蒸汽辅助重力泄油的矿场项目有很多，但由于该技术较新颖，因此没有形成一个良好的数据库以供参考。截止本文编写时，其效果与蒸汽驱相仿。

电磁加热采油方法也是一项新技术，它的主要开采对象是滞留油。其矿场采收率数据还未整理出来，但其热效率与其他热力提高采收率方法相同。

表 1.3 给出了溶剂提高采收率方法之间的比较。这一类型的提高采收率方法主要包括两大类，这主要取决于溶剂是否能够与原油发生混相，这一类型的采收率常常低于二元复合驱（SP）和热力提高采收率方法。溶剂的利用率以及其低成本使得该技术能够得到广泛的商业化应用，特别是美国的 CO_2 驱油技术。混相驱与非混相驱之间只有一步之遥，非混相驱处于近混相状态时的采收率较高，而地层压力低于最低混相压力时的采收率较低。

表 1.3 溶剂提高采收率方法

提高采收率方法	采收率机理	问题	典型采收率 %	典型药剂的利用率[①]
非混相	降低残余油黏度；膨胀原油；溶解气	稳定性；热损失；原料供给	5~15	每增产 1bbl 原油需 10ft³ 溶剂
混相	与非混相驱机理相同；混相驱	与非混相驱相同	5~10	每增产 1bbl 原油需 10ft³ 溶剂

① 1ft³/bbl=178 m³（溶剂）/m³（油）。

1.4.2 提高采收率的筛选指南

表 1.3 至表 1.4 中的许多问题可以通过指定数量界限来进行更好地解释。这种双重筛选指南也能够对某些特定油藏提高采收率方法的选定提供可靠性预测。

根据原油和储层性质的不同，表 1.4 给出了提高采收率方法的筛选指南，当然这只能作为一种粗略的指导，而不是硬性的限制条件，因为其他因素（如经济环境和气源供给等）和储层物性（如垂向渗透率、裂缝和滤失带等）也可以扩大或限制提高采收率技术的应用。

表 1.4 提高采收率方法的筛选指南 （Taber 等, 1997）

提高采收率方法	原油性质			储层特性				
	重度 °API	原油黏度 mPa·s	组成	初始含油饱和度 %	储层类型	净厚度 m	平均渗透率 mD	深度 m
溶剂提高采收率方法								
氮气和可燃气	>35	<0.4	大部分为 C_1—C_7	>40				>1800
烃类	>23	<3	大部分为 C_2—C_7	>30				>1250
CO_2	>22	<10	大部分为 C_5—C_{12}	>20				>750
非混相气体	>12	<600		>35				>640

续表

提高采收率方法	原油性质			储层特性				
	重度 °API	原油黏度 mPa·s	组成	初始含油饱和度 %	储层类型	净厚度 m	平均渗透率 mD	深度 m
化学提高采收率方法								
MP 复合驱、ASP 复合驱和碱驱	>20	<35	轻、中组分；有机酸（碱驱时）	>35	砂岩		>10	<2700
聚合物驱	>15	10–150		>50	砂岩		>10	<2700
热力提高采收率方法								
火烧油层	>10	<5000	沥青质组分	>50	—	>3	>50	<3450
蒸汽驱	13.5	<200000		>40	—	>6	>200	<1350

这些限制有一定的物理基础。例如热力采油方法无法在浅层油藏中使用，因为在长距离井筒中会存在大量的热损失；许多提高采收率方法由于其自身波及效率较低，无法在轻质油藏中使用；由于驱替剂容易在稠油油藏中形成窜流通道，对稠油油藏进行驱替是非常困难的。表 1.4 中许多有关提高采收率方法的描述都是比较粗略的，特别是蒸汽驱方法，可以进一步地将它划分为蒸汽吞吐、蒸汽驱和重力泄油，同样还有火烧油层和其他化学方法。另外，因为各种性质之间的界限过于累赘，所以对其进行了多次删减，例如聚合物驱中原油黏度的限制似乎会很低。表 1.4 也可以作为后续章节的路线图。表中的信息只是作为提高采收率方法筛选的第一步，还需要更多的信息对其进行补充与完善（Dickson 和 Leahy–Dios，2010）。

1.4.3　提高采收率过程中的现金流动

许多筛选指南也需要对该提高采收率方法的盈利能力进行评估，进行经济性计算就是决策是否实施该提高采收率方法的一个重要组成部分。Flaaten（2012）介绍了石油经济学和累计折现现金流（cumulative discounted cash flow，缩写成 CDCF）的计算方法，计算过程中的重要参数包括产量 [如图 1.7 (b) 所示]、石油价格和贴现率（discount rate）。

不同提高采收率方法之间的经济概况各不相同，但他们具有共同的特征，如图 1.7 所示。图 1.7 (a) 给出了累计折现现金流（CDCF）与时间之间的关系，图中的时间坐标与图 1.7 (b) 中的时间坐标相同。从其名称也可以看出，累计折现现金流是折现现金流的总和。累计折现现金流是项目随时间变化时获得的净利润。

图 1.7 (b) 给出了某种提高采收率方法达到经济极限时产量（q_{EL}）与时间之间的关系。当累计折现现金流与时间之间的斜率为 0 时，产量达到经济极限产量。值得注意的是，折现现金流（DCF）是累计折现现金流曲线的导数。

所有的提高采收率方法都需要许许多多的资本投资，图 1.7 (b) 中使用 CAPEX 表示资本投资。从图中可以看出，累计折现现金流在项目刚开始实施时会下降，但在数年后通常就会有所增加。

　　提高采收率方法所用药剂通常都比较昂贵，特别是当其与注入水的价格相比较时，因此，累计折现现金流的下降值会远远超过资本投资（CAPEX）。但是，一旦产油量产生了一定的经济回报，曲线将开始随着时间的增加而上升，将此时的时间标记为"正现金流"。对于许多提高采收率方法而言，正现金流一般总在项目实施的一年内就会出现。当累计折现现金流为正值时出现盈利（上文中提及的所有费用和收入都随着时间的变化不断进行折算）。

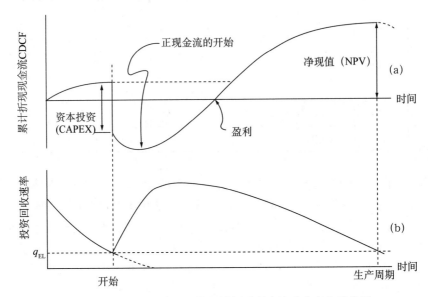

图 1.7　某提高采收率项目的累计折现现金流动态变化示意图

　　由于产量的不断递减，累计折现现金流开始变得逐渐平稳。当累计折现现金流为最大值时，或当现金流为负值时，此时到达了该提高采收率项目的生产寿命。累计折现现金流的最大值为净现值（net present value，缩写成 NPV）。

　　净现值是决定是否继续进行该提高采收率项目的主要评价指标。此时，需要多以下参数进行对比：（1）项目实施前的累计折现现金流，若某项目的净现值低于累计折现现金流，则不应继续实施该项目；（2）在生产井生产档案的其他方案中，有可能存在其他能够获得更大净现值的非提高采收率项目；（3）除以各种支出方式时生产井的目标（此时的商被称为回馈率）。

　　图 1.7 还包括了本书中未涉及的其他影响因素，如石油价格、贴现率和资本投资等。对于能够增加烃类产量但净现值很低的项目而言，可以称之为技术性成功的项目，在提高采收率的历史中有许多这种项目。其他因素也会影响提高采收率方法的选择，其中包括备选方案的使用和（或）资本竞争等。虽然存在许多复杂的因素，但图 1.7 给出了一些基本的中心思想。

1.5　结束语

　　对于某种大型的、多样化的、不断变化着的复杂技术而言，很难对其进行总结归纳，其中一个最佳的例子就是现在非常重视的非常规开采方法（如图 1.1 所示）。现在这种技术能比提高采收率技术开采出更多的原油，并且产量似乎还在持续上升。另一方面，没有充分的理由去假设这些采油方法的最终采收率会高于水驱采收率。因此，非常规采油方式仍然为提高采收率技术留有其他目标。

　　Oil & Gas Journal 为提高采收率技术提供了优质的存档服务，读者可以通过咨询或调研获得最新的提高采收率资讯。这些采收率方法的基本理论要比实际的应用发展慢很多，在本文的余下部分将对这些基本理论知识进行介绍。

1.6　提高采收率中的单位与符号

1.6.1　SI 单位制

　　本书中采用的单位基本上属于国际标准单位制（SI 单位制）。由于本书中的大部分图表仍采用惯用单位，所以书中并未严格采用 SI 单位制。将这些单位全部进行换算是不切实际的，因此，表 1.5 给出了一些重要的单位换算，并给出了一些有用的说明。

表 1.5　SI 单位制简表

SI 单位制的基本物理量及其单位			
基本物理量或量纲	SI 单位	SI 单位符号	SPE 量纲符号
长度	米	m	L
质量	千克	kg	m
时间	秒	s	t
热力学温度	开［尔文］	K	T
物质的量	摩尔 *	mol	—
常用 SI 单位制导出的单位			
物理量	单位	SI 单位符号	表达形式
加速度	米每二次方秒	—	m/s^2
面积	平方米	—	m^2
密度	千克每立方米	—	kg/m^3
能量、功	焦［耳］	J	$N \cdot m$
力	牛［顿］	N	$(kg \cdot m)/s^2$
压力	帕［斯卡］	Pa	N/m^2
速度	米每秒	—	m/s
动力黏度	帕［斯卡］秒	Pa · s	$Pa \cdot s$
运动黏度	平方米每秒	—	m^2/s
体积	立方米	—	m^3

常用的单位换算因子			
原始单位	原始单位符号	换算后的单位	换算因子
英亩（美制）	acre	m^2	4.046872×10^3
英亩	acre	ft^2	4.356000×10^4
巴	bar	Pa	1.013250×10^5
标准大气压	atm	Pa	1.000000×10^5
桶（42加仑原油）	bbl	m^3	1.589873×10^{-1}
桶	bbl	ft^3	5.615000×10^0
英制热量单位	Btu	J	1.055056×10^3
达西	D	m^2	9.869232×10^{-13}
天（平太阳日）	d	s	8.640000×10^4
达因	dyn	N	1.000000×10^{-5}
加仑（美制）	gal	m^3	3.785412×10^{-3}
克	g	kg	1.000000×10^{-3}
公顷	ha	m^2	1.000000×10^4
英里（美制）	mile	m	1.609347×10^3
磅（质量磅）	lbm	kg	4.535924×10^{-1}
吨（2000磅）	ton	kg	9.071847×10^2
常用单位前缀			
因子	SI单位制前缀（英文）	SI单位制前缀符号	含义（美国）	含义（其他国家）
10^{12}	tera	T	一兆倍	万亿
10^9	giga	G	十亿倍	—
10^6	mega	M	一百万倍	—
10^3	kilo	k	一千倍	—
10^2	hecto	h	一百倍	—
10	deka	da	十倍	—
10^{-1}	deci	d	十分之一	—
10^{-2}	centi	c	百分之一	—
10^{-3}	milli	m	千分之一	—
10^{-6}	micro	μ	百万分之一	—
10^{-9}	nano	n	十亿分之一	—

* 当使用mol（摩尔）为单位（通常为g mol）时，必须指明其基本实体，它们可以是原子、分子、电子、其他粒子或石油领域此类粒子的特定组合等。值得注意的是，kg mol（千克摩尔）、lb mol（磅摩尔）等单位经常被错误地写成mol。

（1）有一些 SI 单位与实用单位是同一性质的，它们之间的数值相近或者相等。提高采收率中最常用的关系有：

$$1cP=1mPa \cdot s$$
$$1dyn/cm=1mN/m$$
$$1Btu \approx 1kJ$$
$$1D \approx 1 \mu m^2$$
$$1ppm \approx 1g/m^3$$
$$1atm \approx 0.1MPa$$

（2）使用单位的前缀符号时需要注意，当单位的前缀符号取指数时，与前缀符号取指数时一样，单位也要取指数。例如 $1km^2=1 (km)^2=1 \times (10^3m)^2=1 \times 10^6m^2$，因此，$1 \mu m^2=10^{-12}m^2 \approx 1D$。

（3）压力（147psia[❶] $\approx$ 1MPa）和温度（1K=1.8R）这两物理量的单位换算比较麻烦，因为摄氏温度和华氏温度均不是绝对温度，需要对其进行进一步换算：

$$℃ =K-273$$

和

$$℉ =R-460$$

其中，绝对温标中不使用上标（°）。

（4）由于质量和标准体积之间的相互转换关系，使得体积的单位换算变得有些复杂。比如：

$$0.159m^3=1bbl（油藏桶）$$

和

$$0.159m^3（标）= 1bbl（标准桶）$$

其中，m^3（标）不是 SI 制单位，它表示标准温度和压力条件下一立方米体积内物质的质量。

1.6.2 单位的一致性

在所有的计算中，保持单位的一致性尤为重要。在所有的计算中，必须同时带入单位和数值，这样才能确保单位换算时的正确性，并表明计算过程是合理的。为了保持单位的一致性，需进行以下三个步骤：

（1）弄清楚所有单位的前缀符号；

（2）将所有的单位简化成最基础的单位，通常这意味着须将单位换算成表 1.5 中所示的基本单位；

（3）计算结束后，需重新标定单位的前缀符号，以使计算结果尽可能的接近于 1，通常只在乘数为 1000 时使用单位前缀符号进行转化。

使用任意一种单位制时，物理定律都是有效的。本书没有将所有的方程写成现行标准石油工程领域的方程，因此在文中嵌入了一些单位换算因子。

---

❶ psia 为绝对 psi。

1.6.3 命名约定

提高采收率方法的多样性使得给组分规定符号时会过于重复或复杂。为了减少复杂性，在符号上添加了一些附加条件，表 1.6 也给出了全书中有关相态和组分的命名约定。本书最后的符号说明部分也对其他符号作出了相关说明。

表 1.6 本书中相态和组分的命名约定

相态		
下标 j	代表含义	书中位置
1	含有大量水的相或水相	全书
2	含有大量油的相或油相	全书
3	含有大量气的相、气相或轻烃	第 5.4 节和第 7、第 10 章
	微乳液	第 9 章
s	固相	第 2、第 3 章和第 8~10 章
w	润湿相	全书
nw	非润湿相	全书
组分		
下标 i	代表含义	书中位置
1	水	全书
2	油或中间组分烃类	全书
3	气	第 5.4 节
	轻烃	第 7 章
	表面活性剂	第 9 章（非第 10 章）
4	聚合物、起泡剂	第 8、第 9、第 10 章
5	阴离子	第 3.6 节和第 9.5 节
6	二价离子	第 3.4 节和第 9.3 节
7	表面活性剂中的二价离子	第 9.6 节
8	单价离子	第 3.6 节和第 9 章

相态的下标通常用 j 表示，若有双下标时一般处于第二个位置。$j=1$ 表示含有大量水的相或水相，而 w 表示表示润湿相，nw 表示非润湿相。下标 s 表示固相，即非流动相。当物理量的下标只有一个时，表示该相态时的性质。

下标 i 通常出现在下标的第一个位置，表示不同的组分。$i=1$ 表示水，$i=2$ 表示油或者烃类，$i=3$ 表示驱替剂，可以是表面活性剂或轻烃等。下标 i 大于 3 时仅在本书第 8～10 章中出现，即仅出现在化学提高采收率方法部分。

练习题

1.1 判断增产油量

判断增产油量的最简单办法是利用产量递减曲线分析方法，这也是本练习题的目的所在。Sage Spring Creek（美国泉溪油田）A 区的产量（也称作生产速率）和累计产油量与时间之间的关系如下（Mack 和 Warren，1984）：

时间	产油量，m³/d
1976 年 1 月	274.0
1976 年 7 月	258.1
1977 年 1 月	231.0
1977 年 7 月	213.5
1978 年 1 月	191.2
1978 年 7 月	175.2（开始进行聚合物驱）
1979 年 1 月	159.3
1979 年 7 月	175.2
1980 年 1 月	167.3
1980 年 7 月	159.3
1981 年 1 月	159.3
1981 年 7 月	157.7
1982 年 1 月	151.3
1982 年 7 月	148.2
1983 年 1 月	141.8
1983 年 7 月	132.2
1984 年 1 月	111.5
1984 年 7 月	106.7
1985 年 1 月	95.6
1985 年 7 月	87.6
1986 年 1 月	81.2
1986 年 7 月	74.9
1987 年 1 月	70.1
1987 年 7 月	65.3

1978 年 7 月，由水驱转换成聚合物驱，（1984 年采用了聚合物—凝胶技术，但在此问题中可以忽略）。已知该油田的极限产量为 50m³/d。

（1）在直线坐标中作出产量与累计产油量的关系图，并将该直线延长至 $q=0$。

（2）通过数据的直线部分，以 10^3m³ 为单位时，推断水驱和聚合物驱阶段从该油田和总可动油中可开采出的最终经济产量，并计算聚合物驱的提高采收率和增产的可动油量。

（3）计算水驱和聚合物驱阶段的产量递减率。

（4）利用（3）中的产量递减率计算聚合物驱的经济生产周期（即此时的产量达到经济极限产量），并计算不采取聚合物驱时的经济生产周期。

第 2 章　渗流基本方程

成功的提高采收率方法建立在对化学、物理、地质和工程各部分的综合理解之上。对于上述内容的理解主要依靠描述流体在可渗透性中的渗流方程基本单元。每种提高采收率方法至少包括一种流动相，该流动相又可能包含多种组分。此外，由于温度、压力和组分的不断变化，在某些流动区域中，这些组分可能会完全混合，导致这些区域中的某一相会消失。大气污染、地层水流动以及化学废料和核废料的埋存都会产生类似的问题。

本章将给出可渗透介质中多相多组分渗流方程，这些方程主要基于物质平衡方程、能量平衡方程、熵平衡方程和线性本构理论。首先，通过考虑各相中各组分的运移来争取获得方程最大可能的普遍性。其次，通过一些附加条件来获得通用方程的一些特例。获得这些特殊方程的方法与方程本身是同等重要的，因为在特定的应用中，它可以用于理解特定的假设条件和限制条件。

原始的物质平衡方程中包含两个不同的基本形式：全组分平衡方程和相平衡方程。全组分平衡方程对模拟可渗透介质中的局部热平衡组分是非常有帮助的。相平衡方程则对模拟各相之间的有限传质非常有帮助。

本书中的方程与其他文献中的方程不同，主要在于其对多相多组分渗流方程具有一定的通用性。比如它包括以下几种特例：单相多组分渗流方程（Bear，1972）和三相多组分方程（Crichlow，1997；Peaceman，1977；Coats 等，1980；Skjaveland，1991）。另外，其他学者（Todd 和 Chase，1979；Fleming 等，1981；Larson，1982）也提出了许多多相多组分渗流方程，但同时也给出了诸如理想混合流体或不可压缩流体等假设条件。许多这些假设条件必须在求解方程之前给出，也应该尽可能地保证方程的通用性和耐用性。

2.1　物质平衡方程

本节将重点描述多相多组分流体渗流中的基本物理特性和平衡方程数学表达式。

在天然可渗透介质中，化学组分的运移主要包括四种机理：即黏滞力、重力、弥散（扩散）作用和毛细管力 ❶。前三个力的驱动力分别为压力、密度和浓度梯度。两种不同均匀相之间的高曲率边界是产生毛细管力或界面张力的主要原因，这个曲率是由于液相受到可渗透介质孔壁的约束所造成的。毛细管力的存在会导致各均匀相中的压力不同，因此，毛细管压力和黏滞力的驱动力是压差。

这些驱动力之间的比值通常被描述成无量纲组合，并给予特定的名称。例如，重力和毛细管力之间的比值被称为 Bond 数。当毛细管力小于重力时，Bond 数较大，则此过程（驱替）被称作是由重力主导的。黏滞力与毛细管力之间的比值被称为毛管数（N_{vc}），此物理量将在全书中被广泛使用。重力与黏滞力之间的比值被称为重力数或浮力数。这些数值

---

❶ 译者注：毛细管力（capillary force）与毛细管压力（capillary pressure）是两个不同的概念。毛细管力指毛细管壁与水分子间的吸持力与水的表面张力的共同作用力；毛细管压力指在毛（细）管中产生的液面上升或下降的曲面中的附加压力。

和其他一些无量纲组合的数值，可以与其他提高采收率方法中的相应数值进行对比或放大。

2.1.1 连续性假设

均匀相中多种化学组分的运移是因为上述各种力的存在时渗流被局限在可渗透介质极不规则的流动通道中。使用最多的平衡方程能适用于介质中的每一点，包括固相物质平衡方程。原则上，给定本构关系、反应速率和边界条件后，就可以得到介质中的所有流动通道中的完整数学表达式。但是，由于上述通道中的相边界及其弯曲的存在，和具体位置未知，因此，除了最简单的微观可渗透介质的几何形状外，无法在单一通道中求解出物质平衡方程。

解决这一难题的实际方法是将连续性假设运用到宏观渗流当中，使得可渗透介质中的某点能够与典型单元体积（representative elementary volume，缩写成 REV）联系起来，这个体积比固相的孔隙体积大很多，但与多孔介质的尺寸相比，却又小很多。假设典型单元体积比孔隙介质小很多，因此，可以将其视为微分体积单元来计算介质的有关性质。典型单元体积被定义为小于可渗透介质基本特性局部波动时的某种体积（Bear，1972）。体积平均的物质平衡方程可以适用于宏观可渗透介质中连续区域内的每一个典型单元体积中。有关体积平均值的细节，可以参考 Bear（1972）、Grar（1975）、Quintard 和 Whitaker（1988）以及 Faghri 和 Zhang（2006）发表的文献。除非改变有关积聚项（accumulation）、通量项（flux）和源项（source）等项的定义，体积平均的物质平衡方程与可渗透介质外部的物质平衡方程是等同的。根据典型单元体积的定义，此时的定义中将包括可渗透介质的孔隙度、渗透率、迂曲度和分散性等，由于典型单元体积的定义使得所有的可渗透介质都是局部平滑的。将局部非连续性介质为局部平滑介质的方法被称为连续性假设（continuum assumption）。

理解典型单元体积尺寸的较好方法就是观察介质中孔隙和颗粒的微观结构。图 2.1 给出了可渗透介质中很小体积的立方体。立方体的孔隙度被定义为立方体内的孔隙体积除以立方体的总体积。如果立方体的体积无穷小，则孔隙度可能是 1.0 或 0，这取决于它最初是位于颗粒内还是孔隙内。假设立方体的体积在初始体积的基础上有所增加，则随着体积的增加，立方体内的颗粒和孔隙会越来越多，孔隙的变化是不固定的，如图 2.2 所示。

随着立方体体积的充分增加，孔隙度会达到某一稳定值，这一稳定值可以代表多孔介质的孔隙度。该值也是典型单元体积规模的孔隙度，并将其定义为可渗透介质区域的开始。超过典型单元体积的大小后，立方体的孔隙度在可渗透介质区域内保持稳定。但是，随着立方体体积的进一步增加，立方体的孔隙度会受到分层作用和其他非均质性因素的影响。如果典型单元体积大小的立方体在可渗透介质中的任意位置移动时，其孔隙度都还是固定不变的，那么该地层是均质的，在非均质地层中，孔隙度（或其他岩石物理性质）在典型单元体积大小变化的空间上会不断发生变化。

本书并非从不渗透性介质的流动着手，然后在典型单元体积上进行体积平均，而是从一开始就引入连续性假设理论，并在此基础上导出物质平衡方程。这种做法忽略了通过体积平均方法可能获得的许多物理上的认识，但是它却更为直接。

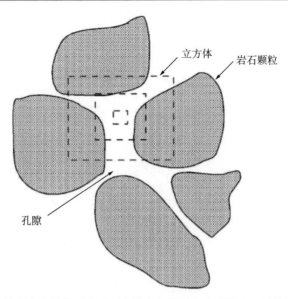

图 2.1 可渗透介质中很小体积立方体的示意图（虚线立方体最初在孔隙中，因此孔隙度为 1.0，随着立方体体积的不断增加（连续增加），其中包含的颗粒越来越多，孔隙度减小）

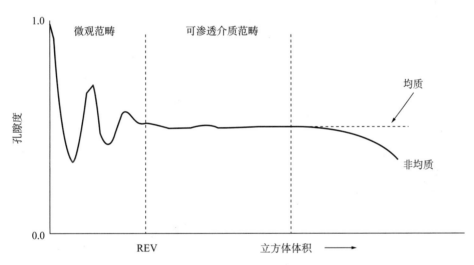

图 2.2 微观区域和连续介质区域的理想示意图。典型单元体积的尺寸将两者分开（Bear，1972）

2.1.2 物质平衡方程

假设可渗透介质中包含的某个随机的固定体积 V，相为 N_p、化学组分为 N_c 的流体从中流过。在此讨论中必须划清相（phase）与组分（component）之间的界限。此时容易混淆的原因是在某些情况下，相和组分可能指的是同一种物质。组分指的是可识别的化学实体，详细讨论可以参考 Lake（2002）发表的文献，而相指的是空间某区域内物性不同的部分，被宏观物性（如密度、黏度等）不同区域的界面分隔开，相中可以包含多种组分。此时，有多达 $i=1，\cdots，N_c$ 个组分和 $j=1，\cdots，N_p$ 个相，"多达"意味着某特定流动区域中组分和相都可以被忽略。

体积 V 必须大于或等于典型单元体积，但小于或等于宏观可渗透介质的体积。如图 2.3a 所示，V 的表面积由各单元表面积 ΔA 组成，n 为从 ΔA 的中心指向外的单位法向矢量（normal vector）。所有这些单元表面积 ΔA 之和即为 V 的总表面积。所以各单元表面积 ΔA 之和就是最大 ΔA 趋于零时的总表面积 A。

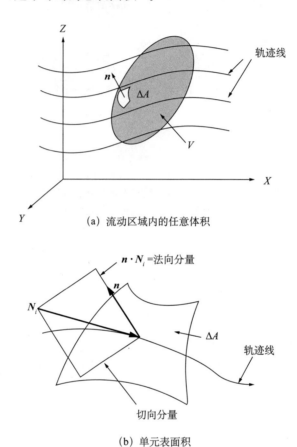

(a) 流动区域内的任意体积

(b) 单元表面积

图 2.3 推导物质平衡方程时的几何图形

在体积 V 中，某组分的物质平衡方程为：

$$\left\{\begin{array}{c}在V中组分i\\的积聚流量\end{array}\right\}=\left\{\begin{array}{c}组分i从V中\\进入的流量\end{array}\right\}-\left\{\begin{array}{c}组分i从V中\\流出的流量\end{array}\right\}+\left\{\begin{array}{c}在V中产生\\组分i的流量\end{array}\right\} \quad (i=1, \cdots, N_c) \quad (2.1)$$

上述方程是以流量的形式表示的物质平衡方程，它与方程（2.1）中对时间进行积分时所得的以累计流量形式表示的物质平衡方程是等同的（见第 2.6 节）。方程（2.1）中从左至右的各项分别为积聚项、通量项和源项。相中的组分可以通过对流作用或水动力弥散作用发生运移。化学或生物反应、向井中注入某种组分以及从井中产出某种组分等方法都会产生新的组分，第 2.2 节将对这些物理过程进行详细的介绍。方程（2.1）的右侧的前两项可写成：

$$\left\{ \begin{array}{c} \text{组分}i\text{从}V\text{中} \\ \text{进入的净流量} \end{array} \right\} = \left\{ \begin{array}{c} \text{组分}i\text{从}V\text{中} \\ \text{进入的流量} \end{array} \right\} - \left\{ \begin{array}{c} \text{组分}i\text{从}V\text{中} \\ \text{流出的流量} \end{array} \right\}, \quad i=1,\ \cdots,\ N_c \tag{2.2}$$

组分 i 的积聚项为

$$\left\{ \begin{array}{c} \text{在}V\text{中组分}i \\ \text{的积聚流量} \end{array} \right\} = \frac{\mathrm{d}}{\mathrm{d}t} \left\{ \begin{array}{c} \text{组分}i\text{在}V\text{中} \\ \text{的总质量} \end{array} \right\} = \frac{\mathrm{d}}{\mathrm{d}t} \left\{ \iint_V W_i \mathrm{d}V \right\} \tag{2.3}$$

式中，W_i 为单位表观体积中用质量表示的组分 i 总浓度。方程（2.3）中的单位为质量/时间。体积分数表示 V 中各无穷小体积单元按其总浓度加权后的总和。由于不同时间时的 V 是固定不变的，因此

$$\frac{\mathrm{d}}{\mathrm{d}t} \left\{ \iint_V W_i \mathrm{d}V \right\} = \int_V \frac{\mathrm{d}W_i}{\mathrm{d}t} \mathrm{d}V \tag{2.4}$$

当 V 随着时间发生变化时，也可以按照上述方法重新对其进行完整的推导。

净通量项也可以从图 2.3（b）中的每个面积单元中通过的流量得出。令组分 i 在 ΔA 中心处的通量矢量为 N_i，其单位为单元表面积与时间内组分 i 的质量之间的乘积。N_i 可以分解成法向分量 n 和切向分量。但是，只有法向分量 $n \cdot N_i$ 流过 ΔA，则穿过 ΔA 的流量为

$$\{\text{组分}i\text{穿过}\Delta A\text{进入}V\text{时的流量}\} = -n \cdot N_i \Delta A \tag{2.5}$$

式中，出现负号是因为流体穿过 ΔA 时，n 和 N_i 的方向相反（即 $n \cdot N_i < 0$），根据方程 (2.1)，该项肯定是正的。将无限小的表面单元加和在一起，得

$$\{\text{组分}i\text{进入}V\text{中的净流量}\} = -\int_A n \cdot N_i \mathrm{d}A \tag{2.6}$$

由于面积积分是对整个 V 的积分，因此，从 V 流入或从 V 流出的情况均已被包括在方程 (2.6) 中。

在 V 中组分 i 的净生产流量为

$$\{\text{组分}i\text{在}V\text{中生成的净流量}\} = \int_V R_i \mathrm{d}V \tag{2.7}$$

式中，R_i 为质量产生的流量，单位为总体积—时间内组分 i 的质量。该项可以用来描述组分 i 的产生（$R_i > 0$）和消失（$R_i < 0$），它可以通过化学或生物反应，还可以通过体积 V 内的物理源（井）。

将方程（2.3）、方程（2.4）、方程（2.6）和方程（2.7）一起代入方程（2.1）中，可以得到组分 i 的物质平衡（标量）方程：

$$\int_V \frac{\mathrm{d}W_i}{\mathrm{d}t} \mathrm{d}V + \int_A n \cdot N_i \mathrm{d}A = \int_V R_i \mathrm{d}V, \quad i=1,\cdots,\ N_c \tag{2.8}$$

方程（2.8）是一个整体平衡方程，或是物质平衡方程的简单形式。该方程的不同形式可以用来求解不连续存在时的情况，例如存在涌波或前缘时的情况。这种简单形式在本章最后一节中也被称为总平衡方程，由于其与特定坐标中的控制体积（control volume，CV）联系不太紧密，因此它在数值模拟中是非常有用的。

方程（2.8）中的面积积分可以通过散度定理转化为体积积分形式：

$$\int_V \nabla \cdot \boldsymbol{B} \mathrm{d}V = \int_A \boldsymbol{n} \cdot \boldsymbol{B} \mathrm{d}A \tag{2.9}$$

式中，B 可以为体积 V 中任意位置时的标量、矢量或张量函数（可按照散度算子的定义作相应地变化）。符号 ∇ 为散度算子，属于一种广义导数，它的具体形式取决于所采用的坐标系统。表 2.1 给出了 ∇ 分别在平面坐标、柱面坐标和球面坐标中的不同形式。函数 B 在 V 中必须是单值，只要能适用于连续性假设，则大多数物理性质都能够满足此要求。最后，方程（2.8）和方程（2.9）的面积积分表达式是隐性的，因此可以在 V 的表面积 A 上对其进行积分。

表 2.1　在平面、柱面和球面坐标系中散度算子的汇总表

平面坐标 (x, y, z)	柱面坐标 (r, θ, z)	球面坐标 (r, θ, ϕ)
$\nabla \cdot \boldsymbol{B} = \dfrac{\partial B_x}{\partial x} + \dfrac{\partial B_y}{\partial y} + \dfrac{\partial B_z}{\partial z}$	$\nabla \cdot \boldsymbol{B} = \dfrac{1}{r}\dfrac{\partial(rB_r)}{\partial r} + \dfrac{1}{r}\dfrac{\partial B_\theta}{\partial \theta} + \dfrac{\partial B_z}{\partial z}$	$\nabla \cdot \boldsymbol{B} = \dfrac{1}{r^2}\dfrac{\partial(r^2 B_r)}{\partial r} + \dfrac{1}{r\sin\theta}\dfrac{\partial}{\partial \theta}(B_\theta \sin\theta) +$ $\dfrac{1}{r\sin\theta}\dfrac{\partial B_\phi}{\partial \phi}$
$[\nabla S]_x = \dfrac{\partial S}{\partial x}$	$[\nabla S]_r = \dfrac{\partial S}{\partial r}$	$[\nabla S]_r = \dfrac{\partial S}{\partial r}$
$[\nabla S]_y = \dfrac{\partial S}{\partial y}$	$[\nabla S]_\theta = \dfrac{1}{r}\dfrac{\partial S}{\partial \theta}$	$[\nabla S]_\theta = \dfrac{1}{r}\dfrac{\partial S}{\partial \theta}$
$[\nabla S]_z = \dfrac{\partial S}{\partial z}$	$[\nabla S]_z = \dfrac{\partial S}{\partial z}$	$[\nabla S]_\phi = \dfrac{1}{r\sin\theta}\dfrac{\partial S}{\partial \phi}$
$\nabla^2 S = \dfrac{\partial^2 S}{\partial x^2} + \dfrac{\partial^2 S}{\partial y^2} + \dfrac{\partial^2 S}{\partial z^2}$	$\nabla^2 S = \dfrac{1}{r}\dfrac{\partial}{\partial r}\left(\dfrac{1}{r}\dfrac{\partial S}{\partial r}\right) + \dfrac{1}{r^2}\dfrac{\partial^2 S}{\partial \theta^2} + \dfrac{\partial^2 S}{\partial z^2}$	$\nabla^2 S = \dfrac{1}{r^2}\dfrac{\partial}{\partial r}\left(r^2\dfrac{\partial S}{\partial r}\right) +$ $\dfrac{1}{r^2\sin\theta}\dfrac{\partial}{\partial \theta}\left(\sin\theta\dfrac{\partial S}{\partial \theta}\right) + \dfrac{1}{r^2\sin^2\theta}\dfrac{\partial^2 S}{\partial \phi^2}$

注：$\boldsymbol{B}$ 为矢量函数，S 为标量函数。

将散度定理应用于方程（2.8），则

$$\int_V \left(\frac{\partial W_i}{\partial t} + \nabla \cdot \boldsymbol{N}_i - R_i\right) \mathrm{d}V = 0 \tag{2.10}$$

使用方程（2.10）时，会在某种程度上受到限制。V 此时必须简单相连（即 V 外表面上的某点总在外表面上），由于存在上述连续性假设，因此散度的存在包含空间导数。但 V 的位置和大小是任意的，则被积函数必须为零，

$$\frac{\partial W_i}{\partial t} + \nabla \cdot \boldsymbol{N}_i - R_i = 0, \quad i = 1, \cdots, N_c \tag{2.11}$$

方程（2.11）中对时间的导数此时是时间的偏导数，空间坐标中其他独立变量的引入使其显得更为重要。方程（2.11）中的各项从左至右依次为积聚项、通量项和源项。

方程（2.11）作为一种具体表达式（strong form），对于分析求解过程是非常有帮助的，这也是本节的重点。方程（2.11）和其类似的平衡方程被称为具体表达式，因为他们可以表示介质中某点（或典型单元体积）处的物质平衡。"具体"意味着如果方程（2.11）满足体积 V 中的所有点，那么简单表达式 [方程（2.8）] 也能够满足，但反过来不一定正确。方程的具体形式取决于其所用的坐标系，见表 2.1。下一节中将介绍组分浓度为 W_i、通量 N_i 和源项 R_i 的具体定义。

2.2　等温渗流的定义和基本方程

方程（2.11）中的每一项都代表着某种重要的物理过程或机理。本节对这些方法进行进一步的介绍，并给出其中主要的地层参数和流体参数的定义。方程（2.11）的单位为总体积—单位时间内的量，此处的"量"可以是质量或摩尔数，在本书中将继续使用"质量"表示质量或摩尔数。如果两者的区别非常明显的话，将会对其进行特殊地说明。

假设第一个典型单元体积的总体积 V_b 中存在 N_p 个相。图 2.4 给出了包含三个相的此类体积，其中这三个相分别为包含岩石颗粒或黏土的固相、水相和油相。孔隙度 ϕ 被定义为孔隙体积占可渗透介质总体积的百分数，即孔隙体积除以总体积 V_b，相饱和度 S_j 被定义为相 j 占据的孔隙体积分数。

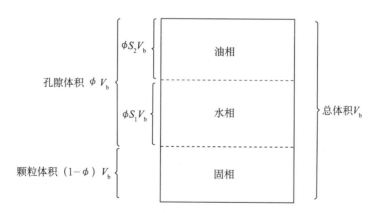

图 2.4　两个流动相和一个固相所占据的总体积示意图。各流动相占据的总体积 $\phi S_j V_b$，
固体占据的体积为 $(1-\phi)V_b$

相 j 的体积分数 ε_j 为相 j 的体积除以 V_b。对于诸如液体和蒸气类的流体而言，

$\varepsilon_j = \phi S_j$，其中，ϕS_j 为流体含量。对于固相而言，$\varepsilon_s = 1 - \phi$，即岩石颗粒的体积除以总体积，则根据定义有 $\sum_{j=1}^{N_p} \varepsilon_j = 1$。参数 ϕ_j 可用于任意相的通用表达式，包括本书中已经介绍的固相。总之，相 j 占据的总体积为

$$\varepsilon_j = \begin{cases} \phi S_j\left(\text{对于流体相而言}\right) \\ 1 - \phi\left(\text{对于固相而言}\right) \end{cases} \tag{2.12}$$

2.2.1 积聚项

方程（2.11）的积聚项中包括给定相 j 中组分 i 的浓度 W_{ij}，根据体积分数 ε_j 的定义，对于固相或液相而言，总体积 V_b 中相 j 的质量为 $\varepsilon_j \rho_j V_b$。如前所述，此时假设 V_b 中各相的密度都是不一致的，但只有当 V_b 接近典型单元体积的范围时才有效。

此时定义 V_b 中组分 i 的质量分数为 ω_{ij}，即 ω_{ij} 为相 j 中组分 i 的质量除以相同相中所有组分的总质量，因此 $\sum_{i=1}^{N_c} \omega_{ij} = 1$。根据定义，$V_b$ 的相 j 中组分 i 的总质量 $W_{ij} V_{ij}$，即 $W_{ij} = \varepsilon_j \rho_j \omega_{ij}$。

2.2.2 通量项

对于组分 i 的平流运移情况而言，假设相 j 以体积平均（表观或达西）渗流速度 $\boldsymbol{u}_j$ 流动。则进入单元表面 ΔA 中相 j 的净体积流量为 $-\boldsymbol{n} \cdot \boldsymbol{\mu}_j \Delta A$，则穿过单元表面 V 中 ΔA 进入组分 i 的质量流量为 $-\boldsymbol{n} \cdot \rho_j \omega_{ij} \boldsymbol{\mu}_j \Delta A$。由于相 j 中组分 i 的通量只能来源于平流运移作用，因此，$\boldsymbol{j}_{C_{ij}} = \rho_j \omega_{ij} \boldsymbol{\mu}_j$，相 j 的真实速度为 $\boldsymbol{v}_j = \boldsymbol{u} / \varepsilon_j$。

依照惯例，水力弥散可以被假设成 Fikian 形式（见下文和第 5 章），它是基于各相体积分数 ε_j 来进行经验修正的。根据体积平均渗流速度（达西渗流速度）时求得的相 j 中组分 i 的通量，仅源自水力弥散作用，因此，$\boldsymbol{j}_{D_{ij}} = -\varepsilon_j \boldsymbol{K}_{ij} \nabla \left(\rho_j \omega_{ij}\right)$，式中的 $\rho_j \omega_{ij}$ 为相 j 中组分 i 的质量分数。另外，基于质量平均渗流速度时，可以得到 $\boldsymbol{j}_{D_{ij}} = -\varepsilon_j \rho_j \boldsymbol{K}_{ij} \nabla \omega_{ij}$，以上两个方程中的负号均意味着沿着质量分数（或浓度）减小方向上的通量为正。$\nabla \omega_{ij}$ 的单位为长度的倒数，而二阶张量 $\boldsymbol{K}_{ij}$ 的单位为长度的平方每单位时间。

总质量通量为平流运移和弥散运移的总和。因此，相 j 的组分通量来源于平流运移和弥散运移，即

$$\rho_j \omega_{ij} \boldsymbol{u}_{ij} = \boldsymbol{j}_{C_{ij}} + \boldsymbol{j}_{D_{ij}} = \rho_j \omega_{ij} \boldsymbol{\mu}_j - \varepsilon_j \boldsymbol{K}_{ij} \cdot \nabla \left(\rho_j \omega_{ij}\right)$$

式中，$\boldsymbol{u}_{ij}$ 为由于平流运移和弥散运移作用在相 j 中组分 i 上的统计平均表观速度。因此，$\boldsymbol{u}_{ij}$ 为分子速度的总和除以总分子数（Bird 等，2002）。对于大多数可渗透介质而言，固相中某组分的对流和弥散通量可以忽略不计，则所有相中某组分的总质量通量为 $\rho_j \omega_{ij} \boldsymbol{u}_j - \varepsilon_j \boldsymbol{K}_{ij} \nabla \left(\rho_j \omega_{ij}\right)$ 的简单加和。

尽管弥散项的形式与速度类型的选择有关，但体积平均渗流速度和质量平均渗流速度是可以相互转换的。对于多相流而言，体积平均渗流速度为

$$\boldsymbol{u}_j = \sum_{i=1}^{N_c} \rho_j \omega_{ij} \boldsymbol{u}_{ij} \hat{\boldsymbol{V}}_{ij}$$

式中，$\hat{\boldsymbol{V}}_{ij}$ 为相 j 中某组分的偏质量体积，根据热力学定律，有 $\sum_{i=1}^{N_c} \rho_j \omega_{ij} V_{ij} = 1$（Sandler，2006）。偏质量体积与质量分 ω_{ij}、压力和温度有关。质量平均渗流速度为

$$\boldsymbol{u}_j = \sum_{i=1}^{N_c} \rho_j \omega_{ij} \boldsymbol{u}_{ij} \Big/ \sum_{i=1}^{N_c} \rho_j \omega_{ij} = \sum_{i=1}^{N_c} \omega_{ij} \boldsymbol{u}_{ij}$$

对于不可压缩流体而言，体积平均渗流速度与质量平均渗流速度相等。由于可渗透介质入口端和出口端的体积流速更容易被直接测量，因此在实际应用中，更倾向于使用体积平均渗流速度。但是，很少能在地层中直接测得相速度，通常，他们是根据类似于达西定律这样的经验通量定律估算得到的。对于真实混合物而言，体积平均渗流速度或质量平均渗流速度的选择，不太可能产生非常重大的错误，因为其他地层参数带来的影响可能会更大，见练习题 2.4。

水利弥散包括分子扩散和机械扩散。分子扩散与流动的方向或大小有关，而可渗透介质中流动时的机械扩散是各向异性的，它与流动的大小有关。在不渗透介质中流动时，弥散作用和扩散作用的形式相同，实际上，在 $\boldsymbol{\mu}_j$ 很小的限制条件下，弥散作用衰减成扩散作用（见第 5 章）。当 $\boldsymbol{\mu}_j$ 较大时，二阶张量 $\boldsymbol{K}_{ij}$ 的各个组分都会比分子扩散时的大很多倍，因为在典型单元体积内波动时，他们包含速度 $\boldsymbol{u}_j$ 与质量分数 ω_{ij} 平均值产生的各种作用（Gray，1975）。各向异性均质可渗透介质中 $\boldsymbol{K}_{ij}$ 的两个分量（Bear，1972）分别为

$$\left(K_{xx}\right)_{ij} = \frac{D_{ij}}{\tau} + \frac{\alpha_{lj} u_{xj}^2 + \alpha_{tj}\left(u_{yj}^2 + u_{zj}^2\right)}{\phi S_j \left|\boldsymbol{u}_j\right|} \tag{2.13}$$

和

$$\left(K_{xy}\right)_{ij} = \frac{\left(\alpha_{lj} - \alpha_{tj}\right) u_{xj} u_{yj}}{\phi S_j \left|\boldsymbol{u}_j\right|} \tag{2.14}$$

式中，下角标 l 指与总渗流方向平行或沿纵向时的空间坐标，下角标 t 指与 l 成任意正交方向或横向时的空间坐标。D_{ij} 为相 j 中组分 i 的有效二次扩散系数（Bird 等，2002），α_{lj} 和 α_{tj} 分别为纵向弥散系数和横向弥散系数，τ 为可渗透介质的迂曲度，因为 $\left(\alpha_{lj} - \alpha_{tj}\right)$ 为正值，所以 $\left(K_{xy}\right)_{ij}$ 也为正值。

2.2.3　源项

方程（2.11）中的源项 R_i 为由于化学或生物反应出现或生成组分 i（Levenspiel，1999）时的流量，根据物质平衡方程的简单形式，可以非常方便地使用 R_i 来表示特定数值时或数值与相压力和饱和度有关时的物理源（比如井等）。

R_i 没有一般性的数学表达式，尽管各相的体积分数可由 $\varepsilon_j r_{ij}$ 来进行处理，式中 r_{ij} 为相 j 中组分 i 的反应速率。R_i 和 r_{ij} 的单位均为质量／（体积 × 时间），但是，r_{ij} 中的体积是每一相的体积，而不是总体积。如果组分 i 同时参与发生的反应，则每个 r_{ij} 都可以代表

相 j 中若干反应的总和。在给定的相中，物质是平衡的，因此，当 r_{ij} 的单位为质量时，有 $\sum_{i=1}^{N_c} r_{ij} = 1$。如果使用摩尔作为单位，则以上论述是不正确的，因为在化学反应过程中，摩尔数是不守恒的。例如放射性衰变或生物降解等一阶反应的速率为 $r_{ij} = -k_i \rho_j \omega_{ij}$，式中，$k_i$ 为衰变常数或反映速率常数，单位为时间的倒数。

可渗透介质中总体积内组分 i 的总质量生成速率为 $R_i = \sum_{j=1}^{N_p} \varepsilon_j r_{ij}$，该项中并不明确地包含井中组分 i 的注入量和产量。因此，最好将其作为边界条件为某点的源项。

2.2.4　总组分平衡方程

总平衡方程包含所有的组分和所有的相态，将表 2.2 中的方程（2.2–1）至方程（2.2–3）代入方程（2.11）中，可以得到总平衡方程的通用形式，式中的 N_p 只表示流动相：

$$
\frac{\partial}{\partial t} \left[\phi \sum_{j=1}^{N_p} \rho_j S_j \omega_{ij} + (1-\phi)\rho_s \omega_{is} \right] + \nabla \cdot \left\{ \sum_{j=1}^{N_p} \left[\rho_j \omega_{ij} \boldsymbol{u}_j - \phi S_j \boldsymbol{K}_{ij} \cdot \nabla \left(\rho_j \omega_{ij} \right) \right] \right\}
$$

$$
= \phi \sum_{j=1}^{N_p} S_j r_{ij} + (1-\phi) r_{is}, \quad i = 1, \cdots, N_C \tag{2.15}
$$

该组分方程对于模拟总组分浓度的流动是非常有用的，特别是当流动相之间存在质量交换时。当然，由于相与相之间的运移项很小，某些细节可以被忽略掉。当存在局部平衡假设时，可以观察到部分细节（Lake 等，2002），它提供了相与相之间有关浓度的代数关系式。这些假设也给第 4 章中的部分内容提供了依据，主要包括热力学平衡假设。本节中的部分示例和本章的剩余部分中使用的局部平衡假设将在后续部分进行详细地介绍。

表 2.2　可渗透介质中等温渗流时的总组分平衡方程具体表达式（即方程 2.11）的定义和本构关系

方程	名称	独立标量* 方程的数目	应变量** 参数	应变量** 数目
$W_i = \phi \sum_{j=1}^{N_p} \rho_j S_j \omega_{ij} + (1-\phi)\rho_s \omega_{is}$ (2.2-1)	总积聚方程	$N_C - 1$	$\rho_j,\ S_j$ $\omega_{ij},\ \omega_{is}$	$2N_P +$ $N_P N_C + N_C$
$N_i = \sum_{j=1}^{N_p} \left[\rho_j \omega_{ij} \boldsymbol{u}_j - \phi S_j \boldsymbol{K}_{ij} \cdot \nabla \left(\rho_j \omega_{ij} \right) \right]$ (2.2–2)	组分 i 的流量方程	$N_C N_D$	$\boldsymbol{u}_j$	$N_P N_D$
$R_i = \phi \sum_{j=1}^{N_p} S_j r_{ij} + (1-\phi) r_{is}$ (2.2–3)	组分 i 的源方程	$N_C - 1$	$r_{ij},\ r_{is}$	$N_P N_C + N_C$
$\sum_{j=1}^{N_c} R_i = 0$ (2.2–4)	总反应定义式	1		
$\boldsymbol{u}_j = -\lambda_{rj} \boldsymbol{K} \cdot \left(\nabla p_j - \rho_j \boldsymbol{g} \right)$ (2.2–5)	达西定律	$N_P N_D$	$\lambda_{rj},\ p_j$	$2N_P$

方程	名称	独立标量 * 方程的数目	应变量 **	
			参数	数目
$\lambda_{rj} = \lambda_{rj}\left(S, \omega, \boldsymbol{u}_j, \boldsymbol{x}\right)$　(2.2-6)	相对流度方程	N_P	—	—
$p_j - p_n = p_{cjn}\left(S, \omega, \boldsymbol{x}\right)$　(2.2-7)	毛细管压力定义式	N_P-1	—	—
$\sum\limits_{i=1}^{N_c} \omega_{ij} = 1$　(2.2-8)	适量分数定义式	N_P	—	—
$\sum\limits_{i=1}^{N_c} \omega_{is} = 1$　(2.2-9)	固相质量分数定义式	1	—	—
$\sum\limits_{j=1}^{N_p} S_j = 1$　(2.2-10)	饱和度定义式	1	—	—
$r_{ij} = r_j\left(\omega_{ij}, p_j\right)$　(2.2-11)	均质介质动力学反应 速率表达式	$(N_C-1)\,N_P$	—	—
$r_{is} = r_{is}\left(\omega_{is}\right)$　(2.2-12)	固相动力学反应速率 表达式	N_C-1	—	—
$\sum\limits_{i=1}^{N_c} r_{ij} = 0$　(2.2-13)	总相反应定义式	N_P	—	—
$\sum\limits_{i=1}^{N_c} r_{is} = 0$　(2.2-14)	固相总反应速率 表达式	1	—	—
$\omega_{ij} = \omega_{ij}\left(\omega_{ik}\right)_{k\neq j}$　(2.2-15)	平衡关系式 （或相平衡）	$N_C\left(N_P-1\right)$	—	—
$\omega_{is} = \omega_{is}\left(\omega_{ij}\right)$　(2.2-16)	稳定相平衡关系式 （或相平衡）	N_C	—	—
$\rho_j = \rho_j\left(T, p_j\right)$　(2.2-17)	状态方程	N_P	—	—

* 总独立方程（包括方程中 N_C 个具体形式的方程）$= N_D\left(N_P+N_C\right) + 2N_P N_C + 4N_P + 4N_C$

** 总反应变量（包括方程中 $2N_C + N_C N_D$ 个变量）$= N_D\left(N_P+N_C\right) + 2N_P N_C + 4N_P + 4N_C$

　　表 2.2 汇总了可以完整描述多相多组分等温渗流的平衡方程式。表 2.2 中的第一栏给出了方程的具体形式，其相应的命名在第二栏中。第三栏中给出了第一栏中方程的标量方程数量，第四栏和第五栏给出了第一栏中方程的因变量和数目。N_D 为空间维数（$N_D \leqslant 3$），尽管存在不只一种固相，但是固相可以被看作为单一均质相。

　　在列出的因变量中，可渗透介质特性主要包括孔隙度 ϕ 和渗透率张量 $\boldsymbol{K}$，他们均为位置 $\boldsymbol{x}$ 的函数（Dake, 1978），但当压力不对介质的结构造成损坏时，压力的影响通常是非常微弱的。同时，还可以假设固相密度 ρ_s 已知，则弥散张量 $\boldsymbol{K}_{ij}$ 也是已知的，尽管后者与相速度和分子扩散有关。表 2.2 中的其他一些术语将在后面的术语符号表和后续章节中进行定义。

表 2.2 中前四个方程是方程（2.11）的组分平衡方程，以及该方程中有关的积聚项、通量项和源项的定义。假设 N_C 个平衡方程为相互独立的方程组，从 1 至 N_C 对方程（2.11）进行求和，可以得到总的物质平衡方程或连续性方程，但并没有将他们作为独立方程列于表中（见 2.4 节）。在求解特定问题时，更为简单的方法是将问题作为 1 个连续性方程和 $N_C - 1$ 个物质平衡方程来进行处理，这样可以将主要成分（比如，流动盐水中的水）忽略掉。

2.2.5 总组分平衡方程中术语的定义

积聚项 W_i 为组分 i 的总积聚量，它表示 N_p 个流动相和固相中组分 i 的总和，见表 2.2 中的方程（2.2–1）。按照质量分数的定义（方程 2.2–8 和方程 2.2–9）对组分 i 进行求和，仅仅可以得到 $N_C - 1$ 个独立的 W_i。

$$\sum_{i=1}^{N_C} W_i = \phi \sum_{i=1}^{N_P} \rho_j S_j + (1-\phi)\rho_s \equiv \rho(\omega_i, p) \tag{2.16}$$

式中，ρ 为可渗透介质的总密度（即流动相和固相的总质量除以总体积）。可以将总密度视为局部压力 p 的函数，而总质量分数被定义为

$$\omega_i = \frac{W_i}{\sum_{i=1}^{N_C} W_i} \tag{2.17}$$

式中，ω_i 为所有相中组分 i 的质量除以可渗透介质的总质量。联立方程（2.16）和方程（2.17），可以得到 W_i 的一个约束条件：

$$\rho\left(W_1, \cdots, W_{N_C}, p\right) = \sum_{i=1}^{N_C} W_i \tag{2.18}$$

这意味着存在 $N_C - 1$ 个独立的 W_i，而不是 N_C 个，方程（2.18）的左侧表明 ρ 是两个变量的函数，即为总积聚量和压力的函数。方程（2.16）至方程（2.18）可以理解成质量分数 ω_i、相压力 p 和饱和度 S_j 的约束条件。

2.2.6 辅助关系式

表 2.2 中的方程（2.2–5）为流体在可渗透介质中流动时达西定律的多相表达式（Lollins，1976）。达西定律的单相表达式，实际上是动量方程的体积平均表达式（Slatery，1972；Hubbert，1956）。表 2.2 中方程（2.2–5）的假设为可渗透介质中的蠕型流动，而且相边界处的流体不发生滑动。有关非达西效应的修正式，请参考相关文献（Collins，1976；Bear，1972）。相表面速度 $\boldsymbol{u}_j$ 的势函数为矢量之和，即 $\nabla p_j + \rho_j \boldsymbol{g}$，式中，$p_j$ 表示连续相 j 中的压力，$\boldsymbol{g}$ 为重力矢量，被假定为常数，其方向指向地球中心。从此处开始，假定平行于 $\boldsymbol{g}$ 坐标的方向为正方向，并远离地球的中心。重力矢量可表示成

$$\boldsymbol{g} = g\nabla D_z \tag{2.19}$$

式中，g 为重力矢量的大小，D_z 为某一水参照平面以下的正向距离，通常指深度，对于与参照面成一定倾角的笛卡尔坐标而言，∇D_z 为参照面坐标与纵坐标之间的倾角余弦的矢量。

渗透率 K 的张量形式代表各向异性的可渗透介质，其所处的坐标轴与 K 的主轴方向不一致。从 K 的结果来看，它包含可渗透介质所有的基本性质，包括 ϕ、K、α_{lj}、α_{tj} 和 τ 等。这些性质和其空间分布都具有相应的地质特征，与其各自的流动路径有关。

表 2.2 中方程（2.2-6）的其他变量有相 j 的相对流度 λ_{rj}，它被定义为相对渗透率 K_{rj} 与黏度 μ_j 的比值，即

$$\lambda_{rj} = \frac{K_{rj}(S, \omega, x)}{\mu_j(\omega, u_j)} \tag{2.20}$$

方程（2.20）可将 λ_{rj} 分解成岩石—流体性质 K_{rj} 和流体特性 μ_j。K_{rj} 为可渗透介质被相 j 润湿的趋势函数，也是孔隙大小分布和各相饱和度的函数（见第 3 章）。μ_j 与相组成有关，如果相 j 为非牛顿型流体，则它也是表观速度 u_j 的函数（见第 8 章）。通常可以通过实验方法测定出相对渗透率 K_{rj} 和黏度 μ_j，然后得到 λ_{rj}。方程（2.2-6）中的乘积 $\lambda_{rj}K$ 为

$$\lambda_{rj}K = \frac{K_j}{\mu_j} \tag{2.21}$$

式中，K 为相对渗透率的张量，这种表达式中考虑了相对渗透率的各向异性。但没有对这些相对渗透率的各向异性性质进行详细的介绍。因此，此处的相对渗透率仍然是一个标量函数（即 $K_j=K_{rj}K$）。相对渗透率和黏度都属于化学性质。

在典型单元体积中，流动的任意两相相压力之间的差值为毛细管压力，被定义为方程（2.2-7）。相 j 和相 n 之间的毛细管压力与相对渗透率一样，都是一些相同变量的函数（Fatt 和 Dykstra，1951）。考虑相 j 固定时的所有毛细管压力的集合 $\{p_{c1j}, p_{c2j}, \cdots, p_{cN_pj}\}$ 为 N_P-1 个独立的关系式。忽略 $p_{cjj}(=0)$ 时的情况，正好有 N_P-1 个毛细管压力。任意其他两相 k 和 n 之间的毛细管压力 p_{ckn} 可以表示为初始条件下各数据的线性集合，即

$$p_{ckn} = p_k - p_n = (p_k - p_j) + (p_j - p_n) = p_{ckj} + p_{cjn} \tag{2.22}$$

因此，只存在 N_P-1 个毛细管压力关系式，他们通常是在稳定条件下通过实验测定的，将在第 3 章中详细地讨论毛细管压力。

压力 p_j 为连续相的压力，当不存在压力时，相 j 会以分散"珠状"的形式存在。在后一种情况中，相与相之间的压力差仍然是存在的，并且能反映出可渗透介质的局部孔隙形状，单独依靠方程（2.2-7）中的函数时，无法确定其唯一解。

方程（2.2-8）至方程（2.2-10）是根据质量分数和相饱和度的定义得到的。方程（2.2-11）至方程（2.2-14）为相 j 或固相中组分 i 反应速率的定义式。如果其对 R_i 成立，则在某一相中不可能存在因化学反应产生的净质量聚集。因此，反应速率项 r_{ij} 和 r_{is} 将与方

程（2.2–13）和方程（2.2–14）相同，其和为零。

2.2.7 局部热力学平衡

方程（2.2–15）和方程（2.2–16）为与典型单元体积内流动相和固相质量分数有关的关系式。这些关系式可以通过各组分在各相中的物质平衡方程得到

$$\frac{\partial W_{ij}}{\partial t} + \boldsymbol{\nabla} \cdot \boldsymbol{N}_{ij} = R_{ij} + r_{mij}$$

式中，W_{ij}、$\boldsymbol{N}_{ij}$ 和 R_{ij} 中的第二个下角标表示初始定义中对所有项求和时的某一相。r_{mij} 表示组分 i 进入相 j 或流出相 j 时的质量流量。为了与方程（2.11）保持一致，必须假定 $\sum_{j=i}^{N_p} r_{mij} = 0$，该关系式是根据界面处无法进行物质的积聚而得出的。由于组分 i 在所有流动相中的平衡方程总和为方程（2.11），则应该存在 N_c（$N_p - 1$）个独立的相平衡。对于固相而言，也存在 N_c 个相平衡，因此，独立关系式的总数为 $N_c N_p$。也存在同样数量的附加未知数 r_{mij}，必须对他们进行单独地说明。

虽然相平衡在形式上是正确的，但需要大量额外的工作才会使其变得有用，但更为实际的做法是假设存在局部热力学平衡，即组分 i 的质量分数与热力学平衡方程有关（Pope 和 Nelson，1978）。对于流体在天然可渗透介质中的渗流过程而言，假设在各相之间存在局部平衡通常是比较合理的（Raimondi 和 Torcaso，1965），但碱驱时发生的高速渗流或淋滤型流动是一种特例。有关局部平衡近似理论（LEA）的相关内容，可以参考 Lake 等（2002）发表的相关文献。

如果局部平衡能够适用，则可以根据 Gibbs 相率推导出独立标量方程的 $N_c N_p$ 数（见第 4 章）。对于某种特定提高采收率方法而言，这些平衡关系式本身是一些强函数，并且通过较简单的相平衡理论，就可以了解特定提高采收率方法中的许多重要相态特征。在第 4 章中还将详细地讨论相态特征，同时还专门安排了相应的章节对溶剂驱、化学驱和热力采油等方法进行了详细介绍。

表 2.2 中的最后一组方程（2.2–17）为状态方程，它将密度、组分、温度和压力等联系起来。对于处于局部热力学平衡时的渗流过程而言，理论上流动时的相平衡关系式可由第 4 章中的相态方程推导得到，即方程（2.2–15）和方程（2.2–16）。它使得平衡关系式与状态方程之间保持着一定程度的内在一致性。然而，在本书中，仍采用简单的平衡关系式用作教学之用。

2.2.8 相平衡方程

另一个重要的方程组是相平衡方程，对于特定的相而言，可以推导出相平衡方程：

$$\frac{\partial}{\partial t}\left(\varepsilon_j \rho_j\right) + \boldsymbol{\nabla} \cdot \left(\rho_j \boldsymbol{u}_j\right) = \sum_{i=1}^{N_c} r_{mij}, \quad j = 1, \cdots, N_P \tag{2.23}$$

式中，使用表 2.2 中的方程（2.2–13）和方程（2.2–14）和 $\sum_{i=1}^{N_c} \boldsymbol{\nabla} \cdot \boldsymbol{j}_{Dij} = \boldsymbol{\nabla} \cdot \sum_{i=1}^{N_c} \boldsymbol{j}_{Dij} = 0$（即相中的净弥散通量为 0）。只有当通量被写成质量平均渗流速度（见练习题 2.4）时，弥

散通量项才能完全消失。然而，当通量被写成体积平均渗流速度时，也是近似正确的。相平衡方程对于多相渗流的数值模拟是非常有帮助的。总之，此时的流体是非混相的，使得相的组成能够固定不变。

假设不存在质量交换和吸附作用，即 $r_{mij}=0$ 则方程（2.23）可以化简为非混相时的相平衡方程，

$$\frac{\partial}{\partial t}\left(\varepsilon_j \rho_j\right)+\boldsymbol{\nabla}\cdot\left(\rho_j \boldsymbol{u}_j\right)=0 \quad j=1,\cdots,N_P \tag{2.24}$$

式中，$\varepsilon_j=\phi S_j$ 来自方程（2.12），N_P 只代表流动相。当方程不能发生变形时，方程的解将是非常复杂的，因此，固相方程可以被忽略，即 $(1-\phi)\rho_s$ 为临时常数。

2.2.9　连续性方程

将方程（2.15）对 N_C 个组分进行求和，可以得到连续性方程或总物质平衡方程。也可以将方程（2.23）对 N_P 个相和固相进行求和，得到连续性方程。连续性方程为：

$$\frac{\partial}{\partial t}\left[\phi\sum_{j=1}^{N_P}\rho_j S_j+(1-\phi)\rho_s\right]+\boldsymbol{\nabla}\cdot\left(\sum_{j=1}^{N_P}\rho_j \boldsymbol{u}_j\right)=0 \tag{2.25}$$

利用表 2.2 中的方程（2.2–5）和方程（2.16），可以将方程（2.25）写成压力和饱和度的导数形式，此方程为压力方程的形式。

2.3　能量平衡方程（热力学第一定律）

对于蒸汽驱、注热水驱和火烧油层等部分最重要的提高采收率方法和油井增产措施而言，温度会随着空间和时间的变化而发生变化。表 2.2 中的方程同样也能适用于非等温渗流过程，但在方程中会存在一个附加的因变量（即温度）。使问题能够得以确定的附加方程为能量平衡方程，或热力学第一定律。热力学第一定律基于对各种热力学性质变化量不断观察的结果，使得总能量（包括内能、势能、动能、热能和功）是平衡的。

为了达到所需目的，可将能量平衡方程或热力学第一定律写成

$$\left\{\begin{array}{l}能量在V中\\的积聚流量\end{array}\right\}=\left\{\begin{array}{l}进入V中的\\能量净流量\end{array}\right\}+\left\{\begin{array}{l}在V中产生\\的能量流量\end{array}\right\} \tag{2.26}$$

式中，V 为如图 12.3 所示的任意体积。方程（2.26）从左至右分别为积聚项、通量相和源项。联立组分平衡方程（2.21）和方程（2.26），可以缩短推导的过程。采用第 2.2 节中类似的方法，方程（2.26）可以写成

$$\{能量在V中的积聚流量\}=\frac{\mathrm{d}}{\mathrm{d}t}\{V中的总能量\}$$
$$=\frac{\mathrm{d}}{\mathrm{d}t}\left\{\int_V \sum_{j=1}^{N_P}\varepsilon_j \rho_j\left(\hat{U}_j+\frac{1}{2}|\boldsymbol{v}_j|^2-gD_z\right)\mathrm{d}V\right\} \tag{2.27}$$

式中，总能量包括内能、动能和势能，则方程（2.27）可写成

$$\{能量在V中的积聚流量\} = \frac{\mathrm{d}}{\mathrm{d}t} \int_V \left(\rho \hat{U} + \frac{1}{2} \rho |\boldsymbol{v}|^2 - \rho g D_z \right) \mathrm{d}V \tag{2.28}$$

式中，$\hat{U}$ 为总比内能，即总能量 / 总质量，ρ 为方程（2.16）中的总密度，在方程（2.28）中，$1/2\left(\rho|\boldsymbol{v}|^2\right)$ 项表示单位总体积内的总动能，$-\rho g D_z$ 为将低于水平面垂向深度作为参照时总体积内的总势能。

方程（2.26）中的其他项可表示为

$$\frac{\mathrm{d}}{\mathrm{d}t} \int_V \left(\rho \hat{U} + \frac{1}{2} \rho |\boldsymbol{v}|^2 - \rho g D_z \right) \mathrm{d}V = -\int_V \boldsymbol{\nabla} \cdot \boldsymbol{E} \mathrm{d}V + \dot{W} \tag{2.29}$$

式中，$\boldsymbol{E}$ 和 $\dot{W}$ 分别代表能量通量项和能量源项，后续会给出他们的具体形式。方程右侧第一项前的负号是为了使能量通量项在流体流入体积 V 时为正值。有关热力学第一定律应用于相态特征中的详细方法见第 4 章。

与方程（2.29）中的其他项相比，源项则需要进行更多地研究。当不存在外来热源时，方程（2.29）表示的开放式系统在形成热力学第一定律时，需要 $\dot{W}$ 项仅由不同类型的功组成。外来热源项通常可以通过边界条件进行处理。当然，反应热、汽化热和溶解热在某些提高采收率方法中也是非常重要的，但是，他们在方程的积聚项和通量项中以隐式函数的形式存在。尽管还有可能存在其他形式的功，但此处仅考虑克服压力场时的功率 $\dot{W}_{\mathrm{PV}}$。在推导过程中，由于体积 V 被假定是固定不变的，因此不存在压缩功和膨胀功。

在图 2.3b 中，考虑多相多组分渗流时穿过 ΔA 的某个流体单元，由于功是力与距离的乘积，功率是力与速度的乘积，因此，穿过 ΔA 时所作的功为 $\Delta \dot{W}_{\mathrm{PV}}$，

$$\Delta \dot{W}_{\mathrm{PV}} = -\sum_{j=1}^{N_{\mathrm{P}}} p_j \Delta A \boldsymbol{n} \cdot \boldsymbol{u}_j \tag{2.30}$$

式中，$p_j \Delta A \boldsymbol{n}$ 项为相 j 中的压力对 ΔA 的作用力。当使用矢量力和速度时，方程（2.30）中的标量乘积表示功率的一般定义。方程（2.30）中的负号用来满足热力学符号之间的一般转换，因为在流入 V（$\boldsymbol{n} \cdot \boldsymbol{u}_j$）中流动单元上所作的功 $\Delta \dot{W}_{\mathrm{PV}}$ 必须为正值。总压力 / 体积为方程（2.30）在整个表面单元上的总和，求和时，取最大的 ΔA 趋近于 0，即可以转变成面积积分。对此积分使用散度定理方程（2.9），可得到 $\dot{W}_{\mathrm{PV}}$ 的最终形式：

$$\dot{W}_{\mathrm{PV}} = -\int_V \sum_{j=1}^{N_{\mathrm{P}}} \boldsymbol{\nabla} \cdot \left(p_j \boldsymbol{u}_j \right) \mathrm{d}V \tag{2.31}$$

以上功的表达式能与方程（2.29）很好地吻合，因为 V 是任意的，可以得到能量平衡方程的具体形式：

$$\frac{\partial}{\partial t}\left(\rho\hat{U}+\frac{1}{2}\rho|\boldsymbol{v}|^{2}-\rho gD_{z}\right)+\boldsymbol{\nabla}\cdot\boldsymbol{E}+\sum_{j=1}^{N_{P}}\boldsymbol{\nabla}\cdot\left(p_{j}\boldsymbol{u}_{j}\right)=0 \tag{2.32}$$

能量通量由流动相（内能、动能和势能）的热对流作用、热传导作用和热辐射作用构成，所有其他形式的能量源项可以忽略不计，则

$$\boldsymbol{E}=\sum_{j=1}^{N_{P}}\rho_{j}\boldsymbol{u}_{j}\left(\hat{U}_{j}+\frac{1}{2}|\boldsymbol{v}_{j}|^{2}-gD_{z}\right)+\boldsymbol{q}_{\mathrm{c}}+\boldsymbol{q}_{\mathrm{r}} \tag{2.33}$$

为了简化，在下面的讨论中忽略热辐射作用，尽管这种作用机制在井中热损失和某些含有热磁作用的提高采收率和油田增产措施中是很重要，但对于多相流而言，热传导通量由 Fourier 定律给出，即

$$\boldsymbol{q}_{\mathrm{c}}=-k_{\mathrm{Tt}}\boldsymbol{\nabla}T \tag{2.34}$$

式中，k_{Tt} 为总热传导系数（标量），它与各相饱和度、液相热传导系数 k_{Tj} 和固相热传导系数 k_{Ts} 有关，其中，k_{Ts} 是已知的（见第 11 章）。方程（2.34）和方程（2.2-2）中的弥散通量项之间的差异比较明显。此时，通过假设典型单元体积内所有相的温度是相同的，可以在该定义中引入局部热平衡的条件。

将方程（2.33）和方程（2.34）代入方程（2.32）中，得

$$\frac{\partial}{\partial t}\left(\rho\hat{U}+\frac{1}{2}\rho|\boldsymbol{v}|^{2}-\rho gD_{z}\right)+\boldsymbol{\nabla}\cdot\left[\sum_{j=1}^{N_{P}}\rho_{j}\boldsymbol{u}_{j}\left(\hat{U}_{j}+\frac{1}{2}|\boldsymbol{v}_{j}|^{2}-gD_{z}\right)\right]-\boldsymbol{\nabla}\cdot\left(k_{\mathrm{Tt}}\boldsymbol{\nabla}T\right)+\sum_{j=1}^{N_{P}}\boldsymbol{\nabla}\cdot\left(p_{j}\boldsymbol{u}_{j}\right)=0 \tag{2.35}$$

能量通量项的第一个加和与压力—体积功的表达式可以合并，得

$$\frac{\partial}{\partial t}\left(\rho\hat{U}+\frac{1}{2}\rho|\boldsymbol{v}|^{2}-\rho gD_{z}\right)+\boldsymbol{\nabla}\cdot\left[\sum_{j=1}^{N_{P}}\rho_{j}\boldsymbol{u}_{j}\left(\hat{H}_{j}+\frac{1}{2}|\boldsymbol{v}_{j}|^{2}-gD_{z}\right)\right]-\boldsymbol{\nabla}\cdot\left(k_{\mathrm{Tt}}\boldsymbol{\nabla}T\right)=0 \tag{2.36}$$

式中，$\hat{H}_{j}=\hat{U}_{j}+p_{j}/\rho_{j}$ 被定义为单元质量中相 j 的焓。

该部分中讨论的能量平衡方程和表 2.3 中的方程都是总平衡方程，这意味着典型单元体积上所有的平衡方程中都包含所有的相。与物质平衡方程部分相同，也可以写出每一相或每一组分的能量平衡方程。这些平衡方程中包含描述相与相之间能量流量项，并且不需要假设典型单元体积内所有相的温度都相等。

表 2.3　可渗透介质中非等温渗流时能量平衡方程具体表达式的定义和本构关系

方程	名称	独立标量方程的数量 [*]	因变量 [**]	
			变量	数目
$\rho\hat{U}=\phi\sum\limits_{j=1}^{N_{P}}\rho_{j}S_{j}\hat{U}_{j}+(1-\phi)\rho_{s}\hat{U}_{s}$　(2.3-1)	总内能	1	$\hat{U}_{j},\ \hat{U}_{s}$	$N_{P}+1$

方程	名称	独立标量 方程的数量[*]	因变量[**]	
			变量	数目
$U_j = \sum\limits_{i=1}^{N_c} \omega_{ij} \hat{U}_{ij}$ $U_s = \sum\limits_{i=1}^{N_c} \omega_{is} \hat{U}_{is}$ （2.3–2）	相内能	N_P	$\hat{U}_{ij}$	$N_P N_C$
		1	$\hat{U}_{is}$	N_C
$H_j = \sum\limits_{i=1}^{N_c} \omega_{ij} \hat{H}_{ij}$ （2.3–3）	相焓	N_P	$\hat{H}_{ij}$	$N_P N_C$
$\hat{U}_{ij} = \hat{U}_{ij}\left(T, p_j, \omega\right)$ $\hat{U}_{is} = \hat{U}_{is}\left(T, p_j, \omega\right)$ （2.3–4）	偏内量内能	$N_P N_C$		
		N_C		
$\hat{H}_{ij} = \hat{H}_{ij}\left(T, p_j, \omega\right)$ （2.3–5）	偏质量焓	$N_P N_C$		

* 总独立方程（包括方程 2.36 中的一个具体形式方程）=$2N_P N_C + 2N_P + N_C + 3$。

** 总因变量（包括方程 2.36 中的 $N_P + 2$ 个变量）=$2N_P N_C + 2N_P + N_C + 3$。

如果体积 V 不再是恒定的，并且存在压力—体积功和压缩功/膨胀功时（见练习题 2.16），也可以获得方程（2.36）。例如假设当某控制体积穿过只有能量流动的界面（热力学中称之为封闭系统）时，系统中体积 V 膨胀或压缩的速率与流体流动速率相同。在这种情况下，当体积 V 发生变化时，在 V 的边界上会产生压缩功/膨胀功，而压力—体积功为 0，这是因为没有质量流量流入体积 V 中，这种类型的功可以表示为 $\Delta \dot{W}_{CE} = \boldsymbol{F}_{ext} \cdot \boldsymbol{u}$，它为外力作用在速度矢量 $\boldsymbol{u}$ 上的乘积。功与外界压力或外界作用力总有关。如果外界压力为 0，由于没有周边提供阻力，因此在控制体积内不存在功，则体积 V 在某表面单元上的功的流量为

$$\Delta \dot{W}_{CE} = -\sum_{j=1}^{N_P} p_j \Delta A \boldsymbol{n} \cdot \boldsymbol{u}_j \tag{2.37}$$

该方程与方程（2.30）等价。求解方法如前所述，但是当体积 V 随时间发生改变时，在达西速度 $\boldsymbol{u}_j$ 条件下，积聚项会根据 Leibnitz 规则产生变形（Slattery，1972），即

$$\frac{d}{dt}\int_V \sum_{j=1}^{N_P}\left[\varepsilon_j \rho_j\left(\hat{U}_j + \frac{1}{2}\left|\boldsymbol{v}_j\right|^2 - gD_z\right)\right]dV = \int_{V(t)}\frac{\partial}{\partial t}\sum_{j=1}^{N_P}\left[\varepsilon_j \rho_j\left(\hat{U}_j + \frac{1}{2}\left|\boldsymbol{v}_j\right|^2 - gD_z\right)\right]dV +$$

$$\int_{A(t)}\nabla \cdot \sum_{j=1}^{N_P}\left[\rho_j \boldsymbol{u}_j\left(\hat{U}_j + \frac{1}{2}\left|\boldsymbol{v}_j\right|^2 - gD_z\right)\right]dA$$

也可以通过结合表面单元面积与垂直于表面单元的速度矢量，即 $\Delta q_{j\perp} = \boldsymbol{n} \cdot \Delta A \boldsymbol{u}_j = \boldsymbol{n} \cdot \Delta \boldsymbol{q}_j$，

将方程（2.37）改写成更加常见的形式，然后对所有的表面单元进行积分，取最大的 ΔA 趋近于 0，得

$$\dot{W}_{\text{CE}} = -\sum_{j=1}^{N_{\text{P}}} \int_{q_{j\perp \in A(t)}} p_j \mathrm{d}q_{j\perp} \tag{2.38}$$

进而，当相压力沿着体积 V 的边界保持不变时，则相压力可以穿过整个积分，得：

$$\dot{W}_{\text{CE}} = -\sum_{j=1}^{N_{\text{P}}} p_j \frac{\mathrm{d}V_j}{\mathrm{d}t} \tag{2.39}$$

方程（2.39）中的 V_j 表示体积 V 内相 j 的总体积。只要压力在边界处保持不变，则无论体积 V 的形状或大小如何变化，方程（2.39）都是有效的。

● **辅助关系式**

表 2.3 中归纳的方程与表 2.2 中的方程都能够对非等温流体流动问题进行完整地描述，其中前三个方程已经在前面进行了详细地介绍。

单元总体积内的能量浓度必须包括所有流动相和固相的内能

$$\rho\hat{U} = \phi\sum_{j=1}^{N_{\text{P}}} \rho_j S_j \hat{U}_j + (1-\phi)\rho_{\text{s}}\hat{U}_{\text{s}}$$

式中，$\hat{U}_j$ 为相 j 单元质量内的内能，该方程为表 2.3 中的方程（2.3–1）。

总动能项包括所有流动相的动能，

$$\frac{1}{2}\rho|\boldsymbol{v}|^2 = \phi\sum_{j=1}^{N_{\text{P}}} \left(\frac{1}{2}\rho_j S_j |\boldsymbol{v}_j|^2\right) \tag{2.40}$$

式中，忽略固相的速度。

具体某相的比内能 $\hat{U}_j$ 和比焓 $\hat{H}_j$ 都与温度 T、压力 p_j 和组成 ω_{ij} 有关。表 2.3 中的方程（2.3–2）就表示这种依存关系，式中具有双下角标的内能（和焓）均为偏质量数。如表 2.3 中的方程（2.3–4），偏质量数类似于热力学中的偏摩尔数（Sandler，2006）。例如当所有其他变量为常数时，相 j 中组分 i 的偏质量内能是随组成 ω_{ij} 发生改变时内能 $\hat{U}_j$ 的改变量，即

$$\hat{U}_{ij} = \left(\frac{\partial\hat{U}_j}{\partial\omega_{ij}}\right)_{p_j,\ T,\ \omega_{kj,k\neq i}} \tag{2.41}$$

对于 $\hat{U}_{is}$ 和 $\hat{H}_{is}$ 而言，也存在类似的结论。偏质量性质本身可以根据状态方程 [表 2.2 中的方程（2.2–17）] 或以温度、压力和组成为变量的经验关系式进行估算。

表 2.3 中的方程（2.3–2）和方程（2.3–3）已经被转换成简单表达式。例如当相 j 为理想溶液时，偏质量数为纯组分数，他们仅是压力和温度的函数。另外，当相 j 为理想气体

时，偏质量数 $\hat{U}_j$ 和 $\hat{H}_j$ 仅是温度的函数。

表 2.2 和表 2.3 中列出的方程是非常完整的，但是只有当存在一系列完成的初始条件和边界条件时，方程才能够被求解出。

2.4　熵平衡方程

总质量和能量的平衡方程对于求解许多热力学问题而言，仍然是不够充分的。例如经验证明，大冷天时池塘并不会凝固，相反，它会接近周围环境的温度。但是，热力学第一定律能够解释为什么池塘会结冰（即热量损失进入周围环境中）或升温（即从周围环境中获得能量）。换言之，能量转移的方向与热力学第一定律无关，必须引入更多的理论来描述发生这种变化时的可能性。

只要不存在外界影响（这使得控制体积成为一个独立的控制体积或不存在能量转移或质量转移的控制体积），那么浓度、温度和压力的变化都会最终消失，这些物理性质最终会达到不随时间发生变化的状态，这种状态被称为平衡状态，第 4 章中将讨论研究平衡状态时的必要性，而此处先引入熵这一概念。

热力学第二定律提供了一种数学表达式来描述通过热力学性质达到平衡时的单向变化，这种变化被称为熵。熵也可以被用来描述平衡状态本身。尽管对熵这一概念还比较陌生，但它是一种特性，类似于内能和焓。与内能和焓一样，必须通过敏感的热力学性质（如温度、压力和体积）来求出熵。

热力学第二定律中一个最佳的定义是在孤立系统中从高概率状态（有序、低熵）到低概率状态（混乱、高熵），直至最大熵值达到平衡的过程，总使整个系统的熵值增加。这一熵值的增加（或产生）总与控制体积内的原始梯度有关，随着流体混合或热量交换的不断进行，体系中熵增的速率会随时间的增加而减小。如果某系统最初处于平衡状态，并且一直保持这种状态时，则熵值不会增加。

熵平衡中，可以使用数学方程来表示过程达到平衡时的趋势。熵平衡的推导步骤与热力学第一定律类似，但是，熵会随着流体的不断被混合或热量的不断被交换而发生改变。非孤立控制体积内熵值的变化与质量运移以及热量与周围环境之间的交换方向和大小等有关。熵平衡的表达式为：

$$
\left\{\begin{array}{l}\text{体积}V\text{中熵}\\\text{的积聚速率}\end{array}\right\}=\left\{\begin{array}{l}\text{进入体积}V\text{中}\\\text{熵的净速率}\end{array}\right\}+\left\{\begin{array}{l}\text{在体积}V\text{中熵}\\\text{的生成速率}\end{array}\right\} \tag{2.42}
$$

式中，V 为图 2.3 中的任意体积。与第 2.3 节中热力学第一定律的方法对比，则在体积 V 中，方程（2.42）中的积聚项可以写成：

$$
\{\text{体积}V\text{中熵的积聚速率}\}=\frac{\mathrm{d}}{\mathrm{d}t}\{\text{体积}V\text{中的总熵}\}=\frac{\mathrm{d}}{\mathrm{d}t}\left[\int_V\sum_{j=1}^{N_\mathrm{P}}\left(\varepsilon_j\rho_j\hat{S}_j\right)\mathrm{d}V\right] \tag{2.43}
$$

式中，总熵中包括了所有相的贡献，$\hat{S}_j$ 为相 j 的比熵，被定义为单位相 j 质量中相 j 的熵。方程（2.43）可以写成：

$$\frac{\mathrm{d}}{\mathrm{d}t}\left[\int_V \sum_{j=1}^{N_P} \left(\varepsilon_j \rho_j \hat{S}_j\right)\mathrm{d}V\right] = -\int_A \left(\boldsymbol{n}\cdot\boldsymbol{S}\right)\mathrm{d}V + \int_V \dot{\sigma}_G \mathrm{d}V \tag{2.44}$$

方程右边的第一项为熵通量项，第二项为单位体积中熵增的速率。

进入体积 V 中熵的净速率是热量和质量从周围环境进入体积 V 中的结果。由于平流运移作用产生熵运移时的处理方法，与能量变化时的情况相似。因此，由于质量对流和热量交换作用产生的总熵为

$$\boldsymbol{S} = \sum_{j=1}^{N_P} \rho_j \boldsymbol{u}_j \hat{S}_j + \frac{\boldsymbol{q}_c}{T} \tag{2.45}$$

类似于平衡方程，假设典型单元体积内所有相的温度 T 相同。将方程（2.45）代入方程（2.44），得

$$\frac{\mathrm{d}}{\mathrm{d}t}\left[\int_V \sum_{j=1}^{N_P} \left(\varepsilon_j \rho_j \hat{S}_j\right)\mathrm{d}V\right] = -\int_A \boldsymbol{n}\cdot\sum_{j=1}^{N_P} \left(\rho_j \boldsymbol{u}_j \hat{S}_j\right)\mathrm{d}V - \int_A \left(\boldsymbol{n}\cdot\frac{\boldsymbol{q}_c}{T}\right)\mathrm{d}V + \int_V \dot{\sigma}_G \mathrm{d}V \tag{2.46}$$

方程（2.46）是熵平衡的简单形式。

为了获得具体表达式，将时间导数引入体积积分中（体积 V 是固定不变的），应用散度定理，将所有的项集中在同一个体积积分下，由于 V 是任意的，假定乘积为零，则

$$\frac{\partial}{\partial t}\left(\sum_{j=1}^{N_P} \varepsilon_j \rho_j \hat{S}_j\right) = -\nabla\cdot\left(\sum_{j=1}^{N_P} \rho_j \boldsymbol{u}_j \hat{S}_j\right) - \nabla\cdot\frac{\boldsymbol{q}_c}{T} + \dot{\sigma}_G \tag{2.47}$$

类似于第 2.3 节中的步骤，对于随时间发生变化的体积 V 而言，方程（2.47）仍然可以被推导出来。

● **热力学第二定律**

不等式 $\dot{\sigma}_G \geqslant 0$ 即为热力学第二定律，当达到平衡时，等号成立。这一简单条件给能量的双向运移带来了限制作用。方程（2.47）与前面的论述相吻合，当方程右侧的前两项为零时，孤立控制体积中的熵会不断地增加。

下面将讨论控制体积中熵增与（压力或温度）梯度之间的关系，当某控制体积内的梯度始终可以被忽略不计时，则该控制体积中熵增也是可以忽略不计的。

通过假设单相流动和忽略动能或势能之间的变化，可以很容易地获得熵增与梯度之间的关系。质量、能量和熵平衡方程分别为

$$\frac{\partial}{\partial t}\left(\phi\rho\right) = -\nabla\cdot\left(\rho\boldsymbol{u}\right)$$

$$\frac{\partial}{\partial t}\left(\phi\rho\hat{U}\right) = -\nabla\cdot\left(\rho\boldsymbol{u}\hat{U}\right) - \nabla\cdot\left(p\boldsymbol{u}\right) - \nabla\cdot\boldsymbol{q}_c$$

和

$$\frac{\partial}{\partial t}\left(\phi\rho\hat{S}\right) = -\nabla\cdot\left(\rho\boldsymbol{u}\hat{S}\right) - \frac{1}{T}\nabla\cdot\boldsymbol{q}_{\mathrm{c}} + \frac{\boldsymbol{q}_{\mathrm{c}}}{T^2}\cdot\nabla T + \dot{\sigma}_{\mathrm{G}}$$

式中，熵平衡方程中的热传导项被展开，同时使用焓的定义式 $\hat{H}=U+p/\rho$。忽略最后两个公式中的 $\nabla\cdot\boldsymbol{q}_{\mathrm{c}}$ 项，重新整理方程，并进行全微分（即 $\dfrac{\mathrm{d}}{\mathrm{d}t}=\partial/\partial t+\boldsymbol{v}\cdot\nabla$），得

$$\phi\rho\left(\frac{\mathrm{d}\hat{S}}{\mathrm{d}t} - \frac{1}{T}\frac{\mathrm{d}\hat{U}}{\mathrm{d}t} - \frac{p}{T}\frac{\mathrm{d}\hat{V}}{\mathrm{d}t}\right) = \frac{1}{T}\boldsymbol{u}\cdot\nabla p + \frac{\boldsymbol{q}_{\mathrm{c}}}{T^2}\cdot\nabla T + \dot{\sigma}_{\mathrm{G}} \tag{2.48}$$

式中，$\hat{V}=1/\rho$ 的假设条件为孔隙度为常数，即 $\nabla\cdot\boldsymbol{u}=\phi\rho\left(\dfrac{\mathrm{d}\hat{V}}{\mathrm{d}t}\right)$。

方程（2.48）中的左侧描述了热力学性质随时间而发生的变化，根据熵的定义，应该为零。公式（2.48）的右侧包括了有关压力梯度和温度梯度项。因此，由于熵增与空间梯度有关，则有

$$\dot{\sigma}_{\mathrm{G}} = -\frac{1}{T}\left(\boldsymbol{u}\cdot\nabla p\right) - \frac{1}{T^2}\left(\boldsymbol{q}_{\mathrm{c}}\cdot\nabla T\right) \tag{2.49}$$

将平面单相流时的达西公式 $\boldsymbol{u}=-\left(\boldsymbol{K}/\mu\right)\cdot\nabla p$ 和热传导 Fourier 定律代入方程（2.49）中，得

$$\dot{\sigma}_{\mathrm{G}} = \frac{1}{T}\left[\left(\frac{\boldsymbol{K}}{\mu}\cdot\nabla p\right)\cdot\nabla p + \left(\frac{k_{\mathrm{Tt}}}{T}\nabla T\right)\cdot\nabla T\right] \tag{2.50}$$

方程（2.50）表明熵增与压力梯度以及温度梯度的平方成正比。因此，当梯度很小时，即当他们达到平衡时，或当梯度在一系列准平稳梯级上变化幅度都很小时（比如可逆条件时），熵增会很小。因此，熵增的速率可以用来衡量过程的不可逆程度。

由于方程（2.50）中的参数为正值，梯度的二次方也为正值，因此在方程（2.50）中，$\dot{\sigma}_{\mathrm{G}}\geqslant 0$。熵增的表达式也可以扩展至多组分流、扩散通量、电流流动和其他过程中。

2.5　物质平衡方程具体表达式的几种特例

此处将介绍方程（2.3）的相平衡方程以及方程（2.15）和表2.2、表2.3中的总组分方程在应用时的几个特殊示例。每种特例都可以用来描述可渗透介质渗流时的多种提高采收率方法。通过前文中介绍的通用方程的简单表达式，结合一些辅助关系式和边界条件，可以准确地估算这些特例中的结果。本书中只讨论平衡方程的具体表达式，读者可以通过该讨论内容，自行建立其简单表达式。此处讨论的所有流动均为局部热力学平衡流动。

【例2.1】一维非混相流

如果各相的组成不发生改变，则相可以被称为非混相的。油水渗流就是非混相流的一个很好的示例，因为组分的集合体（被定义为油相）与水相接触的时候，其组成不发

生改变。当方程（2.23）中 $r_{\mathrm{m}ij}=r_{is}=0$ 或方程（2.2-1）和方程（2.2-2）中 $C_{ij}=\rho_j\omega_{ij}$ 为常数时，会产生非混相流。假设相组成保持不变，可以消除方程（2.2-2）中的弥散相。因此，可以将上述假设应用于方程（2.23）的相平衡方程中，则方程（2.23）可化简成方程（2.24），即

$$\frac{\partial}{\partial t}\left(\phi S_j \rho_j\right) + \nabla \cdot \left(\rho_j \boldsymbol{u}_j\right) = 0, \quad j = 1, \cdots, N_{\mathrm{P}}$$

然后，假设为地层倾角为 α 的可渗透介质中一维线性渗流，且岩石物性和流体特性保持恒定（即 ϕ 不随时间变化，ρ_j 不随时间和空间变化）时，求解其特殊表达式。因为孔隙度和相密度保持恒定，所以这些参数可以从各自的导数中移出，并消去相密度。进一步简化方程（2.24），得

$$\phi\frac{\partial S_j}{\partial t} + \frac{\partial u_j}{\partial x} = 0, \quad j = 1, \cdots, N_{\mathrm{P}} \tag{2.51}$$

为了减少求解压力的必要性，方程（2.51）通常被改写成分流量方程的形式，分流量被定义为

$$f_j = \frac{u_j}{u} \tag{2.52}$$

式中，$u = \sum_{j=1}^{N_{\mathrm{P}}} u_j$。由第 5 章和练习题 2.10 可知，$u$ 只与时间有关，f_j 只与饱和度有关，因此，可将方程（2.51）写成最终形式

$$\frac{\partial S_j}{\partial t} + \frac{u}{\phi}\frac{\partial f_j}{\partial x} = 0, \quad j = 1, \cdots, N_{\mathrm{P}} \tag{2.53}$$

为了求解方程（2.53）中的相饱和度 $S_j(x, t)$，需要知道内边界处注入的总体积流体通量 u 和 $N_{\mathrm{P}}-1$ 个相的实验分流量曲线（注意 $\sum_{j=1}^{N_{\mathrm{P}}} f_j = 1$）。方程（2.53）被称为分流量方程。

Buckely 和 Leverett（1941）首先对此方程在两相流动时进行了求解，利用该方法估算水驱采收率的方法被称为 Buckely–Leverett 理论（见第 5 章）。其他一些类似的示例，包括三相流和考虑组分影响（如相间传质和吸附作用）等，都可以求出其封闭解（Pope, 1980；Johns 等, 1993；Guzmán Ayala, 1995；LaForce 和 Johns, 2005）。

【例 2.2】一维混相流

上述分流量方程（2.53）适用于非混相流体的同时流动。现在讨论单相流体等温渗流中由许多组分同时流动的情况。这种情况与前者类似，但又正好相反。尽管只存在一个相在流动，且与组成无关，但是必须包括这些组分的对流作用和弥散作用。组成（或组分集合体）以任意的形式混合时，不会形成界面（即只存在一相）的情况被称为混相。

混相的过程主要包括：（1）使用某种溶剂从油藏中对原油进行真正的一次混相接触式

驱替；（2）不同类型的色谱过程，比如分析色谱法、分离色谱法、离子交换过程以及土壤和其他天然可渗透介质中的化学剂吸附过程；（3）淋滤过程，例如铀矿的开采；（4）在固定床反应器中发生的多种化学反应过程。

单向流时的方程（2.15）为

$$\frac{\partial(\phi\rho\omega_i)}{\partial t} + \frac{\partial}{\partial t}\Big[(1-\phi)\rho_s\omega_{is}\Big] + \nabla\cdot\Big[\rho\omega_i\boldsymbol{u} - \phi\boldsymbol{K}_i\cdot\nabla(\rho\omega_i)\Big] = R_i,\ i=1,\cdots,\ N_C \tag{2.54}$$

上述方程产生的原因是，除了某一相外，其余相的饱和度均为 0，且该剩余相的饱和度为 1。第二个下角标 j 此时是多余的，并且已经被省略掉。辅助方程（2.2-5）、方程（2.2-6）、方程（2.2-8）以及方程（2.2-11）至方程（2.2-17）仍然是需要的，而其他的方程在此处不再相关。这些方程中最主要的方程是方程（2.2-5）或达西定律，也对此做了大量的简化，得

$$\boldsymbol{u} = -\frac{\boldsymbol{K}}{\mu}\cdot(\nabla p - \rho\boldsymbol{g})$$

由于此时的相对渗透率为常数（通常为 1），将它归结为 $\boldsymbol{K}$。

对于混相剂（见第 7 章）而言，吸附项（即方程 2.54 中的第二项）可以被忽略，假设不存在化学反应（即 $R_i=0$），得

$$\frac{\partial(\phi\rho\omega_i)}{\partial t} + \nabla\cdot\Big[\rho\omega_i\boldsymbol{u} - \phi\boldsymbol{K}_i\cdot\nabla(\rho\omega_i)\Big] = 0,\ i=1,\cdots,\ N_C \tag{2.55}$$

当孔隙度和 $\boldsymbol{K}_i$ 保持恒定时，可以求得方程（2.55）中的一维线性渗流方程。令 $C_i=\omega_i\rho$ 为组分 i 的质量浓度，则有

$$\phi\frac{\partial C_i}{\partial t} + u\frac{\partial C_i}{\partial x} = \phi K_{li}\frac{\partial^2 C_i}{\partial x^2},\qquad i=1,\cdots,\ N_C \tag{2.56}$$

式中，K_{li} 为纵向弥散系数，此时它是一个标量，

$$K_{li} = \frac{D_i}{\tau} + \frac{\alpha_l|u|}{\phi} \tag{2.57}$$

这是通用定义式（即方程 2.13）的一个特例。D_i 通常被认为是常数，从而能够得到线性的对流—扩散（CD）方程，有时也被称为平流—弥散方程。许多简单的初始条件和边界条件下的封闭解也同样适用于这种对流—扩散方程（见第 5 章和第 7 章）。

【例 2.3】一维色谱分离方程

色谱分离指的是与固相接触时组分之间产生分离的现象。"色谱分离"中的"色"实际上指的是组分可以根据其特征颜色来进行识别。

色谱分离过程是方程（2.56）的一个特例。必须重新使用 C_{is}（$C_{is}=\rho\,\omega_{is}$）来描述组分 i 通过吸附反应时的积聚量，这是色谱分离过程的实质。这些吸附反应可以是表面吸附、固体基质表面离子间的相互交换以及沉淀—溶解反应等（见第 8 至第 10 章；Lake 等，2002）。在穿过可渗透介质时，以上这些过程将导致组分出现选择性分离。弥散作用不能改变色谱柱中的分离现象（Lake 等，2002），因此，可以忽略方程中的第二项，进而得到一系列强耦合（通过吸附项）的一阶偏微分方程：

$$\phi\frac{\partial C_i}{\partial t}+(1-\phi)\frac{\partial C_{is}}{\partial t}+u\frac{\partial C_i}{\partial x}=0, \quad i=1,\cdots,N_C \tag{2.58}$$

对于线性吸附作用而言，合并同类项，以阻滞因子的形式改写方程（2.58），得

$$\frac{\partial}{\partial t}\Big[\phi C_i+(1-\phi)C_{is}\Big]+u\frac{\partial C_i}{\partial x}=0, \quad i=1,\cdots,N_C \tag{2.59}$$

各组分的阻滞因子被定义为

$$D_i=\frac{(1-\phi)C_{is}}{\phi C_i}=\frac{(1-\phi)}{\phi}\rho_s K_{di} \tag{2.60}$$

式中，$K_{di}=\dfrac{\omega_{is}}{C_i}$ 为组分 i 的分配系数，它将吸附在固体表面的组分质量分数与单相混合物中组分的浓度联系在一起。将阻滞因子的定义代入方程（2.59）中，得

$$\frac{\partial}{\partial t}\Big[\phi C_i(1+D_i)\Big]+u\frac{\partial C_i}{\partial x}=0, \quad i=1,\cdots,N_C \tag{2.61}$$

当阻滞因子和孔隙度保持不变时，有

$$\phi\frac{\partial C_i}{\partial t}+\frac{u}{1+D_i}\frac{\partial C_i}{\partial x}=0, \quad i=1,\cdots,N_C \tag{2.62}$$

不考虑弥散作用时，方程（2.62）和方程（2.56）几乎是等价的。唯一的区别在于流速被 $(1+D_i)$ 相除，这将导致各组分的有效流速为 $u_{ei}=u(1+D_i)$。阻滞因子的命名也是非常合理的，因为它的存在使得组分穿过介质时的速度会明显减小。当不存在吸附作用时，阻滞因子为零，组分的运移速度与流体的流动速度相等。由于速度不断减小，因此阻滞因子也被称为迟滞因子（Lake 等，2002）。

【例 2.4】半混相流

在许多提高采收率方法中，可渗透介质中的流体仅仅依据严格意义上的混相和非混相来区分，是不切实际的。对于这些混相和非混相的情况，表 2.2 中的方程可简化为一个较简单的表达式，其中也包括了流动状态的复杂性。作为其中一个示例，假设不存在化学反

应时的多相（N_p）多组分（N_C）等温渗流。这种流动类型是溶剂提高采收率方法（第 7 章）和表面活性剂—聚合物复合驱（第 9 章）的典型特征。

首先，假设在整个驱替长度内，压力的变化对流体的性质没有影响，方程（2.15）除以相应纯组分的密度 ρ_i^0，得

$$\frac{\partial}{\partial t}\left[\phi\sum_{j=1}^{N_p}C_{ij}S_j+(1-\phi)C_{is}\right]+\nabla\cdot\left(\sum_{j=1}^{N_p}C_{ij}\boldsymbol{u}_j-\phi S_j\boldsymbol{K}_{ij}\cdot\nabla C_{ij}\right)=0,\quad i=1,\cdots,N_C \tag{2.63}$$

式中，在理想混合条件下，$C_{ij}=\rho_i\omega_{ij}/\rho_i^0$ 为相 j 中组分 i 的体积分数。理想混合意味着混合物的体积与各组分按其质量分数进行加权求和时得到的体积是相等的（见第 4 章）。由练习题 2.12 可以看出，该假设条件还可以适当地被放宽。

根据方程（2.18）对方程（2.63）中的 N_c 个组分进行求和，可以得到下面的简单表达式：

$$\frac{\partial}{\partial t}\left[\phi\sum_{j=1}^{N_p}\left(S_j\sum_{j=1}^{N_C}C_{ij}\right)+(1-\phi)\sum_{i=1}^{N_C}C_{is}\right]+\nabla\cdot\left[\sum_{j=1}^{N_p}\boldsymbol{u}_j\left(\sum_{j=1}^{N_C}C_{ij}\right)\right]=0,\quad i=1,\cdots,N_C \tag{2.64}$$

式中，弥散通量之和可以被抵消掉。因此，

$$\nabla\cdot\left(\sum_{j=1}^{N_p}\boldsymbol{u}_j\right)=\nabla\cdot\boldsymbol{u}=0 \tag{2.65}$$

式中，使用方程（2.2—10），即 $\sum_{i=1}^{N_c}C_{ij}=1$ 和 $\sum_{i=1}^{N_c}C_{is}=1$。对于一维渗流过程而言，方程（2.65）可以写成一维形式：

$$\frac{\partial}{\partial t}\left[\phi\sum_{j=1}^{N_p}C_{ij}S_j+(1-\phi)C_{is}\right]+u\frac{\partial}{\partial x}\left(\sum_{j=1}^{N_p}C_{ij}f_j\right)-\frac{\partial}{\partial x}\left(\sum_{j=1}^{N_p}\phi S_j K_{lij}\frac{\partial C_{ij}}{\partial x}\right)=0,\quad i=1,\cdots,N_C \tag{2.66}$$

即使按照上述假设，方程（2.66）仍然是通用方程，必须联系达西定律和相对流度、毛细管压力、质量分数、饱和度、状态方程和平衡方程等进行求解。这种形式的使用是非常方便的，主要是因为许多两相平衡和三相平衡一般是以体积分数表示的，而不是质量分数（见第 4 章）。

通常，讲总组分体积分数定义为 $C_i=\sum_{j=1}^{N_p}C_{ij}S_j$ 和将组分分通量定义为 $F_i=\sum_{j=1}^{N_p}C_{ij}f_j$。根据上述定义，假设孔隙度为常数且无吸附作用的非弥散渗流时，则方程（2.66）变为

$$\phi\frac{\partial C_i}{\partial t}+u\frac{\partial F_i}{\partial x}=0,\quad i=1,\cdots,N_C \tag{2.67}$$

该分通量方程将在第 7 章中使用，求出其解析解并用于分析混相驱的相关理论。

【例 2.5】含水层未饱和区域流动的 Richards（1931）流动

此处给出的通用方程也适用于地层水的流动。含水层被分为两部分，一部分是未饱和区域，它接近于地球表面，并且存在水和空气；另一部分是饱和区域，它位于未饱和区域的下方，只存在水相。分隔这两个区域的表面位于地下水位的附近。地下水位也被称为潜水面，因为钻穿至含水层的油井之间的水可以自由地流至该水位（Charbeneau，2000）。Richards 方程适用于未饱和区域。

首先，假设相平衡方程（方程 2.23）中不存在质量交换（即 $r_{mij}=0$），则

$$\frac{\partial}{\partial t}\left(\phi S_j \rho_j\right) + \nabla\left(\rho_j \boldsymbol{u}_j\right) = 0, \quad j=1, \ \cdots, \ N_P$$

式中，只存在两相，即水相和气（空气）相。假设这两相是无法混相的，因此该示例中相和组分是相同的。由于接近地面的空气处于低压状态，它的密度和黏度都接近于零，其对水相的流动阻力几乎为零（除非某处的水相流动孔隙体积中存在某种物理限制）。因此，可以等价地假设含水层中的空气在任何地方都处于大气压力下。由于只存在水相流动，且气相方程的求解非常复杂，通常可以被忽略，则水相方程变为

$$\frac{\partial}{\partial t}\left(\phi S \rho\right) + \nabla \cdot \left(\rho \boldsymbol{u}\right) = 0 \tag{2.68}$$

假设水相密度保持恒定，由于水相压力始终保持在大气压力附近，流动状态时也一样，则方程（2.68）变为

$$\frac{\partial}{\partial t}\left(\phi S\right) + \nabla \cdot \boldsymbol{u} = 0 \tag{2.69}$$

Richards 方程的表达式通常很正式，它包括水分含量（$\theta = \phi s$）、水力压头和水力传导等。水力压头的定义通常以大气压力和地表高度作为参照，即

$$h = \frac{p - p_{\text{atm}}}{pg} + z - z_{\text{gs}} \tag{2.70}$$

水力传导矢量被定义为 $\boldsymbol{K}' = \boldsymbol{K}\rho g/\mu$。根据上述定义，结合方程（2.2–5）和方程（2.69）可以得到 Richards 方程：

$$\frac{\partial \theta}{\partial t} - \nabla \cdot \left(K_r \boldsymbol{K}' \cdot \nabla h\right) = 0 \tag{2.71}$$

式中，$\nabla h = \nabla p / \rho g$，$K_r$ 为水相相对渗透率，它是含水饱和度（水分含量）的函数。尽管忽略了有关空气相的方程，但是空气相会通过相对渗透率来影响水相的流动。

Phillips（1957）将 Richards 方程改写成土壤学家常用的表达式，他将水力压头劈分成两个部分：吸水压头（$-\nabla \psi$）和静压头。其中，$\nabla h = -\nabla \psi + \nabla z$ 和 $\psi = p_c / \rho g = -p / \rho g$。

毛细管压力为水相压力的相反数，因为空气的压力假定是恒定不变的，且与大气压力相等，所以通常令其为零。吸水压头始终为正值，这是因为高于潜水面时，水一直处于张力状态（即高于潜水面时，水相压力低于大气压力）。Phillips 根据方程（2.71）推导出未饱和区域的方程为

$$\frac{\partial \theta}{\partial t} + \nabla \cdot (K_r \boldsymbol{K}' \cdot \nabla \psi) = \nabla \cdot (K_r \boldsymbol{K}' \cdot \nabla z) \tag{2.72}$$

当笛卡尔坐标与流动主方向平行时，方程（2.72）的右侧可化简为

$$\frac{\partial \theta}{\partial t} + \nabla \cdot (K_r \boldsymbol{K}' \cdot \nabla \psi) = \frac{\partial}{\partial z}(K_r K_{zz}') \tag{2.73}$$

式中，k_{zz} 为 z 方向上的水力传导。最后，根据毛细管扩散方程 $\boldsymbol{D} = -\boldsymbol{K}' \psi$ 进行改写，式中，ψ' 为有关水分含量的吸水压头的导数，则有

$$\frac{\partial \theta}{\partial t} = \nabla \cdot (K_r \boldsymbol{D} \cdot \nabla \theta) = \frac{\partial}{\partial z}(K_r K_{zz}') \tag{2.74}$$

毛细管扩散系数为正值，其单位为长度²/时间，Phillips（1957）利用方程（2.74）求得降雨入渗过程的半解析解。

【例 2.6】标准黑油方程

油气藏中流体流动的最常见代表公式（Peaceman，1977）为黑油方程，式中包括液相（$j=1$），油相（$j=2$）和气相（$j=3$）三相时的流动。水相和气相各自由单一的拟组分组成，分别为水（$i=1$）和气（$i=3$）。油相包括油（$i=2$）和溶解气组分。由于各组分实际上为恒定组成的集合体，因此组分为拟组分。

在提高采收率理论中，拟组分的使用是很常见的，因为这种简化通常能使对提高采收率过程的理解更加透彻，也可以显著减少数值模拟计算中的工作量和误差。由于以上优点，黑油方程经常被用于提高采收率的数值模拟中，也包括不完全符合黑油模型假设的情况。例如黑油模型可能不能准确模拟混相驱提高采收率方法或其他明显偏离恒定组分拟组分的假设。在此种情况下，需要使用更为完整的组分模型进行模拟。

图 2.5 解释了黑油假设。该模型将地层体积与标准状况（standard temperature and pressure，STP）联系起来。标准状况的定义会稍有不同，但是通常为 14.7psi 和 60℃ 以下。地层体积系数 B_i 被定义为标准状况下的体积与油藏条件下的体积之比，如图 2.5 中的虚线所示。对于气相和水相而言，B_i 表示由于地层压力下降而产生的体积膨胀；对于油相而言，它还包括由于气相组成损失而造成的体积减小（通常更大）。溶解气油比 R_s 为标准状况下溶解在已知原油体积中的气体体积。

由于黑油方程是由总组分方程（2.15）推导出的，因此它是组分方程。给出如下假设：不存在化学反应（$R_i=0$），不存在弥散作用（$\boldsymbol{K}_{ij}=0$），不存在吸附作用（$W_{is}=0$）。则黑油模型假设自身变成如下几项：水相中只含有水（$w_{11}=1$，$w_{21}=0$，$w_{31}=0$），油相中只包含油和

气（$w_{12}=0$，$w_{22}=0$，$w_{32}=0$），气相中只含有气相组分（$w_{13}=1$，$w_{23}=0$，$w_{33}=1$）。对于组分 1（水组分），则方程（2.15）变为：

$$\frac{\partial}{\partial t}(\phi\rho_1 S_1) + \nabla \cdot (\rho_1 \boldsymbol{u}_1)=0 \tag{2.75}$$

对于组分 2（油组分），方程（2.15）变为

$$\frac{\partial}{\partial t}(\phi\rho_2 S_2 \omega_{22}) + \nabla \cdot (\rho_2 \omega_{22} \boldsymbol{u}_2)=0 \tag{2.76}$$

对于组分 3（气组分），方程（2.15）变为

$$\frac{\partial}{\partial t}\left[\phi(\rho_2 S_2 \omega_{32} + \rho_3 S_3)\right] + \nabla \cdot (\rho_2 \omega_{32} \boldsymbol{u}_2 + \rho_3 \boldsymbol{u}_3)=0 \tag{2.77}$$

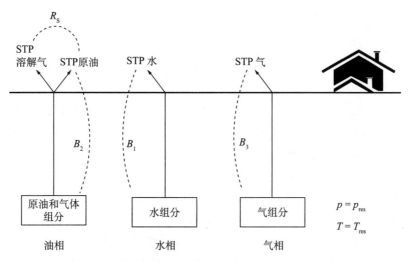

图 2.5　标准黑油假设的示意图（STP 代表标准状况）

此时消除质量分数，并根据地层体积系数和溶解气油比改写方程（2.75）至方程（2.77）。B_1 为水的地层体积系数（即某已知质量的水在地层温度和压力条件下的体积除以其在标准状况下相同质量时的体积）：

$$B_1 = \frac{\rho_1^s}{\rho_1}$$

B_2 为原油地层体积系数（即已知质量的原油在地层温度和压力条件下的体积除以其在标准状况下相同质量时的体积）：

$$B_2 = \frac{\rho_2^s}{\omega_{22}\rho_2}$$

B_3 为气体地层体积系数（即已知质量的气体在地层温度和压力条件下的体积除以其在标准

状况下相同质量时的体积）：

$$B_3 = \frac{\rho_3^s}{\rho_3}$$

R_s 为溶解气油比（即溶解气的体积除以油相的体积，两个体积都是在标准状况下测得的）：

$$R_s = \frac{\omega_{32}\rho_2^s}{\omega_{22}\rho_3^s}$$

以上定义也可以引入表 2.2 的质量平衡方程中，即将各项除以各自的标准密度 ρ_j^s，值得注意的是，每个 ρ_j^s 都与时间和空间无关。因此，方程（2.75）至方程（2.77）可写成

$$\frac{\partial}{\partial t}\left(\frac{\phi S_j}{B_j}\right) + \nabla \cdot \left(\frac{\boldsymbol{u}_j}{B_j}\right) = 0, \quad j=1, \ 2$$

对于气体而言，有

$$\frac{\partial}{\partial t}\left[\phi\left(\frac{S_3}{B_3} + \frac{S_2 R_s}{B_2}\right)\right] + \nabla \cdot \left(\frac{R_s}{B_2}\boldsymbol{u}_2 + \frac{\boldsymbol{u}_3}{B_3}\right) = 0$$

修正后的黑油模型中，将 CO_2 作为第四个组分，该方程有时用于计算 CO_2 驱或其他混相时的采收率（Todd 和 Longstaff，1972）。

【例 2.7】蒸汽驱方程（凝析相）

作为非等温渗流的一种特殊情况，推导由 Stegemeier 等（1980）和 Hong（1994）提出的"蒸汽"方程，这些方程结合了物质平衡方程和能量平衡方程。

假设在大多数情况下，存在 $N_p=3$ 个相，即一个水相 $j=1$、一个烃相 $j=2$ 和一个气相 $j=3$。假定烃相只有油，而水相和气相中仅含水，这些假定能使上述方程中不考虑挥发性烃类的影响。根据以上假设，对于水组分而言，物质平衡方程变为

$$\frac{\partial}{\partial t}\left[\phi\left(\rho_1 S_1 + \rho_3 S_3\right)\right] + \nabla \cdot \left(\rho_1 \boldsymbol{u}_1 + \rho_3 \boldsymbol{u}_3\right) = 0 \tag{2.78}$$

对于油组分而言，则有

$$\frac{\partial}{\partial t}\left(\phi \rho_2 S_2\right) + \nabla \cdot \left(\rho_2 \boldsymbol{u}_2\right) = 0 \tag{2.79}$$

因为各相组成是恒定的，所以在这些方程中可以去掉弥散相。能量平衡方程（方程 2.36）就可以变成

$$\frac{\partial}{\partial t}\left[\phi\left(\rho_1 S_1 U_1 + \rho_2 S_2 U_2 + \rho_3 S_3 U_3\right) + (1-\phi)\rho_s U_s\right]$$
$$+\nabla \cdot \left(\rho_1 H_1 \boldsymbol{u}_1 + \rho_2 H_2 \boldsymbol{u}_2 + \rho_3 H_3 \boldsymbol{u}_3\right) - \nabla \cdot \left(k_{Tt}\nabla T\right) = 0 \tag{2.80}$$

式中，动能和势能被忽略。假定焓与外界能量相等（对于液体和固体很适用），孔隙度为常数，则压力—体积功可被忽略。方程（2.80）的导数可以展开，即

$$(1-\phi)\frac{\partial(\rho_s\hat{H}_s)}{\partial t}+\phi\rho_1 S_1\frac{\partial\hat{H}_1}{\partial t}+\phi\rho_2 S_2\frac{\partial\hat{H}_2}{\partial t}+\phi\rho_3 S_3\frac{\partial\hat{H}_3}{\partial t}+\phi\left(\hat{H}_3-\hat{H}_1\right)\frac{\partial(\rho_3 S_3)}{\partial t} \tag{2.81}$$
$$+\rho_1 \boldsymbol{u}_1\cdot\nabla\hat{H}_1+\rho_2 \boldsymbol{u}_2\cdot\nabla\hat{H}_2+\left(\hat{H}_3-\hat{H}_1\right)\nabla\cdot(\rho_3\boldsymbol{u}_3)+\rho_3\boldsymbol{u}_3\cdot\nabla\hat{H}_3-\nabla\cdot(k_{Tt}\nabla T)=0$$

式中，已用方程（2.78）和方程（2.79）消去许多项。$\left(\hat{H}_3-\hat{H}_1\right)$ 项等于水的汽化潜热 L_v，并且假设焓与压力无关，即 $\mathrm{d}\hat{H}_3=C_{pj}\mathrm{d}t$，其中 C_{pj} 为相 j 的比热。如果 C_{pj} 为常数，则方程（2.81）变成

$$M_{Tt}\frac{\partial T}{\partial t}+\left(\rho_1 C_{p1}\boldsymbol{u}_1+\rho_2 C_{p2}\boldsymbol{u}_2\right)\cdot\nabla T-\nabla\cdot(k_{Tt}\nabla T)=-L_V\left[\phi\frac{\partial(\rho_3 S_3)}{\partial t}+\nabla\cdot(\rho_3 S_3\boldsymbol{u}_3)\right] \tag{2.82}$$

式中，M_{Tt} 为总体积热容。

$$M_{Tt}=\phi\left(\rho_1 C_{p1}S_1+\rho_2 S_2 C_{p2}\right)+(1-\phi)\rho_s C_{ps} \tag{2.83}$$

在该定义式和方程（2.82）中乘以气相密度 ρ_s 的各项可以被忽略，因为天然气密度比液体密度小很多。方程（2.82）右侧项代表蒸汽相生成或消散与潜热的乘积，它为蒸汽驱方程的源项。如果蒸汽消失（冷凝），则源项为正值，这将引起温度上升。这将降低原油的黏度，即为热力采油的主要机理（见第 11 章）。潜热、相压力和温度彼此相关，主要通过水相的蒸汽压力关系曲线以及毛细管压力关系曲线。

2.6 总平衡方程

平衡方程的简单表达式对于其自身而言都是有用的。根据 Bird 等（2002）的观点，称其为宏观平衡方程或总平衡方程。

与多孔介质中某点处的平衡不同，总平衡方程能应用于某油藏的有限体积中，比如数值模拟的网格中，甚至是此处所说的整个油藏中。由于方程中不考虑空间组分，则总平衡方程会更加简单，且与差分平衡相比更容易于积分（实际上，他们自身是部分被积分的）。当不考虑浓度变量的空间变化时，可得到上述简单表达式。因此，为了能够适用，总平衡方程必须补充独立的衍生或分析关系。

2.6.1 物质平衡方程

为了推导出组分 i 的总质量平衡方程，首先以组分的形式（即方程 2.8）给出基于体积 V 时的简单表达式：

$$\int_V\frac{\partial W_i}{\partial t}\mathrm{d}V+\int_A\boldsymbol{n}\cdot\boldsymbol{N}_i\mathrm{d}A=\int_V R_i\mathrm{d}V,\quad i=1,\ \cdots,\ N_C$$

然后区分控制体积 V 和总孔隙体积 V_b, V_b 中不包括存在有限数量源和汇的小体积, 如同油层与含水层或自由气顶邻接时的情况一样。假设穿过 V 边界的通量沿着横截面的法相方向, 则方程 (2.8) 变成

$$V_b \frac{\mathrm{d}\overline{W}_i}{\mathrm{d}t} + \dot{N}_{\mathrm{P}i} - \dot{N}_{\mathrm{J}i} = V_b \overline{R}_i, \quad i=1, \cdots, N_{\mathrm{C}} \tag{2.84}$$

式中, 上标线表示体积平均物理量。项 $\dot{N}_{\mathrm{P}i}$ 和 $\dot{N}_{\mathrm{J}i}$ 为 V_b 中所有源项和汇项内组分 i 的产量和注入量, 他们都与时间有关, 这是因为他们是在 V_b 中的固定位置测得的。$\overline{R}_i$ 为组分 i 的体积平均反应速率项, 也与时间有关。将方程 (2.84) 对时间求积分, 得到物质平衡方程的累积形式:

$$V_b \left(\overline{W}_i - \overline{W}_{i_1} \right) = N_{\mathrm{J}i} - N_{\mathrm{P}i} + V_b \int_0^t \overline{R}_i \mathrm{d}t, \quad i=1, \cdots, N_{\mathrm{C}} \tag{2.85}$$

在方程 (2.85) 中, 假设 $t=0$ 时的组分 i 的累积注入量和产量为零。后续部分中, 忽略累积反应速率项。

方程 (2.85) 最常用的应用是用来计算 $\overline{W}_i$、$\overline{W}_{i_1}$ 和 $N_{\mathrm{J}i}$ 固定时的 $N_{\mathrm{P}i}$。特殊地, 如果不对差分平衡进行积分, 则很难估算 $\overline{W}_i(t)$。这一难题可以通过定义 $E_{\mathrm{R}i}$ 来避免, 组分 i 的采收率为

$$E_{\mathrm{R}i} \equiv \frac{N_{\mathrm{P}i} - N_{\mathrm{J}i}}{V_b \overline{W}_{i_1}} \tag{2.86}$$

式中, $E_{\mathrm{R}i}$ 为组分 i 的净生产量, 它被表示成原始组分含量的百分数。对于注入油藏中的某组分而言, $E_{\mathrm{R}i}$ 为负值, 对于从油藏中采出的组分而言, 比如油或气(大多数只在此处适用), $E_{\mathrm{R}i}$ 为正值, 其范围为 $0 \sim 1$。对于不存在反应的体系, 根据方程 (2.85), $\overline{W}_i(t)$ 被表示成

$$\overline{W}_i = \overline{W}_{i1} \left(1 - E_{\mathrm{R}i} \right) \tag{2.87}$$

为了使方程 (2.86) 或 (2.87) 仍然适用, $E_{\mathrm{R}i}$ 必须表示成与时间无关的函数。通常将 $E_{\mathrm{R}i}$ 分解成组分 i 的驱替效率 $E_{\mathrm{D}i}$ 和体积波及效率 $E_{\mathrm{V}i}$, 即

$$E_{\mathrm{R}i} = E_{\mathrm{D}i} E_{\mathrm{V}i} \tag{2.88}$$

式中

$$E_{\mathrm{D}i} = \frac{\text{组分} i \text{被驱替出的数量}}{\text{组分} i \text{被波及到的数量}} \tag{2.89}$$

和

$$E_{\mathrm{V}i} = \frac{\text{组分}i\text{被波及到的数量}}{\text{组分}i\text{的原始地层数量}} \tag{2.90}$$

反过来,这些物理量必须进行单独的定义,即 $E_{\mathrm{D}i}$ 为时间、流速、相对渗透率和毛细管压力的函数(见第 5 章), $E_{\mathrm{V}i}$ 为时间、黏度、布井方式、非均质性、重力和毛细管力的函数(见第 6 章)。方程(2.87)至方程(2.90)中假设所有从波及区域驱出的物质都是从地层中采出的。实际上,某些驱替物质可能在到达生产井的途中被滞留在地层中。方程(2.88)中的体积波及效率也可以被劈分成面积波及效率和垂向波及效率,因此 $E_{\mathrm{V}}=E_{\mathrm{A}}E_{\mathrm{I}}$。

2.6.2　能量平衡方程

类似的方法可以应用于能量平衡方程(方程 2.36),得

$$V_{\mathrm{b}} \frac{\mathrm{d}}{\mathrm{d}t}\left(\overline{\rho U}\right) + \dot{H}_{\mathrm{P}} - \dot{H}_{\mathrm{J}} = -\int_{A} \boldsymbol{q}_{\mathrm{c}} \cdot \boldsymbol{n}\mathrm{d}A = -\dot{Q} \tag{2.91}$$

式中,动能项和势能项被忽略, $\dot{H}_{\mathrm{p}}$ 和 $\dot{H}_{\mathrm{J}}$ 分别代表生产焓的速率和注入焓的速率。当热量从油藏中损失时, $\dot{Q}$ 为正值。当然,方程(2.91)也是一种热力学第一定律,取决于体积 V 的选择,这将对井眼以及油藏上覆岩层和下伏岩层中热量损失的计算是非常有帮助的(见第 11 章)。

方程(2.91)的时间积分形式或累积形式为

$$V_{\mathrm{b}}\left[\left(\overline{\rho U}\right) - \left(\overline{\rho U}\right)_{\mathrm{I}}\right] = H_{\mathrm{J}} - H_{\mathrm{P}} - Q \tag{2.92}$$

据此,热效率 $\overline{E}_{\mathrm{hs}}$ 被定义为体积 V 中保留的热能与净注入热能之间的比值,即

$$\overline{E}_{hs} = \frac{V_{\mathrm{b}}\left[\left(\overline{\rho U}\right) - \left(\overline{\rho U}\right)_{\mathrm{I}}\right]}{H_{\mathrm{J}} - H_{\mathrm{P}}} = 1 - \frac{Q}{H_{\mathrm{J}} - H_{\mathrm{P}}} \tag{2.93}$$

方程(2.93)也可以用来单独计算 Q。

总能量平衡的另一种常见形式是热力学相平衡(见第 4 章)。此时,也忽略势能和动能,但允许存在压力—体积功和压缩—膨胀功(见练习题 2.16)。控制体积 V 中进入的质量流速为相对流速 $\boldsymbol{u}_{fj}$,它为实际流速与体积 V 发生形变的速度之间的差值。进而,使用简单表达式来表示发生形变的体积 V 时,积聚项可被改写成

$$\frac{\mathrm{d}}{\mathrm{d}t}\left[\int_{V}\left(\rho U\right)\mathrm{d}V\right] = -\int_{A}\boldsymbol{n}\cdot\sum_{j=1}^{N_{p}}\rho_{j}\boldsymbol{u}_{fj}\,\hat{H}_{j}\,\mathrm{d}A - \int_{A}\boldsymbol{n}\cdot\boldsymbol{q}_{\mathrm{c}}\mathrm{d}A - \sum_{j=1}^{N_{p}}p_{j}\frac{\mathrm{d}V_{j}}{\mathrm{d}t} \tag{2.94}$$

从左至右,各项分别代表积聚项、由质量流入而产生的能量通量、由于传导而产生的能量通量和压缩—膨胀功。此时,方程(2.94)中的前三项必须被估算出来,则积聚项为

$$\frac{\mathrm{d}}{\mathrm{d}t}\int_{V}\left(\rho\,\hat{U}\right)\mathrm{d}V = \frac{\partial U}{\partial t}$$

式中，u 为体积 V 内的总能量。假设出口端和入口端处任意相的流动质量焓为常数，则可以估算出能量通量项。

$$-\int_A \boldsymbol{n} \cdot \sum_{j=1}^{N_p} \rho_j \boldsymbol{u}_{\tilde{f}j} \hat{H}_j \mathrm{d}A = -\sum_{j=1}^{N_p} \hat{H}_j \int_A \boldsymbol{n} \cdot \left(\rho_j \boldsymbol{u}_{\tilde{f}j} \right) \mathrm{d}A = \sum_{j=1}^{N_p} \hat{H}_j \dot{m}_j$$

式中，$\dot{m}_j$ 为流进控制体积相 j 的总净质量流动。符号为正，因为流入控制体积中的质量流量为正值。最后，传导项为

$$-\int_A \boldsymbol{n} \cdot \boldsymbol{q}_\mathrm{c} \mathrm{d}A = \dot{Q}$$

结合以上附加的假设和简化方法，方程（2.94）可简写成

$$\frac{\mathrm{d}U}{\mathrm{d}t} = \sum_{j=1}^{N_p} \hat{H}_j \dot{m}_j + \dot{Q} - \sum_{j=1}^{N_p} p_j \frac{\mathrm{d}V_j}{\mathrm{d}t} \tag{2.95}$$

当只存在一项时，方程（2.95）可以简写成热力学第一定律的常见形式，即

$$\frac{\mathrm{d}U}{\mathrm{d}t} = \hat{H} \dot{m} + \dot{Q} - p \frac{\mathrm{d}V}{\mathrm{d}t} \tag{2.96}$$

假设方程（2.96）中控制体积边界处的压力与控制体积中的压力相等，这是因为压力梯度可以被忽略 [见方程（2.49），则熵增为零]。下面将讨论熵平衡方程，第 4 章中也将使用方程（2.96）来判断相态特征计算时的平衡数据。

2.6.3 熵平衡方程

为了推导出总熵平衡，首先将方程（2.46）改写成

$$\frac{\mathrm{d}}{\mathrm{d}t} \left[\int_V \sum_{j=1}^{N_p} \left(\varepsilon_j \rho_j \hat{S}_j \right) \mathrm{d}V \right] = -\int_A \boldsymbol{n} \sum_{j=1}^{N_p} \rho_j \boldsymbol{u}_j \hat{S}_j \, \mathrm{d}A - \int_A \boldsymbol{n} \cdot \frac{\boldsymbol{q}_\mathrm{c}}{T} \mathrm{d}A + \int_V \dot{\sigma}_\mathrm{G} \mathrm{d}V \tag{2.97}$$

与总能量平衡的方法相同，有

$$\frac{\mathrm{d}S}{\mathrm{d}t} = \sum_{j=1}^{N_p} \hat{S}_j \dot{m}_j + \frac{\dot{Q}}{T} + \dot{S}_\mathrm{G} \tag{2.98}$$

式中，假设沿着控制体积的边界上温度和相的熵与位置无关。此时，$\dot{S}_\mathrm{G}$ 项为控制体积中产生的总熵，即：$\dot{S}_\mathrm{G} = \int_V \dot{\sigma}_\mathrm{G} \mathrm{d}V$

当只存在一相时，方程（2.98）可以简写成

$$\frac{\mathrm{d}S}{\mathrm{d}t} = S \dot{m}_j + \frac{\dot{Q}}{T} + \dot{S}_\mathrm{G} \tag{2.99}$$

第 4 章中将使用该方程判断相行为计算时的平衡条件。如前所述，热力学第二定律为 $\dot{S}_{G} \geqslant 0$，当梯度很小时（可逆条件），对于平衡过程和准平衡过程而言，应用的方法都是相同的。

2.7 结束语

本章中介绍和推导处的各种方程，将用于书中的剩余章节中。在后续的章节中，引用这些方程时将不再进行推导，这也是本书的重点内容之一。所有的提高采收率方法和增产措施都会对各种具体的平衡方程进行详细地描述。这些具体情况时的求解和对解的相关解释将是本书剩余部分的主要内容。请记住，全书中所有的方程都对提高采收率方法中的化学、物理和地质特征进行了量化处理。

练习题

2.1 油相平衡

使用第 2.1 节中的方法推导出油相的物质平衡方程。假设为组成恒定的非混相流。推导过程中首先给出油相质量平衡方程的定义，然后使用符号表达各项并使用散度定理。推导出来的结果应该与油相流动是相同的，见方程（2.24）。

2.2 挥发油方程

例 2.6 中推导了黑油方程，方程中的油相和气相是不混相的，并且除了烃类气体在油相中的溶解性会发生变化外，其余的组成都保持恒定。更为复杂的是挥发性油方程，它包含原油蒸发进入气相这一现象（Walsh 和 Lake，2003）

根据原油蒸发率 R_{V}，推导出挥发油方程，其中，

$$R_{V} = \frac{\text{原油在气相中的标准体积}}{\text{气象的标准体积}}$$

给出所有的假设和推导过程。

2.3 静水压力

证明对于静态条件（$u_j = 0$）下的两相流而言，表 2.2 中方程（2.2–5）可以简化为

$$\frac{\mathrm{d}p_c}{\mathrm{d}D_z} = \left(\rho_1 - \rho_2 \right) g$$

式中，p_c 为油—水的毛细管压力曲线。

2.4 某相的净弥散作用

证明某给定相中，当弥散通量由质量平均渗流速度（$\boldsymbol{u}_j = \sum_{i=1}^{N_c} \omega_{ij} \boldsymbol{u}_{ij}$）进行定义时，$\sum_{i=1}^{N_c} \nabla \cdot \boldsymbol{j}_{Dij} = 0$。证明过程从 $\boldsymbol{j}_{Dij} = \boldsymbol{N}_{ij} - \boldsymbol{j}_{Cij} = \rho_j \omega_{ij} \boldsymbol{u}_{ij} - \rho_j \omega_{ij} \boldsymbol{u}_{j*}$ 开始。

2.5 单相渗流

证明：对于存在某不混相、不流动相（$j=1$）的单相（$j=2$）等温渗流而言，一维径向坐标中的物质平衡方程具体表达式可以简化成扩散方程

$$\frac{\phi c_t}{k\lambda_{r2}}\frac{\partial p}{\partial t}=\frac{1}{r}\frac{\partial}{\partial r}\left(r\frac{\partial p}{\partial r}\right)$$

式中，

$$c_t=S_1 c_1+S_2 c_2+c_f$$

$$c_j=\frac{1}{\rho_j}\left(\frac{\partial\rho_j}{\partial p}\right)_T$$

$$c_f=\frac{1}{\phi}\left(\frac{\partial\phi}{\partial p}\right)_T$$

假设 $C_2\left(\dfrac{\partial p}{\partial r}\right)^2$ 项可被忽略和油藏为均质和均一厚度时，可以得到上述第一个方程。扩散方程是许多试井技术的基础（Earlougher，1977）。

2.6 含水层中水相的封闭流动

证明：对于完全被水饱和的地层而言，练习题 2.5 中的最终结果也可被写为

$$\frac{1}{r}\frac{\partial}{\partial r}\left(r\frac{\partial h}{\partial r}\right)=\frac{1}{\eta}\frac{\partial h}{\partial t}$$

式中，

$$c_t=c_1+c_f$$

$$\eta=\frac{K'}{S_s}=\frac{T}{S}$$

$$K'=\frac{K\rho g}{\mu}$$

$$S_s=\phi c_t\rho g$$

参数 S_s 为含水层的比存储系数，单位为长度的倒数。含水层的无量纲存储系数为 $S=S_s b$，式中的 b 为封闭含水层的厚度。封闭含水层指某含水层完全被水所饱和，水无法运移至油藏的顶部或底部。存储系数被定义为单位面积含水层单位静压头 h 增加（或减小）时存储（或释放）水的体积，含水层的传导率为 $T=Kb$，参数 η 为扩散常数。

2.7 含水层的自由流动

自由含水层指含有空气和水的未饱和含水层。地下水位（毛细管压力为零时的潜水面）随着水从含水层的泵出会上升或下降。假定静压头在垂向上保持稳定，仅为水平坐标的函数（即为第 6 章中所述的垂向平衡假设）。证明在此假设条件下，未封闭含水层的二维流动

方程为

$$\frac{\partial}{\partial x}\left(h\frac{\partial h}{\partial x} \right) = \frac{S_y}{K'}\frac{\partial h}{\partial t}$$

式中

$$K' = \frac{K\rho g}{\mu}$$

$$S_y = \phi\left(1 - S_{1r}\right)$$

无量纲参数 S_y 为含水层的单位含水量，被定义为由于含水层单位水平面积内地下水位高度的单位增加量（或减少量）而导致水的增加（或减少）体积。无论地下水位处于上升还是下降状态，假定残余油饱和度都是恒定不变的。假设高于地下水位时含水饱和度始终为 S_{1r}。

为了推到出自由流动方程，首先给出习题 2.6 中的封闭含水层中水相的流动方程，但是以上述 x 坐标和 y 坐标为坐标系，并从含水层的底部向地下水位的垂向方向进行积分，使用 Liebnit 规则对方程进行积分。最终，使地下水面为 F (x, z, t) $=z-$ a (x, t) $=0$，式中的 a (x, t) 为以含水层为横坐标时地下水面的高度。F (x, z, t) 的单元全微分必须为零，这使得水平和垂直方向上地下水面的运动与地下水面的变化率关联起来。证明过程中描述出所有的假设。

2.8　存在滞留时的对流—弥散过程

证明：当弥散作用保持稳定时，存在吸附作用时的一组对流—弥散方程为

$$\phi\frac{\partial C_i}{\partial t} + \frac{u}{1+D_i}\frac{\partial C_i}{\partial x} - \frac{\phi K_{1i}}{1+D_i}\frac{\partial^2 C_i}{\partial x^2} = 0, \quad i = 1, \cdots, N_C$$

式中，迟滞因子 $D_i = (1-\phi)C_{is}/\phi C_i$ 与时间无关，K_{1i} 为组分 i 的纵向离散系数。说明获得该方程的所有假设，并解释表面吸附对某组分运移时产生的影响。

2.9　燃烧模型的简单表达形式

两相 [$j=2$（液），$j=3$（气）] 四组分 [$i=1$（水），$i=2$（油，C_nH_{2m}），$i=3$（CO_2），和 $i=4$（O_2）] 一维渗流时，证明表 2.3 中的能量平衡方程可简化成

$$M_{Tt}\frac{\partial T}{\partial t} + \left(\rho_2 C_{p2}u_2 + \rho_3 C_{p3}u_3\right)\frac{\partial T}{\partial x} - \frac{\partial T}{\partial x}\left(k_{Tt}\frac{\partial T}{\partial x}\right) = \phi S_3 \Delta H_{RXN}$$

式中，ΔH_{RXN} 为气相反应时的反应热。

$$(2n+m)O_2 + 2C_nH_{2m} \rightarrow 2nCO_2 + 2mH_2O$$

$$\Delta H_{RXN} = -\sum_{i=1}^{4} H_{io}r_{i3}$$

对上述方程做进一步假设,假设液相中只存在油,不存在吸附作用或弥散作用,并且遵循理想溶液的特征(气相的比热是各组分比热的质量百分数加权之和,原油蒸发潜热为零,即 $H_{22}=H_{23}$),焓与内能相等,动能和势能可以忽略不计,固相密度和孔隙度保持恒定。

2.10 总流速

证明:非混相驱不可压缩渗流时,

$$\nabla \cdot \boldsymbol{u} = 0$$

并且对于一维渗流,总流速仅为时间的函数。

2.11 连续性方程

根据相平衡方程(方程 2.23)推导方程(2.25)。

2.12 混合过程中的体积变化

在例 2.4 中半混相方程的推导过程中,假设混合过程中不存在体积变化。当混合过程中的体积发生变化时,总流速会随着位置和时间变化而发生变化,不再需要体积百分数。取消无体积变化的假设,并重新推导类似于方程(2.67)形式的方程。推导过程中不考虑水力弥散作用。

2.13 地层体积系数

证明:黑油模型方程中,原油地层体积系数可改写成

$$B_2 = \frac{\rho_2^s + R_s \rho_3^2}{\rho_2}$$

2.14 注入 NH_3 时的采收率

某学者发现了一种新的提高采收率的方法。该方法将无水的氨(NH_3)注入含有油和水的多孔介质中,NH_3 能够溶解在束缚水中或蒸发出部分束缚水。由于混合时存在潜热,该质量转移过程是高度非理想性的。该混合过程中释放的热量可以提高原油的温度,使得原油比冷却时更易流动,正如热力采油方法一样。

过程中 pH 值的增加也会带来一些好处,但是主要的目标还是增加温度。为此该学者委派某商业实验室对实验岩心做了很多驱替实验。岩心的初始状态为恒定温度和含水饱和度 100%,注入的氨是纯组分气体,并且温度也为 T。

首先,给出通用方程,建立描述该实验过程中一系列具体表达式。存在许多方程,但是在不省略问题中重要特征的情况下,方程应该尽可能的简单。推导过程中请论述所有的假设,并确保方程的数量与未知数的数量相等。

2.15 重力作功

方程(2.36)的推导中包括势能。当体积 V 中流动单元中的重力被包含在源项中,功的总和为 $\dot{W} = \dot{W}_{PV} + \dot{W}_G$。为了说明重力功,使用了速度和重力矢量 $\boldsymbol{g}$ 的标量乘积,即

$$\Delta \dot{W}_G = \sum_{j=1}^{N_P} \rho_j \boldsymbol{u}_j \cdot \boldsymbol{g} \Delta V$$

由上述方程得出的结果为正值，这是由于流动相的流动方向与重力相反（$\boldsymbol{u}_j \cdot \boldsymbol{g} < 0$）。需要注意的是，方程（2.30）与上述方程中各项之间存在区别。方程（2.30）为作用在体积 V 表面的功，而上述方程为作用在体积上的功。

证明方程（2.36）中的势能项可以由做功项的结果推导出来，式中体积 V 的重力做功为

$$\dot{W}_G = \int_V \sum_{j=1}^{N_p} \rho_j \boldsymbol{u}_j \cdot \boldsymbol{g} \mathrm{d}V$$

提示：必须使用方程（2.25）和恒等式

$$\sum_{j=1}^{N_p} \rho_j \boldsymbol{u}_j \cdot \boldsymbol{g} = -g \sum_{j=1}^{N_p} \nabla \cdot \left(\rho_j \boldsymbol{u}_j D_z \right) + g \sum_{j=1}^{N_p} D_z \nabla \cdot \left(\rho_j \boldsymbol{u}_j \right)$$

2.16 热力学第一定律

对于热力学第一定律而言，推导出方程（2.94），其中包括压缩—膨胀功和压力—体积功。证明当控制体积不变时，该方程可以简化为方程（2.36）。另外，当控制体积的减小速度与相速度相等时，推导出能量方程。在推导过程中忽略动能和势能。

2.17 热量扩散方程

根据方程（2.82），阐明获得热量扩散方程时的条件，热量扩散方程为

$$\nabla^2 T = \frac{M_{Tt}}{k_{Tt}} \frac{\partial T}{\partial t}$$

式中

$$M_{Tt} = \phi \rho_l C_{pl} S_l + (1 - \phi) \rho_S C_{ps}$$

2.18 热力学第二定律

假设某独立控制体积（总体积内能和温度都固定不变）中包含两个间隔 A 和 B，由内置的可移动无摩擦活塞分隔。如果 $p_A > p_B$，内置活塞将发生移动，使隔间 A 膨胀和隔间 B 收缩，直至 $p_A = p_B$。证明孤立控制体积内当间隔 A 膨胀时，熵的总变化（熵增）为正值，一旦达到平衡时，熵的总变化为零。熵的总变化为两隔间内熵变化的总和。

第 3 章　岩石物理和岩石化学

由第 2 章可以看出，要完整地描述流体在可渗透介质中的流体流动方程，需要毛细管压力、相对渗透率和相态等各种函数。第 4 章中，将讨论提高采收率的相态和一些定量描述时所需的方程。此处，将以类似的方法讨论有关岩石物理性质的各种关系。首先从非湿相（油和水）的物性开始，然后介绍提高采收率的相关物理量，最重要的是毛细管驱替曲线（capillary desaturation curve，CDC）。有关岩石物理学的更详细内容可参考 Peters（2012）。

讨论每个岩石物理性质时都遵循相同的基本步骤。第一，根据简化的物理定律用数学方程描述其物理性质。基于简单几何模型中的不可压缩流体稳定渗流。简单的几何形状用来代表可渗透介质的最小单元，即连通的孔隙或微观尺度。第二，修正连通孔隙的岩石物理性质来顾及实际可渗透介质中的局部几何形状，即截面孔隙长度和非线性维数（迂曲度 τ），并且孔隙之间存在存在多种连通通道。这一步可将实际局部非连续可渗透介质流动范围的关系转换成局部连续的典型单元体积（REV），第 2 章中首先对此进行了讨论。这种转换是该话题的主要部分，它很重要以至于 Bird 等（2002）对其进行了详细的讨论。而此时反限于对局部孔隙几何形状进行相当简单的理想化。这些理想化主要是适宜教学的，近年来，复杂几何结构中的渗流模拟取得了巨大的进展（Balhoff 和 Thompson，2004）。

3.1　孔隙度和渗透率

孔隙度为空隙（void）和孔隙体积（pore volume）与总或表观体积（bulk volume）的比值，岩石或固相的体积等于等于表观体积减去孔隙体积。对于大多数天然介质而言，其孔隙度范围 0.10～0.40，偶尔会有个别孔隙度超越这个范围。孔隙度通常以百分数表示，但在计算时经常使用小数。对任意典型值而言，岩相体积显然是任意介质数值中最大的。

某可渗透介质的孔隙度是局部孔隙或颗粒大小分布的变化的函数，也是其平均孔隙度大小的简单函数。对于砂岩和碳酸盐而言孔隙度通常取决于沉积后沉积固体（矿物或胶结物）进入介质中的地球化学过程。对于具有商业价值的石灰岩而言，仅是上述变化产生的结果。

孔隙空间以及孔隙度可分为连通孔隙度（interconnected porosity）或有效孔隙度（effective porosity），它是可让流体通过的有效孔隙，以及无法让流体通过的不连通孔隙度。后者与本书中提高采收率方法的内容无关，因此，本书随后的章节中的孔隙度都指有效孔隙度（Collins，1976）。某些提高采收率方法表现出的行为可以看出，某些有效孔隙度会被驱替剂屏蔽。在此种情况下，包括溶剂驱时的不连通孔隙体积（dead-end pore volume，见第 7 章）和聚合物驱时的不可及孔隙体积（inaccessible pore volum，见第 8 章）。

对于某些介质，孔隙体积包括流体及其被流体波及的部分。裂缝（fracture）孔隙度通常仅占中孔隙度的 1%～2%，但如果裂缝是具有传导性（开的）和连通的，他们对流动的影响是不成正比例的。在上述情况下，裂缝的渗透率更为重要，而不是孔隙度。

　　渗透率也是可渗透介质的一个基本性质，它对提高采收率的意义同孔隙度一样重要。第 2.2 节中，渗透率具有张量特性，一般是方向位置和压力的函数。通常，其随着位置发生的变化情况十分突出。实际上，在典型地层中，渗透率的空间变化可达到三个或几个数量级，而孔隙度的变化仅几个百分点。这种变化是油藏非均质性的一种形式，它将严重影响几乎所有提高采收率的结果（见第 6 章）。

　　某种可渗透介质的渗透率为其自身局部孔隙大小的强函数和颗粒大小分布的弱函数，由两物理量之间的关系可以看出，两者都是颗粒大小分布的函数。

　　为了证明渗透率对孔隙大小的依存度，以及将局部特性转换成典型单元体积（REV）尺度时所需经过的步骤，并推导 Carmen−Kozeny 方程。在这种情况下的局部孔隙模型是毛细管，这大概是可渗透介质研究此类模型中最常见的。

　　假设某恒定黏度牛顿流体通过如图 3.1a 所示的半径 R 和长度为 L_t 的水平毛细管的单向稳定线性流。通过流体环形单元上力的平衡，可得出有关流体速度下能够求解的常微分方程（ordinary differential equation），假设管壁是径向对称的，且不存在滑脱现象，则可以得出体积流量 q（Bird 等，1960 和 2002）：

$$q = \frac{\pi R^4}{8\mu} \frac{\Delta p}{L_t} \tag{3.1}$$

方程（3.1）为毛细管中液体层流（laminar flow）时的 Hagen−Poiseuille 方程。为了应用此方程毛细管必须足够光滑和长，以使流动时不存在入口效应和出口效应。但在可渗透介质空隙中这些条件是无法保证的，但该方程的简化和达西定律相似促使该方程得以发展。毛细管中的平均速度为

$$\bar{v} = \frac{q}{\pi R^2} = \frac{R^2}{8\mu} \frac{\Delta p}{L_t} \tag{3.2}$$

该方程是转变为典型体积单元尺度的第一步。该方程表明，在推导过程中假设速度和渗透率为标量。

　　试图将某流体单元在毛细管中通过的时间与其在典型单元体积中通过的时间等同起来，即

$$\left(\frac{L_t}{v} \right)_{tube} = \left(\frac{L}{v} \right)_{REV} \tag{3.3}$$

该方程在右侧引入隙间流速（即真实速度）v，这里的 v 根据 Dupuit−Forchheimer 的假设，真实速度 v 和渗流速度 u 的关系式为 $v=u/\phi$（Bear，1972）。

　　对可渗透介质的研究来说，v 和 u 是两个最重要的速度定义。渗流速度 u 为体积流量与流动方向垂直的横断面面积之比。隙间流速则是流体单元穿过宏观尺度介质时的真实速度。全书中使用符号 u 和 v 来区别这两种速度 ❶。

　　达西定律是用一种离散的单相流动形式以便消去方程（3.3）中的 v 时，可以解出单相

---

❶　为了符合中国读者的习惯，英文版中的隙间流速和"前缘速度"均用真实速度表示，表观速度和达西速度均用渗流速度表示。另外，值得注意是，本书中符号 v 和 u 的物理意义正好与中国教材中的相反。

一维渗透率分量 K,即

$$K = \frac{R^2 \phi}{8\tau} \tag{3.4}$$

式中,$\tau = (L_t / L)^2$ 为迂曲度,它被定义为毛细管长度与典型单元体积长度比值的平方,它是可渗透介质的另外一种基本性质。迂曲度的数值总是大于 1,有时甚至超过 10,但对于本书所关注的介质来说,通常为 2~5。用球体规则充填的某种集合体,其实验测得的拟合迂曲度的比值是 25/12。迂曲度的值可以通过电阻率来进行估算,但电阻率迂曲度和水力学迂曲度是不同。

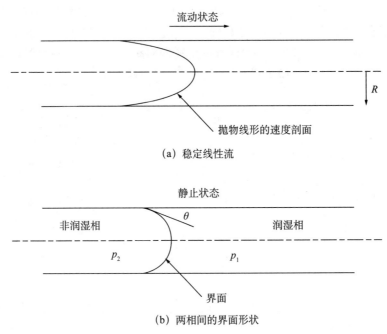

图 3.1 典型单元体积(REV)中毛细管流动

很难在头脑中勾画出典型单元体积中 R 值的图像。为了更容易解决这个问题,引入了水力半径的概念(Bird 等,2002)

$$R_h = \frac{渗流横截面面积}{润湿周边} \tag{3.5a}$$

对于毛细管几何形状而言,$R_h = R/2$。实际上,对于任何颗粒类型或孔隙几何形状而言,基本定义式方程(3.5a)稍加修正后可以得到 R_h,即

$$R_h = \frac{渗流的孔隙体积}{润湿表面积} \tag{3.5b}$$

使用孔隙度的定义,则上式可变为

$$R_h = \frac{\phi}{a_v(1-\phi)} \tag{3.6}$$

式中，a_v 为该介质的比表面积（即面积与体积的比值），它是可渗透介质一种固有性质。将其带入方程（3.4）则有

$$K = \frac{\phi^3}{2\tau(1-\phi)^2 a_v^2} \tag{3.7}$$

对于某种均匀球粒组成的集合体而言，a_v 为

$$a_v = \frac{6}{D_p} \tag{3.8}$$

式中，D_p 是球体颗粒的直径（尺寸）。联立方程（3.4）至方程（3.8），则可得出 Carmen–Kozeny 方程

$$K = \frac{1}{72\tau} \frac{\phi^3 D_p^2}{(1-\phi)^2} \tag{3.9}$$

方程（3.9）可用来阐明许多关于渗透率的重要特性。渗透率与孔隙度或颗粒直径 D 的强函数，也是其填充孔隙度的强函数。这可以用来解释含有大量黏土且颗粒尺寸很小的可渗透介质其渗透率是很低的。严格地讲，尽管方程（3.9）适用于球粒的集合体，只有当球粒的偏心率很大时，非球形颗粒对渗透率的影响才很大（见练习题 3.1）。非球形颗粒比球形颗粒压得更靠近，因此其孔隙度对渗透率没有直接影响。实验中，对于由球粒组成的可渗透介质而言，渗透率与颗粒直径的平方之间具有很好的相关性（如图 3.2 所示）。

Carmen–Kozeny 方程［即方程（3.7）］的最初形式中，比表面积项取决于颗粒尺寸的参数（Panda 和 Lake，1994）和矿物组成的含量和类型（Panda 和 Lake，1995）等参数，并且可用这些参数来解释其对渗透率的影响。由于天然可渗透介质之间的差异巨大，无法给出一般性结论，但是渗透率看起来与孔隙速度最为相关，其次是胶结程度（取决于胶结类型），再次是颗粒尺寸。最后是迂曲度和分类（除其对孔隙度有决定性作用外时）。

Carmen–Kozeny 方程可用于估算渗透率的数量级和大小，并在渗透率值已知时估算孔隙的尺寸。孔隙尺寸与提高采收率有重要的关系，这是因为地层孔隙尺寸可用来推导与聚合物溶液流度有关的理论表达式。为此，根据毛细管壁上的剪切速率可以估算局部剪切速率。

$$\dot{\gamma}_{管壁} = \frac{4\bar{v}}{R} \tag{3.10a}$$

通过使用方程（3.3），在方程（3.10a）中定义了一个等效的可渗透介质剪切速率

$$\dot{\gamma}_{\mathrm{eq}} = \frac{4v\tau^{1/2}}{R} \tag{3.10b}$$

和迂曲度的定义式。通过方程（3.4）消去上式中的 R，得

$$\dot{\gamma}_{\mathrm{ep}} = 4v\left(\frac{\phi}{8K}\right)^{1/2} = \frac{4q}{A\sqrt{8K\phi}} \tag{3.11}$$

方程（3.11）中的剪切速率对于预测可渗透介质中非牛顿液体的流变性质以及建立相关式是非常有用的（第 8 章）。

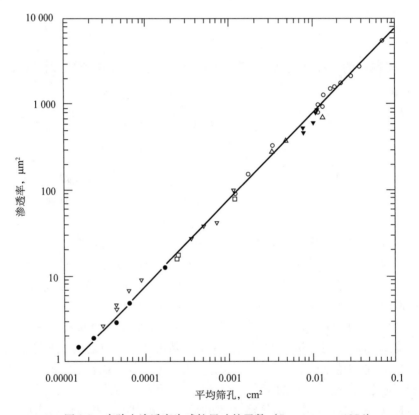

图 3.2   实验中渗透率为球粒尺寸的函数（Stegemeter，1976）

考虑其简单性时，方程（3.9）描述渗透率特性是相当好的。但因为可渗透介质的毛细管模型中假设横截面是均匀的，并且在每个典型单元体积内无法为流体提供可供选择的流道，所以这一模型有局限性［对于更复杂的可渗透介质模型可参考相关文献（Dullien，1979）］。实际上有学者认为当只考虑孔径或孔喉处的流动阻力时渗透率的预测是最难的（Bryant 等，1993）。这可能是正确的，特别是对于低孔隙度的介质而言，但是由于大部分局部性质是有相互关联的，因此，每种观点只是对其进行了定性（非定量）的解释。

这些缺陷带来的后果是如果不做某些修正（不包括孔喉参数），模型无法对相对渗透率或圈闭相饱和度做出预测。圈闭相饱和度在提高采收率中起着主要作用，将在后续部分进

行详细的讨论。但是，首先要讨论两相流以及有关现象和毛细管压力。

3.2　毛细管压力

　　界面张力，在此主要表现为毛细管压力，为典型单元体积内以及典型流速进行多相流动时的最强作用力，因此毛细管压力是多相流中最基本的岩石流体性质，正如孔隙度和渗透率是单相流最基本的性质一样。为了讨论毛细管压力，首先给出毛细管的概念，通过对其进行定性议论，假设理解毛细管中多相流动时的实际毛细现象。

　　回顾图 3.1（b），假设某个毛细管的大小与图 3.1（a）中的相同，不同的地方在于毛细管包含两相，左边为非润湿相，右边为润湿相。相 1 的接触角小于 90°（能润湿毛细管表面，通常接触角是通过密度最大相时测量得到的）。两相之间的界限是相边界或界面。当越过界面时，就至少一种以上的流体固有性质会发生不连续变化。这个界面与混相流体间的浓集界面是不一样的，越过浓集界面时的流体固有性质即使全部改变，其变化是连续的。

　　尽管图 3.1a 和图 3.1b 相似，但它们存在很大差异。图 3.1a 中的流体是流动的，而图 3.1b 中的流体是静止的。如果毛细管中的各相和界面是不流动的，而要使界面保持移动，必须要求非润湿相中的压力高于润湿相压力。平行管轴方向且穿过界面时的力保持静态平衡，得到非润湿相与润湿相之间压力差的表达式

$$p_2 - p_1 = \frac{2\sigma\cos\theta}{R} = p_c \tag{3.12}$$

方程（3.12）为毛细管压力的定义式，该定义为密度最小相的压力减去密度最大相得压力，通常用该式测量接触角。图 3.1（b）中的界面形状与图 3.1a 中的速度剖面容易混淆。图 3.1a 是一个静止状态，而图 3.1（b）是动态速度的图形。

　　方程（3.12）是 Laplace 方程的简单形式，它将穿过界面的毛细管压力与界面的曲率半径 R、界面张力 σ 和接触角 θ 关联起来。如果界面张力为零或是界面垂直于管壁，则毛细管压力为零。只有当界面张力（即界面）不存在时，才能满足第一条件，此时两相邻的相之间会发生混相。只有当管子的几何形状简单并且一致时才能保持第二种条件。接触角的范围为 0°～180°，如果大于 90°，则两种流体的润湿状态将发生反转，此时如方程（3.12）的定义，毛细管压力将变成负值。

　　在更为复杂的几何形状中，方程（3.12）中的 $1/R$ 项可以用平均曲率代替，成为更通用的表达式。存在许多类似的表达式，例如 Embid−Droz（1997）利用简化的 Helmholtz 自由能方程得到

$$p_c = \sigma\left(\frac{\mathrm{d}A_{12}}{\mathrm{d}V_2} + \cos\theta\frac{\mathrm{d}A_{2s}}{\mathrm{d}V_2}\right) \tag{3.13}$$

式中，V_2 为相 2 的体积，A_{12} 和 A_{2s} 分别为相 1 和相 2 之间的面积和相 2 与固相之间的面积，方程中括号里的项为平均曲率。方程（3.13）将流体界面能产生的毛细管压力（曲率中的第一项）与流体—固体界面能产生的毛细管压力（曲率中的第二项）分开。可以看出，

前文所述的很多内容都属于此处讨论的内容：如果 $\theta=90°$，则 p_c 非零（此时毛细管压力完全是由流体—流体表面产生，p_c 可能是负值）。该方程也给估算相对渗透率时的所需表面提供了一个关联作用，下面的例 3.1 将会对此进行讨论。

【例3.1】方程（3.13）的特殊示例

将方程（3.13）转换成特殊几何形状时的更简单形式。在求解该示例时，注意曲率与局部几何关系之间的参数关系。

（1）独立的球形液滴。

在此情况下 $A_{23}=0$，$dA_{12}=d(4\pi R^2)=8\pi R^2 dR$，$dV_2=d(4/3\pi R^3)=4\pi R^2 dR$

式中，R 为液滴的半径。将其带入方程（3.13）得

$$p_c = \sigma\left(\frac{dA_{12}}{dV_2}\right) = \sigma\left(\frac{8\pi R}{4\pi R^2}\right) = \frac{2\sigma}{R}$$

（2）光滑均一的毛细管界面。

如果毛细管的规格是一致的，则流体—流体界面面积不会改变界面的位置，因此，$\frac{dA_{12}}{dV_2}=0$。面积和体积可以改写成界面位置 L 的形成，即

$$dA_{2s}=d(2\pi RL)=2\pi R dL, \quad dV_2=d(\pi R^2 L)=\pi R^2 dL$$

将以上方程带入方程（3.13）中得到方程（3.12）的一种特例。当然也存在其他可能性的示例，见练习题 3.2。

在下面的讨论中，请记住毛细管压力与平均界面曲率 $1/R$ 成反比，界面的弯曲程度越大（即曲率越小），毛细管压力越大。假设某最初充填有润湿相的简单介质上存在一系列非润湿相的进口和出口。请留意以下几点：

①该讨论中的相与固体表面的润湿（或非润湿）的作用很强；

②认为毛细管压力与非润湿相的压力相等，这将产生某种给定的界面渗透程度；

③流体处于静止状态，毛细管压力为毛细管进口与出口之间的压差，毛细管水平放置以忽略重力作用，见习题 3.8。

方程（3.13）是相当通用的，但是将其应用于复杂几何结构中时会很困难，必须考虑几何结构的以下三个方面：

①多种多样的孔隙尺寸；

②非均匀的一般孔隙；

③连通性。

所有这些都是在典型单元体积的尺寸上描述非均质性，而非均一的孔隙处于最小的尺度。上述第②点是最为重要的，这是因为在可渗透介质中不可避免地存在不同半径的孔喉和孔隙，无论该可渗透介质是非常精细制作的或人工制作的。这意味着不存在局部均质性的可渗透介质。可以很容易地将前面两种效应考虑加入毛细管压力中，如下面讨论所述，但多种通道的问题需要更多复杂的处理。

3.2.1　均匀管壁和孔隙尺寸分布

通过图 3.3 中的示意图，解释不同孔隙尺寸时产生的影响。

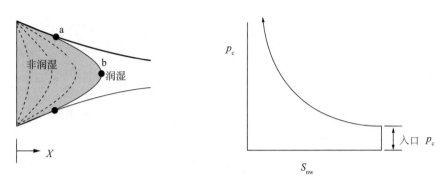

图 3.3　锥形毛细管示意图，用它来替代不同孔隙尺寸的分布，
左图中的虚线表示毛细管压力增加时的连续界面位置

锥形毛细管的管壁是均匀的，不存在孔喉和孔隙。不同的半径代表不同的孔隙尺寸分布。例 3.2 给出了其数值计算。由于不存在流动，在毛细管出口和入口测得的压力为界面的两侧的压力。毛细管压力的优势是能将大尺度的测量与小尺度的现象直接关联起来。对于将要讨论的毛细管上述都是正确的。

首先，介绍图 3.3 中左侧的非润湿相，界面处于某指定位置时，非润湿相的压力为固定值 p_{mw}。要使界面进入毛细管中需要一些启动压力（threshold pressure），这一压力是入口压力（entry pressure）或驱替压力（displacement pressure），有时也被称为泡点压力（bubble pressure）。当界面进入毛细管的狭小位置时，需要更大的 p_{nw}。可以将各界面的位置转换成非润湿相饱和度 S_{nw}，由此可以得到方程（3.12）右侧的毛细管力曲线。在大多数排驱压力 p_c 的测量过程中可以观察到入口压力，从后续示例的讨论中可以看出可以对样品最大孔隙尺寸进行测量。另外，毛细管力曲线增加的速度仅应了毛细管逐渐变细的速度，因此，曲线的形状是一种孔隙尺寸分布的测量方法。

【例 3.2】锥形通道（tapered channel）中的毛细管压力

假设某单位宽度的狭长裂缝（slit）中不包含可渗透介质。狭长裂缝的半宽随着位置的变化而变化，变化的范围为 0 到 x_1，即

$$W(x) = R_0 + (R_1 - R_0)\left(\frac{x}{x_1}\right)^m$$

式中，m 为位置常数，如图 3.4 所示。通道中初始被润湿相充填，在 $x=0$ 中引入非润湿相，当润湿相从 $x=x_1$ 处流出时，始终与 R_1 保持接触。由前面的方程描述的裂缝代表着可渗透介质中的孔隙尺寸分布。R_0 为为最大孔隙，R_1 为最小孔隙，参数 m 可以用来描述的裂缝代表着可渗透介质中的孔隙尺寸分布形式，图 3.4 给出了 $R_0/R_1 = 10$ 时的三种不同 m 值的情况。x_1 的数值在可渗透介质中没有任何类比意义。

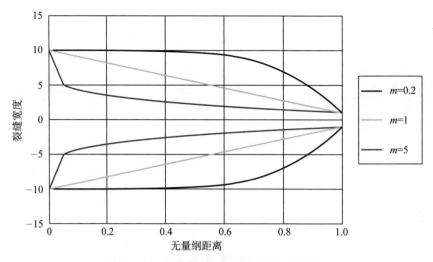

图 3.4　不同类型锥形通道时的几何形状

当 $\cos\theta \neq 0$ 时，无量纲的毛细管压力函数 p_{cD} 为

$$p_{cD} = \frac{p_c R_0}{\sigma \cos\theta}$$

（1）推导出 p_{cD} 与润湿相饱和度 S_w 之间的关系式。由该关系式可以看出 p_{cD} 是 S_w、润湿性（θ）、孔隙尺寸分布（m）、R_1/R_0 比值和 R_0/x_1 比值的函数，计算时忽略流体—流体表面积（即忽略图 3.3 左侧的 abc 区域）。

【解】

忽略流体—流体表面积时，毛细管压力变为

$$p_c = \sigma \cos\theta \frac{\mathrm{d}A_{2s}}{\mathrm{d}V_2}$$

由于方程中包含微分，通过下式可以很容易进行估算：

$$\mathrm{d}A_{2s} = \left[1 + \left(\frac{\mathrm{d}W}{\mathrm{d}x}\right)^2\right]^{1/2} \mathrm{d}x \,和\, \mathrm{d}V_2 = W\mathrm{d}x$$

因此

$$p_c = \sigma \cos\theta \frac{\left[1 + \left(\dfrac{\mathrm{d}W}{\mathrm{d}x}\right)^2\right]^{1/2}}{W}$$

代入通道—半宽方程后，得

$$p_c = \sigma \cos\theta \frac{\left\{ 1 + \left[m \frac{(R_1 - R_0)}{x_1} \left(\frac{x}{x_1}\right)^{m-1} \right]^2 \right\}^{1/2}}{R_0 + (R_1 - R_0)\left(\frac{x}{x_1}\right)^m}$$

使用无量纲毛细管压力，得

$$p_{cD} = \frac{p_c R_0}{\sigma \cos\theta} = \frac{\left\{ 1 + \left[m \frac{(R_1 - R_0)}{x_1} \left(\frac{x}{x_1}\right)^{m-1} \right]^2 \right\}^{1/2}}{1 + \left(\frac{R_1 - R_0}{R_0}\right)\left(\frac{x}{x_1}\right)^m} \tag{A}$$

以上方程中的 x 为界面位置。

　　当给定裂缝体积的表达式时，可以求得饱和度。距离 x 处裂缝的体积为

$$V(x) = \int_{\xi=0}^{\xi=x} W(x)\,\mathrm{d}\xi = \int_{\xi=0}^{\xi=x} R_0 + (R_1 - R_0)\left(\frac{x}{x_1}\right)^m \mathrm{d}\xi = R_0 x + \frac{(R_1 - R_0)x_1}{m+1}\left(\frac{x}{x_1}\right)^{m+1}$$

则裂缝的孔隙体积为：

$$V(x_1) = R_0 x_1 + \frac{(R_1 - R_0)x_1}{m+1}$$

因此进入的非润湿相的饱和度为

$$S_{nw}(x) = \frac{R_0 x + \frac{(R_1 - R_0)x_1}{m+1}\left(\frac{x}{x_1}\right)^{m+1}}{R_0 x_1 + \frac{(R_1 - R_0)x_1}{m+1}} = \frac{\frac{x}{x_1} + \frac{(R_1 - R_0)}{(m+1)R_0}\left(\frac{x}{x_1}\right)^{m+1}}{1 + \frac{(R_1 - R_0)}{(m+1)R_0}}$$

由此可得

$$S_w(x) = 1 - S_{nw}(x) = \frac{1 - \frac{x}{x_1} + \frac{(R_1 - R_0)}{(m+1)R_0}\left[1 - \left(\frac{x}{x_1}\right)^{m+1} \right]}{1 + \frac{(R_1 - R_0)}{(m+1)R_0}} \tag{B}$$

对于 x 而言，方程（B）一般无法求解，因此这些物理量之间的关系是变化的。

　　（2）假设有如下基础数据：$m=3/4$，$R_1/R_0=10$ 和 $R_0/x_1=1$。通过画出 4 条 p_{cD} 与 S_w 之间

的关系曲线，并说明（1）中各项的敏感性。

【解】

如图 3.5 所示，曲线 1 为基础数据，曲线 2 至曲线 4 为以上各参数放大 2 倍时的结果。

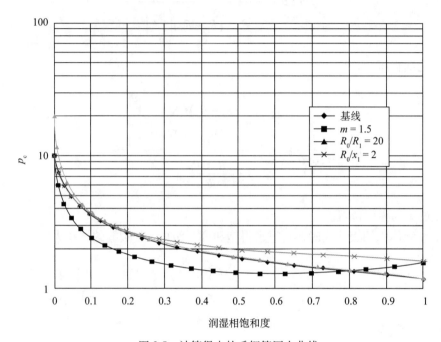

图 3.5　计算得出的毛细管压力曲线

（3）由问题（2）中的结果讨论该曲线的理想程度，并说明哪些物理量对无量纲毛细管压力函数的影响最大。

【解】

由于存在非零的入口压力，因此所有的曲线都是很理想的。其中 1/4 的曲线理想的原因在于他们随着润湿相饱和度的减少而单调增加。这些物理量的敏感性取决于饱和度的范围。只有在非常低润湿相饱和度的时候，小孔隙尺寸 R_1 是敏感的。当润湿相饱和度更大时，毛细管的长度是最为敏感的。$m=1.5$ 时曲线是非单调的可能性不大，非单调性可能是由于忽略流体—流体界面面积所导致的。

无量纲毛细管压力对于方程（A）中的归一化参数（normalizing factor）最为敏感，而且与其直接成正比例。

3.2.2　非均匀管壁

均匀毛细管中的毛细管压力曲线是可逆的。换言之，无论以何种形式达到某饱和度，在给定饱和度时会有可能得到相同的毛细管压力。以下是某种可能会发生的复杂现象，但对于提高采收率而言是非常重要的，因此对其进行详细的介绍。

不考虑界面是否到达图 3.3 左侧的位置时，以上面所述的由左进入，或依靠非润湿相流体的退缩作用由右侧进入，此处的毛细管压力 p_c 将是相同的。对于非润湿相的注入或退缩而言，获得相同的毛细管压力值时并非与实际中观察的现象一致。这种现象即所谓的滞后现象（hysteresis），或为某种物性对其历史过程的依赖性，它是所有岩石物理特性的主要特征。这种过程被称为驱替过程（drainage process），其中非润湿相饱和度一直增加。与其相反的过程是吸吮过程（imbibition process），其中润湿相饱和度一直增加。驱替和吸吮过程中毛细管力曲线的不同代表着某种形式的毛细管滞后现象。

使用图 3.2 中的简单毛细管，可以重新获得（第一次）驱替过程中的毛细管压力曲线，与图 3.1 中的均匀毛细管相比，效果更好，但是与实际可渗透介质中的状态相比时，仍然存在两点不足。当界面到达毛细管最狭小部位时，润湿相饱和度可能非常接近于零，但是依靠驱替作用将润湿相完全移出可渗透介质是不可能的，因为润湿相趋向于形成连续层。实际上，这些液膜的存在使得较低非润湿相饱和度时的接触角定义更加复杂。实验表明，表面的粗糙度会使得润湿相饱和度很低，因为此时流体逃逸出去的流动路径变得更多。

如前所述，非均匀毛细管一个非常严重的缺点是其吸吮过程和驱替过程是完全可逆的。在了解缺乏可逆性原因之前必须将模型进一步复杂化。

对于均匀岩石颗粒尺寸相同但孔喉和孔隙大小不相同时的几何形状中而言，在图 3.6 由球堆积成的喇叭形单一孔隙中，图 3.6（b）给出了界面位于不同入口位置时的毛细管压力。此时，仍然将毛细管入口的压差与毛细管压力联系起来。要使此界面进入孔隙中，必须使其穿过半径为 R_n 的孔径或喉道，而这将引起界面曲率的减小和使毛细管压力增加至 A 点处（可以认为压差是由穿透作用引起的）。一旦在孔隙体内存在一个比喉道大的 R_b 时，界面的曲率会增加而毛细管压力减小。毛细管压力会持续减小，直到界面被点 B 处孔隙对面的管壁推挤为止。但在实际过程中，不会出现这种毛细管压力减小的过程。相反，孔喉点 A 处的界面穿过孔隙并跳至孔喉出口处时，毛细管压力与入口时的值相同，这种跳跃被称为 Haynes 跳跃，它是毛细管压力无法减小的结果（Embid Droz，1997）。这种跳跃现象带来的实际结果是毛细管压力与孔喉半径有关，而与孔隙自身的半径无关。

如果跳跃后的非润湿相饱和度再次增加，则非润湿相会进一步与岩石发生接触，这意味着其自身的毛细管压力会增加。润湿相在这一点的饱和度退化至几乎只单层覆盖于岩石表面时为止。尽管其饱和度已降至很小值，但 Melrose（1982）证实，在这种极端条件下润湿相饱和度可能大于 10%。如果岩石表面不光滑，饱和度的值可能会低于此值。

即使驱替流体对固体而言是中性润湿的，如图 3.6（a）中的实线所示，仍有可能发生同样的过程。因此，对于某不规则的孔隙几何形状而言，当 $\cos\theta=0$ 时，并不意味着毛细管压力也为零。

天然可渗透介质中存在许多如图 3.6a 所示的环形集合体，其大小、形状和内部结构存在差别。如果这些差别在介质中的分布是连续的，则图 3.6b 中不连续的毛细管压力曲线变成连续的曲线，如图 3.7b 所示。仍然存在许多相同的特征，即在很小的非润湿相（在这种情况下指汞）饱和度条件下存在入口压力，并且在较大润湿相饱和度时，此压力会显著上升。由预设速度条件下的毛细管压力曲线可以看出图 3.1b 中的不连续性，可参考 Yuan 和 Swanson（1989）的示例，这些实验都是非常规性实验。

本文中最复杂的几何形状如图 3.7（a）所示。这种毛细管包含孔喉、孔隙和孔隙尺寸分布。连续性问题仍然没有被涉及到，但是可以据此解释几乎所有有关毛细管力曲线的重要特征，但此时非润湿相饱和度的连续性增加会产生从点 1 到点 6 之间的毛细管力曲线，如图 3.7（b）所示。

从点 1 到点 6 之间的曲线与图 3.2 中的曲线非常相似，图 3.2 中不存在孔喉和孔隙。随着非润湿相饱和度的增加，内表面入口处存在一系列连续减小的孔喉。当非润湿相饱和度从驱替曲线上任意一点处减小时，会出现毛细管滞后现象。在后续的讨论中，请记住在孔隙右侧某处应该存在润湿相流出的出口。

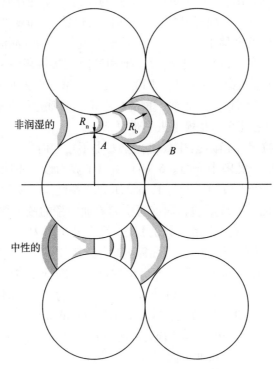

（a）非润湿相和中性流体在环形孔隙模型的入口

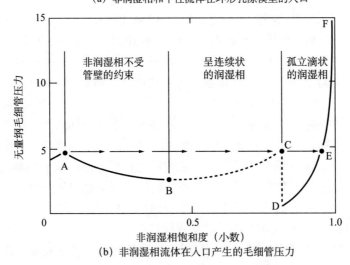

（b）非润湿相流体在入口产生的毛细管压力

图 3.6　界面进入一个喇叭形状孔隙的示意图（Stegemeier，1978）

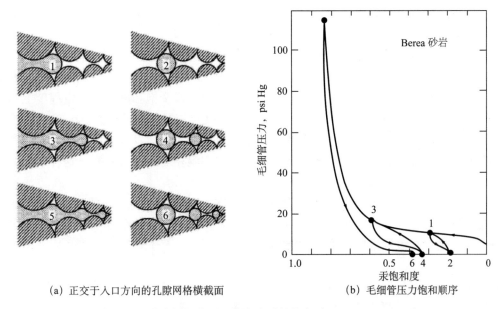

（a）正交于入口方向的孔隙网格横截面　　　　（b）毛细管压力饱和顺序

图 3.7　非润湿相在不同饱和度时的分布（Stegemeier，1976）

　　从 S_w=0 时开始，注入流体到达点 1 时的饱和度。通常，毛细管出口和入口之间的压差为此饱和度时的压力。此时，释放非润湿相中的压力，将导致润湿相自发地从右侧流入孔隙中，这种自发流动将沿着固体表面发生，导致润湿相在非润湿相初始入口的孔喉处积聚，使得在最大孔隙中有留有一点非润湿相流体（情况 2）。

　　从点 2 到点 1 的毛细管力曲线为吸吮曲线，它与驱替曲线（从点 1 到点 2）的主要区别在于它结束（p_c=0）于某个不同的饱和度。在静止的情况 2 下，入口—出口压差为零，因为这两个压力都是在同一润湿相中测得的。情况 2 时的非润湿相可被认为是被圈闭的，因为它是非连续性的。

　　从点 2 到点 3 之间的曲线表示二次驱替过程，包括重新连接间断的液滴和进一步的穿透作用，这将导致非润湿相饱和度大于点 2 处的饱和度，p_c 越大，吸吮和被圈闭的非润湿相饱和度越大（情况 4）。毛细管压力最高时（情况 5），所有的孔隙都包含有非润湿相，并且吸吮后的圈闭饱和度处于最大值。从最大非润湿相饱和度到最大圈闭非润湿相饱和度时的毛细管力曲线为吸吮曲线（曲线 6）。曲线 1 是驱替曲线，其余所有曲线被称为二次驱替曲线、二次吮吸曲线等。整个曲线集合被称为滞回环线（hysteresis loop）。

　　这种润湿相在非润湿相周围运移时非连续液滴的形成被称为卡断（snap-off）现象。有关卡断现象带来的结果将在下文中进行详细的论述，但它的产生在很大程度上是由于孔喉和孔隙之间存在尺寸上的差异。这种不一致性越强，就会有越多的原油不被圈闭。实际上，滞回环线本身（特别是吸吮循环）可以用来测得孔隙的尺寸，由于前面提及的连通性会导致其复杂性增加，因此，这是一种比较不严谨的测量方法。另外，卡断本身受特定孔隙几何形状的影响（Joledo 等，1994），Mohanty（1981）提出了泡沫流动时的卡断示意图，在 Prodanovic 等（2010）的热力学数值模型中也引入了卡断机理。

　　图 3.3 至图 3.7 解释了许多实际毛细管力曲线的特征。吸吮曲线通常与驱替曲线不同，

但是当非润湿相的饱和度很高时,这种差异会缩小,这是因为更多初始时未被连接的液体又被重新连接起来。

将不连续非润湿相液滴与残余非润湿相饱和度联系起来时,从流体力学观点来看,上述机理是非常有意义的。因此,残余相饱和度会随着孔喉和孔隙尺寸之间不一致性的增加而增加,由于毛细管压力是在静止状态时测得的,因此,残余饱和度会在一定程度上高于其在流动状态时测得的值。有关速度的影响,将在下文中进行详细的讨论。$p_c=0$ 时的饱和度与局部毛细管压力为零之间无任何关系,这是不连续液滴仍然具有一定的界面张力和曲率。局部毛细管压力会阻碍非润湿相的运移和抑制非润湿相的最终采收率,这种现象将在本章的余下部分进行详细论述。

处于毛细管压力曲线另一个极点时的饱和度被称为束缚润湿相饱和度或残余润湿相饱和度,在非常低的饱和度时它可能会参与流动。但是,由于曲线的渐近线中存在一个很实用的残余饱和度,在该残余饱和度时润湿相的流动太小,以至于可以认为其实质上是不流动的。

上述讨论的毛细管滞后作用被称为圈闭滞后。拖拽滞后时由前接触角的差值产生的,反过来是由于固体表面极性物质的吸附产生的(Morrow 和 chatzis,1976)。拖拽滞后也可能会在如图 3.3 所示的毛细管壁毛细管中发生。判断特定情况中何种滞后作用占主导作用是不大可能的。但圈闭作用一致时存在的,这因为孔喉的尺寸总是小于孔隙的尺寸。

非润湿相残余饱和度取决于最大的非润湿相饱和度。这两个物理量绘成的曲线被称为初始—残余(IR)曲线。初始—残余曲线与毛细管压力曲线一样具有许多共同的可渗透介质特性。图 3.8 给出了一系列的初始—残余曲线。

毛细管压力曲线纵坐标上的物理量为连续的非润湿相和润湿相之间的压力差。当相以不连续的形式存在时,如图 3.7a 中的情况 2、4 和 6 等,都存在一个局部的毛细管压力,由于液滴的尺寸各异,其并不是唯一值。第 3.4 节中将使用这些概念和初始—残余曲线来估算毛细管驱替曲线。但是,首先将讨论如何根据毛细管力曲线的滞后现象估算初始—残余曲线。

给定饱和度时的毛细管压力为非润湿相在该饱和度条件下进入最小孔隙时的测量值,这表明毛细管压力曲线的曲率为孔隙尺寸分布的函数。曲线的高度可以由平均孔隙尺寸确定。为了将孔隙尺寸的影响和孔隙尺寸分布的影响区分开,Leverett(1941)提出了毛细管压力驱替曲线的无量纲形式,这种无量纲形式与孔隙尺寸无关。首先,Laplace 方程(3.12)中使用函数 R/j (S_{nw}) 替代毛细管半径 R,式中的 j 为非润湿相饱和度 S_{nw} 的无量纲函数。通过消去方程(3.12)和方程(3.4)之间的水力半径,可得到 Leverett j 函数。

$$j(S_{nw}) = \frac{p_c \sqrt{\dfrac{K}{\phi}}}{\sigma \cos\theta} \tag{3.14}$$

各种常数和迂曲度都已经被考虑进了方程(3.14)的 j 函数中。如原著(Leverett,1941)中所述,j 函数与孔隙尺寸无关,也与用来测量 p_c 时两种流体之间的界面张力无关。在许多权威著作中,也将 j 视为 S_{nw} 的函数(Collins,1976;Bear,1972)。推导方程(3.14)时将孔隙尺寸的大小转化成典型单元体积（Peters，2012），毛细管压力关系式的其他形式可参考相关文献（Thomeer，1960；Morrow 和 chatzis，1976；Skjaeveland 等，2000）。

通过类似的办法，第一毛细管压力驱替曲线可用来计算孔隙尺寸分布。对于不同的毛细管压力和相同的 $\sigma \cdot \cos\theta$ 而言，应用方程（3.12）可以计算出非润湿相能够进入的最大孔隙半径 R。非润湿相饱和度本身为等于或大于该孔隙尺寸时孔隙占据的体积百分数。通过这些可以获得孔隙尺寸百分数的分布图，也可以将其转变成某一给定半径 R 孔隙时的频率图。图 3.9 给出了通过该方法测的各种天然介质中的孔隙尺寸。

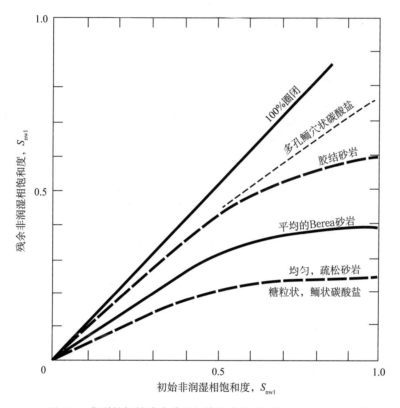

图 3.8　典型的初始残余非湿相饱和度曲线（Stegemeier，1976）

在将已知 K 和 ϕ 岩样时的毛细管压力曲线用于估算任意 K 和 ϕ 岩石样品的毛细管压力时，上述推导中使用的各种尺度概念是非常有用的。当然，在使用这种尺度方法时，需要假设所有的样品具有相同的孔隙尺寸分布和迂曲度。不同于测量毛细管力曲线时所用流体时，这种尺度方法也可以用来估算另一种流体的毛细管压力。但是，j 函数仅能由毛细管压力驱替曲线推导得出，但其自身并不能用于估算吸吮毛细管压力曲线。此外，仅使用接触角表示可渗透介质的润湿性影响，是不够充分的（如图 3.3 所示）。即便如此，润湿性也很难进行估算。

3.2.3　润湿性

润湿性指的是某一相接触（或润湿）可渗透介质表面的程度，同时它也是本书中最复杂、最重要且最具争议的内容之一。

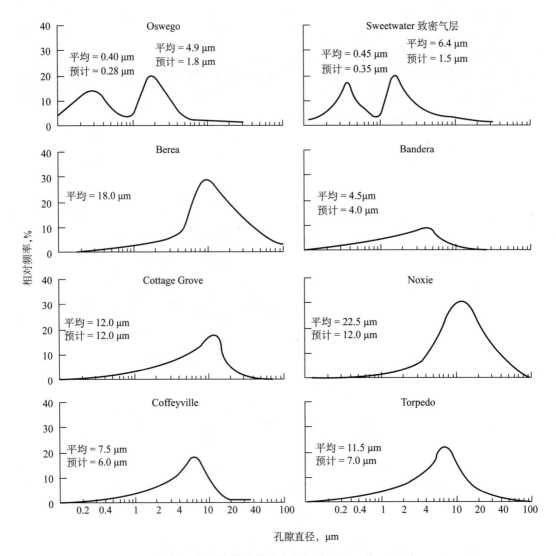

图 3.9 沉积岩的孔喉尺寸分布（Crocker 等，1983）

测量可渗透介质润湿性的实验方法至少有三种（Anderson，1986）：

（1）在 Amott（1959）实验中，岩心样品中油或水的自发吸吮量除以驱替时所得的数值，可以判断其润湿性。Amott 指数的范围从 +1（完全水湿）到 −1（完全油湿）。这种测量值是文献中引用最多的，被称为润湿性指数。

（2）在美国矿业局实验（Donaldson 等，1969）中，分别在润湿相饱和度增加和减少方向上，通过离心方法测得毛细管压力曲线，润湿性指数 W 为两种曲线中不同面积之间比值的对数。W 的范围是从 $-\infty$（油湿）到 $+\infty$（水湿），但实际范围在 −1.5 与 +1.0 之间。

（3）在第三个实验中，直接测量光滑石英或方解石表面上接触角（Wagner 和 Leach，1959）。

在上述估算可渗透介质润湿性的方法中，没有一个是令人完全满意的。对于实际的可渗透介质而言，可以测得 Amott 指数和 W 指数，但是他们与毛细管压力并不直接相关，这两种实验方法测量的是整体润湿性而非局部润湿性。当然，接触角的测量过程是非常直接的，但被抛光的表面可能无法代表可渗透介质的内部表面。在各种润湿性测量方法的假设中，油—盐水的性质对润湿性的影响要比固体表面性质的影响更为重要。接触角的测量过程中也会出现滞后现象，如图 3.10 所示，且所有的润湿性测量方法都不是常规测量方法。

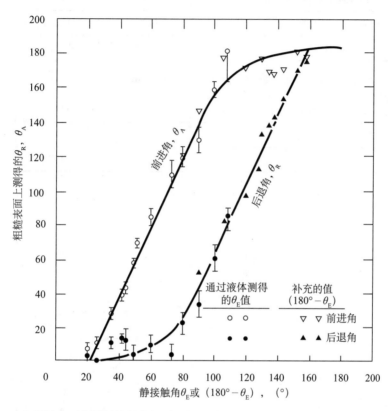

图 3.10　在粗糙表面上测量的前进角（θ_A）和后退角（θ_R）与静接触角（θ_E）之间的关系

表 3.1 对 55 个油藏的润湿性进行了调研，给出了接触角的测量结果。无论是对于全部油藏而言，还是对于按岩石性分类的两种主要油藏（砂岩和碳酸盐）而言，润湿性的测试结果都不是单一值。大多数砂岩油藏倾向于水湿或中性润湿，然而大多数碳酸盐岩石却倾向于中性润湿或油湿。接触角也可以用来测量相对渗透率（Owens 和 Archer，1971），但在实际应用中，这种测量方法并不常见，通常使用他们来推断润湿性。

到目前为止，所讨论的毛细管压力都适用于强润湿性介质，某一相的润湿现象很明显，而另一相是非润湿的。经过多年的研究表明，大多数天然可渗透介质并不是强润湿性的，但对于弱润湿或天然润湿介质中流体的流动行为而言，只是对其进行了很浅显的探索。

在弱润湿性介质中，很难确定某一相是润湿的或非润湿的。"相"必须指是油相、水相或气相等。考虑方程（3.12）中有关毛细管压力的定义，当接触角大于 90° 时，毛细管压力完全有可能为负值。图 3.11 解释了这种因素对毛细管压力曲线的影响，此时，曲线从水湿时的完全正值转变成油湿时的完全负值。

表 3.1 通过测定 55 种油藏流体在光滑矿物表面上的前进角来确定水湿、中性润湿和油湿油藏的分布情况（Morrow，1976；Treiber，1972）

润湿性类别	水湿	中性润湿	油湿
根据 Frieber 等方法定义的接触角范围（光滑麦面上的 θ_A）	$0° \sim 75°$	$75° \sim 105°$	$105° \sim 180°$
砂岩油藏的数量	13 (43%)	2 (7%)	15 (50%)
碳酸盐岩油藏的数量	2 (8%)	2 (8%)	21 (84%)
合计	15 (27%)	4 (7%)	36 (66%)
根据 Morrow（1976）分类方法定义的接触角范围	$\theta_A < 62°$	$\theta_A > 62°$ $\theta_R > 133°$	$\theta_A > 133°$ $(\theta_A = \theta_R)$
砂岩油藏的数量	12 (40%)	10 (33%)	8 (27%)
碳酸盐岩油藏的数量	2 (8%)	16 (64%)	7 (28%)
合计	14 (26%)	26 (47%)	15 (27%)

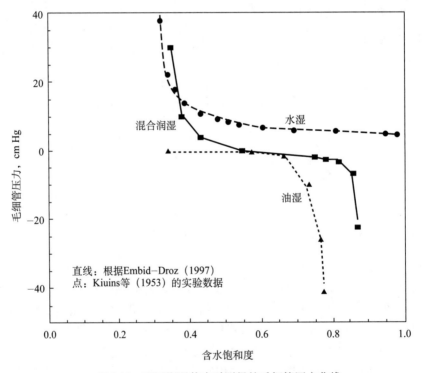

图 3.11 不同润湿状态时测得的毛细管压力曲线

对此类变化进行深入的研究时，可以清楚地看出前面讨论的部分话题此时不再适用。例如利用 $p_c=0$ 时的饱和度定义残余油饱和度就不再正确了。显然，在大多数典型示例中，残余油饱和度是与渐近线基本吻合的，后续章节中也会对此进行详细地介绍。

界面张力（以毛细管力为代表）对于可渗透介质中多相流理论而言是非常重要的。但此时没有对毛细管压力和流动之间的关系进行详细地介绍，在前面讨论有关平衡状态时的行为中，并没有考虑流动。

首先介绍均匀横截面单一毛细管中的线性单相流，流动状态方程由方程（3.1）给出，并且能适用于流体 1 和流体 2 的流动区域，如图 3.12 所示。

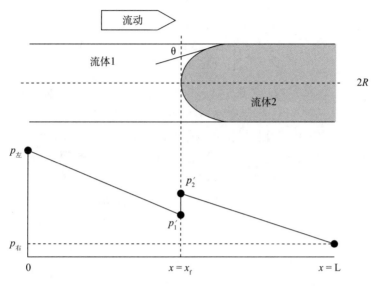

图 3.12　单一毛细管中存在毛细管压力时的流动示意图

流动方向朝右（流动方向随后将会发生改变），流体可以具有不同的黏度和接触角，使得其范围从 $\cos\theta=1$（流体 1 润湿）到 $\cos\theta=-1$（流体 2 润湿）。此处最主要的假设为界面形状和跨越界面时相应的毛细管压力不受流动的影响。当然，严格意义上而言，大量的固定界面存在与管壁无滑移条件之间存在明显的不一致性，如图 3.1 所示。虽然具有这种不一致性，但最终结果仍然具有深远的意义，并且具有很好的实用性。

如果流体是不可压缩的，则界面两侧的流速应相同，或

$$q=\frac{\pi R^4}{8\mu_1}\left(\frac{p_{左}-p_1'}{x_f}\right)=\frac{\pi R^4}{8\mu_2}\left(\frac{p_2'-p_{右}}{L-x_f}\right) \tag{3.15}$$

然后，将该方程带入流量 q 与总压降的表达式中，

$$\frac{p_{左}-p_1'}{\mu_1 x_f}=\frac{p_2'-p_{右}}{\mu_2\left(L-x_f\right)} \tag{3.16}$$

尽管在文中的很多地方都有出现了该推导式的各种形式，此处将对其进行详细地研究。首先将毛细管压力的定义代入方程（3.15）右侧的第一个方程中，有

$$\frac{p_{左}-p_1'}{\mu_1 x_f}=\frac{p_1'+p_C-p_{右}}{\mu_2\left(L-x_f\right)}$$

对于相 1 的界面压力进行求解，有

$$p_1' = \frac{p_{左}\mu_2(L-x_f) - (p_C - p_{右})\mu_1 x_f}{\mu_1 x_f + \mu_2(L-x_f)}$$

最后,将其代入方程(3.15)的左侧方程中,得

$$q = \frac{\pi R^4}{8}\left[\frac{\Delta p + p_c}{\mu_1 x_f + \mu_2(L-x_f)}\right] \tag{3.17}$$

如果当黏度相等时,流速与前缘位置无关,则物理量($\Delta p + p_c$)此时为新的流动驱动力。这种新驱动力可能大于或小于毛细管压力,这取决于p_c的符号。

图3.13以图的形式绘出了相匹配黏度流体流动时方程(3.17)的流动状态。纵坐标为法相流速,横坐标为外界压差Δp。在该曲线上,方程(3.17)是斜率为1和截距为x的直线,即当$q=0$时斜率为$-p_c$。斜率为1的直线将图形分为两部分,相1润湿性区域($p_c>0$)位于过原点直线的上方,相2润湿性区域($p_c<0$)位于直线的下方。其中,毛细管压力的符号与小图Ⅰ至Ⅳ中的相一致。

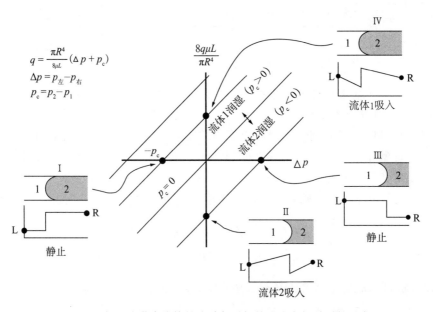

图3.13 相匹配黏度流体的流动与毛细管压力之间关系的示意图

情况1与图3.1b类似,但非润湿相从右侧进入毛细管中,还包括不存在流动($q=0$)时的外界压差($\Delta p<0$),前文中已经对更加复杂几何形状时的情况进行了介绍。情况Ⅱ中,不存在外界压差($\Delta p=0$),但因为相间存在压力梯度,所以此时存在流动。情况Ⅲ与情况Ⅰ正好相反:相1为润湿相,压力梯度非零($\Delta p>0$),也不存在流动。情况Ⅳ中,相2为润湿相,在不存在外界压差时存在流动。

尽管上述图形已经相当简化了,但由图3.13中的示例能得到以下两个基本认识:

(1)如果存在毛细管压力(或存在两相或多相),则介质需要外界压差来使其中的相

与相之间保持平衡。如情况Ⅰ和情况Ⅱ所示。这也是大多数毛细管测量方法的基础，其中，p_c 与外界压差相同，这已经在前文中进行了介绍。

（2）不存在外界压差时也可能发生流动。这种流动被称为天然渗吸或自发渗吸，这种类型的流动在提高采收率技术中变得越来越重要，并且在数年来裂缝型油藏的开发过程中也是非常重要的。渗吸过程通常为某种润湿相驱替某种非润湿相的过程，如情况Ⅲ和情况Ⅳ所示。毛细管压力通过其自身并不能产生流动，但相中的压力梯度也可以产生流动。但是，毛细管压力能够通过建立压力梯度，然后产生流动。

对于不同黏度、不同密度以及非均匀通道中的更加复杂流体的流动情况而言，以下几点认识都能够适用。毛细管压力在相对渗透率概念中起着举足轻重的作用，如下文所述。

3.3　相对渗透率

相对渗透率（relative permeability）曲线以及其相关参数通常是提高石油采收率理论最为密切的岩石物性参数。实际上对于所有提高采收率技术而言，更为广泛的原理解释为各种提高采收率方法都会改变相对渗透率，特别是能够增加油相相对渗透率（或增加油相流度）。

假设不可压缩的、单一组分的多相流体在一维可渗透介质中的一维流动。若流动处于稳定状态（steady state），即假设所有相的饱和度不随时间和位置发生变化，则达西定律可以对某有限距离 Δx 进行积分，得

$$u_j = -\lambda_j \frac{\Delta \phi_j}{\Delta x} \tag{3.18}$$

式中，λ_j 为相 j 的流度（mobility）。流度为相通量 u_j 与势差 $\Delta \phi_j = \Delta (p_j - \rho_j g Dz)$ 之间的比值。流度 λ_j 可以分解为一种岩石性质（即相对渗透率 K_{rj}）：

$$\lambda_j = K \left(\frac{K_{rj}}{\mu_j} \right) \tag{3.19}$$

相对渗透率为相饱和度 S_j 的强函数（strong function）。作为一种岩石—流体性质，K_{rj} 与 S_j 之间的函数关系式也是有关岩石性质（比如孔隙尺寸分布）和润湿性的函数。通常，尽管当流体的某些固有性质（比如界面张力）显著改变时，它并不是流体性质的强函数，尽管相对渗透率也会受到影响。

包含流度和相对渗透率时的另一种定义是相对流度 λ_{rj}，即

$$\lambda_{rj} = \frac{K_{rj}}{\mu_j} \tag{3.20a}$$

和相渗透率（phase permeability）K_j

$$K_j = K K_{rj} \tag{3.20b}$$

K_j 为一个三维张量参数，这对于区别和分辨流度、相对流度、相渗透率和相对渗透率是非

常重要的。

　　研究人员曾试图通过理论方法计算出相对渗透率，但到目前为止，最为常见的方法是通过实验测得相渗曲线（实验过程参考 Jones 和 Roszelle，1978）。

　　图 3.14 给出了油—水相对渗透率曲线。当某相的饱和度减少时，其相对渗透率也会减少；但当相饱和度刚刚变为零时，该相的相对渗透率会消失。若某相的相对渗透率也为零，则该相不再流动，并且该点处的饱和度随着驱替的进行不再有任何程度的降低，此时的饱和度被称为圈闭油饱和度（trapped saturation）或残余油饱和度（residual saturation）。减少圈闭油饱和度是提高采收率最为重要的目标之一（见第 3.4 节）。圈闭油饱和度即为所谓的残余油饱和度，并用符号 S_{2r} 进行表示。在后续章节中，将阐明各种提高采收率方法降低残余油饱和度的方式。

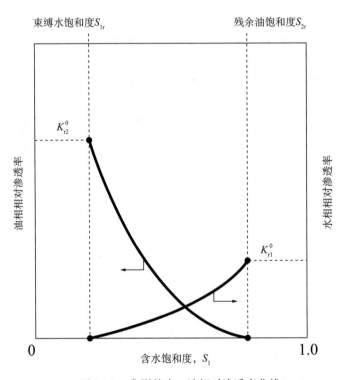

图 3.14　典型的水—油相对渗透率曲线

　　残余油饱和度和剩余油饱和度 S_{2R} 是两种不同的概念。残余油饱和度为可渗透介质中被水洗后的整个区域中仍剩下的原油；而剩余油饱和度是指不管注水时是否被波及到但仍然残留着的原油，因此有：$S_{2R} \geqslant S_{2r}$。圈闭水饱和度 S_{1r} 也被称为束缚水饱和度，它并不是原生水饱和度，原生水饱和度指油藏注水之前的含水饱和度，但在大多数情况下束缚水饱和度 S_{1r} 与原生水饱和度相等。

　　相渗曲线上的另外两个重要标志是终点处的相对渗透率。当某一相处于残余饱和度时，该相的相对渗透率保持恒定。本书中，使用上角标 0 来代表其终点时的相对渗透率。K_r 函数中的"相对"表示该相的渗透率已经使用某些物理测量进行了归一化处理。由方程

（3.20b）中的定义可以看出，归一化的渗透率为某些参考流体（通常是 100% 水或气）的绝对渗透率，但在文献中一般并非如此。选择这种归一化因子意味着终点渗透率通常会小于 1，但也会出现大于 1 时的情况。

这些终点值可以用来衡量润湿性的强弱。非润湿相通常是一些长度约等于若干个孔隙直径但又互相分离的液滴，他们占据着孔隙的中心。另一方面，被圈闭的润湿相则占据岩石颗粒之间的缝隙和覆盖岩石的表面。因此，圈闭非润湿相在流动时所起的阻碍作用，要比圈闭润湿相对非润湿相的流动要大得多，则润湿相的终点相对渗透率将比非润湿相的终点相对渗透率要小得多。润湿相终点饱和度与非润湿相终点饱和度之比已被证实为介质润湿性的一种很好的定性衡量方法。因为图 3.14 中可渗透介质的 K_{r1}^0 小于 K_{r2}^0，所以该介质是水湿的。对于选择性润湿的极端情况而言，润湿相的终点相对渗透率可能只有 0.05，或更小。

另外，相对渗透率交叉点处的饱和度（此时 $K_{r2} = K_{r1}$）可作为润湿性一个更为合适的标志，或许是因为该交叉点对于残余相的饱和度值不太敏感。由图 3.15 可以看出，曲线交叉点的偏移和水相终点的相对渗透率都可视为润湿性的函数。图 3.14 还表明，在一般饱和度的数值范围内，相对渗透率的变化可相差几个数量级，因此，实验曲线经常要使用如图所示的半对数坐标。

虽然相对渗透率函数不存在通用的理论表达式，但对于油—水相对渗透率曲线而言，存在许多经验表达式（比如 Honarpour 等，1982）。当需要解析表达式时，对于油—水两相渗流而言，可用以下指数形式：

$$K_{r1} = K_{r1}^0 \left(\frac{S_1 - S_{1r}}{1 - S_{1r} - S_{2r}} \right)^{n_1} \tag{3.21a}$$

和

$$K_{r2} = K_{r2}^0 \left(\frac{1 - S_1 - S_{2r}}{1 - S_{1r} - S_{2r}} \right)^{n_2} \tag{3.21b}$$

上述方程最适用于实验数据的拟合，并且可以明显地区分相对渗透率的曲率（通过指数 n_1 和 n_2）和终点。图 3.16 给出了方程（3.21）中参数的典型数值。

当忽略毛细管压力时，可以将所有相通量进行加和，求出水平渗流中与压力梯度 dp/dx 相关的总通量表达式

$$u = -K\lambda_{rt} \left(dp / dx \right)$$

式中，

$$\lambda_{rt} = \sum_{j=1}^{Np} \lambda_{rj} \tag{3.22}$$

为总的相对流度，它是可渗透介质对多相渗流阻碍的一种度量。当将 λ_{rt} 与饱和度之间的关

系绘成曲线时，往往会出现一个最小值（如图 9.28 所示），这意味着多相流体通过某种介质时的难度要比任意单相通过时的难度大得多。一旦形成了圈闭饱和度，在流动中会引起各相的互相干扰，λ_{rt} 会减小。

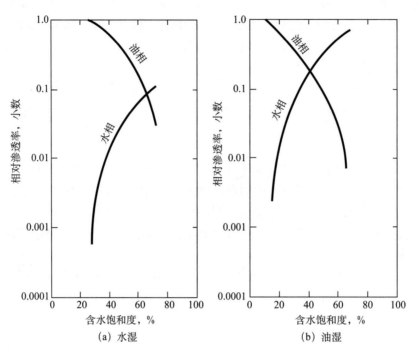

图 3.15　润湿性对相对渗透率的影响（Craig，1971）

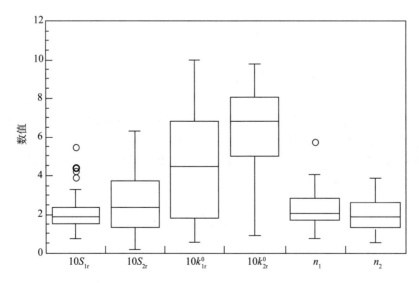

图 3.16　方程（3.21）中参数的典型值。垂向方格给出了 75% 测量值的范围，延伸垂线给出了 95% 测量值的范围。方格中的点为中值，点为边界值（Alpak 等，1999）

当忽略流动相的毛细管压力时，还可以对总流量表达式中的压力梯度进行求解，并且使用它来消去微分方程（3.18）中的压力梯度，重新整理后，可求出方程（2.52）中相 j 的分流量。如果忽略毛细管压力，f_j 仅仅是饱和度的一般非线性函数。这个函数表达式的建立是第 5 章以及剩余各章中分流量分析的基础。分流量曲线是相对黏度和密度以及相对渗透率之间的函数。

3.4　残余相饱和度

在本节中，将讨论残余润湿相饱和度（S_{wr}）或残余相非润湿相饱和度（S_{nwr}）时的两相流动状态。根据表 3.1，可将其简单定义为残余油饱和度或水相饱和度。以下的讨论在很大程度上以假设某一相是强润湿性的为基础。

残余润湿相饱和度的概念和毛细管压力的相关讨论是一致的。如图 3.17a 所示，增加压力梯度能够促使更多的非润湿相进入孔隙体积中，导致润湿相退缩至孔隙体积中岩石颗粒与其他凹面接触的地方。当压力很高时，润湿相接近为单层的液膜，且处于一个较低的残余相饱和度。由于薄膜的不稳定性，当 p_c 无穷大时，理论上 S_{wr} 等于零，如图 3.6a 所示。

另一方面，残余非湿相饱和度则不同，因为非润湿相会受到岩石表面的排斥作用。在足够的接触时间后，所有的非润湿相最终可能从介质中被驱替出来。但实际上，反复多次实验证明，情况并非如此。在大多数情况下，S_{nwr} 与 S_{wr} 一样大。残余非润湿相以长度相当于若干个孔隙直径的液珠形式被圈闭在较大的孔隙中（图 3.17b 所示）。图 3.18 中给出了胶结和未胶结砂岩注水后孔隙中这些残余非润湿相液珠的示意图。

残余相饱和度的形成机理可以使用两个简化的典型单元体积模型来进行说明。图 3.19 给出了双重孔隙或并联孔隙模型，可渗透介质中会存在一个分叉的通道，图 3.20 给出了孔隙折断模型的三种形式，在不同的横截面处存在单一的流动通道。每个模型都包含一定程度的局部非均质性：并联孔隙模型中存在不同半径的流动通道，而孔隙折断模型的每一个流动通道中存在不同的横截面积。这些局部非均质性是形成残余非润湿相饱和度的必要条件。第 3.1 节讨论的简单毛细管模型中不存在非均质性，因此不存在非零的 S_{nwr}。

3.4.1　并联双孔隙模型（Moore 和 Slobod，1956）

该模型假设并联模型的每一个通道中的流体流动都是 Poiseuille 流动，并且界面的存在不影响流动的状态。如果并联模型的长度比最大通道半径大很多，并且流动非常缓慢，则上述两种假设都是准确的，且后一种条件允许在此流场中使用毛细管压力方程［即方程（3.12）］。在处理该问题时，润湿相和非润湿相的黏度是相等的（见练习题 3.5）。最重要的假设是当润湿相—非润湿相界面到达并联模型任一通道的出口端时，它会圈闭部分残余流体，如图 3.19b 所示。

基于以上假设，任一通道中的体积流量可由方程（3.12）给出。因此，通过并联模型时的总体积流量为

$$q = q_1 + q_2 = \frac{\pi R_1^4}{8\mu L_t}(\Delta p_1 + p_{c1}) + \frac{\pi R_2^4}{8\mu L_t}(\Delta p_2 + p_{c2}) \tag{3.23}$$

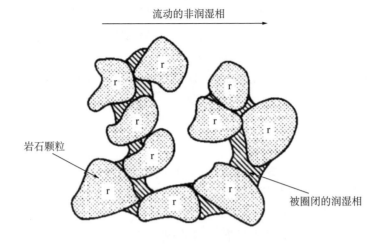

（a）被圈闭的润湿相

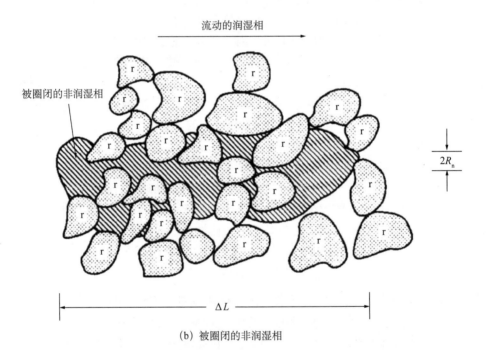

（b）被圈闭的非润湿相

图 3.17　被圈闭的润湿相和非润湿相的示意图

因为通道是平行的，所以这两个通道中的驱动压力必须相等。即

$$\Delta p_1 = \Delta p_2 = \Delta p \tag{3.24}$$

在方程（3.24）中，对于吸吮过程而言，毛细管压力为正值，如图 3.19 所示；而对于驱替过程而言，毛细管压力为负值。利用这些方程，然后根据总体积流量、并联模型的几何形状以及方程（3.23）中的界面张力与接触角之间的乘积，可以得到各通道中的体积流量：

$$q_1 = \frac{q - \dfrac{\pi R_2^4 \sigma \cos\theta}{4\mu L_t}\left(\dfrac{1}{R_2} - \dfrac{1}{R_1}\right)}{1 + \left(R_2 / R_1\right)^4} \tag{3.25a}$$

$$q_2 = \frac{q\left(\dfrac{R_2}{R_1}\right)^4 + \dfrac{\pi R_2^4 \sigma \cos\theta}{4\mu L_t}\left(\dfrac{1}{R_2} - \dfrac{1}{R_1}\right)}{1 + \left(R_2 / R_1\right)^4} \tag{3.25b}$$

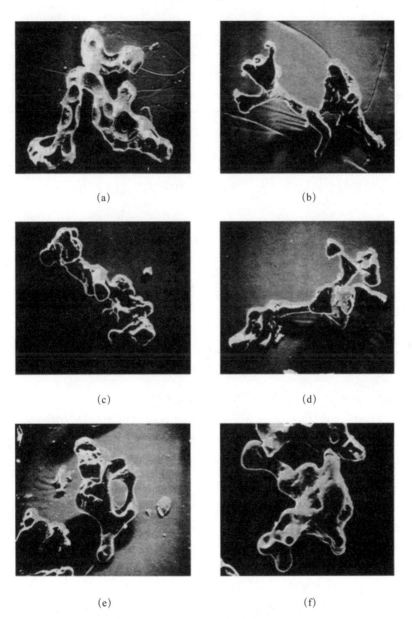

图 3.18 （a）玻璃珠填充模型和（b）至（f）Berea 砂岩中具有代表性的大油滴

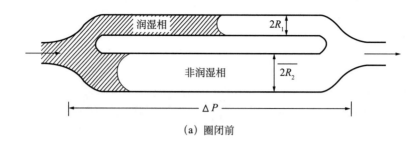

(a) 圈闭前

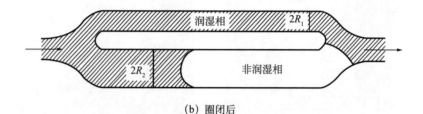

(b) 圈闭后

图 3.19　并联孔隙模型示意图

为了研究并联模型中的圈闭行为，求得通道中的平均流速之比为

$$\frac{v_2}{v_1} = \frac{4N_{vc} + \left(\dfrac{1}{\beta} - 1\right)}{\dfrac{4N_{vc}}{\beta^2} - \beta^2\left(\dfrac{1}{\beta} - 1\right)} \tag{3.26}$$

式中，$\beta = R_2/R_1$ 为非均质性系数，和

$$N_{vc} = \left(\frac{\mu L_t q}{\pi R_1^3 \sigma \cos\theta}\right) \tag{3.27}$$

为黏滞力与毛细管力的无量纲比值，以下称为局部毛管数。

根据方程（3.26）和毛管数的定义，可以求得并联模型中流体的圈闭行为。在毛细管力可被忽略（较大的 N_{vc}）时的范围内，并联模型各个通道中的速度与其半径的平方成正比。因此，大半径通道中的界面比小半径通道中的界面更早到达出口端，并且非润湿相将被圈闭在小半径通道中。

但是，当黏滞力可以忽略不计时，小半径通道中流体的吸吮速度要比并联模型入口处的速度快得多。根据方程（3.24）和方程（3.25），在流体无补偿的并联模型中，大半径通道中界面的推进速度为负值。此时，小半径通道中的速度要比在并联模型入口处的速度快。这种情况与推导时的前提条件不符：即如果在并联模型入口处的界面封锁了小半径孔道，那么小半径通道中的流量将等于零。

尽管忽略黏滞力时的这种极端情况难以被证实，但很容易地设想存在一个中间情况，即黏滞力比毛细管力小很多，但黏滞力不能被忽略。此时，并联模型通道中不再缺乏流体的补偿，但小半径通道中的界面推进速度仍然比大半径通道中的快。非润湿相被圈闭在大孔径通道中，如图 3.19 所示。对于方程（3.26）中孔隙半径的典型值（如图 3.9 所示）而言，大多数可渗透介质中的渗流过程可用这种中间状态进行近似表述。

除能够解释非润湿相的圈闭原理外，并联模型的简化方式还可以阐明许多有关相圈闭的定性现象。

（1）非润湿相被圈闭在孔隙中；润湿相则被圈闭在小缝隙和裂隙中。

（2）降低毛细管力将会减少圈闭量。因为圈闭在小孔隙中的流体比在大孔隙中的流体占据的体积更少。

（3）某些局部非均质性也必然会导致圈闭的产生。在这种情况下，非均质性系数 β 必须大于 1。并联模型的简化计算表明，非均质程度的增加会扩大毛管数的范围，超过此范围后残余油饱和度会发生改变。

但是，作为一种估算圈闭的定量方法，在低毛管数时，并联模型会使估计的残余非润湿饱和度偏高。当毛管数较大时，很少有证据证实非润湿相被圈闭在小孔隙中。更为重要的是，由方程（3.27）定义的毛管数，在实际介质中是难以被定义的，因此，并联双孔隙模型很少被换算成典型单元体积的尺度。

3.4.2　折断模型

折断模型则可以换算成典型单元体积的尺度。这种模型（图 3.20 所示）的具体几何模型比较简单，能够求解出其数值结果。Oh 和 Slattery（1976）曾用图 3.20a 中的正弦曲线式几何形状进行了理论研究，并且 Chatzis 等（1983）对其也进行了实验研究。孔隙折断模型先前也由 Melrose 和 Brahdner（1974）进行过研究，他们在计算中考虑了接触角滞后现象的影响。在本节的后续部分中，会将图 3.20c 中的理想化几何模型换算成典型单元体积的尺度。

折断模型假设变横截面的单一通道中有某种非润湿相流体通过。流动通道的两侧存在某种润湿层，以使通道内的任何地方都存在某种特殊意义上的局部毛细管压力。但是在流动通道中，这种毛细管压力的随着位置的变化而发生变化；即通道狭窄处的毛细管压力较大，宽的地方毛细管压力较小。对于某些特定数值的势梯度和孔隙几何模型而言，跨越通道部分润湿相的势梯度可能比跨越同一部分的毛细管压力梯度要小。此时，外力不足以迫使非润湿相进入下一个孔隙喉道中。随后非润湿相被折断成若干液珠，并且他们将位于流动通道中的孔隙腔体内。根据上述假设，此时任意圈闭液珠的流动被重新启动的条件为

$$\Delta \varPhi_{\mathrm{w}} + \Delta \rho g \Delta L \sin \alpha \geqslant \Delta p_{\mathrm{c}} \tag{3.28}$$

式中，$\Delta \varPhi_{\mathrm{w}}$ 和 Δp_{c} 分别为润湿相的势变化值和穿过液珠时的毛细管压力变化值，ΔL 为液珠尺寸，$\Delta \rho = \rho_{\mathrm{w}} - \rho_{\mathrm{nw}}$，$\alpha$ 为液珠所处位置与主轴之间的夹角。方程（3.28）指出，外力（黏滞力和重力）与毛细管力之间存在竞争作用，且在并联双孔隙模型中依然存在，虽然这两种模型存在非常明显的差异。

在任意真实的可渗透介质中，局部状态都可以使用并联双孔隙模型和折断模型来近似处理。Chatzis 等（1983）曾利用胶结岩心实验证实，大约有 80% 的圈闭非润湿相发生在折

断模型的几何形状中，剩余的 20% 存在于并联双孔隙模型或上述两种孔隙模型组合的孔隙几何形状中。他们使用了一套更加精细的分类机制，即折断模型以不同的方式与并联双孔隙模型进行组合，这些组合可以消去许多并联双孔隙模型中有关润湿—非润湿相界面到达出口端时发生圈闭的种种假设。折断模型理论再次阐述了非润湿相被圈闭的基本条件为：非润湿相圈闭在大孔隙中，需要具有局部的非均质性，并且要求具有较高的毛细管力。

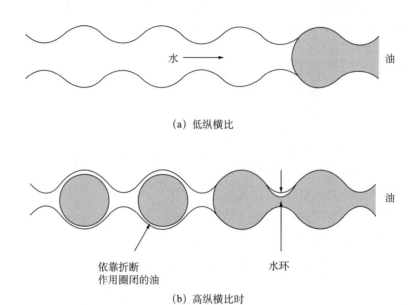

（a）低纵横比

（b）高纵横比时

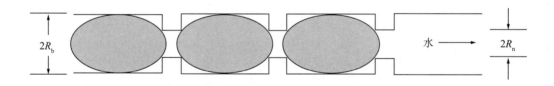

（c）理想几何模型

图 3.20　孔隙折断模型的不同几何形状

3.4.3　实际介质中的圈闭作用

大多数提高采收率的直接方法是减少储层中已被波及区域的残余油饱和度或圈闭油饱和度，这种减小含油饱和度的方法也是提高采收率的主要目标之一。

此时将讨论真实介质中观测到的圈闭实验现象。大多数实验观测结果表示通常表示为残余非润湿相饱和度或残余润湿相饱和度与局部毛管数之间的关系，这种关系被称为毛细管驱替曲线（CDC），图 3.21 给出了毛细管驱替曲线的示意图。

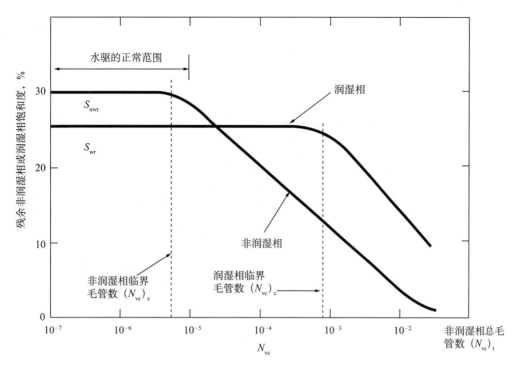

图 3.21　毛细管驱替曲线（Rake, 1984）

通常，毛细管驱替曲线的 y 轴表示残余非润湿相饱和度（S_{nwr}）或残余润湿相饱和度（S_{wr}），对数 x 轴表示毛管数（N_{vc}）。毛管数为黏滞力与局部毛细管力之间的无量纲比值。毛管数的定义有很多，最简单的定义为

$$N_{vc} = \frac{u\mu}{\sigma} \tag{3.29}$$

该定义式也是最常用的。UTCHEM 软件使用了更为通用的定义，它包括多相流和浮力效应（UTCHEM, 2013；Delshad 等, 1996）。

当 N_{vc} 很小时，S_{nwr} 和 S_{wr} 基本保持恒定，如图 3.21 所示。随着 N_{vc} 的增加，曲线开始弯曲，此时的毛管数被定义为临界毛管数 $(N_{vc})_c$，残余饱和度也开始下降。如图 3.20 所示，在总毛管数 $(N_{vc})_t$ 时饱和度降至最低值，即零残余相饱和度。大多数水驱过程都处于毛细管驱替曲线的平缓区，平缓区的 S_{wr} 一般会小于 S_{nwr}。通常，两条毛细管驱替曲线都会通过其各自平缓处的数值进行归一化处理。

当毛细管驱替曲线的拐点都不存在时，说明此时存在较宽的孔隙尺寸分布，如图 3.22 所示。对于非润湿相而言，$(N_{vc})_c$ 和 $(N_{vc})_t$ 之间的范围要明显大于润湿相时的范围，其中非润湿相的范围在 10^{-7} 到 10^{-1} 之间，润湿相的范围在 10^{-4} 到 10^0 之间。图 3.23 给出了 Berea 砂岩岩心中某个非常复杂的毛细管驱替曲线实验数据，每一个数据都使用某种毛管数的通用定义。

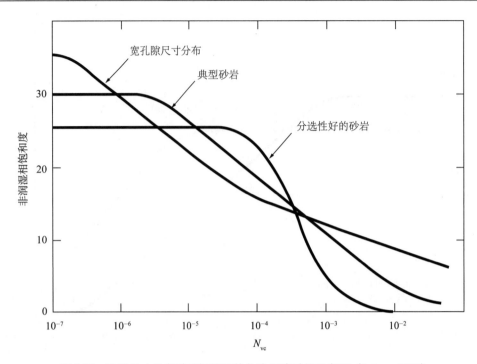

图 3.22　孔隙尺寸分布对毛细管驱替曲线影响时的示意图（Lake，1984）

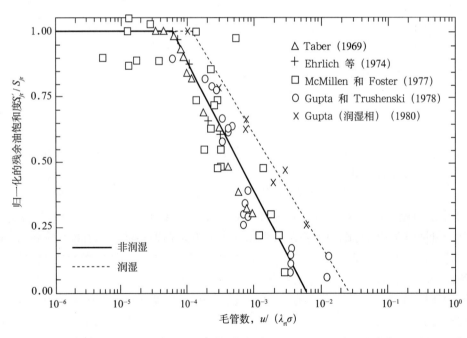

图 3.23　使用某种毛管数通用定义时的毛细管驱替曲线（Camilleri，1983），曲线使用平缓处的饱和度值进行归一化处理

【例 3.3】使用毛管数

毛管数概念被当作是提高采收率的重要原理之一。下面的例子将详细介绍此概念，例

中使用了方程（3.29）中有关毛管数的定义。

（1）估算渗流速度为 1ft/d 时水驱的毛管数。已知水的黏度为 0.8mPa·s，界面张力为 30mN·m，孔隙度为 0.2。

【解】

这主要是一个单位换算问题。毛管数的定义为

$$N_{vc} = \frac{u\mu}{\sigma}$$

由于 N_{vc} 是作用力之间的比值，定义中使用了渗流速度，它在达西定律中能够测量黏滞力的大小：

$$N_{vc} = \frac{(1\text{ft/d} \times 0.2 \times 0.8\text{mPa}\cdot\text{s})}{(30\text{mN}\cdot\text{m})} \frac{1\text{d}}{24\times3600\text{s}} \frac{1\text{mN}\cdot\text{m}^2}{1\text{mPa}} \frac{0.305\text{m}}{1\text{ft}} = 2.8\times10^{-8}$$

对于水驱过程而言，渗流速度一般为 1ft/d。毛管数的大小表明毛细管力要比黏滞力大 10 亿倍。通常水驱位于图 3.21 中的平缓段，此时正常的速度波动不会使残余油饱和度发生改变。另外，水相黏度的增加也无法降低残余油饱和度。因此，一般认为聚合物驱时无法降低残余油饱和度。值得注意的是，图 3.21 仅给出了黏度的影响。但聚合物的黏弹性效应将降低残余油饱和度。

（2）当界面张力降至 $\sigma=10^{-3}$mN·m 时，求 N_{vc}。

【解】

$$N_{vc} = \frac{(1\text{ft/d} \times 0.2 \times 0.8\text{mPa}\cdot\text{s})}{(10^{-3}\text{mN}\cdot\text{m})} \frac{1\text{d}}{24\times3600\text{s}} \times \frac{1\text{mN}\cdot\text{m}^2}{1\text{mPa}} \times \frac{0.305\text{m}}{1\text{ft}} = 8.5\times10^{-4}$$

尽管 N_{vc} 的值仍然很小，但该值已经超过了毛细管驱替曲线的拐点，这将使 S_{2r} 降低。表面活性剂驱时，$\sigma=10^{-3}$mN·m 为降低残余油饱和度的名义目标。可见，最简单的计算有时能够产生最深刻的洞察力。

毛细管驱替曲线中的大部分数据来源于合成岩心或露头岩心，测试时使用合成（炼制）油和盐水，大多数实验是在室温条件下进行的。该实验是否能模拟地层条件还值得进一步商榷，因为通过实验方法确定地层条件下的毛细管驱替曲线是非常困难的。

Kamath 等（2001）对此进行了更深入的研究，他测量了 4 种碳酸盐油藏的毛细管驱替曲线，图 3.24 对该工作进行了总结。通过测得 4 种岩样的数据就可以看出获得该数据的困难程度。当然，它也减少了所得结论的通用性，但该实验仍然考虑了很多因素，如孔隙尺寸的分布（如图 3.24a 所示）、地质特征（如图 3.24b 所示）、相对渗透率和扫描电镜实验等。一些实验观测结果如下：

（1）与图 3.22 中的数据相比，此时的毛管数及其范围更小，存在这种差异的主要原因可能是所用的毛管数 N_{vc} 不一样。

（2）由岩样 K2 和 K4 可以看出，残余油饱和度与图 3.22 中的保持一致。两岩样都是

相对均质的，且平均孔喉尺寸较大。

（3）在所示的毛管数 N_{vc} 范围内，所有岩样都未出现图 3.22 中的拐点。

（4）由岩样 K4 和 K5 可以看出，存在很大的残余油饱和度，这也可能是由于不存在拐点引起的，正如前文所述，毛管数 N_{vc} 很小。

（5）岩样 K4 的毛细管驱替曲线形状在很大程度上是孔喉尺寸很小（图 3.24a）和孔喉比很大（图 3.24b）的结果。

在上述有关润湿状态的讨论中引用了许多参考文献，此处将对此部分内容进行着重分析。图 3.25 对文献中的数值进行了总结，由这些数值可以看出，残余油饱和度与 Amott 指数（第 3.2.3 节）有关。

所有的岩石物理方程都具有很大的离散性，但图 3.25 给出了从极限水湿或油湿介质到中性润湿或轻微水湿介质的变化过程中残余饱和度的递减趋势。这种变化至少与三种因素有关，意味着在提高采收率过程中，通过改变润湿状态来降低残余油饱和度的程度与降低 N_{vc} 的程度一样。图 3.25 通过控制 N_{vc} 在很小值的范围内来消除 N_{vc} 的影响。

根据毛细管驱替曲线及其模型，还可以得到以下四点普遍性认识：

（1）对于平均孔隙尺寸很小的介质而言，降低残余油饱和度的难度比平均孔隙尺寸较大的介质大。

（2）孔隙尺寸分布也很重要。对于润湿相和非润湿相而言，从临界毛管数到总毛管数的范围中，毛管数都应当随着孔隙尺寸分布的增加而增加。

（3）孔喉比在毛细管驱替曲线中起着非常重要的作用，对于特定的饱和度减小程度而言，需要介质具有较大的孔喉比以满足较大的 N_{vc} 值。

（4）润湿性也非常重要。当 N_{vc} 小时，残余油饱和度应该比极限时所测的值要小。

当忽略使用的毛管数定义类型时，可以发现 $(N_{vc})_c = 10^{-6}$，意味着在常见的水驱条件下毛细管力是黏滞力的百万倍。当不存在这些增加毛管数 N_{vc} 的方法时，毛细管力将各相牢牢地束缚在岩石表面。

3.4.4　毛细管驱替曲线的估算

当通过实验方法构建毛细管驱替曲线非常艰难时，即曲线上的各点都需要进行一组单独的实验，并且构建毛细管驱替曲线对于开采残余油而言非常重要时。此时，某种用于计算毛细管驱替曲线的非实验型方法将会显得尤为重要。

所有致力于从理论上计算毛细管驱替曲线的方法都必须将微观物理（即力的平衡和液滴力学）换算成典型单元体积的尺度。在概率模型中，这种换算通过统计学方法得以实现（Larson，1977；Mohanty 和 Salter，1982）。在确定性模型中，这种换算通过将许多宏观的测量方法赋予微观物理意义（比如，毛细管压力曲线或渗透率），然后进行微观—典型单元体积之间的转换（Oh 和 Slattery，1976；Payatakes 等，1978）。

数学统计模型曾经成功地预测出毛细管驱替曲线，但与此同时，应该对实验曲线作必要的标定工作（Larson，1977）。这些方法能够更好的应对非润湿相的圈闭问题，即可以对被圈闭相的非连接特性进行统计处理。而确定性模型使用常规的可渗透介质测量方法，能够更加顾及岩石的特征，且更易于计算，Stegemeier（1974，1976）以及 Melrose 和

Brandner（1974）给出了使用该方法的具体示例。然而，数学统计模型需要大量的相关数据，这些数据还应当具备校准的功能。

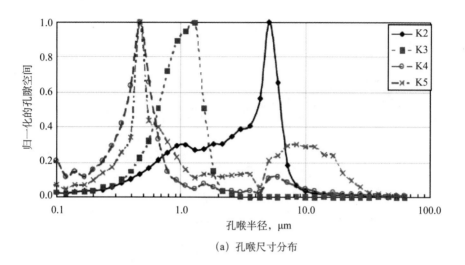

（a）孔喉尺寸分布

岩样	K mD	ϕ %	岩石类型	薄片截面
K2	49	26	①泥晶灰岩包括1~10μm大小的方解石晶体，并且晶体之间的孔隙度比较大，孔喉比接近1，为均质砂岩。	
K3	12	20	②非均质的混合石灰岩，从球状骨架的泥粒灰岩到粒泥灰岩，和从骨架结构的内碎屑鲕粒泥粒灰岩到具有印模孔隙度、微晶孔隙度和白垩质粒内孔隙度的粒状灰岩纹理。	
K4	6	17	③具有粒状灰岩纹理和大量方解石胶结物的鲕状石灰岩。水泥是非均质分布的，孔喉比非常大，孔隙体积为200~400μm，孔喉为数微米。	
K5	85	24	④具有粒状灰岩纹理和大量方解石胶结物的非均质混合石灰岩。粒间空隙被后面空隙充填的水泥堵塞。孔喉比相当大，但是没有K4的大。	

（b）毛细管驱替曲线的地质描述

图 3.24　Kamath 等（2001）所用 4 种碳酸岩岩样的基本实验数据

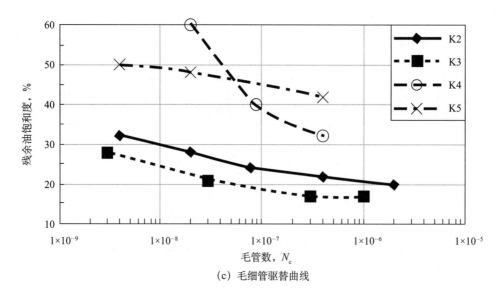

（c）毛细管驱替曲线

图 3.24（续） Kamath 等（2001）所用 4 种碳酸岩岩样的基本实验数据

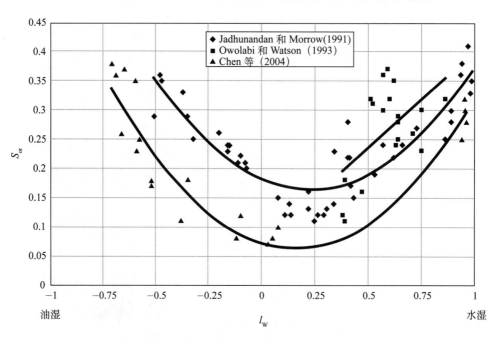

图 3.25 N_{vc} 很小时不同润湿状态下残余油饱和度的变化（Anderson，2006），
其中直线用来表示各变化的趋势

3.5 存在三相时的影响

当介质中存在三相或多相时，他们之间相互作用的方式比只存在两相时更加复杂。各相在孔隙中的排列方式取决于他们与固相之间的作用力以及各相之间的界面张力。与液相相比，气相几乎总是非润湿性的，但是液相的润湿程度却各不相同。

即使不存在固相时，相与相之间也存在一定的相互作用。图 3.26 给出了三相在其分界线时的情形（或为二维图形中的某点），此时，油相会在气相和水相之间铺展开，油相的铺展程度取决于界面张力。当铺展系数 $s=\sigma_{31}-(\sigma_{32}+\sigma_{21})$ 为正值时，油相会自动铺展形成一层很薄的油膜。Benjamin Franklin 在英格兰 Clapham 池塘边进行了一次实验，并且观察到这种铺展现象（Franklin 等，1774）。在此实验中，Franklin 将一小滴矿物油置于池塘中心附近，并观察小液滴在很大面积上铺展开，直至到达一个分子的厚度。如果铺展系数为负值或经过一段时间后变为负值，则铺展过程停止。

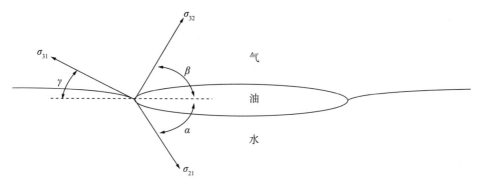

图 3.26　三相间界面张力和接触角

实验证实，油相铺展或薄膜也可能发生在多孔介质的重力驱油作用中。Blunt 等（1994）发现，当将气体注入原本饱和有残余油相和可动水相的垂直岩心中时，通过薄膜驱油可以显著地降低残余油饱和度。重力作用下的含油饱和度降低速度非常缓慢，但低至1.0% 的残余油饱和度也有所报导。

尽管油藏中存在不同程度的润湿状态，但当铺展发生时，平衡中的油相必须是中性润湿的。图 3.27 中的油相是中性润湿的，因为它能将气相从水相中分离。如果水相能完全润湿固相表面（即铺展系数为正值），则油相能将水相中各处的气相分离（Leverett，1941），这种设想被称为 Leverett 假设。当靠近孔隙中心时，含油饱和度增加，当孔隙区域变窄时，含油饱和度减小。

图 3.27 中的润湿性排列表明气相不与水相接触，因此，含气饱和度只受到总流体饱和度和气相与油相之间界面张力的影响。换言之，水相和油相饱和度可以被集中到一个总流体饱和度中，即 $S_1=S_1+S_2$，对于气相而言，水相和油相被标记为润湿相，如果只有水相占据多孔介质空间时，饱和度的总和为 1，即 $S_1+S_3=1.0$。

由于液体润湿相的存在以及气相不与水相接触，气相与油相之间的毛细管压力应该是总液体饱和度的函数，此时，将使用测得的或模拟计算出的两相（气相与油相）之间的毛细管压力。气相与油相之间的毛细管压力曲线实验通常是在具有束缚水的条件下测得的，因为对于水湿介质而言，此时的孔隙将会被充填。

另外，水相不与气相接触，因此，油相与水相之间的毛细管压力仅是含水饱和度的函数。油相与水相之间的毛细管压力可以使用测得的或模拟的两相（油相与水相）之间的毛细管压力。当油藏中存在气相时，非润湿相为油相和气相的总和，换言之，气体只占据多孔介质空间，但不与水相相接触。

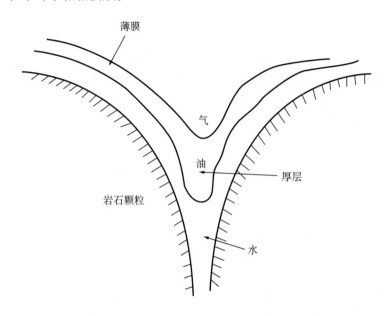

图 3.27　孔隙中气—油—水三相的理想排列示意图。
此时气相为非润湿，油相为中性润湿，水相为润湿

对于以上有关润湿和铺展的假设而言，三相之间的毛细管压力可以使用测得的或模拟的油相与水相之间的毛细管压力和气相与油相（包含束缚水）之间的毛细管压力。必要时，气相与水相之间的毛细管压力可以由 $p_c^{31} = p_c^{32} + p_c^{21}$ 得出。

【例 3.4】Brooks–Corey（BC）三相之间毛细管压力曲线。

在驱替过程中，两相之间毛细管压力的两相 BC 模型为 $p_c = p_d S^{-1/\lambda}$，式中的 p_d 为非润湿相的毛细管入口压力，S 为归一化的润湿相饱和度，它等于 $(S_1 - S_{1r}) / (1 - S_{1r})$，$\lambda$ 为孔隙尺寸分布系数，它控制着毛细管压力曲线的形状。使用 Leverett 假设时，可以使用类似于两相的方程来表示三相之间的毛细管压力。

首先，当毛细管压力很低时，含水饱和度为 1，没有非润湿相（气相与液相的总和）进入毛细管中，因此，当压力低于所测油—水体系的毛细管入口压力时，有

$$S_1 = 1 \left(\text{当} p_c^{21} < p_d^{21} \text{时}\right)$$

当毛细管压力刚刚高于油—水体系的毛细管入口压力时，含水饱和度小于 1。根据 BC 模型，有

$$S_1 = S_{1r} + \left(1 - S_{1r}\right) \left(\frac{p_c^{21}}{p_d^{21}}\right)^{-\lambda} \left(\text{当} p_c^{21} > p_d^{21} \text{时}\right)$$

当毛细管压力低于气—油体系的毛细管入口压力时，不存在气相，则有

$$S_1 = S_1 + S_2 = 1\left(\stackrel{\text{当}}{} p_c^{32} < p_d^{32} \text{时}\right)$$

当毛细管压力高于气—油体系的毛细管入口压力时，气相进入最大的孔隙中，因此存在三相。对于气体而言，液相为润湿相，有

$$S_1 = S_2 + S_1 = S_{\text{lr}} + \left(1 - S_{\text{lr}}\right)\left(\frac{p_c^{32}}{p_d^{32}}\right)^{-\lambda}\left(\stackrel{\text{当}}{} p_c^{32} > p_d^{32} \text{时}\right)$$

式中，$S_{\text{lr}} = S_{1\text{r}} + S_{2\text{r}}$。三相区域中水相与油相之间的毛细管压力仍然由本例伊始 S_1 给定时的两个方程给出。

三相时的毛细管压力假设也可以使用相同的方式进行模拟，此时认为 Leverett 假设仍然适用。

3.5.1　Leverett j 函数的换算

Leverett j 函数可用来通过单相的毛细管压力曲线表示三相的毛细管压力曲线。当使用 j 函数时，假设孔隙结构保持一致，并且毛细管压力可以通过单个 j 函数换算来解释孔隙中流体的变化情况。假设完全为润湿，即 $\cos\theta = 1$，则由方程（3.14）的 j 函数进行换算得到三相之间的毛细管压力，即

$$p_c^{21} = \sqrt{\frac{\phi}{K}}\sigma_{21}j\left(S_1\right) \tag{3.30}$$

和

$$p_c^{32} = \sqrt{\frac{\phi}{K}}\sigma_{\text{go}}j\left(S_1\right) \tag{3.31}$$

因为 Leverett j 函数（或任意毛细管压力曲线）通常随着润湿相饱和度的增加而减小，则

$$j\left(S_1\right) \geqslant j\left(S_1\right) \tag{3.32}$$

将方程（3.30）和方程（3.31）代入方程（3.32）中，得到一种特殊的三相之间毛细管压力的关系式：

$$\frac{p_c^{\text{ow}}}{\sigma_{\text{ow}}} \geqslant \frac{p_c^{\text{go}}}{\sigma_{\text{go}}} \tag{3.33}$$

3.5.2　三相之间的相对渗透率

为了获得三相之间相对渗透率的关系，使用同样的 Leverett 假设来获得三相之间的毛细管压力函数，即假设水相为润湿相，气相为非润湿相，油相为中间润湿相。通过以上假设，可以由气—油相渗曲线和油—水相渗曲线获得三相之间的相渗曲线。

水相的相对渗透率此时仅是含水饱和度的函数，因为水相为润湿相，并且油相将水相从气相中分离，即 $K_{r1} = K_{r1}(S_1)$。当气相不存在时，测得的水相和油相相渗曲线可以用来表示水相的相对渗透率。

类似地，气相的相对渗透率也可以被假设成是完全含气饱和度的函数，即 $K_{r3} = K_{r3}(S_3)$。通常，使用束缚水存在时测得的两相相渗曲线来表示气相的相对渗透率。

油相的相对渗透率比气相和水相的相对渗透率更加复杂，这是因为油相为中间润湿相。油相将占据中间尺寸的孔隙，而水相占据最小的孔隙，气相占据最大的孔隙。几乎所有三相之间的相渗模型都会改变油相相对渗透率的函数形式，但大多数具有相同的水相相对渗透率和气相相对渗透率。在 Stone 的最初研究进展（Aziz 和 Settari，1979）中，假设油相的相对渗透率与水相和气相的相对渗透率之间的乘积成正比，即 $K_{r2} \propto K_{r1} K_{r3}$。

3.6　可渗透介质的化学性质

许多提高石油采收率方法的性能与可渗透介质的化学组成有关，特别是那些受水相中电解质影响的方法。本章中将介绍许多一般性的认识，并将其作为后续化学问题中有关讨论的基础。

3.6.1　组分的分布

天然可渗透介质有多种元素和化合物组成。表 3.2 给出了七种砂岩和一种碳酸盐介质的元素对比分析（Crocker 等，1983）。表中的数量为总质量的百分数，他们至少是通过以下三种方法得到的：（1）由扫描电子显微镜（SEM）进行逐点计算；（2）根据 X 射线能谱仪（EDS）的能量散射分析；（3）电感耦合等离子体（ICP）发射光谱仪的分析。（关于上述方法的详细介绍参考 Crocker 等，1983）。SEM 和 EDS 测量岩石孔隙表面的性质，而 ICP 测量其整体化学性质。SEM/EDS 和 ICP 方法之间的系统误差都是测量目标矿物局部表面的结果，比如通过 SEM/EDS 方法测得的二氧化硅含量明显偏低。

表 3.2 给出了砂岩中二氧化硅的含量 64%～90%，剩余的为比较均匀分布的少量种类和黏土（最后三栏）。二氧化硅在提高采收率方法中的作用很重要，因为它会溶解在水溶液中，特别是在高温或高 pH 值的条件下。在热力驱油中，容易发生该反应，反应产生的沉淀会降低流体的注入性能。二氧化硅矿物在中性或偏高的 pH 值条件下还具有少量的阴离子置换能力。

表 3.2 中的碳酸盐样品仅含有 50%～53% 的钙，这个偏低的数值可以使用 ICP 方法中的大量烧失量来解释。无论在砂岩和碳酸盐中，钙质矿物都是很重要的，因为他们是溶液中多价阳离子的主要来源，这些阳离子对聚合物和表面活性剂溶液的性质能够产生很大的影响，并且也是碱水驱和三元复合驱中产生金属氢氧化合物沉淀而使 pH 值降低的主要原因。

3.6.2　黏土

黏土是具有分子晶格的含水硅酸铝，它的分子晶格也（以递减顺序）包含镁、钾、钠和铁。表 3.3 给出了最常见黏土的一栏表。

表 3.2　岩石和黏土的元素对比分析表　单位：%（质量分数）（Crocker 等，1983）

岩石类型	方法	SiO_2	Al_2O_3	Fe_2O_3	MgO	CaO	TiO_2	SrO	K_2O	Na_2O	Mn_2O_3	SO_3	烧失量	高岭石	绿泥石	伊利石/云母
Bandera 砂岩	ICP	71.4	8.7	3.1	1.7	3.1	0.4	0.01	1.1	1.7			6.2			
	EDS	64.4	17.4	9.5		4.2			4.1							
	X-ray	65.0	8.0	8.0										6.0	5.0	8.0
Berea 砂岩	ICP	84.6	4.5	1.4	0.5	0.8	0.2	0.03	2.1	2.2	0.06		2.6			
	EDS	78.0	10.3	3.1		2.8	2.1		4.4							
	X-ray	75.1	3.5	5.5	0.8	0.8			3.4	3.1				7.0	0.0	4.0
Coffeyville 砂岩	ICP	81.5	7.7	3.5	0.7	0.5	1.1	0.00	1.7				2.6			
	EDS	65.1	15.4	10.5		2.7	3.8		2.4							
	X-ray	70.1	10.0			6.0				3.1				4.0	4.0	6.0
Cottage Grove 砂岩	ICP	84.6	4.7	1.2	0.08	0.08	0.1	0.01	0.4	2.9	0.07		1.7			
	EDS	70.4	15.9	11.2		0.6	1.1		2.8		0.4					
	X-ray	75.4	5.8						5.7					6.0	1.0	6.0
Noxie 砂岩	ICP	87.6	4.9	1.6	0.2	0.2	0.6	0.02	0.8	1.8	0.07		1.3			
	EDS	64.4	9.5	22.5		0.7	0.6		1.5		3.1					
	X-ray	77.8	4.7						4.6					5.0	1.0	7.0
Oswego 碳岩	ICP	0.7	0.2	0.09	0.5	50.0		0.2	0.5	0.8		0.4	42.5			
	EDS	2.0	1.0			53.0						1.3				
	X-ray	5.0				51.0								4.0	0.0	0.0
Sweetwater 砂岩	ICP	88.7	4.2	0.4	0.2	0.05	0.1	0.02	0.8	1.9	0.02		1.2			
	EDS	72.4	13.3	8.1		2.9			3.3							
致密含气砂岩	X-ray	90.0												0.0	2.0	8.0
Torpedo 砂岩	ICP	90.5		1.9	0.2	0.2	0.5	0.8	0.8	0.2	0.2		1.6			
	EDS	72.3		11.0		0.7	1.9		2.3		2.6					
	X-ray	77.0	5.1						5.0					6.0		7.0

表 3.3　沉积岩中的主要黏土矿物分类（Degens，1965）

层数	八面体层数	膨胀性	组别	种类	晶体的化学式
两层 （1:1）	两重八面体	不膨胀	高岭石	高岭石	$Al_4(OH)_8[Si_4O_{10}]$
				迪开石	
				珍珠石	
		不膨胀和膨胀	埃洛石	埃洛石	$Al_4(OH)_8[Si_4O_{10}]\cdot(H_2O)_4$
				变埃洛石	$Al_4(OH)_8[Si_4O_{10}]$
	三重八面体	不膨胀	7A–绿泥石 （7绿泥石）	磁绿泥石 （高岭石—鲕绿泥石）	$(Fe^{2+},Fe^{3+},Al,Mg)_6(OH)_8$ $[(Al,Si)_4O_{10}]$
三层 （2:1）	两重八面体	膨胀	蒙皂石*	蒙皂石	$\{(Al_{2-x}Mg_xXOH)_2[Si_4O_{10}]\}^{-x}$ $Na_x\cdot nH_2O$
				贝得石	$\{Al_2(OH)_2[(Al,Si)_4O_{10}]\}^{-x}$ $Na_x\cdot nH_2O$
				绿脱石	$\{(Fe^{3+}_{2-x}Mg_xXOH)_2[Si_4O_{10}]\}^{-x}$ $Na_x\cdot nH_2O$
		不膨胀	伊利石	各种伊利石	$(K,H_3O)Al_2(H_2O,OH)_2$ $[AlSi_3O_{10}]$
	三重八面体	膨胀	蛭石**	蛭石	$(Mg,Fe)_3(OH)_2[AlSi_3O_{10}]$ $Mg\cdot(H_2O)_4$
三层和一层（2:2）	三重八面体	不膨胀	14A–绿泥石*** （一般绿泥石）	各种绿泥石	$(Al,Mg,Fe)_3(OH)_2[(Al,Si)_4O_{10}]$ $Mg_3\cdot(OH)_6$

注：＊包括各种三重八面体；

　　＊＊包括各种两重八面体；

　　＊＊＊膨胀的绿泥石时很稀少的，它是蛭石和绿泥石的中间形式。

黏土矿物在沉积物和沉积岩石的矿物构成中占 40%（Weaver 和 Pollard，1973）。在商业性的烃类可渗透介质中，他们的数值普遍要比上述数值小得多（见表 3.2 中的后三栏）。但是对原油开采过程而言，他们的重要性远远超过其相对丰度的重要性，这个重要性是由下文中的黏土性质决定的；他们通常位于孔隙颗粒表面，存在一个很大的比表面积，并且具有化学活性。黏土通过影响介质的渗透率或改变地层流体的离子状态来影响提高采收率的过程。在后续部分中，将对黏土矿物的性质作简要的解释。（更多内容可参考 Grim，1968；Weaver 和 Pallard，1975；Rieke 等，1983）。

黏土矿物可以根据其化学式、晶体结构、颗粒尺寸、结构形态、水敏性和化学性质等进行分类（表 3.3）。黏土矿物的主要构成单元是在一个四面体结构中有三个环绕着硅元素的氧元素，这些四面体也可以由一个以 Al 为中心和以 OH 或氧为边角的八面体所代替，由于八面体和四面体的键长基本相同，这些几何规则的形状自身排列成平面的或层状的结构。因此，表 3.3 中的黏土主要是按照单个晶体中的层数来进行分类。高岭石是这种结构中最为简单的例子，这种规则的结构使其很适合用 X 射线衍射进行分析。外来原子（Mg、K、Fe 和 Na）的比例随着层数的增加而增加。

除了其晶体结构的规律性外，黏土在可渗透介质中通常是最小的颗粒。假设任何黏土都是小于 50 nm 的示例是不太准确的，实际上，许多可渗透介质的组成中其粒子可能就是这样小，但较大的黏土颗粒并不常见。由于他们的尺寸较小，黏土颗粒在水溶液中能够经常以胶体悬浮物的状态存在。

颗粒尺寸小意味着黏土的可渗透性通常要比砂岩小得多。较低的渗透性在两个方面对提高采收率产生影响。一方面，层状黏土或页岩是一个黏土含量非常高的区域，通常不将其作为油藏的一部分。由于他们缺乏渗透性，页岩能够阻碍流体的渗流，特别是在垂直流动时，页岩能够阻碍重力分异作用。另一方面，分散的黏土通常分布在可渗透介质的孔隙之中，这种情况对提高采收率的影响要比分层黏土的大，因为他们的化学活性更强。当然，分散黏土也会引起介质渗透率的降低；实际上，黏土含量是一种预测地层注入性能的很好指标（图 3.28）。

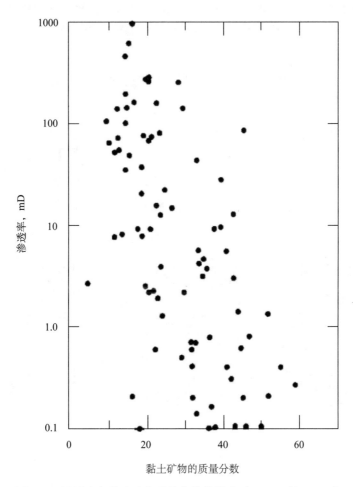

图 3.28　渗透率与黏土矿物质量分数的关系（Simlote 等，1983）

分散黏土矿物有一种独立的形态分类法（Nesham，1977）。图 3.29 给出了各种黏土类型以及其具有代表性的电子显微镜扫描微观图形。

黏土既可以以分散小片状的形式随机排列在孔隙中（如图 3.29a 所示）；也可以以孔

衬黏土的形式，在孔隙壁附一薄层（如图 3.29b 所示）；或形成孔桥黏土的形式，为丝状（如图 3.29c 所示）。如果可渗透介质中含有孔桥黏土，则其渗透率将比基于砂岩颗粒尺寸时预测的渗透率要小得多。孔衬黏土对渗透率影响很小，而当孔隙空间中流体的电解质平衡被改变时，片状黏土会引起渗透率的损失。Panda 和 Lake（1955b）将上述观点进行了定量描述。

在注水过程中，含有片状黏土介质的渗透率损失或黏土敏感性是一个公认的问题。大多数此类黏土在遇到清水或浓度很高的钠离子时很容易发生膨胀。当黏土发生膨胀后，他们后会从孔隙表面上脱落，并成为流动流体的携带物，随后往往集聚和桥接在下游较远的孔隙入口处（Khilar 和 Fogler，1981）。产生的伤害仅仅是暂时可逆性的，因为板状黏土颗粒在反向流动时也能够发生桥接作用。由于蒸汽驱和蒸汽吞吐过程中产生的凝析水为清水，因此需要考虑黏土对清水的敏感性。黏土对清水的敏感性会影响聚合物和胶束—聚合物驱的注入性能，在这些驱油方法中通常使用前置液来消除二价阳离子的影响。仅仅膨胀型的黏土（见表 3.3）会表现出这种影响，当黏土为片状黏土时，这种影响会更加突出。

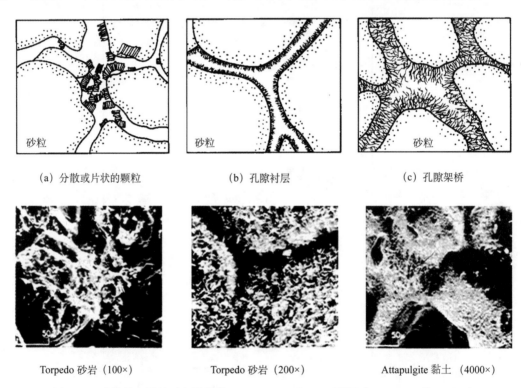

（a）分散或片状的颗粒　　　　（b）孔隙衬层　　　　（c）孔隙架桥

Torpedo 砂岩（100×）　　　　Torpedo 砂岩（200×）　　　　Attapulgite 黏土（4000×）

图 3.29　天然黏土样品（上排图形，Nesham，1977；下排图形，Crocker 等，1982）

3.6.3　阳离子交换

黏土矿物最令人感兴趣的且与提高采收率相关的特性就是流体在孔隙空间中流动时的阳离子交换能力。结合成岩作用等，简单黏土结构中的铝原子将被低价的阳离子（如 Mg^{2+} 或 K^+）置换（表 3.3）。这种静态阳离子交换作用会影响水相中离子的浓度，进而影响化学提高采收率方法的性能。这种置换作用使得黏土缺少正电荷，如果要保持黏土的电性平衡，通常需要从流体中获得阳离子。

阳离子置换能力 Q_v 是这些过量负电荷的量度。Q_v 的单位为每单位基质质量的毫克当量数（meq）。某种物质的当量质量为相对分子质量除以基电荷的绝对值，或基本上是每单位电荷时的物质总量。以这种方式表达 Q_v 使得任何通过键合作用的阳离子浓度可以使用一致的单位来量度。溶液浓度的单位也可以使用单位基质质量的毫克当量，为了更加便利，还是应该以单位孔隙体积为基础。单位孔隙体积的阳离子置换能力可用 Z_v 表示，有

$$Z_v = Q_v \rho_s \left(\frac{1-\phi}{\phi} \right) \tag{3.34}$$

式中，ρ_s 为基质的密度。

阳离子交换能力随置换程度的增加而增加。因为置换的部位处于晶格的内部，所以 Q_v 与黏土形状有关。片状黏土具有较多的边角，因而存在较多敞露的地方。根据 Grim（1968）的研究，蒙皂石、伊利石和高岭土的典型 Q_v 值分别为 700～1300meq/kg、200～400meq/kg 和 300～150meq/kg（黏土）。这些数值可以与典型油藏岩石的 Q_v（见表 3.4）进行对比，他们都是用每千克岩石的毫克当量数进行表示，具有较大 Q_v 值的黏土通常为膨胀性黏土。

表 3.4　典型可渗透介质的物理特性（Crocker 等，1983）

	孔隙度（小数）	渗透率 μm^2	密度 g/cm³	比表面积 m²/g	黏土分散类型	阳离子交换能力（meq/kg·岩石）
Bandera 砂岩	0.174	0.012	2.18	5.50	孔隙衬层	11.99
Berea 砂岩	0.192	0.302	2.09	0.93	颗粒胶结	5.28
Coffeyville 砂岩	0.228	0.062	2.09	2.85	孔隙架桥	23.92
Cottage Grove 砂岩	0.261	0.284	1.93	2.30	孔隙架桥	17.96
Noxie 砂岩	0.270	0.421	1.85	1.43	孔隙衬层	10.01
Oswego 石灰岩	0.052	0.0006	2.40	0.25	混合的碳酸盐岩胶结构	—
Sweetwater 砂岩	0.052	0.0002	2.36	1.78	分散的颗粒	—
Torpedo 砂岩	0.245	0.094	1.98	2.97	孔隙架桥	29.27

交换部位与阳离子之间的键都是化学键，但是他们的作用是完全可逆的。某种阳离子被另一种阳离子交换的相对难易程度为：

$$Li^+ < Na^+ < K^+ < Rb^+ < Cs^+ < Mg^{2+} < Ca^{2+} < Sr^{2+} < Ba^{2+} < H^+$$

较高的电荷密度的种类（多价或离子半径很小）与阴离子型部位进行更紧密地键合。根据这个规律，可以用来解释 Na^+ 具有降低渗透率的作用。当大量的 Na^+ 侵入黏土的内部结构时，会破坏黏土颗粒。但是只要存在少量的其他阳离子，就足以防止这种破坏，因为大多

数天然形成的阳离子要比 Na^+ 键合地更加紧密。

3.6.4 平衡关系

不等式（3.35）中的顺序是定性而言的。实际的置换顺序与黏土类型之间的关系较弱，而与黏土相接触流体的总组成之间关系密切。很多定量的表达式都是由化学平衡得出的。例如带电荷 z_A 的阳离子 A 和另一种带电荷 z_B 的阳离子 B 之间的交换反应可以由下式给出。

$$z_B A - (黏土)z_A + z_A B \rightarrow z_A B - (黏土)z_B + z_B A \tag{3.36}$$

根据方程（3.36）中的反应可以得一条等温平衡方程，即

$$K_N = \frac{\left(\dfrac{C_{Bs}}{Z_v}\right)^{1/z_B} (C_A)^{1/z_A}}{\left(\dfrac{C_{As}}{Z_v}\right)^{1/z_A} (C_B)^{1/z_B}} \tag{3.37a}$$

式中，K_N 为相对物质 B 时黏土表面物质 A 的选择能力或选择系数。在方程（3.37a）中，$[C_A]$ 和 $[C_B]$ 是以摩尔为单位的物质浓度，而 C_{As} 和 C_{Bs} 的单位为单元孔隙体积中的等当量值（通常以 meq/cm^3 表示）。下标 s 表示某种与黏土键合的物质，且在该方程中假设为理想状态。为了便于计算，可以将方程（3.37a）改写成

$$K_{BA} = \left(\frac{Z_v}{\rho_1}\right)^{(z_A - z_B)} (K_N)^{z_A z_B} \left(\frac{z_A^{z_B}}{z_B^{z_A}}\right) = \frac{C_{Bs}^{z_A} C_A^{z_B}}{C_{As}^{z_B} C_B^{zA}} \tag{3.37b}$$

式中，K_{BA} 为选择系数的另一种形式，并且 C_A 和 C_B 此时的单位为单元孔隙体积中的等当量值。

一般情况下，K_N 随交换离子对和黏土类型的变化而发生变化。对于提高石油采收率中关心的阳离子和在可渗透介质中经常遇到的黏土而言，这种相关性并不太大。表 3.5 给出了 Na^+ 交换的典型选择能力，在此表中，任意其他成对阳离子的选择性都可以通过消去两条等温线之间的 Na^+ 得到。

表 3.5　典型的选择性数值（Bruggenwert 和 Kamphorst，1979）

反应式 A－ 黏土 +B →	物质	选择系数（K_N）
Na－ 蒙皂石 *+H^+	多种	0.37~2.5
Na－ 蒙皂石 +NH_4^+	黏土	4.5~6.3
Na－ 蒙皂石 +K^+	膨润土	2.7~6.2
Na－ 高岭石 +K^+	Ceorge 高岭石	2.7~7.8
2Na－ 蒙皂石 +Ca^{+2}	黏土	1.9~3.5

反应式 A− 黏土 +B →	物质	选择系数（K_N）
2Na− 黏土 +Ca^{+2}	Berea	0.3~10.5
2Na− 黏土 +Mg^{+2}	Berea	0.2~10.0
3Na− 蒙皂石 +Al^{+3}	Wyoming 膨润土	2.7

不等式（方程 3.35）中表示阳离子的优先选择性可以通过等温线上的化合价来进行确定。如果令仅有一价离子 A 和二价离子 B 进行交换，则根据黏土的电中性要求，有

$$C_{8s} + C_{6s} = Z_v \tag{3.38a}$$

或

$$C_{8D} + C_{6D} = 1 \tag{3.38b}$$

式中，$C_{iD}=C_{is}/Z_v$。进而，方程（3.37b）可改写成

$$K_{68} = \frac{C_{6s}r}{C_{8s}^2} \tag{3.39}$$

式中，$r=C_8^2/C_6$。等温线方程（3.39）此时仍然为单位体积内的等当量值。使用方程（3.38b）消去 C_{8D}，求其正根，得

$$C_{6D} = 1 + \frac{r}{2K_{68}Z_v}\left[1 - \left(\frac{4K_{68}Z_v}{r} + 1\right)^{1/2}\right] \tag{3.40}$$

将该方程以阴离子浓度 C_5 作为参数绘制在图 3.30 中（其中 6 为 Ca^{2+}）。方程中出现 C_5 是因为溶液必须是电中性的。

$$C_8 + C_6 = C_5 \tag{3.41}$$

黏土对二价离子的优先选择性是非常明显的，因为所有的曲线高于斜率为 1 的线。随着水的矿化度（阴离子浓度）减少，这种优先选择性逐渐增强。Lake 等（2002）使用诸如方程（3.40）的等温表达式来计算流动水的组成变化。

3.6.5　溶解与沉淀

影响提高采收率的另一岩石—流体相互作用是水溶液的内部反应和溶解—沉淀反应。前一种反应的示例是阴离子 A 和阳离子 B 结合形成水相组分 AB：

$$A^- + B^+ \rightarrow AB_{(aq)} \tag{3.42}$$

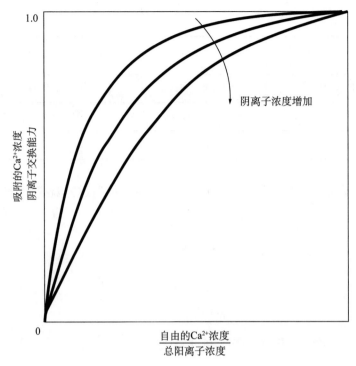

图 3.30　钠—钙离子交换的典型等温线

该反应的化学平衡方程为

$$K_r = \frac{\left(C_{AB_{(aq)}}\right)}{\left(C_A\right)\cdot\left(C_B\right)} \tag{3.43}$$

式中，K_r 为指定温度和压力时这一理想反应的平衡常数。如果 A 或 B 的浓度超过某一定值，则 $AB_{(aq)}$ 产生沉淀，并形成一种固体，即 $AB_{(s)}$：

$$A^- + B^+ \rightarrow AB_{(s)} \tag{3.44}$$

反之，即为 $AB_{(s)}$ 的溶解。方程（3.44）中的平衡关系为

$$K_r^{sp} \geqslant \left(C_A\right)\cdot\left(C_B\right) \tag{3.45}$$

式中，K_r^{sp} 为该反应的溶解度乘积。通常，方程（3.43）和（3.45）中的 C 应为规定组分的活度。对于理想溶解（此处讨论的理想情况）过程而言，活度等于其摩尔浓度。

　　将方程（3.45）与方程（3.43）进行对比，会发现很有意义的差别。沉淀—溶解反应的产物浓度并不出现在平衡表达式中，系统的状态必须通过各个元素来获得，而不是根据其物质平衡来获得，当每种固体沉淀物被认为是单独相时，使得固体沉淀物与其相律保持一致（参考第 4 章）。

　　表 3.6 给出了可渗透介质中的一些较为重要反应的 $\lg K_r$ 和 $\lg K_r^{sp}$。表中的标准生产焓可

用于近似地校正 T_1=298K 时的平衡常数和另一温度下的溶解度乘积，

$$\lg K_r \big|_{T_2} = \frac{\Delta H_r^0}{2.303 R_g}\left(\frac{1}{T_1} - \frac{1}{T_2}\right) + \lg K_r \big|_{T_1}$$

式中，T_2 为指定的温度。方程（3.46）中的 K_r 可以是平衡常数，也可以是溶解度乘积。

表 3.6　298 K 时水相和固相物体在可渗透介质中的选择溶解度数据（Dria 等，1988）

水相物质或混合物		$\lg K_r$	ΔH^o J/（kg·mol）
OH^-	$=H_2O-H^+$	14.00	−133.5
$CaOH^+$	$=Ca^{2+}+H_2O-H^+$	12.70	−173.2
$Ca(OH)_2$	$=Ca^{2+}+2H_2O-2H^+$	27.92	−267.2
$CaCO_3$	$=Ca^{2+}+CO_3^{2-}$	−3.23	44.1
$CaHCO_3^+$	$=Ca^{2+}+CO_3^{2-}+H^+$	−11.23	45.0
$Ca(HCO_3)_2$	$=Ca^{2+}+2CO_3^{2-}+2H^+$	−20.73	66.8
HCO_3^-	$=CO_3^{2-}+H^+$	−8.84	35.5
CO_2（溶解）	$=CO_3^{2-}-H_2O+2H^+$	−16.68	53.8
$FeOH^+$	$=Fe^{2+}+H_2O-H^+$	6.79	−120.1
$Fe(OH)_2$	$=Fe^{2+}+2H_2O-2H^+$	17.60	−240.2
$FeOOH^-$	$=Fe^{2+}+2H_2O-3H^+$	30.52	−416.3
$Fe(OH)_3^-$	$=Fe^{2+}+3H_2O-3H^+$	23.03	−314.1
$H_3SiO_4^-$	$=H_4SiO_4+OH^--H_2O$	−4.0	—
$H_3SiO_4^{2-}$	$=H_3SiO_4^-+OH^--H_2O$	−5.0	—
固相和基质		$\lg K_r^{sp}$	ΔK_r^o J/（kg·mol）
$Ca(OH)_2$	$=Ca^{2+}+2H_2O-2H^+$	22.61	194.0
$CaCO_3$	$=Ca^{2+}+CO_3^{2-}$	−8.80	−28.0
$Fe(OH)_2$	$=Fe^{2+}+2H_2O-2H^+$	12.10	−219.3
$FeCO_3$	$=Fe^{2+}+CO_3^{2-}$	−10.90	−66.4
CO_2（气态）	$=CO_2^{2-}-H_2O+2H^+$	−17.67	5.3
SiO_2（石英）	$=H_4SiO_4-H_2O$	−3.98	14.0

注：元素 = H^+，Na^+，Ca^{2+}，Fe^{2+}，CO_3^{2-}，Cl^-，Si^{4-}

3.7 结束语

本章介绍的内容从渗透率到矿物的化学性质，并且对部分问题进行了简短地论述。实际上，全书介绍的是岩石的物理性质（Dullien，1979）和水相的化学性质（Garrels 和 Christ，1965）。本书的内容不是均衡的，所选择的内容是因为他们在后续章节中还会再次出现，但并没有介绍这些内容的基础知识，因为提高采收率所要用到的通常是更为复杂的知识，并且许多现象不仅仅只适用了某种提高采收方法。最重要的是，在这里和下一章中都会特别强调，可渗透介质中渗流的物理性质和化学性质是所有提高采收率方法的共同基础，所以某一特定的提高采收率方法在某一领域上的讨论必然对了解其他提高采收率方法也是很有帮助的。

本章中最为重要的机理是降低残余油饱和度，通过增加毛管数和在某种程度上改变润湿状态来解释这种机理。当然，其他一些现象也是很重要的，但增加毛管数对于许多提高采收率方法而言都很适用，因此，可以称其为最基本的提高采收率原理。

练习题

3.1 球面的 Carmen-Kozeny 方程

（1）重新推导由各种扁球体颗粒构成的可渗透介质的 Carmen-Kozeny 方程（椭球绕其短轴旋转）。对于这些形状而言，球体的表面积 A 为

$$A = 2\pi a^2 + \pi \frac{b^2}{\varepsilon} \ln\left(\frac{1+\varepsilon}{1-\varepsilon}\right)$$

而体积 V 为

$$V = \frac{4}{3}\pi a^2 b$$

在这些方程中，a 和 b 分别为从质点中心到主轴和次轴之间的距离（$a>b$），ε 为偏心度（$\varepsilon \leqslant 1$），被定义

$$\varepsilon = \frac{\left(a^2 - b^2\right)^{1/2}}{a}$$

（2）$K/(K)_{\varepsilon=0}$ 对 ε（$\varepsilon=0$ 时为球体）作图，证明在 $\varepsilon < 0.5$ 时，介质的渗透率是颗粒形状的弱函数。只有当球体和扁球体的体积相等时，才有可能作有效的比较。

3.2 计算毛细管压力的转换范围

使用图 3.31 中的毛细管压力数据：

（1）计算并绘制出某已知水—油接触面（S_1-1）为 152m 深的亲水性油藏的含水饱和度与深度分布剖面之间的关系图。已知水和油的密度分别为 0.9g/cm³ 和 0.7g/cm³。

（2）根据给出的毛细管压力数据，作出原始—残余油饱和度曲线图。

（3）利用（2）中的原始—残余油饱和度曲线，将残余油饱和度与深度之间的关系绘在（1）中的图上。

（4）如果油藏的净产层厚度为31m，计算该条件下的最大水驱采油量。将这种情况与残余和初始含油饱和度为常数且等于他们在地层顶部处数值时的情况进行比较。

3.3　在界面处的剪切应力产生不连续

表面活性剂从体相到界面的非平衡质量传递过程，可以形成界面张力梯度，这种梯度使得界面处的剪切应力产生不连续性。

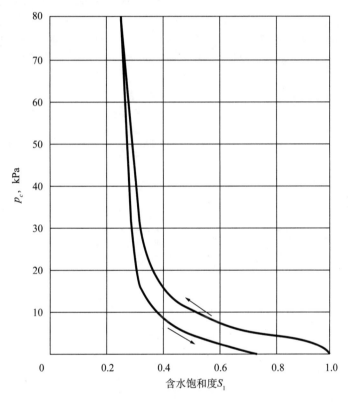

图 3.31　水—油毛细管压力曲线

考虑其处于稳定状态，两种相等黏度、不混溶流体同时以层流方式流动，如图3.32所示，其中 $0 \leqslant \kappa \leqslant 1$。润湿相靠近管壁，而非润湿相位于管中心流动。在两相界面处，存在一个由剪切应力（$H > 0$）产生的不连续性。

（1）通过作一个圆柱流体单元的力平衡，推导出剪切应力 τ_{rz}（包括不连续性）的表达式。

（2）若两相都是牛顿流体，即

$$\tau_{rz} = -\mu \frac{\mathrm{d}v_z}{\mathrm{d}r}$$

根据与各相黏度、总压降和毛细管长度之间的关系，推导出各相的局部速度和体积流量。

（3）使用（2）中类似于达西定律的结果，推导与相饱和度函数有关的润湿相和非润湿相的相对渗透率表达式。将其表达为毛管数的函数

$$N_{vc} = \frac{R\Delta P}{HL}$$

绘制各相的相对渗透率曲线与润湿相饱和度之间的关系曲线，并将毛管数作为其中一个参数。

（4）根据润湿相等于零时的相对渗透率，推导出残余相和毛管数之间关系式，并将结果绘成毛细管驱替曲线。

（5）根据本书的论述，说明你是否认为问题（4）中的毛细管驱替曲线对润湿相而言在定性上是合理的，并列出上述模型在实际中不现实的方面。

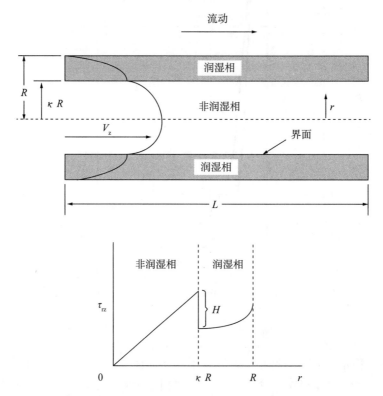

图 3.32　毛细管中两相同时以层流方式流动时边界处剪切应力产生的不连续性

3.4　被圈闭液滴的力平衡

对于下列条件下静止的非润湿液滴而言，推导方程（3.28）中的恒等式。

（1）液滴在一个水平孔道中被圈闭，如图 3.33a 所示。

（2）液滴在一个倾斜孔隙中被圈闭，如图 3.33b 所示，假设润湿相和非润湿相都是不可压缩的，润湿相绕过圈闭液滴流动。

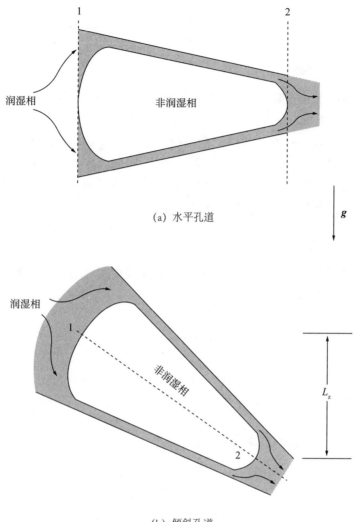

(a) 水平孔道

(b) 倾斜孔道

图 3.33　被圈闭非润湿相的剖面图

3.5　并联双孔隙模型中的毛细管驱替过程

（1）根据并联双孔隙模型，计算和绘制非润湿相的毛细管驱替曲线。已知非均质系数 β 为 5，且两相的黏度是相等的。

（2）已知 $\mu_{nw} = (1/2)\,\mu_{w}$，重复计算（1）。

（3）讨论黏度对毛细管驱替曲线的影响。

3.6　存在重力影响时的毛细管驱替曲线

（1）重复第 3.4 节中给出的推导步骤，推导出存在重力影响时的理论毛细管驱替曲线。推导中包括重力与毛细管力的无量纲比值，它被称为 Bond 数 N_{b}（Morrow 和 Chatzis，1981）。N_{b} 中的特征长度由以下方程给出：

$$\Delta L = \left(\frac{C\sigma}{|\nabla P_{\mathrm{w}}|} \right)^{\frac{1}{2}}$$

式中，C 为经验常数。

（2）使用下面的附加数据：$\Delta \rho = 0.2\mathrm{g/cm^3}$ 和 $\alpha = 45°$，重复计算练习题 3.5。

3.7 阳离子交换参数

（1）阳离子交换能力经常使用不同的单位。如果假设某可渗透介质的 Q_{v} 为 100 meq/（100g 黏土），试计算它以 meq/（100g 介质）为单位时的数值和以 meq/cm³（孔隙空间）为单位时的数值，第二个定义由方程（3.34a）给出。已知黏土在介质中的质量百分数为 15%，孔隙度为 22%，固体密度为 2.6 g/cm³。

（2）应用表 3.6 中的数据，估算 Berea 介质中钙—镁的选择系数。

3.8 阳离子交换的交替等温线

方程（3.40）代表阳离子交换的各种不同等温线中的一种，另一种有用的等温线为 Gapon 方程（Hill 和 Lake，1978）

$$K_{\mathrm{G}} = \frac{C_{\mathrm{Bs}} C_{\mathrm{A}}}{C_{\mathrm{As}} \sqrt{C_{\mathrm{B}}}}$$

式中，K_{G} 为等温线的选择系数。使用这个方程表示钠—钙（$A = Na^+$，$B = Ca^{2+}$）交换情况。

（1）假设与方程（3.40）中的黏土相关，则将该方程转换成与钙浓度有关的表达形式，已知 $r = C_{\mathrm{A}}^2 / C_{\mathrm{B}}$。

（2）证明该方程在 r 趋近与零和无限大时的范围内是趋于一致的。

（3）绘制如图 3.30 所示的两种不同阳离子浓度时的等温线。已知 $K_{\mathrm{G}} = 10$。

第 4 章　相态特征和流体性质

相态特征对于许多有关石油和环境的处理方法而言是非常重要的，比如提高采收率（EOR）、组分模拟、地球化学特性、井眼稳定性、地热能量、含水层修复以及井眼和地面设施中的多相流动。相态特征主要研究各分离物质（称为相）与其直接接触的相之间复杂的相互作用。

原油、水和提高采收率所用流体之间的相态特征对于提高采收率方法的驱替机理而言是非常重要的，这些相态特征包括表面活性剂—盐水—原油系统中的两相相态特征和三相相态特征、原油和水溶液系统中两相或多相的形成以及热力采油中蒸汽—原油—盐水三相之间的相态特征。

本章并不是对相态特征进行详细地讨论，而主要集中讨论部分与提高采收率关系最为密切的相态特征和热力学性质。更完整的相态特征讨论可以参考 Danesh（1998）、Firoozabadi（1999）、Franics（1963）、McCain（1989）、Pedersen 等（2007）、Sage 和 lacey（1939）、Standing（1977）、Whitson 和 Brule（2000）、Orr 和 Taber（1984）、Johns（2006）以及 Orr（2007）等发表的文献。

4.1　相平衡的热力学基础

热力学主要研究能量以及能量从一种热力学状态到另一种热力学状态的改变过程。使用热力学方法时，可以知道相态变化过程中的能量变化，并且可以预测相态的转变和其有关性质。有关热力学的研究开始于蒸汽能产生时的热量，但在 19 世纪末期，Gibbs 对该研究进行了实质性的拓展，Gibbs 最重要的贡献是将相平衡的热力学原理应用于多组分混合物中，特别是引入了化学势的概念（Gibbs，1906）。在化学势的概念中，要求平衡时所有相中各组分的化学势必须相同。

本书将主要回顾石油学科中会使用得到的相平衡热力学基础知识，特别是有关液相—蒸气相的相态特征。但是，研究人员逐渐意识到多孔介质中的流动通常包括三相或者多相，而本书中只是对其进行简要的介绍。

4.1.1　基本定义

在某些提高采收率方法示例中，热力学概念主要应用于系统，而不是可渗透介质的质点。

"系统"指所研究的控制体体积（control volume，CV）中特定数量的物质，其他的则被称为环境。在其他章节中，"系统"这个术语指的是可渗透介质，也包括孔隙体积中的流体，而在本章中，"系统"这个术语仅仅指的是流体。根据上述定义，某个系统可使用一种或多种性质来描述，这些性质可以是系统中任意测得的特性，它赋予了物理性质某种定量的特性，即他们具有数量值。

热力学性质包括两种类型：

(1) 广延量 (extensive properties)，这类性质取决于系统的质量 (如质量、体积、焓、内能等)；

(2) 强度量 (intensive properties)，这类性质与系统的质量无关 (如温度、压力、密度、比容、比焓、相组成等)。系统的强度量通常使用比值 (每单位质量的数量) 或摩尔 (每单位摩尔的数量) 来表示。强度量也以由两个广延量的比值来确定，例如摩尔密度为摩尔数除以总体积。在本章中，最重要的强度量有

ρ——密度，单位体积所具有的质量，g/cm^3；

$\hat{V}$——比容，单位质量所占的体积，ρ 的倒数；

$\overline{V}$——摩尔体积，单位数量所占的体积，$m^3/ (kg \cdot mol)$；

ρ_m——摩尔密度，单位体积内的摩尔数，$\overline{V}$ 的倒数。

热力学定律和物理性质通常被表达成有关的强度量。流体的标准密度常以相对密度的形式给出，其中

$$\gamma = \begin{cases} \dfrac{\rho}{\rho_{水}} (液体) \\ \dfrac{\rho}{\rho_{空气}} (气体) \end{cases} \tag{4.1}$$

方程 (4.1) 中所有的密度都需要在 273K 和大约 0.1MPa (即 1atm) 的标准条件下进行测定。石油学科相关文献中有时也会使用其他的标准 (即 60°F 和 14.7psia，也为 1atm)。

在研究相态特性时，了解组分与相两个概念之间的差异是非常重要的。相是物质的某种均质区域，均质意味着从该区域的任何一点向其他任意点移动时，其在性质上不存在某种不连续的变化。这种变化发生在交界面处，能将两相分隔开。相的三种基本类型有气态、液态和固态，但是后两种相态中的具体类型可能不止一种。界面由于其自身的重要性，将在第 9 章和第 10 章中对其进行详细介绍。

组分是任一可被辨识的化学实体，该定义的概括性非常强，使得其能够区分所有类型的化学同分异构体，甚至能够区分被某种放射性元素替代得化合物，比如 H_2O、CH_4、C_4H_{10}、Na^+、Ca^{2+} 和 CO_3^{2-} 等。天然存在的系统中会含有许多组分，通常为了易于说明相态特征以及便于后续的计算，不可避免地将若干组分合并成为拟组分 (pseudo components)。本章的后面部分将介绍流体的性质。

单相中组分以任意比例混合 (即物理上共存) 且不形成界面时的状态被称为互溶的，而组分以任意比例混合时形成界面时的状态被称为不互溶的。大多数组分都存在一定程度的互溶度，因此完全不互溶的组分是极少见的，尽管低温时的原油和水会接近此种极限情况。值得注意的是，互溶性和不互溶性是组分的性质，而不是相的性质。

在石油工业领域中，组分和相之间的区别有时非常模糊，其中 "水" 可以指组分 H_2O 或组分中包含其他溶解性盐的液体，"气" 可以指气相或该相中通常存在的轻烃组分，也可以溶解在原油中，但区别组分和相的概念对于理解相态特征是非常重要的。

4.1.2　Gibbs 相律和 Duhem 定理

Gibbs（1906）发现当温度、压力和相组成一定时［总共（$2+N_C N_P$）个性质］，平衡时任意流体系统的所有强度量都是已知的。平衡是相律的核心概念，尽管很少被讨论到，但其代表着某封闭系统中的性质不随时间发生变化时的某种状态，这部分内容将在后续部分进行讨论。如果不作特殊说明，本章中所介绍的系统均处于平衡状态。

Gibbs 相律将所需强度量参数的个数（$2+N_C N_P$）与方程的个数［$N_P+N_C（N_P-1）$］之间的差值描述为自由度 N_F，此时 Gibbs 相律被描述为 $N_F=2+N_C-N_P$。

在更加通用的相律中，假设平衡时还包含化学反应数 N_R，则

$$N_F = 2 + N_C - N_R - N_P \tag{4.2}$$

式中，N_F 为相律中独立热力学强度量的个数，但需要确定系统中所有强度量的热力学状态时，N_F 必须保持恒定。热力学强度量包括相组成（x_i 和 y_i 或第 2 章的 w_{ij}）。定义中包含的某相与数量有关（如第 2 章中的 n_c、n_p、W_i 和 S_j）的性质并不是热力学性质。相律中没有明确给出 N_F 变量的数值，也无法确定这些变量，它仅仅给出了确定强度状态时的所需数目。

实际上，相律只适用于少数的组分，但是对于这些情况而言，它为形成平衡所需的最大相个数提供了重要的借鉴作用，同时也包含了独立定义的强度量数目。比如对于纯流体（$N_c=1$）而言，假设不存在化学反应（$N_R=0$），平衡时只存在一相（$N_P=1$），则在该示例中，根据相律，计算该系统（$N_F=2$）的强度状态时只需要知道两个强度量即可，这也意味着无法自行定义三个以上的强度量，但是可以很自由地选择某两个强度量并对其进行设定。通常选择容易被测量的强度量，比如温度和压力。

下面假设纯流体中存在三个平衡的相，此种情况时，$N_F=0$，不需要指定其他的强度量。换言之，强度量（比如温度和压力）已经被确定了，不能被随意指定。三个相共存时的温度和压力被称为三相点（triple point）。Gibbs 相律中不允许存在四相平衡的情况（实验中也没有观察到此种情况）。因此，对于纯流体而言，形成平衡时最多允许存在三相。通常，在求解平衡条件下共存相的最大数目时，可以设定方程（4.2）中的 N_F 为 0，即：$N_{P, max}=2+N_C-N_R$。

Duhem 定理与 Gibbs 相律类似，但是需要系统的广延状态和强度状态同时被确定。Duhem 定理指出对于任意包含特定组分摩尔数（据此能够计算整个组成）的封闭系统而言，当固定任意两个独立特性时，平衡状态能够被完全确定。

只要依据 Gibbs 相律确定的独立强度量的最大数目没有超过限制，则这两种独立特性可以是强度量，也可以是广延量。例如当 $N_F=1$ 时，两个变量中至少有一个是广延量；而当 $N_F=0$ 时，两个变量必须是广延量。

4.1.3　平衡、稳定和可逆的热力学系统

热力学能够用来预测新平衡状态时的性质，但不能预测其达到平衡所需的速度。平衡中的一个特征是宏观的热力学性质不随时间发生变化。对于平衡而言，不随时间发生变化是一个必要非充分条件。某些处于亚稳定状态的系统也不随时间发生变化。例如在地球表面，钻石处于一种纯碳的亚稳定状态，然而石墨处于纯碳的平衡状态。此时需要某种明显

的能量反冲或催化剂才能使钻石转变为其平衡状态。平衡状态时整体的自由能最小，亚稳定状态时的自由能局部较小。寻求相平衡状态时，相态特征的计算可以转换成亚平衡状态或虚拟的平衡状态（Firoozbadi，1999；Whiton 和 Brule，2002）。

4.2　纯组分的相态特征

本节将讨论纯组分（单一组分系统）的相态特征，主要包括压力—温度关系图和压力—摩尔体积关系图。

对于纯组分而言，希望获得三个强度量（温度、压力和摩尔体积）之间的关系。使用密度、摩尔密度或比容来替代摩尔体积时，将不失其一般性。然而，在二维空间中，很难完整地表示出他们之间的关系（图 4.3 所示），但是可以很容易绘出其中任意两个变量之间的关系。

4.2.1　压力—温度关系图

图 4.1 给出了纯组分的压力—温度关系图，图中的线段或曲线表示发生相态转换时的温度和压力。相边界将此图划分成若干区域，各个区域中的系统均为单相。具体而言，划分固相和液相的相边界被称为熔点曲线（fusion curve），固相和气相之间的相边界被称为升华曲线（sublimation curve），液相和蒸气相之间的相边界被称为蒸气压力曲线（vapor−pressure curve）。根据相的有关定义，当跨越任意相边界时，系统的性质会发生不连续的变化。

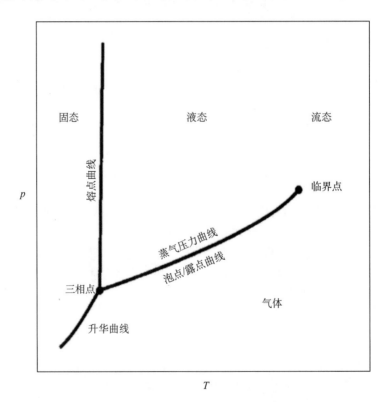

图 4.1　纯组分的 *p—T* 的相态示意图

本章中介绍的相态转变指的是处于热力学平衡状态时各种流体的相态转变。因此，对于暂时处于某一特定相态中的流体而言，它在 p—T 相态图中有可能处于另一种相态。但是，这种情况并非总是如此的，因为物质最终会转变为其最适合的稳定平衡状态。

从相律［即方程（4.2）］可以看出，当两相共存时，N_F 等于 1。对于纯组分而言，两相共存仅发生在相界上，这是因为一条曲线只存在一个自由度，而处于最小值时，纯组分有三种此类曲线，即气相与固相之间的转变（升华曲线）、固相与液相之间的转变（熔点曲线）以及液相与气相之间的转变（蒸气压力曲线）。到目前为止，蒸气压力曲线是提高采收率中最为重要的相态曲线。同理，由于该条件下 N_F 等于零，因此 p—T 图上只存在单一点，使得三相能够共存。该单一点被称为三相点（tripple point），如图 4.1 所示，在该点处三相的相界相交。相边界会在临界点（critical point）处终止，最值得关注的是蒸气压力曲线终点处的临界点。在 p—T 曲线图上，该临界点的坐标分别为临界温度 T_c 和临界压力 p_c。在该临界点处，气体和液体的性质是相同的。临界点以上的区域代表着从液态向气态的转变，在此转变过程中，其性质不会发生非连续性的变化。因为该区域中物质的状态既不是明显的液体，又不是明显的气态，所以该区域的流体称为超临界流体（supercritical fluid）。尽管将超临界流体区域定义为位于临界点右侧和上侧（$T>T_c$ 和 $p>p_c$）的区域时可能与混合物的特性会更吻合，但超临界流体区域的定义仍是很随意的。但在大多数教科书中，它是位于临界温度右侧（$T>T_c$）的区域，这是因为并不存在真实的边界来定义超临界区域，基于他们的外观、密度和黏度时，这些流体通常被描述成类似液态或类似蒸气状态。

定性而言，图 4.1 中所示的纯组分相态特征是正确的，但是没有所观察的那么详细。实际上，不只存在一个三相点，在该点处还可以观察到固相—固相—液相三者之间的平衡。水是具有这种特性的常见纯组分示例。值得注意的是，曾出现过有关某些纯组分存在多种气相的文献报告（Schneider，1970）。但这些并不是本文关注的内容，本书着重介绍的是气—液平衡和液—液平衡。事实上，在有关相态特征的所有后续讨论中，将忽略三相点和固相之间的平衡。即使忽略了这些方面，但因为不同组分之间的临界点和蒸气压力曲线的差异很大，所以本章中的 p—T 图只能说在定性上是正确的。图 4.2 给出了一些定量比较。

在提高采收率所用的流体性质方面，临界现象起着非常重要的作用。如果实验室压力容器中盛有某种纯组分，且位于其蒸气压力曲线上，那么此压力容器中便会有两个性质完全不同（有时为视角上的不同）的区域（气态和液态）。随着蒸气压力曲线从原点转变到临界点，各相的性质逐渐靠近。在紧靠临界点处，两相之间的界面由在初始温度和压力条件下的泾渭分明，逐渐变得混浊起来，并且还可能存在一定的厚度。在临界点处，这种变化趋势还会继续保持，直到两相间不再存在差异。如果将蒸气压力曲线继续向前延伸，就会变成某种单一的流体相。

当靠近临界点时，流体的一个重要特征是所有相的热力学性质彼此靠近。在液相—蒸气相平衡中，临界点时的蒸气相和液相密度与黏度都是相同的。另外，由于形成了单相液体，相与相之间的界面张力已经消失。提高采收率技术中通常利用这一原理，向地层中注入某些流体来开采原油，比如能与原油发生混相或近混相的超临界 CO_2。当然，如果 CO_2 能与原油发生混相，则 CO_2 与原油之间的界面会消失，原本作为分开相的圈闭原油此时可以通过毛细管力，被启动并且能够流动起来。如果 CO_2 与原油发生近混相（即接近两相达到混相时的临近点），则此时的界面张力很小，尽管原油与CO_2之间存在界面，但它仍然有可能被启动。在这种情况下，向地层中注入混相或近混相溶剂时，能够在一次采油技术和二次采油技术无法有效开采的基础上显著提高烃类组分的产量。因此，对于溶剂提高采收率方法而言，获得准确的临界区域相态特征是非常重要的。

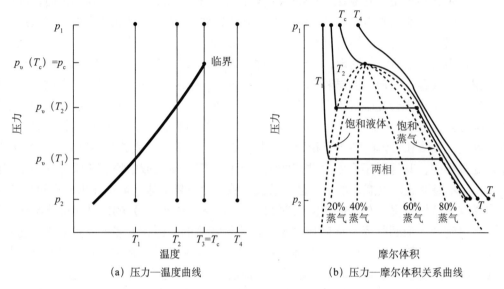

（a）压力—温度曲线　　　　　　　　　（b）压力—摩尔体积关系曲线

图 4.2　压力—温度关系曲线及压力—摩尔体积关系曲线示意图

4.2.2　压力—摩尔体积关系图

压力—摩尔体积关系图是一种表示各强度量的不连续性在临界点处消失时的办法，图 4.2 将压力—摩尔体积关系图与其对应的压力—温度关系图进行了比较。这两个示意图绘出了 T_1 至 T_4 四个恒定温度条件下压力从高压 p_1 向低压 p_2 变化时的等温线。

在 (p_1, T_1) 条件下，纯组分为一种单相液体。在恒温条件下，随着压力不断降低，摩尔体积会略微有所增加，因为液体是相对不可压缩的。在 $p=p_v(T_1)$ 条件下，随着物质从单一液相向单一气相不断转化，摩尔体积由某一很小的数值非连续性地增加至相当大的数值。因为这种变化发生在恒温和恒压条件下，所以该蒸发过程在图 4.2（b）中为一条水平线。但当压力再次降低时，摩尔体积增加，因为气相的压缩性比液相的大得多，所以摩尔体积会以非常快的速度增加。压力—摩尔体积关系图中水平段的端点代表着相同温度和压力条件下互相处于平衡的两个共存相，可以说明这种液相和气相在 $p=p_v(T_1)$ 时是处于饱和的。"饱和"是一个经常被使用得到的术语，它表示某相不能再接受任何其他的组分。

在更高温度 T_2 时，定性而言，其相态是相同的。等温线从稍微较高的摩尔体积出发，在 $p=p_v(T_2)$ 处的蒸发过程处于一个更高的压力，并且从饱和液体摩尔体积向饱和蒸气摩尔体积产生非连续性的改变，但比在 T_1 时的变化要小。在压力—摩尔体积关系图上，所有的等温线是连续的递减函数，只是在蒸气压力曲线处具有非连续的一阶导数。

在临界温度时，两相的性质趋于相同，并且其饱和液体和气体的摩尔体积相同。由于这个温度稍高于液相和气相仍可分辨时的温度，因此，$T=T_c$ 时的等温线（即临界等温线）

连同其连续的一阶导数都会连续地递减。在临界温度 $p=p_c$ 处，临界等温线的斜率和曲率必须为零，即

$$\left(\frac{\partial P}{\partial \overline{V}}\right)_{T_c p_c} = \left(\frac{\partial^2 P}{\partial \overline{V}^2}\right)_{T_c p_c} = 0 \tag{4.3}$$

这些临界约束条件可以根据上述物理描述得到，也可以通过临界点处的 Gibbs 自由能需保持最小而推导得到（Denbigh，1968）。

等温线的温度高于临界温度时，比如图 4.2 中的 $T=T_4$，等温线单调递减且具有连续的一阶导数，但是不存在零斜率或零曲率点。

在压力—摩尔体积关系图中，由临界点下边所有水平线段的端点可以确定一条两相包络线 [图 4.2（b）所示]，它还可以表明液体和气体在相对数量恒定时的线段都位于两相包络线以内。这些质量线 [图 4.2（b）中的虚线] 必须交汇于临界点。纯组分在压力—摩尔体积关系曲线图中的两相包络线在 p—T 图中被投影成一个线段，而这与混合物在 p—T 图上的两相包络线是不同的。图 4.1 和图 4.2 都是温度、压力和摩尔体积之间三维关系的各种平面表示，图 4.3 给出了水有关此关系的三维特征。

对于恒温时的两相纯流体而言，各相的性质不随体积的变化而发生改变。例如，当封闭系统被压缩或扩大时，两相混合物的整体密度会发生改变，但是相对摩尔密度仍然保持恒定，只有相的数量随着体积的变化而发生改变。总摩尔体积与单相摩尔体积有关，即

$$\overline{V} = \overline{V}_L \overline{n}_L + \overline{V}_V \overline{n}_V \tag{4.4}$$

其他一些强度量（比如摩尔焓和焓）也具有类似方程（4.4）的关系式。因此，求解各相的相摩尔分数，得

$$\overline{n}_V = \frac{\overline{V} - \overline{V}_L}{\overline{V}_V - \overline{V}_L} = \frac{\overline{H} - \overline{H}_L}{\overline{H}_V - \overline{H}_L} \tag{4.5}$$

方程（4.5）也被称为杠杆定律（lever rules）。图 4.2 中质量线的定义以摩尔为基础，因为它被写成了百分数的形式。

最后需要指出的是，尽管介绍了纯组分在压力—摩尔体积图上的相包络线，但在临界点以下的所有其他强度量（除了温度和压力以外），都存在着性质的非连续性（图 1.6 中水的压力—热焓关系图）。

4.3 混合物的相态特征

提高石油采收率的目的是为了开采原油，而原油是许多组分的混合物。因为烃类混合物的相态特征非常复杂，在本节和下一节中，只简单地将混合物的相态特征与纯组分的相态特征进行比较，并介绍压力—组成（p-z）关系图和三元相图。

4.3.1 压力—温度关系图

对于多组分混合物而言，当两相存在时，$N_F > 2$（见第 4.1 节中描述的相律）。因此，

当维持两相存在时，温度 T 和压力 p 可以自由地变化。通常，绘出多组分混合物的相图时，固定总组分不变，将其作为压力 p 和温度 T 的函数。在这类相图中，两相共同存在于某个区域或相包络线上，与单组分时的相图不同，在压力—温度相图（即图4.1）中，单组分时的两相只能沿着曲线上共同存在。

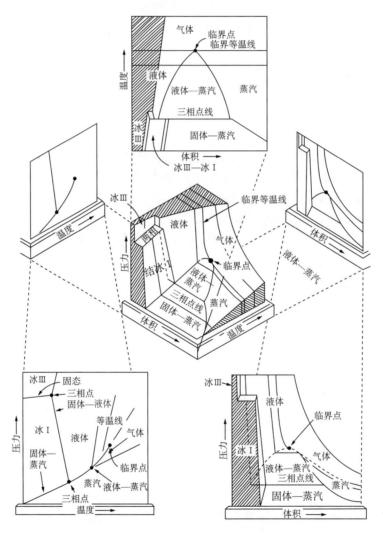

图 4.3　水的压力—摩尔体积—温度剖面以及其投影示意图（Himmelblau，1982）

假设温度恒定为 T_2 时，图4.4中的压力从 p_1 变化至 p_5。对恒定的总组成（w_i 或 z_i）而言，相包络线是固定不变的。通常是在组成和温度保持恒定的条件下，依靠改变压力容器的体积而产生上述变化。因此，该过程通常被称为恒定组成的膨胀。

从 p_1 到 p_3 的过程中，容器中的物质为单一液相。在 p_3 处，开始形成少量的蒸气，通过这一点时相包络线的上边界为泡点曲线，而此处的 y 坐标为恒定温度下的泡点压力。从 p_3 到 p_5 的过程中，随着液相的不断蒸发，形成更多的气体。与纯组分的特性正好相反，这种液相的蒸发只发生在有限的压力范围内。在压力低于 p_5 之前，恒定组成会持续膨胀，压力最终达到液相消失时的某一压力，刚刚达到该点时，仅仅表现为容器压力的下降。在某一固定温度下，使液相消失的压力为露点压力，相包络线的下边界为露点曲线。

对于纯组分而言（图 4.1 至图 4.3 所示），露点曲线和泡点曲线是重合的。

在两相包络线内，存在着如前所述的质量线，这些质量线表示液体和蒸气的相对数量始终保持恒定。在相包络线的每一点上，液相和气相的组成是不一样的，随着压力的不断降低，液相和气相的组成都会不断地发生变化。

p—T 曲线没有给出相的组成，但两相包络线之内的液相和气相已经彼此饱和。因此，在包络线范围内的任意温度 T 和压力 p 条件下，液相位于泡点处，而气相位于其露点处。质量线在混合物的临界点处汇集，但是在相包络线边界处，温度和压力的极端值一般不会出现在该汇集点。相包络线边界内的最大压力为临界凝析压力（cricondenbar），相包络线边界内的最高温度为临界凝析温度（cricondentherm）。这些特征会与纯组分系统中的临界点发生混淆，因此，混合物临界点的最佳定义为临界点为两相相同时的温度和压力点。

对于混合物而言，通常在临界凝析压力和临界压力 p_c 之间以及在临界凝析温度和 T_c 之间存在着一个压力范围，在该范围内会发生反凝析现象。在图 4.4 中 $p=p_4$ 时的水平恒压线上，从液相区域的 T_0 处开始，在流体区域的 T_4 处结束。随着温度的增加，在泡点压力 T_1 时开始形成气相，此后气相的数量持续增长。但是到达 T_2 后，气体的数量开始减少，在第二个泡点 T_3 时气相完全消失。从 T_2 到 T_3 的过程中，其相态特征与其开始时的完全相反，即随着温度的不断升高，气相逐渐消失，这种现象被称为反凝析蒸发现象。

反凝析现象不会发生在两泡点温度的整个范围内。通过在一系列的压力条件下进行上述实验，可以发现，反凝析现象仅发生在右侧泡点曲线和左侧连续质量线上各点连成曲线所形成的区域内（McCain, 2000）。

虽然在图 4.4 的 p—T 图中并没有出现，但当在恒温条件下改变压力时，仍然可以观察到反凝析现象。油藏工程师们更感兴趣的是，当临界凝析温度大于 T_c 和恒定温度恰好处于两个极端值之间时，会产生上述现象。这种类型的反凝析特征是许多烃类储层的一种重要特征，但是它对提高采收率的影响很小。反凝析特征发生在压力—组分关系图中，将在第 7 章中进行详细的介绍，而此处将不对烃类混合物的压力—摩尔体积特征进行详细地讨论。纯组分特征和混合物特征之间的主要差异在于混合物在恒定 p 时的摩尔体积不会发生连续的变化，并且临界点不再在两相区的顶部出现（见习题 4.4）。这些差异会导致混合物的压力—摩尔体积关系图的形状发生变化，但这也对提高采收率没有直接的影响。

由于许多提高采收率方法与其组成之间的关系非常密切，当混合物的总组成变化时，p—T 包络线的特征就变得十分重要。如图 4.5 所示，原油 M_4 被较易挥发的组分 A 稀释。当 A 的总摩尔分数增加时，相包络线朝着纵坐标移动，相区域的范围进一步扩大。与此同时，当它接近纯组分 A 的蒸汽压力曲线时，相包络线便开始收缩。当然，原油与 A 形成的混合物种类非常多（图 4.5 中仅给出了其中具有代表性的 3 种）。在 p—T 空间中，每种混合物都存在其各自的临界点，他们也会沿着某条临界轨迹移向纯组分的临界点。临界点处某一混合物的总组成被称为该温度和压力条件下的临界混合物组成。

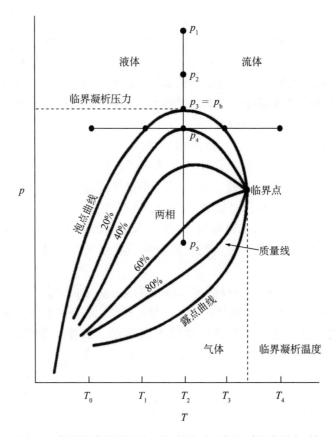

图 4.4 烃类混合物的压力—温度关系示意图 (组成恒定时)

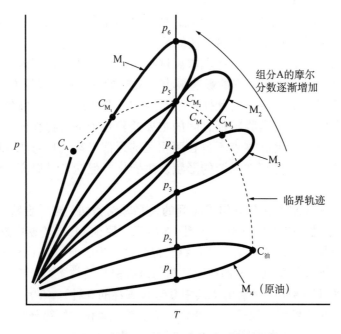

图 4.5 原油被另一种易挥发组分稀释时的情况

4.3.2 压力—组成关系图

温度固定时，图 4.5 中组分 A 的摩尔分数与压力之间的的直线为组分 A 被稀释时的情况，这种稀释作用的相态特征能够直接给出其组分信息，此时的关系曲线图为压力—组成关系图，或 p—z 关系图。图 4.5 中一系列混合物的 p—z 关系图如图 4.6 所示。因为图 4.6 中的 p—T 图仅给出了三种混合物，并未给出其质量线，所以只能靠相对较少的点来描绘其相包络线边缘。

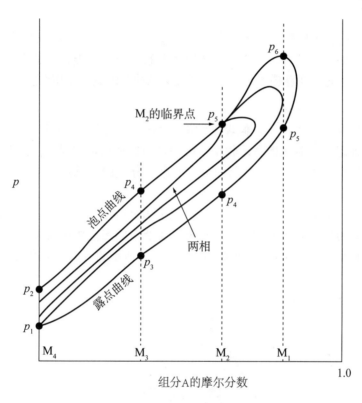

图 4.6　按图 4.5 中稀释过程作出的压力—组成关系图

从图 4.5 中某一高压处的点开始，沿着恒定温度线，随着压力的不断降低，会形成压力 p_6 时混合物 M_1 的露点曲线，因为该混合物中富含组分 A，这一点绘制在图 4.6 中最靠近右侧纵坐标的压力 p_6 处。继续沿着等温线向下，在 p_5 处遇到混合物 M_2 的临界点（混合物 M_2 为该温度和压力条件下的临界组成）。但是，该点也是混合物 M_1 的第二个露点，因此，对图 4.6 中的这两种混合物而言，p_5 要绘在同一纵坐标上，但横坐标则不同。p_4 既是混合物 M_3 的泡点，又是 M_2 的露点，这些点再次定义了图 4.6 中 p—z 关系图的相应相边界。以同样的方式持续到更低的压力，每一个低于临界点时的压力同时也是具有不同总组成混合物的泡点压力和露点压力。压力 p_2 和 p_1 是未被稀释原油的泡点压力和露点压力。图 4.6 中的两相包络线并不与右侧的纵坐标相交，因为此时规定的恒定温度高于纯组分 A 的临界温度。该图绘出了两相包络线的闭合以及少量的质量线。

因为整个 p—z 关系图处于恒定的温度条件下，如不能给出若干个关系图，就无法表明另一温度下的相态特征。更为重要的是，p—z 关系图横坐标上绘出的组成是总组成，而不是相的组成，这意味着水平线与处于平衡状态的混合物不连结。通常，连结平衡状态的水平线被称为连结线（tie lines），此类连结线的确是存在的，在多维空间中，他们的沿着水平线方向，多维空间中的坐标就是其相的组成。最后，尽管图 4.6 只是个示意图，但它与图 7.5 到 7.8 所示的实际 p—z 关系图在性质上是相似的。

4.4 三元相图

为了获得组成的相关信息，p—z 关系图中舍弃了一个自由度（即温度）。但是，该图只给出了某一种组分的组成情况，对于提高采收率驱替过程中可能形成的多种组成而言，这种示意图通常是不够的。能够提供更多有关组成信息的图形是三元相图。

4.4.1 定义

在固定的温度和压力条件下，假设某种混合物由三种组分（即组分 1、2 和 3）组成，这些组分可以为纯组分，但在提高采收率方法中，他们通常是拟组分，由若干纯组分组成（见第 4.5 节）。在相分 3 的摩尔分数与组分 2 的摩尔分数的关系图中，混合物的组成只是图上的一个点。

只需绘出两个组分的浓度关系图，因为第三个组分的浓度可以由组分 1 的摩尔分数减去组分 2 和组分 3 的摩尔分数之和获得，这意味着所有的可能组分都可以绘制在直角三角形中，但最常见的做法是将直角三角形绘制成如图 4.7 所示的等边三角形。

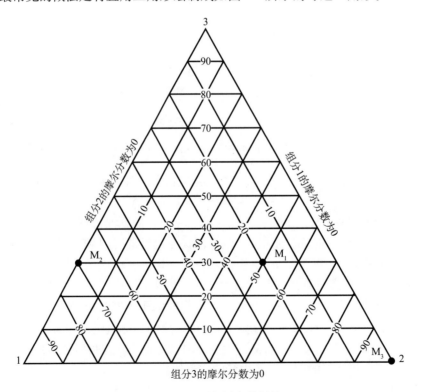

图 4.7　三元相图上的标尺

所有可能的三元组成将位于等边三角形的内部，三角形的边界代表二元混合物（即缺失其对应顶点处的组分）。顶点表示各种纯组分。因此，在图 4.7 中，点 M_1 为组分 1、2 和 3 分别为 20%、50% 和 30% 的混合物；点 M_2 为组分 1 占 70% 和组分 3 占 30% 的二元混合物；而点 M_3 为 100% 的组分 2。对于任意浓度变量（摩尔分数、体积分数、质量分数）而言，只要他们的加和为常数，则采用上述方法表示其组成是可行的。

在提高采收率方法中，三元相图是非常有用的，它可以同时表示出相态、总组成和相对含量。三元相图相对应的 $p—T$ 图如图 4.8 和图 4.9 所示，他们可以与图 4.5 和图 4.6 中的 $p–z$ 图相比较。因此，假设某个由组分 1、5 和 3 组成的三元系统，并考虑使用组分 1 对恒定比例的组分 2 和组分 3 进行稀释。每次稀释过程在图 4.9 三元相图中都以一条与恒定比例的组分 2 和组分 3 相对应的线段来表示。

在固定温度和压力条件下，根据图 4.8 中的实方格可以知道，三元相图中相态的形成和消失过程。在组分 1 对组分 3 的稀释过程中，图 4.8a 左上侧图形中的基准温度和基准压力都位于临界轨迹线上。因此，由三元相图中的 $C_1—C_3$ 坐标可以看出，并没有发生相态变化。图 4.8（a）右上侧图形中的 $C_1—C_2$ 二元稀释过程发生了相态变化，事实上，其基准温度和基准压力分别为 25% C_1 混合物的泡点和 85% C_1 混合物的露点。在三元相图的 $C_1—C_2$ 坐标上，可以看出这些相态的转化。由图 4.8（b）左侧中间图中的稀释情况可以看出，C_1 分别为 82% 和 21% 时的相态转化，这些也绘在了三元相图中。对于 $C_2 : C_3$ 为 1 : 3 混合物时的稀释过程而言，临界轨迹穿过固定温度和压力，并且这种组成（即 25% C_1）为三元混合物的临界组成。这种组成在图 4.9 的三元相图上根据临界混合物在液—液相平衡时的通用方法，以褶点（plait point）的形式表示。在此固定的温度和压力下，在同样的温度和压力条件下，可能存在第二次相转化，即 67% C_1 的露点。将几次稀释过程绘在三元相图中后，发生相转化的各点会在图 4.9 中形成一条闭合的曲线，该曲线为双结点曲线（binodal curve），它将单相区和两相区分开。在被双结点曲线包围的区域中，存在两相，而在该区域的外面所有的组分都是单相。值得注意的是，组分 1 和组分 2 是互溶的，组分 2 和组分 3 也是互溶的，而组分 1 和组分 3 是半互溶的。

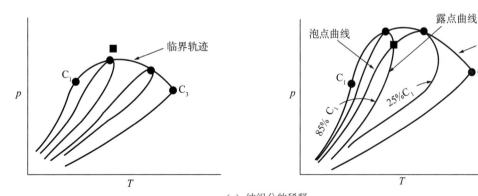

(a) 纯组分的稀释

图 4.8　三组分系统中 $p—T$ 关系图中的变化示意图。黑色方格代表图 4.9 中三元相图的压力 p 和温度 T。

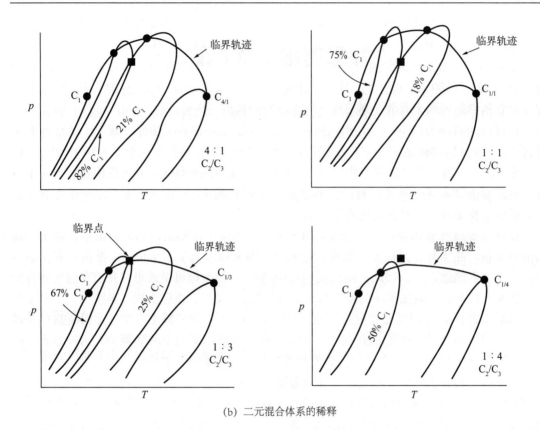

(b) 二元混合体系的稀释

图 4.8（续） 三组分系统中 p—T 关系图中的变化示意图。黑色方格代表图 4.9 中三元相图的压力 p 和温度 T。

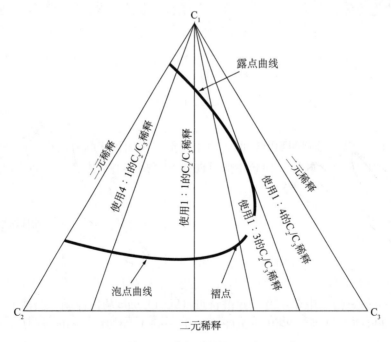

图 4.9 按图 4.8 进行稀释的三元相图示意图

4.4.2 相的组成

可以在同一幅三元相图中表示出各相的组成及总组成。假设图 4.10 中双结点曲线内的总组成 C_i 为

$$C_i = C_{i1}S_1 + C_{i2}S_2 , \quad i=1, 2, 3 \tag{4.6}$$

式中，C_{ij} 为相 j 中组分 i 的浓度，S_j 为相 j 的相对含量。依照惯例，相 1 为富 C_1 相，相 2 为贫 C_1 相。因为 $S_1+S_2=1$，可将 S_1 从方程（4.6）中消去，得

$$S_2 = \frac{C_3 - C_{31}}{C_{32} - C_{31}} = \frac{C_1 - C_{11}}{C_{12} - C_{11}} \tag{4.7}$$

对于体积分数而言，该方程与方程（4.5）相似，它表明穿过相 1 的组成与总组成的直线与穿过相 2 的组成与总组成的直线之间具有相同的斜率。因此，这两条直线仅仅是穿过两相组成与总组成的同一直线上的不同线段而已。通过这些连结线与双结点曲线的交点，能够得到如图 4.10 所示的相组成。双结点曲线中的整个区域可以充满无限多条这样的连结线，靠近褶点时，连结线会消失，因为此时所有相的组成都是相等的。当然，在单相区中不存在连结线。

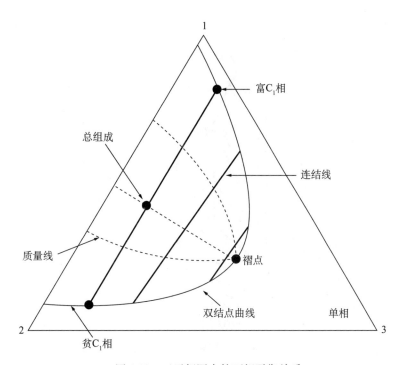

图 4.10　三元相图中的两相平衡关系

另外，根据相似三角形原理，方程（4.7）表明 C_{ij} 和 C_{i1} 之间的线段长度除以 C_{i2} 和 C_{i1} 之间的线段长度可以得到 S_2 的相对含量。假设 S_2 保持不变，允许 C_i 发生变化，可以根据图 4.10 绘制出各质量线，与连结线一样，质量线也必须汇集于褶点。

连结线是一种相平衡关系的图解方法。假设在某一时刻时，三元相图的各项点表示各真实组分，因为温度和压力已被固定，由相律可知，双结点曲线内混合物的自由度为 $N_F=1$。因此，为了完全确定混合物的状态，只需确定两相中某一相的浓度即可。如果连结线是已知的，则由双结点曲线上任意一点的坐标都可以得到两相的组成。因为不存在状态变量，这种方法不能确定铬存在相的相对含量。因为在一般情况下，他们不位于双结点曲线上，仅仅确定总浓度的单一坐标是远远不够的。当然，根据平衡关系式来计算组成和相对含量是有可能的，但是必须通过附加的物质平衡关系式将这些补充到"闪蒸计算"方程中去，才能获得各相的含量。

4.4.3 三相特征

在固定温度 T 和压力 p 的条件下，当形成三相时，不存在自由度（即 $N_F=0$），对于强度量而言，系统的状态已被完全确定。由此可以得出，在三元相图中的三相区用大三角形中包含的较小三角形（被称为连结三角形）来表示，如图 4.11 所示。因为三相区中不存在连结线，所以由连接三角形的顶点或非变量点可以得到某次三角形中任一总组成的相组成。由图 4.11 所示的图形构成能够得到三相存在时的相对含量（见 Hougen 等，1966；练习题 4.5）。

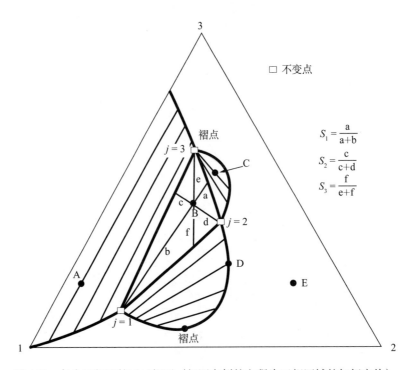

图 4.11　包含三相区的三元相图（相图右侧的方程为三相区域的杠杆定律）

连接三角形的非顶点某边上的点 A，可以看作是既在三相区中，又在两相区中。所以连接三角形必然总是以某非顶点的边与某两相区为界，其中，这个连接三角形的边就是毗邻两相区的某条连结线。同理，连结三角形的每个顶点至少在一些非零区域中与单相区相连。当然，毗邻的两相区可能非常小（图 9.6 所示）。

因此，图 4.11 中的点 A 和 C 为两相混合物，B 点为三相混合物，点 D 和 E 是单相物质，尽管此时的点 D 对于相 1 而言是饱和的（关于三相平衡的详细几何形状和热力学限制条件可参考 Francis，1963；Orr 和 Taber，1984）。

4.5　两相平衡的定量表达式

在前面的章节中使用了一些数学关系式对两相平衡进行了定性描述。通常，大多数此类表达式都基于：

（1）平衡闪蒸比；

（2）状态方程；

（3）各种各样的经验关系式。

在本节中，将重点介绍与提高采收率方法直接有关的两相平衡相关表达式。三相和四相的平衡计算和稳定计算将在其他文献中进行介绍（Mohebbinia 等，2012；Okuno 等，2010；Whiton 和 Brule，2000；Mehra 等，1982；Risnes 和 Dalen，1984；Peng 和 Robinson，1976）。在第 9 章中将介绍胶束系统的三相平衡。

4.5.1　平衡闪蒸比

假设 x_i 和 y_i 分别为组分 i 在蒸气相中和与其相接触液相中的摩尔分数，组分 i 的平衡闪蒸比（或 K 值）可由下式定义：

$$K_i = \frac{y_i}{x_i} \ , \quad i = 1, \cdots, N_C \tag{4.8}$$

低压时，K 值确实与混合物的温度和压力有关。根据 Dalton 附加压力定律，组分 i 在低压气相中的分压为 $y_i p$。根据 Raoult 定律，在理想液相上方的蒸气中组分 i 的分压为 $x_i p_{vi}$，其中，p_{vi} 为组分 i 的纯组分蒸气压力。在这种特定情况下的平衡状态时，以这两种方式计算出的组分 i 分压必须相等，因此

$$K_i = \frac{y_i}{x_i} = \frac{p_{vi}}{p} \ , \quad i = 1, \cdots, N_C \tag{4.9}$$

方程（4.9）说明在低压和某一固定温度时，将特定组分的平衡 K 值绘制在双对数坐标图上时为一条斜率为 -1 的直线。在这种条件下，K 值本身可以根据纯组分的蒸气压力数据估算得到。

压力较高时，根据 Dalton 和 Raoult 定律所作的假设是不准确的，K 值是总组成的函数。

4.5.2　状态方程（EOS）

虽然 K 值法是两相平衡最常见的表示方法，但它缺乏普遍性，并且可能导致很严重的错误。而使用状态方程（EOS）已逐渐成为一种趋势，因为他们能够在靠近临界点处进行计算，并且能够得出内在一致的密度和摩尔体积（关于更详细的 EOS 及其基本热力学原理说明可以参考 Smith 和 van Ness，1975；Denbigh，1968）。

状态方程（EOS）是三个强度量（摩尔体积、温度和压力）的任意数学关系式。第一个状态方程是 Boyle 和 Charles 定律，见表 4.1。这些定律与理想气体方程相结合，通常能够满足蒸气压力低于若干个大气压时的条件。尽管科技文献中出现过百余种状态方程，但大多数方程都非常复杂且存在很多热力学限制条件，而本书中只讨论立方型状态方程，因为他们是提高采收率领域中最常用的一系列方程。

表 4.1　状态方程（EOS）简史

1662	Boyle 定律	T 和 n 固定时，PV 为常数
1787	Charles 定律	p 固定时，ΔV 与 ΔT 成正比
1801	Dalton 定律	p 为所有分压的总和
1802	Cagniard de la Tour 状态方程	发现临界状态
1834	Clapeyron 状态方程	将 Boyle 和 Charles 定律代入 $pV=RT$ 中
1873	van der Waals 状态方程	第一个立方型状态方程，发现相应的状态，并不是非常准确的状态方程
1880	Amagat 状态方程	气体混合物的体积等于各纯组分体积之和
1901	Onnes 状态方程	Virial 方程
1901	Lewis 状态方程	逸度
1940	Benedict–Webb–Rubin 状态方程	八常数的状态方程
1949	Redlich–Kwong 状态方程	两参数的立方型状态方程
1972	修正的 Redlich–Kwong 状态方程（SRK 状态方程）	三参数的立方型状态方程（考虑温度，经常被使用）
1976	Peng–Robinson 状态方程（PR 状态方程）	三参数的立方型状态方程（广泛使用）

vander Waals（1873）提出了第一个立方型状态方程。与理想气体状态方程不同，它被局限于低压蒸气时的条件，van der Waals 状态方程试图在单个方程中模拟液相和蒸气相的相态特征。他也引入了相应状态的概念，这在当今石油工业中的大量流体性质关系式中被经常使用。但是，现在存在很多比 vander Waals 精度更高的立方型状态方程，应用最为广泛的两个立方型状态方程为 Peng–Robinson 状态方程（1976）和 Redlich–Kwong 状态方程（Soave，1972）。

预测真实储层流体的相态特征是非常困难的，因为分子间的相互作用非常复杂。分子间的吸引力和排斥力决定所有分子混合物的热力学性质。吸引力能够促使流体形成液相和固相，排斥力则能阻止流体被压缩。

为了量化分子间作用力，将使用势函数（通常为 Lennard–Jones 势函数），它描绘了将两个分子聚在一起时所需的能量。当分子相隔很远时，作用力为吸引力，势函数为负值，即两分子很自然地会更加靠近。随着分子的相互靠近，吸引力越来越强。但是，当两分子的距离很近时，排斥力开始超过吸引力，此时需要额外的能量使分子更加靠近。因此，势函数梯度负号（或所需能量）的变化与于分子间的距离有关。

任意状态的精确度取决于模型大范围温度和压力条件下分子间吸引力和排斥力的强弱。状态方程模型都是依靠经验得到的，这主要是因为他们并不试图模拟具体的物理特征，而是根据小部分经验参数获得某种统计结果。一般而言，vander Waals 类型的状态方程模型在弱极性或弱化学作用力分子之间的模拟时精度更高，此时的吸引力非常小。例如很难使用状态方程对水进行模拟，包括酒精、碱、有机酸或无机酸和电解质的混合物也是很难用 vander Waals 类型状态方程对流体进行精确的模拟。活度模型结合更加复杂的状态方程通常被用来模拟此类混合物。

下面将介绍两个使用最为广泛的 vander Waals 类型的状态方程，即 Soave–Redlich–Kwong 状态方程（简称为 SRK 状态方程）和 Peng–Robinson 状态方程（简称为 PR 状态方程）。

（1）纯组分。

通常，将该关系式写成压力显式的形式 $p=f(\overline{V}, T)$，最基本的形式为

$$p = \frac{zRT}{\overline{V}} \tag{4.10}$$

低压时，气体偏差因子 z 等于 1，方程（4.10）变为理想气体方程。气体偏差因子本身是温度和压力的函数，在许多关系式中都能见到（比如 McCain，2000）。虽然方程（4.10）为气体偏差因子的精确定义，该方程也适用于各种液体，但很少这样使用。如果已经确定了 z、T 和 p 之间的关系，则利用方程（4.10）便可预测所有有关 T 和 p 的体积特征。

图 4.12 考虑了纯组分的压力—摩尔体积的特征，也给出了具有两条等温线（两条等温线都位于临界温度以下）的压力—摩尔体积关系图。在该曲线图中，双曲线方程为方程（4.10），在低温和高摩尔体积条件下，它与实验测得的等温线能够很好地匹配。特别是对于压力预测而言，理想气体定律（方程 4.10）在液相区内的预测是失败的，因为在高压时，预测摩尔体积接近于零，即该组分的分子本身并不存在固有体积，即便在最高压力时也如此，当然这只是统计力学推导出理想气体定律时的一种基本假设。

为了引入高压时的有限体积，采用以下方程式：

$$p = \frac{RT}{\overline{V} - b} \tag{4.11}$$

式中，排斥参数 b 为高压时摩尔体积的极限值，排斥参数表示摩尔分子占据的最小可能体积，因此 b 与纯组分的类型有关。如图 4.12 所示，该方程可使液体的摩尔体积在高压时匹配得非常好。b 值（即固有摩尔体积）通常很小，以使方程（4.11）在低压时仍可很好地进行估算。在很宽的摩尔体积范围内，压力可以被估算得到，但是主要关注的物理区域是摩尔体积大于 b 的区域。

当温度和压力都接近于纯组分蒸汽压力曲线时，方程（4.11）不再适用。为了预测其

摩尔体积，并能将蒸汽压力曲线包括在内，则需要下列形式的函数：

$$p = \frac{RT}{(\bar{V}-b)} - f(T,\bar{V}) \tag{4.12}$$

式中，$f(T,\bar{V})$ 项为特定 EOS 所专有的。方程（4.12）经常被理解成力的加和，第一项为分子不可能被压缩到体积为零时的力（排斥力），第二项为分子间相互吸引而形成的力。

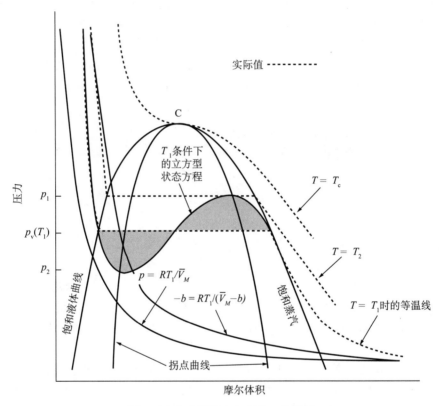

图 4.12　立方型状态方程的一般特征

　　通常分子间的吸引力与分子数的平方成正比，因此，最简的形式表达为与 $1/\bar{V}^2$ 成正比，这种表达形式被 van der Waals（1873）首次使用。比例常数取决于分子间的性质和强度，因此取决于流体的类型。随着摩尔体积的增加，分子间的平均距离会越来越远，分子间吸引力的贡献也会越来越小，因此（$T,\bar{V}$）项会消失掉。因此，当 $\bar{V} \gg b$ 时，方程（4.12）接近于理想气体状态方程。

　　对纯组分而言，在特定的温度和压力条件下，可能存在两个摩尔体积值，因此，方程（4.12）必须在这一点处至少应该具有两个实根。另外，无论液体的密度如何，p 都是摩尔体积的单调递减函数，所以 f 至少为摩尔体积的二阶函数，从而整个方程（4.12）必须至少是摩尔体积的三阶函数。因此，立方型状态方程是满足上述三项准则的最简单形式。

　　当然，这种立方型状态方程的特殊形式是多种多样的，Abbott（1973）给出下列常见形式：

$$p = \frac{RT}{\bar{V} - b} - \frac{\theta(\bar{V} - \eta)}{(\bar{V} - b)(\bar{V}^2 + \delta\bar{V} + \varepsilon)} \tag{4.13}$$

式中，参数 θ、η、δ 和 ε 由 Abbott 进行定义，他对许多这类方程进行了全面研究。迄今为止，在预测提高采收率方法的相态特征中，仅有两种方程得到了广泛地应用，即 Redlich–Kwong 方程的 Soave（1972）修订的 SRK 状态方程以及 PR 状态方程（Peng 和 Robinson，1976）。

（2）混合物。

任何状态方程的真正实验和实际应用，都基于预测混合物的存在。为了研究混合物的特征，纯组分的参数都来自不同的混合定律。

混合定律中最常见的形式是将其他参数（即双元反应参数 δ_{ij}）代入 SRK 和 PR 状态方程中去，来解释两种不同分子之间的相互作用。根据定义，当 i 和 j 表示相同组分时，δ_{ij} 为零；当 i 和 j 表示差异不大的组分（比如 i 和 j 都是烷烃）时，δ_{ij} 很小；当 i 和 j 表示性质完全不同的组分时，δ_{ij} 很大。理想状态时，δ_{ij} 既不受温度又不受压力的影响（Zudkevitch 和 Joffe，1970），只取决于组分 i 和 j 的性质。虽然干扰系数要比偏心因子用得少，但在文献中还是常有介绍（Yarborough，1978；Whitson，1984；Prausnitz 等，1980）。

4.5.3　闪蒸计算

在大多数提高采收率方法的模拟过程中，值得关注的问题是如何确定平衡时各相的数量、相对含量和组成。更加具体地讲，已知温度 T、压力 p 和总组成 z_i 时，如何确定形成相的数量、摩尔分数和组成。图 4.13 描绘了封闭蒸气相—液相系统中组成分别为 x_i 和 y_i 时，有关相态特征的此类问题，求解此问题的方法被称为闪蒸计算（flash calculation）。

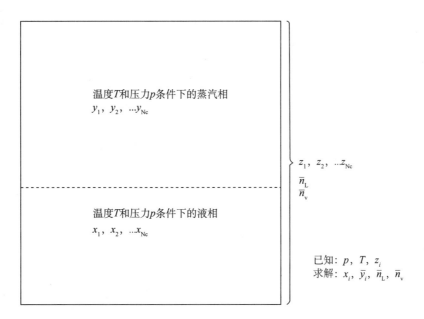

图 4.13　压力、温度和总组成恒定时的蒸气相—液相平衡。虚线指两相间的界面

图 4.13 中的组成为摩尔分数，其中的 x_i 为液相中组分 i 的摩尔数除以液相的总摩尔数（即 n_{iL}/n_L 或摩尔分数）；y_i 为蒸气相中组分 i 的摩尔数除以蒸气相的总摩尔数（即 n_{iV}/n_V）；Z_i 为所有相中组分 i 的总摩尔数除以体系中所有相的总摩尔数（即 n_i/n）。因此，对于整个系统有 $\sum_{i=1}^{N_c} z_i = 1.0$，对于液相有 $\sum_{i=1}^{N_c} x_i = 1.0$，对于蒸气相有 $\sum_{i=1}^{N_c} y_i = 1.0$。

图 4.13 中各相的相对含量被定义为相摩尔分数。$\bar{n}_L$ 为液相的总摩尔分数除以所有相的总摩尔数（即 n_L/n），$\bar{n}_V$ 为蒸气相的总摩尔数除以所有相的总摩尔数（即 n_V/n）。因此，对于蒸气相—液相平衡而言，$\bar{n}_L + \bar{n}_V = 1$，尽管将所有相摩尔分数除以相摩尔密度时可以将相摩尔分数转换成饱和度，但相摩尔分数不是饱和度（体积百分数）。通过引入一系列的物质平衡方程，可使各相的摩尔分数与相组分关联起来，即 $z_i = \bar{n}_L x_i + \bar{n}_V y_i$。对液相进行求解，得

$$\bar{n}_L = \frac{z_i - y_i}{x_i - y_i}, \qquad i = 1, \cdots, N_C \tag{4.14}$$

因此，一旦总组成和相组成已知，则相的摩尔密度也是已知的。

随着组成数量的增加，此处描述的闪蒸计算步骤的计算量将变得非常庞大，因为一系列与 N_c 无关的非线性方程都需要进行同时求解。在组分模拟器中，由于每个网格和每个时间步长都需要进行重复计算，因此，减少闪蒸计算的计算时间是非常重要的。于很多类型的简化方法仅求解能与组分数无关的部分参数，因此他们被引入来提高两相、三相和四相的闪蒸计算和稳定性的计算速度。

（1）闪蒸计算时的最后提示。

有关 K 值和状态方程闪蒸计算的更多详细内容可参考相关文献（Danesh，1998；Frioozabadi，1999；Whitson 和 Brule，2000）。在这些计算中，也存在很多计算机软件包。此类软件包的任何使用者都应该注意以下特定的限制条件：

①计算相平衡时，通常需要一个接近于最终答案的最初猜测值，否则，计算时将无法收敛。在模拟计算中，如果从某一时间步长到下一个时间步长的过程中相的组成变化很小，则最初猜测值可能由先前时间步长的状况提供。如果形成了某种新的相态，则需要对该相的可能特征进行合理的猜测。因为无法知道何时将会形成新的相态，所以需要知道可能形成相态的种类，然后检查该相存在时的解是否满足平衡条件。

②平衡时，假设自由能最小化。计算的结果能收敛于某一局部最小值，但在给定条件下，这可能不是自由能为最小值时的真实状态。

③状态方程和 K 值关系式只是流体真实相态特征的近似结果。对于这些方程和关系式而言，会有不断地改进和修正，见表 4.1。

④假设某种流体达到平衡状态，但它可能并不代表油藏中特定位置的真实状态，此时可能并未达到平衡或达到平衡时的速度很慢。产生上述现象的原因有缓慢的成核作用、新相态的形成或地质的非均质性等，在特定区域中流体通常无法混合均匀。

（2）流体特征和状态方程的调谐。

相态特征的计算需要确定所有组分以及他们的性质。然而，原油通常含有数百种组分，这使得状态方程的计算量非常庞大。因此，通常将某些组分合并成拟组分来近似地处理地层流体的特征。该特征通常采用以下三个步骤的形式（Pedersen 和 Christensen，2007）：

①使用色谱或蒸馏等分析手段分析地层流体的烃类组成。新的分析技术通常能给出不少于 C_{30} 组分的可靠分析，而不是传统的 C_{7+} 组分。组分大于 C_{30} 的烃类组分通常被设定为 C_{30+} 组分，那么使用已建立的关系式可将重组分劈分成更多的组分。

②组分的测量结果是分开的，然后将其合并成极少数的拟组分。拟组分个数的选择通常与测试流体的特征和所需精确度（见步骤③）有关。拟组分的特征和选择可使用多种方法进行确定。立方型状态方程中所需的拟组分特征有临界温度、临界压力和偏心因子。

③拟组分的特征可以通经过调整以符合 PVT 测试时所有相态特征的有关数据。这一步骤被称为状态方程的调谐，它一般包括手动调整或非线性回归。由于步骤②中拟组分在估算时存在许多的不确定因素，因此状态方程的调谐是非常必要的，特别是对于较重组分而言。双元反应参数通常是第一个被调整的参数，尽管其他参数也可能需要进行一些调谐。调整应当最小化并且在合理的物理范围之内，这样在测试数据的范围之外状态方程也能够具有良好的预测性。为了较好地拟合计算得到的相态特征和测量的相态特征数据，可能需要增加步骤②中获得的拟组分数目。

拟组分的选择以及其性质参数不可能是唯一的，当测得的数据通过非线性回归估算大量模型参数时，结果通常如此。应当注意避免的是，拟组分特征的估算可能不在合理的物理范围之内，也应当避免减少参数的数量。另外，在测量相态特征数据范围内，最终状态方程的特征描述是最准确的。因此，相态特征数据应当尽可能地覆盖地层中可能出现的所有条件。当有新的数据被提供时，也应当及时更新该特征的有关描述。

上面列出的步骤旨在将某些原油组分合并成拟组分，这在原油组分性质各不相同的不同应用中显得尤为重要，比如溶剂提高采收率方法。拟组分的选择取决于其应用状态。例如通常将水和其中溶解的盐作为单一拟组分（盐水）。在表面活性剂提高采收率方法中，多种表面活性剂和助溶剂可能合并成为一个拟组分。有时甚至将所有的原油组分合并成单一的拟组分，这与提高采收率时选用的方法密切相关。

流体的特征可能随着油藏中位置的变化而发生变化。在这种情况下，需要多种状态方程进行特征描述。组成也会因为多种原因发生变化，例如重力作用可能产生垂向的组分梯度，在这种情况下，随着深度的增加，重组分的浓度越来越大（Firoozabadi，1999）。

4.5.4 经验表达式

存在三种常见的相态经验表达式，当然，Hand 法则的最新进展也可以用于液相—蒸气相平衡（Roshanfekr 等，2010），他们都主要用于液—液平衡。

（1）Hand 法则。

Hand（1939）给出了一种两相平衡的相当简单表达式，该表达式已被证实对某些提高采收率方法是适用的（Pope 和 Nelson，1978；Young 和 Stephenson，1982）。该方法建立在经验观察的基础上，某些平衡相浓度的比值在双对数曲线图或 Hand 关系图上为直线。

在本节中，浓度变量 C_{ij} 是相 j（$j=1$、2 或 3）的体积分数。在 Hand 关系式中习惯使用体积分数，因为在液—液平衡中，体积分数比较容易获得。

图 4.14 给出了三元相图中的单相区域和两相区域，还给出了他们与 Hand 关系图之间的关系。AP 线段和 PB 线段分别表示相 1 和相 2 的双结点曲线部分，CP 线段表示各组分在两相之间的分布曲线。分布曲线的比值可以类比于上述的 K 值的有关定义，但总体而言，与上述的 K 值定义之间存在一定的差异。基于 Hand 图版，各平衡关系式为

$$\frac{C_{3j}}{C_{2j}} = A_H \left(\frac{C_{3j}}{C_{1j}} \right)^{B_H}, \quad j=1, \ 2 \tag{4.15}$$

和

$$\frac{C_{32}}{C_{22}} = E_H \left(\frac{C_{31}}{C_{11}} \right)^{F_H} \tag{4.16}$$

式中，A_H、B_H、E_H 和 F_H 均为经验参数。方程（4.15）代表双结点曲线，方程（4.16）代表分布曲线。在这种表达式中，要求将双结点曲线引入到三元相图中相对应的顶角处。当然，通过简单地修正可以克服这种限制（见练习题 4.6）。

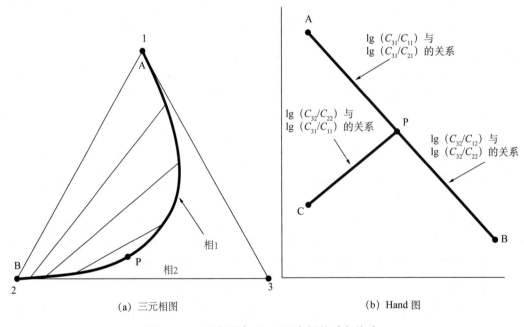

(a) 三元相图　　　　　　(b) Hand 图

图 4.14　三元相图与 Hand 图之间的对应关系

双结点曲线的两相区范围内存在着六个未知数，即 C_{ij} 相浓度和五个方程，其中，有三个未知数来自方程（4.15）和方程（4.16），另两个未知数为一致性约束条件：

$$\sum_{i=1}^{3} C_{ij} = 1, \quad j=1, \ 2 \tag{4.17}$$

因为对于三相平衡而言，温度和压力是固定的，因此根据相律，自由度为 $N_F=1$。

使用 Hand 方法进行闪蒸计算时，可求解出两相的相对含量。这里将两个附加变量 S_1 和 S_2 引入到计算中去，此时存在三个附加方程，即物质平衡方程（4.6）和已知的总浓度 C_i 以及 $S_1+S_2=1$。与所有的相平衡闪蒸计算相同，尽管在某些特殊情况下，可直接算出相浓度，但在该方法中仍采用试算法。首先选择某个相浓度（比如 C_{32}），根据方程（4.15）至（4.17）的步骤计算出所有其他各相的浓度，然后将其代入连结线方程（4.7）中。如果能满足该方程，则收敛；如果不满足该方程，则必须选择另一个新的 C_{32} 数值，并重复以上计算步骤，直至两个 C_{32} 不再发生变化或能够满足方程（4.7）为止。

（2）连结线延伸曲线。

连结线的延伸曲线是三相空间中穿过褶点时的另外一种曲线 $C_3^0 = f(C_2^0)$，它是双结点曲线在褶点处的切线 [图 4.15（a）所示]。两相连结线为这条曲线穿过双结点曲线切线时的延伸线。因此，连结线的方程可用以下直线方程给出：

$$C_{3j} - f(C_2^0) = f'|_{C_2^0}(C_{2j} - C_2^0), \quad j=1 \text{ 或 } 2 \tag{4.18}$$

式中，$f'|_{C_2^0}$ 为坐标 C_2^0 处连结线延伸曲线的斜率。连结线由方程（4.18）求得，即延伸曲线方程和双结点曲线方程。

当所有的连结线延伸到某共同点时（图 4.15b 所示），出现了连结线延伸曲线的一种有用的特殊情况。仅需要规定共同点的坐标即可确定连结线的方程：

$$C_{3j} - C_3^0 = \eta(C_{2j} - C_2^0), \quad j=1 \text{ 或 } 2 \tag{4.19}$$

式中，η 为连结线的斜率。值得注意的是，如果 $C_3^0>0$，这两相的组分选择性反而趋近三相的基线。这种表达式极其简单，因为它仅需要两个数值，即坐标 C_i^0 中的两个，或者也可以是一个褶点坐标和一个 C_i^0 坐标，因为此时连结线必须与双结点曲线相切。

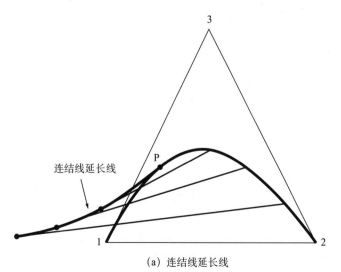

（a）连结线延长线

图 4.15　表述相态的连结线延长线

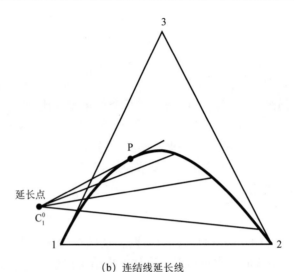

(b) 连结线延长线

图 4.15 (续) 表述相态的连结线延长线

这种表达式的通用性比不上状态方程和 Hand 方法，但实验的精确程度通常不需要很复杂的方程进行描述。另外，对于计算两相混合物的流动特征而言，方程（4.19）的这种形式是极其方便的，在第 7 章和第 9 章中将对其进行更加广泛地应用。

4.6 结束语

由相态的各种表达式可以清晰地证明，依靠单一方法是不可行的。在大多数情况下，需综合考虑计算时的准确性和数学上的简易性。本章的目标是阐述提高采收率方法中各种现象的基本原理，因此，重点讨论能在以后的计算中有助于直观或图解分析的相态表达式，并且保证这些表达式在性质上本身是正确的。本章的重点是第 4.4 节中的图解法，特别是与三元相图有关的图解法；以及连结线和双结点曲线的物理意义和组分的分布。

练习题

4.1 连结线杠杆规则
方程（4.14）给出的连结线杠杆规则是由某些物质平衡方程得到的。推导并写出各项的定义。

4.2 纯组分的相态特征
绘制出下列纯组分的草图：
（1）在压力—摩尔体积曲线图上绘出恒压线；
（2）在密度—压力曲线图上绘出恒温线；
（3）在温度—压力曲线图上绘出恒定摩尔体积线。

4.3 在压力—体积关系曲线图上绘出线段轨迹
在相应的压力—温度曲线图上，标明图 4.16 中压力—摩尔体积关系曲线上所示的 AA′、

BB′ 和 DD′ 线段轨迹。

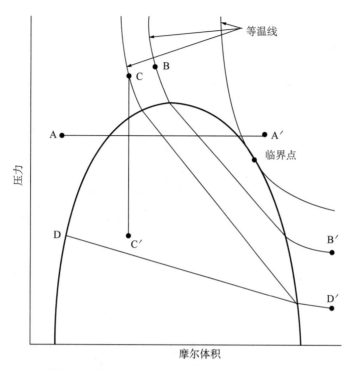

图 4.16　压力—摩尔体积的关系图（练习题 4.3）

4.4　*p—T* 包络线的位移

图 4.17 给出了某原油被易挥发性组分（即 CO_2）稀释时压力—温度包络线产生的变化，每条包络线中的质量线都以体积百分数进行表示。针对这些数据，绘制出 340K 和 359K（即 152°F 和 180°F）时的压力—组分关系图，这些温度分别是 40% CO_2 混合物和 20% CO_2 混合物时的临界温度。绘制关系图时应给出尽可能多的质量线。

4.5　杠杆定律的应用

已知图 4.11 中所列出的三组分系统，

（1）估算总组成 A、C、D 和 E 在每个相中的相对含量。

（2）推导出三相总组成内各相相对含量的表达式（图中所示）。

（3）估算 B 处时各相的相对含量。

4.6　部分可溶的二元物（**Welch 1982**）

当部分可溶性二元物在三元相图中具有互溶区域时，Hand 表达式可改成

$$\frac{C'_{3j}}{C'_{2j}} = A_H \left(\frac{C'_{3j}}{C'_{1j}} \right)^{B_H} , \quad j=1, \ 2$$

和

$$\frac{C'_{32}}{C'_{22}} = E_H \left(\frac{C'_{31}}{C'_{11}} \right)^{F_H}$$

式中，C'_{ij} 为规一化的浓度；

$$C'_{1j} = \frac{C_{1j} - C_{1L}}{C_{1U} - C_{1L}}$$

$$C'_{2j} = \frac{C_{2j} - (1 - C_{1U})}{C_{1U} - C_{1L}}$$

$$C'_{3j} = \frac{C_{3j}}{C_{1U} - C_{1L}}$$

式中，C_{1U} 和 C_{1L} 分别为组成 1 和组成 2 二元混合物的溶解度上限和下限。在下列情况中，已知 $B_H = -1$ 和 $F_H = 1$。

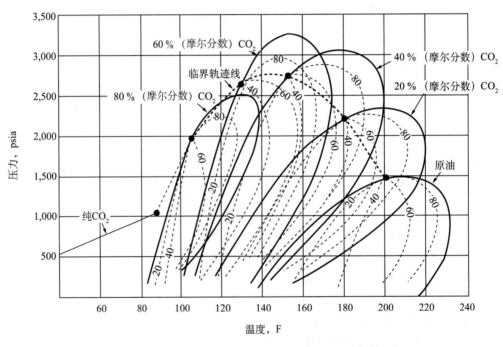

图 4.17　原油被 CO_2 稀释时压力—温度相图的变化情况

（1）根据双结点曲线中 C_1–C_2 的最大真实高度，推算出 A_H 的表达式。已知当 $C'_1 = C'_2$（对称规一化浓度）时，双结点曲线取值为 $C_{3,\ max}$。

（2）将 E_H 表达成 A_H 和褶点（C_{1P}）处组分 1 坐标之间的函数。假设（1）和（2）中的 A_H 和 E_H 也是 C_{1U} 和 C_{1L} 的函数。

（3）绘制双结点曲线和两个具有代表性的连结线。已知 $C_{1U} = 0.9$、$C_{1L} = 0.2$、$C_{3max} = 0.5$ 和 $C_{1P} = 0.3$。

4.7　Hand 表达式的应用

下列的数据是在固定温度和压力条件下从三组分系统中采集得到的。

相 1		相 2	
组分 1	组分 2	组分 1	组分 2
0.45	0.31	0.015	0.91
0.34	0.40	0.020	0.89
0.25	0.48	0.030	0.85
0.15	0.60	0.040	0.82

浓度的单位为体积分数。

（1）在三元相图上绘制尽可能多的连结线，并绘出双结点曲线草图。

（2）根据这些数值绘出 Hand 曲线图，并确定参数 A_H、B_H、E_H 和 F_H 的值。

（3）根据（2）中的曲线估计出褶点的坐标。

第 5 章　驱替效率

方程（2.88）中定义的采收率、驱替效率和波及效率均适用于任意的化学组分，但在大多数情况下，他们只适用于油和气驱替。采收率为驱替效率和波及效率的乘积，因此，对提高采收率量级和采出油量而言，他们是同等重要的。第 6 章中将讨论体积波及效率，而本章主要介绍与驱替效率有关的基本概念。

在大多数情况下，会将讨论局限于根据分相流方程（即方程 2.53）求解驱替效率。在驱油实验中，可以将这些方程应用于一维、各向同性的均质可渗透介质的驱替过程中，因此，大部分结果可较理想地应用于实验室驱替分析过程中，这是通过实验确定驱替效率的传统方法。当然，如果不引入体积波及效率对其进行修正和不对驱替效率的尺度差异影响进行修正时，这些结果将不能用于估算三维非线性流时的采收率。

5.1　定义

假设原油密度保持恒定，则原油的驱替效率被定义为

$$E_D = \frac{驱替出的原油量}{驱替剂接触的原油量} \tag{5.1}$$

E_D 的范围在 0 和 1 之间。初始条件、驱替剂和驱替剂用量对驱替效率达到 1 时的速率有很大的影响，流体、岩石以及流体—岩石性质也对其有一定的影响。假设在驱替时，驱替剂能接触到介质中所有的原始原油，则体积波及效率为 1，此时的驱替效率 E_D 变成采收率 E_R。

根据方程（2.54），对于不可压缩可渗透介质中的不可压缩单组分油相而言，有

$$E_D = 1 - \frac{\overline{S}_2}{\overline{S}_{2I}} \tag{5.2}$$

由方程（5.2）可以看出，随着可渗透介质中平均含油饱和度的降低，E_D 会有所增加。当原油处于多种相态或各相态中存在除原油之外的其他组分时，必须使用通用定义式，即方程（2.89）。

5.2　非混相驱

实际上，当一种流体被另一种不与其混相的流体驱替时，此时的驱替原理是理解提高采收率原理的基础。其中的一种特殊情况是水驱油过程，它最先是由 Buckley 和 Leverett（1942）进行求解的，随后由 Welge（1952）进行拓展。在本节中，仍按原论文及相关水驱油文献中的方式（Collions，1976；Craig，1971；Dake，1978）来推导 Buckley–Leverett 水驱油理论。

对于一维可渗透介质中两种非混相不可压缩相态中的油—水等温渗流过程而言，第 2 章中的物质平衡方程可简化为

$$\phi \frac{\partial S_1}{\partial t} + u \frac{\partial f_1}{\partial x} = 0 \tag{5.3}$$

上述方程中，f_1 为水相分流率：

$$f_1 = \frac{u_1}{u} = \frac{\lambda_{r1}}{\lambda_{r1} + \lambda_{r2}}\left(1 - \frac{K\lambda_{r2}\Delta\rho g \sin\alpha}{u}\right) \tag{5.4}$$

式中，不考虑毛细管压力的影响。方程（5.4）中，α 倾角，并定义沿水平逆时针方向为正，方程（5.4）通过将达西定律代入水相渗流速度方程和油相渗流速度方程得到。$\Delta\rho = \rho_1 - \rho_2$ 为水相和油相之间的密度差。

通常，将方程（5.3）中的 S_1 作为因变量。由于 $S_1 + S_2 = 1$ 以及 $f_1 + f_2 = 1$，可很容易地求出 S_2。值得注意的是，在不考虑毛细管压力的情况下，根据第 3.3 节中的相对渗透率关系式 $\lambda_{r1} = K_{r1}/\mu_1$ 和 $\lambda_{r2} = K_{r2}/\mu_2$，可以推断出 f_1 只是 S_1 的函数。事实上，因为 f_1—S_1 曲线的形状已被证实是影响驱替特性的主要因素，所以本书只是简要地讨论各种流动方式对曲线的影响。

5.2.1 分流量方程

若将油水相渗曲线的指数形式（即方程 3.21a）代入方程（5.4）中，得

$$f_1 = \frac{1 - N_g^0 (1-S)_2^n \sin\alpha}{1 + \dfrac{(1-S)_2^n}{M^0 S_2^n}} \tag{5.5a}$$

式中

对比含水饱和度 $$S = \frac{S_1 - S_{1r}}{1 - S_{2r} - S_{1r}} \tag{5.5b}$$

出口端水油流度比 $$M^0 = \frac{K_{r1}^0 \mu_2}{\mu_1 K_{r2}^0} \tag{5.5c}$$

重力数 $$N_g^0 = \frac{K K_{r2}^0 \Delta\rho g}{\mu_2 u} \tag{5.5d}$$

其中，N_g^0 为重力与黏滞压力梯度（基于出口端的油相相对渗透率）的比值。在方程（5.5a）中，f_1 的大小取决于 M^0、N_g^0、α 和相渗曲线的形状（即 n_1 和 n_2）。f_1—S_1 曲线对所有这些参数都非常敏感，但一般而言，M^0 和 N_g^0 最为重要。图 5.1 给出了其他参数固定（即 $S_{1r}=0.2$、$S_{2r}=0.2$ 和 $n_1=n_2=2$）时，不同 M^0 和 $N_g^0 \sin\alpha$ 值时的 f_1—S_1 曲线。所有 S 形曲线都

有一个随 M^0 和 $N_g^0 \sin\alpha$ 值变化而产生的拐点。当 M^0 增加或 $N_g^0 \sin\alpha$ 降低时，所有曲线曲率的负值通常都会更大。f_1 小于 0 或大于 1 时的曲线是具有物理意义的，这种情况表明，流动中重力太大，会发生负 x 方向上的流动（即当 $f_1 < 0$ 时，水沿着负 x 方向流动）。第 3.3 节中指出，当可渗透介质的润湿性由水湿性变化为油湿性时，会引起 K_{r1}^0 的增加和 K_{r2}^0 的降低。因此，当相黏度保持恒定时，应该使介质变得更加亲油，定性而言，这相当于提高 M^0。当然，当相渗曲线保持固定时，提高 μ_1 或降低 μ_2 的效果等同于降低 M^0。

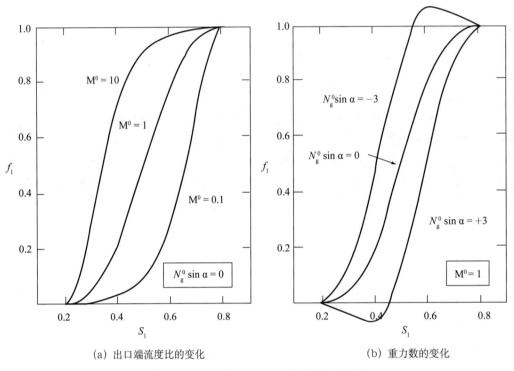

(a) 出口端流度比的变化 　　　　　　　(b) 重力数的变化

图 5.1　$m=n=2$ 和 $S_{1r}=S_{2r}=0$ 时的分流量曲线

5.2.2　Buckley-Leverett 解法

由方程（5.3）可以计算 E_D，在初始条件和边界条件下求解 $S_1(x, t)$

$$S_1(x,\ 0) = S_{1I},\ \ x \geqslant 0 \tag{5.6a}$$

$$S_1(0,\ t) = S_{1J},\ \ t \geqslant 0 \tag{5.6b}$$

在岩心驱替实验中，分流量通常指在入口处（$x=0$）处的分流量。因此，可以将以下方程带入方程（5.6b）中，得

$$f_1(0,\ t) = f_1[S_1(0,\ t)] = f_{1J} = f_1(S_{1J}),\ \ t \geqslant 0 \tag{5.6c}$$

该方程表明，f_1 与 x 和 t 有关，但其大小只与 S_1 有关。在给定条件下，定义式的选择取决于具体的应用条件。方程（5.6）中的条件意味着 $x-t$ 空间内 $t=x=0$ 处的所有值都处于

S_{1I} 和 S_{1J} 之间，在 Buckley–Leverett 问题中，通常使用 S_{1I} 和 S_{1J} 分别代替 S_{1r} 和 S_{2r}。

为了增强其通用性，可将方程（5.3）和（5.6）转换成以下无量纲形式：

$$\left(\frac{\partial S_1}{\partial t_D}\right) + \left(\frac{df_1}{dS_1}\right)\left(\frac{\partial S_1}{\partial x_D}\right) = 0 \tag{5.7a}$$

$$S_1(x_D, \ 0) = S_{1I}, \ x_D \geqslant 0 \tag{5.7b}$$

$$S_1 = (0, \ t_D) = S_{1J}, \ t_D \geqslant 0 \tag{5.7c}$$

其中，无量纲变量分别为

无量纲位置 $$x_D = \frac{x}{L} \tag{5.8a}$$

无量纲时间 $$t_D = \int_0^t \frac{u\,dt}{\phi L} \tag{5.8b}$$

L 为可渗透介质在 x 方向上的宏观总长度。在这些方程中，u 可能是时间而不是位置的函数，因为已假设流体为不可压缩流体。另外，由于 f_1 仅为 S_1 的函数，则 df_1/dS_1 为全微分形式。引入无量纲变量会使问题中的参数从方程（5.3）和方程（5.6）中的四个（即 ϕ、u、S_{1I} 和 S_{1J}）减少至两个（即 S_{1I} 和 S_{1J}）。还可进一步对因变量 S_1 进行重新定义，以减少参数的数量：

$$S_1 = \frac{S_1 - S_{1I}}{S_{1J} - S_{1I}}$$

无量纲位置 x_D 和无量纲时间 t_D 也可表达为

$$t_D = \int_0^t \frac{Au\,dt}{\phi AL} = \int_0^t \frac{q\,dt}{V_p}$$

$$x_D = \frac{\int_0^x \phi A\,dx}{\int_0^L \phi A\,dx} \tag{5.9}$$

式中，A 为一维介质垂直于 x 轴时的横截面积，q 为体积流量，V_p 为孔隙体积，以上定义适用于径向流、层流和线性流，t_D 为时间 t 之前的注入流体总体积除以介质的总孔隙体积。原则上，即使是极其不规则的几何体，V_p 也是很容易被确定的。实际上，t_D 是一种用于从实验室规模转变成现场规模时数据换算的基本变量。对于基准体积（reference volume）V_p 而言，存在很多种定义（表 5.1）。t_D 的数值常常指"孔隙体积分数（fraction of pore volume）"，或简单地指"孔隙体积（pore volume）"。因此，它很容易与单位为 L^3 的实际孔隙体积 V_p 混淆（当然，t_D 并没有单位）。

表 5.1　基准体积的不同定义(单位为无量纲时间)

基准体积	用途
$V_p = AL\phi$	岩心驱替
$V_p = AH\phi$	一般驱替
可驱替的孔隙体积：$V_{FPV} = \dfrac{V_P}{E_V} = \dfrac{\text{孔隙体积}}{\text{最终体积波及系数}}$	化学驱
可动用的孔隙体积：$V_{MPV} = \dfrac{V_P}{\Delta S_2} = \dfrac{\text{孔隙体积}}{\text{最终含油饱和度的变化值}}$	水驱
烃类孔隙体积（HCPV）：$V_{HCPV} = \dfrac{V_P}{\Delta S_1} = \dfrac{\text{孔隙体积}}{\text{最初含油饱和度}}$	溶剂驱

注：$t_D = \dfrac{\text{总注入体积}}{\text{基准体积}}$，无量纲

以 $S_1(x_D, t_D)$ 的形式求解方程 (5.7)。S_1 可写成一个全微分形式：

$$\mathrm{d}S_1 = \left(\frac{\partial S_1}{\partial x_D}\right)_{t_D} \mathrm{d}x_D + \left(\frac{\partial S_1}{\partial t_D}\right)_{x_D} \mathrm{d}t_D \tag{5.10}$$

则在 x_D—t_D 空间内，某点的饱和度 S_1 保持恒定时的速度 v_{S_1} 为

$$\left(\frac{\mathrm{d}x_D}{\mathrm{d}t_D}\right)_{S_1} = -\frac{(\partial S_1/\partial t_D)_{x_D}}{(\partial S_1/\partial x_D)_{t_D}} \equiv v_{S_1} \tag{5.11}$$

式中，v_{S_1} 为饱和度 S_1 的真实速度，因为它已经被真实速度 u/ϕ 进行规一划处理，它是无量纲的。在本书中，分流量方程中的速度为无量纲速度，即 $\mathrm{d}x_D/\mathrm{d}t_D$，可使用定义式 (5.8) 将方程 (5.11) 转变为量纲值，若无其他说明，"速度"指的是真实速度。

使用方程 (5.7a) 消去方程 (5.11) 中任何一个导数，得

$$v_{S_1} = \frac{\mathrm{d}f_1}{\mathrm{d}S_1} = f_1' \tag{5.12}$$

该方程表明，当含水饱和度 S_1 保持恒定时，真实速度等于分流量曲线在该饱和度处的导数。采用量纲的形式，方程 (5.12) 即为 Buckley–Leverett 方程。因为 S_{1I} 和 S_{1J} 之间的所有含水饱和度原先都是位于 x_D—t_D 空间内，而当 S_1 保持恒定时，v_{S_1} 能够被确定。则当给定 t_D 时，任意含水饱和度 $S_{1I} \leqslant S_1 \leqslant S_{1J}$ 时的位置为

$$x_D\big|_{S_1} = \frac{\mathrm{d}f_1}{\mathrm{d}S_1}\bigg|_{S_1} t_D = f_1'(S_1)t_D \tag{5.13}$$

式中给出了各种符号的代表意义，这将有助于弄清后续方程的推导过程。方程 (5.13) 可

作为一维水驱油问题时的求解方法，通过在 S_{1I} 和 S_{1J} 之间选取多个 S_1 值，便可绘制出 S_1 $(x_D,\ t_D)$ 关系图。图 5.2a 给出了图 5.1 中某条分流量曲线的处理方法。除了相对简单的示例之外（练习题 5.5），方程（5.13）一般不能对 $S_1\ (x_D,\ t_D)$ 进行显式求解。

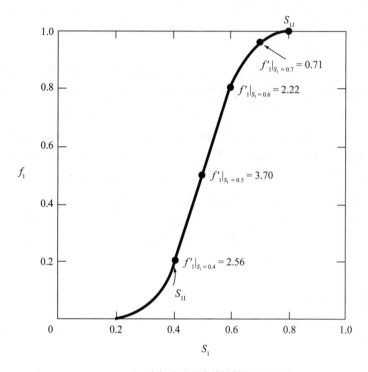

（a）分流量曲线的斜率

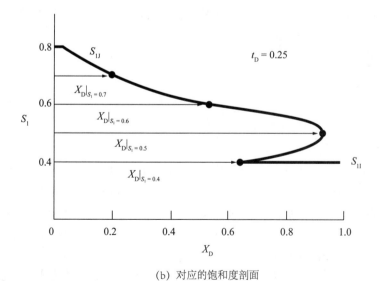

（b）对应的饱和度剖面

图 5.2　Buckley−Leverett 对 $S_1\ (x_D,\ t_D)$ 的图解法

5.2.3 流体饱和度得出涌状分布

由图 5.2a 可以看出，"S" 形的 f_1—S_1 曲线在同一 x_D 和 t_D 时，会出现有三个 S_1 解的情况。在图 5.2b 中，这种三个 S_1 值的情况发生在 $0.64 < x_D < 0.94$ 时，当然这种三个数值在数学求解中是有效的，但他们不具备物理意义。当 S_1 从（下游的）初始值变为（上游的）最终值时，这种三值情况是由于某些饱和度区间（图 5-2 中的 $S_{II} < S_1 < S_1'$）内含水饱和度推进速度 v_{S_1} 增加时所导致的结果。

对于诸如压力（类似于声波激增）、浓度或上述流体饱和度等物理量出现不连续变化时的情况，采用涌波（shocks）的方法可以消除三值区。涌波是双曲线方程的特有性能，它是一种无耗散的平衡方程。严格地讲，由于总是存在一些阻碍涌波形成的耗散（分散、扩散、毛细管压力、可压缩性和热传导性），流体饱和度的涌波并不符合实际意义。当存在以上耗散作用时，涌波就会在其前缘位置周围发生湮灭或消散，但涌波的位置不会被改变。虽然存在这些干扰，流体饱和度涌波仍然在分流量理论中起重要作用，尽管忽略掉各种耗散效应，但仍然可以对许多实际的流体流动进行非常近似地描述。

为了计算涌波的速度和数量级，需要使用涌波平衡方程将本章中的微分方程改写为差分方程。第 5.4 节中通常也是如此，这里的讨论仅局限于已经形成的水驱油问题。

当涌波形成时，计算过程就会变得非常简单。图 5.3a 给出了含水饱和度涌波从左向右的运移情况。

涌波前方的含水饱和度为 S_1^-（下游方向），而在涌波后方的含水饱和度为 S_1^+（上游方向）。数值 $\Delta S_1 = S_1^+ - S_1^-$ 为穿过涌波时的饱和度跃变（saturation jump）。在时间 Δt 内，在包含涌波的控制体积中，水相的累积物质平衡为：

（在 $t + \Delta t$ 时的水体积）－（在 t 时的水体积）＝（Δt 内进入的水体积）－（Δt 内排出的水体积）

$$\left\{ \left[v(t + \Delta t) - x_1 \right] S_1^+ + \left[x_2 - v(t + \Delta t) \right] S_1^- \right\} A\phi - \left[(vt - x_1) S_1^+ + (x_2 - vt) S_1^- \right] A\phi$$
$$= \left[f_1(S_1^+) - f_1(S_1^-) \right] \int_t^{t + \Delta t} q \, dt$$

整理后，得到对比涌波推进速度：

$$V_{\Delta S1} = \frac{f_1\left(S_1^+\right) - f_1\left(S_1^-\right)}{S_1^+ - S_1^-} \equiv \frac{\Delta f_1}{\Delta S_1} \tag{5.14a}$$

为了在水驱油问题中考虑流体饱和度涌波形成时的影响，假设饱和度剖面在部分区域存在三值的情况，而在其他位置只存在单值（如图 5.3b 所示）。如图例所示，如果涌波上游处的波在不断地传播，则某饱和度 S_1^* 标志着连续含水饱和度区域的结束和涌波的开始。

该饱和度必须满足方程（5.14a），并且同时消除同一位置处含水饱和度多值的情况，还需满足涌波的熵条件，在 Buckley–Leverett 求解的过程中，忽略耗散时需要满足熵条件。

熵条件最初应用于气体动力学问题中，以保证涌波形成时的熵为零或正值（Courant 和 Friedrichs，1948；Lax，1957）。因此，熵条件对上游的饱和度 S_1^* 进行了限制，以至于当耗散（Buckley–Leverett 问题中的毛细管压力）存在时，涌波能够持续地运移，当涌波前缘被分散时，含水饱和度根据其自身特点，以一定的速度迅速推进，如方程（5.12）所述。如果分散前缘上游的饱和度推进速度大于分散前缘下游的饱和度推进速度，则由于自锐作用（self-sharpening），涌波将会持续运移。但是，如果分散前缘上游的饱和度推进速度小于下游的饱和度推进速度，涌波将会持续扩充。在后一种情况中，因为涌波开始形成时就会立即被耗散，所以它不会在初始位置处发生演变，这就是一个不符合物理意义的涌波示例（Johns，1992）。

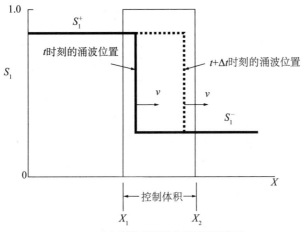

(a) 涌波周围的物质平衡示意图

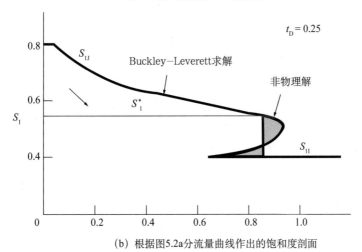

(b) 根据图5.2a分流量曲线作出的饱和度剖面

图 5.3　出现涌波的含水饱和度剖面

对于处于 S_1^- 和 S_1^+ 之间的所有实验值 S_1 而言，自锐式涌波（或满足熵条件时的涌波）的必要条件可用如下的数学方程表示：

$$\frac{f_1(S_1^+) - f_1(S_1^-)}{S_1^+ - S_1^-} \geqslant \frac{f_1(S_1^+) - f_1(S_1)}{S_1^+ - S_1} \tag{5.14b}$$

几何意义上，涌波线意味着涌波的真实速度一定不会与上游分流量曲线在 $f_1'(S_1) < \dfrac{\Delta f_2}{\Delta S_1}$ 时

的点相交。在这种情况下，在涌波的上游会存在一个持续的波，能够满足方程（5.14b），并保证方程只有单一解，且上游含水饱和度 S_1^* 的推进速度必须与涌波的推进速度相等。图 5.3b 给出了符合此条件的涌波示意图。含水饱和度 S_1^* 同时满足方程（5.12）和方程（5.14），方程（5.12）给出的 S_1 推进速度大于 S_1^* 的推进速度，方程（5.14）给出 S_1 的推进速度小于 S_1^* 的推进速度，为了使方程（5.12）和方程（5.14）相等，得到下列有关 S_1^* 的方程：

$$f_1' \Big|_{S_1^*} = \frac{f_1(S_1^*) - f_1(S_{1I})}{S_1^* - S_{1I}} \tag{5.15}$$

在上式中，假设方程（5.14）中的 $S_1^- = S_{1I}$。因为

$$f_1 - f_1(S_{1I}) = m(S_1 - S_{1I}) \tag{5.16}$$

是一条穿过分流量曲线中（f_{1I}，S_{1I}）点、斜率为 m 的直线方程，所以方程（5.15）自身可以进行作图求解。如果 $m = f_1' |S_1$，那么 m 为分流量曲线在 S_1^* 处的斜率。将方程（5.16）同方程（5.15）进行对比，S_1^* 为一条穿过（f_{1I}，S_{1I}）点的直线，交于分流量曲线上的切点，图 5.4 给出了这种构图的示意图，直线的斜率即为对比涌波推进速度。如图 5.3b 所示，在 $x_D = v_{S1}t_D$ 处，涌波本身是饱和度从 S_{1I} 到 S_1^* 的一种非连续变化，此饱和度 S_1^* 与最大 v_{S_1} 时的饱和度不同（图 5.2 中的 $S_1 = 0.5$）。S_1^* 是数学解和物理理解之间净面积（图 5.3b 中的阴影部分）为零时的饱和度。这就要求涌波保持物质平衡。如果采用这种构图，则所有饱和度的推进速度在其上游方向都是单调递减的。图 5.3b 给出了整个构图的结果，得到的饱和度剖面有时被称为"渗漏型活塞式（leaky piston）"剖面。

5.2.4 波的分类

为了进一步研究这种理论并将其应用于提高采收率领域，此处定义了一些后续讨论中将使用到的术语。这些定义对于利用 x_D—t_D 关系曲线图求解 S_1（x_D，t_D）是非常重要的。

前面讨论了水—油驱替问题中与位置和时间有关的含水饱和度。某一固定位置处的含水饱和度或浓度随时间变化的关系曲线图即为一个饱和度动态（saturation history）。如果分流量曲线基于可渗透介质的出口端，那么该图就是其流出动态（effluent history）。在固定时刻，饱和度与位置的关系曲线称作饱和度剖面（saturation profiles），图 5.2b 即为一个含水饱和度剖面。饱和度随时间和位置的各种变化称作饱和度波（saturation waves）。因此，上述的研究工作可以估算波在可渗透介质中的推进速度。

研究和表征波的数目及其形成的类型是理解提高采收率驱替过程的重中之重。根据他们的传播特征，波可分为四大类。

（1）在推进过程中扩散更多的波，是不锐缘、淡化的或传播波（spreading wave）。当出现这些波时，波的传播速度通常比耗散所形成的传播速度大得多。

（2）在推进过程中扩散作用较少的是锐缘波（sharpening wave），当不存在耗散时，即便初始饱和度剖面是扩散型的，这些波也会变成涌波。当存在耗散时，这些波会逐渐地接近于一种波型恒定（constant pattern）的状态（见第 5.3 节）。

（3）既具有传播性又具有锐缘性质的波是混合波（mixed wave）。图 5.2b 中的 Buckley–Leverett 饱和度波是混合波，在 $S_{1I} \leqslant S_1 \leqslant S_1^*$ 时，它是一种锐缘波；在 $S_1^* \leqslant S_1 \leqslant S_{1J}$ 时，它是一种传播波。

（4）在推进过程中，既不传播又不锐缘的波是惰性波（indifferent wave）。在不存在耗散的情况下，惰性波表现为涌波。

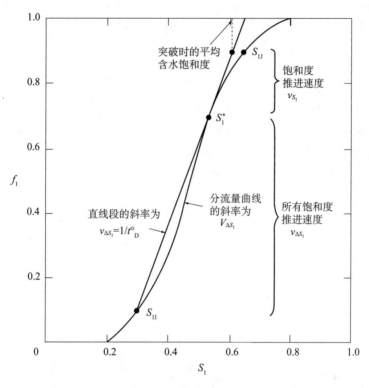

图 5.4　涌波构成示意图

通过定义无量纲混合带或转换带 Δx_{D}，可以对这些动态特性进行大概地描述。过渡带是整个系统长度的一部分，处于某一给定时间内两任意饱和度极限之间。在初始饱和度和注入饱和度之间，分别取饱和度极限为 0.1 和 0.9，有

$$\Delta x_{\mathrm{D}}(t_{\mathrm{D}}) = x_{\mathrm{D}}\Big|_{S_{0.1}} - x_{\mathrm{D}}\Big|_{S_{0.9}} \tag{5.17a}$$

式中

$$S_{0.1} = 0.1(S_{1J} - S_{1I}) + S_{1I} \tag{5.17b}$$

$$S_{0.9} = 0.9(S_{1J} - S_{1I}) + S_{1I} \tag{5.17c}$$

对于混合带中的动态而言，饱和度的具体数值并不重要。对于传播波而言，波的分类（即 Δx_{D}）会随时间而增加，而对于锐缘波而言，Δx_{D} 会随着时间增加而降低，对混合波而言，Δx_{D} 既有可能增加又有可能降低，这取决于该波的涌波部分是否超出了定义 Δx_{D} 时的饱和度范围。混合带的概念一般用于复杂驱替中的混合现象的分类中。

有关 Buckley-leverett 研究的最后一个内容是时间—距离关系图。这些图为 x_D 与 t_D 之间的关系图，在图中表示为一些恒定饱和度状态时的线段。图 5.5 给出了图 5.3b 和图 5.4 中水—油驱替过程的时间—距离关系图，恒定饱和度时的曲线均为直线，其斜率由方程 (5.11) 中的 v_{S_i} 给出。类似地，涌波也是一条直线，其斜率由方程 (5.14) 给出。阴影区为饱和度变化的区域，恒定饱和度时的各区域均与各波相邻，也不存在饱和度线段。由于它既包含了饱和度剖面，又包含了饱和度动态，因此，所有的时间—距离关系图都非常简便。

根据流出动态的定义，结合方程 (5.14) 和方程 (5.15)，当

$$t_D^0 = \frac{S_1^* - S_{1I}}{f_1^* - f_{1I}} \tag{5.18a}$$

时，水—油驱替时的涌波会到达 $x_D=1$ 处。在驱替过程中，突破时间 t_D^0 是一个非常重要的参数。当 $t_D > t_D^0$ 时，出水量会增加，这种明显的低效注水方式意味着实施驱替时应使 t_D^0 尽可能的大。也就是说，应当强化驱替时流体饱和度涌波的形成。当 $t_D > t_D^0$ 时，结合方程 (5.12)，可通过下式求得出口端的含水饱和度：

$$f_1'\big|_{x_D=1} = \frac{1}{t_D} \tag{5.18b}$$

在实验室驱替过程中，通常是直接测量 $f_1\big|_{x_D=1}$（即含水率），而不是测量出口端的含水饱和度。由方程 (5.18b) 可知，含水率和含油率（$1-f_1\big|_{x_D=1}$）仅与时间有关。

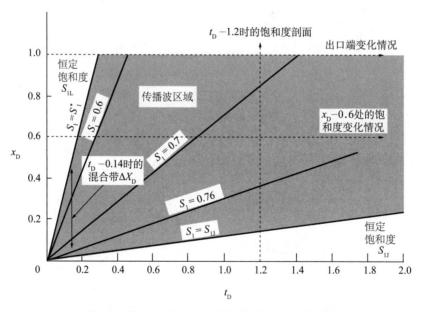

图 5.5　图 5.3b 及图 5.4 驱替时的时间—距离关系图

5.2.5　平均含水饱和度

确定驱替效率之前，必须采取一些方法计算出平均含水饱和度，这是因为平均含水饱

和度出现在方程（5.2）的定义中。采用 Welge 积分法（Welge，1952）可得出这些平均含水饱和度。图 5.3b 中给出了恒定 t_D 时的饱和度剖面，令 x_{D1} 为涌波前缘位置或其后方的某一无量纲位置，即 $x_{D1} \leqslant \Delta v_{S_1} t_D$。那么，$x_{D1}$ 后方的平均含水饱和度为

$$\hat{S}_1(t_D) = \frac{1}{x_{D1}} \int_0^{x_{D1}} S_1 dx_D \tag{5.19}$$

方程（5.9）进行分部积分，得

$$\hat{S}_1 = \frac{1}{x_{D1}} \left[(x_D S_1) \big|_0^{x_{D1}} - \int_{S_{1J}}^{S_{1I}} x_D dS_1 \right] \tag{5.20}$$

式中，$S_{1I} = S_1 \big|_{x_{D1}}$。因为 x_{D1} 为该饱和度波的传播部分，则 x_D 用方程（5.13）进行替代

$$\hat{S}_1 = S_{1I} - \frac{1}{x_{D1}} \int_{s_{1J}}^{s_{1I}} t_D f_1' dS_1 \tag{5.21}$$

由于 t_D 恒定，积分得

$$\hat{S}_1 = S_{1I} - \frac{t_D}{x_{D1}} (f_{1I} - f_{1J}) \tag{5.22}$$

方程（5.22）给出了 x_{D1} 后方的平均含水饱和度时的分流量与该点含水饱和度之间的关系。该点处的 t_D 可使用方程（5.13）进行替代，得

$$\hat{S}_1 = S_{1I} - \frac{(f_{1I} - f_{1J})}{f_{1I}'} \tag{5.23}$$

方程（5.23）为 Welge 积分法的最终形式。

该方法最常见的用途是当水突破之后（即 $t_D \geqslant t_D^0$）设定 $x_{D1} = 1$，此时，$\hat{S}_1 = S_1^-$，并且 f_{1I} 为含水率。则出口端的含水饱和度可根据方程（5.22）进行计算：

$$S_1 \big|_{x_D=1} = \overline{S}_1 - t_D (f_{1J} - f_1 \big|_{x_D=1}) \tag{5.24}$$

如果能够通过直接测试得到含水率和平均含水饱和度，则可以联立方程（5.18）和方程（5.24），结合实验数据，估算出分流量曲线（即 $f_1 \big|_{x_D=1}$ 与 $S_1 \big|_{x_D=1}$ 之间的关系曲线或 f_{1I} 与 S_{1I} 之间的关系曲线）。

对于已知的 f_1—S_1 曲线而言，可以根据方程（5.23）求出平均含水饱和度 $\overline{S}_1$。该方程经过重新整理，得

$$f_1 \big|_{x_D=1} - f_{1J} = f_1' \big|_{x_D=1} (S_1 \big|_{x_D=1} - \overline{S}_1) \tag{5.25}$$

因此，任一 $t_D \geqslant t_D^0$ 时的 $\overline{S}_1$ 可通过延伸其切于分流量曲线上 $(f_1, S_1)_{x_D=1}$ 处的直线段，使其

与 $f_1=f_{1J}$ 处的 y 坐标相交而求出。根据方程（5.18）要使这一点达到 $x_D=1$ 时所需的无量纲时间是该线段斜率的倒数，图 5.4 给出了求该值的图解方法。依据所确定的 $\bar{S_1}$，按照方程（5.2）的定义便可根据 $S_2^-=1-S_1^-$ 计算出 E_D。

上述构图法以及方程（5.24）和方程（5.25）仅适用于突破后的无量纲时间。应用总物质平衡方程可以求出突破前的平均含水饱和度为

$$\bar{S_1} = S_{1I} + t_D(f_{1J} - f_{1I}), \quad t_D < t_D^0 \tag{5.26}$$

除了出口端含水率的数值外，方程（5.24）和方程（5.26）是等同的。

前面讨论了出口端流度比 M^0、相对渗透率和 $N_g^0\sin\alpha$ 等对驱替效率的影响。图 5.6 给出了 $f_{1I}=0$ 和 $f_{1J}=1$ 时这些参数对驱替的影响。从上至下，图 5.6 中分别给出了 E_D 与 t_D 之间的关系图、不同 t_D 时的含水饱和度剖面、以及能得出上述动态特性的分流量曲线。自左向右，该图分别给出了 M^0 增加、$N_g^0\sin\alpha$ 降低和亲油性增加时相渗曲线的偏移情况，以表示其驱油动态。图 5.6 给出了四种波型中的三种，即传播波、混合波和锐缘波。根据图 5.6 可以得出以下重要的结论：

（1）给定 t_D 时，使含水饱和度曲线的涌波部分尺度有所增加的任意一种变化，同样也会提高驱替效率 E_D。这些变化同样也会延迟水的突破，并减少可渗透介质同时产出两相液体的时间。

（2）减低 M^0、提高 $N_g^0\sin\alpha$ 和增加亲水性可以提高驱替效率 E_D。在这三者之中，M^0 通常是唯一能改变的因素。在第 6 章中，降低流度比也可以提高垂向波及效率和面积波及效率，因此，降低流度比至少会以三种形式增强石油的采收率。各种提高采收率方法或多或少地依赖降低驱替液和被驱替液之间的流度比。可以说，他们均以采收率原理中的流度比概念为依据。由图 5.6 可看出，当含水饱和度波变为单一涌波（即为活塞式驱替）时，对于提高驱油效率 E_D 而言，进一步降低 M^0 没有任何帮助。最后，并不存在特定的 M^0 值，使得传播波转变成为锐缘波，因为相渗曲线的形状也会影响驱替过程。

（3）无论 M^0 的大小，但极限驱替效率为

$$E_D^\infty = \frac{(S_{2I} - S_{2r})}{S_{2I}}$$

它受到残余油饱和度的限制。以采出残余油为目的的提高采收率方法还与流度比以外的其他因素密切相关，例如使用混合剂（见第 5.5 节和第 7 章），或降低水—油界面张力（见第 9 章）进行驱替。

除了 M^0 之外，至少还存在其他两种常见的流度比概念。

平均流度比 $\bar{M}$ 为

$$\bar{M} = \frac{\left.(\lambda_{r1} + \lambda_{r2})\right|_{S_1=\bar{S_1}}}{\left.(\lambda_{r1} + \lambda_{r2})\right|_{S_1=S_{1I}}} \tag{5.27a}$$

它是涌波前缘后方平均含水饱和度相对应的总相对流度与在初始含水饱和度时所对应的流

度之间的比值。通常使用 $\bar{M}$ 和面积波及效率建立相关的曲线关系（见第 6 章）。

涌波前缘的流度比 M_{sh} 为

$$M_{\mathrm{sh}} = \frac{\left(\lambda_{\mathrm{r1}} + \lambda_{\mathrm{r2}}\right)\big|_{S_1 = S_1^*}}{\left(\lambda_{\mathrm{r1}} + \lambda_{\mathrm{r2}}\right)\big|_{S_1 = S_{11}}} \tag{5.27b}$$

M_{sh} 为控制黏性指进形成时的物理量。对于活塞驱替而言，以上三种定义是相同的。

流度比是比较常用的定义，实际上为驱替前缘的前方和后方之间压力梯度的比值，上述基于驱替前缘时的定义主要适用于不可压缩流体的流动，即在空间上不受体积流速的影响。对于可压缩流体流动或凝析液流动而言，通用的定义则更为适用（见第 11 章和练习题 5.10）。

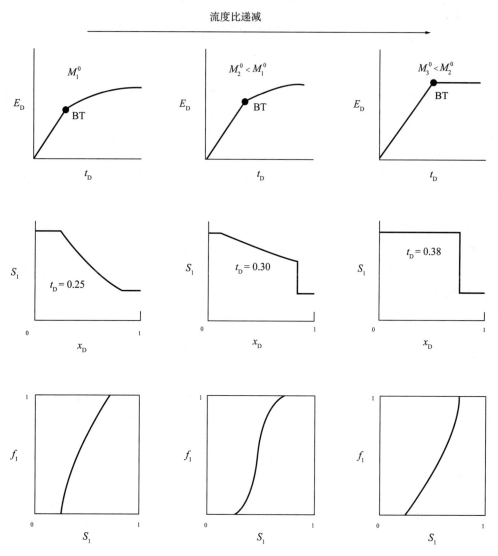

图 5.6　流度比对驱替效率的影响示意图

5.3 非混相驱中的耗散作用

本节中主要讨论一维流过程动中两种常见的耗散效应，即毛细管压力和流体压缩性。这两种现象都是耗散的，他们会使混合带的增长加速，或者使混合带异于无耗散流动，这两种现象将会带来一些附加效应。

5.3.1 毛细管压力

本书将不介绍水相物质平衡方程的准确形式解，但是会定性地描述毛细管压力对水驱油过程的影响，通过尺度上的讨论，在非常重要的时候会给出一些定量的指标。对不可压缩流体和考虑毛细管压力 p_c 时的情况而言，水相物质平衡方程（5.3）仍然适用，但水相分流量方程（5.4）变为（练习题 5.6）

$$f_1(S_1) = \frac{\lambda_{r1}}{\lambda_{r1} + \lambda_{r2}}\left(1 - \frac{K\lambda_{r2}\Delta\rho g\sin\alpha}{u}\right) + \frac{K\lambda_{r1}(\partial p_c / \partial x)}{(1 + \lambda_{r1} / \lambda_{r2})u} \tag{5.28}$$

方程（5.28）右侧中的第一项为不存在毛细管压力（方程 5.4）时的分流量。因此，对许多关于 $p_c=0$ 时的驱替结果进行稍加修改后，便可以适用于存在毛细管压力作用时的驱替过程。方程（5.28）中的右侧第二项为毛细管压力对水相分流率的贡献。引入毛细管压力项会使方程（5.3）的特征发生变化，曲线由双曲线变为抛物线，这是空间导数引起耗散效应的普遍结果。

方程（5.28）中的毛细管压力是两个连续油相和水相之间的相压差（见第 3.2 节）。对于油湿介质或水湿介质中的驱替过程而言，在这两种情况下，因为 $\mathrm{d}p_c/\mathrm{d}S_1$ 均为负数（图 3.5 所示），并且水驱过程时有 $\partial S_1 / \partial x < 0$，所以导数 $\partial p_c / \partial x = (\mathrm{d}p_c / \mathrm{d}S_1)\cdot(\partial S_1 / \partial x)$ 为正数。因此，对于水驱而言，在给定含水饱和度时，毛细管压力的存在会提高水相分流量。在具有较大饱和度梯度的区域（即在根据 Buckley−Leverett 理论预测出的涌波前缘周围区域）内，上述结论是非常重要的。在油驱水过程中，由于 $\partial S_1 / \partial x > 0$，$p_c$ 的存在使得水相分流量总是变小的。

在一维驱替中，p_c 的存在使含水饱和度波传播开来，特别是涌波周围的含水饱和度波。图 5.7 给出了亲水介质中一维注水时模拟的含水饱和度和压力剖面，可以利用他们对上述观点进行解释。图 5.7（a）给出了分别考虑毛细管压力和不考虑毛细管压力时的含水饱和度剖面，图 5.7（b）给出了相应的压力剖面。这两个图都是根据相同的时间作出的。图 5.7（b）中的虚线表示的相压力为假设含水饱和度剖面中保持有涌波时出现的相压力。当然，将其表示为 $p_c \neq 0$ 时的涌波是不正确的，但是，该类图形可以表示驱动力对毛细管混合的作用。

在前缘前方（即下游部分），油相和水相的压差是一个常数，并等于 S_{1J} 处的毛细管压力。在前缘位置，相压力会发生迅速变化。但在前缘后方（即上游部分），油相和水相的压差会递减至 $S_1=S_{1J}$ 时对应的压差值。将这些观点与图 5.7（a）和图 3.5 进行比较，涌波处会出现了一个局部压力梯度，它使得原油朝着上游渗流（对流吮吸），而水则向下游流去，其速度快于只考虑黏滞力影响时的速度。因此，产生的局部混合作用会使涌波传播 [图 5.7（a）] 和压力发生不连续性地消失。在前缘后方含水饱和度波的传播部分，毛细管压力的影响是很小的。

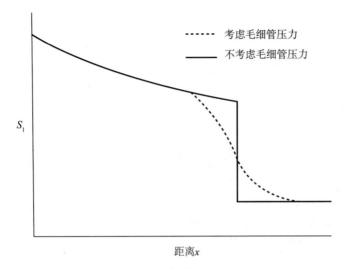

（a）含水饱和度剖面

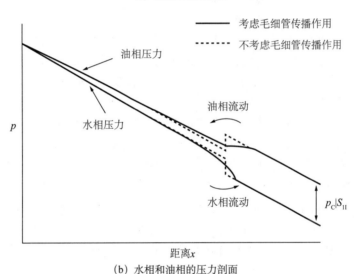

（b）水相和油相的压力剖面

图5.7　纵向毛细管渗吸作用下的含水饱和度剖面及压力分布剖面（Yokoyama，1981）

如果系统的长度 L 很大，则毛管压力会很小。将方程（5.28）代入无量纲水相物质平衡方程，令 $\alpha=0$，则有

$$\frac{\partial S_1}{\partial t_D} + \frac{\partial}{\partial x_D}\left(\frac{1}{1+\frac{\lambda_{r2}}{\lambda_{r1}}}\right) + \frac{\partial}{\partial x_D}\left[\frac{K\lambda_{r1}}{uL\left(1+\frac{\lambda_{r1}}{\lambda_{r2}}\right)}\frac{\partial p_c}{\partial x_D}\right] = 0 \tag{5.29}$$

对于 S_1 而言，方程左侧的最后一项是非线性的，所以难以估算。利用 Leverett j 函数表达式（即方程 3.13），可将方程（5.29）写为

$$\frac{\partial S_1}{\partial t_D} + \frac{\partial}{\partial x_D}\left(\frac{1}{1+\dfrac{\lambda_{r2}}{\lambda_{r1}}}\right) - \frac{1}{N_{RL}}\frac{\partial}{\partial x_D}\left[g(S_1)\frac{\partial S_1}{\partial x_D}\right] = 0 \tag{5.30}$$

式中，g 为含水饱和度的无量纲函数（为正值），

$$g(S_1) = -\left(\frac{1}{1+\dfrac{\lambda_{r2}}{\lambda_{r1}}}\right)\left(\frac{S_1-S_{1r}}{1-S_{2r}-S_{1r}}\right)^{n_1}\frac{\mathrm{d}_j}{\mathrm{d}_{S_1}} \tag{5.31}$$

N_{RL} 为 Rapoport 和 Leas 数，为无量纲常数，由作者 Rapoport 和 Leas（1953）首先提出，并用来表明毛细管压力的重要时刻。

$$N_{RL} = \left(\frac{\phi}{K}\right)^{1/2}\frac{\mu_1 uL}{K_{r1}^0 \phi\sigma_{12}\cos\theta} \tag{5.32}$$

图 5.8 为根据 Rapoport 和 Leas（1953）实验得到的水突破时采收率与 $\mu_1 vL$（这里重申 $v=u/\phi$）之间的关系曲线。因为在岩心实验中，$S_{1i}=0$，则图 5.8 中的纵坐标为水突破时的驱替效率 E_D^0。随着 $\mu_1 vL$ 的增加，E_D^0 会增加至最大值 0.58。当 $\mu_1 vL$ 更大时，E_D^0 会稳定在 Buckley−Leverett 理论预测的数值处。

Rapoport 和 Leas 并未将他们的实验结果绘制成与 N_{RL} 之间的关系曲线；但是，通过给定的 $K=0.439\mu\mathrm{m}^2$ 和 $\phi=0.24$，并且取 $K_{r1}^0\sigma_{12}\cos\theta=1\mathrm{mN/m}$（即为典型的亲水介质），如果 N_{RL} 大于 3，p_c 的存在便不会影响一维的水驱油过程。因为长度出现在方程（5.32）的分子中，所以在实验驱替过程中，p_c 的存在对实验驱替前缘的影响程度要比油田规模的驱替大得多，因为在油田规模时，L 的数值会更大。

当然，从微观上讲，毛细管力对于确定实验室驱替或油田现场驱替中的圈闭油或残余油而言都是非常重要的。由第 3.3 节可以看出，S_{2r} 与局部黏滞力与毛细管力的比值（即毛管数 N_{vc}）有关。毛管数 $N_{vc}=v\mu_1/K_{r1}^0\sigma_{12}\cos\theta$ 的常见形式包含在 N_{RL} 的定义之中，

$$N_{RL} = \left(\frac{\phi}{K}\right)^{1/2}LN_{vc} \tag{5.33}$$

系数 $L(\phi/K)^{1/2}$ 为宏观可渗透介质尺度与特征岩石尺度之间的一种量度。因此，N_{vc} 和 N_{RL} 表示相同的物理概念，即毛细管力与黏滞力的比值，但他们的尺度不同。

值得注意的是，如果 N_{vc} 小于 10^{-5}，则残留相饱和度基本上为常数。对分选性好的介质而言，可通过设定 N_{RL} 的范围，使得毛细管力在任意尺度上对驱替过程都不产生影响，

$$3 < N_{RL} < 10^{-5}L\left(\frac{\phi}{K}\right)^{1/2} \tag{5.34}$$

（无耗散）（恒定的残余相饱和度）

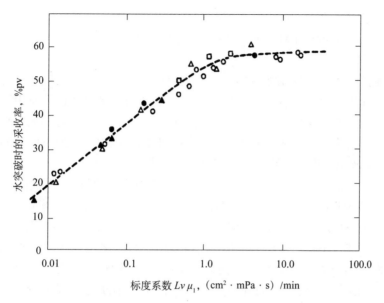

图 5.8　在不含束缚水的干膜氧化铝岩心中水突破时的采收率与标度系数之间的关系曲线。不同的符号表示岩心长度与原油黏度的变化（Rapoport 和 Leas，1953）

对于较大的 L 而言，这是一个很宽的范围，在一维驱替计算中，通常可以忽略掉所有的毛细管力。但对实验室规模而言，却极少有情况能够满足这两个要求。

N_{RL} 可以使用更为直接的形式进行表达。根据方程（5.32），可代入 $S_1 = 1 - S_{2r}$ 时的水相达西定律，并令 $v = u/\phi$，得

$$N'_{RL} = \left(\frac{\phi}{K}\right)^{1/2} \frac{\Delta p_1}{\sigma_{12}\cos\theta} \tag{5.35}$$

式中，Δp_1 为通过水相测到的可渗透介质压力降。其中，包含渗透率和界面张力的项可使用相关的 Leverett j 函数进行表示，则 N_{RL} 具有另一种近似表达式：

$$N''_{RL} = \frac{\Delta p_1}{\Delta p_c} \tag{5.36}$$

式中，Δp_c 为初始含水饱和度与最终含水饱和度之间的毛细管压力变化。方程（5.36）直接比较了黏滞力和毛细管压力降的大小，这是所有有关 N_{RL} 计算方法中最不精确的，但是一种最直接的方法。方程（5.35）和方程（5.36）适用于线性流。

对于较小 N_{RL} 时的情况而言，毛细管压力会引起锐缘波的传播。尽管混相驱中的弥散作用（见第 5.5 节）和非混相驱中的 p_c 效应是同时发生的，但是，不应该对其混合带的生长进行类似地比较。在第 5.5 节中，弥散性混合带的增长与时间的平方根成正比，毛细管压力引起的混合带增长一般是指数形式的，达到渐近极限后，混合带将不再增长，而只是简单地推移。如前所述，p_c 效应会使这种波传播开，但是由于分流量曲线的形状向上凸起，该波仍然保持着强烈的锐缘倾向。这两种效应彼此趋于平衡，使得该波逐渐接近于某一渐

近极限。在一维水驱实验中，这种极限的存在会进一步限制毛细管压力作为混合机理的重要性。其他一些作者（Bail 和 Marsden，1957）也曾报道称，在一维实验室水驱中，会出现某种渐近或"稳定化"的混合带。

当讨论毛细管压力对一维驱替的影响时，需要讨论毛细管末端效应。这种毛细管末端效应发生在毛细管压力曲线出现不连续性的时候，例如当一维可渗透介质由两种不同渗透率的均质介质串联而成时。然而，最常见的情况还是发生在实验室岩心的端部，此时流动相从可渗透介质进入到孔隙度为 1 和毛细管压力为 0 的区域中。不连续面上的饱和度动态与根据 Buckley–Leverett 理论预测出的饱和度之间有着较大的差异。

图 5.9 中给出了某种亲水介质中注水驱油时的含水饱和度和压力剖面。这里的毛细管力不可忽略。图 5.9（a）为水到达出口端（$x=L$）时的含水饱和度剖面和压力剖面；图 5.9（b）为水到达一段时间后的含水饱和度剖面和压力剖面。当出口端的右侧有水存在时，毛细管压力为零。在 $x=L$ 处，油相压力和水相压力必须是连续的。水无法抵抗正的水相压力跃升而流出边界，在紧靠系统内侧的毛细管压力消失之前，水不会流出出口端。开始时，在 $x=L$ 处不会产出水，但在后续过程中，水会不断运移到出口端，所以在 $x=L$ 处的含水饱和度必然回升，直到此边界上的 $p_c=0$（$S_1=1-S_{2r}$）。与 Buckley–Leverett 理论的预测结果相比较，毛细管末端效应会使出水时间推迟，并使 $x=L$ 处的含水饱和度剖面发生变形（图 5.9b 所示）。

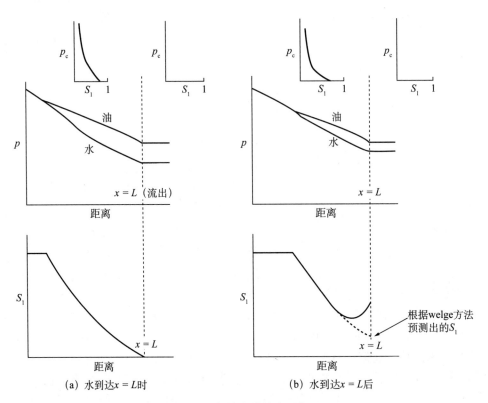

图 5.9　毛细管末端效应示意图

这种推迟效应会造成应用 Welge 积分法（方程 5.4）时出现相当大的误差。Kyte 和 Roport（1958）以及 Douglas 等（1958）在模拟实验中都曾观察到这种毛细管末端效应。图 5.10 给出了反应毛细管末端效应时的数据。

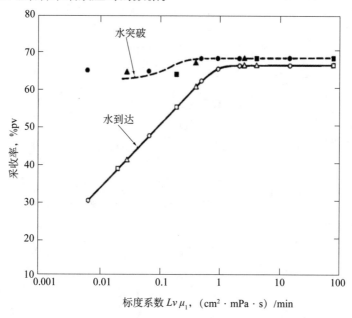

图 5.10　强水湿氧化铝岩心中注水实验数据的相关性（Kyte 和 Rapoport，1958）

为了消除毛细管末端效应，实验室驱替试验通常采用高流速和较长岩心（两者都可提高 N_{RL}），或者在出口端放置第二种可渗透材料，以保证其具有良好的毛细管接触。

5.3.2　流体的可压缩性

第二种耗散效应是流体的可压缩性。图 5.11 给出了两种模拟水驱时的含水饱和度剖面，图 5.11a 表示可压缩油和不可压缩水，图 5.11（b）表示可压缩水和不可压缩油，并且对油水完全不可压缩时的 Buckley−Leverett 示例进行了对比。这些结果是假设恒定的注水量［图 5.11（a）］和恒定的采油量［图 5.11（b）］时通过计算机模拟出来的。这些结果都是用压缩因子 c 和总压降 Δp（忽略毛细管力）的乘积进行表示，因为这个物理量决定了试井分析中关于假设流体压缩因子很小时的合理性。当 $c_j\Delta p$ 的乘积为 0.01 或更小时，可以忽略流体压缩因子；当 $c_j\Delta p=1.25\times10^{-3}$ 时，涌波前缘变得模糊，这是由于数值离散造成的，它是一种人为的耗散效应。当然，图 5.11 中所示的各种 $c_j\Delta p$ 乘积要比实际情况时的数值高，之所以选择这些数值，只是为了强调流体压缩性的影响。

无论是油的压缩性还是水的压缩性，都会使 Buckley−Leverett 涌波前缘传播开，加上数值离散所引起的传播作用，只有当 $c_j\Delta p$ 达到 1 或更大时，这种效应才足够明显。但是，两种均为可压缩流体的驱替过程会受到综合耗散效应的影响，而使涌波的传播更加强烈。在图 5.11（a）中入口端含水饱和度超过 $1-S_{2r}$。在较高压力下，当低于残余油饱和度时，原油会发生压缩。与此类似，在图 5.11（b）中由于压力下降，出口端的含水饱和度超过 S_{2r}，水会膨胀，这些效应都是特定条件下进行实验时所具有的特征。假如生产压力为常数，并且不使各相饱和度降低至其对应的残余饱和度以下时，则无论哪种效应都会不存在。同样可由图 5.11 可以看出，定性上而言，压缩性效应类似于毛细管压力效应，涌波前缘会发生传播，但对饱和度的"尾端"影响很小。

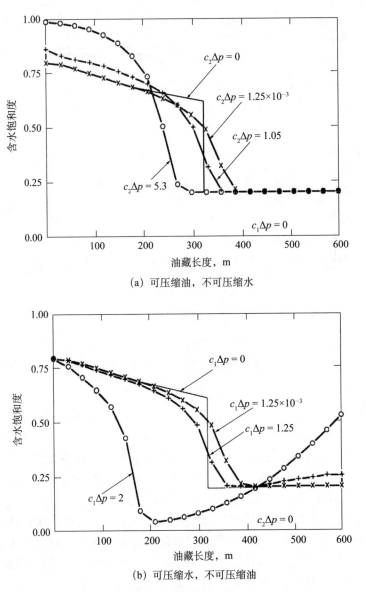

(a) 可压缩油，不可压缩水

(b) 可压缩水，不可压缩油

图 5.11　一维水驱油过程在 200d 时的含水饱和度剖面 (Samizo，1982)

5.4　理想混相驱替

假如两种组分可以按任意比例进行混合，且他们之间也不形成界面，则这两种组分是完全混相的。将该定义转化为流体流动方程时，允许某相中存在若干个组分，并且各组分在该相中又可以发生完全混相。

本节中，以分流量理论和考虑存在单相或多相为基础，来讨论等温混相驱过程。假设其为理想混相驱，并且组分的存在不会改变各相的性质（见第 7 章中关于复杂驱替的论述）。

5.4.1 浓度速度

第 5.2 节中的许多概念都可以推广到混相驱理论中。可将 $i=1$，$\cdots$，N_C 组分写出其一维物质平衡方程：

$$\phi\frac{\partial}{\partial t}\left[\sum_{j=1}^{N_P}S_jC_{ij}+\left(\frac{1-\phi}{\phi}\right)C_{is}\right]+u\frac{\partial}{\partial x}\left(\sum_{j=1}^{N_P}f_jC_{ij}\right)=0,\ \ i=1,\ \cdots,\ \ N_C \tag{5.37}$$

方程（5.37）是方程（2.63）不考虑弥散作用时的一种特殊情况。f_j 为相 j 的分流量，忽略毛细管压力时，由方程（2.43）给定；C_{ij} 和 C_{is} 分别为组分 i 在相 j 中和在固相中的相浓度。当然，也包含方程（2.58）中存在的许多假设，比如恒定的孔隙度、不可压缩流体和理想混合等。以无量纲的形式，可将方程（5.37）改写为

$$\frac{\partial}{\partial t_D}\left(C_i+C'_{is}\right)+\frac{\partial F_i}{\partial x_D}=0,\ \ i=1,\ \cdots,\ \ N_C \tag{5.38}$$

式中，

组分 i 在流体相中的总浓度
$$C_i=\sum_{j=1}^{N_P}S_jC_{ij} \tag{5.39a}$$

基于孔隙体积时组分 i 在固相中的浓度
$$C'_{is}=C_{is}\left(\frac{1-\phi}{\phi}\right) \tag{5.39b}$$

组分 i 的总流量
$$F_i=\sum_{j=1}^{N_P}f_jC_{ij} \tag{5.39c}$$

方程（5.39b）中进行的转换使得固相浓度以固相体积为基数（C_{is} 为组分 i 在固相中的量 / 固体体积）改变成以孔隙体积为基数（C_{is}' 为组分 i 在固体中的量除以固体的孔隙体积）。从而 C_i 和 C_{is}' 是可以直接比较的，并且在后续的讨论中可一起使用，而无需换算单位。总通量的定义是由 Hirasaki（1981）和 Helfferich 及 Klein（1981）提出的。

原则上，对于组分 $i=1$，$\cdots$，N_C 而言，通量 F_1 与 C_i 有关，直接引用第 5.2 节中的许多定义，特别是关于饱和度推进速度的定义。但关系式 $F_i=F_i$（C_1，C_2，$\cdots$，C_{N_C}）极其复杂，在这里只是对这种关系式加以概述。

如果 C_i 是已知的，那么可以根据相平衡关系式计算 C_{ij} 和 S_i。"闪蒸"计算的精确度取决于相态特征（见第 4.4 节和第 7 章与第 9 章）。如果 S_i 和 C_{ij} 是已知的，则各相的相对渗透率 $K_{rj}=K_{rj}$（S_j，C_{ij}）和黏度 $\mu_j=\mu_j$（C_{ij}）可根据岩石物性关系式进行计算（见第 3.3 节）。根据这些便可得出相对流度 $\lambda_{rj}=K_{rj}/\mu_j$，依据该流度和方程（2.43）可直接得出 f_j。如果还

需要求出相密度(例如可渗透介质不是水平的),那么可根据 $\rho_j = \rho_j (C_{ij})$ 求出方程(2.2–17)。如果 f_j 和 C_{ij} 是已知的,可根据方程(5.39c)求出 F_i。假如需要的话,也可根据吸附等温线来计算 $C_{is}' = C_{is}' (C_{ij})$(见第 8 章和第 9 章)。

尽管非常复杂,还是可将方程(5.38)改写成

$$\left[1+\left(\frac{\partial C_{is}'}{\partial C_i}\right)_{x_D}\right]\frac{\partial C_i}{\partial t_D}+\left(\frac{\partial F_i}{\partial C_i}\right)_{t_D}\frac{\partial C_i}{\partial x_D}=0,\quad i=1,\ \cdots,\ N_C \tag{5.40}$$

方程(5.40)中的偏导数 $(\partial C_{is}' / \partial C_i)_{x_D}$ 和 $(\partial F_i / \partial C_j)_{x_D}$ 是根据链式法则得到的。这些导数与全微分定义中的导数 $(\partial C_{is}' / \partial C_j)_{c_{m\neq j}}$ 是不一样的。后一种导数可直接由 $C_{is}' = C_{is}' (C_{ij})$ 和 $F_i = F_i (C_i)$ 计算得到,而前一种导数则需要知道 $C_i = C_i (x_D, t_D)$ 的解。因此很少使用方程(5.40),除非允许使用与方程(5.40)类似的方法来定义比浓度速度 v_{C_i}:

$$v_{C_i}=\frac{(\partial F_i / \partial C_i)_{t_D}}{1+(\partial C_{is}' / \partial C_i)_{x_D}}\qquad i=1,\ \cdots,\ N_C \tag{5.41a}$$

其中,比涌波速度 $v_{\Delta C_i}$ 被定义为

$$v_{\Delta C_i}=\frac{(\Delta F_i / \Delta C_i)}{1+(\Delta C_{is}' / \Delta C_i)} \tag{5.41b}$$

上式为方程(5.40)的简单形式,在没有附加的限制条件下,以上定义(方程 5.41a)和方程(5.41b)并未给出新的信息。但对于第 5.2 节中所述的水—油驱替过程而言,可以将这些定义式简化为 $C_i = S_1$, $F_i = f_1$ 和 $C_{is}' = 0$,则

$$v_{C_i}=v_{S_1}=\left(\frac{\partial f_1}{\partial S_1}\right)_{t_D}=\frac{\mathrm{d}f_1}{\mathrm{d}S_1}=f_1'(S_1) \tag{5.42}$$

因为 f_1 仅仅是 S_1 的函数,所以最后的恒等关系是成立的,因此 $f_1' = (\partial f_1 / \partial S_1)_{t_D} = (\partial f_1 / \partial S_1)_{x_D}$,对于某些更加复杂的情况而言,这种简化是不成立的。同样,仍可采用第 5.5 节中讨论的相干波理论或简单波理论来求解许多大家感兴趣的驱替问题。这里仅讨论混相驱中其他一些极其简单的特殊情况。

5.4.2 两相流中的示踪剂

此处所考虑的最简单情况为组分 1 驱替组分 2 时的单相混相驱过程。对于这种情况而言,除了相 $j=1$ 之外,所有其他相 j 的 f_j 和 S_j 均为零。对这一特定的相 $j=1$ 而言,f_j 和 S_j 为 1。假如组分 1 不被吸附,则根据方程(5.41a)或方程(5.41b),比浓度速度可变为

$$v_{C_1} = 1 \qquad (5.43)$$

由这种表面上看来并不重要的结果，可以得到两个重要的结论：

（1）组分 1 的量纲速度等于总流体速度，这意味着组分 1 的无量纲突破时间也为 1。根据方程（5.9），可通过突破发生时的累计注入量估算出介质的孔隙体积（见练习题 5.11）。因此，以总流体速度运移的组分即为"保守的"示踪剂。

（2）比浓度速度与 C_1 无关，这意味着，示踪剂产生的波是惰性波（既不传播也不锐缘），对于理想混相驱而言，上述观点基本正确。

对于绝大多数提高采收率驱替方法而言，都仅是部分混相的。为了描述局部混相驱过程，现在考虑当含水饱和度为 S_{11} 和水相分流量为 $f_{1J}=f_1(S_{1J})$ 时，原油—水混合物被另一种原油—水混合物的驱替情况。为了将初始的原油和水与注入后的原油和水区别开来，必须在注入液中添加示踪剂。与原油产生混相的示踪剂在水中是完全非混相的，同样，与水产生混相的示踪剂在油中也是非混相的。此时，在这种过程中，使用示踪的原油—水混合物驱替另一种原油—水混合物。为了保持简易性，假设示踪剂对分流量函数无任何影响。根据方程（5.41a），示踪水的比速度为

$$v_{1'} = \frac{\partial(C_{11}f_1)}{\partial(C_{11}S_1)} = \frac{f_1}{S_1} \qquad (5.44a)$$

式中，C_{11} 为水中示踪物的浓度。与此类似，示踪油的比速度为

$$v_{2'} = \frac{f_2}{S_2} = \frac{1-f_1}{1-S_1} \qquad (5.44b)$$

式中，$v_{1'}$ 和 $v_{2'}$ 两者均与示踪物的浓度无关，因此，混相示踪水和油的波均为惰性波。当然，因为这两种示踪物都不影响 f_1，所以示踪的或非失踪的含水饱和度推进速度可通过方程（5.12）或方程（5.14）求出。方程（5.44）中的 f_1 和 S_1 值可根据油—水波的特征进行确定。

图 5.12 描述了该驱替过程中可能发生的一些情况。每张图中，左侧为分流量曲线，右侧为饱和度—浓度分布剖面。在情况 A 中，$S_{11}=S_{1J}$，根据方程（5.44a）和方程（5.44b），其比速度分别为穿过（0，0）与 $(f_1, S_1)_J$，和（1，1）与 $(f_1, S_1)_J$ 直线段的斜率，$v_{2'}>v_{1'}$，并且示踪油波位于示踪水波的前方。

在情况 B 中，$S_{1J}>S_{11}$，并且其曲线的形状能使油—水波成为涌波。两个示踪剂波均滞后于油—水波。示踪水波和油—水波之间的区域包含有一个残留水"聚集带（bank）"，它将在注入水突破之前被产出。在先前的实验研究中（Brown，1957），曾经观察到了这种状态下残留水"聚集带"的突破，然而在这种驱替中更容易发生弥散现象。

情况 C 介绍了 $v_{2'}>v_{1'}$ 时的一种传播型水 – 油波，但所有的示踪剂浓度波的速度比要小于 S_{1J} 时的最小饱和度推进速度。

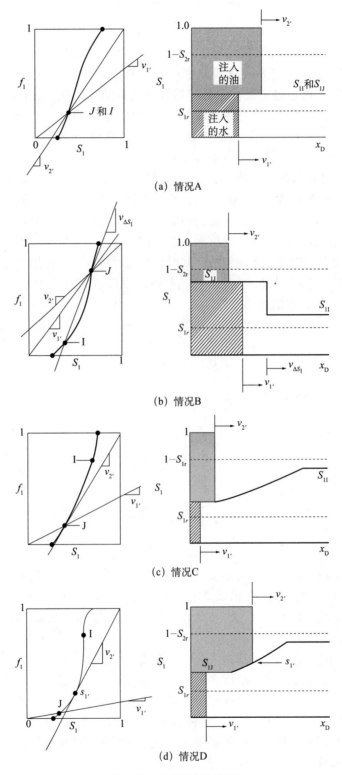

(a) 情况A

(b) 情况B

(c) 情况C

(d) 情况D

图 5.12　各种局部混相驱

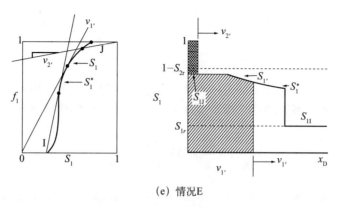

(e) 情况E

图 5.12（续）　各种局部混相驱

情况 D 与情况 C 一样，但分流量曲线向上凸得更明显。这种曲线形状会使油—水波的传播更加分散，并使示踪油前缘落在油—水波的传播区间内。饱和度 $S_{1'}$ 的推进速度与示踪油波的推进速度相同，可由下式给出：

$$v_{2'} = \frac{1 - f_1(S_{1'})}{1 - S_{1'}} = \left(\frac{\mathrm{d}f_1}{\mathrm{d}S_1} \right)_{S_{1'}} \tag{5.45}$$

与上述的所有情况类似，这一斜率为 $v_{2'}$ 的线段并不穿过 S_{1J}，因为穿过 $(1, 1)$ 和 (f_1, S_1) 的线段可能会与分流量曲线有第二个交点。那么示踪油前缘将会随两个不同的含水饱和度运移，这一点从物理的角度上讲是行不通的。

情况 E（即传统的 Buckley–Leverett 问题）与情况 D 正好相反，示踪水前缘此时在传播带区域内运移。情况 E 中的油—水驱替为混合型波，而情况 D 中的则是传播型波。

图 5.12 中的相关重点如下：

（1）正如所要求的那样，无论是示踪油还是示踪水都不会使水—油驱替特性发生偏差。在后面的章节和第 5.8 节中会介绍加入化学剂后分流量曲线发生变化的示例。当形成滞留流体聚集带时，他们都位于各自的相态内。

（2）示踪油是一种比原油价格要低的烃类。因为混相前缘现在驱替着滞留油，那么示踪物前缘便具有额外的意义，进而使滞留油被完全的驱替出。所以对于这些理想驱替过程而言，最终的驱油效率 E_D 为 1.0。在不降低界面张力、不改变润湿性或不降低流度的情况下，能使驱替效率达到最大值。

当然，迄今为止仍未找到这样一种价格便宜、又可与原油发生混相、同时还不会改变烃类运移特性的流体。这些运移特性的改变会使最终驱替效率再次小于 1。使用混相流体进行驱替或使用能与其发生混相时的流体进行驱替，是第 7 章中所要论述的核心内容。

5.5　混相驱中的耗散作用

因为在理想情况时混相波是一种惰性波，他们也会受到耗散作用。目前为止，混相驱中最显著的耗散效应是弥散作用（dispersion）和黏性指进（viscous fingering）。后者是一种二维效应,将在第 6 章和第 7 章中进行讨论,而在本节中只讨论弥散作用对混相驱前缘的影响。

5.5.1 误差函数解

在一维均质可渗透介质中,研究一种组分被另一种组分完全混相时的等温混相驱情况,对流扩散方程(方程 2.48)描述了质量浓度为 C 的驱替组分的物质平衡方程:

$$\phi \frac{\partial C}{\partial t} + u \frac{\partial C}{\partial x} - \phi K_1 \frac{\partial^2 C}{\partial x^2} = 0 \tag{5.46}$$

方程(5.46)也假设流体和岩石是不可压缩的,混合是理想的,饱和度为 1 时为单相流体。如果存在其他相(Delshad,1981),并且所有的分流量饱和度均为常数(见练习题 5.13)时,以下推导是合理的,K_1 为纵向弥散系数。以无量纲的形式,方程(5.46)可改写为

$$\frac{\partial C}{\partial t_D} + \frac{\partial C}{\partial x_D} - \frac{1}{N_{Pe}} \frac{\partial^2 C}{\partial x_D^2} = 0 \tag{5.47}$$

在下列 $C(x_D, t_D)$ 的边界和初始条件下,可以求解上述方程:

$$C(x_D, 0) = C_I, \quad x_D \geqslant 0 \tag{5.48a}$$

$$C(x_D \to \infty, \ t_D) = C_I, \quad t_D \geqslant 0 \tag{5.48b}$$

$$C(0, \ t_D) = C_J, \quad t_D \geqslant 0 \tag{5.48c}$$

式中,C_I 和 C_J 分别为初始组分和注入组分。方程(5.47)中的佩克莱特(Peclet)N_{Pe} 数被定义:

$$N_{Pe} = \frac{uL}{\phi K_1} \tag{5.49}$$

N_{Pe} 为对流扩散与弥散扩散的比值,通过比较方程(5.30)和方程(5.47)可以看出,N_{Pe} 与非混相驱时的 N_{RL} 类似。与方程(5.8b)不同,必须在恒定 u 条件下进行这种驱替。在该方程和边界条件中,包含三个自然量,即 C_I、C_J 和 N_{Pe},但是,通过定义一个无量纲浓度 C_D:

$$C_D = \frac{C - C_I}{C_J - C_I} \tag{5.50}$$

由于仅将 N_{Pe} 作为参数,需要对该问题进行重新论述。采用上述定义,方程和边界条件变为

$$\frac{\partial C_D}{\partial t_D} + \frac{\partial C_D}{\partial x_D} - \frac{1}{N_{Pe}} \frac{\partial^2 C_D}{\partial x_D^2} = 0 \tag{5.51}$$

$$C_D(x_D, 0) = 0, \quad x_D \geqslant 0, \quad C_D(x_D, 0) = 1, \quad x_D < 0 \tag{5.52a}$$

$$C_D(x_D \to \infty, \ t_D) = 0, \quad t_D \geqslant 0 \tag{5.52b}$$

$$C_D(x_D \to -\infty, \ t_D) = 1, \quad t_D \geqslant 0 \tag{5.52c}$$

使用 $x_D \to \infty$（方程 5.52c）时的边界条件代替了 $x_D = 0$（方程 5.48c）时的边界条件。这是一个近似值，目的是为了简化以下解析解的推导过程。严格地讲，由此得到的近似解是有效的，这是因为对于较大的 t_D 或 N_{Pe} 而言，其入口处边界的影响看似与驱替前缘有相当大的距离。实际上，所得出的近似解析解可精确地描述所有（除了特殊案例外）的单相驱替问题。

推导 $C_D\ (x_D, \ t_D)$ 的第一步是将方程（5.51）和方程（5.52）转化为一个运动坐标系 x_D'（$x_D' = x_D - t_D$）。

$$\left(\frac{\partial C_D}{\partial x_D} \right)_{x_D'} - \frac{1}{N_{Pe}} \frac{\partial^2 C_D}{\partial (x_D')^2} = 0 \tag{5.53}$$

由于在 $x_D = 0$ 时的入口边界条件的驱替在 $x_D \to -\infty$ 时为 1，边界条件仍保持为方程（5.52）的形式。

方程（5.53）为热传导方程，它可采用复合变量的方法（Bird 等，1960）进行求解。为了求解该方程，还要定义另一个无量纲变量 $\eta = x_D' / 2\sqrt{t_D / N_{Pe}}$，应用该变量时，各约束方程和边界条件便可转换成：

$$2\eta \frac{dC_D}{d\eta} + \frac{d^2 C_D}{d\eta^2} = 0 \tag{5.53a}$$

$$C_D(\eta \to \infty) = 0 \tag{5.53b}$$

$$C_D(\eta \to -\infty) = 1 \tag{5.53c}$$

为了成功地将偏微分方程变换为常微分方程，将方程（5.52a）和方程（5.52b）的条件压缩为单一条件（方程 5.53b），常微分方程的变换有时被称为 Boltzmann 变换。方程（5.53a）可以分离并进行二次积分，得

$$C_D = \frac{1}{2} \left(1 - \frac{2}{\sqrt{\pi}} \int_0^\eta e^{-u^2} \, du \right) \tag{5.54}$$

方程（5.54）右侧的积分乘积即为误差函数，这是一个很宽范围的表列积分数（如图 5.13 所示），可缩写为符号 erf（η）。通过代入 η 和 x_D' 的定义式，便可得到近似解析解的最终形式：

$$C_D = \frac{1}{2}\left[1 - \mathrm{erf}\left(\frac{x_D - t_D}{2\sqrt{\dfrac{t_D}{N_{Pe}}}}\right)\right] = \frac{1}{2}\mathrm{erfc}\left(\frac{x_D - t_D}{2\sqrt{\dfrac{t_D}{N_{Pe}}}}\right) \tag{5.55a}$$

式中，erfc 表示互补误差函数。使用 Laplace 变换，其精确解析解（Marle，1981）为

$$C_D = \frac{1}{2}\mathrm{erfc}\left(\frac{x_D - t_D}{2\sqrt{\dfrac{t_D}{N_{Pe}}}}\right) + \frac{e^{x_D N_{Pe}}}{2}\mathrm{erfc}\left(\frac{x_D + t_D}{2\sqrt{\dfrac{t_D}{N_{Pe}}}}\right) \tag{5.55b}$$

当 x_D 和 N_{Pe} 增加时，方程（5.55b）中的第三项以指数形式趋近于零。

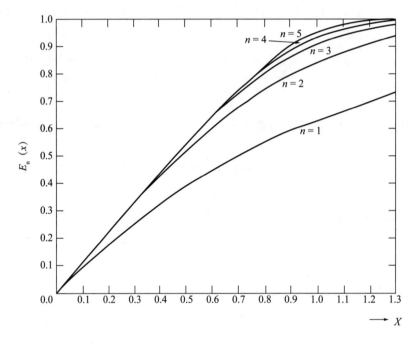

图 5.13　函数 $E_n(x) = \dfrac{1}{n!}\displaystyle\int_0^{x^n} \mathrm{e}^{-v} v^{(1/n-1)}\mathrm{d}v$ ，在该函数中 $n=2$ 为误差函数（Jahnke 和 Emde，1945）

图 5.14 给出了 C_D—x_D 浓度剖面曲线随 t_D 和 N_{Pe} 变化的情况。当 N_{Pe} 增加时，浓度剖面接近于方程（5.43）中 $x_D = t_D$ 的阶梯函数。事实上，方程（5.55）所给出的浓度剖面是对称的，并处于该点的中心部位。而其完整的解（方程 5.55b）则是不对称的，但这种影响很小。因为弥散不会影响波的推进速度，但会影响波内的混合程度。

无量纲混合带，即由 $C_D = 0.1$ 到 $C_D = 0.9$ 位置处的距离，可根据方程（5.55b）求出：

$$\Delta x_D = x_D\big|_{C_D=0.1} - x_D\big|_{C_D=0.9} = 2\sqrt{\frac{t_D}{N_{Pe}}}\mathrm{erf}^{-1}(0.8) - 2\sqrt{\frac{t_D}{N_{Pe}}}\mathrm{erf}^{-1}(-0.8) = 3.625\sqrt{\frac{t_D}{N_{Pe}}} \tag{5.56}$$

方程（5.56）表明，弥散型混合带的生长与时间的平方根成正比，非混合带的生长则与

时间成正比。方程（5.56）中涉及的混合带生长速率通常要比非混合带的慢一些，特别是当 N_{Pe} 很大时，缓慢的增长是因为与分流量效应相比，在模拟半混相驱替时可以忽略弥散作用。

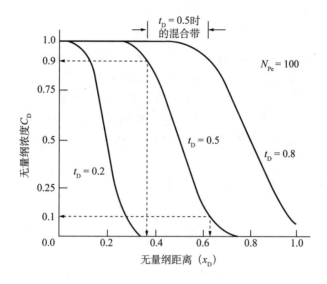

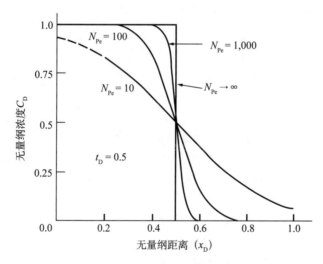

图 5.14   无量纲浓度梯度

Δx_{D} 也可用于比较实验室和现场的混合带长度。如果弥散作用很小，则非混相混合带不含自由参数。因此，应尽可能在与现场相近的条件下进行实验室非混相驱替，即在油藏温度和压力条件下，使用实际油藏流体在天然状态岩心或恢复原型的岩心上做驱替实验，实验室所得到的 Δx_{D} 将与现场中得到相同的。

在混相驱替中，一般无法使实验室的 N_{Pe} 同现场相等，实验室实验中的 N_{Pe} 通常较小，从而实验室得到的 Δx_{D} 通常要大于现场。当然，由于现场中的 L 要大得多，所以有量纲的混合带长度 $\Delta x_{D}L$ 在现场中总是较大的。至于不能够比较 N_{Pe} 大小的原因，请参考下面有关弥散性的讨论。

与时间成正比的混相带和与时间的平方根成正比的弥散型混相带之间的差别看似无关紧要，但对于区别与空间相关的速度场和与空间无关的速度场而言，这一差别是非常重要的（Arya 等，1988）。更多有关讨论将在下面几部分中进行讨论。

5.5.2　弥散性

Bear（1972）提出，"水动力学弥散"是指"单个示踪剂质点在孔隙中的实际运动情况和在孔隙中发生各种物理化学现象的宏观效果"。这种运动由各种各样的原因造成，在本书中，弥散作用是依靠扩散作用、局部的速度梯度（孔隙壁与孔隙中心之间）、流线长度的局部非均匀性和孔隙体中的机械混合作用等引起的两种混合流体之间的混合作用。重力舌进和黏性指进是一种二维效应，将在第 6 章中对此加以讨论，这里将介绍有关弥散系数的实验室结果和相关定性分析。

对于一维流动而言，纵向弥散系数 K_1 由下式给出

$$\frac{K_1}{D_{ij}} = C_1 + C_2\left(\frac{|v|D_p}{D_{ij}}\right)^\beta \tag{5.57}$$

式中，C_1、C_2 和 β 分别为可渗透介质和流动状态的性能参数，D_{ij} 为混合驱中驱替液和被驱替液之间二元有效分子扩散系数，D_p 为平均质点直径。

对于速度非常缓慢的渗流过程而言，方程（5.57）中的第二项可以忽略不计，并且 K_1 与 D_{ij} 之间成正比。这种情况与宽通道中（在该通道中混合完全是由于分子扩散造成的）的缓慢驱替过程类似。常数 C_1 被证实为 $1/\phi F$，这里的 F 为考虑有固定相存在时的地层电阻系数（Pirson，1983）。

对于速度较快的驱替过程而言，方程（5.57）中的第二项变得尤为重要。Deans（1963）曾提出，在充分搅动的由串联储罐形成的混合带中，可使用与速度成正比的弥散系数进行描述。在这里，混合带是由单元地层体积（REV）中极不规则流动通道造成的，通道的不规则导致流体从每个单元中产出时，立刻完全混合。如果流体充分混合的话，扩散作用便可忽略不计。

Taylor（1953）理论对这种流动状态中的扩散效应作出了二维解释。流动通道中，可认为横向尺寸比纵向延伸小很多。对于这种理想化的情况而言，扩散会使横向中的浓度梯度相等，从而得到"有效"扩散系数。此时，混合作用由横向扩散作用和在孔壁处无滑动时速度上的变化等产生。在 Taylor 理论中，预测弥散系数与速度的平方成正比。

在绝大部分提高采收率方法中，都会形成局部混合流动机制。事实上，假如间隙速度大于 3cm/d，方程（5.57）中的局部混合项支配着第一项，即

$$K_1 = \frac{D_{ij}}{\phi F} + C_2\left(\frac{|v|D_p}{D_{ij}}\right)^\beta \cong \alpha_1|v| \tag{5.58}$$

方程（5.58）的这种形式和 Peclct 数（即方程 5.49）一样方便，并且此时的无量纲的

浓度平衡式（即方程 5.47）也与速度无关：

$$N_{\text{Pe}} = \frac{L}{\alpha_1} \tag{5.59}$$

因此，通过方程（5.59），无量纲混合带与 α_1 直接相关。事实上，α_1/F 可被视为无量纲混合带长度。

这并不意味着弥散作用对于混合流动不重要。通常，更快的弥散作用和混合作用会使液流方向反转，弥散进入顶封孔隙、水封孔隙或邻近的不流动区域，以减少视弥散系数。方程（5.59）中的 α_1 为可渗透介质纵向弥散率（方程 2.57），它是局部非均质尺度的一种度量。Bear（1972）将 α_1 归纳为介质的基本性质之一，对于局部混合流动机制而言，弥散作用中的 α_1 是一种比 K_1 更为基本的度量。

实验室或数模中的弥散作用研究非常困难，因为弥散作用容易与其他类似作用相混淆。实验中，由于无法直接观察可渗透介质中的流动，弥散通常会与窜流和（或）绕流作用混淆，而实验中唯一能够观察到的是出口端动态。数值计算中，许多数值模拟器采用的有限差分逼近方法也会给弥散带来一些人为的误差。

通常在岩心出口端处增加数个取样口，Jha 等（2009）发现在短均质岩心驱替过程中，混相流体的浓度确实会在纵向上进行传播。为了达到最优的逼近效果，定义在该尺度上存在一维流动，并且至少在单元地层体积（REV）尺度上存在弥散作用。

Jha 等（2009）还证实在某种意义上，混相波会在逆向流动中继续传播，因而弥散作用是不可逆的。这种不可逆是由于存在某种小尺度效应，在这种情况下，扩散作用使流体颗粒无法像流出端一样，在逆向流动中沿着同样的路线。这种不可逆性是弥散的定义性特征，并且与弥散随时间的平方根增长特性有关。

实际上，如方程（5.58）和图 5.15 所示，对于典型的驱替速度而言，弥散作用通常比扩散作用大，存在这样的矛盾关系，即与弥散作用相比，扩散作用可以忽略不计，但是存在弥散作用时需要扩散作用，它是许多作用的综合结果，并且存在一系列连续的尺度。许多岩石物理性质都具有这种所谓的尺度效应。

图 5.16 中的数据可以最明显地表示出多尺度效应。该图来源于许多资料的整合，由图可以看出，弥散度的大小与测试时的标尺有关。弥散度的范围由实验室规模的约 1cm 到现场规模的 100m，这些数据之间的近线性关系很容易造成分层（高度自相关）流动中弥散作用的有关错误认识，实际上，分层流动（layered flow）中的弥散度与时间成线性关系。

严格意义上的分层流动是完全可逆的，或换言之，所谓的回声弥散度（反向流动中在进口端测得的）比传输弥散度（从进口端到不同出口端之间测得的）。基于单井示踪剂试验中的示踪剂流动分析，所得的结果并非如此（Mahadevan 等，2003）。图 5.16 中的灰色格表明，在相同尺度下回声弥散度（echo dispersivities）仅比传输弥散度（transmission dispersivities）小一点。

为了解释该行为，Johns 等（2010）进行了有关回声弥散和传播弥散的大量研究。由于上述数值弥散的原因，在该研究中使用了特殊的点跟踪器来消除数值误差。图 5.16 给出了部分结果。

因为大尺度弥散作用取决于许多未知（或不可知）的可渗透介质特征，对于回声弥散度和回声弥散度而言，很难得出一般性结论。但图 5.16 给出了许多的实验中获得的弥散作用特征，即：

（1）弥散度会随距离的增加而增加；

（2）模拟出的回声弥散度要小于传播弥散度，但两者之间的差异很小；

（3）回声弥散度和传输弥散度都大于输入时的弥散度，那么回声弥散作用是"真"弥散作用，它会在可渗透介质中产生局部混合。

传播弥散与回声弥散之间的差值是一种与孔隙介质性质大尺度相关的测试方法。

可以总结出几点有关弥散对一维混相流影响的重要认识：

（1）弥散控制着两种流体的混合速度，但不会影响波的推进速度。

（2）弥散性混合带的增长，不会快于与时间平方根成比例时的情况。

（3）在大多数提高采收率方法中，流体速度是流体在局部混合状态下的流动速度，而在这里，弥散系数与渗流速度成正比，比例常数为纵向弥散度 α_1。

（4）α_1 是可渗透介质非均质性的一种度量，并且随测试尺度的变化而发生变化。

（5）许多依赖尺度效应的弥散度是不可逆的，因此矿场规模的弥散仅仅比传播弥散弱一点。这种效应能提高体积波及效率和增加已混相前缘后方的含油饱和度（见第 7 章）。

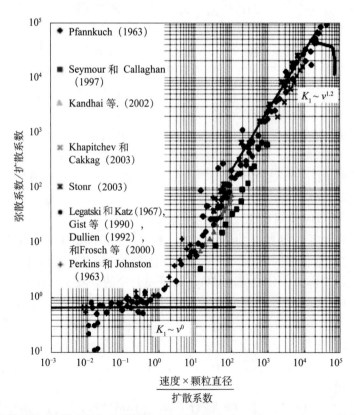

图 5.15　弥散系数 / 扩散系数与无量纲速度之间的关系（Jha 等，2008）。Jha 等通过模拟发现，斜率的数值取决于孔隙中的流动细节

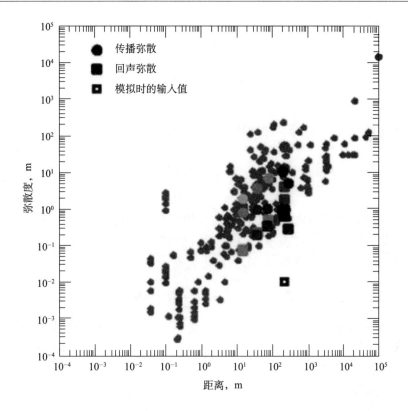

图 5.16　弥散度与距离之间的关系图（John，2010）。方格代表回声弥散，点代表传播弥散，
灰色代表矿场测量值，彩色代表数学模拟值，空格代表模拟时输出的弥散度

5.6　分流量理论的通用化

　　本节回顾了波理论的数学方程，这些方程是本书大部分内容的基础。对于该工作也存在许多复杂的解释（如 Courant 和 Friedrichs，1948；Jeffrey 和 Taniuti，1964）。后面的内容中，主要集中考虑所谓的简单波的行为，特别是有关相干波的观点，这一处理方法与 Johansen 等（1989）的精细处理方法完全相同。值得注意的是，此处的本质是数学，并将在随后赋予其物理意义，本节仅限于讨论传播波或简单波。

　　组分 i 的物质平衡方程可通过以下形式给出

$$\frac{\partial A_i}{\partial t} + \frac{\partial F_i}{\partial x} = 0 \tag{5.60}$$

式中，组分 $i=1$，$\cdots$，N_c。方程（5.60）中的项有累积函数 $A_i = A_i(C_1, C_2, \cdots, C_{N_c})$ 和通量函数 $F_i = F_i(C_1, C_2, \cdots, C_{N_c})$，两者均已知，目标是求出因变量的解：

$$u_1 = u_1(x, t), \cdots, u_{N_c} = u_{N_c}(x, t) \tag{5.61}$$

　　方程（5.61）中的因变量可以是饱和度、浓度和温度等物理量，在大多数应用中，x 和

t 为无量纲自变量。

方程（5.60）的另一种表达形式为

$$\sum_{j=1}^{N_c} A_{ij} \frac{\partial u_j}{\partial t} + \sum_{j=1}^{N_c} F_{ij} \frac{\partial u_j}{\partial x} = 0 \tag{5.62}$$

式中，具有下角标的项为各自函数的偏导数，比如：

$$A_{ij} = \left(\frac{\partial A_i}{\partial u_j} \right)_{u_{j \neq i}}$$

因为累积函数和通量函数已知，所以这些物理量也已知。A_{ij} 和 F_{ij} 也可能会非常复杂，甚至可能无法以闭合形式进行表述，但是均为已知量。另外，以矩阵形式表示的物理量是可逆的，即 $AU_t + FU_x = 0$，则方程（5.62）可转变成

$$U_t + A^{-1} F U_x = U_t + J U_x = 0 \tag{5.63}$$

可以使用相似变换 $\eta = x/t$ 对方程（5.63）进行求解，这种变换的好处程度取决于其边界条件。在原始边界数据时，通常将这些边界条件假设成所谓的台阶式变化。关于此话题的更多讨论请参阅 Lake 等（2002）发表的文献。方程（5.63）中使用的相似变换会产生如下形式的特征值问题：

$$(J - \eta I) \frac{dU}{d\eta} = 0 \tag{5.64}$$

式中，η 为 J 的特征值。此处需要注意几点：

（1）η 是标量，不是矢量；

（2）η 被定义为速度；

（3）η 没有组分下角标。

对于方程（5.64）而言，有两种解，$\frac{du}{d\eta} = 0$ 或在（x，t）空间内沿着特征方向时 u 为常

数。该解允许在问题中出现所谓的恒定状态区，这并非巧合，它也允许解能够满足任意的边界条件。第（3）点的重要性是将（$J - \eta J$）=0 转换成组分形式。

$$J_{k1} \frac{du_1}{d\eta} + \cdots + J_{kk} \frac{du_k}{d\eta} + \cdots + J_{kN_c} \frac{du_{N_c}}{d\eta} = \eta \frac{du_k}{d\eta} \tag{5.65}$$

但是，由于 η 是齐次的，方程（5.65）可写成

$$J_{k1} \frac{\partial u_1}{\partial x} + \cdots + J_{kk} \frac{\partial u_k}{\partial x} + \cdots + J_{kN_c} \frac{\partial u_{N_c}}{\partial x} = \eta \frac{\partial u_k}{\partial x} \tag{5.66}$$

在上式中减去第 k 个方程，得

$$\frac{\partial u_k}{\partial t} + \eta \frac{\partial u_k}{\partial x} = 0 \tag{5.67}$$

此处可遵循 Buckley–Leverett 理论。一系列常数 u_k 可由下式得到

$$\mathrm{d}u_k = 0 = \frac{\partial u_k}{\partial t}\mathrm{d}t + \frac{\partial u_k}{\partial x}\mathrm{d}x$$

有

$$\left.\frac{\mathrm{d}x}{\mathrm{d}t}\right|_{\mathrm{d}u_k=0} = -\frac{\dfrac{\partial u_k}{\partial t}}{\dfrac{\partial u_k}{\partial x}} = \eta$$

由于特征值缺少下角标，结合方程（5.67），有

$$\eta = \frac{\mathrm{d}J_1}{\mathrm{d}u_1} = \cdots \frac{\mathrm{d}J_{N_C}}{\mathrm{d}u_{N_C}} \tag{5.68a}$$

上式意味着所有组分的速度均相等，方程（5.68a）为相干条件（Helfferich 和 Klein，1970）。

　　在全书所有示例中，都将以方程（5.65）或方程（5.68a）作为开始。每一种方法都会产生特征值问题。后面部分描述的问题将作为一种说明，如果根据涌波给出条件（即以物质平衡方程的简单形式作为开始），则整个相干条件为

$$\eta = \frac{\Delta J_1}{\Delta u_1} = \cdots \frac{\Delta J_{N_C}}{\Delta u_{N_C}} \tag{5.68b}$$

式中，Δ 为跨越涌波时的有限阶差。

　　由于相干条件更为直接，很容易将其转化成 Buckley–Leverett 理论，因此，当使用相干条件求解问题时，经常会比数值解产生更多的物理意义。参照简单波（即相干波）理论，方程中的信息会被重新赋予更多的物理意义（Helfferich 和 Klein，1970）。如第 5.7 节所述，计算简单波时的相干法比使用特征值法（MOC）更加直接。方程（5.68）进一步表明总共不多于 N 个波。

5.7　三相流动中的应用

　　在本节中，通过计算水（$i=1$）、油（$i=2$）和气（$i=3$）三相流动的驱替效率，来应用相干理论，假设不存在耗散效应，即不存在毛细管压力和因压力而变化的流体性质，并限定流体为单一拟组分相。当然，今且仅当

$$c_3 \Delta p \cong \frac{\Delta p}{p} \tag{5.69}$$

很小时，不可压缩气体的假设才能实现。尽管在高渗透性介质中流动时，特别是当气体黏度也很小时，$c_3 \Delta p$ 可能相当小，但这种情况通常不会发生。

在上述限制的条件下，物质平衡方程（5.37）可改写成无量纲形式：

$$\frac{\partial S_j}{\partial t_D} + \frac{\partial f_j}{\partial x_D} = 0, \quad j = 1 \text{或} 2 \tag{5.70}$$

对于水平地层而言

$$f_j = \left(\frac{\lambda_{rj}}{\sum_{m=1}^{3} \lambda_{rm}} \right) \tag{5.71}$$

方程（5.71）中的相对流度为 S_1 和 S_2 的已知函数。因为 $S_1 + S_2 + S_3 = 1$，所以可以任意地对水和油的饱和度取值，所以在该例中仅有两个独立的饱和度。方程（5.71）表明，分流量是 S_1 和 S_2 的已知函数。

根据方程（5.42），饱和度 S_j 为常数时的比速度为

$$v_{S_j} = \left(\frac{\partial f_j}{\partial S_j} \right)_{t_D}, \quad j = 1 \text{或} 2 \tag{5.72}$$

假如波是非锐缘的、并且波是一个涌波，则有

$$v_{\Delta S_j} = \frac{\Delta f_j}{\Delta S_j}, \quad j = 1 \text{或} 2 \tag{5.73}$$

若不知道 $S_j (x_D, t_D)$ 问题时的解，就无法求出方程（5.72）中的导数。为了简化，采用 $f_{12} = (\partial f_1 / \partial S_2)_{S_1}$ 等。由于 S_1 和 S_2 是已知的函数，尽管非常复杂，但仍然可以在不知道 $S_1 (x_D, t_D)$ 和 $S_2 (x_D, t_D)$ 解的情况下对他们进行计算。

在 $(S_1, S_2)_I$ 时，假设介质中的初始饱和度是均匀的，并且令其在 $x_D = 0$ 时的饱和度为 $(S_1, S_2)_J$。由第 5.6 节可知，相干条件可用于以下区域内所有的点上，

$$\frac{df_1}{dS_1} = \frac{df_2}{dS_2} = \sigma \tag{5.74}$$

该方程是根据方程（5.72a）得到的。方程（5.74）中的导数是全导数，因为在相干条件下，饱和度空间内有 $S_2 = S_2 (S_1)$。将方程（5.74）中的导数展开，并以矩阵的形式将两个方程改写成

$$\begin{pmatrix} f_{11} & f_{12} \\ f_{21} & f_{22} \end{pmatrix} \begin{pmatrix} dS_1 \\ dS_2 \end{pmatrix} = \sigma \begin{pmatrix} dS_1 \\ dS_2 \end{pmatrix} \tag{5.75}$$

为了求解 $S_2 (S_1)$，首先求出该方程的特征值 $\sigma^{\pm}$：

$$\sigma^{\pm} = \frac{1}{2}\left\{ (f_{22} + f_{11}) \pm \left[(f_{22} + f_{11})^2 + 4f_{21}f_{12} \right]^{1/2} \right\} \tag{5.76}$$

方程（5.76）的两个根都是实根，且 $\sigma^{+} > \sigma^{-}$，两者都是 S_1 和 S_2 的已知函数。值得注意的是，$\sigma^{\pm}$ 为饱和度推进速度。将方程（5.75）中的 $\mathrm{d}S_1$ 和 $\mathrm{d}S_2$ 解出，得

$$\frac{\mathrm{d}S_1}{\mathrm{d}S_2} = \frac{\sigma^{\pm} - f_{11}}{f_{12}} \tag{5.77}$$

方程（5.77）是一个常微分方程，对其积分可求出函数 $S_2(S_1)$。相应于 σ^{+} 和 σ^{-} 有两个这样的函数，在 σ^{+} 和 σ^{-} 两者中，无论何者具有物理意义，都可求出 $S_2(S_1)$ 时任意饱和度的推进速度。

通过对特殊问题进行讨论，或许能够更加清楚地阐述以上方法。这里考虑使用水驱替油—气—水混合物。为了使问题简化，取相对渗透率为

$$K_{rj} = \frac{S_j - S_{jr}}{1 - S_{1r} - S_{2r} - S_{3r}}, \quad j=1或2 \tag{5.78}$$

并且假设 $S_{1r}=S_{2r}=S_{3r}=0.1$。方程（5.78）并非是一个实际的三相相对渗透率函数（见练习题 5.14），但对于说明这种情况而言，上述解释是足够的。已知 $\mu_1=1\mathrm{mPa\cdot s}$，$\mu_2=5\mathrm{mPa\cdot s}$ 和 $\mu_3=0.01\mathrm{mPa\cdot s}$，并假设初始条件为 $S_{2I}=0.45$ 和 $S_{1I}=0.1$。因而，介质一开始处于残留水饱和度，且原油和天然气的体积相等。假定使用水驱替这种混合物，即 $S_{1J}=0.8$ 和 $S_{2J}=0.1$，则这种方法相当于将井初始化为一次采油阶段。

图 5.17 给出了方程（5.77）进行积分时求出的函数 $S_2(S_1)$ 与其内在之间的物理关系图。将这个关系绘在三角坐标图上以强调其关系为 $S_1+S_2+S_3=1$。应用各种 S_1 和 S_2 的初始值对方程（5.77）进行积分，得出两种有关于 σ^{+} 和 σ^{-} 的曲线。因为 $\sigma^{+} > \sigma^{-}$，这些映像曲线不会重叠，继而在其饱和度图中每一点都与两种速度 σ^{+} 和 σ^{-} 有关。根据 Hefferich（1981）理论，将这两类曲线称为饱和度轨迹线，即从初始条件到注入条件的特殊饱和度路线（图 5.17 中的粗线所示）。虽然今后会把重点放在饱和度轨迹线上，但图 5.17 还是给出了具有任意初始条件和注入条件时的驱替直观图。

由初始条件向注入条件移动时，存在着两个可供选择的饱和路线：（1）σ^{-} 线段从初始条件向三相流动区的上顶角移动，然后，沿着气—水边界上的 σ^{+} 线段向注入条件移动；（2）σ^{+} 线段从初始条件向 $(S_1, S_2) = (0.36, 0.54)$ 移动，接着沿着油—水边界上的 σ^{-} 线段向注入条件移动。两条线段都是该问题在数学上的有效解。事实上，对于从 $(S_1, S_2)_I$ 向 $(S_1, S_2)_J$ 的路线而言，与从 σ^{+} 到 σ^{-} 路线的任意转换是相对应的，可以有无数个数学解。由第 5.2 节中介绍的 Buckley–Leverett 问题可知，在上游方向饱和度推进速度必须单调递减（尽管并不连续）。对于该问题来说唯一的物理解只有路线（2），这是因为 $\sigma^{+} > \sigma^{-}$ 迫使其为仅有的可能路线，这里的 σ 从 $(S_1, S_2)_I$ 向 $(S_1, S_2)_J$ 仍是单调递减的。

在某段路线内，上游方向的饱和度推进速度也必须是单调递减的，这种条件在沿 σ^{+} 路线的各段上是不会遇到的（饱和度线上的箭头指饱和度推进速度增加的方向）。这种动

向表明，该波是一种涌波，并且这种涌波速度的计算可以用与第 5.2 节中完全相似的方法。图 5.18a 给出了沿着组分路线上油与水分流量 (f_1, f_2) 随 (S_1, S_2) 而变的关系曲线。其涌波的形成与图 5.4 中所介绍的非常吻合，既可以在 f_1-S_1 曲线上实现，又可以在 f_2-S_2 曲线上实现，方程（5.74）能够保证其等价性。在这一点上，三相流和二相流问题之间仅有的实际差异为，在 IJ 处存在着恒定状态区。图 5.18b 为驱替时间—距离关系图，应当将该图与图 5.5 进行比较。

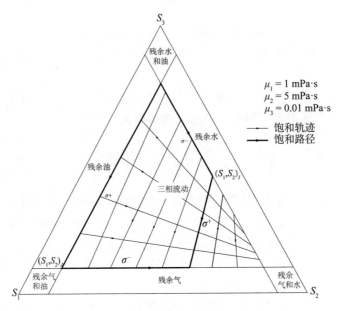

图 5.17　三相流时的饱和度轨迹线

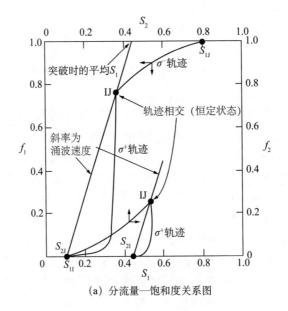

（a）分流量—饱和度关系图

图 5.18　三相流示例的图解

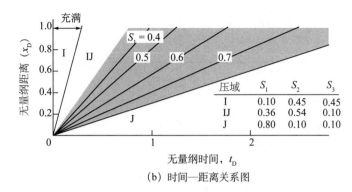

(b) 时间—距离关系图

图 5.18（续） 三相流示例的图解

尽管已对本例中所使用的相对渗透率曲线进行了简化，但由图 5.17 仍可以说明，油—气—水三相流动的最重要特征是气体的黏度非常小。气体的低黏度造成油的分流量一开始就很小，且在运移至 t_D=0.28 时，才会在流出端出现可观的油流。这种延迟时间，或"充填"时间，是当介质中含有可观的游离气量时进行水驱的一种普遍特征（Caudle，1968）。充填阶段的发生是由于非常大的气体流度所造成的，并不是由于气体的压缩性或再溶解造成的，后两种效应都可能会使充填时间减少。气体黏度小造成的的第二个后果是在介质中不会同时发生三相流动。事实上，假设油—水混合物会堵住游离气时，就会重现图5.17 和图 5.18 所示的结果（练习题 5.13）。气体黏度小所造成的最后一个后果是不管所使用的相对渗透率函数如何，该动态特性从定性上而言都是准确的。

最后，对三相流驱替效率进行讨论，此时是油和气之间的驱替效率，为此需要使用方程（5.2）中定义的平均饱和度。参照图 5.18a 中的部分分流量饱和度曲线，根据类似于第5.2 节中所介绍的 Welge 方法，可以得到平均饱和度：

$$\overline{S}_J = S_J\big|_{x_D=1} - t_D\left(f_J\big|_{x_D=1} - f_{JJ}\right),\ j=1,\ 2或3 \tag{5.79}$$

式中，$t_D=\left(df_J/dS_J\right)^{-1}$ 为 $x_D=1$ 处 f_J—S_J 曲线斜率的倒数。图 5.18a 给出了水突破时的平均含水饱和度，图 5.19 给出了该示例的驱替效率。驱替效率 E_D 再一次受到残留相饱和度的制约，所以在充填阶段，原油的采出时间会有所推迟，并且油的驱替效率由水—油相对渗透率和黏度决定。

该示例证明了简波理论的重要性。在后续的章节中，将重新讨论这些方法在特殊 EOR 工程中的应用，值得注意的是，存在两种驱替过程：J 驱替 IJ，然后 IJ 驱替 I。

5.8 使用两相分流量理论模拟提高采收率方法

许多提高采收率方法都可以表示成或近似成两相驱替过程，即每一处只存在两相。由于两相分流量理论具有很多优势，因此，各种提高采收率方法将油藏初始流体的分流量曲线改变成最终分流量曲线。通过在流体中注入药剂（通常为化学添加剂）来改变提高采收率过程的分流量曲线。在热力提高采收率方法中，注入药剂为额外的焓（热量），在低矿化度水驱中，将注入水的盐类去除。

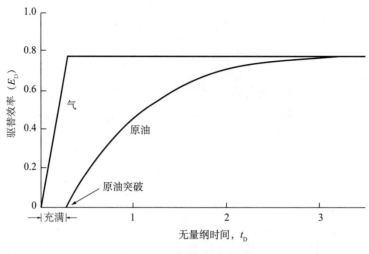

图 5.19　三相流的驱油效率

在最简单的形式中，该方法假设前缘前后方相的体积不发生变化，比如，水相中聚合物—表面活性剂的吸附损失并不会显著改变水相的体积。因此，该方法在模拟热力采油时比蒸汽驱更加有用，因为蒸汽与冷凝水之间的密度差非常显著（见第 11 章）。

因此，存在两种分流量曲线，即不含有药剂储层原始流体的分流量曲线和含有药剂注入流体的分流量曲线。表 5.2 介绍了几种提高采收率方法，以及上述变化对流体性质和相关药剂的影响。

表 5.2　提高采收率方法和药剂及其对分流量曲线的影响

方法	药剂	影响
聚合物驱	聚合物	降低水相流度
蒸汽驱、热水驱	热量	降低油相黏度，也可能会改变润湿性
表面活性剂驱	表面活性剂	降低界面张力，使油和水一起流动（类似混合）
润湿反转	表面活性剂	改变岩石的润湿性
碱—聚合物驱	碱、聚合物	改变润湿性和界面张力
低矿化度水驱	（低）矿化度水	改变润湿性
泡沫驱	表面活性剂	降低气相流度
溶剂驱	溶剂	溶剂改变油相混相能力，改变非水相的黏度

原则上，这些药剂为第 3 种组分，这意味着包含第 3 种药剂的驱替必须在三（或多）组分相图上进行求解，如第 5.7 节中的三角相图。但是储层中包含和不包含化学药剂流体之间的界限在驱替规模上非常明显：即惰性波或涌波。那么对化学剂而言，只存在两种状态：当位于波前缘的后方时，浓度相同；当位于波前缘前方时，浓度为零。在波前缘

处，分流量曲线图中的驱替从一个分流量曲线跳跃至另外一个分流量曲线。波前缘的推进速度主要涉及前缘处化学药剂与其他组分之间的平衡关系。这种平衡关系与图 5.3 中的相类似，但在提高采收率方法中，这一平衡还可能包括化学药剂在地层中的损失，见方程 (5.37)，例如化学药剂的吸附、热力采油过程中热量在地层中的损失等。当与水相或油相平衡相结合时，通常，分流量曲线上的前缘就会形成一系列的几何约束条件（即物质平衡方程）。这些约束条件代表着图中穿过某特殊点直线上的跳跃，类似于图 5.12 中的示踪剂前缘。

使用分流量理论求解一维驱替的方法如下，第 5.2 节中的所有假设在此处仍然适用：

(1) 绘制出分流量曲线，代表含有和不含有药剂时储层中注入流体和原始流体。

(2) 当含有药剂流体与不含药剂流体分离时，前缘处药剂的平衡方程，并将其平衡方程与水相平衡方程相结合。若有可能，推导出分流量曲线中跳跃处的几何约束条件。

(3) 在两条分流量曲线上分别标记出初始条件 I 和注入条件 J。

(4) 寻找从 J 到 I 时的轨迹，使得 $\mathrm{d}f_\mathrm{J}/\mathrm{d}S_\mathrm{J}$ 的斜率单调递增。当驱替过程沿某一分流量曲线时，其规律与第 5.2 节中相同。特别地，当斜率沿着给定的分流量曲线不再单调递增时会形成涌波。两条曲线间的跳跃速度受第 (2) 步中条件的限制，也必须满足从 J 到 I 时的斜率是单调递增的。

(5) 饱和度、流度和涌波的特殊速度与分流量曲线中相应的斜率相等。根据图 5.4 和图 5.5，可以绘制出时间—距离关系图和某一特定时间或出口端剖面时的饱和度曲线。

【例 5.1】 低矿化度水驱

本例选择了本书中没有着重介绍的一种提高采收率方法，即低矿化度水驱，但这种方法出现在本书中的许多地方。低矿化度水的注入可以改变岩石的润湿性，使岩石变得更加水湿，进而改变相对渗透率和残余油饱和度。Jerauld 等（2006）提出的两种分流量曲线如图 5.20 (a) 所示。对于高矿化度地层水而言，初始条件 I 位于分流量曲线的束缚水饱和度，而相同地层和原油条件下，低矿化度注入水的注入条件位于曲线 $f_\mathrm{w}=1$ 处。

不存在矿化度变化时，驱替时从 I 到高矿化度分流量曲线上的 S_f 处出现一个涌波，从 I 到 J 时出现一个传播波。有关特定时间含水饱和度与位置关系曲线的解如图 5.20b 所示（也可参考图 8.15）。

若注入低矿化度水，则驱替将跳跃至低矿化度水驱时的分流量曲线，在矿化度前缘处，含水饱和度和矿化度都会发生变化。与水驱时涌波的条件相同（方程 5.14），矿化度前缘处的水相物质平衡方程为

$$\frac{\Delta x_\mathrm{D}}{\Delta t_\mathrm{D}} = \frac{f_1^+ - f_1^-}{S_1^+ - S_1^-} \tag{5.80}$$

为了简化，假设矿化度中仅含有一种盐类，地层中的初始盐浓度为 $C_{S\mathrm{I}}$，注入液的盐浓度为 $C_{S\mathrm{J}}$。为了便于分流量分析，忽略一价离子和二价离子之间的区别，并且将矿化度前缘处的变化视为一个简单的变化。时间 Δt 时，距离为 Δx，则矿化度前缘处矿化度的物质平衡方式为

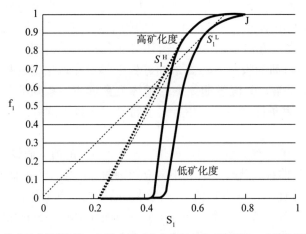

(a) 分流量曲线图解法。灰线为低矿化度水驱时的两个涌波,虚线为常规水驱时的涌波。H和L分别表示高矿化度和低矿化度

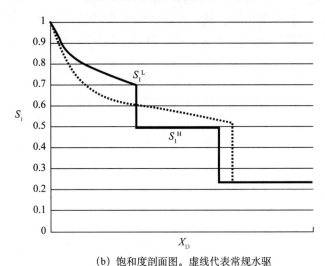

(b) 饱和度剖面图。虚线代表常规水驱

图 5.20　低矿化度水驱的分流量图解法 (Jerauld 等,2008)

$$A\phi\left(S_1^+ C_{5J} - S_1^- C_{5I}\right)\Delta x = Au(f_1^+ C_{5J} - f_1^- C_{5I})\Delta t \tag{5.81}$$

式中,假设前缘处矿化度在固相中没有损失或溶解。整理方程 (5.80),并结合方程 (5.81),有

$$\frac{\Delta x_D}{\Delta t_D} = \frac{f_1^+ - f_1^-}{S_1^+ - S_1^-} = \frac{f_1^+}{S_1^+} \tag{5.82}$$

几何意义上,方程 (5.82) 表示从 (S_1^+, f_1^+) 到 (S_1^-, f_1^-) 直线的斜率,也是从 (S_1^+, f_1^+) 经过 $(0, 0)$ 时直线的斜率,比如分流量曲线图中穿过 (S_1^+, f_1^+),(S_1^-, f_1^-) 和 $(0, 0)$ 的直线。值得注意的是,在上述的理想混相波与图解法之间存在相似性,因为使用低矿

化度水驱替高矿化度水的过程是一种混相驱过程。

仍然可以找到从 J 到 I 的斜率单调递增的轨迹线，包括分流量曲线之间的跳跃，其解如图 5.20（a）所示。对于高矿化度而言，分流量曲线中从 I 到点 S_1^H 之间存在一个涌波，而低矿化度时，从分流量曲线跳跃到另一分流量曲线的切点 S_1^L，然后到 J 点，形成一个传播波。时间固定时含水饱和度与位置之间关系函数的解如图 5.20（b）所示。与高矿化度水驱相比，水的突破时间会推迟，更多的原油会更早被采出。更多细节可参考相关文献（Jerauld 等，2006）。

其他有关使用两相分流量理论模拟提高采收率的方法包括溶剂提高采收率方法（见第 7 章），聚合物提高采收率方法（见第 8 章），两相表面活性剂提高采收率方法（见第 9 章），泡沫提高采收率方法（见第 10 章）和热水提高采收率方法（见第 11 章热水驱中的简单模型）。

5.9　结束语

仅仅根据本章中所讨论的方法对现场模拟的驱替进行采收率计算，将会极大地高估实际采收率。在一维计算时，忽略了同驱替效率同样重要的体积波及效率。尽管如此，分流量计算的重要性在于它为推进的研究工作建立起一个框架，主要包括：Buckley−Leverett 理论、第 5.7 节和第 5.8 节中对该理论的引申、相干波的各种概念和他们的表达式以及理想混相驱的概念。

练习题

5.1　Buckley−Leverett 方法的应用

通过下列给定的实验参数（Chang 等，1978）计算水（$\mu_1 = 1\text{mPa} \cdot \text{s}$）驱油的流出动态（含水率 $f_1|_{x_D} = 1$ 与 t_D 的关系）。已知三种原油的黏度值分别为：$\mu_2 = 1\text{mPa} \cdot \text{s}$，$5\text{mPa} \cdot \text{s}$ 和 $50\text{mPa} \cdot \text{s}$。当 $\mu_2 = 5\text{mPa} \cdot \text{s}$ 时，计算出口端、涌波和平均饱和度下的流度比。假定倾角为零。

5.2　重力和分流量理论

根据方程（3.21）中的指数型相对渗透率函数，当倾角分别为 $\alpha = 0°$，$30°$ 和 $-30°$ 时，绘制出 $t_D = 0.3$ 时的含水饱和度剖面。已知：$S_{1r} = S_{2r} = 0.2$，$n_1 = 1$，$n_2 = 2$，$K_{1r}^0 = 0.1$，$K_{2r}^0 = 0.8$，$\mu_1 = 1\text{mPa} \cdot \text{s}$，$\mu_2 = 10\text{mPa} \cdot \text{s}$，$K = 0.5 \mu\text{m}^2$，$\Delta\rho = 0.2\text{g/cm}^3$ 和 $u = 0.6\text{cm/d}$。

5.3　Buckley−Leverett 理论与直线相对渗透率

在下面的问题中，使用残余相饱和度为零时的线性指数型相对渗透率函数（在指数型相对渗透率函数中 $n_1 = n_2 = 1$，$S_{1r} = S_{2r} = 0.2$）。同时取 $f_{1I} = 0$ 和 $f_{1J} = 1$。

（1）解释（$1 - M^0 + M^0 N_g^0 \sin\alpha$）的符号可很好地确定含水饱和度波的特征（传播波、惰性波和锐缘波）。

（2）针对传播波的情况，即（$1 - M^0 + M^0 N_g^0 \sin\alpha$）＜ 0，方程（5.12）可显式转换为 S_1（x_D，t_D）。依据二次方程式来推导这个表达式。

（3）使用（2）中的方程，证明在 $\alpha=0$ 时，含水饱和度函数是由下式给出

$$S_1(x_D, \ t_D) = \begin{cases} 0, & \dfrac{x_D}{t_D} > M^0 \\[3mm] \dfrac{\left(\dfrac{t_D M^0}{x_D}\right)^{1/2} - 1}{M^0 - 1}, & \dfrac{1}{M^0} \leqslant \dfrac{x_D}{t_D} \leqslant M^0 \\[3mm] 1, & \dfrac{x_D}{t_D} < \dfrac{1}{M^0} \end{cases}$$

（4）使用（3）中的方程推导平均含水饱和度 $\overline{S}(t_D)$ 和驱替效率 E_D (t_D) 的表达式。

5.4　具有毛细管压力的水相分流量

推导考虑毛细管压力时的水相分流量表达式（即方程 5.28）。

5.5　解析型的相对渗透率比（Ershaghi 和 Omoregie，1978）

在整个中间含水饱和度范围内，油—水相对渗透率比在半对数曲线上近似成一条直线，应用下列方程：

$$\frac{K_{r2}}{K_{r1}} = Ae^{-BS_1}$$

式中，A 和 B 是正常数。利用 Buckley–Leverett 理论证明：当以 $1/t_D$ 为坐标绘制曲线图时，含油率和含水率的乘积是一条斜率为 $1/B$ 的直线，已知倾角为零。

5.6　带有双转折点的分流量曲线

针对图 5.21 中的分流量曲线绘制出突破时分流量与无量纲距离之间的关系曲线，此时，饱和度 $S_1=1$ 驱替 $S_1=0$ 和 $S_1=0$ 驱替 $S_1=1$。

5.7　弥散和分流量的可逆性

在一维可渗透介质中，部分流体 2 被流体 1 驱替。注入流体 1，直至其要被产出时使渗流方向反向，即在排出端注入流体 2。在后续所有过程中，取初始（I）条件为 100% 流体 2 在流动，而注入（J）条件为 100% 流体 1 在流动。

（1）使用类似与图 5.6 右侧和左侧的分流量曲线，绘制出两个这种情况下的时间—距离关系图。

（2）假如流体 1 和 2 是完全混相的，且具有相等的黏度，并且仅通过弥散作用进行混合，那么使用方程（5.63）绘制出其时间—距离关系图。

（3）根据（1）和（2）中的结果，对比流量引起的混合效果与弥散引起的混合效果，可得出什么样的结论？

（4）假如流体 1 和 2 分别为水和油，并且其分流量曲线类似与图 5.6 中间所用的图版，计算并绘制出时间—距离关系图。

5.8　可压缩流体的流度比

已知沿着 x 方向上，流体 1 对流体 2 进行活塞式驱替。在下列各问题中使用流度比的

常见定义，即用前缘后方的压力梯度去除前缘前边的压力梯度。

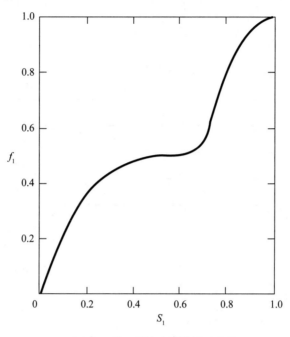

图 5.21　练习题 5.6 的分流量曲线

（1）证明：假如体积流量 uA 与 x 无关（流体为不可压缩的流体）时，流度比为出口端流度比。

（2）假如质量通量 ρuA 与 x 无关，证明其流度比变为

$$M_\upsilon = \frac{K_{r1}^0 \upsilon_2}{K_{r2}^0 \upsilon_1}$$

式中，$\upsilon = \mu / \rho$ 为运动黏度。

（3）在下列条件下计算和 M^0 和 M_υ：ρ_1=1mg/cm³，μ_1=1mPa·s，ρ_2=0.8mg/cm³，μ_2=2mPa·s，K_{1r}^0=0.1，K_{2r}^0=1.0。

5.9　示踪物数据的应用

考虑一维介质中的残余油饱和度为 S_{2r}，然后使用 100% 的水以恒定的速度进行驱替。在 t=0 时，在入口端引入的水流含有两种理想示踪物（非弥散和非吸附的）。示踪物 1 仅保留在水相中，但是示踪物 2 以分配系数为 2 的比例，分出一部分进入到残余油中。分配系数为油相中示踪物 2 的浓度与水相中示踪物浓度之间的比值，即：$K_{21}^2 = C_{22}/C_{21}$。示踪物 1 在 3 小时之后突破，示踪物 2 在 6 小时以后突破。已知体积注入速度为 1cm³/min，计算其孔隙体积。

5.10　弥散性的实验室估算

弥散性可在实验室中进行估算，一次接触混相驱可用下列的推导得出：

（1）根据方程（5.60），证明，$(1-t_\mathrm{D}) / \sqrt{t_\mathrm{D}}$ 与 $\mathrm{erf}^{-1}(1-2C_\mathrm{e})$ 的关系曲线会是一条斜率

为 $2N_{Pe}^{-1/2}$ 的直线段，这里的 C_e 为出口端浓度（$C_D\big|_{x_D}=1$）。

（2）根据下列的实验数据分别估算出孔隙体积、弥散系数和弥散率：

产出体积，cm³	出口端浓度
60	0.010
65	0.015
70	0.037
80	0.066
90	0.300
100	0.502
110	0.685
120	0.820
130	0.906
140	0.988
150	0.997

已知渗流速度为 20cm/d、长度为 0.5m。应当注意，$\mathrm{erf}^{-1}(1-2x)$ 为概率坐标纸上的概率轴（x 坐标）。

5.11　两相流中的示踪物

考虑一种可渗透介质中的油和水两相流动，油的分流量恒定（图 5.12 中的情况 A）。证明：若在 $t_D=0$ 时引入一示踪物（其分配系数与练习题 5.9 中的定义相同），水相中示踪物浓度 C 的物质平衡方程为（Delsad，1981）：

$$\frac{\partial C}{\partial t_D}+\frac{\partial C}{\partial x_D}-\frac{\bar{K}}{v_T L}\frac{\partial^2 C}{\partial x_D^2}=0$$

式中

$$t_D=t\frac{v_T}{L}$$

$$v_T=\frac{q}{A\phi}\frac{f_1+K_{21}f_2}{S_1+K_{21}S_2}$$

$$\bar{K}=\frac{S_1 K_{11}+K_{21}S_2 K_{12}}{S_1+K_{21}S_2}$$

K_{11} 和 K_{12} 分别为油和水相中该示踪物的纵向弥散系数。假定（$q/A\phi$）为常数。

5.12　三相的相干性计算

油、气、水的三相相对渗透率为

$$K_{r1} = K_{r1}^0 \left(\frac{S_1 - S_{1r}}{1 - S_{1r} - S_{2r}} \right)^{n_1}$$

$$K_{r3} = K_{r3}^0 \left(\frac{1 - S_1 - S_2 - S_{3r}}{1 - S_{1r} - S_{3r}} \right)^{n_3}$$

$$K_{r2} = K_{r2}^0 \left[\left(\frac{K_{r21}}{K_{r2}^0} + K_{r1} \right) \left(\frac{K_{r23}}{K_{r2}^0} + K_{r3} \right) - (K_{r1} + K_{r3}) \right]$$

式中

$$K_{r21} = K_{r2}^0 \left(\frac{1 - S_1 - S_{2r1}}{1 - S_{2r1} - S_{1r}} \right)^{n_{21}}$$

$$K_{r23} = K_{r2}^0 \left[\frac{S_2 + S_1 - (S_{2r3} + S_{1r})}{1 - (S_{2r3} + S_{1r}) - S_{3r}} \right]^{n_{23}}$$

这些都是 Stone 对相对渗透率模型（1970）进行修正后的表达式。

在上述 5 个方程中：

n_{21} 为水—油系统中油的相对渗透率指数；

n_{23} 为气—油系统中油的相对渗透率指数；

S_{2r1} 为水—油系统中的残余油饱和度；

S_{2r3} 为气—油系统中的残余油饱和度。

计算并绘制下列的图形：

（1）S_1、S_2 和 S_3 三角组分图中的 K_{r1}、K_{r2} 和 K_{r3} 为常数时的各线段。

（2）当油、气和水的初始饱和度分别为 0.5、0.3 和 0.2 时，求组分轨迹和水驱时的组分轨迹。

（3）无量纲时间—距离关系图中各波的位置。

采用下列数据：

$\mu_1 = 1\text{mPa} \cdot \text{s}$	$\mu_2 = 2\text{mPa} \cdot \text{s}$	$\mu_3 = 0.01\text{mPa} \cdot \text{s}$
$S_{2r1} = 0.3$	$K_{r2}^0 = 0.6$	$n_{21} = 1.5$
$S_{2r3} = 0.05$	$K_{r1}^0 = 0.3$	$n_{23} = 2$
$S_{1r} = 0.2$	$K_{r3}^0 = 0.7$	$n_1 = 3$
$S_{3r} = 0.05$	$\alpha = 0$	$n_3 = 2.5$

该问题要求采用数值解。

5.13　简化后的三相分流量

再次对习题 5.12 的问题（3）进行研究，即已知从初始条件到油—水两相流区这种驱替变成一个涌波，随后到注入条件下又产生一个未确定特性的波。第一种波的速度由下式给出：

$$v_{\Delta S_1} = \frac{f_{3I}}{S_{3I} - S_{3r}} = \frac{f_{1I} - f_1^+}{S_{1I} - S_1^+} = \frac{f_{2I} - f_2^+}{S_{2I} - S_2^+}$$

式中，f_1^+ 和 S_1^+ 分别为涌波后方的水相分流量和含水饱和度。第二种波的速度由 Buckley—Leverett 方程给出。试绘制出含油率与含水率的流出动态，以阐明其充填现象。

5.14　简化方程用的特征曲线法

考虑下面有关 $u(x, t)$ 和 $v(x, t)$ 的一对偏微分方程：

$$\frac{\partial u}{\partial t} + \frac{\partial (u^2 v)}{\partial x} = 0$$

$$\frac{\partial u}{\partial t} + \frac{\partial v^2}{\partial x} = 0$$

式中，u 和 v 都小于或等于 1。

（1）以方程（5.72）的通用形式写出这些方程。

（2）写出以上方程的相干性要求。用此来推导 σ 的表达式，即沿特征方向上的组分速度。

（3）使用 σ 推导出沿两个特征方向的 $u=u(v)$ 的表达式。

（4）假设边界数据可由沿 $u=1$ 上的线段确定，分别绘制出 $u<1$ 和 $v<1$ 情况时的组分轨迹坐标网格（u, v 空间）。

（5）在（4）的坐标图上，给出 $(u, v)_J = (0.6, 0.2)$ 驱替 $(u, v)_I = (1, 1)$ 的组分轨迹。将 u 和 v 看作是物理变量，因此，组分速度必须单调地从 I 向 J 降低。绘制出这种驱替的时间（t）与距离（x）之间的关系图，图中 $t>0$，$0<x<1$。

（6）根据该问题和你所知道的有关理想混相驱的情况，讨论为什么完成图 5.12 构图时不需要考虑步骤（1）至（5）。

5.15　重力分异和分流量

考虑图 5.22 中所示的均匀一维可渗透介质，对于此介质而言，要用到所有的分流量假设。介质的两端被密封起来时，在饱和油带上方存在完全饱和水带（$0<\varepsilon<1$）。当 $t=0$ 时，密度较高的水向下流动，低密度的油向上流动。足够长的时间之后，油带和水带之间会发生完全倒置。图 5.22 还给出了长时间后介质中的情况。

（1）证明：介质中的任何一点都不存在流动（$u=0$）。

（2）根据第 2 章中的一般方程，推导出这种特殊情况下的水相物质平衡方程。同时给出 $S_1(x, t)$ 条件下求解该方程所需的边界条件。

（3）通过引入适当的尺度因子，使（2）中的方程变为无量纲方程。

（4）当（3）的方程中不考虑水压力梯度时，推导出无量纲的水相通量（类似于分流量）。不存在整体流动时不需删去压力梯度（Martin，1958）。

（5）针对下列参数，绘出无量纲水相通量与含水饱和度之间的关系曲线：

$K_{r1}=0.1S_1^4$	$K_{r2}=0.8（1-S_1)^2$
$\mu_1=1mPa\cdot s$	$\mu_2=5mPa\cdot s$

（6）根据（5）中的曲线和 $\varepsilon=0.6$，绘制时间—距离关系图，表示含水带和含油带产生完全重力分异时的过程，并估算发生重力分异的无量纲时间。

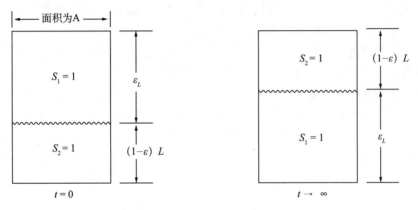

图 5.22　重力分异与分流量之间的关系

第6章 体积波及效率

残余油饱和度和束缚水饱和度的典型数值表明，水驱的最终驱替效率通常为未波及原油的 50%～80%。实际上，这一范围比许多注水项目实测的平均采收率 30% 要高得多，它也比大多数提高采收率项目的采收率要高（见第 6.1 至 6.4 节）。当然，驱替效率要高于采收率的原因在于，并非所有的原油都能够被驱替剂所波及。这种影响可参考采收率方程（方程 2.88），驱替效率需与体积波及效率 E_V 相乘。基于这些近似的数值，对于水驱项目而言，体积波及效率为 40%～60%。对许多提高采收率方法而言，体积波及效率可能还会更小，对于其他方法而言，增大 E_V 是项目主要的设计目标。

在本章中，既综述了体积波及效率，又给出了整合面积波及效率、垂直波及效率和驱替效率来获得采收率的方法。本章将专门讨论非混相的水—油驱替，因为有关水驱采收率方面的文献有很多，并且许多重要的特征也可以应用于提高采收率方法中。在后续章节中，将讨论特定提高采收率方法中的体积波及效率。为了进一步区分体积波及效率和驱替效率，通常要首先讨论弥散效应较小的惰性波及或锐缘波驱替。针对这些情况，无论驱替是混相的还是非混相的，计算方法是同样有效的，因为在流场中某点处，不存在所有组分同时流动（即局部驱替是一个涌波）时的情况。

6.1 定义

根据第 2.6 节中的总物质平衡方程（2.87），可求得注入水或气时的累计原油（组分 2）产量为

$$N_{p2} = V_b \overline{W}_{2I} E_{R2}$$

若将该方程变换成一个更加标准的方程式，可通过以下变换：通过方程（2.86）消去采收率 E_{R2}，并且使用 $\phi(\rho_2 S_2 w_{22})_I E_D E_V$ 取代 $\overline{W}_{2I}$，这里设定油相仅为液态的。则

$$N_{p2} = V_b \phi(\rho_2 S_2 w_{22})_I E_D E_V$$

使用例 2.6 中定义的原油地层体积因子消去 $(\rho_2 w_{22})_I$，并且假设 $\phi V_b = V_p$（孔隙体积）和 $N_p = N_{p2}/\rho_2^0$（即标准体积的采油量）。经过以上替换，得

$$N_p = \frac{E_D E_V S_{2I} V_p}{B_{2I}} \tag{6.1}$$

式中，E_D 为方程（5.1）定义的驱替效率，E_V 为体积波及效率，其定义如下：

$$E_V = \frac{\text{驱替剂波及的原油体积}}{\text{地层原始原油体积}} \tag{6.2}$$

$(S_{2I} V_p / B_{2I})$ 项代表驱替开始时的原始原油体积，单位为标准体积。因为本章中所有的

效率均指原油的采收率，所以省略掉了下角标 $i=2$。

体积波及效率可分解成面积波及效率与垂向波及效率的乘积，

$$E_V = E_A E_I \tag{6.3}$$

面积波及效率的定义为

$$E_A = \frac{驱替剂波及的面积}{总面积} \tag{6.4}$$

图 6.1a 为四层平面均质油藏中理想活塞式驱替驱替的示意图，图 6.1b 为图 6.1a 的俯视图。基于方程（6.4）中的定义，E_A 为双重交叉阴影区域（t_2 时）除以单一交叉阴影区域。在特定时间时，垂向波及效率 E_I 与图 6.1a 中的定义相似。

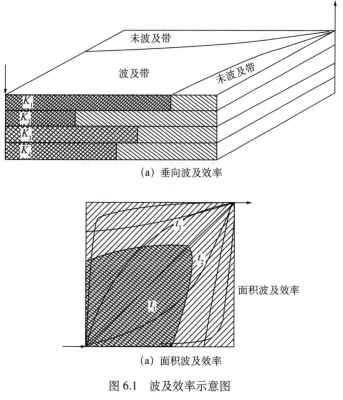

(a) 垂向波及效率

(a) 面积波及效率

图 6.1　波及效率示意图

$$E_I = \frac{驱替剂波及的横截面积}{总横截面积} \tag{6.5}$$

方程（6.3）至方程（6.5）的定义都隐含许多问题。无论是面积波及效率还是垂向波及效率都是面积的比值，因此，方程乘积 E_V 应该是面积平方的比值。这种见解同方程（6.2）中的定义相矛盾，方程中 E_V 必须是长度立方的比值。无论是在方程（6.4），还是在方程（6.5）中，多余的量纲为平行于驱替方向的量纲，该方向是非线性的，并且随着位置和时间的变化而变化。所以在分解方程（6.3）时，可将 E_V 转变成两个平面流的乘积。

E_V 中存在多余量纲的第二个结果是 E_A 与 E_I 相互依存。图 6.1 中应当注意的是，E_A 取决于垂向位置。同样，对于在注水井和生产井之间的每个横截面而言，各截面的 E_I 值均不相同，尽管差异并不明显。若限定注水井和生产井之间各流线所定义的横截面（图 6.1b 中的虚线）时，用与速度无关的无量纲形式表达 E_I 时，其在各个横截面上均相等。但一般情况而言，E_I 为速度的函数，在各个横截面上是不同的，这种见解的实际意义在于求解体积波及效率时，方程（6.3）中面积波及效率和垂向波及效率是无法同时获得的。

即使存在上述复杂性，使用方程（6.1）时必须单独估算 E_A 和 E_I。对于某些非常特殊的情况而言，当在平面上均质纵向上下连通或连通性很好的正规井网中进行驱替时，可用相关式（第 6.2 节）或计算法（第 6.3 至 6.5 节和第 6.9 节）求出这些波及效率。当这些条件不能满足时，就必须通过实验室实验和数值模拟来估算 E_V。在后一种情况（即数值模拟法）中，尽管可能对波及效率进行估算，然后直接求得采收率，所以无需使用方程（6.1）。另外，方程（6.1）中假设所有在原处被驱替的原油均被产出，但是有些被波及的原油可能未达到生产井中。尽管如此，该方程仍有助于较好地理解波及效率的概念和使 E_V 最大化的必要条件，这比单独依靠数值模拟时的效果要好。

6.2 面积波及效率

虽然面积波及效率可以通过数值模拟方法或解析方法（Morel–Seytoux，1966）进行确定，但最常见的面积波及效率数据来源于实验物理模型中的驱替实验结果。图 6.2 给出了三种不同规则井网中的典型面积波及效率示意图。Craig（1971）也介绍过一些诸如此类的相关式，Claridge（1972）曾对面积波及效率进行了详细的介绍。图 6.2 中的右下角给出了相应的井网示意图，y 坐标为 E_A，x 坐标为流度比的倒数，图中以时间作为参量。对于给定的驱替过程而言，流度比和井网类型是固定不变的，时间是因变量。图 6.2 中的无量纲时间为累计注入量与可被驱动孔隙体积（在孔隙体积中能够流动的体积）之间的比值。因为这些相关式中的时间是因变量，所以更直接的表达式是当流度比和井网类型固定时 E_A 与无量纲时间之间的关系曲线（见练习题 6.1），如图 6.3 所示。

这些相关式适用于规则、均质和封闭井网中的活塞式驱替过程。当井网为非封闭型时，方程（6.4）中的参比面积可能会更大，因此 E_A 会更小。在对传播型驱替（非活塞式）适用的各种相关式进行更深入研究时，Craig（1971）认为，面积波及系数关系式中的最佳流度比为方程（5.27a）中平均饱和度时的流度比 $\overline{M}$。

根据这些相关式，当时间或产量的增加以及流度比的降低时，E_A 会增大。当流度比固定时，E_A 等于突破前的注入孔隙体积倍数，从而可根据图 6.2 和图 6.3 中的指示曲线进行确定。当井网类型接近线性流时，E_A 越大，但这种敏感性对于一般井网而言并不明显。正如第 5.2 节中所述，驱替效率随流度比的增加而降低，E_A 随着 $\overline{M}$ 的增加而降低，因此，对于面积波及效率和驱替效率两者而言，较大的流度比都是不利的。

6.3 非均质性的衡量方法

由于油藏的沉积方式各异以及其复杂的成岩变化，没有一个油藏是完全均质的。但这并不意味着，所有的油藏都是非均质性占主要地位。在许多情况下，当某种机理太强时，会使得其他机理相形见绌。例如重力作用在高渗透油藏中很显著，因此该类油藏可被认为是均质的。

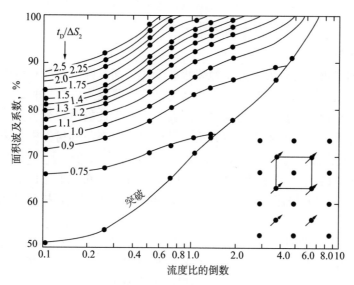

图 6.2　封闭型五点井网的面积波及效率（Dyes 等，1954）

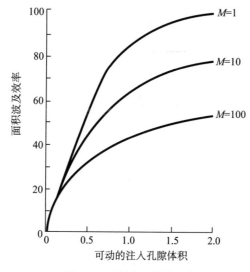

图 6.3　面积波及效率示意图

　　尽管如此，油藏中总是存在着某种非均质性，这也是一种最难定义的特性，通常它对垂向波及效率的影响最大。因此，在研究垂向波及效率之前，先讨论有关非均质性质的最常见衡量方法以及他们的局限性。

6.3.1　定义

　　油藏中的非理想性主要包括各向异性（anisotropies）、不均匀性（nonuniformities）和

非均质性 (heterogeneities) 三种形式。这些术语可用于描述任何特性,但多用于描述渗透率和孔隙度,有时也用于描述相对渗透率。各向异性会随测试方向的变化而发生变化,因此具有固有的张量特性(第 2.2 节)。术语"非均质的"意味着该特性与其在油藏中的位置有关。起初,非均质性是提高采收率方法的致命弱点,这部分研究中几乎包含所有类型的地质科学。此处,仅讨论部分有关工程方面的内容。

6.3.2　渗流和存储能力

因为油藏中的渗透率可以发生几个数量级的变化,而孔隙度在同一范围内仅有百分之几的变化,所以,从孔隙度的角度出发,通常可以将油藏视为是均质的;而从渗透率的角度出发,油藏是非均质的。虽然在绝大多数时候,非均质性的常规衡量方法都沿用这种惯例,但这并非是必要的,有时甚至会导致突发性的误差。在下列讨论中,定义中将考虑孔隙度变化。当假定孔隙度和厚度为常数时,更多的传统定义式可被采用。

假设一个集合体由 N_L 个可渗透介质单元组成,每个单元都具有不同的渗透率 K_l、厚度 h_l 和孔隙度 ϕ_l。这些单元按流动阻力与流动方向相平行的方式进行排列(比如垂直井穿过水平层)。

根据达西定律,示踪剂单向流的渗流速度与渗透率和孔隙度之间的比值(即 $r_l = K_l / \phi_l$)成正比。因此,如果 r_l 是随机变量,可按照 r_l 递减的顺序重新排列这些单元(相当于流体速度递减的顺序),并且定义给定横截面处的累积渗流能力为

$$F_n = \frac{1}{H_t \overline{K}} \sum_{l=1}^{n} K_l h_l \tag{6.6a}$$

式中,H_t 为总厚度

$$H_t = \sum_{l=1}^{N_L} h_l \tag{6.6b}$$

平均 $\overline{K}$ 被定义为

$$\overline{K} = \frac{1}{H_t} \sum_{l=1}^{N_L} (Kh)_l \tag{6.6c}$$

累积存储能力也可通过类似的方式求出:

$$C_n = \frac{1}{H_t \overline{\phi}} \sum_{l=1}^{n} \phi_l h_l \tag{6.6d}$$

如果 N_L 个单元平行排列,则 F_n 的物理意义是流度为 r_n 或更大时的流量占总流量的百分数,C_n 为这些单元所占体积的百分数。图 6.4a 为 F_n 与 C_n 之间的关系曲线;如果 N_L 变得非常大,则该单元趋近于连续分布,如图 6.4b 所示。可使用不含下角标的 F 和 C 表示这种连续分布。根据 F、C 和 r 的定义,曲线在任意 C 时的斜率为该点的渗流速度除以整个单元体的平均渗流速度。

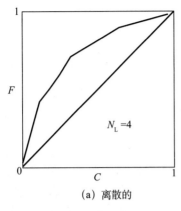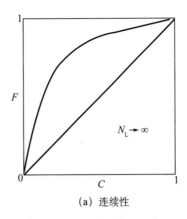

图 6.4　离散的和连续的渗流能力与存储能力关系曲线示意图

$$\frac{\mathrm{d}F}{\mathrm{d}C} = F' = \begin{cases} \dfrac{r_{\mathrm{n}}}{\bar{r}} \text{（离散的）} \\[2mm] \dfrac{r}{\bar{r}} \text{（连续的）} \end{cases} \tag{6.7}$$

式中，F 为平均渗透率与平均孔隙度之间的比值。由于单元被重新排列，所以此时的斜率单调递减，根据此定义，当 $n=N_{\mathrm{L}}$ 时，$F_{\mathrm{n}}=C_{\mathrm{n}}=1$。

图 6.4 中示意图可以基本代表油藏的非均质性和流动状况，曲线表示油藏中流体流动（y 坐标）与油藏中流体存在或被存储（x 坐标）之间的关系。他们类似于第 5.2 节中的分流量 (f_1-S_1) 曲线，并将在全书中使用。f_1-S_1 曲线与 $F-C$ 曲线之间的最主要区别基本如下：分流量曲线由相对渗透率、润湿性和油藏介质的结构性质（实验室规模）决定，而 $F-C$ 曲线主要取决于井间性质的改变和黏滞效应。

实际上，$F-C$ 曲线的应用比方程（6.6）更为广泛。例如 Shook 等（2006）证实，存储能力（被记为 ϕ）也可以表示注入井与生产井之间的体积波及效率。由此可见，$F-C$ 曲线不仅可以衡量累积存储能力，还可以衡量累积渗流能力。

另一种意义上，$F-C$ 曲线对渗流的重要性与渗流速度与 K/ϕ 成正比有关。当油藏中单元间存在大量的物质交换（层间窜流）时，渗流速度与 K/ϕ 可能不成正比，这部分内容将在本章后续章节中进行介绍。另一种流动情况为单元（或层）没有从一口井完全延伸至另一口井，此时，$F-C$ 曲线只是部分相关的。

最后，$F-C$ 曲线可以看作是渗透率分布或非均质性在任意分布下的统计特征，这种分布也可以通过其他统计方法进行总结，如后续讨论所述，也可以参考相关文献（Jensen 等，1987）。

6.3.3　非均质性的测量方法

通常，这对于总结 $F-C$ 曲线是非常有帮助的，下面将介绍非均质性的测量方法。

油藏非均质性中常见的度量为 Lorenz 系数 L_{c}，其被定义为 $F-C$ 曲线与 45° 直线（均质性油藏的 $F-C$ 曲线）之间的面积，对于连续曲线而言，要使用 1/2 进行处理，即

$$L_{\mathrm{c}} = 2\left(\int_0^1 F dC - \frac{1}{2}\right) \tag{6.8}$$

Lorenz 系数的变化范围在 0（均质油藏）和 1（无限非均质油藏）之间。第二种常见的度量为 Dykstra−Parsons（1950）系数 V_{DP}，其极限范围与 Lorenz 系数相同，

$$V_{\mathrm{DP}} = \frac{(F')_{C=0.5} - (F')_{C=0.841}}{(F')_{C=0.5}} \tag{6.9}$$

L_{c} 和 V_{DP} 都与 K/ϕ 分布的具体形式无关，而且两者都依赖于 K/ϕ 重新排列的情况。如原始定义所述，V_{DP} 其实取自对数−概率坐标上 K/ϕ 数据拟合的直线段。当数据并非处于对数正态分布时，由于相同 V_{DP} 时存在两种不同的分布，因此这种方法并不是唯一的（Jensen 和 Lake，1986）。对于严格的对数正态分布数据而言，由方程（6.9）可以确定出中值附近的分布。

为了使 F 与 C 相关，假设此渗透率集是对数正态分布的，因此，累计频率 Λ 和 r 之间的关系式（Aithison 和 Brown，1957）为

$$\Lambda = \frac{1}{2}\left\{1 - \mathrm{erf}\left[\frac{\ln\left(\dfrac{r}{\hat{r}}\right)}{\sqrt{2 v_{\mathrm{LN}}}}\right]\right\} \tag{6.10}$$

式中，$\hat{r}$ 为该分布的几何或对数平均值，v_{LN} 为该分布的方差。方程（6.10）为双变量分布，其中分布完全取决于平均值 $\overline{r}$ 和方差 v_{LN}。$\hat{r}$ 和 $\overline{r}$ 之间的关系式为

$$\overline{r} = \hat{r} e^{(v_{\mathrm{LN}}/2)} \tag{6.11}$$

根据存储能力 C 可以确定 λ，然后，应用方程（6.7）、（6.10）和（6.11）可得

$$C = \frac{1}{2}\left\{1 - \mathrm{erf}\left[\frac{\ln\left(e^{v_{\mathrm{LN}}/2} F'\right)}{\sqrt{2 v_{\mathrm{LN}}}}\right]\right\} \tag{6.12}$$

方程（6.12）可用于求解 F'，并且在 $F=C=0$ 的边界条件下求积，得

$$F = \int_0^c \exp\left[\frac{v_{\mathrm{LN}}}{2} + \sqrt{2 v_{\mathrm{LN}}}\, \mathrm{erf}^{-1}(1 - 2\xi)\right] \mathrm{d}\xi \tag{6.13}$$

对方程（6.13）进行数值积分，以求出固定 v_{LN} 时的 F−C 曲线，如图 6.5 所示。该曲线使用 v_{LN} 代替 V_{DP}，两者之间的关系如图中下部所示。根据方程（6.9）和（6.10），可得

$$V_{\mathrm{DP}} = 1 - e^{-\sqrt{v_{\mathrm{LN}}}} \tag{6.14}$$

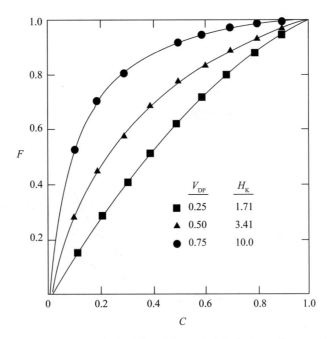

图 6.5　渗流能力与存储能力之间的关系曲线（Paul 等，1982）

进而，Lorenz 曲线和 Dykstra−Parsons 系数和 v_{LN} 之间的关系式为

$$L_c = \mathrm{erf}\left(\frac{\sqrt{v_{LN}}}{2}\right) = \mathrm{erf}\left[\frac{-\ln(1-V_{DP})}{2}\right] \tag{6.15}$$

由方程（6.15）可以看出：L_c 和 V_{DP} 是有界的，而 v_{LN} 是无界的。

考虑到方程（6.15）中这三个有关非均质性的物理量，但他们都不与多孔渗流直接相关，因此，有必要提出第四个物理量。Koval（1963）提出一个非均质性因数 H_K 作为非均质的第四种物理量。H_K 被定义为

$$H_K = \left(\frac{1-C}{C}\right)\left(\frac{F}{1-F}\right) \tag{6.16}$$

如果某均匀介质具有直线段相对渗透率与零残余相饱和度，通过观察其分流量曲线与图 6.6 中各点之间的相似性，可以得到方程（6.16）。事实上，图 6.6 中的实线是根据方程（6.16）计算得到的，即调整 H_K 值的大小时，可以使其与计算出的点相匹配。因此，V_{DP} 和 H_K 之间具有独特的相关性，如图 6.6 中的实线所示。根据方程（6.13）和方程（6.16），当 $V_{DP} \to 1$（无限非均质）时，$H_K \to \infty$，而当 $V_{DP} \to 0$ 时则 $H_K \to 1$。在这些极限值内，将图 6.6 中的数据点进行经验拟合，可以得到 V_{DP} 与 H_K 之间的关系式为

$$\log(H_K) = \frac{V_{DP}}{(1-V_{DP})^{0.2}} \tag{6.17}$$

图 6.6 中也给出了此关系式。

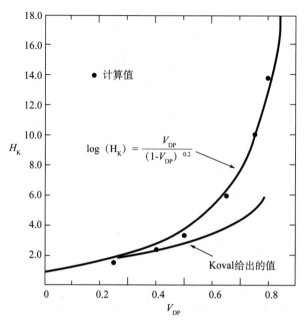

图 6.6 有效流度比和非均质性之间的相互关系（Paul 等，1982）

应用方程（6.16）中的 $F-C$ 曲线，可通过第 5.2 节中介绍的一维理论（见练习题 5.5），计算出单位流度比驱替时的垂向波及效率。

图 6.7 给出了多个产层时的 Dysktra—Parsons 系数。对于这些地层而言，V_{DP} 的变化范围在 0.65~0.89 之间。这种相当狭窄的范围与图 6.5 中的范围相对应，在该范围内，H_K 开始成为 V_{DP} 的主要函数。由于 E_1 随 H_K 的增加而降低，因此，大多数油藏中的驱替都会受到非均质性的影响。

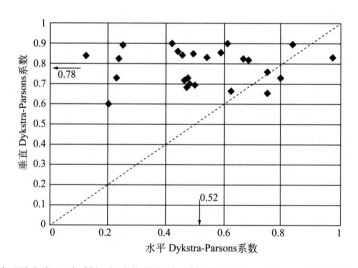

图 6.7 基于单个岩心（y 轴）和油井平均（x 轴）的 Dysktra—Parsons 系数（Lambert，1981）

　　根据油井平均渗透率的分布，图 6.7 还给出了水平 Dysktra–Parsons 系数。整个图中仅有三处的水平 Dysktra–Parsons 系数大于垂直 Dysktra–Parsons 系数，加上 E_1 与串联排列非均质油藏的渗透率无关，这种情况能够部分解释层状或者"千层饼"式油藏模型的通用性。在下面两节中，将应用千层饼模型（均匀的和非均匀的）计算 E_1。由图 6.7 可以看出，油藏的垂向非均质性（V_{DP} 更大）大于水平非均质性。

　　上述非均质性的各种度量对预测驱替动态而言，并非能完全令人满意。因为所有的非均质性度量都是只包含非均质性（如渗透率的空间分布），存在的主要问题是如何将他们应用于驱替过程的计算。至少需要另一个参数，即层间的空间连续性。非均质性的各种度量不相适应的第二个原因是对于许多油藏而言，渗透率和孔隙度都不是自变量。渗透率和孔隙介质之间存在着相互关系（双变量的相关性），而这些变量本身可能具有某种空间结构（自相关）。当存在这种空间结构时，层系重新排列单元的驱替响应会不同于原始层系排列时的驱替响应。在实际工作中，确定什么时候存在这种空间结构并将其从随机分量中区分开来，通常是地质解释工作需要完成的任务。

6.4　不存在垂向连通时的驱替

6.4.1　单层驱替

　　本章的目的是解释流度和渗透率级差对垂向波及效率的影响。首先，介绍流度比对活塞式驱替影响的最简单形式，即不考虑重力作用且单一均质油层中恒定组分流体 1 驱替恒定组分流体 2 时的过程。图 6.8 对该过程进行了解释。

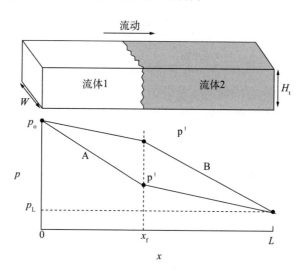

图 6.8　特定时间时两种一维活塞式驱替的压力剖面，A（$M^0<1$）时和 B（$M^0>1$）时。

　　该图与图 3.11 相似，但并非偶然，它只是串行流体流动方程中的一个例子，两图之间的差别也非常重要。

　　（1）两图中流体的流度不一样。在图 6.8 中，流体 1 在出口端流动时的相对流度为 λ_{r1}^0，流体 2 在出口端流动时的相对流度为 λ_{r2}^0。流度之间的差异会导致压力曲线之间的斜率也产生差异。流度一般指出口端时的流度，流度比 $M^0 = \lambda^0_{r1} / \lambda^0_{r2}$ 为第 5.2 节中介绍的出口端流度比。在图 3.11 中，$M^0 = 1$。

（2）两图中的长度有很大的不同。在图 3.11 中，L 为 p_c 远大于 Δp 时的孔隙长度值，此时，渗流主要受毛细管压力的影响。而在图 6.8 中，L 为井间距离，通常为 10～100m，并且 p_c 远小于 Δp。这种不同是因为方程中不考虑毛细管压力，并且将其假设成活塞式驱替，值得注重的是，毛细管压力的存在会导致前缘（传播）。方程（6.18）中隐含了毛细管压力，图中左侧区域和右侧区域中不同的残余相饱和度能够对此进行说明。

此处的讨论中保留了毛细管压力，并且引入了渗透率极差。同时也引入了密度差和非残余相饱和度。这些将使方程变得非常复杂，所以此处删减了很多处理方法的介绍（但在练习题中可能会用到）。饱和度和压力的变化分别为 $\Delta S = 1 - S_{1r} - S_{2r}$ 和 $\Delta p = p_o - p_L$，且两者皆为正值。

前缘位置 $x_f(t)$ 可由以下方程求得

$$\phi \Delta S \frac{dx_f}{dt} = u_1 \tag{6.18}$$

上述方程来源于第 2 章中的通用方程，图 6.18 中所示类型的物质平衡方程是一个移动边界问题。同理，对于流体 2 而言，有

$$\phi \Delta S \frac{dx_f}{dt} = u_2$$

或

$$u_2 - u_1 = 0$$
$$u_2 = u_1 = u \tag{6.19}$$

式中，u_1 和 u_2 分别为前缘左右两侧的表观速度。

以上方程的简化是由于流体的不可压缩性和前缘某侧中各项均为残余油饱和度。在以上限制条件下，方程（6.19）是适用的。方程 $u_1 = u_2 = u$ 并不意味着 u 与时间无关，只能说明它与位置无关。

将有关时间的任意函数带入此方程中，通过定义无量纲时间可以获得 $u = u(t)$

$$\phi \Delta S \frac{dx_f}{dt} = u = \phi \Delta SL \frac{d\left(\dfrac{x_f}{L}\right)}{dt}$$

$$\phi \Delta SLAW \frac{d\left(\dfrac{x_f}{L}\right)}{dt} = AWu = q$$

$$\frac{dx_{Df}}{dt_D} = 1 \tag{6.20}$$

式中，x_f 为无量纲前缘位置，A 为横截面积，以及无量纲时间为

$$t_\text{D} = \frac{\int_{\xi=0}^{\xi=t} q(\xi)\,\mathrm{d}\xi}{\phi \Delta SLAW} \tag{6.21}$$

t_D 的定义与第 5 章中的定义相同，只是此时的 t_D 基于可流动的孔隙体积 $\phi \Delta SLAW$。

由于存在流度上的差异，接下来将讨论 u 或者 Δp 与时间之间的变化关系。该讨论对于后续多层情况时的描述是非常有用的，根据达西定律

$$u = -K\lambda_\text{r1}\underset{\text{左}}{\frac{\partial p}{\partial x}} = -K\lambda_\text{r2}\underset{\text{右}}{\frac{\partial p}{\partial x}}$$

但是，因为在某一区域内，饱和度保持为常数，而 u 与 x 无关，该方程可以整理为

$$u = K\lambda_\text{r1}^\circ \frac{p_\text{o} - p'}{x_\text{f}} = K\lambda_\text{r2}^\circ \frac{p' - p_\text{L}}{L - x_\text{f}}$$

先根据第二个方程求出 p'，然后代入第一个方程中，得

$$u = \frac{K\Delta p}{\dfrac{x_\text{f}}{\lambda_\text{r1}^\circ} + \dfrac{L - x_\text{f}}{\lambda_\text{r2}^\circ}} = \lambda_\text{r1}^\circ K \frac{\Delta p}{\left[x_\text{f} + M^\circ\left(L - x_\text{f}\right)\right]}$$

结合方程（6.18），得到前缘位置处的常微分方程：

$$\phi\Delta S \frac{\mathrm{d}x_\text{Df}}{\mathrm{d}t} = u = \lambda_\text{r1}^\circ K \frac{\Delta p}{\left[x_\text{Df} + M^\circ\left(1 - x_\text{Df}\right)\right]} \tag{6.22}$$

大部分的变量将被转换成无量纲变量，但在少数部分内容中仍将采用有量纲变量。

以下将考虑两种特殊情况，即 u 保持恒定和 Δp 保持恒定。当在第一种情况时，Δp 随时间发生变化，当在第二种情况时，u 随时间发生变化。

（1）若注入速度（流速）u 保持恒定，则前缘推进速度与时间成正比，即 $x_\text{f} = \dfrac{u}{\phi\Delta S}t$。

值得注意的是，方程右侧中乘以时间的项为渗流速度，压力与时间之间的关系为

$$\Delta p = \frac{u}{\lambda_\text{r1}^\circ K}\left[x_\text{f} + M^\circ\left(L - x_\text{f}\right)\right]$$

和方程（6.22）。

（2）如果压降 Δp 保持恒定，则根据

$$\left[\frac{x_\text{f}^2}{2} + M^\circ\left(Lx_\text{f} - \frac{x_\text{f}^2}{2}\right)\right] = \frac{\lambda_\text{r1}^\circ K}{\phi\Delta S}\Delta pt$$

结合 $x_f=0$ 时的方程（6.22），前缘位置为

$$x_{\mathrm{f}} = \frac{-LM^0 + \sqrt{\left(LM^0\right)^2 + 2\left(1-M^0\right)\dfrac{\lambda_{\mathrm{r1}}^0 K}{\phi \Delta S}\Delta pt}}{\left(1-M^0\right)} \tag{6.23}$$

尽管该方程中的假设条件很多，但仍然可以得到以下结论：

（1）当 $M^0>1$ 时，x_f 随着时间的增加而增加；当 $M^0<1$ 时，x_f 随着时间的增加而减少，如图 6.9a 所示。两种影响都很重要，但是对于流速控制方法而言，递减时的情况显得更为重要。

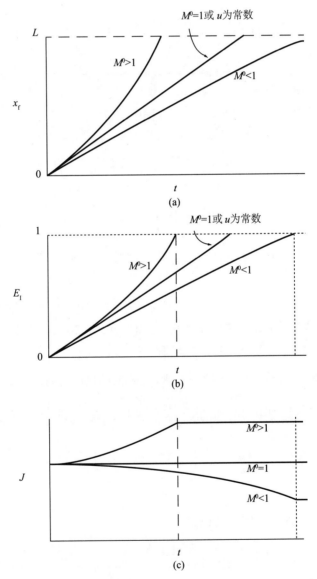

图 6.9　不同流度比时的（a）前缘位置 x_f、（b）波及效率 E_I 和（c）生产指数 J 与时间的关系

（2）当 $M^0=1$ 时，前缘推进速度为

$$x_f = \frac{\lambda_{r1}^0 K \Delta p}{\phi \Delta S L} t$$

（3）垂向波及效率与前缘位置有关，当时间为无量纲物理量时，有

$$E_I = E_I(t_D) = \frac{x_f}{L} = x_{Df} = \begin{cases} t_D & \text{突破前} \\ 1 & \text{突破后} \end{cases} \tag{6.24}$$

当时间为有量纲物理量时，有

$$E_I = \frac{x_f}{L} = \begin{cases} \dfrac{u}{\phi \Delta S L} t & u\text{为常数} \\[4mm] \dfrac{-M^0 + \sqrt{(M^0)^2 + 2(1-M^0)\dfrac{\lambda_{r1}^0 K}{\phi \Delta S L^2}\Delta p t}}{(1-M^0)} & \Delta p\text{为常数} \end{cases} \tag{6.25a}$$

垂向波及效率如图 6.9b 所示。此处的重点为降低流度比也可以推迟突破时间，突破时间被定义为 $t^0=t|_{x_f=L}$。在物理意义上，随着时间的不断增加，低流度流体会不断充填可渗透介质，因此，突破时间会有所推迟。当 $M^0>1$ 时，情况正好相反。尽管图形非常简单，但解释了一个基本的事实：当 $M^0>1$ 时，突破时间很早；当 $M^0<1$ 时，突破时间会有所推迟。

（4）最后，将所有这些效应考虑进注入（或不可压缩流动或生产）指数中，注入指数被定义为

$$J = \frac{q}{\Delta p} = \frac{WH_t u}{\Delta p} \tag{6.25b}$$

如图 6.9c 所示，不需要考虑流动的类型，当 q 为常数或 Δp 为常数时，J 的变化趋势是相同的。当 $M^0>1$ 时，J 随着时间的增加而增加；当 $M^0<1$ 时，J 随着时间的增加而减少。突破后，J 变成常数。由于生产速率决定着生产时间的长短，因此突破延迟时，J 会很小。

当 $M^0<1$ 时，前缘的推进速度会随着时间的增加而减小，流体的注入会变得越来越困难，即 J 会减小。对于流体 2 的经济采收率而言，这些都是不利的。从这一点来看，很难知道为何要求 $M^0<1$；而在后续有关多层流动的讨论中，将介绍低流度比时的好处。

6.4.2　多个并联层中的驱替

前文中有关单层渗流的原理将会应用于多个并联层渗流中。但是，由于在不同的岩层中前缘的突破时间不相同，因此会产生一些复杂的问题。首先，对两层并联介质进行研究。对于这种介质而言，主要存在两个突破时间，即岩层（层 1）中流体较快突破和流出的时候和岩层（层 2）中流体较慢突破的时候，如图 6.10 所示。

同前文所述，流动状态由黏度决定，因此各岩层中的流速与渗透率成正比。但是，与

单层介质的渗流速度相比，存在两个显著的差别。

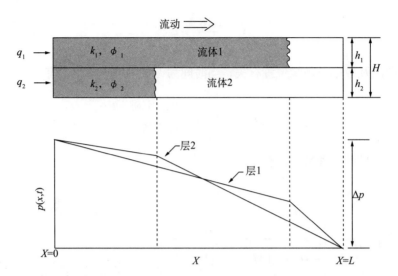

图 6.10   不存在垂向连通和 $M^0>1$ 时两层并联介质的前缘位置（突破前）和压力剖面

各层的前缘位置由下式给出

$$\phi_i \Delta S_i \frac{\mathrm{d}x_{\mathrm{fi}}}{\mathrm{d}t} = u_i = \lambda_{\mathrm{r1}}^0 K_i \frac{\Delta p}{\left[x_{\mathrm{fi}} + M^0 \left(L - x_{\mathrm{fi}} \right) \right]} \ , \quad i{=}1 \text{ 或 } 2 \tag{6.26}$$

ϕ_i、ΔS_i、K_i、u_i 以及后面 h_i 中的下角标表示各岩层的性质。λ_{r1}^0 和 λ_{r2}^0 中的下角标分别表示驱替相和被驱替相。Δp 适用于两层（平行流动）时的情况，因此，

$$q = q_1 + q_2 = h_1 W u_1 + h_2 W u_2$$
$$= \lambda_{\mathrm{r1}}^0 K_1 h_1 W \frac{\Delta p}{\left[x_{\mathrm{f1}} + M^0 \left(L - x_{\mathrm{f1}} \right) \right]} + \lambda_{\mathrm{r1}}^0 K_2 h_2 W \frac{\Delta p}{\left[x_{\mathrm{f2}} + M^0 \left(L - x_{\mathrm{f2}} \right) \right]}$$

由此可得

$$\Delta p = \frac{q}{\left\{ \dfrac{\lambda_{\mathrm{r1}}^0 K_1 h_1 W}{\left[x_{\mathrm{f1}} + M^0 \left(L - x_{\mathrm{f1}} \right) \right]} + \dfrac{\lambda_{\mathrm{r1}}^0 K_2 h_2 W}{\left[x_{\mathrm{f2}} + M^0 \left(L - x_{\mathrm{f2}} \right) \right]} \right\}} \tag{6.27}$$

则岩层的流速为

$$q_1 = q \frac{\dfrac{\lambda_{\mathrm{r1}}^0 K_1 h_1 W}{\left[x_{\mathrm{f1}} + M^0 \left(L - x_{\mathrm{f1}} \right) \right]}}{\left\{ \dfrac{\lambda_{\mathrm{r1}}^0 K_1 h_1 W}{\left[x_{\mathrm{f1}} + M^0 \left(L - x_{\mathrm{f1}} \right) \right]} + \dfrac{\lambda_{\mathrm{r1}}^0 K_2 h_2 W}{\left[x_{\mathrm{f2}} + M^0 \left(L - x_{\mathrm{f2}} \right) \right]} \right\}} \tag{6.28}$$

对于岩层 2 而言，其表达式类似。在无量纲坐标中，前缘位置由下式给出

$$
\frac{\phi_i \Delta S_i h_i W}{\phi_1 \Delta S_1 h_1 W + \phi_2 \Delta S_2 h_2 W} \frac{\mathrm{d}x_{\mathrm{Dfi}}}{\mathrm{d}t_{\mathrm{D}}}
$$

$$
= \frac{\dfrac{\lambda_{\mathrm{r1}}^0 K_i h_i W}{\left[x_{\mathrm{Dfi}} + M^0 \left(L - x_{\mathrm{Dfi}} \right) \right]}}{\left\{ \dfrac{\lambda_{\mathrm{r1}}^0 K_1 h_1 W}{\left[x_{\mathrm{Df1}} + M^0 \left(1 - x_{\mathrm{Df1}} \right) \right]} + \dfrac{\lambda_{\mathrm{r1}}^0 K_2 h_2 W}{\left[x_{\mathrm{Df2}} + M^0 \left(1 - x_{\mathrm{Df2}} \right) \right]} \right\}} \qquad i=1 \text{ 或 } 2 \qquad (6.29\mathrm{a})
$$

由上式可以看出，某层中的前缘位置（即比速度）与另一层中的前缘位置有关。

整理方程（6.29a）可以求得 $x_{\mathrm{Df1}}\left(t_{\mathrm{D}}\right)$ 和 $x_{\mathrm{Df2}}\left(t_{\mathrm{D}}\right)$。在求解时，可以先对某层进行积分，但更为简单的方法是进行有限差分求解。值得注意的是，当岩层突破或 $x_{\mathrm{Dfi}}\left(t_{\mathrm{D}}\right) \leqslant 1$ 时，该层中将不存在流动阻力。这些条件同样适用于垂向波及效率

$$
E_{\mathrm{I}} = \frac{\phi_1 h_1 \Delta S_1 x_{\mathrm{Df1}} + \phi_2 h_2 \Delta S_2 x_{\mathrm{Df2}}}{\phi_1 h_1 \Delta S_1 + \phi_2 h_2 \Delta S_2} \qquad (6.29\mathrm{b})
$$

和生产指数

$$
J = \frac{q}{\Delta p} = \frac{\lambda_{\mathrm{r1}}^0 K_1 h_1 W}{\left[x_{\mathrm{f1}} + M^0 \left(L - x_{\mathrm{f1}} \right) \right]} + \frac{\lambda_{\mathrm{r1}}^0 K_2 h_2 W}{\left[x_{\mathrm{f2}} + M^0 \left(L - x_{\mathrm{f2}} \right) \right]}
$$

为了使方程更加适用，引入相对生产指数

$$
J_{\mathrm{r}} = \frac{J}{J|_{x_{\mathrm{Df1}} = x_{\mathrm{Df2}}}}
$$

$$
\equiv M^0 \left\{ \frac{\dfrac{K_1 h_1}{K_1 h_1 + K_2 h_2}}{\left[x_{\mathrm{Df1}} + M^0 \left(1 - x_{\mathrm{Df1}} \right) \right]} + \frac{\dfrac{K_2 h_2}{K_1 h_1 + K_2 h_2}}{\left[x_{\mathrm{Df2}} + M^0 \left(1 - x_{\mathrm{Df2}} \right) \right]} \right\} \qquad (6.29\mathrm{c})
$$

图 6.10 给出了使用方程（6.29）计算有关流度比时物理量的结果。选取一定的介质参数，使得 80% 的渗流能力位于 20% 的体积中，即 $F|_{e=0.2}=0.8$，因为可能会存在漏失层或在两井之间存在裂缝等情况。

$M^0<1$ 时的情况表明，在高渗层充填有低流度流体，它会增加该层流动阻力和减小该层的注入速度。注入速度的降低会使波及效率增加和突破时间延迟。由相对注入指数最终会获得相应的流度比，但是当 $M^0=1$ 时，只有 t_{D} 足够大时才可能发生上述情况。

当 $M^0>1$ 时，波及效率最终会趋于稳定，约为 30%，该数值仅比高渗层的体积波及效率稍大一点。

上述方程可以应用于 N_{L} 层并联模型中

各层流量：
$$q_i = q \frac{\dfrac{K_i h_i}{\left[x_{Dfi} + M^0\left(1 - x_{Dfi}\right)\right]}}{\displaystyle\sum_{n=1}^{n=N_L} \dfrac{K_1 h_1}{\left[x_{Dfn} + M^0\left(1 - x_{Dfn}\right)\right]}} \tag{6.30a}$$

前缘位置：
$$\frac{\phi_i \Delta S_i h_i}{\displaystyle\sum_{n=1}^{n=N_L} \phi_n \Delta S_n h_n} \frac{dx_{Dfi}}{dt_D} = \frac{\dfrac{K_i h_i}{\left[x_{Dfi} + M^0\left(1 - x_{Dfi}\right)\right]}}{\displaystyle\sum_{n=1}^{n=N_L} \dfrac{K_n h_n}{\left[x_{Dfn} + M^0\left(1 - x_{Dfn}\right)\right]}} \tag{6.30b}$$

波及效率：
$$E_I = \frac{\displaystyle\sum_{n=1}^{n=N_L} \phi_n h_n \Delta S_n x_{Dfn}}{\displaystyle\sum_{n=1}^{n=N_L} \phi_n h_n \Delta S_n} \tag{6.30c}$$

相对生产指数：
$$J_r = \frac{J}{J\big|_{x_{Df1} = x_{Df2}}} = M^0 \frac{\displaystyle\sum_{n=1}^{n=N_L} \dfrac{K_n h_n}{\left[x_{Dfn} + M^0\left(1 - x_{Dfn}\right)\right]}}{\displaystyle\sum_{n=1}^{n=N_L} K_n h_n} \tag{6.30d}$$

以上方程均需满足 $x_{Dfi}\left(t_D\right) \leqslant 1$ 的条件。对于双层并联模型而言，首先应该对方程（6.30b）进行积分。

对于几种可能存在的物理量，图 6.11 给出了不同流度比和 Dykstra-Parsons 系数时垂向波及效率，由图可以获得以下有关结论：

（1）当非均质性（对于所有的 M^0 为 V_{DP}）增强时，总体上 E_I 会减小，这一趋势在 $V_{DP}=0.8$ 时开始变得非常明显，图 6.7 中收集了大部分油藏岩心数据的该项值，$M^0=10$ 曲线和 $M^0=1$ 曲线之间的差别大于 $M^0=1$ 曲线和 $M^0=0.1$ 曲线之间的差别。

（2）对于所有 M^0 的曲线而言，其极限值为：当 $V_{DP}=0$（均质介质）时 $E_I=1$，当 $V_{DP}=1$（无限非均质）时，$E_I=0$。无限非均质意味着流体流动的时候不存在波及作用。

（3）当 $t_D=1$ 时，E_I 的估算具有任意性。但 $t_D=1$ 是许多提高采收率方法的年限。

（4）由于 V_{DP} 具有统计特征，因此数据点是分散的。前缘位置是渗透率分布的确定性函数，如图 6.30b 所示。但是，不同的渗透率分布也可能获得相同的 V_{DP}。另外，由于取样方式有限，指定的和输入的 V_{DP} 可能会不同，$M^0=0.1$ 曲线时的数据分散程度要比其他曲线小，因此，低流度比不仅可以增加 E_I，还可以降低不确定性。

图 6.12 中的曲线可以根据 Dykstra-Parsons 论文中的相关步骤计算得到，其中使用水油比替代了无量纲时间，这些曲线基于 50 层时的情况而不是 10 层，因此他们比此处更加精确。

由图 6.13 可以看出，前缘位置与图 6.12 中储层的时间有关。在此类型的对数正态分布中和对于中、高非均质性而言，难免会存在某层或某两层的渗透率高于其他层，这将导致注入流体的早期突破和其他岩层中驱替的延迟。在图 6.13 中，有三层在 $t_D=1$ 前就突破了，

其余在 $t_D>2$ 时突破。

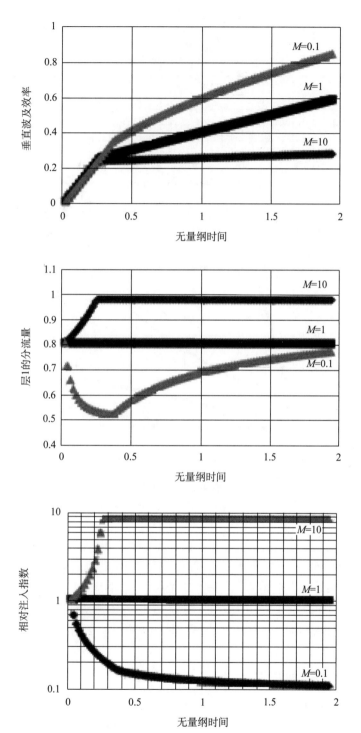

图 6.11　垂向波及效率（上图）、高渗层分流量（中图）和相对注入指数（下图）与无量纲时间和流度比的关系图。（双层介质、渗流能力 80%，渗流体积 20%）

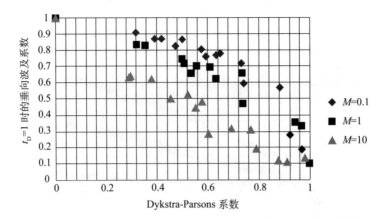

图 6.12 $t_D=1$ 时，不同流度比 M^0 和不同 Dykstra–Parsons 系数 V_{DP} 时的垂向波及系数（油藏为 10 层岩层，渗透率对数正态分布，不存在垂向连通，各岩层的厚度和孔隙度相同）

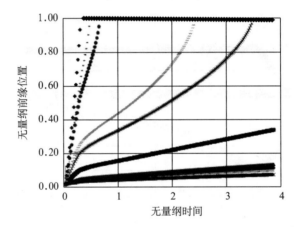

图 6.13   含 10 层岩层的油藏在 $M^0=10$ 和 $V_{DP}=0.8$ 时的前缘位置

6.5 垂向平衡方法

常规采收率计算中的一种实用方法是假设驱替时油藏截面处是垂向平衡（*vertical equilibrium*，缩写成 VE）的。应用垂向平衡方法的另一结果是它可以代表最大横向流体运移或窜流时的状态，因此，基于垂向平衡的计算对于估算窜流对驱替的影响趋势是非常有用的。第 6.4 节给出了非窜流状态时计算的另一种限制条件。严格地讲，垂向平衡的限制条件提供了更多一般性的结果。

6.5.1 垂向平衡（VE）方法的假设

从形式上讲，垂向平衡是一种状态，在这种状态中，沿流体整体流动的垂直方向上的所有液流驱动力总和为零，可以认为这种状态基本符合较大的细长比（长度—厚度比）和良好垂向连通油藏中的流体流动状态。此外，第 6.6 节中指出，对于石油文献中的某些典型驱替计算而言，他们实际上为垂向平衡一般理论的若干个集合（Yortsos，1995）。

　　为了得出垂向平衡的一般理论，此处仅限于讨论水对油的不可压缩非混相驱替过程，以获得某给定界面（x 位置）处横向（z 方向）上的含水饱和度剖面。对上述假设而言，$x-z$ 坐标轴上的水相物质平衡方程（即方程 2.11）可改写成

$$\phi\frac{\partial S_1}{\partial t}+\frac{\partial u_{x1}}{\partial x}+\frac{\partial u_{z1}}{\partial z}=0 \tag{6.31}$$

　　如果将达西定律及由表 2.2 中得到的方程（2.14）代入方程（6.31）中，并将自变量 x 和 z 标记为

$$x_{\mathrm{D}}=\frac{x}{L},\ z_{\mathrm{D}}=\frac{z}{H_{\mathrm{t}}} \tag{6.32}$$

则方程（6.31）变为

$$\phi\left(\frac{L^2}{K}\right)\frac{\partial p_1}{\partial t}-\frac{\partial}{\partial x_{\mathrm{D}}}\left[\lambda_{\mathrm{r1}}\left(\frac{\partial p_1}{\partial x_{\mathrm{D}}}+L\rho_1 g\sin\alpha\right)\right]-\left(\frac{L^2}{H^2 K}\right)\frac{\partial}{\partial z_{\mathrm{D}}}\left[K_z\lambda_{\mathrm{r1}}\left(\frac{\partial p_1}{\partial z_{\mathrm{D}}}+H_1\rho_1\cos\alpha\right)\right]=0 \tag{6.33}$$

　　该方程中的各项分别代表累计注水量、x 方向上的流动和 z 方向上的流动（如图 6.14 所示）。假设 z 方向上的流动是有限的，则 L^2/KH_{t}^2 会很大，与其相乘的项必须非常小。这意味着 z 方向上的水相通量仅与 x 有关，或者

$$K_z\lambda_{\mathrm{r_1}}\left(\frac{\partial p_1}{\partial z}+\rho_1 g\cos\alpha\right)=f(x) \tag{6.34}$$

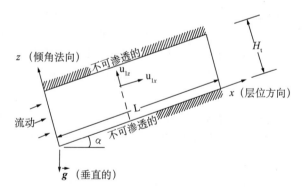

图 6.14　垂向平衡方法的截面示意图

　　因为水通量在 z 方向上是有限的。如果 K_z 很大，则根据方程（6.34），有

$$\frac{\partial p_1}{\partial z}=-\rho_1 g\cos\alpha \tag{6.35}$$

　　当含水饱和度接近束缚水饱和度时，即 λ_{r1} 为零时，上述理论不成立。但是，对于油相的类似方程的饱和度范围而言，使方程（6.35）不成立时的饱和度范围又最为合适。因

此，将其应用于水和油两相流动时，在平均意义上，导出方程（6.35）时的论点应当是有效的。更多的细节可以参考相关文献（Jain，2014；Yortsos，1995）。

对于许多实际情况而言，假设 L^2/KH_t^2 很大是非常有道理的。但当 K_z 也很大时，会令人难以置信，因为在大多数天然介质中 K_z 都小于 K，他们都是有限的。对分散有泥岩夹层的可渗透介质而言，K_z 要比 K 小的多。

若将需要很大 L^2/KH_t^2 和 K_z 时的要求合并成为单一的要求，即其有效长—厚比

$$R_L = \frac{L}{H_t}\left(\frac{\bar{K}_z}{\bar{K}}\right)^{1/2} \tag{6.36a}$$

要很大，在方程（6.36a）中，渗透率 $\bar{K}$ 为算术平均值，即

$$\bar{K} = \frac{1}{H_t}\int_0^{H_t} K\mathrm{d}z \tag{6.36b}$$

对于 K_z 而言，它为调和平均值，有

$$\bar{K}_z = \frac{H_t}{\int_0^{H_t}\dfrac{\mathrm{d}z}{K_z}} \tag{6.36c}$$

因为平面流动沿着岩层方向，而垂向流动与岩层方向垂直。如前所述，平行岩层中的流动阻力为算术平均值，但是垂直岩层时的流动阻力为调和平均值。

当 R_L 变大时，驱替实际上逐渐满足垂向平衡（Yortsos，1995）。根据数值模拟（Zapata，1981）和解析解（Lake 和 Zapata，1987），R_L 大于 10 时便足以保证 z 方向上的波及效率像垂直平衡中所描述的那样好。对于各种各样的油藏而言，可以很容易地证实 R_L 的值均很大。例如对于面积为 16.2hm²（即 40acre）的五点井网系统而言，注采井的距离为 285m（即 933ft），如果视其为 L，则当 H_t=6.1m（即 20ft）和 K_z=0.1K 时，可以得出 R_L=14.80，该值很大，足以使其非常接近垂向平衡时的值。通过取 $\bar{K}$ 为油藏层段的调和平均值，可以清楚地看出，假如在 H_t 层段内存在一个以上的不可渗透隔层（比如连续页岩层），那么 $\bar{K}_z=R_L$=0。显而易见，在这种情况下，垂向平衡的假设不再适用。但是对于各隔层之间的层段而言，驱替时的波及效率仍可依据垂向平衡进行估算，所有这些层段的综合响应可用第 6.4 节介绍的连通方法进行估算。

R_L 可被看作是油藏中流体沿 x 方向流过的特征时间与它沿 z 方向流过的特征时间之间的比值。如果 R_L 很大，z 方向上饱和度和压力波动的衰减要比 x 方向上的快很多。因此，当垂向平衡假设适用时，或当目的油藏处于垂向平衡时，对于大部分油藏而言，z 方向上的波动可以忽略不计。Taylor 在研究毛细管流体流动（Lake 和 Hirasaki，1981；Jain，2014）时，率先提出了基于干扰衰减时间的各种观点。

当 R_L 很大时，方程（6.35）给出了油藏中大多数截面处 z 方向上的 P_1 剖面。该方法同样适用于油相，即

$$\frac{\partial p_1}{\partial z} + \rho_1 g \cos \alpha = 0 = \frac{\partial p_2}{\partial z} + \rho_2 g \cos \alpha \tag{6.37}$$

将油—水毛细管压力的定义 $p_c = p_2 - p_1$ 代入到上述方程中，得

$$\frac{\partial p_c}{\partial z} = -(\rho_1 - \rho_2) g \cos \alpha \equiv -\Delta \rho g \cos \alpha \tag{6.38}$$

因为 p_c 是含水饱和度的已知函数，所以方程（6.38）可以含蓄地描述 z 方向上的含水饱和度分布剖面。但这种饱和度分布恰好是在静态条件下油水过渡带中能观察到的饱和度分布。比较方程（6.38）和方程（2.3）时可以看出，z 和 p_c 成反比。因此，方程（6.38）中的 z 方向饱和度剖面，与假定 z 方向中无流体流动时所预测出的饱和度剖面是相同的。因此，垂向平衡有时也被称为准静态平衡。

如前所述，垂向平衡中假设流体发生最大程度的窜流。至少可以说，同一方程可以描述 z 方向上流动为零或最大值时的饱和度剖面。假设任意时刻流体在垂向上的运移速率很快，则非平衡程度可以忽略不计，垂向平衡方法可用来解决这一悖论。

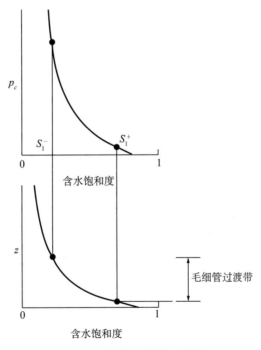

图 6.15　毛细管过渡带示意图

6.5.2　驱替的类别

垂向平衡的后果之一是各种非混相驱替应根据其分离程度来进行分类。令 S_1^+ 为略低于 $1 - S_{2r}$ 时的含水饱和度，S_1^- 为稍高于 S_{1r} 时的含水饱和度，将毛细管过渡带厚度 z_{CTZ} 定义为 z 方向上含水饱和度处于上述两极限值之间的距离。

根据方程 (6.38) 和图 6.15，得

$$z_{CTZ} \equiv z\big|_{S_1^+} - z\big|_{S_1^-} = \frac{p_c\big|_{S_1^-} - p_c\big|_{S_1^+}}{\Delta \rho g \cos \alpha} \tag{6.39}$$

假定毛细管压力与含水饱和度之间的关系适用于整个毛细管过渡带厚度 z_{CTZ}，则可以对方程 (6.38) 进行积分。一般而言，方程 (6.39) 中定义的毛细管过渡带与图 6.15 中左下角原始油—水界面上的毛细管过渡带不同，因为方程 (6.39) 在积分时是以不同的含水饱和度开始的。

在满足垂向平衡的油藏中，毛细管过渡带的存在使得驱替分为两大类 (Dake, 1978)。如果 $z_{CTZ} \geqslant H_t$，z 方向上的含水饱和度剖面基本上保持恒定，流体的流动被视为是扩散型的；如果 $z_{CTZ} \leqslant H_t$，相对于油层厚度而言，毛细管过渡带则很小，那么此时的流体流动是分异型的。这些定义给出的观点类似于第 5.2 节中介绍的锐缘波和传播波，只不过第一种定义适用于横截面上的平均饱和度波。第 5.2 节中的混合带或过渡带仅位于 x 方向上，并且主要是由于可渗透介质中油—水分流量曲线中固有的色谱分离效应造成的。方程 (6.39) 中定义的毛细管过渡带位于 z 方向上，并根据毛细管压力与含水饱和度之间的关系、倾角和密度差等来进行定义。

6.5.3　饱和度剖面

在图 6.16 中所示的三个不同截面 (A、B 和 C) 处，对方程 (6.38) 进行积分。为了便于说明，令图中的流体自右向左流动 (与本书其他部分不同)。取 S_{1A}、S_{1B} 和 S_{1C} 分别为上述各界面中 $x=x_A$、$x=x_B$ 和 $x=x_C$ 处的含水饱和度。根据流体的流动方向和初始含水饱和度接近于无法再减小的束缚水饱和度，可以得到 $S_{1A}>S_{1B}>S_{1C}$。方程 (6.38) 中包含了每个界面上的含水饱和度分布剖面：

$$p_c\big[S_1(x_k, z)\big] = p_c(S_{1k}) + \Delta \rho g z \cos \alpha, k = A, B \text{或} C \tag{6.40}$$

此时，$z=0$ 时含水饱和度在 x 方向上的位置并不确定，在后面内容中将对其进行间接确定。但是，可以使用线段来连接各 S_1 恒定值点，如图 6.16 所示。一般情况下，密度差均为正值，各等饱和度线表示注入水驱油时沿着底部流入地层中 (即潜流)。这种潜流 (或重力舌进) 是重力作用较强油藏的一种固有特性，即使油藏中不存在倾角，即 $\cos \alpha = 1$ (或 $D_z = -z$) 时，重力舌进也会发生。舌进的程度主要受毛细管压力曲线形状的影响。第 6.6 节中将讨论垂向平衡理论的一种特殊情况，即毛细管力可忽略不计和由于重力分异作用产生重力舌进时的情况。

6.5.4　拟属性

垂向平衡理论的一个巨大优势是可以降低维度，即将二维流动转变成一维流动。为了利用 z 方向上的 S_1 剖面，将原来的两维方程 (6.31) 转换为等价的一维方程。首先，在层段厚度 H_t 上对方程 (6.31) 进行积分，并将该方程除以 H_t，得

$$\frac{1}{H_t}\int_0^{H_t}\frac{\partial S_1}{\partial t}\mathrm{d}z + \frac{1}{H_t}\int_0^{H_t}\frac{\partial u_{x1}}{\partial x}\mathrm{d}z + \frac{1}{H_t}\int_0^{H_t}\frac{\partial u_{z1}}{\partial z}\mathrm{d}z = 0 \tag{6.41}$$

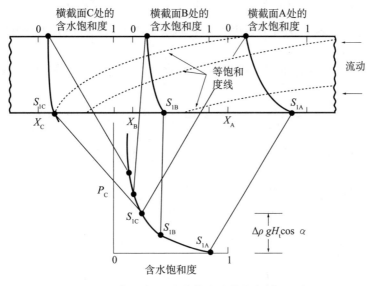

图 6.16　不同截面处 $z-$ 方向的含水饱和度剖面示意图

因为 H_t 为常数，所以第一项中的积分和微积分可以互换，则方程（6.41）变为

$$\bar{\phi}\frac{\partial\overline{S}_1}{\partial t} + \frac{\partial\overline{u}_{x1}}{\partial x} = 0 \tag{6.42}$$

方程（6.42）中没有出现包括 z 方向上的水通量项，这是因为在油藏上和下封闭边界处，所有的流量都是不存在的。在方程（6.42）中，平均值分别为

$$\overline{S}_1 = \frac{1}{H_t\bar{\phi}}\int_0^{H_t}\phi S_1\mathrm{d}z \tag{6.43a}$$

$$\bar{\phi} = \frac{1}{H_t}\int_0^{H_t}\phi\mathrm{d}z, \overline{u}_{1x} = \frac{1}{H_t}\int_0^{H_t}u_{x1}\mathrm{d}z \tag{6.43b}$$

在这些定义式以及下列定义中，所有的平均值均为算术平均值，除含水饱和度外，求平均含水饱和度的时需使用孔隙度进行加权平均。引入无量纲自变量

$$x_D = \frac{x}{L}, t_D = \int_0^t\frac{\overline{u}_x\mathrm{d}t}{\bar{\phi}L} \tag{6.44}$$

将其代入方程（6.42）中，得

$$\frac{\partial \bar{S}_1}{\partial t_D} + \frac{\partial \bar{f}_1}{\partial x_D} = 0 \tag{6.45}$$

式中，$\bar{u}_x = \bar{u}_{x1} + \bar{u}_{x2}$ 和 $\bar{f}_1 = \bar{u}_{x1}/\bar{u}_x$ 均与其截面上的平均水相分流量有关。方程（6.45）等价于方程（5.7a），当定义了与 $\bar{S}_1$ 有关的 $\bar{f}_1$ 时，就可以采用与 Buckley–Leverett 和 Welge 积分相同的方法进行求解。

考虑将截面处的平均总通量乘以 H_t 后一起代入达西定律中，得到局部通量为

$$H_t \bar{u}_x = -\int_0^{H_t} K\lambda_{r2}\left(\frac{\partial p_2}{\partial x} + \rho_2 g \sin\alpha\right)\mathrm{d}z - \int_0^{H_t} K\lambda_{r1}\left(\frac{\partial p_1}{\partial x} + \rho_1 g \sin\alpha\right)\mathrm{d}z \tag{6.46}$$

根据水相压力梯度和因子，可以表示出 x 方向上的油相压力梯度，得

$$H_t \bar{u}_x = -\int_0^{H_t} K(\lambda_{r2} + \lambda_{r1})\frac{\partial p_1}{\partial x}\mathrm{d}z - \int_0^{H_t} K\lambda_{r2}\frac{\partial p_c}{\partial x}\mathrm{d}z - g\sin\alpha\int_0^{H_t} K(\lambda_{r2}\rho_2 + \lambda_{r1}\rho_1)\mathrm{d}z \tag{6.47}$$

根据方程（6.35）有

$$\frac{\partial^2 p_1}{\partial x \partial z} = \frac{\partial^2 p_1}{\partial z \partial x} = \frac{\partial}{\partial z}\left(\frac{\partial p_1}{\partial x}\right) = 0$$

因此在垂向平衡条件下，x 方向上的水相压力梯度不受 z 的影响，它可以是 $\partial p_2/\partial z$ 或 $\partial p_c/\partial z$。所有的压力梯度都可以通过积分进行求解，即

$$-\frac{\partial p_1}{\partial x} = \frac{H_t \bar{u}_x + \left(\dfrac{\partial p_c}{\partial x}\right)\displaystyle\int_0^{H_t}\lambda_{r2}K\mathrm{d}z + g\sin\alpha\displaystyle\int_0^{H_t} K(\lambda_{r2}\rho_2 + \lambda_{r1}\rho_1)\mathrm{d}z}{\displaystyle\int_0^{H_t} K(\lambda_{r2} + \lambda_{r1})\mathrm{d}z} \tag{6.48}$$

将方程（6.48）中的压力梯度代入平均水流量中，得

$$H_t\bar{u}_{x1} = \left(-\frac{\partial p_1}{\partial x}\right)\int_0^{H_t} K\lambda_{r1}\mathrm{d}z - g\sin\alpha\int_0^{H_t} K\lambda_{r1}\rho_1\mathrm{d}z \tag{6.49}$$

则有

$$\bar{f}_1 = \frac{\bar{u}_{x1}}{\bar{u}_x} = \frac{\left(\bar{K}\bar{\lambda}_{r1}\right)}{K(\lambda_{r1} + \lambda_{r2})}\left[1 + \frac{\left(\bar{K}\bar{\lambda}_{r2}\right)}{\bar{u}_x}\left(\frac{\partial p_c}{\partial x} - \Delta\rho g\sin\alpha\right)\right] \tag{6.50}$$

将该方程与方程（5.28）进行比较，可以给出拟相对渗透率的定义如下

$$\tilde{K}_{r1} = \frac{1}{H_t\bar{K}}\int_0^{H_t} KK_{r1}\mathrm{d}z \tag{6.51a}$$

$$\tilde{K}_{r2} = \frac{1}{H_t \bar{K}} \int_0^{H_t} K K_{r2} dz \tag{6.51b}$$

方程（6.50）中括号内的第二项乘积为拟毛细管压力函数，见方程（6.40）。

为了在这些方程中应用第 5.2 节中的一维理论，必须忽略掉方程（6.50）中 x 方向上的毛细管压力项。因为 z 方向中的毛细管压力可以部分确定 z 方向上的饱和度剖面，所以这种忽略不完全等同于忽略毛细管压力。尽管保持 z 方向上的毛细管压力和忽略 x 方向上的毛细管压力看来是不等同的，但为了满足垂向平衡，可以使用类似于第 5.3 节中的缩放原理，即 z 方向上的影响要比 x 方向上的影响更为重要（Yokayama 和 Lake，1981）。

计算拟相对渗透率曲线（即 $\tilde{K}_{r1}$ 和 $\tilde{K}_{r2}$ 与 $\bar{S}_1$ 之间关系曲线）时的方法与步骤如下：

（1）选择油藏底部的含水饱和度 S_{1k}；

（2）使用方程（6.40）和毛细管压力—含水饱和度关系式，确定横截面 k 处 z 方向上的含水饱和度剖面 S_1 (x_k, z)；

（3）使用方程（6.43a）和 z 方向上的孔隙度剖面，计算截面 k 处的平均含水饱和度 $\bar{S}_1$ (x_k)；

（4）根据方程（6.51）和 z 方向上的渗透率剖面，计算 $\bar{S}_{1k}$ 时的拟相对渗透率。

第（1）步至第（4）步中指的是拟相对渗透率曲线上的单独一点。为了绘制出完整的曲线，可使用不同的 S_{1k} 值重复该步骤。该方法虽然不能给出像解一维方程（6.42）时参数 x 的位置，但能提供油藏所有可能的含水饱和度剖面和平均含水饱和度（图 6.16 所示）。虽然这种平均值求解方法简单明了，但当不存在毛细管压力和相对渗透率曲线解析函数时，绝大多数的积分必须进行数值分析求解（练习题 6.6）。

一旦绘制出拟相对渗透率曲线，可用适当的平均参数代替局部参数，根据方程（5.2）和（5.26），可以求得拟驱替效率 $\tilde{E}_D$。

应当对垂向平衡方法的通用性进行评估。对此，现在发现了一种综合驱替效率 E_D 与垂向波及效率 E_1 的计算方法，在这种方法中遇到的麻烦比单独计算驱替效率时的少。使用台式计算机进行计算和数值模拟时，使用垂向平衡理论可大大简化采收率的计算过程（Coats 等，1971），但是这种方法仅限于具有很大 R_L 的油藏。

对于不同的提高采收率方法而言，通用的垂向平衡方法还有待进一步研究（Jain，2014）。

6.6　垂向平衡方法的各种特殊情况

虽然第 6.5 节中介绍的垂向平衡方法是非常通用的，但它仍局限于 x 方向上性质较为恒定和 R_L 较大时的油藏，然而，也有一些特殊的垂向平衡流动情况，并且这些特殊情况对于理解很多提高石油采收率技术是有用的，因此，本节将对他们进行详细讨论，并指出他们应该遵循的一般理论。

6.6.1　存在大型过渡带的均质油藏

在很多情况下，油藏中的 K 和 ϕ 均为常数，并且有 $z_{CTZ} \geq H_t$。根据上述方法，z 方向上的饱和度剖面基本保持稳定，油藏底部的饱和度与平均饱和度无明显差异。此时，拟相

对渗透率 $\tilde{K}_{rj}$ 变为局部相对渗透率 K_{rj}。因此,在大多数长岩心驱油实验中,一般采用较大的 z_{CTZ},而在采用较短岩心进行驱油实验时,无法获得垂向平衡。

6.6.2　不存在过渡带的均匀均质油藏

著名的垂向平衡理论(VE)是 Dietz(1953)最早提出的重力舌进或潜流理论。该理论最初是为了替代 Bucley–Leverett 理论,但实际上它是垂向平衡理论的一种特殊情况,因为需要有限的时间才能满足该理论的应用条件。

自从 Dietz 的论文发表以来,该理论已经应用于混相气驱的重力超覆现象(Hawthorne,1960),其他有关解决垂向平衡方法的论文也有所发表(Crane 等,1963)。虽然本节同样研究了重力超覆作用,但仅局限于水驱油时的情况。

Dietz 理论中最关键的假设是不存在过渡带,或者 $z_{CTZ}=0$。只有当毛细管压力很小(即分选性好或高渗透率)时,该条件才是准确的。根据该条件得到的陡峭过渡带或宏观界面表明,该理论能够适用于任意驱替过程,即在油藏中任意点处的同一时刻不存在其他组分或相的流动。如果 p_c 恒等于零,因为油藏中任意点处的油水密度一般不同,所以油藏中任意一点处的方程(6.38)是不成立的。求解此问题的方法是,在水相流动区域中应用方程(6.49),在油相流动区域应用类似的油相方程,图 6.17 中给出了相应的截面和区域。

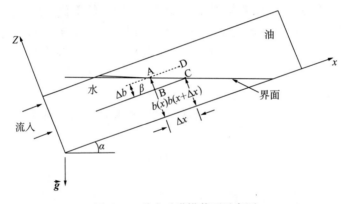

图 6.17　重力舌进横截面示意图

在存在重力舌进作用的任意截面处,根据方程(6.43a),可求得平均含水饱和度

$$\overline{S}_1 = \frac{1}{H_t}\Big[b(1-S_{2r})+S_{1r}(H_t-b)\Big] \tag{6.52}$$

根据方程(6.51),可求得拟相对渗透率函数

$$\tilde{K}_{r1} = K_{r1}^0\left(\frac{b}{H_t}\right) \tag{6.53a}$$

$$\tilde{K}_{r2} = K_{r2}^0\left(\frac{H_t-b}{H_t}\right) \tag{6.53b}$$

消去方程(6.52)和方程(6.53)中的界面高度 b,得

$$\tilde{K}_{r1} = K_{r1}^0 \left(\frac{\overline{S}_1 - S_{1r}}{1 - S_{1r} - S_{2r}} \right), \tilde{K}_{r2} = K_{r2}^0 \left(\frac{1 - S_{2r} - \overline{S}_1}{1 - S_{1r} - S_{2r}} \right) \tag{6.54}$$

上式表明拟相对渗透率是平均含水饱和度的线性函数，线性相对渗透率函数是分层流动的指纹特征。

也可推导出油水界面处的倾角 β。长为 Δb、宽为 Δx 的长方形 ABCD，如图 6.17 所示，Δx 和 Δb 的尺度很小（后面将令其极限值为零），A 点和 C 点之间的截面为长方形的对角线。沿长方形的 BC 边（即 x 方向）上的水通量为

$$u_{x1} = -\frac{K K_{r1}^0}{\mu_1} \left(\frac{p_C - p_B}{\Delta x} + \rho_1 g \sin \alpha \right) \tag{6.55a}$$

沿长方形的 AD 边（即 x 方向）上的油通量为

$$u_{x2} = -\frac{K K_{r2}^0}{\mu_2} \left(\frac{p_D - p_A}{\Delta x} + \rho_2 g \sin \alpha \right) \tag{6.55b}$$

当 $\Delta x \to 0$ 时，由于界面处不存在积聚作用，这两种通量接近于同一值 u_x。另外，根据垂向平衡原理（方程 6.37），A 和 B 以及 D 和 C 处的压力是有关联的。

$$p_B - p_A = \rho_1 g \Delta b \cos \alpha, \ p_C - p_D = \rho_2 g \Delta b \cos \alpha \tag{6.56}$$

联立这三个方程 [方程（6.55a）、(6.55b) 和 (6.55c)]，消去上述四个压力。则有

$$\tan \beta = \frac{\left(u_{x1} - u_{x2} M^0 \right) \mu_1}{\left(K K_{r1}^0 \Delta \rho g \right) \cos \alpha} + \tan \alpha \tag{6.57}$$

倾角的切线被定义为

$$\tan \beta = +\lim_{\Delta x \to 0} \frac{\Delta b}{\Delta x} \tag{6.58}$$

β 被定义为正数，取值范围在 $0°$ 与 $90°$ 之间。如果 β 大于 $90°$，则舌进位于上方，必须使用地层流体上方的驱替液对这一步骤进行重复分析。

当 $\beta > 0$（即界面不与 x 轴平行）时，分界面达到稳定形态，在该处，β 和时间与 z 轴的位置均无关。这一种限制并非来自于垂向平衡，但是，垂向平衡条件从开始界面形态到稳定之间的间隔似乎很短（Crane 等，1963）。当达到这种稳态倾角 β_s 时，x 方向上的通量 u_{x1} 和 u_{x2} 均与 z 无关，且等于横截面处的平均通量 $\bar{u}_x$。则方程（6.57）变成

$$\tan \beta_s = \frac{1 - M^0}{M^0 N_g^0 \cos \alpha} + \tan \alpha \tag{6.59}$$

式中，N_g^0 和 M^0 为方程（5.5）中定义的出口端重力数和出口端流度比。

当 $N_g^0 = 0$（即不存在舌进）时，方程（6.59）趋近于与 x 方向正交截面的极限，而当 $M^0 \to 1$ 时，则趋近于水平界面。在稳定重力舌进的情况下，横截面处的平均含水饱和度剖

面接近于某种稳定的混合带，最为类似的情况是具有直线相对渗透率的一维驱替经常趋近于涌波前缘，这就是将垂向平衡条件应用于舌进情况时需要有限时间长度的必然后果。

当 $\beta<0$ 时，界面完全位于油的下方舌进中，可以认为是不稳定的。根据方程（6.59）时的稳定条件，得

$$M^0-1<M^0 N_g \sin \alpha \qquad (6.60)$$

根据上述不等式，自然会引出临界出口端流度比 $M_c^0=M^0\big|_{\beta_s=0}$ 的定义，即

$$M_c^0=\frac{1}{1-N_g^0 \sin \alpha} \qquad (6.61a)$$

和临界通量或速度 $u_c=u_x\big|_{\beta_s=0}$ 的定义，即

$$u_c=\frac{\Delta \rho g K K_{r1}^0}{\mu_1\left(M^0-1\right)} \sin \alpha \qquad (6.61b)$$

水相无法将油相完全驱至下方时的条件为 $u_x<u_0$ 或 $M^0<M_c^0$。根据方程（6.61a），即使 $M^0>1$，重力稳定也是可能产生的。方程（6.61b）对于估算重力稳定驱替时的注水速度是非常有帮助的。

6.6.3　$p_c=z_{CTZ}=0$ 时的层状均匀水平介质

这是一种非常特殊的情况，理由如下：（1）它可以在线性非混相驱替中形成拟相对渗透率；（2）它可以从非常特殊的视角分析大规模驱替过程中的流体性质；（3）当其被推广至多种或连续前缘时，将产生所谓的 Koval 理论，这种理论为只具备少量油层物理资料提高采收率方法的驱替结果提供了一种预测方法。最后一种方法将在第 7 章中进行详细讨论，此处仅限于讨论图 6.18 中的两层驱替情况，并在可能的情况下对其进行概括。

图 6.18 分别给出了（a）不存在垂向连通和（b）存在垂向平衡时某驱替过程中的流体分布情况和压力分布情况。此时的流度比是有利的，即

$$M^0=\frac{\lambda_{r1}^0}{\lambda_{r2}^0}<1$$

与图 6.10 中的不利流度比（$M^0>1$）形成鲜明对比。此时，通过推导和解释方程，可以预测前缘位置随时间的关系，然后预测出垂向波及效率。下面对横截面宽度为单位宽度时的情形进行介绍。

在层 2 中慢前缘后方（即上游或 $x<x_{f1}$）时，各层中任意 x 处的体积流量分别为

$$q\big|_{\text{层}1, x<x_{f2}}=-K_1 h_1 \lambda_{r1}^0\left(\frac{dp}{dx}\right)_{\text{层}1, x<x_{f2}}$$

和

$$q\big|_{\text{层}2,x<x_{f2}} = -K_2 h_2 \lambda_{r1}^0 \left(\frac{dp}{dx}\right)_{\text{层}2,x<x_{f2}} \tag{6.62a}$$

值得注意的是，流度下角标中的 1 和 2 分别代表两种不同的流体，其余的 1 和 2 分别表示各层。在慢前缘和快前缘之间（即 $x_{f2}<x<x_{f1}$ 时），有

$$q\big|_{\text{层}1,x_{f1}<x<x_{f2}} = -K_1 h_1 \lambda_{r1}^0 \left(\frac{dp}{dx}\right)_{\text{层}1,x_{f1}<x<x_{f2}}$$

和

$$q\big|_{\text{层}2,x_{f1}<x<x_{f2}} = -K_2 h_2 \lambda_{r2}^0 \left(\frac{dp}{dx}\right)_{\text{层}2,x_{f1}<x<x_{f2}} \tag{6.62b}$$

在快前缘的下游（即 $x_{f2}<x$）时，有

$$q\big|_{\text{层}1,x_{f1}<x} = -K_1 h_1 \lambda_{r1}^0 \left(\frac{dp}{dx}\right)_{\text{层}1,x_{f1}<x}$$

和

$$q\big|_{\text{层}2,x_{f2}<x} = -K_2 h_2 \lambda_{r2}^0 \left(\frac{dp}{dx}\right)_{\text{层}2,x_{f2}<x} \tag{6.62c}$$

此处的流量为总流量（即流体 1 或流体 2 的流量）。由于流动被互相隔离开，因此，总流量和各组分的流速相同。

对于非连通性流动而言，各层的流量为常数，即

$$q\big|_{\text{层}1,x<x_{f2}} = q\big|_{\text{层}1,x_{f1}<x<x_{f2}} = q\big|_{\text{层}1,x_{f1}<x}$$
$$q\big|_{\text{层}2,x<x_{f2}} = q\big|_{\text{层}2,x_{f1}<x<x_{f2}} = q\big|_{\text{层}2,x_{f1}<x}$$

以上是第 6.4 节中用于推导图 6.8 中前缘位置的条件。根据界面处的压力，可以求出流量，进而求出前缘位置。

假设垂向平衡方法中压力梯度与岩层无关，则有

$$\left(\frac{dp}{dx}\right)_{\text{层}1,x<x_{f2}} = \left(\frac{dp}{dx}\right)_{\text{层}2,x<x_{f2}} = \left(\frac{dp}{dx}\right)_{x<x_{f2}}$$
$$\left(\frac{dp}{dx}\right)_{\text{层}1,x_{f1}<x<x_{f2}} = \left(\frac{dp}{dx}\right)_{\text{层}2,x_{f1}<x<x_{f2}} = \left(\frac{dp}{dx}\right)_{x_{f1}<x<x_{f2}}$$
$$\left(\frac{dp}{dx}\right)_{\text{层}1,x_{f1}<x} = \left(\frac{dp}{dx}\right)_{\text{层}2,x_{f1}<x} = \left(\frac{dp}{dx}\right)_{x_{f1}<x}$$

上述条件意味着各层在 x 方向上的压力变化是相同的，如图 6.18b 所示。

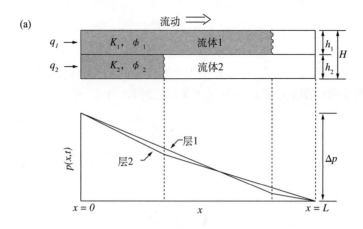

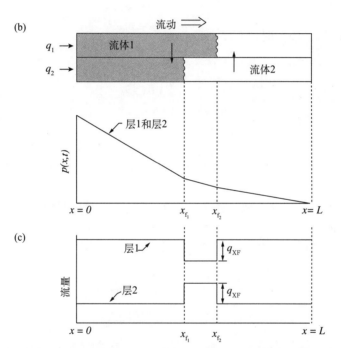

图 6.18 当 $M^0 < 1$ 和 (a) 不存在垂向连通、(b) 流动处于垂向平衡极限时, 两层油藏中活塞式驱替时的
前缘位置和压力分布以及 (c) 各层流量与前缘位置之间的关系。垂直粗箭头表示黏性窜流的方向

这些方程可以使流动的描述更加简化。由于横截面的上边界和下边界是封闭的, 则横
截面处的总体积流量与 x 无关。

$$
\begin{aligned}
&q\Big|_{\text{层}1,x<x_{f2}} + q\Big|_{\text{层}2,x<x_{f2}} = q \\
&q\Big|_{\text{层}1,x_{f1}<x<x_{f2}} + q\Big|_{\text{层}2,x_{f1}<x<x_{f2}} = q \\
&q\Big|_{\text{层}1,x_{f1}<x} + q\Big|_{\text{层}2,x_{f1}<x} = q
\end{aligned}
\tag{6.63}
$$

或由第一个方程, 有

$$-K_1 h_1 \lambda_{r1}^0 \left(\frac{\mathrm{d}p}{\mathrm{d}x}\right)_{x<x_{f2}} - K_2 h_2 \lambda_{r1}^0 \left(\frac{\mathrm{d}p}{\mathrm{d}x}\right)_{x<x_{f2}} = q$$

$$\left(\frac{\mathrm{d}p}{\mathrm{d}x}\right)_{x<x_{f2}} = \frac{-q}{K_1 h_1 \lambda_{r1}^0 + K_2 h_2 \lambda_{r1}^0}$$

则有

$$q\Big|_{\text{层}1,x<x_{f2}} = q\frac{K_1 h_1}{K_1 h_1 + K_2 h_2}$$

和

$$q\Big|_{\text{层}2,x<x_{f2}} = q\frac{K_2 h_2}{K_1 h_1 + K_2 h_2} \tag{6.64a}$$

使用第二个方程，则有

$$q\Big|_{\text{层}1,x_{f1}<x<x_{f2}} = q\frac{K_1 h_1}{K_1 h_1 + \dfrac{K_2 h_2}{M^0}}$$

和

$$q\Big|_{\text{层}2,x_{f1}<x<x_{f2}} = q\frac{\dfrac{K_2 h_2}{M^0}}{K_1 h_1 + \dfrac{K_2 h_2}{M^0}} \tag{6.64b}$$

最后，由第三个方程，则有

$$q\Big|_{\text{层}1,x_{f2}<x} = q\frac{K_1 h_1}{K_1 h_1 + K_2 h_2}$$

和

$$q\Big|_{\text{层}2,x_{f2}<x} = q\frac{K_2 h_2}{K_1 h_1 + K_2 h_2} \tag{6.64c}$$

垂向平衡方法使得各层流量完全与压力无关成为可能。

由以上方程可以清晰地看出，各层内的流量并不是恒定不变的，这在非连通情形时是正确的。各层流量的不一致性会导致层与层之间发生黏性窜流（viscous crossflow）。窜流量被定义为

$$q_{XF}\Big|_{x=x_{f1}} = q\Big|_{\text{层}1,x<x_{f2}} - q\Big|_{\text{层}1,x_{f1}<x<x_{f2}}$$

$$= q \frac{K_1 h_1}{K_1 h_1 + K_2 h_2} - q \frac{K_1 h_1}{K_1 h_1 + \dfrac{K_2 h_2}{M^0}}$$

上式为层 1 内慢前缘附近时的物质平衡方程的简单形式，在层 1 内快前缘附近时，有

$$q_{XF}\Big|_{x=x_{f2}} = q\Big|_{\text{层}1, x_{f1}<x<x_{f2}} - q\Big|_{\text{层}1, x_{f2}<x}$$

$$= q \frac{K_1 h_1}{K_1 h_1 + \dfrac{K_2 h_2 \lambda_{r1}^0}{M^0}} - q \frac{K_1 h_1}{K_1 h_1 + K_2 h_2}$$

由此，可以得到一些认识：

（1）两前缘处的窜流量 q_{XF} 相同或相反。突破前，窜流将导致流体内部的重新分布，突破后，窜流完全从高渗层流向低渗层。

（2）窜流的形成是因为存在流度差，当 $M^0=1$ 时，不存在窜流，这也是黏性窜流术语的来源。

（3）在慢前缘处，窜流方向从高渗层到低渗层，与快前缘处窜流的方向相反，窜流的净作用是增加波及效率，它甚至超过了不存在窜流时由流度差形成的波及效率。

图 6.18（c）给出了 $M^0<1$ 时各层的流量和窜流方向。值得注意的是，此处的所有情况均满足垂向平衡理论。

前缘位置

在层 1 快前缘处，流体 1 的物质平衡方程为

$$\phi_1 h_1 (1 - S_{2r}) \frac{\mathrm{d}x_{f2}}{\mathrm{d}t} = q\Big|_{\text{层}1,\ x_{f1}<x<x_{f2}} = q \frac{K_1 h_1}{K_1 h_1 + \dfrac{K_2 h_2}{M^0}} \tag{6.65a}$$

该方程也是第 5 章中第一种类型的物质平衡方程简式，这是本章中第一次使用组分的物质平衡方程。在层 2 慢前缘处，流度 2 的物质平衡方程为

$$\phi_2 h_2 S_{1r} \frac{\mathrm{d}x_{f2}}{\mathrm{d}t} = q\Big|_{\text{层}1,\ x_{f1}<x<x_{f2}} = q \frac{\dfrac{K_2 h_2}{M^0}}{K_1 h_1 + \dfrac{K_2 h_2}{M^0}} \tag{6.65b}$$

由以上方程可以得到两点认识：

（1）前缘推进速度为常数，或前缘位置随着时间的增加而呈线性增加趋势。这与不存在窜流时的情况不同，当不存在窜流和 $M^0<1$ 时，前缘位置随时间的增加而减小，线性增加也意味着垂向平衡方法能很好的适用于分流量方程，由于该方程将会被再次使用到，而在此处它主要与处理时的长度有关。

（2）实际上前缘可以一起移动，假定 $\dfrac{\mathrm{d}x_{f1}}{\mathrm{d}t} = \dfrac{\mathrm{d}x_{f2}}{\mathrm{d}t}$，进而能够求解出流度比

$$M^0 = \frac{\dfrac{K_2}{\phi_2 S_{1\mathrm{r}}}}{\dfrac{K_1}{\phi_1 \left(1 - S_{2\mathrm{r}}\right)}} \tag{6.66}$$

由方程（6.66）可以看出，M^0 比渗透率级差（低渗透率/高渗透率）处要小，黏性窜流能够完全抑制非均质性。

此时应该记住以下几点内容：

（1）垂向平衡理论是一种渐近理论，这种理论存在于有效长度比很大的油藏中，如方程（6.36a）中的定义所述。在此类油藏中，非窜流极限似乎适用于注入末端，然后随着驱替的不断进行，流动会不断调整自身的状态以达到垂向平衡极限。当 R 很大时，油藏中调整时所需的距离很短，图 6.19 给出了生产能力恒定时的垂向平衡变化情况。

（2）在给出以上观点时，也忽略了许多重要的影响因素，最显著的是重力和毛细管压力。由于这些影响因素在量化时都包含总流速（见方程 5.5d 和方程 5.32），此处的处理方法适用于高流速极限时的情况。针对所有特殊情况时，将寻找出一个通用的垂向平衡理论。

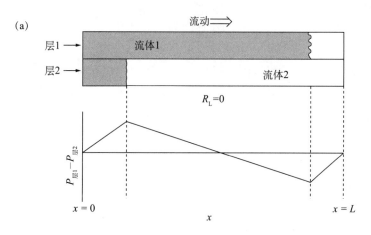

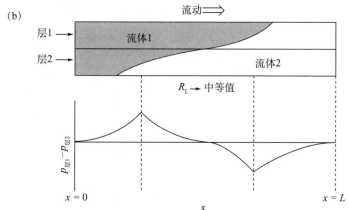

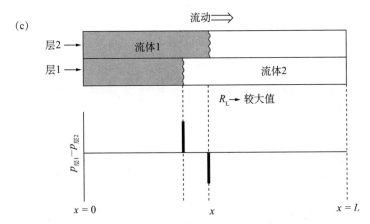

图 6.19　对于 $M^0 < 1$ 的驱替达到垂向平衡时的前缘位置和压力分布

(3) 此处所有的处理方法都是针对 $M^0 < 1$ 时的情况。由于流动方向受黏滞压力驱动力(与图 6.19b 所示相反)的影响，Zapata 和 Lake(1981)认为当驱替的流度比有利时，各层中的流体分开流动，在最快层的前缘和最慢层的前缘之间，黏滞性(结合一些弥散作用)会促进混合带的形成。由于混合带的存在会削弱不利流度比的影响，因此，混合带的存在能使垂向波及效率大于实际相应分流情况时的垂向波及效率。当不存在毛细管压力时，这种扩散流动可能发生在垂向平衡驱替过程中，在给理解该过程时，这将带来一些新的见解，即窜流作用可能是所有不稳定流动中混合的根源。

6.6.4　$\Delta p = 0$ 和恒定流度比时的均匀层状油藏

此时，不存在与 z 方向上吸吮作用相抗衡的重力作用，并且各层中 z 方向上的含水饱和度剖面是均匀分布的。但由于 z 方向上的储层性质是变化的，因此，$p_c - S_1$ 函数会发生改变。图 6.20(a)给出了四层介质中的此类变化情况，这种流动会发生在具有精细夹层的可渗透介质中，此时在多层间会形成毛细管压力平衡。

根据方程(6.38)，在任意横截面处的毛细管压力(并非毛细管压力函数)均为常数。如图 6.19 所示，如果该常数已知，则横截面上各层的含水饱和度也可知。由于流度比为常数，x 方向上的黏滞压力梯度既不受位置的制约，也不受时间的制约。对于此种情况而言，方程(6.62)给出了平均含水饱和度和拟相对渗透率曲线，但各个含水饱和度都是根据 p_c 等于常数时的关系和 $p_c - S_1$ 关系确定的。另外，通过该常数，平均含水饱和度与拟相对渗透率建立起参数关系。如图 6.20(b)所示，这种方法在前缘最远推进距离和前缘最近推进距离之间将产生一个非混相的混合带。

6.7　垂向平衡方法小节

对于描述流体流动时的简化过程而言，垂向平衡方法是非常有帮助的。但是，似乎仍未出现一种有用的通用理论方法(Yortsos，1995)，也许最有见地的想法是 shook 等(1992)提出的，他们对平衡状态(此处指垂向平衡)和垂向平衡方法加以了区分，根据极限时的情况能够描述平衡状态，通过物理量 R_L 可以求解垂向平衡。

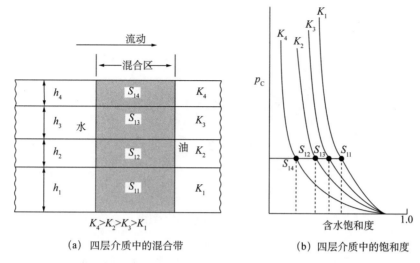

图 6.20　不存在重力和黏滞力时的多层介质截面示意图

6.8　不稳定现象

任何一种提高采收率方法都具有某种形式的不稳定性。因此，很多研究工作曾致力于研究如何减少或者避免非稳定问题（例如使用聚合物驱替表面活性剂和碱，或使用发泡剂驱替 CO_2 和蒸汽等），以及预测不稳定性不可避免时的采收率。第 7 章将讨论有关溶剂驱时的不稳定驱替预测结果，那时最为关注的是指进作用造成的结果，而在本节中将主要介绍指进的形成。

"指进（fingering）"这个术语被用来描述均质非均匀介质中驱替剂对地层流体的绕流现象，实际的绕流区现象手指形状。该定义中包括由于黏滞力（黏滞指进）和重力（重力指进）引起的不稳定性现象，但不包括渗透率非均质性引起的绕流。该定义要比文献中的定义更加严格，且这种按固有属性加以区分的方法是非常有用的，由于驱替中的指进形成是可以避免的，因此，非均质性所产生的绕流作用也无法避免（但可以尽可能地设法减少）。本节将讨论等温流动时的稳定情况，而第 11 章将讨论非等温驱替时的稳定性。

6.8.1　稳定性的必要条件

指进通常被认为是一种非常普遍的现象，虽然在溶剂驱中这种现象更为突出，但在此处仍对其加以介绍，图 6.21 给出了倾斜油藏中流体 1 对流体 2 的不可压缩、无耗散驱替示意图，该图是驱替过程的截面部分，但在垂向上和平面上都会形成指进现象。此时，考虑驱替前缘的干扰长度（可能是可渗透介质的孤立非均匀性所造成的），并致力于确定随着时间的增加 $\varepsilon(t)$ 增加或减小时的条件。当然，实际中的指进现象要比图 6.21 中所示的情况更为随机和杂乱，在图 6.22 中的四分之一的五点井网模型中，指进驱替的俯视图能够作为例证。尽管如此，对于数值分析过程而言，图 6.21 中的简单几何图形还是很有帮助的，并给更复杂的情况的研究带来启发。

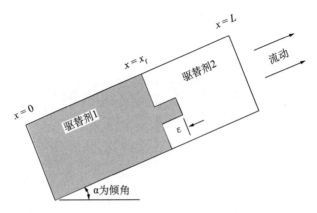

图 6.21　初期不稳定时的示意图

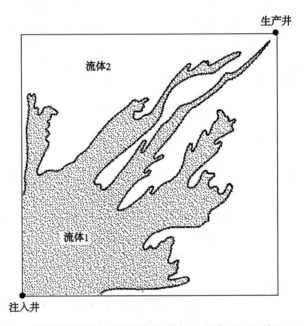

图 6.22　四分之一五点井网模型中的黏性指进现象,此时 $M^0=17$ (Hatermann,1960)。

　　为了求解出 ε 增加或减小的条件,使用 Collins (1976) 提出的移动边界方法进行讨论。在驱替前缘后方区域 ($x<x_f$),根据流体 1 的物质平衡方程,有

$$\frac{\partial u_{xj}}{\partial x} = 0 \tag{6.68}$$

式中,当 $x<x_f$ 时,$j=1$;当 $x>x_f$ 时,$j=2$。由于各区域内的浓度保持恒定,因此,方程中的累积项均为零。同理,将达西定律代入上述方程中,得

$$\frac{\partial}{\partial x}\left(\frac{\partial p_j}{\partial x} + \rho_j g\sin\alpha\right) = 0, \quad j=1\text{或}2 \tag{6.69}$$

方程（6.69）解的形式为：

$$p_j = \left(a_j - \rho_j g\sin\alpha\right)x + b_j, \quad j=1或2 \tag{6.70}$$

式中，a_j 和 b_j 均为根据相应边界条件时确定的积分常数。如果 p_0 和 p_L 分别表示油藏进口端压力和出口端压力，则 b_j 由下式进行确定：

$$b_1 = p_0 \tag{6.71a}$$

$$b_2 = p_L - \left(a_2 - \rho_2 g\sin\alpha\right)L \tag{6.71b}$$

使用以上这些关系式，假定穿过前缘处 x 方向上的速度是连续的，即

$$u_{x1}\big|_{x=x_f} = u_{x2}\big|_{x=x_f} = u_x \tag{6.72}$$

应用达西定律，得

$$M^0 a_1 = a_2 \tag{6.73}$$

根据方程（6.73），可以确定 a_1，因为不存在毛细管压力时，x_f 处的压力是连续的，即

$$p_1\big|_{x_f} = p_2\big|_{x_f} \tag{6.74}$$

将方程（6.70）代入方程（6.74）中，结合方程（6.71）和方程（6.73），得

$$a_1 = \frac{-\Delta p + \rho_2 g\sin\alpha\left(L - x_f\right) + \rho_1 g\sin\alpha x_f}{M^0 L + \left(1 - M^0\right)x_f} \tag{6.75}$$

式中，$\Delta p = p_0 - p_L$ 为总压降，前缘推进速度可根据达西定律求得

$$\frac{\mathrm{d}x_f}{\mathrm{d}t} = \frac{u_x\big|_{xf}}{\phi\Delta S} = \frac{K\lambda_{r1}}{\phi\Delta S}\frac{\Delta p + g\sin\alpha\left[\Delta\rho\left(L - x_f\right) - \rho_1 L\right]}{M^0 L + \left(1 - M^0\right)x_f} \tag{6.76}$$

方程（6.76）适用于驱替前缘中任意一点。对于干扰前缘上的某点而言，同样可以推导出类似的表达式：

$$\frac{\mathrm{d}\left(x_f + \varepsilon\right)}{\mathrm{d}t} = \frac{K\lambda_{r1}}{\phi\Delta S}\frac{\Delta p + g\sin\alpha\left[\Delta\rho\left(L - x_f - \varepsilon\right) - \rho_1 L\right]}{M^0 L + \left(1 - M^0\right)\left(x_f + \varepsilon\right)} \tag{6.77}$$

除了使用替代 $x_f + \varepsilon$ 替代 x_f 之外，方程（6.77）与方程（6.76）是相等的。干扰的变化速度为

$$\frac{\mathrm{d}\varepsilon}{\mathrm{d}t} = \frac{\mathrm{d}\left(x_{\mathrm{f}} + \varepsilon\right)}{\mathrm{d}t} - \frac{\mathrm{d}x_{\mathrm{f}}}{\mathrm{d}t} = \dot{\varepsilon} \tag{6.78}$$

将方程（6.76）和方程（6.77）代入上述方程，得

$$\dot{\varepsilon} = -\frac{K\lambda_{\mathrm{r1}}}{\phi\Delta S} \frac{\Delta p\left(1 - M^{0}\right) + Lg\Delta\rho\sin\alpha - Lg\rho_{1}\left(1 - M^{0}\right)\sin\alpha}{\left[M^{0}L + \left(1 - M^{0}\right)x_{\mathrm{f}}\right]^{2}}\varepsilon \tag{6.79}$$

方程（6.79）中假设 ε 远大于 x_{f}，因此，可以对方程（6.79）进行积分，但是就此时的目的而言，仅对 $\dot{\varepsilon}$ 的符号进行研究就足够了。如果 $\dot{\varepsilon} > 0$，干扰增加；如果 $\dot{\varepsilon} = 0$，干扰保持稳定；如果 $\dot{\varepsilon} < 0$，干扰减小。由此，得出其中性稳定条件为

$$-\left(\Delta p\right)_{c} = \frac{L\Delta\rho g\sin\alpha}{1 - M^{0}} - Lg\rho_{1}\sin\alpha \tag{6.80}$$

式中，$\left(\Delta p\right)_{c}$ 为临界压降。该点处对应的表观速度为临界流量（critical rate）u_{c}：

$$u_{c} \equiv -K\lambda_{\mathrm{r1}}^{0}\left[\frac{-\Delta p}{L} + \rho_{1}g\sin\alpha\right] = \frac{K\lambda_{\mathrm{r1}}^{0}\Delta\rho g\sin\alpha}{M^{0} - 1} \tag{6.81}$$

使用临界流量时，指进增加时的条件可表述为

$$u_{x}\begin{cases} > u_{c}（不稳定的） \\ = u_{c}（中等稳定的） \\ < u_{c}（稳定的） \end{cases} \tag{6.82}$$

式中，已经使用达西定律来表示这些不等式中的 u_{x}。

应当留意方程（6.81）与重力舌进临界速度方程（6.16b）之间的相似性。对于大多数分层流动的条件而言，都可以写出相类似的表达式。不应该仅仅认为这种相似性是偶然发生的，也应当牢记这两种流动的差异。方程（6.81）中的临界速度基于 z 方向上无连通油藏的非稳定驱替过程；而方程（6.69b）基于连通良好油藏中的垂向平衡驱替结果。

为了进一步研究稳定性，以下给出稳定性（指进衰减）的条件：

$$\left(M^{0} - 1\right)u_{x} < K\lambda_{\mathrm{r1}}^{0}\Delta\rho g\sin\alpha \tag{6.83}$$

该不等式中的表观速度始终为正值，但当存在倾角时（沿着下倾方向进行驱替），密度差可能为负值（即低密度流体驱替高密度流体时的情况）。当然，M^{0} 在相当大的范围内只能取正值。表 6.1 列出了不同提高采收率方法时 M^{0} 和 $\Delta\rho$ 的典型值。根据方程（6.83），水平油藏中的稳定条件为 $M^{0} < 1$。虽然更为通用的方程（6.83）在实际应用中最为适用（Hill，1952），但在几乎所有的提高采收率文献中，都使用 $M^{0} < 1$ 这一条件来描述稳定性驱替时的

过程，在实验室驱替实验中尤为如此。

表 6.1　不同提高采收率类型的流度比和密度差典型值

	$M^0<1$	$M^0>1$
$\Delta\rho>0$	水驱 聚合物驱 胶束聚合物	水驱 聚合物驱
$\Delta\rho<0$	泡沫	蒸汽

考虑 α 和 $\Delta\rho$ 的符号问题时，可将稳定时的可能情况细分为四种情况，见表 6.2。情况 1 为无条件稳定，由于 $\Delta\rho g\sin\alpha$ 为正数和 $M^0<1$，因此，不用关心 $\Delta\rho g\sin\alpha$ 和 M^0 的大小。同理，如果 $\Delta\rho g\sin\alpha<0$ 和 $M^0>1$（即第 4 种情况），驱替便是无条件的不稳定。有趣的是情况 2 和情况 3，通常将其称为 I 类和 II 类有条件的稳定。

表 6.2　稳定驱替可能发生的情况

情况	条件	稳定情况
1	$M^0<1$，$\Delta\rho g\sin\alpha>0$	稳定
2	$M^0>1$，$\Delta\rho g\sin\alpha>0$	有条件的稳定（I 类）
3	$M^0<1$，$\Delta\rho g\sin\alpha<0$	有条件的稳定（II 类）
4	$M^0>1$，$\Delta\rho g\sin\alpha<0$	不稳定 *

* 无限外边界

注：可将稳定性准则写成 $(M^0-1)u_x<K\lambda_{r1}^0\Delta\rho g\sin\alpha$。当 $\alpha=0$（无倾角）时，稳定性准则变成 $M^0>1$。

对于 I 类有条件稳定性而言，如果将方程（6.83）除以正数的 (M^0-1)，可以得到 u_x 的稳定性评判标准，如图 6.23 所示。该评判标准为 u_x 的上限，即波及效率（垂向、面积或体积）与无量纲速度 u_D 之间的关系曲线，则

$$u_D=\frac{u_x\left(M^0-1\right)}{K\lambda_{r1}^0\Delta\rho g\sin\alpha}\tag{6.84}$$

上述关系曲线图表明，在 $u_D=1$ 之前，E_v 保持为常数，然后逐渐降低。因为提高驱替速度时会形成不稳定性，而黏滞力会使驱替变得不稳定（即 $u_D>1$），而重力作用趋向于使驱替变得不稳定（即 $u_D<1$）。因此，形成的不稳定性是一种黏滞不稳定性或指进。对 II 类有条件的稳定情况而言，类似的曲线图（即图 6.24）表明，当降低 u_D 时，波及效率也会随之降低，并且当 $u_D=1$ 时，波及效率开始急剧地下降，该现象的发生是由于稳定评判标准此时处于下限值，此时的 (M^0-1) 为负数。对 II 类有条件的稳定情况而言，黏滞力可使驱替过程稳定，但重力使驱替过程变得不稳定，由此形成的不稳定现象为重力不稳定。

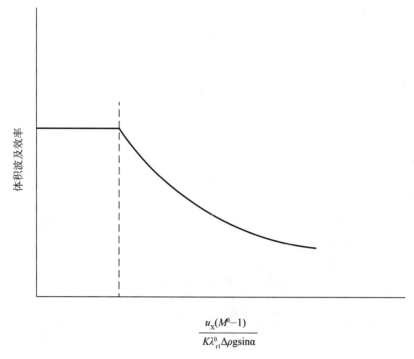

图 6.23　Ⅰ类有条件的稳定情况

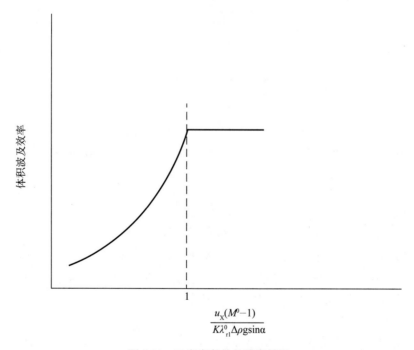

图 6.24　Ⅱ类有条件的稳定情况

对于上述参数的某些数值而言，这两种类型的驱替过程都可以是稳定的，或者可以使其变得相对稳定。在确定倾斜驱替（$M^0 > 1$）中的最大速度时，这种有条件的稳定情况是很有用的。但是，这个速度通常低于经济采油速度。对于 II 类有条件的稳定情况而言，需要有较大的驱替速度，但在实际情况中这种情况并不常见。

6.8.2　临界波长

虽然 $u_x < u_c$ 是稳定性的充要条件，但 $u_x > u_c$ 却是不稳定性的必要条件，发生这种情况的原因是横向有限延展介质中流体流动的各种耗散效应可能会抑制不稳定性。与现场条件下的相同驱替相比较时，这种效应意味着实验室驱替中的指进现象会被异常地抑制，因此，当存在该放大比例效应时，亟需认真考虑实验室进行这种非稳定驱替实验的目的所在。

为了研究这种比例效应，早期由 Chouke 等（1959）提出该比例效应，并随后根据 Gardner 和 Ypma（1981）进一步提升的线性稳定性分析原理进行引述。

在非均质均匀介质中，基于低黏滞低密度溶剂向下二次混相驱替原油时的线性稳定性分析，非稳定混相驱的临界波长 λ_c 为

$$\lambda_c = 4\pi \frac{M^0 + 1}{M^0 - 1} \left(\frac{K_1}{u_x - u_c} \right) \tag{6.85}$$

式中，分散系数 K_1 被假设成是各向同性的。因为驱替是不稳定的，必须取 $M^0 > 1$ 和 $u_x > u_c$，使得 λ_c 总为正数。

起初很明显的某种非混相驱替类似表达式已由 Chouke 等（1959）提出，并由 Peter（1979）进行了修订：

$$\lambda_c = \frac{C}{3} \left[\frac{K \lambda_{r1}^0 \sigma_{12}}{(M^0 - 1)(u_x - u_c)} \right]^{1/2} \tag{6.86}$$

Peter 称方程（6.86）中的 C 常数为 Chouke 常数，并认为当不存在原始束缚水时，对于非混相驱而言，$C = 25$；当存在原始束缚水时，$C = 190$。当存在原始束缚水时，临界波长的值较大，但对于这种稳定效应的原因，并没有给出很好的解释。

根据上述分析，形成 I 类稳定性的必要条件时，有

$$M^0 > 1 \text{ 或 } u_x > u_c \text{ 和 } \lambda_c < (H_t)_{max} \tag{6.87}$$

式中，$(H_t)_{max}$ 为可渗透介质的最大横向范围。可以很容易地看出（练习题 6.9）：对于通常条件而言，u_c 的大小只有数厘米。因此，如果希望在驱替中存在指进现象，则必须采取特殊措施以满足方程（6.87）的条件，这通常意味着需要使用很快的速度（与现场速度相比较）进行驱替实验，或系统中至少存在一个很大的横向尺度，这种系统被称为 Heleshaw 装置，在该装置中可以发生如图 6.18 所示的驱替过程。

但是如果实验目的是为了抑制指进，则系统中要有非常小的横向尺度，最好使用第 7 章中讨论的细管实验。在提高采收率方法的计算机模拟中，会非常注重模拟自身的数值离散作用（即网格尺寸的规模比例），这些模拟能够通过使用非常小的网格来抑制指进现象的发生。

在有关临界速度和波长的推导过程中，存在三种重要情况。第一，指进形成是如何运移的，这一点从未研究过。一个指进的形成，会分叉成两支，其中一支主导（或挡住）着另一支，而占优势的这支会再次重新分支，不断重复上述过程（Homsy，1987）。如果该过程不断进行，就会形成一个具有无数分支的单一指进。图 6.18 给出了不同程度指进分叉及合并时的情形，其中的最小尺度代表临界波长。

第二，无论是在波长的推导过程中，还是在速度的推导过程中，扰动必须足够小。当扰动不太小时，若扰动的尺寸大于介质的横向范围，则扰动可能会被抑制，这是临界波长推论的引申含义。临界流速是不稳定评价标准的必要条件，而不是充分条件。

最后，指进和非均质性的问题无法被严格地区分开来。尽管开始时假设油藏是均质的，但非均质性最终会导致扰动的形成，如图 6.20 所示。指进和非均质性的综合作用问题一直是提高采收率研究中最具意义的研究课题之一。

6.9 气驱提高采收率过程中的重力分异现象

在第 7 章的溶剂提高采收率方法中，通常将气态溶剂注入水相中，或以气—水相交替段塞方式（WAG）注入，使用这些方法能够降低流度比。尽管如此，气体可能会从水相中分异出来，进入到油藏顶部，这主要是因为气体的密度较小。只有当气体处于流动状态（气相和水相混合区）或在只有气体流动的薄超覆区域（图 6.25 所示）内，原油才能被气体置换出来，因此，将远离注入井的混合流动带中的穿透深度最大化是非常重要的。以下分析解决了第 6.4 节中的窜流问题以及第 6.5 节中垂向平衡问题的中间情况，即研究了流体分异达到重力平衡时所需的区域范围。

Stone（1982）、Jenkins（1984）以及 Rossen 等（2010）提出了完全重力分异后，长方形均质油藏或圆柱形均质油藏中气相和液相在垂直井或水平井中运移的距离方程，如图 6.25 所示。

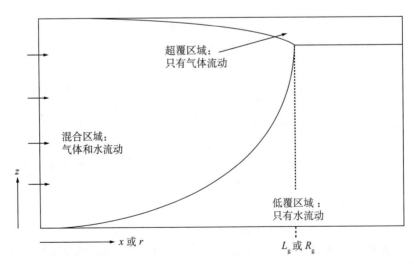

图 6.25　混合区域、超覆区域和低覆区域的示意图（Stone，1982；Jenkins，1984）

$$L_{g} = \frac{q}{K_{z}(\rho_{1} - \rho_{3})gW\lambda_{rt}^{m}} \qquad (6.88)$$

$$R_{g} = \sqrt{\frac{q}{\pi K_{z}(\rho_{1} - \rho_{3})g\lambda_{rt}^{m}}} \qquad (6.89)$$

式中，L_{g} 和 R_{g} 分别适用于长方形油藏流动和径向油藏流动时的情况，如图 6.25 所示，q 为（地层条件下）气相和水相的总体积注入量，K_{z} 为垂向渗透率，ρ_{1} 和 ρ_{3} 分别为水相和气相密度，g 为重力加速度，W 为垂直于流动方向处长方形横截面的厚度，λ_{rt}^{m} 为混合区域的总相对流度。通过使用分流理论的标准假设（第 5.2 节），包括不可压缩相的和气相的（Rossen 等，2010），可以得到上述方程。该方程适用于气—水同注方式（即假设离开油井时的速度与流向油井过程中所有速度都是一致的），但是 Stone 认为，只要水—气段塞在近井地带发生混合，就可将其应用于 WAG 方式。方程（6.88）和方程（6.89）适用于稳态渗流，毕竟可动原油是从重力分异发生的地方被驱替出来的，也可能会产生一些残余油，减少混合区域的总流度比 λ_{rt}^{m}。方程（6.88）和方程（6.89）尝试着绕过部分驱油过程中的复杂问题，而直接跳至最终时的稳定状态来反映采油阶段的波及效率。

有关多层油藏和横盘式油藏的模拟研究（Stolwijk 和 Rossen，2009）指出，只需将垂向渗透率进行渗透率分布的调和平均计算（针对对层油藏）或几何平均计算（针对横盘式油藏），则对于渗透率级差不超过 4 : 1 的非均质油藏而言，方程（6.88）和方程（6.89）是相当精确的。非均质油藏中的垂向渗透率（调和平均或几何平均）与水平渗透率（算术平均）有关（见方程 6.36a），这意味着非均质性可以减小重力分异作用，也可参考 Araktingi 和 Orr（1990）以及 de Riz 和 Muggeridge（1997）的相关文献。对于非均质更强的油藏而言，由于混合区域会存在大量未波及的油束，则该方程变得不准确，且基本上毫无意义。

重新回到均质油藏的讨论中，根据方程（6.88）和方程（6.89），可以通过增加注入速度 q 或者减小混合区域的流度 λ_{rt}^{m}，使混合流动向油藏深部运移。气体只能波及混合区域和薄超覆区域，因此，应该尽可能的使混合区域最大化，而增加 q 和减少 λ_{rt}^{m} 都会增加注入压力。当附加一些假设条件（假设为均匀的气—液同注过程）时，则不存在重力分异，气相和液相的运移距离与注入压力有关（Rossen 等，2010）。对于径向流而言，有

$$p(r_{w}) - p(R_{g}) = \frac{K_{z}(\rho_{1} - \rho_{3})g}{2HK_{h}}R_{g}^{2}\left\{\ln\left(\frac{R_{g}}{r_{w}}\right) - \frac{1}{2}\left[1 - \left(\frac{r_{w}}{R_{g}}\right)^{2}\right]\right\} \qquad (6.90)$$

式中，p 为压力，r_{w} 为井眼半径，K_{h} 为水平渗透率。无论混合区域的注入速度或流度比有多大，所需注入压力的增加速度快于重力分异处预计距离的平方根。基于混合区域高度与注入井距离有关的假设，方程（6.90）中的最后一项（以 $-1/2$ 开始的项）可以被忽略。如果注入压力有限（例如考虑压裂时），则对于单井中水—气同注时的情况而言，方程

(6.90)假定了重力分异发生时可能距离的极限值。

但是,也存在其他类似的注入方式,图 6.26 对比了注入井的注入压力百分数和与远离注入井半径有关的气液分异百分数。注入压力主要与近井地带的流度有关,而重力分异作用主要与远井地带的流度有关(方程 6.88 和方程 6.89)。存在许多通过增加近井地带的流度来增加气水共同运移距离的方法,这种距离已经超过了方程(6.90)可以预测的范围(Jamshidnezhad 等,2010)。通过简单地油井增产措施来增加近井地带渗透率的方式,可以增加 q,进而增加 R_g。比如使渗透率增加为原来的 30 倍和使初始 R_g 值时的半径距离增加 1%,则可通过增加注入量来使 R_g 增加 30%。

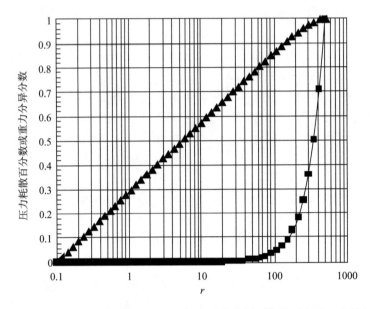

图 6.26 压力耗散百分数(三角形,根据方程 6.14)和重力分异百分数(方形,为径向流时半径位置 r 的函数,井眼半径 0.1m,R_g=500m),参考 Rossen 等(2010)

Stone(2004)认为,在单一垂直井或两平行水平井中,都可以在气相的上方注入水相,当气相和水相的注入速度保持恒定时,该方法大约可以使 L_g 或 R_g^2 增加 50%,当与泡沫相结合时,效果会更好(Faisal 等,2009;Rossen 等,2010)。当在两平行水平井的气相上方注入水相产生相应效应时,可以假设沿着两井的气相和水相注入速度能够达到一致,特别是当气体能够沿着油井均匀地流出时。

无论是单一垂直井中的两个注入间隔,还是两水平井中的两个注入间隔,近井地带的流度都非常高,因为水相注入时只有水相流动,气相注入时只有气相流动,这意味着其注入性能大于气—水同注方式时的注入性能,注入流量 q 增加时,L_g 或 R_g^2 也会随之增加(方程 6.88 和 6.89)。数值计算表明,当压力恒定时,注入相对较大的段塞会使注入性增加,并使 L_g 或 R_g^2 增加近 3 倍。

WAG 注入方式本身可能要比方程(6.90)描述的更好,主要是因为在大部分 WAG 过程中,近井地带的流度要比同等总分流量时的两相连续注入流度要大(Faisal 等,2009),通过采用泡沫体系而使其性能优于方程(6.90)时的方法,将留在第 10 章中进行讨论。

6.10 结束语

体积波及效率是一个非常复杂的问题，与驱替效率相比，本书中论述的还不够充分。其复杂因素主要有三点：对操作问题的强烈依赖性、非线性与不规则几何形状以及收集实际非均质性资料的困难程度。数值模拟可在某种程度上克服上述三个问题，但仍存在一些问题，比如如何合理地模拟模型的非均质性。

有关实际油藏中各种驱替过程的体积波及效率变化动态介绍得非常少，仅依靠这里介绍的内容，也无法对其有起码的定性理解。有关体积波及效率的变化动态有很多示例，比如在含有高渗（漏失）层的油藏中，其体积波及特性就与两层介质的一样；通常，高渗透油藏主要受重力作用的支配，符合 Dietz 理论。低渗透油藏中流体的窜流则是无关紧要的。大井距的高渗透油藏会以很快受到垂向平衡理论的制约。

综上所述，正确认识绕流问题是即为重要的，它是窜流、黏滞指进、重力分异或这些因素的综合效应，而在许多注水井和提高采收率项目中，这些绕流现象似乎都会发生。

练习题

6.1 使用面积波及关系式

在本习题中使用封闭型五点井网的面积波及关系式。

（1）绘制出面积波及效率 E_A 与无量纲时间 t_D 之间的关系曲线，已知流度比为 6.5。

（2）已知井网孔隙体积为 $10^6 m^3$，平均注入速度为 $500 m^3/d$，绘制出累计采油量（单位为 SCM[❶]）和时间（单位为月或年）的关系曲线。假定驱替过程为活塞式驱替，垂向波及效率为 1，问题（1）中的孔隙体积是变化的，残余水饱和度为 0.2，残余油饱和度为 0.3。

6.2 正态分布的非均质性衡量方法

渗透率通常呈正态分布，而不是对数正态分布。当发生这种情况时，累积频率分布函数方程（6.10）变为

$$A = \frac{1}{2}\left[1 - \text{erf}\left(\frac{r - \bar{r}}{\sqrt{2v_N}}\right)\right]$$

式中，$\bar{r}$ 为平均渗透率—孔隙度之比，v_N 为正态分布的方差。使用方程（6.8）和（6.9）推导出与 v_N 有关的 Lorenz 和 Dykstra–Parsons 系数方程。

6.3 两层油藏中的垂向波及效率

（1）推导出水平油藏中层 1 的流体流动方程。

（2）对于双层水平油藏（$K_1 = 2K_2$，$\phi_1 = \phi_2$，$\Delta S_1 = \Delta S_2$ 和 $h_1 = 3h_2$），计算并绘制出垂向波及效率 E_1 与高渗层中总流量百分数之间的关系曲线。已知 $M^0 = 0.5$。

---

❶ SCM 为 standard cubic meter 的缩写，即标准立方米。

6.4   非连通油藏中的垂向波及效率

对于不存在垂向连通的油藏，计算并绘制出垂向波及效率与无量纲累计注水量之间的关系曲线，该油藏中五层横截面处的参数如下：

h_1, m	ϕ_1	K_1, μm^2
5	0.2	0.100
10	0.22	0.195
2	0.23	0.560
15	0.19	0.055
4	0.15	0.023

已知出口端的流度比为 0.5。

6.5   连续的垂向平衡

使用 Hearn 垂向平衡模型处理以下油藏，已知 $M^0<1$ 和 $\alpha=0$。

（1）证明：当渗透率分布连续时，横截面处的平均水相分流量可写为

$$\overline{f}_1=\left[1+\frac{(1-C)}{H_K M^0 C}\right]^{-1}$$

式中，H_k 为 Koual 非均质性因数（如图 6.6 所示）。

（2）重新讨论并绘制出习题 6.3（2）中两层模型的垂向波及效率曲线，已知 $M^0=0.5$。

（3）在双层水平油藏中，如果

$$M^0<\frac{K_2}{\phi_2}\frac{\phi_1}{K_1}$$

证明其非均质性级差的影响会完全被抑制（即两层中前缘以相同速度运移）。方程中的 1 和 2 分别代表高渗层和低渗层。

6.6   计算拟相对渗透率

根据练习题 6.4 中相关的离散渗透率 - 孔隙度数据。

（1）应用垂向平衡时的 Hearn 模型，计算并绘制出水平油藏注水时的拟相对渗透率曲线。

（2）计算并绘制出注水时的垂向波及效率曲线。

（3）当非零毛细管压力为

$$p_c=\sigma_{12}\left(\frac{\phi}{K}\right)^{1/2}\cos\theta(1-S)^4$$

时，重复（1）中的步骤。式中，σ_{12} 为油水界面张力，θ 为接触角，以及

$$S=\frac{S_1-S_{1r}}{1-S_{1r}-S_{2r}}$$

（4）计算并绘制出 6.6（3）中的垂向波及效率曲线。已知 $\Delta \rho = 0$，$S_{1r} = S_{2r} = 0.2$，$\mu_1 = 1\text{Pa} \cdot \text{s}$，$\mu_2 = 10\text{Pa} \cdot \text{s}$，$K_{r1}^0 = 0.05$，$K_{r2}^0 = 0.9$，有关相对渗透率曲线的方程如下：

$$K_{r1} = K_{r1}^0 S^2, \quad K_{r2} = K_{r2}^0 (1-S)$$

6.7 推导拟相对渗透率

水与原油之间的毛细压力—函数饱和度函数通常可表示为

$$p_c = K\left(\frac{1}{S^2} - 1\right)$$

式中，K 为常数，S 为对比饱和度，即练习题 6.6（3）中的第二个方程。假设垂向平衡时的假设适用于均质油藏。

（1）根据油藏底部的含水饱和度（S_{1B} 或 S_B），推导出倾角方向或 z 方向上的含水饱和度剖面。

（2）推导出与 S_{1B} 或 S_B 有关的平均含水饱和度表达式。

（3）如果可用练习题 6.6（4）中的方程估算出局部（实验室测定的）相对渗透率，则证明根据（2）中平均含水饱和度得到的油—水拟相对渗透率为

$$\tilde{K}_{r1} = \frac{K_{r1}^0}{N_g^0} \ln\left[1 + \frac{N_g^0 \overline{S}^2}{\left(1 - \frac{N_g^0 \overline{S}^2}{4}\right)^2} \right], \quad \tilde{K}_{r2} = K_{r2}^0 \left(1 - \overline{S}\right)$$

式中，

$$N_g^0 = \frac{\Delta \rho g \cos\alpha H_t}{K}$$

（4）已知 $N_g^0 = 1$，$M^0 = 4$，油藏倾角为零，计算并绘制出驱替波及效率与无量纲时间之间的关系曲线。

6.8 不稳定计算

（1）计算具有下列性质混相驱的临界速度：

$K = 0.12 \mu \text{m}^2$；

$M^0 = 50$；

油－溶剂之间的密度差 $= -0.8\text{g/cm}^3$；

溶剂的流度 $= 10 \ (\text{mPa} \cdot \text{S})^{-1}$；

倾角 $= -10°$。

（2）假设上述驱替中的表观速度为 $0.8 \mu \text{m/s}$，根据稳定性理论，计算出临界波长。已知弥散系数为 10^{-5}cm/s。

6.9 气水同注时的重力分异

使用方程（6.90）计算以下问题。

（1）根据以下参数，计算注入压力：K_h=100mD（$10^{-14}m^2$）；K_2=10mD（$10^{-14}m^2$）；r_w=4in（10cm）；H=20ft（30.5m）；$(\rho_{13}-\rho_3)$=400kg/m³ 和 R_g=1000 或 2000ft（305m 或 610m）。

（2）计算在上述两位置产生重力分异时所需的注入量 q（单位为 m³/d）。

（3）已知油藏中存在 5 个相同的间隔，厚度均为 20ft，两者之间存在不可渗透的页岩阻隔。计算产生重力分异时的位置和与问题 6.9（3）中两注入量 q 相同时的注入压力。

第 7 章　溶剂提高采收率方法

最早用于原油增产的方法之一是利用溶剂来提取可渗透介质中的石油。20 世纪 60 年代初期，研究的热点主要集中在向地层中首先注入小段塞（slug）的液化石油气（LPG），然后使用干气顶替（chase）液化石油气。但是，随着溶剂价格的不断提高，这种方法在经济上不再具有吸引力。

20 世纪 70 年代后期，由于石油价格的上涨和对估算原油采收率能力的信心增强，溶剂提高采收率方法再次成为了研究热点。在这一阶段，尽管也应用了许多其他类型的流体，但主要的溶剂仍然是 CO_2（Stalkup，1983）。20 世纪 80 年代初期，CO_2 驱替项目的数量显著增加，并且其设计量也越来越多，直至 20 世纪 80 年代油价出现了下跌。当时，具有巨大资本投资的项目仍被继续开展着，并且在 20 世纪 90 年代初期油价很低的情况下仍然产生了一定的利润。2002 年左右，美国溶剂提高采收率项目数量超过了热力提高采收率项目，并且溶剂提高采收率方法逐渐成为了提高采收率的主导方法。气驱项目的数量预计会在接下来的十年中持续增加，特别是当油价维持在相对较高的水平和二氧化碳埋存需求扩大时。

溶剂提高采收率方法的主要机理为溶剂与原油之间发生混相时的质量转移。两种流体在单一相中能以各种比例混合时被称为混相的（miscible）。因此，混相溶剂能以各种比例与被驱替原油进行混合，但是在大多数实际应用中，混相溶剂对原油仅表现出部分混相的能力。本文中使用"溶剂（solvent）驱替"这一术语。当然，很多溶剂可以在合适的条件下与原油发生混相，但对于水相而言，所有商业性溶剂都是不能混相的。

溶剂驱替方法属于一种依靠质量转移作为主要增产机理的提高采收率方法，这类方法包括抽提、溶解、蒸发、增溶和冷凝等，他们能够改变原油的相态特征。这些方法有时还具有某些非常重要的采油机理（即降低原油黏度、膨胀原油体积和溶解气驱），但是主要的机理还是质量转移。有时，质量转移的作用会非常强，能使流体产生混相。

可用于质量转移的流体有多种，比如有机醇、酮、炼制烃类、凝析石油气（LPG）、天然气和液化石油气（LNG）、二氧化碳、空气、氮气、废气、烟道气以及硫化氢等。本章中将重点介绍 CO_2、CH_4 和 N_2 作为溶剂时的混相驱替过程，但是需要明确的是，也存在很多潜在的药剂，另外，形成混相时需要依靠中间烃组分的质量转移。

7.1　溶剂提高采收率方法的一般性讨论

溶剂提高采收率方法中所涉及的溶剂、工艺和油藏类型有很多，不可能对所有可能存在的方法都进行详细地介绍。因此，本节中主要讨论 CO_2 溶剂驱替方法，后面将对溶剂驱替做更全面的介绍。

图 7.1 为注入井与生产井的理想垂向剖面图。图中所示的驱替方法为溶剂驱替中最常用的方法。但是文献中也曾有报道，注入过程和生产过程可以在同一口井中完成（Monger

和 Coma, 1988)。溶剂的注入是当地层能量衰竭到一定程度时,通常在残余油或三次采油的条件下。虽然也存在一些例外,但大多数溶剂驱替过程都在轻质原油(黏度低于 3mPa·s)油藏中进行(Goodrich, 1980)。溶剂可以以未稀释的形式连续注入地层中,如图 7.1 中所示的水—气交替注入法(water-alternating-gas, WAG)将气和水交替注入地层中,甚至还可以使用双注入套管将气体与水同时注入地层中。每个水—气交替注入周期中的注入量可以依次减少,这样可以使第一个周期中的注气量增多以推迟水对气体的圈闭作用。水与溶剂一起注入的做法是为了降低溶剂通常较大的流度。即便如此,溶剂(或溶剂—水混合物)与原油之间的流度比仍是不理想的。CO_2 可以溶解于水中,以明显非混相的方式注入地层中,利用其溶胀作用和降黏作用来开采石油(Martin, 1951)。

CO_2 驱替方法

这种适用于多种油藏的非混相驱方法通常在 CO_2 段塞后接着使用水与气交替注入(WAG)

原油黏度的降低能够提供有效的混相驱效果

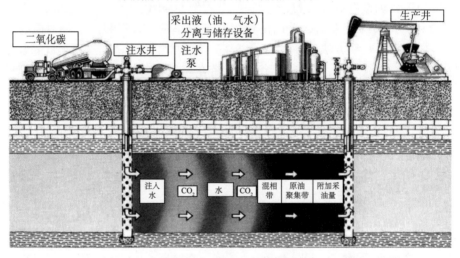

图 7.1　溶剂(CO_2)驱替过程示意图(美国能源部 Joe Lindley 绘制)

如果溶剂与原油可以完全(一次接触)混相,由于不存在残余相,则此时可以获得非常大的最终驱替效率(第 5.4 节),如果溶剂只是与原油部分混相,则溶剂与原油之间混合区域(图 7.1 中的混相区)中的总组成可以发生变化,以使其在地层中形成或发展混相。不管是发展起来的混相驱替过程,还是一次接触混相驱替过程,溶剂必须能够以非混相方式驱替地层流体中同时存在的可动水。因此,溶剂驱替过程中通常包含至少三种流动相,在某些情况中,甚至可能存在多个烃类相。

该方法的盈利能力通常不允许其进行无限期地注入。因此,在注入一定数量或段塞的溶剂后,通常要接着注入顶替液(chase fluid),其作用是将溶剂驱向生产井。顶替液通常选用 N_2、空气、水和干气,但其本身或许不是良好的溶剂,之所以选择他们是因为这些流体的经济适用量大,并且能够与溶剂相匹配。由图 7.1 和图 9.1 可以看出,溶剂驱替中的顶替液与胶束—聚合物复合驱中的流度缓冲驱替流体具有明显的相似性。

虽然图 7.1 中所示的驱替方法看似很简单,但其驱替效率和体积波及效率都是相当复杂的。在第 7.6 节至第 7.8 节中，将应用第 5 章和第 6 章中介绍的方法分析溶剂驱替方法，但首先必须讨论溶剂和溶剂—原油系统的物理性质。

溶剂驱替方法的另一个问题是地面设施。溶剂的来源随着溶剂种类的不同而不同。对于 CO_2 而言，气源可以通过天然沉积和管线运输。某些 CO_2 资源有时使用卡车或有轨电车进行运输，但这（在美国 ❶）并不常见。最近，将电厂废气与燃料气（其自身也是一种溶剂）中获取的 CO_2 应用到提高采收率技术中受到了极大地关注，这种方法能够储存 CO_2 来减少温室气体的排放。

其他溶剂的来源更加多变。N_2 可以直接从空气中提取，或者将空气本身作为溶剂。基于烃类的溶剂通常需要某种从其他地层中或相同地层中抽提出来的方法。尽管加入中间烃组分会增加成本，但它可以增加所有溶剂的驱油效果。

溶剂的可利用性是开展溶剂驱替的主要决定因素。但是，其他考虑因素也同样非常重要，其中最主要的是回收利用。

矿场经验表明在溶剂驱替中使用溶剂可以开采出大部分的原油。这种结论和经济效果也暗示出溶剂很容易从产出原油中分离出来。有时候这种分离可以使用常规的操作方法，但大多数情况下需要引入特殊的设备。对于 CO_2 而言，通常还需要一个胺分离装置或膜分离设备。分离是必需的，这样才能使原油达到可被销售的质量要求，并能够减少溶剂的购买数量，这两者都对该过程的经济性有直接的影响。对于地面分离方法的更多介绍可以参考相关文献（Aaron 和 Tsouris，2005）。在相对成熟的驱替过程中，大约有一半的注入 CO_2 可被回收利用。

7.2　溶剂的性质

图 7.2 为各种纯组分和空气的相态特征数据（p–T 关系图）。对于每一条曲线而言，连接三相点和临界点的线段为蒸气压力曲线，三相点以下的延长线为升华曲线（4.1 节），图中没有给出熔点曲线。空气的压力—温度关系曲线事实上是一个包络线，但由于其相对分子质量分布很窄，因此为如图 7.2 所示的曲线。烟道气也是由 N_2、CO 和 CO_2 组成的混合气体，它的相对分子质量分布也很窄，其 p–T 关系图大约位于图 7.2 中 N_2 曲线的附近。

大多数组分的临界压力都位于 3.4～6.8MPa（500 ～ 1000psia）的相对狭窄范围内，但是，临界温度的变化范围很宽。大多数组分的临界温度随着相对分子质量的增加而增加，但 CO_2（相对分子质量 M_w=44）的情况例外，它的临界温度为 304K（87.8℉），与丙烷（M_w=44）相比，它更接近于乙烷（M_w=30）的临界温度（Vukalovich 和 Altunin 的《二氧化碳性质汇编》，1968）。大部分溶剂驱替应用在温度为 294～394K（70～250℉）和压力高于 6.8MPa（1000psia）的油藏中。因此，在油藏条件下，空气、N_2 和干气均为超临界流体。在丁烷或更重组分的相对分子质量范围内溶剂（如 LPG）将是液体。由于大多数油藏的温度在其临界温度以上，所以 CO_2 通常为超临界流体。当 CO_2 的温度靠近临界温度时，与其他溶剂相比，CO_2 的性质更像液体。

---

❶　译者注。

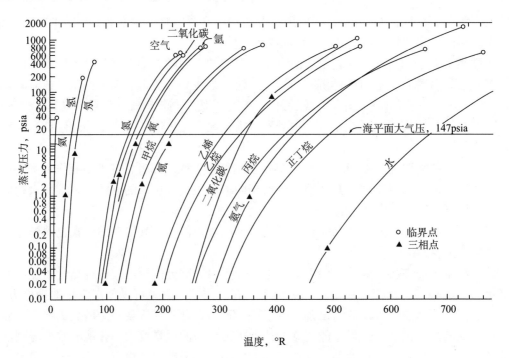

图 7.2   各种纯组分的蒸气压力曲线（Gibbs，1971）

【例 7.1】 溶剂的密度和摩尔体积

某种溶剂（组分 3）的流体密度 ρ_3 可由以下方程求得

$$\rho_3 = \frac{pM_w}{zRT}$$

任意温度和压力条件下的地层体积系数 B_3（比摩尔体积），可由以下方程求得

$$B_3 = z\frac{p_s}{p}\frac{T}{T_s}$$

在该方程中，T_s 和 p_s 分别为标准温度和标准压力。在一定的温度和压力条件下，随着分子量增加，所有流体都变得更像液体。通过将 CO_2 的密度和地层体积系数与空气的作对比，可以再次清楚地看出 CO_2 的反常特性。

当 CO_2 和空气处于 339K（150℉）和 17MPa（2500psia）的条件下，利用上述方程计算 CO_2 和空气的密度和地层体积系数。这两种溶剂靠近实际溶剂摩尔质量的上限和下限，计算结果见下表：

物性参数	CO_2	空气
z	0.44	1.03
ρ_3，g/cm^3	0.69	0.16
B_3，dm^3/m^3（标）	2.69	7.31

　　与空气相比，CO_2 的密度更接近标准轻质油的密度。因此，在驱替过程中，CO_2 比空气或其他气体（比如 N_2 或甲烷）更不易于出现重力分异现象。在通常情况下，由于 CO_2 从水中分离的难易程度大于原油中分离的难易程度，因此，只有在含水饱和度较高时，CO_2 驱过程中才可能出现重力分异现象。

　　根据地层体积系数的定义，若要充满与空气相同的地层体积，则需大约三倍摩尔体积的 CO_2（注意 B_3 的单位为比摩尔体积）。

　　图 7.3 和图 7.4 给出了天然气混合物与纯 CO_2 的黏度，在所给出的压力和温度范围内（其中包括与提高采收率相关的条件），天然气、空气、烟道气和 N_2 的黏度大致相同。但是 CO_2 的黏度通常是它们的 $2 \sim 3$ 倍。与烃类液体和水的黏度相比，该数值仍然很小，这意味着注入这些溶剂时的难易程度不会有太大的差别。但是，CO_2 与原油的流度比要比其他轻质溶剂低 $2 \sim 3$ 倍，因此，对于 CO_2 而言，其体积波及效率通常比较高（有关其他溶剂和溶剂—混合物之间的关系，可以参考 Mccain，1989；Poling 等，2000；《工程数据手册》，2004）。

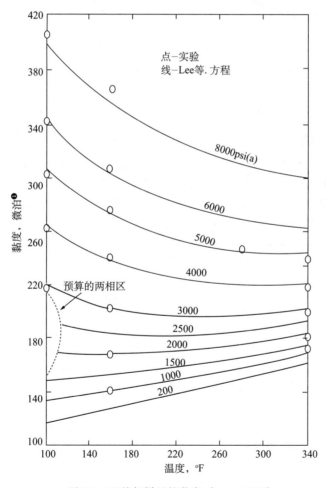

图 7.3　天然气样品的黏度（Lee，1966）

---

❶　1 微泊 $=10^{-4}$ 厘泊

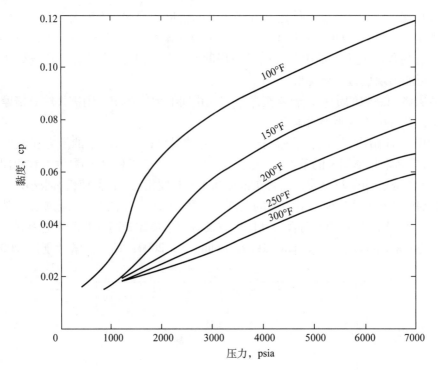

图 7.4　各种温度下 CO_2 的黏度与压力之间的关系（Goodrich，1980）

【例 7.2】纯 CO_2 的黏度

在油藏勘探及后续的整个生产过程中，平均地层温度和地层压力可以由地热方程 $T=0.015D_z+60$（温度单位为℉）和地压方程 $p=0.433D_z+15$（压力单位为 psia）近似得到。方程中的 D_z 为地下垂直深度，单位为 ft，方程中的常数分别为地热梯度和地压梯度。

使用这些方程和图 7.4 可以估算出 CO_2 的黏度变化，结果见下表：

深度，ft	T，℉	p，psia	μ_{CO_2} mPa·s
2667	100	448	0.02
6000	150	2610	0.06
9333	200	4050	0.06

除了在临界点附近（第一排），CO_2 的黏度近似等于 0.06mPa·s。显然，温度和压力的影响会产生互补作用，使得 CO_2 的黏度基本保持恒定。相类似的方法还可以用来计算 CO_2 的密度和地层体积系数。

7.3　溶剂与原油之间的性质

在第 4.1 节至第 4.3 节中已经讨论了有关纯组分与混合物相态特征的一般性问题。本节中将介绍有关溶剂—原油相态特征的某些具体特征，这些特征对后续章节中的讨论是非常有必要的。相态示意图可以说明热力平衡时流体的状态。

7.3.1　压力—组分相图

　　图 7.5 和图 7.6 给出了两种不同溶剂—原油系统的压力—组分（p—z）关系图。如前所述，在温度保持恒定的条件下，这些相图是压力和与原油相接触溶剂保持平衡时的总摩尔分数之间的关系曲线。这些曲线给出了相态的数目和类型，以及液相的体积百分数，这两个图都代表着指定的溶剂—原油混合物。其他一些关系图可以参考 Turek 等（1984）以及 Orr 和 Jensen（1984）。图 7.5 和图 7.6 中的数据表示随温度变化的相态行为。值得注意的是，在测定相态行为的过程中不存在水相，如果存在大量的 CO_2 溶解在水相中，那么水相会在一定程度上改变相图（Mohebbinia 等，2012）。对于混合物而言，摩尔分数既可以表示相的组成，也可以表示其总浓度。

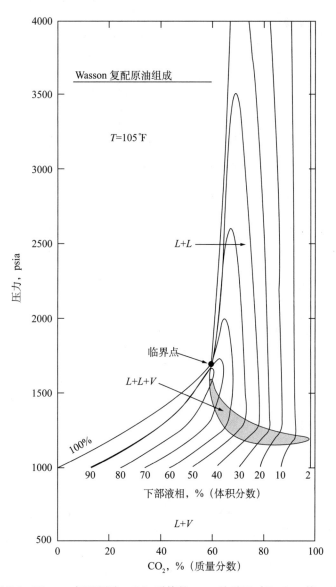

图 7.5　Wasson 复配原油—CO_2 系统的 p—z 关系图（Gardner 等，1981）

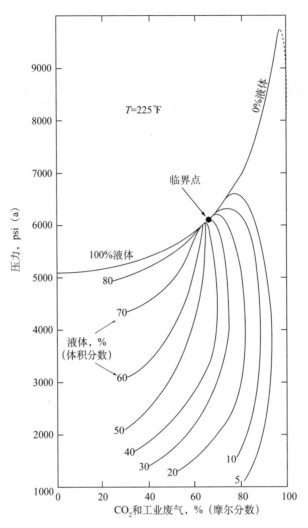

图 7.6　225℉时 Weeks Island S 砂层原油与 95%CO_2、5% 工业废气之间的相包络线（Perry，1978）

当不考虑温度的影响时，所有 p—z 关系图的形式是一样的。左侧的纵坐标代表不含 CO_2 时原油的相态行为，因此，由图 7.5 可知，Wasson 复配原油在 314K（105℉）时的泡点压力为 6.81MPa（1000psia）。类似地，右侧的纵坐标代表纯 CO_2 的相态行为，由于图 7.5 和图 7.6 中的 CO_2 都位于临界温度以上，因此，两图中的 CO_2 均为单相流体。当压力很小时，对于 CO_2 的所有浓度而言，除了非常接近于纵坐标的的混合物外，其他的混合物都是液体和蒸气两相。（当处于右侧纵坐标时，流体再次为单相流体。由于非常靠近坐标轴，这些关系图中看不见其相边界），图中也给出了液相体积—质量关系曲线。在高压和低 CO_2 浓度的条件下，混合物为单相流体。当 CO_2 的浓度大约为 60% 时，在经过两单相流体边界处存在一个临界点（临界混合物）。此点处的 CO_2 组成为该固定温度和指定压力下的临界组成。临界点以下的相边界曲线为泡点曲线，临界点以上的相边界曲线为露点曲线。因此，p—z 关系图的左上角为超临界流体区域。当恒定压力高于临界压力时，随着轻组分浓度的增加，系统可能会形成液相，这种变化为某种类型的反凝析相态行为。

尽管除了 CO_2 以外，文献中有关溶剂的 $p—z$ 关系图很少，但根据图 7.7 中 N_2—原油之间的相态数据可以看出，上述的定性特征也适用于其他溶剂。图 7.7 中 N_2 作为溶剂时混合物的临界压力要高于图 7.5 和图 7.6 中 CO_2 系统的临界压力。回到 CO_2 系统中，图 7.5 中低温和高温条件下相态行为的主要差别在于临界点正下方靠右处存在一个小的三相区。这三个相包括两个液相［轻质液体（上相）和重质液体（下相）］和一个蒸气相。在高温条件下，这种相态行为（如图 7.6）是不常见的（Turek 等，1984）。此外，在低温条件下，在某些组成和压力范围内会出现少量的固体沉淀。这些沉淀物主要由沥青质和原油中的正庚烷不溶物组成（Hirshberg 等，1984），沉淀物形成的范围可能与三相区交叠。这种相态行为会使驱替过程更加复杂，甚至还会给操作工艺带来困难，因为固体沉淀可能会产生地层堵塞。

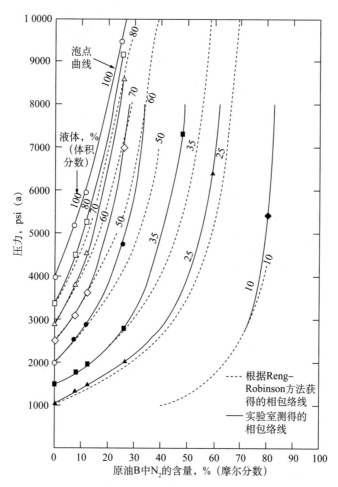

图 7.7　164℉（347K）时储层流体 B—N_2 系统的 $p-z$ 关系图（Hong，1982）.
虚线为使用 Peng–Robinson 状态方程时的数据拟合线

图 7.8 给出了某种原油—CO_2 系统的最终 $p—z$ 关系图。此关系图的特征与前述关系图一样。它还给出了盐水存在时的 $p—z$ 关系图变化情况。

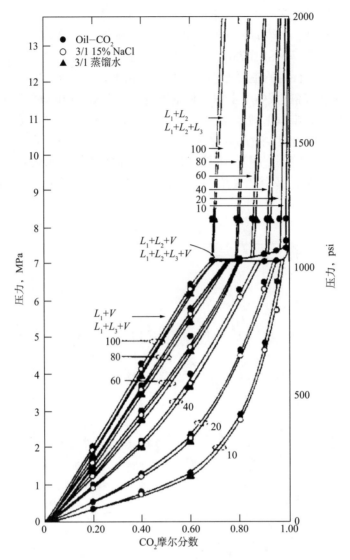

图 7.8　盐水存在条件下平衡时的 $p—z$ 关系图

　　在溶剂驱替过程中，通常假设溶剂—原油的性质与液相相接触任意水相的组成无关。由图 7.8 可以看出，该假设在很大程度上是准确的。但是这并不意味着盐水的影响不重要，它对于水—气交替注入（WAG）驱替中的流度调整和分流量假设条件的产生是非常重要的。在相态行为研究中，盐水通常作为一种惰性组分。

　　压力—组分关系图的用途主要有两个。第一个是给状态方程中的参数计算提供数据，图 7.7 给出了该类型的示例。第二个是解释某些溶剂与原油间形成混相的难易程度，这将在下文中进行详细介绍。

　　此时，考虑可渗透介质中使用纯溶剂驱替原油时溶剂突破之前某个时间的驱替情况。介质注入端的条件绘制在 $p—z$ 关系图的右侧纵坐标中，在某些低压条件下，介质产出端的条件绘制在左侧纵坐标中。因为驱替过程中各烃类组分的相对数量并不像图 7.5 至图 7.8 中的 PVT 测定值一样保持恒定，所以介质中这两个极端之间的情况并没有在 p—z 关系图中给出。因此，对于驱替的分类而言，这些图并不是特别有用，驱替的类别可以根据下面介绍的三元相图进行划分。尽管如此，由这些图仍可以定性地看出，完全混相驱（即所有溶剂浓度时均只有单相存在）需要很高的油藏压力，对于图 7.6 中的数据而言，其压力超过 66.7MPa [9800psi (a)]。某些油藏的压力会达到该压力值，但绝大多数油藏的压力并没这么高。幸运的是，某些驱替过程在压力低于相图中的所需压力时仍然可以产生混相作用。

7.3.2 溶剂与原油之间的三元相图

由于三元相图比 p—z 相图给出的组分信息更多，因此三元相图可以作为溶剂驱替分类的基础。这些相图之间的对应关系见第 4.4 节，图 7.9 至图 7.11 给出了几种三元相图的示意图。

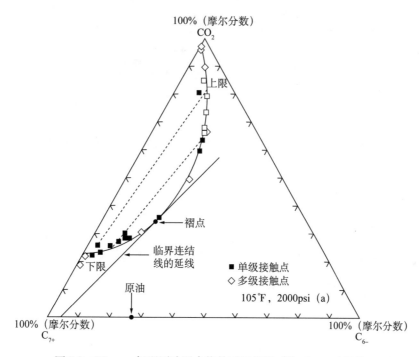

图 7.9　Wasson 复配原油混合物的三元相图（Gardner，1981）

在这些相图中，溶剂—原油混合物用三种组分来表示，顶端为轻质组分，右下角为原油中间组分，左下角为原油重质组分。原油中间组分与重质组分之间严格的分界面，对于相平衡的总体特征或混相能力的分类而言并不重要，但它可能会影响其数值。在图 7.9 和图 7.10 中，分界面位于 C_{6-} 和 C_{7+} 的分子质量百分数之间，因此，这些三元相图的每一个端点都不代表纯组分，而是代表拟组分（第 4 章）。如图 7.8 所述，三元相图中不存在水。除了前面所述的内容，其他一些文献也对三元相图进行了介绍，如酒精溶剂（Holm 和 Csaszar, 1965；Taber 等，1965）、天然气溶剂（Rowe, 1967）、CO_2（Metcalfe 和 Yarborough, 1978；Orr 等，1981；Orr 和 Silva, 1983）、N_2 溶剂（Ahmad 等，1983）和 CO_2、SO_2 和 CH_4 混合物（Sazegh, 1981）。

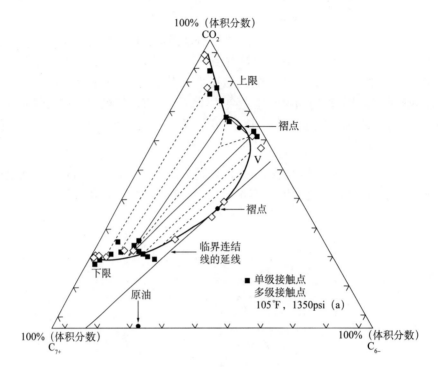

图 7.10　Wasson 复配原油—CO₂ 系统的三元相图 (Gardner, 1981)

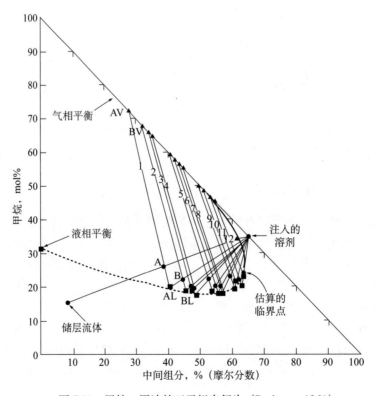

图 7.11　甲烷—原油的三元相态行为 (Berham, 1961)

图 7.9 是 Wasson 复配原油—CO$_2$ 相态平衡的一个很好示例。在这些溶剂—原油系统中，相平衡在很大程度上取决于油藏的温度和压力，单相区域的大小尤为如此。值得注意的是，三元相图是在恒定的温度和压力条件下测得的。尽管地层压力通常高于轻—中组分拟二元的临界凝析压力，但这两种组分仍能以任意比例形成混相。如果压力低于轻—重二元的临界凝析压力，则沿着轻—重组分坐标上存在一个有限混相能力或两相特征的区域，该两相特征区域延伸进入三相区域的内部，并以双结点曲线为界（第 4.3 节）。在双结点曲线内存在许多连接线，他们的端点分别代表着平衡相的各自组成，并逐渐收缩为两相性质模糊不清的褶点（plait point），褶点为该温度和压力条件下的临界混合物。

后续讨论中最为重要的是临界连结线，它是褶点处与双结点曲线相切的虚拟连结线。随着压力的增加，两相区收缩，即轻—重组分的混相能力增加。尽管两相区通常随着温度的增加而增加，但对于温度的影响而言，还不存在一般性的结论。对于低压和低温的条件而言，三相区可以挤入两相区中（如图 7.10 所示）。

这些特征也适用于 CO$_2$ 以外的其他溶剂（如图 7.11 所示）。正如溶剂的组成一样，地层原油的组成也可以置于三元相图上。在此过程中，忽略压力的变化，当然在地层中，压力变化是流体流动的主要因素。尽管使用这种近似方法，溶剂—原油混合带中的所有组分并不位于连接原始流体和注入流体的直线上，这是因为组成变化会受到相态行为的影响。实际上，这些变化为后续溶剂驱替的分类提供了依据（Hutchinson 和 Braun，1961）。

7.3.3　三元相图中溶剂的分类

使用如图 7.12 中所示的三元相图表示某溶剂对原油的一维驱替过程，原油位于该三角相图的内部，表示某些轻组分原本就存在于原油中。如果溶剂与原油之间的"稀释轨迹（dilution path）"线不与两相区相交，则驱替过程由单一烃相构成，这种单一烃相在组成上从原油经过溶剂—原油混相带变成未被稀释的溶剂。由于单相流动混合时的唯一机理是弥散作用，并且不存在水和分流量对单一烃相的影响，因此稀释轨迹是线性的（第 5 章和第 7.6 节）。完全发生在一个烃相内部的驱替被称为一次接触混相，在该温度和压力条件下，存在一个能与原油发生一次接触混相的溶剂组成范围。在下面的内容中，中间拟组分的相态行为将会非常重要，在图 7.12 中原油和溶剂都包含中间组分。

假设溶剂完全由轻质拟组分组成（图 7.13 所示）。由于稀释轨迹穿过了两相区，所以这种驱替过程不是一次接触混相驱替。但是，它将会产生混相，如下文所述。

假设存在一系列混合均匀的容器，他们代表一维驱替中的可渗透介质。第一个容器中最初装有原油，然后将一定数量的溶剂装入容器内，总组成标记成 M_1。达到平衡时，混合物将分成两相，即由平衡连结线确定的气相 G_1 和液相 L_1。气相 G_1 的流度大于液相 L_1，因此气相将优先进入第二个容器中，形成混合物 M_2。液相 L_1 则留下来与纯净的溶剂混合。第二个容器内的混合物 M_2 将分成气相 G_2 和液相 L_2，G_2 流进第三个容器中形成混合物 M_3，以此类推。第三个容器以后（对于该相图而言），气相与原油接触时将不再形成两相。该点以前（即下游），驱替中的所有组成都将位于原油和与双结点曲线切点之间的稀释轨迹直线上。当溶剂的组成由该切点给出时，此时的驱替为一次接触混相过程。由于溶剂已被中间组分富化，其能与原油发生混相，因此该过程能产生混相。因为中间组分从原油中蒸发，所以该过程被称为蒸发气驱。只要注入的溶剂和原油处于临界连结线的对应两侧，则该过程中将形成混相。

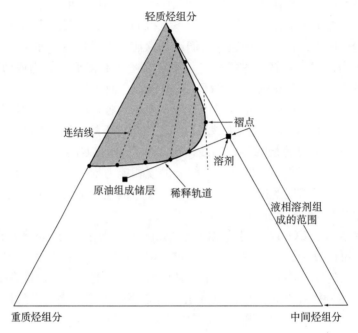

图 7.12 一次接触混相驱替示意图

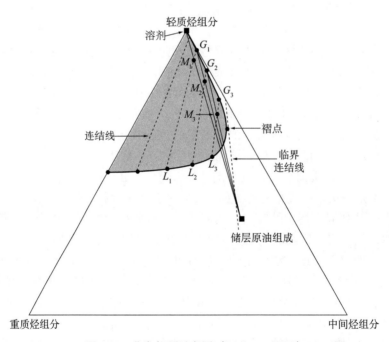

图 7.13 蒸发气驱示意图（Stalkup，1983）

假设原油和溶剂的组分仍然位于临界连结线的对应两侧，但是与蒸发气驱的方向相反（图 7.14 所示）。在第一个混合容器中，总组成 M_1 分成气相 G_1 和液相 L_1。如前所述，气

相 G_1 进入下一个混合容器中，液相 L_1 与新鲜溶剂混合，形成 M_2，液相 L_2 再与新鲜溶剂混合，以此类推。因此，在第一个混合容器中，最终该混合过程将形成单相混合物。

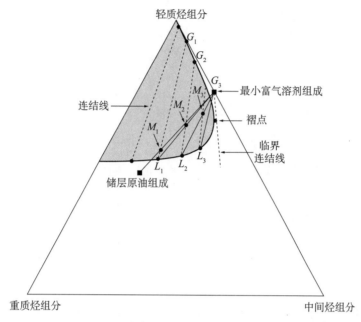

图 7.14　富气驱示意图（Stalkup，1983）

由于气相已经穿过第一个容器，液相中富集（质量转移）了该处的中间组分，因此在溶剂—原油混合区的后方能够形成混相。由于气相 G_1、G_2 与原油的不断接触，混合区的前方为非混相流动区域，这与蒸发气驱混合带后方的情况相类似。图 7.14 中的方法被称为富气驱方法（rich gas-drive），这是因为添加的中间组分富集在注入流体中。由于这些中间组分凝析在平衡液相中，因此该方法也被称为凝析气驱（condensing gas drive）。

连续混合容器中混相的形成能够对混相过程进行很好的解释，但是不应该太过于字面理解。混合容器的数量未知，或不是特别容易获得。可以确定的是，当达到混相时，它发生在距离注入井很近的位置。

图 7.15 给出了三角相图上非混相驱替示意图。原油和溶剂都处于单相区内，但两者均位于临界连结线的两相区一侧。此时，第一混合容器中的初始混合物 M_1 将形成气相 G_1，气相 G_1 将流进下一个容器中形成混合物 M_2，以此类推。与蒸发气驱类似，该气体在到达溶剂—原油混合带前缘（正向接触）处被中间组分所富集。但是，当气相组成超过由延长线穿过原油组成的连结线所确定的气相组成时，将不再产生富集作用。在正向接触中，将会存在极限连结线上混合物对原油的非混相驱替。在第一个混合容器中，液相 L_1 与溶剂混合形成混合物 M_1，与凝析气驱时的情况正好相同。由于单相溶剂驱替两相混合物，因此该驱替过程是非混相的。平衡液相中的中间组分（L_1、L_2，等等）逐渐被抽提出来，直到液相达到另一个极限连结线时为止。无论是正向接触还是反相接触，驱替过程都是完全非混相的。在可渗透介质出口端附近的中间组分为气相，在注入端时为液相。完全不注入中间组分时的非混相驱替过程，被称为干气驱（dry gas flood）。

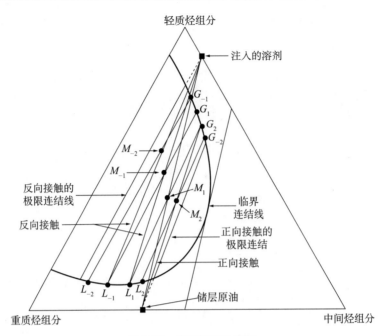

图 7.15　非混相驱示意图

图 7.16 概括了三元驱替时溶剂驱替的分类。没有通过两相区的稀释轨迹（I_2—J_3）被称为一次接触混相驱替。完全位于临界连结线两相区一侧的稀释途径（I_1—J_1）为非混相驱替。当初始组成和注入组成分别位于临界连结线的两侧时，驱替可以是蒸发气驱（I_2—J_1）或凝析气驱（I_1—J_2）。后两种情况为发展起来的或多次接触的混相驱替。

稀释轨迹	类型
I_1—J_1	非混相
I_1—J_2	多级接触（形成的）混相（富气）
I_2—J_1	多级接触（形成的）混相（汽化气）
I_2—J_3	一级接触混相

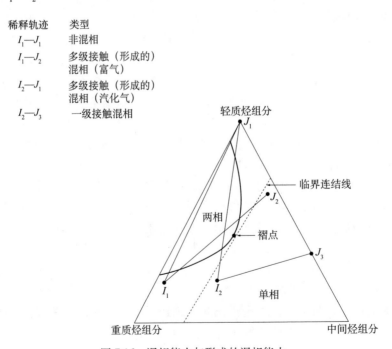

图 7.16　混相能力与形成的混相能力

在图 7.9 所示的条件下，CO_2 是按蒸发气驱的方式来驱替原油的。在相当的条件下，CH_4（如图 7.11 所示）和 N_2（如图 7.17 所示）通常是非混相溶剂。图 7.11 中的 CH_4 可以通过加入 35%（摩尔分数）的中间组分将其转换成凝析气驱。

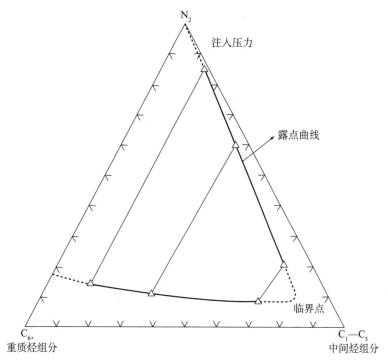

图 7.17　N_2—原油混合物的三元相图（Ahmad 等，1983）

前面图形中的分类方法主要是为了用于教学目的。而实际流体带来的复杂性包括：

（1）真实条件下，不存在只包含两个组分的原油。为了解决这一矛盾，可以使用不同类型的状态方程表达式（第 4 章）和更加复杂的混合容器模型（第 7.3.3 节）或在极限条件下将多组分行为通过替换转变成相态行为，比如下面将要讨论的最小混相压力（minimum miscibility pressure，MMP）。

（2）三元相图是恒定压力和温度条件下的平衡状态示意图。真实条件下，如果压力保持恒定，则不会产生流动，因此此时的假设条件为压力变化非常小。

（3）考虑完全的一维流动意味着忽略了非均质条件时的相互作用。此处的示意图给出的是驱替过程的局部相态行为。

即使存在上述限制条件，溶剂驱的分类方法仍被简单波理论和相关实验结果所证实（Metcalfe 和 Yarborough，1978）。

如前所述，过度简化了溶剂与液相或原油与平衡蒸气通过多次接触时的溶剂驱替三元相图。混合容器方法的基本思想是将溶剂与原油进行重复多次的接触，这将产生新的平衡组分。在蒸发气驱（注干气）的情况下，原油的中间组分被蒸发进入流动性能更好的蒸气相中，当蒸气与新的原油重复多次混合时，可以形成混相，这使得平衡蒸气相组分移向延长线通过原油时的连结线。因此，在蒸发气驱过程中，延长至原油组分的连结线决定着混相的形成，这是因为正向接触（forward contact）将使组分更加靠近临界点，蒸发气驱过程中的混相在驱替前缘（leading edge）处形成。

对于凝析气驱（富气组分）而言，溶剂中的中间组分被凝析在原油中。因此，延长线通过溶剂（气相）组分的连结线决定着混相的形成。凝析气驱的混相在驱替后缘（trailing edge）处形成，这是因为反相接触（backwards contact）将使平衡组分更加靠近临界点。

7.3.4　非三元混合容器

可以通过少量的附加工作将三元驱替过程中的多级接触方法定性地扩展至任意数量原油组分的驱替过程中（Ahmadi 和 Johns，2011）。该方法能够使所有类型的溶剂驱替过程置于一个计算过程中，进而表明在真实混合物中存在前述简单三元相图分类的组合。

扩展的多相混合容器方法首先以两个容器作为开始，随着接触的进行，容器的数量逐渐增加。换言之，所有的接触都被保留下来，而不仅仅保持正向接触或反向接触。容器的数量逐渐增加，直至每个容器中的连结线长度保持相对恒定，连结线的长度为 $\sum_{i=1}^{N_c}(y_{i2}-y_{i3})^2$，长度首先接近零时的连结线决定着形成混相（或非混相）的类型，这是因为连结线长度为零时对应穿过临界点时的容器。在大多数多组分驱替过程中，由三元相图示意图可以看出，控制连结线并不是延长线穿过原油或溶剂组分的连结线。

在恒定温度和压力条件下，混合容器方法首先以两个容器作为开始，其中，注入溶剂置于上游容器中，储层流体置于下游容器中（如图 7.18 所示）。只要总组成位于两相区内或连结线延长线的两相区内，则储层原油（组成为 y_{i2}^0，上角标表示混合容器的序号）和注入蒸气（y_{i3}^0）能以任意摩尔百分比进行混合。然后，平衡时的组成可由第 4 章中介绍的方法进行计算。由于溶剂是被注入进来的，因此最终平衡时的蒸气相位于平衡液相的前方。以上为第一次接触过程。

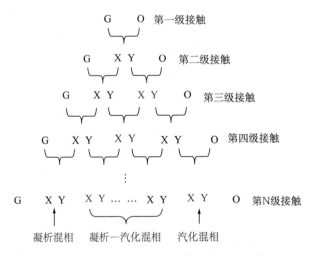

图 7.18　所有接触都被保留时的多级混相容器（Ahmadi 和 Johns，2011）

第二次接触包括上游接触和下游接触（图 7.18 所示）。下游接触将平衡蒸气相（y_{i3}^1）与新鲜原油进行混合，上游接触将平衡液相（y_{i2}^1）与新注入气相进行混合。通过这些闪蒸计算方法，可以获得两组新的平衡液相和蒸气相，因此，此时存在六个容器，包括储层原油和溶剂。以上完成了第二次接触。

然后，逐渐增加接触的数量，直至所有的标志连结线形成。因此，N 次接触后，总共有 $2N+2$ 个容器。该方法的闪蒸计算比简单三元相图的计算多得多，但是计算的过程非常直接。另外，由于他们可能处于流动模拟过程中，因此无需对其运动性质进行计算。

下面将介绍温度为 160℉ 时双组分溶剂（CH_4 和 CO_2）驱替三组分原油（CH_4、C_4 和 C_{10}）的混合容器方法。计算连结线时的输入参数可参考相关文献（Orr 和 Silva，1983）。在这种驱替过程中，存在三条标志连结线：原油连结线、溶剂连结线和另外一条标志连结线（被称为交叉连结线）。

图 7.19 给出了 2000psia［大约低于最小混相压力 300psia］驱替时的四种标志连结线长度剖面与容器数量和接触次数之间的关系图。如图所示，随着接触的不断进行，逐渐形成三条标志连结线。尽管接触次数达到 250 次后所有三条标志线基本保持恒定，但当接触次数达到 50 次时，标志连结线基本完全形成。由于交叉连结线的长度比气相连结线或原油连结线短，因此，该驱替过程中交叉连结线控制着混相能力。

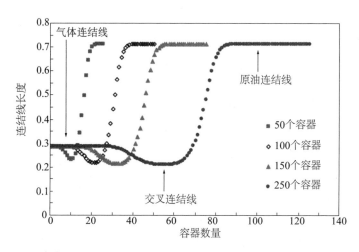

图 7.19   2000psia 混合容器内四组分驱替时连结线长度与接触次数之间的关系图（Ahmadi 和 Johns，
2011）。当所有正向接触、反向接触和中间接触保留时，更多的接触将产生更多的混合容器

以上的驱替示例既具有凝析气驱的特点，也具有汽化气驱的特点，这两种机制的分界被称为交叉连结线。在驱替前缘（即容器下游），CO_2 被凝析在平衡油相中，使得原油体积膨胀和黏度下降。在驱替后缘（即容器上游），液相中下一个最容易挥发的组分 C_4 被蒸发进入平衡蒸气相中。

图 7.20 和图 7.21 使用平衡闪蒸—汽化比或 K 值（$K_{32}^i = y_{i3} / y_{i2}$）。当组分穿过临界混合物时，$K$ 值接近于 1，这意味着形成了混相。因此，在凝析气驱和蒸发气驱的过程中，混相在驱替过程的中间形成。图 7.21 示出了同一流体接近最小混相压力驱替时的混相点。对于凝析气驱和蒸发气驱过程而言，混相发生在容器内油—气连结线之间的某处，但是对于蒸发气驱而言，混相发生在油相连结线（下游最远的连结线）上，对于凝析气驱而言，混相发生在气相连结线（上游最远的连结线）上。

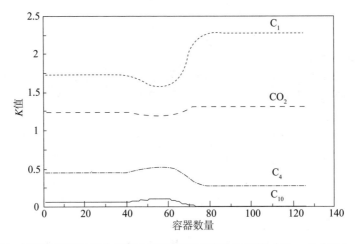

图 7.20　四组分驱替时混合容器内部最短连结线时的 K 值（Ahmadi 和 Johns，2011）

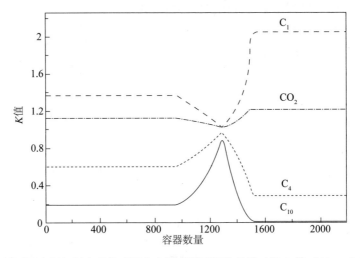

图 7.21　四组分接近最小混相压力驱替时混合容器内部最短连结线时的 K 值（Ahmadi 和 Johns，2011）

　　此处描述的方法可以用来计算混合容器模型的最小混相压力，它能够显著加快该技术的发展，并且使其更加牢固（Ahmadi 和 Johns，2011）。Ahmadi 等（2011）证实对于某些溶剂驱替而言，还存在其他标志连结线，但在所有情况下，混合容器方法能够检测出这种异常。

　　Johns 和 Orr（1996）提出对于 N_c 个组分存在 N_c-3 条交叉连结线，其中任意一条都可以判定混相的发生。只要任意交叉连结线控制着混合，则驱替的类型为凝析气驱和汽化气驱的复合驱替过程。对于 CO_2 驱替十组分原油的某种驱替过程而言，他们还证实这些组分会根据其 K 值被选择性地汽化。原油中的挥发组分更容易被蒸发进入蒸气相中，将较重组分遗留在慢速运移的蒸气相前缘。这些结论与色谱分离理论中组分的选择性吸附相似。Orr（2007）解释了许多气驱油过程中这些类似于色谱分离的分离现象。

7.3.5　非混相驱

　　非混相驱具有很多优点，譬如对压力的要求不高、溶剂的价格一般不太昂贵，并且能够采出相当一部分的原油等。非混相驱的机理主要有：

（1）有限数量的蒸发和抽提。

（2）降低原油黏度。

（3）膨胀原油体积。

（4）压力下降时变成溶解气驱过程。

（5）降低界面张力。

尽管说明这些机理的数据都是针对 CO_2 非混相驱的，但是所有的非混相驱都依靠这些方式来提高采收率（Simon 和 Graue，1965）。值得注意的是，非混相驱并不是严格非混相的，这是因为相与相之间会存在某些传质作用，这些传质的数量取决于地层压力与最小混相压力的大小。

图 7.22 至图 7.24 给出了用于说明非混相驱驱油机理（1）至（3）时的实验数据。图 7.22a 为 CO_2 在原油中的溶解度与温度和饱和压力之间的关系，该原油的环球石油产品（Universal Oil Products，UOP）特征因子（即 K' 值）为 11.7，该特征因子为平均沸点（单位为 °R）的立方根与相对密度的比值，它可能与 API 重度和黏度有关（Watson 等，1935）。饱和压力为泡点压力，因此，图 7.22a 给出了指定温度和压力条件下 CO_2 的最大溶解度，图 7.22b 根据其他特征因子对溶解度数据进行了修正。图 7.23 给出了被 CO_2 溶胀的原油黏度（图中使用 μ_m 表示）与不含 CO_2 时原油黏度（μ_2）之间的比值，它是压力的函数。对于中等饱和压力而言，降黏作用是非常明显的，使用高黏度原油时尤为如此。

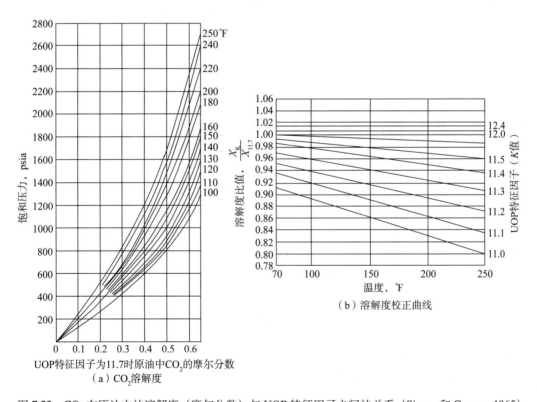

图 7.22 CO_2 在原油中的溶解度（摩尔分数）与 UOP 特征因子之间的关系（Simon 和 Graue，1965）

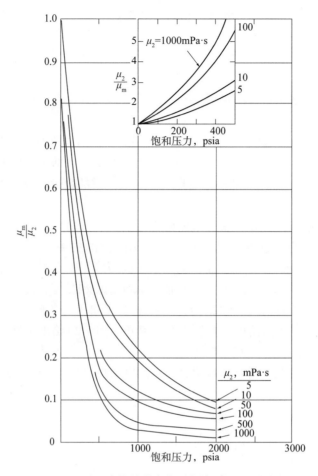

图 7.23　CO_2—原油混合物的黏度校正曲线（Simon 和 Graue，1965）

图 7.24 通过给出原油溶胀系数与相对分子质量和标准密度（g/cm³）比值之间的关系来解释原油的膨胀机理。Vogel 和 Yarborough（1980）给出了 N_2 膨胀原油体积的类似数据。

【例 7.3】综合使用图 7.22 至图 7.24

在 389K（150°R）和 8.2MPa ［1200psi（a）］条件下，估算某种原油中 CO_2 的溶解度、原油黏度降低值和原油溶胀系数。应该注意的是，此时计算的是与 CO_2 形成非混相的烃类液体的性质。因此，CO_2 的总摩尔分数必须足够大，以使其能够出现在三元相图的两相区内。该原油的相关物理性质如下：相对分子质量为 130，UOP 特征因子 K' 为 11.8，相对密度为 0.70，标准沸点为 311K（100°F）和黏度为 5mPa·s。根据图 7.22，求得 CO_2 的溶解度为 55% 摩尔分数，由图 7.23 可以看出，该溶解度使得原油的黏度降至 1mPa·s，原油体积膨胀了 33%。（如需进一步了解含有非混相溶剂时原油的其他性质，可以参考 Holm，1961；Parkinson 和 de Nevers，1969；Holm 和 Josendal，1974；Tumasyan 等，1960。）

7.4　溶剂与水之间的性质

CO_2 在水中的溶解度为温度和压力的函数，有关其与矿化度之间的关系可以参考

McRee（1977）的相关文献。图 7.25 以溶解气水比的形式表示了 CO_2 在水中的溶解度。

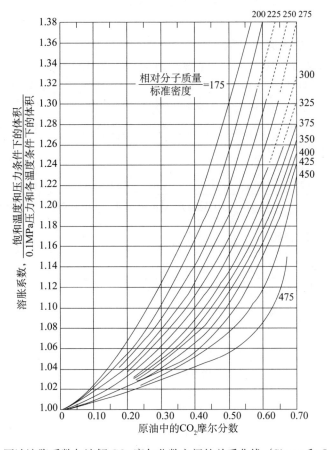

图 7.24　原油溶胀系数与溶解 CO_2 摩尔分数之间的关系曲线（Simon 和 Graue，1965）

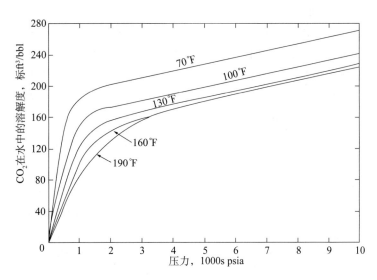

图 7.25　CO_2 在水中的溶解度（Crawford 等，1963）

图 7.25 中给出了指定温度和压力条件下 CO_2 的溶解度和最大溶解度，因此，纵坐标实际上表示饱和压力。该数据与图 7.22 中的 CO_2—原油混合物数据完全相同，溶解气水比可以很容易地转换成摩尔分数。

【例 7.4】CO_2 在水中的摩尔分数

图 7.25 中的溶解度看似很大，但这主要是由于其所选用的单位导致的。当 R_s=260ft³/bbl 时，求解 CO_2 在水中的摩尔分数。假设 CO_2 和水的相对分子质量分别为 44lb$_m$/lb mol 和 18lb$_m$/lb mol（18Daltons[1]），饱和 CO_2 水的密度为 ρ_1=1g/cm³。

【解】该示例实际上为一个单位换算练习题，并能让读者对相关物理量进行进一步地熟悉。首先，对水进行换算，有

$$\frac{260ft^3 / bblCO_2}{1bbl\ 水} \times \frac{1bbl}{5.614ft^3}\ \frac{1ft^3}{(30.5cm)^3}\ \frac{1cm^3}{1g} \times \frac{454g}{1lb_m}\ \frac{18lb_m}{1lb\ mol} = 13.4\ \frac{SCF}{lb\ mol\ 水}$$

然后，对 CO_2 进行换算，有

$$\frac{13.4ft^3 / bblCO_2}{lb\ mol\ 水} \times \frac{1lb\ molCO_2}{379.4ft^3 / bblCO_2} = 0.035\ \frac{lb\ molCO_2}{lb\ mol\ 水}$$

该表达式正好被表示成了摩尔分数的比值：

$$0.035\ \frac{lb\ molCO_2}{lb\ mol\ 水} = \frac{x_3}{x_1} = \frac{x_3}{1 - x_3}$$

或

$$x_3 = \frac{0.035}{1 + 0.035} = 0.034$$

显然，CO_2 在水中的溶解度少于 4%（摩尔分数）。

在整个提高采收率技术的温度和压力范围内，CO_2 是唯一一种在水中具有较高溶解度的溶剂（Culberson 和 McKetta，1951），CO_2 可以稍微增加水的黏度（Tumasyan 等，1960）和水的密度（Parkinson 和 Nevers，1969）。但密度的增加是存在一定矛盾的，因为气态溶剂溶入液体后，通常会降低液体的密度。上述变化非常小，但在密度驱动过程中，他们足以诱发流动的不稳定（Farajzadeh 等，2013）。

7.5 溶剂的相态实验

溶剂的相态行为并不完全决定着溶剂驱替的特征，但它具有非常重要的意义，因此，将专门使用一节介绍某些测量相态行为的普通实验。此时的讨论中自然要介绍最常见的溶剂相态行为，即最小混相压力（MMP）。所有这些都是为了估算溶剂驱替的最重要特征，即测定混相能力，而不需要花费大量的体力和资金来测定出整个相态行为。

---

[1] Daltons（道尔顿，缩写成 Da）是用来衡量原子或分子质量的单位，它被定义为碳 12 原子质量的 1/12。

7.5.1　一次接触实验

在一次接触实验（single-contact experiment）中，向装有已知数量原油的透明耐压容器内注入已知数量的溶剂。在指定温度和压力条件下达到平衡时，从每相中取出一小部分，此时相的组成代表平衡连结线的端点。只需要对其中某一相的组成进行测定，则另一相的组成可以根据物质平衡方程求出。对于 p—z 关系图的测定而言，一次接触实验是非常有帮助的，因为在总组成固定时，压力会随着容器体积的变化而发生改变，如果使用不同数量的溶剂重复上述实验，则一次接触实验将在三元相图上勾画出溶剂与原油之间的稀释轨迹。

7.5.2　多次接触实验

多次接触实验（multiple-contact experiment）重复第 7.3 节中对三元混相驱分类时所描述的方法。在这个实验中（如图 7.26 所示），将已知数量的溶剂和原油按照一次接触实验中的方法注入到透明耐压容器中，但是平衡后，将上部分的相澄清后移入第二个容器中，并与第二个容器中的原油进行混合。类似地，下部分的相再与新鲜溶剂混合。按照上述方法，上部分相经过不断重复地澄清后移出，这样可以逐点模拟出溶剂—原油混合区中正向接触（forward contacts）时的混合作用，下部分相的连续混合被称为反向接触（reverse contacts）。以上所有的接触过程均在恒定的温度和压力条件下进行。

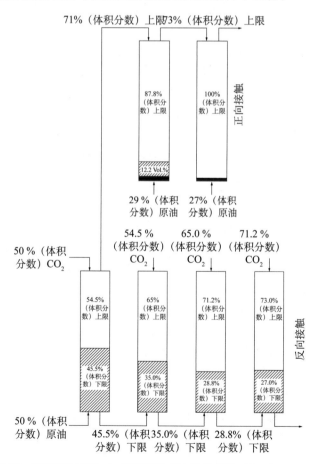

图 7.26　105℉ 和 2000psia 条件下的多次接触实验（Gardner，1981）

由图 7.26 可以看出，多次接触实验结果与图 7.13 类似，溶剂在正向接触中的富集或原油在反向接触中的富集，会使得其中一相最终消失，这正好与前面介绍的按照驱替方式分类法时的预测结果相符。在正向接触中，单相容器表示蒸发气驱过程，在反向接触中，单相容器表示凝析气驱过程，在所有接触中，两相或多相容器表示非混相驱过程。如果对于所有的溶剂和原油组合而言，初始容器为单相，则该过程为一次接触混相过程。

在一定程度上，该实验与第一个容器中的初始注入量有关，因为该实验结果只是驱替分类方法的一种标志。如果在每一步中都测出各相的组成，那么可以在三元相图上作出双结点曲线和连结线。一次接触实验与多次接触实验之间的结果基本一致，由此说明多组分平衡可以使用拟组分进行代替。

一次接触实验和多次接触实验都可以通过直观观察，但是如果细心地选择容器中的初始体积，通过这些实验就能够很容易地确定出全部的三元平衡数据。Orr 和 Silva（1982）设计了一种使用连续接触方法测定相态特征的方法。

7.5.3 细管实验

充填上述静态实验和岩心驱替之间空隙的实验为细管（slim-tube）实验。该实验是在恒定温度条件下，不考虑水存在时的溶剂驱油实验。可渗透介质由玻璃珠或未胶结石英砂充填的砂管组成，其截面积小且长度很大。驱替时，一端的压力将保持恒定不变，由于介质的渗透率一般很高，因此，其压力梯度可以忽略不计。

细管实验的一个突出特点是其纵横比（长度与直径的比值）很大，其目的是为了抑制黏性指进，这是因为当管径小于临界波长时不会产生小波长干扰（第 6.8 节）。即使形成指进，它也会被后续的弥散作用所抑制，如第 5 章中的 Taylor 问题所述。细管实验基本不受纵向弥散作用的影响，因为均质介质中纵向弥散作用的重要性会随着介质长度的增加而减弱。

那么，设计细管实验的目的是为了准确地测量溶剂的驱油效率。但由于可渗透介质的高度人工化的性质和实验条件的局限性（即不存在水），通过该实验得到的驱替效率仍然是不理想的。这种实验结果最好还是作为一种相态性质的动态（代理）测试结果更为合适。

7.5.4 最小混相压力（MMP）

尽管可以通过细管实验测出驱替时流出物的组成，但到目前为止，该实验提供的最常用信息是最小混相压力（MMP）。由于溶剂的混相能力随着压力的增加而增加，因此，最终采收率也应随着压力的增加而增加。实际上，常会出现某个压力值，高于该压力值后，即使再增加压力，原油采收率几乎不会再增加，此时的压力就是最小混相压力或最小动态混相压力（minimum dynamic miscibility pressure）。最小混相压力有以下几种定义：

（1）当注入的 CO_2 量为 $t_D=1.2PV$ 时，原油采收率等于或者非常接近于通过一系列实验测得的最终采收率最大值时的压力为最小混相压力（Yellig 和 Metcalfe，1980）；

（2）当 CO_2 突破时，原油采收率为 80% 和气油比为 $40000ft^3/bbl$ 时采收率为 94% 时的压力为最小混相压力（Holm 和 Josendal，1974）；

（3）当注入的 CO_2 量为 $t_D=1.2HCPV$ 时，原油采收率达到 90% 时的压力为最小混相压力（Williams 等，1980）。

有关最小混相压力更为准确的定义为不考虑弥散作用时驱替效率为 100% 时的压力，

这是一种热力学定义，它仅仅依靠流动的相互作用和相态特征。该定义的优点在于，它可以区分弥散作用或其他物理过程对最小混相压力时采收率降低的影响。还有一些定义（Perry，1978；Yellig 和 Metcalfe，1980）强调确定混相压力时的定性特征。有关最小混相压力确切定义的重要性可能不明显，但是所有的定义在关系式上表现出相同的趋势。

另外两种可靠的方法为特征线法（method of characteristics，MOC）和混合容器方法（第7.3节）。特征线法能够确定不存在弥散作用时驱替过程中的标志连结线，因此，能够测得准确的最小混相压力（Johns 等，1993；Orr，2007）。根据特征线法获得的最小混相压力为标志连结线第一次穿过临界点时的压力，此时，连结线的长度为零。特征线法使用调谐的立方型状态方程，它主要取决于准确的流体特征（Yuan 和 Johns，2005），但其计算时间很短，因此，对于不同的溶剂组分而言，可以估算出许多个最小混相压力。根据现有的PVT 数据（比如膨胀实验、多次接触实验和细管实验），应该对状态方程进行合理地调谐（Egwuenu 等，2008）。特征线法的缺点在于，很难同时获得准确且唯一的一组标志连结线，对于气体—蒸气混合物尤为如此。

混合容器方法（第7.3.3节）也能够提供准确的最小混相压力预测值，但是与特征线法相似，他取决于准确的流体特征。与特征线法相比，混合容器方法的优点在于平衡气相和油相会与新鲜气相和油相反复接触，直至形成标志连结线，混合容器方法的计算速度慢于特征线法的计算速度，但是混合容器计算方法可以作为一种可供选择的计算方法，并能检验特征线法的计算结果，对于气体混合物尤为如此。

基于细管实验测得的最小混相压力或其他数据的关系式也非常有用，因为他们使用起来非常方便。但是，关系式的缺点在于，通常只有当所考虑的溶剂驱替方法与建立关系式时使用的数据相似时，关系式才是可靠的。许多关系式只是基于美国德州西部（West Texas）原油，是因为溶剂驱最初是在德州西部开展起来的。

也存在许多其他的方法，比如升泡仪方法或界面张力消失实验等，但是这些实验与前面的方法不同，因为在这些实验的流动中不存在适当的相互作用，即相态特征无法形成多次接触混相（Jessen 和 Orr，2008）。因此，仅仅根据特征线法、混合容器方法、细管实验和一维细微模拟实验就可以估算出最小混相压力。测量最小混相压力时通常应该采用细管实验，因为他们能够为其他方法提供相应的计算数据。

细管实验结果给出的是驱替时形成混相的最小压力。因此，最小混相压力对应于标志连结线穿过临界点时的压力，该压力远远低于使其完全混相或一次混相时所需的压力（对比最小混相压力与 p—z 关系图上的最大压力）。原油采收率与压力之间的关系曲线上出现平稳段是因为压力超过了最小混相压力，由于此时的驱替从形成混相时的状态转变成一次接触混相状态，因此，当进一步增加压力时，原油的采收率不再增加。这些实验观察结果可以通过组分测试结果进行验证，在组分测试中，低于最小混相压力时测得的相态特征（比如黏度、密度和组分等）与另一个接近最小混相压力时的相态特征相近。

CO_2 的最小混相压力取决于温度、压力、溶剂的纯度以及储层原油重组分的相对分子质量。最小混相压力随着温度和原油中中间组分含量的增加而增加。Holm 和 Josendal（1974；1982）指出，CO_2 溶剂混相的形成是因为将烃类组分抽提进了富 CO_2 相中。因此，在指定温度和原油组分的条件下，必须对溶剂进行充分地压缩，以促进其与原油发生混相。

根据该实验温度时 CO_2 的密度，可以证明其溶解能力。

图 7.27（a）为给定温度条件下形成混相时所需的 CO_2 密度与原油 C_{5+} 馏分中 C_5—C_{30} 百分含量之间的关系图，通过图 7.27（b）可以建立起 CO_2 密度与最小混相压力之间的关系。CO_2 的最小混相压力受原油中烃类（芳香族或石蜡族）类型的影响，但其影响程度小于温度和 CO_2 密度的影响（Monger，1985）。

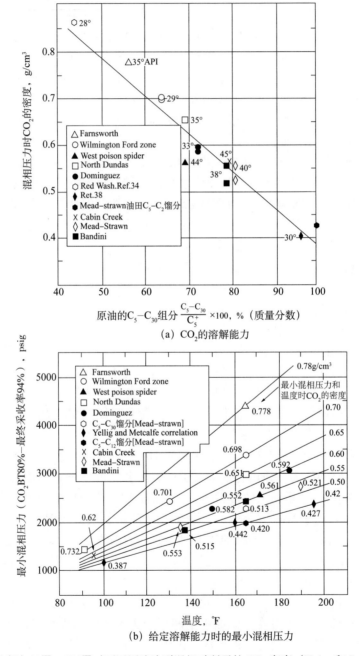

(a) CO_2 的溶解能力

(b) 给定溶解能力时的最小混相压力

图 7.27　温度为 90℉～190℉时不同原油达到混相时所需的 CO_2 密度（Holm 和 Josendal，1982）

　　许多研究也介绍了含有杂质时 CO_2 的最小混相压力确定方法。图 7.28 给出了当 N_2、CH_4、H_2S 以及 H_2S—CH_4 等混合物存在时，他们对 CO_2 最小混相压力的影响。甲烷和氮气会增加 CO_2 的最小混相压力，而 H_2S 会降低 CO_2 的混相压力。某种杂质是否能够提高或降低最小混相压力，取决于溶剂的溶解能力是否得到了增强。如果使用临界温度高于 CO_2 临界温度的杂质来稀释 CO_2，那么溶解能力将增强，即最小混相压力会降低；如果使用临界温度低于 CO_2 临界温度的杂质来稀释 CO_2，那么溶解能力将下降，即最小混相压力会增加。可将图 7.28 中的趋势与图 7.2 中的临界温度进行对比。

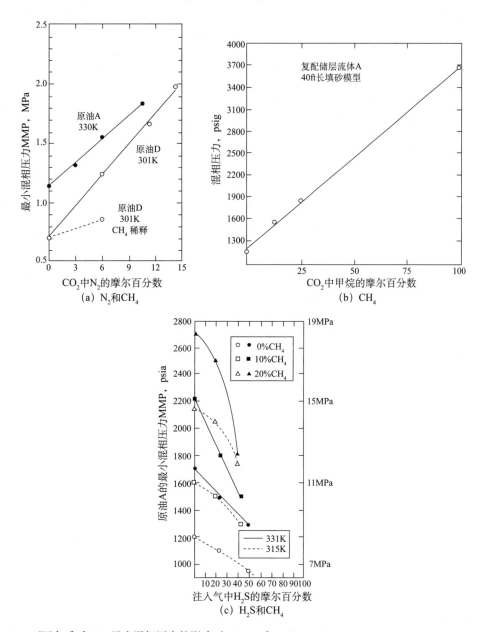

图 7.28　不同杂质对 CO_2 最小混相压力的影响（Johnson 和 Pollin，1981；Whitehead，1980；Metcalfe，1981）

上述有关溶解能力的观点可以用来估算含有杂质时 CO_2 溶剂的最小混相压力。Sebastian 等（1985）采用以下方程对 CO_2 的最小混相压力进行了关联：

$$\frac{p_{MM}}{(p_{MM})_{CO_2}} = 1.0 - (2.13 \times 10^{-2})(T_{pc} - T_c) + (2.51 \times 10^{-4})(T_{pc} - T)_c^2 - (2.35 \times 10^{-7})(T_{pc} - T_c)^3 \quad (7.1)$$

式中，$T_{pc} = \sum_i T_{ci} y_i$ 为混合物的拟临界温度，y_i 为溶剂中物质 i 的摩尔分数。方程（7.1）中左侧的分母可以由图 7.28 获得。其他关系式可以参考相关文献（Johnson 和 Pollin，1981），不存在特别精确的最小混相压力表达式，最小混相压力表达式的常见误差为 0.34MPa [50psi（a）]。Sebastian（1985）给出的表达式仅仅基于 West Texas Levelland 油田的原油。对于关系式的其他方法可以参考相关文献（John 等，2010；Shokir，2007）。

7.5.5 凝析气驱的最小富集关系

对于干气驱而言，细管实验结果可以估算出凝析气驱过程中形成混相时必须添加的中间组分的数量，该实验较早地提出了最小混相压力这一概念（Benham 等，1961）。原油采收率曲线可能由若干组实验组成，在每组实验中，注入溶剂的浓度逐渐增加，但是各组实验的压力保持恒定。当溶剂的组成位于连结线延长线上时（通过反向接触），原油采收率将不再随着溶剂中中间组分的富化而增加。

图 7.29 为 Benham 等（1961）给出的曲线图中的其中一幅，它表示液化石油气溶剂与目标原油形成混相时溶剂中所允许的最大甲烷浓度。他们建立了最大稀释度（或最小富化度）与温度、压力、溶剂中间组分的相对分子质量以及原油中 C_{5+} 组分的相对分子质量之间的关系。最小稀释度（minimum dilution）随着 C_{5+} 相对分子质量、压力和温度的降低而增加，随着中间组分相对分子质量的增加而增加。

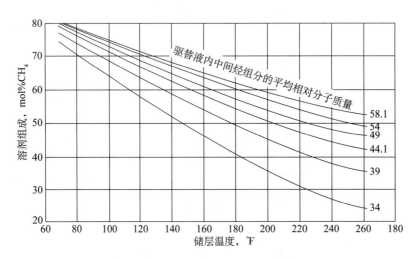

图 7.29　在 2500psia 压力和储层流体 C_{5+} 相对分子质量为 240 的条件下，形成混相时甲烷在液化石油气溶剂中的最大稀释度（Benham 等，1961）

【例 7.5】计算混相时所需甲烷的富化度

当中间烃组分容易获得、价格低廉和无市场价值时，富气驱可作为一种有效的溶剂驱替方法。当 CO_2 的供给量不足时，也可以采用富气驱方法。但是，与 CO_2 驱相似，在富气驱方法，利用中间组分的传质形成混相。

在温度为 160℉ 和压力为 2500psi 的条件下，使用 Benham 等（1961）提出的关系式，确定甲烷驱油过程中发生混相时所需的丙烷（溶剂的中间组分）用量。计算结果表示为每立方米甲烷中的丙烷千克数，其中，标准状态下 1kg 甲烷占据 22.4m³。原油的组成如下：

组分	%（摩尔分数）	相对分子质量
N_2	0.16	28
C_1	17.63	16
CO_2	0.07	44
C_2	10.43	30
C_3	1.34	44
$i-C_4$	0.5	58
$n-C_4$	6.32	58
$i-C_5$	0.96	58
$n-C_5$	2.03	72
C_6	4.96	86
C_{7+}	55.6	264

【解】

（1）计算 C_{5+} 的相对分子质量，计算过程如下表所示：

组分	Mol %	相对分子质量	Mol %× 相对分子质量
$i-C_5$	0.96	58	55.68
$n-C_5$	2.03	72	146.16
C_6	4.96	86	426.56
C_{7+}	55.6	264	14678.4
总计	63.55		15306.8

得

$$M_{C_{5+}} = \frac{15306.8}{63.55} = 241$$

该计算结果与图 7.29 中的所需值相近。

（2）根据图 7.29，确定混相（或最大甲烷允许百分数）时所需的丙烷数量。值得关注的是 $M_{C_3}=44$，由图可知，C_1 的含量为 58%，C_3 的含量为 42%。当注入溶剂中的甲烷含量超过 50% 时，仍可以获得混相。

（3）因此，丙烷与甲烷的比例为

$$\frac{C_3 摩尔数}{C_1 摩尔数} = \frac{0.42}{0.58} = 0.724$$

将其单位转换成每立方米甲烷中的丙烷千克数，则

$$\frac{\left(0.724\dfrac{C_3 千克摩尔数}{C_1 千克摩尔数}\right)\left(44\dfrac{C_3 千克数}{C_3 千克摩尔数}\right)}{\left(22.4\dfrac{\text{m}^3}{C_1 千克摩尔数}\right)} = 1.42\frac{C_3 千克数}{\text{m}^3}$$

7.6 弥散作用与段塞驱替方法

弥散作用主要对溶剂驱替过程有两个影响：

（1）使原油在已经形成的混相驱中滞留；

（2）使驱替过程中溶剂的完整性有所损失。

此处将主要讨论第二个影响。

在下面的几节中，将详细讨论一次接触混相溶剂在驱油过程中的变化特征。应该记住的是，一次接触混相溶剂与已形成混相时的溶剂的变化特征非常相似。并且，此时将忽略弥散作用对外观比例的依赖性。

7.6.1 稀释轨迹

在一次接触混相过程中，组分 i 的浓度可由方程（5.55）给出：

$$C_i = C_{iI} + \frac{(C_{iJ} - C_{iI})}{2}\left[1 - \text{erf}\left(\frac{x_D - t_D}{2\sqrt{\dfrac{t_D}{N_{pe}}}}\right)\right] \tag{7.2}$$

为了使该方程有效，不考虑黏性指进、分层或重力舌进等现象，因此，该方程仅限用于一维恒定黏度和恒定密度的驱替过程。在方程（7.2）中，x_D 为无量纲长度；t_D 为无量纲时间，单位为孔隙体积百分数；N_{Pe} 为 Peclet 数；下角标 I 和 J 分别表示初始条件和注入条件。这些物理量已在第 5 章中进行了介绍。

由于扩散系数与组分有关，因此，可以令所有组分的 Peclet 数都相等。但是，弥散系数的机械混合部分逐渐起主导作用，因此，对于弥散作用而言，它与组分的关系不大。

如果组分的下角标 i 表示第 7.3 节中的轻、中间和重拟组分，则根据方程（7.2），可以很容易地证实稀释轨迹在拟三元相图上为直线，对于所有组分而言，括号中的项均相等。消去三个方程中括号内的项，得

$$\frac{C_1 - C_{1I}}{C_{1J} - C_{1I}} = \frac{C_2 - C_{2I}}{C_{2J} - C_{2I}} = \frac{C_3 - C_{3I}}{C_{3J} - C_{3I}} \tag{7.3}$$

方程（7.3）中的 C_i 位于组成空间的直线上，因此，第 7.3 节中的稀释轨迹为直线。

7.6.2 叠加原理

当采用连续注入方式时，提高采收率领域的许多药剂都是非常昂贵的，其中也包括溶剂。因此，在典型的驱替过程中，注入一定量的溶剂或溶剂段塞后，通常会继续注入价格较便宜的顶替液。段塞的浓度可以根据方程（7.2）和叠加（superposition）原理求得。将叠加原理应用于线性偏微分方程中，则方程（7.1）为其近似解。实际上，可以推导出注入流体经过无数次阶跃变化时的浓度响应曲线（练习题 7.3），但在此处，仅讨论由顶替液驱替单一溶剂段塞时的情况。

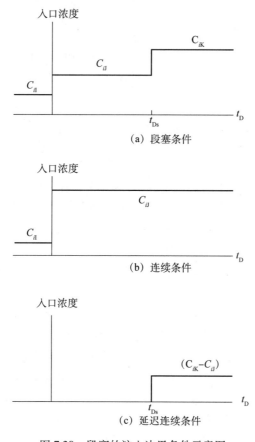

图 7.30　段塞的注入边界条件示意图

假定 I、J 和 K 分别表示初始流体、段塞和顶替液中组分 i 的浓度。根据叠加原理，线性微分方程各个解的加和仍是该方程的解。那么在实际应用中就非常容易了，但是在选择各个解的边界条件时，应该非常细致，以便能够求出正确的复合解。图 7.30 给出了单一前缘问题（图 7.30b）和复合解问题（图 7.30c）时的注入边界条件或外加边界条件。复合解给出了图 7.30a 中外加条件下的 C_i (x_D, t_D)，它是分别根据图 7.30b 和图 7.30c 时获得的解的总和，图 7.30b 中外加条件时的解为方程（7.2），图 7.30c 中外加条件时的解为

$$C_i = \frac{(C_{ik} - C_{iJ})}{2}\left\{1 - \text{erf}\left[\frac{x_D - (t_D - t_{Ds})}{2\sqrt{\frac{(t_D - t_{Ds})}{N_{pc}}}}\right]\right\} \tag{7.4}$$

通过叠加原理，图 7.30a 中注入条件时的 C_i (x_D, t_D) 为方程（7.2）至方程（7.4）的总和，即

$$C_i = \frac{C_{iJ} - C_{ik}}{2} + \left(\frac{C_{iJ} - C_{il}}{2}\right)\text{erf}\left(\frac{x_D - t_D}{2\sqrt{\frac{t_D}{N_{pe}}}}\right) + \left(\frac{C_{iJ} - C_{ik}}{2}\right)\text{erf}\left[\frac{x_D - (t_D - t_{Ds})}{2\sqrt{\frac{t_D - t_{Ds}}{N_{pe}}}}\right], \quad t_D > t_{Ds} \tag{7.5}$$

在任意注入浓度时，方程（7.5）都成立。

通常，最为关注的浓度位于 $x_D = t_D$ 和 $x_D = t_D - t_{Ds}$ 之间的中间点处。在 $x_D = t_D - t_{Ds}/2$ 的条件下，对方程（7.5）进行求解，得到中间点处的浓度 $\overline{C}_i$：

$$\overline{C}_i = \frac{C_{il} + C_{iK}}{2}\left[1 - \text{erf}\left(\frac{t_{Ds}}{4\sqrt{\frac{t_D}{N_{Pe}}}}\right)\right] + C_{iJ}\text{erf}\left(\frac{t_{Ds}}{4\sqrt{\frac{t_D}{N_{Pe}}}}\right) \tag{7.6}$$

该方程仅适用于 t_{Ds} 比较小时的情况，此时，误差函数自变量分母中 t_D 与 $t_D - t_{Ds}$ 的平方根之间差值很小。如果 $C_{iJ} > C_{il}$ 和 $C_{iJ} > C_{iK}$，则中间点处的浓度为峰值浓度（peak concentration）。当 $C_{il} = C_{iK} = 0$ 时，根据

$$\overline{C}_i = C_{iJ}\text{erf}\left(\frac{t_{Ds}}{4\sqrt{\frac{t_D}{N_{Pe}}}}\right) \tag{7.7}$$

峰值浓度会随着时间的增加而降低。当自变量很小时，误差函数可以使用其自变量进行代替。在这种情况下，峰值浓度随着时间的平方根成反比例地降低。由于在峰值浓度条件时，$x_D = t_D - t_{Ds}/2$，因此其等价于 $\overline{C}_i$ 随着运移距离的平方根成正比例地降低。

峰值浓度降低到 C_{iJ} 后的现象是由于混合区前缘与后缘重叠而造成的。图 7.31 为不同注入量时段塞式驱替实验中测得的浓度剖面图，图 7.31（a）为横坐标上中间点位置 $x_D = t_D - t_{Ds}/2$ 处的归一化浓度剖面。位于所有曲线以下的面积是相等的（物质平衡），但是峰值浓度随着注入段塞数量（即运移距离）的增加而降低。由图 7.31（b）中未归一化的浓度剖面可以看出，在驱替实验中，峰值浓度基本随着 t_D 的平方根的增加而降低。显然，弥散作用使得峰值浓度从注入时开始逐渐减少。在图 7.31 中，位于介质中大约四分之一的距离处，峰值浓度约为注入时数值的 60%。

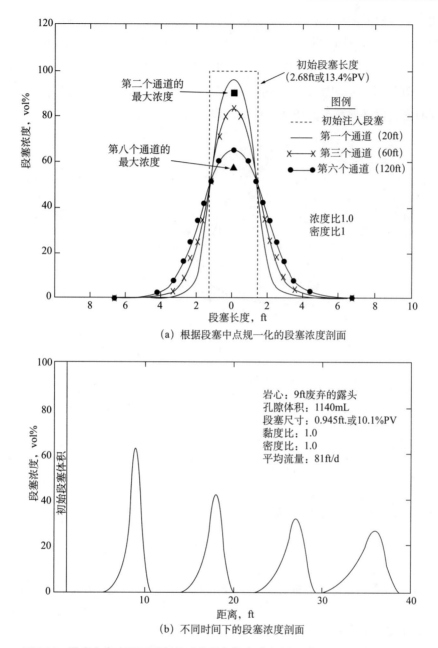

(a) 根据段塞中点规一化的段塞浓度剖面

(b) 不同时间下的段塞浓度剖面

图 7.31　黏度和密度相匹配驱替时的混相段塞浓度剖面（Koch 和 Slobod，1956）

中间点浓度在拟三元相图中的轨迹也是一条直线，这是因为方程（7.7）中的误差函数自变量可以被忽略，则有

$$\frac{\overline{C}_1 - \dfrac{C_{1K} + C_{1I}}{2}}{C_{1J} - \dfrac{C_{1K} + C_{1I}}{2}} = \frac{\overline{C}_2 - \dfrac{C_{2K} + C_{2I}}{2}}{C_{2J} - \dfrac{C_{2K} + C_{2I}}{2}} = \frac{\overline{C}_3 - \dfrac{C_{3K} + C_{3I}}{2}}{C_{3J} - \dfrac{C_{3K} + C_{3I}}{2}}$$

该方程表明，随着时间的增加，中间点浓度在注入段塞浓度 C_{iJ} 和段塞前缘与后缘流体的平均浓度之间为一条直线。时间顺序为 a、b 和 c 时的中间点浓度，如图 7.32 所示，其稀释轨迹由方程（7.5）给出。当 t_{Ds} 很小时，从 C_{iJ} 到 $\bar{C}_i$ 和从 $\bar{C}_i$ 到 C_{iK} 时的稀释轨迹均为直线段。只有当整个稀释轨迹位于相图中的单相区时，以上观点才成立。对于不存在一次接触混相的驱替过程而言，没必要落于两相区内（练习题 7.5）。

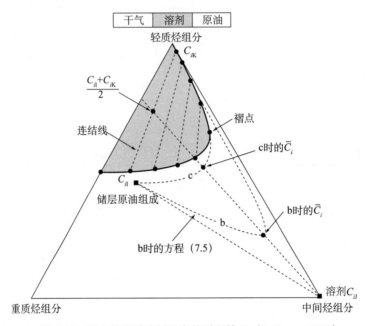

图 7.32　混合作用时溶剂段塞的稀释情况（Stalkup，1983）

7.7　溶剂驱替中的两相流动

在溶剂驱替过程中，不可避免地会存在两相或多相。当出现这种情况时，第 7.6 节中的弥散理论就不再适用了。但是，在此类驱替过程中，第 5.6 节中相干波或简波理论的总体结论仍然可能适用，该理论忽略了各种耗散作用的影响，因此，在下面的讨论中不考虑弥散作用（第 5.2 节）。当有水相存在时，将一次接触混相驱替处理成一维可渗透介质中的不可压缩流体和固体恒温驱替。

存在水相的一次接触混相驱替具有与其他所有等温提高采收率方法的某些相同特征，见第 5.8 节。为此，下面介绍求解浓度 $C=C\,(x_D, t_D)$ 和饱和度 $S=S\,(x_D, t_D)$ 时的具体方法，他们都是距离和时间的函数。

水相对烃类相态行为的影响很小（图 7.8 所示），并且大多数溶剂在水中的溶解性也非常小。但是，水相的存在会完全且不可避免地通过分流量效应来影响驱替效果，特别是当水与溶剂同时注入时。在本节中，将介绍水相对一次接触混相驱替的影响。此处的大部分处理方法参考 Walsh 和 Lake（1989）的工作。

半图解法能够估算出溶剂驱替过程中的许多设计变量，包括：

（1）最优的水气交替注入比例；

（2）溶剂段塞尺寸；

（3）顶替液类型；

（4）顶替液中的水气交替注入比例。

为此，作出了常规的分流量假设：不可压缩流体和岩石、不存在耗散作用和一维驱替。通常，溶剂—水的相对渗透率与油—水的相对渗透率不同，但是，此处为了方便解释，认为两者相同。因为溶剂与原油在黏度和密度方面存在不同，所以水—溶剂的分流量 f_1^s 与水—油的分流量 f_1 不同。由于相对渗透率不发生改变，水相和非水相的残余相饱和度均不发生改变，毛管数也不发生改变。图 7.33 给出了分流量曲线示意图。

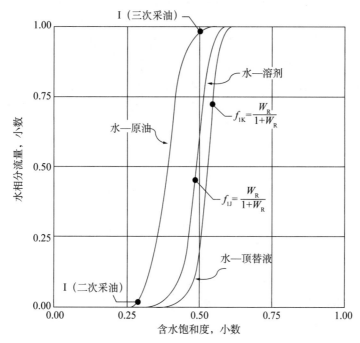

图 7.33　油—水、溶剂—水和顶替液—水的分流量曲线。相对渗透率参考 Dicharry 等（1972）
发表的文献。I 指初始流体，J 指注入流体，K 指顶替液

对于油—水体系、溶剂—水体系和顶替液—水体系而言，存在三条分流量曲线。非水相可以指油、溶剂或顶替液。当然，也可能存在三组分的同时流动，但是此处不考虑此种情况。顶替液为溶剂注入后引入的新驱替流体，通常为水或有时为价格更低的气体。

（1）边界条件和初始条件

如图 7.33 所示，将初始条件、注入溶剂条件和顶替条件时的分流量分别标记为 f_{i1}，f_{iJ} 和 f_{iK}。条件 I 由前面的生产过程所决定，它可以位于油—水分流量曲线的任何地方。f_{i1} 等于或接近于 0 时的驱替为二次采油（secondary flood），f_{i1} 等于或接近于 1 时的驱替为三次采油（tertiary flood）。在上述说明中，假设介质在初始时处于均一的饱和度。该论述基于分流量的分类而不是饱和度，这将在后续部分进行介绍。顶替液为单一的水相，此时，$f_{iK}=1$，且不需要水—顶替液的分流量。

注入条件 J 为溶剂—水分流量曲线上某些预先设定比例的溶剂和水时的分流量 f_{1J}。如前所述,溶剂—水混合物体系比单独的溶剂体系具有更好的体积波及效率(Caudle 和 Dyes,1958)。尽管提到了这点,但本节将不估算体积波及效率。

注入流体中水与溶剂的体积流量比值为水气交替注入(WAG)比例 W_R,由下式给出:

$$W_R = \frac{溶剂的体积流量}{水的体积流量} = \frac{1 - f_{1J}}{f_{1J}}$$

式中,体积流量可表达成储层体积除以时间。通过变形,得到分流量表达式:

$$f_{1J} = \frac{W_R}{1 + W_R} \tag{7.8}$$

在实际的水气交替注入过程中,水和溶剂以交替段塞的方式注入地层,因此,使用累积的溶剂体积和水体积来定义水气交替注入比例 W_R,而不是使用方程(7.8)。Welch(2002)研究了水气同时注入驱替与水气交替注入驱替之间的差别。也可以将该方法称为水气同注(simultaneous water-gas injection,SWAG)。条件 I、J 和 K 分别位于油—水分流量曲线、溶剂—水分流量曲线和顶替液—水分流量曲线上。条件 f_{iJ} 和 f_{iK} 是溶剂驱替的重要设计依据。

(2)比速度

假设水相完全由水组成,即

$$C_{11}=1,\quad C_{21}=0,\quad C_{31}=0 \tag{7.9a}$$

非水相由油、溶剂和顶替液组成,他们为一次接触混相:

$$C_{12}=0,\quad C_{22}+C_{32}=1 \tag{7.9b}$$

与全书中的符号含义相同,1 表示水,2 表示油,3 可以表示溶剂或顶替液(视具体情况而定)。有关水溶性的情况可参考相关文献(Walsh 和 Lake,1989)。

为了找到组成轨迹,使用下列恒定条件:

$$v_{C_1} \equiv v_{C_2} \equiv v_{C_3}$$

或

$$\frac{\mathrm{d}F_1}{\mathrm{d}C_1} = \frac{\mathrm{d}F_2}{\mathrm{d}C_2} = \frac{\mathrm{d}F_3}{\mathrm{d}C_3}$$

根据分流量 $f_1=f_1(S_1,\ C_{32})$ 和 $f_2=f_2(S_1,\ C_{32})$,得

$$\frac{\mathrm{d}(C_{11}f_1+C_{12}f_2)}{\mathrm{d}(C_{11}S_1+C_{12}S_2)} = \frac{\mathrm{d}(C_{21}f_1+C_{22}f_2)}{\mathrm{d}(C_{21}S_1+C_{22}S_2)} = \frac{\mathrm{d}(C_{31}f_1+C_{32}f_2)}{\mathrm{d}(C_{31}S_1+C_{32}S_2)} \tag{7.10a}$$

针对该特定条件,由方程(7.9)得

$$\frac{\mathrm{d}f_1}{\mathrm{d}S_1} = \frac{C_{22}\mathrm{d}f_2+f_2\mathrm{d}C_{22}}{C_{22}\mathrm{d}S_2+S_2\mathrm{d}C_{22}} = \frac{C_{32}\mathrm{d}f_2+f_2\mathrm{d}C_{32}}{C_{32}\mathrm{d}S_2+S_2\mathrm{d}C_{32}} \tag{7.10b}$$

（3）组成轨迹

存在两种条件满足方程（7.10b）。

1. 当 $dC_{22}=dC_{32}=0$ 时，

$$v_C = \frac{df_1}{dS_1} \tag{7.11a}$$

应该将其视为非混相波的饱和度推进速度，如第 5.2 节所述。因为此处的相浓度保持不变，所以该波是非混相的。当存在某无法混相的相时，非混相波成为了非混相驱的一部分。尽管此处只是以例子的形式给出，但如第 5.2 节所述，饱和度可以转变成涌波。

2. 当 $f_2=I_c S_2$ 时（其中 I_c 为常数），则有

$$v_C = I_C \frac{df_1}{dS_1} = \frac{C_{22} I_C dS_2 + I_C S_2 dC_{22}}{C_{22} dS_2 + S_2 dC_{22}} = \frac{C_{32} I_C dS_2 + I_C S_2 dC_{32}}{C_{32} dS_2 + S_2 dC_{32}}$$

或

$$v_C = \frac{f_2}{S_2} \tag{7.11b}$$

因为 $v_C=I$ 为常数，所以该值为混相波推进速度。方程（7.11b）为分流量曲线自右上角 $(f_I=S_I=1)$ 的直线。方程（7.11b）也可由水和溶剂的物质平衡方程得到，如第 5.8 节所述。

图 7.34 给出了其图解方法。在前面的推导过程中，也包含了该图的以下 3 个方面：

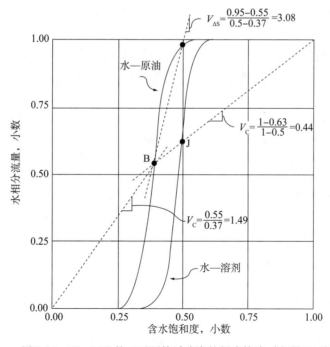

图 7.34　$W_R=1.70$ 的三元驱替时速度的组成轨迹（方程 7.11）

1.方程（7.11b）同样能够很好地适用于油—水分流量曲线和溶剂—水分流量曲线。因此，该直线的延长线代表从右上角穿过点 J 时的混相波（应该记住的是，该点由使用者给出），且通过延长该油—水分流量曲线，可以定义第二个饱和度点，即原油聚集带条件 B，其分流量为

$$f_{2B} = 1 - f_{1B}$$

饱和度为

$$S_{2B} = 1 - S_{1B}$$

2.原油聚集带的前缘为根据条件 B 得到非混相驱替时的条件 I。根据第 5.2 节中的规则，对于图中点 I 和点 B 间割线所确定的比速度而言，驱替为一种涌波。由于原油聚集带后缘的推进速度为

$$v_C = \frac{f_{2J}}{S_{2J}}$$

前缘的推进速度为

$$v_{\Delta S} = \frac{f_{1I} - f_{1B}}{S_{1I} - S_{1B}}$$

在恒定饱和度和分流量的条件下，原油聚集带向前推进。

在驱替剂前方，存在恒定饱和度的原油聚集带是提高采收率驱替过程中的普遍特征。实际上，它是将第 5.2 节和图 5.4 中所描述的单一分流量情况区分开的主要特征。应该注意的是，在图解过程中，不存在处于溶剂 J 和原油聚集带 B 之间的任意浓度，因为该波为一般性的波。

可以将这种现象看作是，连续性的自变量或驱替剂（这种情况下为溶剂）的前缘推进速度与原油聚集带的后缘推进速度相同。"聚集带（bank）"这个词语让人想起街道清扫过程中雪犁前方产生的聚集形状。

3．当比速度由下式

$$v_C = \frac{f_1}{S_1} \tag{7.11c}$$

给出时，在注入水和残余水之间还会存在第二个混相波。

换言之，比速度为从较低右角 $f_1=S_1=0$ 穿过点 J 处直线的斜率，也可以通过上述推导过程得到。正如第 5.4 中所述，为了保持图解法的一致性，选择在穿过点 B 或点 J 处画出该直线。

【例 7.6】

通常，通过此类问题的分析得到的定性结论与该问题中的具体细节同等重要。根据图 7.34，试回答以下问题：

1.讨论增加气水交替注入比例 W_R 分别对原油聚集带中含油饱和度、原油聚集带中的

油相分流量、油相前缘推进速度和混相—水前缘推进速度的影响。

【答】

可以直接通过图解法得到答案。增加 W_R 等同于增加或注入更多的水和溶剂。这将使 S_{2B} 和 f_{2B} 减少，f_{2B} 的减少更加显著。它也减缓了溶剂和原油聚集带前缘的推进速度和加快混相—水前缘的推进速度，由于注入了更多的水，因此这是所期望的结果。

2.驱替时机提前（即假设 f_{II} 更小）对相同物理量的影响。

【答】

也可以直接通过图解法得到该问题的答案。从更小的含水率开始时，对溶剂或混相—水前缘没有影响，对原油聚集带中含油饱和度和油相分流量也没有影响，它仅仅只是增加了原油聚集带前缘的推进速度。

（4）组成轨迹

根据第 5 章中的讨论，从点 J 到点 I（或对于顶替液而言，从点 K 到点 J）时的通解，必须满足一系列从条件 J 到条件 I 中比速度不断增加时的组成轨迹。在合适的间隔内，插入涌波可以使比速度单调增加。

下面给出 Walsh 和 Lake（1989）在 Walsh 图上的计算结果。该图给出了驱替过程的所有方面，也介绍了这些方面之间的相互匹配关系。应该记住的是，计算的目的是为了确定与距离和时间有关的浓度 $C=C(x_D, t_D)$ 和饱和度 $S=S(x_D, t_D)$。

Walsh 图的左上角还包含分流量曲线。图 7.35 中的分流量曲线图与图 7.34 相同。

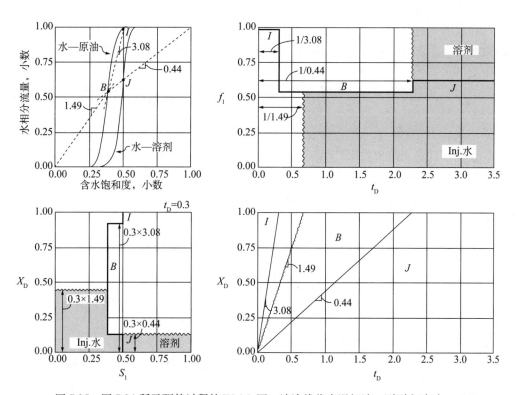

图 7.35　图 7.34 所示驱替过程的 Walsh 图。波浪线代表混相波。刚刚突破时 $t_D=0.3$

位于分流量曲线下方的是饱和度—浓度剖面图，或固定 t_D 时的 f_1-x_D 曲线图。t_D 可以为任意时间，通常将其假设成突破时间。该关系图是正常图形的旋转图（参考图 5.2），为的是它能够与分流量曲线的饱和度坐标相对应。

分流量曲线的右侧为分流—浓度变化曲线，或固定 t_D 时的量 f_1 $(x_D, t_D)-t_D$ 关系曲线。与前者相同，x_D 可以为任意位置 $x_D=1$，但此时假设，那么曲线变成流出动态曲线（effluent history），通常也被称为生产井见水曲线（water breakthrough curve）。该图的纵坐标与左上角的分流量坐标相匹配。

右下角的最后一个图为时间—距离关系图，或饱和度固定时的 x_D-t_D 关系曲线。它的坐标分别与其上面的流出动态曲线和左侧的饱和度—浓度剖面图相匹配。

每个图都代表着驱替过程中的一个方面。对于不同的 C 和 S 而言，使用 $x_D=t_Dv_C$ 和 $x_D=t_Dv_{\Delta s}$ 对 $C=C$ (x_D, t_D) 和 $S=S$ (x_D, t_D) 进行转换。如果对固定时间下的介质进行快速拍照，可以观察到这些结果。流出动态曲线是根据 $t_D=1/v_C$ 和 $t_D=1/v_{\Delta s}$ 建立的。这是驱替过程中最容易观测得到，因为它是介质产出端的结果。时间—距离关系图通常包括穿过原点的一条或多条直线（对于 J 驱替 I 时的情况而言）。图 7.35 给出了图形的整个建立过程。

由图 7.35 可以得出以下结论：

1. 初始含水饱和度和最终含水饱和度非常接近。实际上，在该驱替过程中，溶剂驱替原油时水的含量保持不变。

2. 原油聚集带的分流量接近。该值为油田所期望的上限值，在三次采油中原油聚集带并不完全都是油（$f_{2B}<1$）。

3. 饱和度的变化远远小于分流量的变化。因此，流动性质的改变比静态性质的改变更容易被检测出来。该结论不建议在检测溶剂驱替的过程中使用观测井录井方法。

4. 由图得出另外一个重要结论，即不依靠毛管数理论时，残余油被溶剂全完驱替出来。应该注意的是，此时的毛管数不发生变化。但是，毛管数理论可以用来解释溶剂和原油没有发生完全混相。

5. 原油采收率 100% 是一维驱替和当上述假设条件存在时的结果。在多数实验室实验中，尽管会存在这么大的采收率，但如此大的采收率在油田中是不会发生的。

（5）最优水气交替注入比例 W_R

最优的意义与其应用背景有关。例如，它可以指达到最大净现值（net present value，NPV）时的提高采收率最优设计，或得到最大净利润（即 NPV 除以成本所得的值）时的提高采收率最优设计。因此，此处的"最优"仅仅针对水气交替注入比例 W_R 和段塞大小。

图 7.36 给出了第二次气水交替注入驱替时的图解法。应该记住的是，注入水和溶剂是为了形成弱混相的混合物，进而驱替出原油。如图 7.35 所示，注入过多的水时将达不到上述目的，因为它将在溶剂的前方实施有效地水驱。注入太少的水时，也不会有很好的效果，因为溶剂将不会直接驱替残余流体。

则最优 W_R 为溶剂前缘和水前缘推进速度相同时的 W_R。对于第二次驱替而言，水前缘为注入水堆积形成的混相水。最优 W_R 出现在方程（7.11b）和方程（7.11c）速度相等的时候，或出现在这些图中 $W_R=0.43$ 的时候。

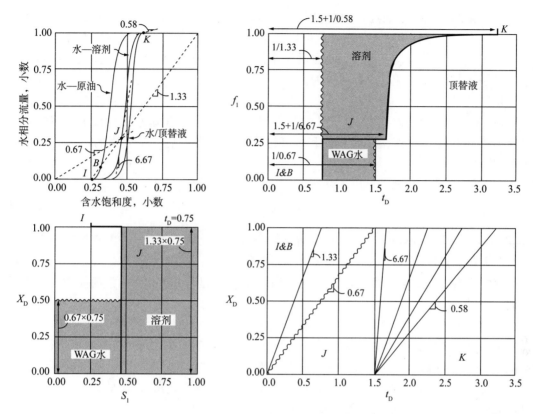

图 7.36　第二次溶剂驱替过程中最优 W_R 时的 Walsh 图。该图也表示了顶替液 K 驱替 J 时的图解方法。溶剂和水的段塞大小为 $t_{Ds}=1.5$

对于第三次驱替而言，最优 W_R 不像第二次驱替这么明显，这是因为此时注入了过量的水，水驱时形成了很高的含水饱和度。Walsh 和 Lake（1989）建议在这些驱替过程中计算最优 W_R 来使流度比最小化。

（6）其他最优值

顶替液可以是水本身或某些比溶剂更为便宜的流体。图 7.36 中的 Walsh 图给出了包含前两者和水－顶替液的分流量曲线。

如果顶替液是水，则关系曲线右上角的点 K 表示顶替液的注入。在与波相交前，K 驱替 J 的过程与 J 驱替 I 的过程一样。最主要的区别在于顶替液—溶剂的速度通过下式中的关系被抵消掉：

$$v_C = \frac{x_D}{t_D - t_{Ds}} \tag{7.12a}$$

式中，t_{Ds} 为溶剂－水的段塞大小。因此，孔隙体积中注入的溶剂量为

$$V_{溶剂} = t_{Ds}(1 - f_{iJ}) \tag{7.12b}$$

图 7.36 中的顶替液为水，它将在 K 和 J 之间形成一个快速运移的非混相传播波，并且

能够产出大量的溶剂。这显然是一个很大的浪费，因为当任意段塞尺寸大于约 $t_{Ds}=0.6$ 时，原油的采收率将会达到 100%，由 t_{Ds} 也可以确定，它可以使混相—溶剂波与顶替液—流体波的前缘在 $x_D=1$ 处相交。实际上，在顶替液中使用水气交替注入方法，全球范围内的溶剂使用量将会减少（Walsh 和 Lake，1989）。

（7）最后注释

Walsh 和 Lake（1989）也考虑了其他两个因素。其中一个是水在溶剂相中的溶解，另一个是溶剂驱替过程中存在残余相饱和度（记为 S_{2rm}）。考虑后一个因素的影响时，方程（7.11a）变为

$$v_C = \frac{f_2}{S_2 - S_{2rm}} \qquad (7.13)$$

（第5.8节）。方程（7.13）会改变混相—溶剂波的图解法，从穿过右上角的直线变为穿过距离 S_{2rm} 左上角为点的直线。溶剂相中水的溶解度通常可以忽略不计，但是非零的 S_{2rm} 会对驱替过程的所有方面产生重大的影响。如下所述，S_{2rm} 为显著弥散作用、混相能力损失或两者共同的结果。

最后，尽管上述讨论能够带来许多有用的启示，但是 100% 的最终产收率意味着与矿场结果之间存在着巨大的差异。在下面介绍的不均匀驱替前缘中，将对这些数据进行修正。有趣的是，Ghanbarnezhed（2012）发现根据本节中介绍的方法确定的最优 W_R 和段塞大小，可以应用于更加理想的驱替过程中（但 100% 的最终采收率不适用），因此，该讨论可以作为油田开发设计中逐步逼近法的第一步。

7.8 存在黏性指进时的溶剂驱替

实际中的一次接触混相驱替过程与图 7.35 和图 7.36 中的情形有一定的差距。图 7.39 给出了 Berea 岩心中形成混相驱替的实验结果。在该岩心中，最初，原油在残余油饱和度的情况下以 $W_R=0$ 的驱替方式被 CO_2 溶剂所驱替，含水率从 1.0 降低至 $t_D=0.15$ 时的 0.15 左右。在 $t_D=0.33$ 之前，含水率基本保持不变，该点以后含水率逐渐降为 0。但是，当含水率最初降到 $t_D=0.14$ 时，油和溶剂都形成了突破，所以最终剩余油饱和度为 0.25。如果继续进行该实验，可能获得 100% 的原油采收率，但是，仅需注入若干孔隙体积的溶剂。

在实验驱替过程中，溶剂和原油的同时突破以及原油采收率延长的主要原因是黏性指进。第6.8节认为典型溶剂的混相驱替过程通常是黏滞不稳定的，它阻碍着重力的稳定或边界效应，因为溶剂—原油的流度比大于1。

实验中的黏性指进（viscous fingering）与油藏中不稳定驱替时的窜流（channeling）之间存在着物理上的差异。在具有显著渗透率变异的油藏中，流动主要不受黏性指进的影响，而主要受最高渗透率通道中气窜的影响。黏性指进的形成需要合理的横向渗透率，但窜流时不需要合理的横向渗透率。然而，本节中讨论的理论也可应用于窜流，因为窜流也会引起类似的溶剂过早突破和原油采收率延迟的现象。

现在，将描述指进开始后原油和溶剂同时流动时的特点。第6.8节中描述是关于指进开始时的。

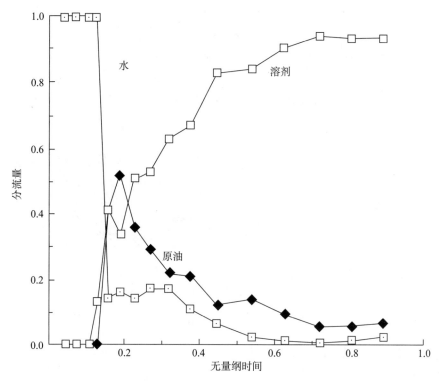

图 7.37　实验室规模 CO_2 驱替时的流出动态曲线（Whitehead，1981）

7.8.1　试探模型

尽管有可能对特定的情况进行模拟，但由于黏性指进的无序性，不可能存在严格意义上的数学理论模型。黏性指进驱替的行为可以通过各种试探法进行估算，这些试探法包括：

（1）改性的分流量理论（Koval，1963）；

（2）溶剂与原油指进区域内的速度可控的传质（Dougherty，1963）；

（3）定义一个合适的加权混合物黏度（Todd 和 Longstaff，1972）；

（4）直接计算指进区域内的混合情况（Fayers，1988）；

（5）定义与组成有关的弥散系数（Young，1990）。

本节将专门讨论 Koval 方法，将其余的方法留给读者自己阅读。不介绍其他方法并不是说 Koval 方法是最好的，主要是因为所有的方法都涉及经验参数，而这些经验参数必须通过历史拟合来确定。但是，Koval 理论比较常用，因此它很自然地符合本书中的分流量内容。

在不考虑边界效应的影响时，指进驱替过程中的混合带长度（平均横截面浓度剖面预设值之间的无量纲距离）与时间成正比例增加。该研究结果促使 Koval 致力于研究黏性指进时的分流量理论。如果黏性指进在开始时便形成，他们在水平平面上的流动可能与图 7.38 中的情形类似。驱替为一次接触混相驱替，不存在耗散作用，也不存在水。如果耗散作用能在垂向上影响指进，混合带将根据弥散理论，与时间的平方根成正比例增加。如果纵向弥散作用很小或系统长度很长时，这种指进增长非常小（Hall 和 Geffen，1965）。

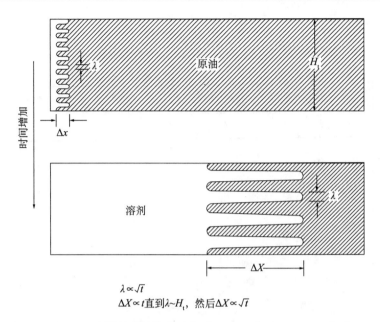

$$\lambda \propto \sqrt{t}$$
$$\Delta X \propto t \text{直到} \lambda \sim H_t,\ \text{然后} \Delta X \propto \sqrt{t}$$

图 7.38 理想的黏性指进运移(Gardner 和 Ypma,1984)

根据以上限制条件,溶剂($i=3$)穿过垂直平面混相带的体积流量为

$$q_3 = -\frac{A_3 K}{\mu_3}\left(\frac{\partial p}{\partial x}\right) \tag{7.14a}$$

原油($i=2$)的体积流量为

$$q_2 = -\frac{A_2 K}{\mu_2}\left(\frac{\partial p}{\partial x}\right) \tag{7.14b}$$

式中,A_3 和 A_2 分别为原油和溶剂的横截面积。由于驱替为理想的一次接触混相驱替,因此,在这些方程中,不存在相对渗透率和毛细管压力。将这些方程假设成水平方向上的驱替,根据定义,穿过同一垂直平面时油相中溶剂的分流量为

$$f_{32} = \frac{q_3}{q_3 + q_2}$$

代入方程(7.14),得

$$f_{32} = \frac{A_3 / \mu_3}{A_3 / \mu_3 + A_2 / \mu_2} \tag{7.15}$$

方程(7.15)中假设在原油和溶剂的指进区域内 x 方向上的压力梯度相同。因为驱替为平面流动,则原油与溶剂的横截面积与平均浓度成正比,或

$$f_{32} = \left[1 + \frac{1}{v}\left(\frac{1 - \bar{C}_{32}}{\bar{C}_{32}}\right)\right]^{-1} \tag{7.16}$$

式中，v 为原油与溶剂的黏度比，$\bar{C}_{32}$ 为穿过横截面处油相中的平均溶剂浓度。

方程（7.16）描述了图 7.38 中指进分开流动时的情况。Koval 对 v 进行了修正，以拟合实验驱替结果。溶剂分流量的最终形式为

$$f_{32} = \left[1 + \frac{1}{K_{\mathrm{val}}} \left(\frac{1 - \bar{C}_{32}}{\bar{C}_{32}} \right) \right]^{-1} \tag{7.17}$$

式中，K_{val} 为 Koval 系数。

7.8.2　Koval 修正值

Koval 系数对黏度比进行了修正，因此，可以使用下式来解释局部非均质性和横向混合的作用：

$$K_{\mathrm{val}} = H_{\mathrm{K}} E \tag{7.18}$$

参数 E 通过改变黏度比来解释局部混合作用：

$$E = \left(0.78 + 0.22 v^{1/4} \right)^4 \tag{7.19}$$

根据方程（7.19），E 的数值通常小于 v 的数值。换言之，此时指进作用带来的影响没有以前那么严重。方程（7.19）中的系数 0.22 和 0.78 似乎意味着溶剂指进中平均包含 22% 的原油，根据 1/4 混合规则，黏度比会减小。事实上，Koval 不赞成这种解释，他指出这些常数的引入只是为了提高其与实验结果的一致性。Claridge（1980）表示系数 0.22 和 0.78 可以很精确地描述横向弥散很大范围内的指进驱替现象。指状稀释现象非常有可能是由于黏滞窜流造成的，因为该机理与线性混合带增加现象相一致（Waggoner 和 Lake，1987）。

非均质系数 H_{K} 对局部非均质介质的比黏度比做了修正。选择正确的 H_{K} 值是 Koval 理论最重要的特征。在图 6.6 中，非均质系数由 Dykstra–Parsons 系数计算得到，它同时也与纵向 Peclet 数有关（Gardner 和 Ympa，1982）。

分流量表达式（方程 7.17）与原油和水的相对渗透率为直线时水驱中的水相分流量一样。对于该情况（练习题 5.3），可以对 Buckley–Leverett 方程（方程 5.12）进行积分，求得流出端的分流量为

$$f_{32} \Big|_{x_{\mathrm{D}} = 1} = \begin{cases} 0, & t_{\mathrm{D}} < \dfrac{1}{K_{\mathrm{val}}} \\[3mm] \dfrac{K_{\mathrm{val}} - \left(\dfrac{K_{\mathrm{val}}}{t_{\mathrm{D}}} \right)^{1/2}}{K_{\mathrm{val}} - 1}, & \dfrac{1}{K_{\mathrm{val}}} < t_{\mathrm{D}} < K_{\mathrm{val}} \\[3mm] 1, & K_{\mathrm{val}} < t_{\mathrm{D}} \end{cases} \tag{7.20}$$

原油的分流量为 $1-f_{32}\big|_{x_D=1}$。该方程已经与 Koval 论文中的数据和其他数据进行了对比（Claridge，1980；Gardner 和 Ypma，1982）。

7.8.3 *存在流动水相时的 Koval 理论*

Koval 理论适用于不存在流动水相时的一次接触混相驱替过程，通过修改总通量和总浓度的定义（第 5.4 节），可以将该理论很容易地推广到存在流动水相时一次接触混相驱替过程中的指进。原油和溶剂的总通量为

$$F_2 = (1-f_{32})\,f_2 \tag{7.21a}$$

$$F_3 = f_{32}f_2 \tag{7.21b}$$

式中，f_1 和 f_2 分别为水和烃类的实际分流量函数。f_{32} 由方程（7.17）给出。

原油和溶剂的总浓度分别为

$$C_2 = \left(1-\bar{C}_{32}\right)S_2 \tag{7.22a}$$

$$C_3 = \bar{C}_{32}S_2 \tag{7.22b}$$

水的浓度仅为 S_1，因为水相中不存在溶剂的溶解度。将方程（7.21）和方程（7.22）代入原油和溶剂的物质平衡方程中，然后，可以通过第 5.7 节中有关油—气—水问题所讨论的简波理论进行求解。

图 7.39 给出了使用该方法时四种驱替过程中的流出端通量。图 7.39（a）为非水气交替注入二次驱替，它只是原始理论（即方程 7.20）的结果。图 7.39（b）为三元非水气交替注入驱替。图 7.39（c）和图 7.39（d）分别为二次和三次水气交替注入驱替（$W_R=2$）。图 7.38 和图 7.39 中的油水相对渗透率相同，因此，对比图 7.38 和图 7.39（d）可以看出，指进对存在水相时一次接触混相驱替的影响。

对于这两种情况而言，原油以恒定含水率的原油存储体的形式产出。但是对于指状驱替而言，存储体内的含油率较小，因此，原油的突破时间和完全驱扫时间更晚。在指进情况下，尽管溶剂在出口端产出物中的含量很低，但原油与溶剂同时突破。将图 7.39（a）和图 7.39（b）和图 7.39（c）和图 7.39（d）进行比较，可以看出，不管初始条件如何，水气交替注入方法会推迟溶剂的突破和提高最终采收率。

基于图 7.39 中的比较，可以清晰地看出，水气交替注入方法普遍优于单独注入溶剂方法，当需要考虑溶剂效率时，尤为如此。但是，即使在一次接触混相的过程中，初始流动水相饱和度的存在也会导致残余油的形成（第 7.9 节），水气交替注入方法也可能会出现这种情况。

在混相驱替中，提高流度控制的方法，除了水气交替注入外，还存在其他的方法，其中也包括使用聚合物（Heller 等，1985）和泡沫。到目前为止，只对泡沫进行了大量的研究。因为泡沫对各种各样的提高采收率方法都有一定的积极影响，因此将其放在第 10 章中进行介绍，在讨论完表面活性剂提高采收率方法后再对其进行讨论最为合适。

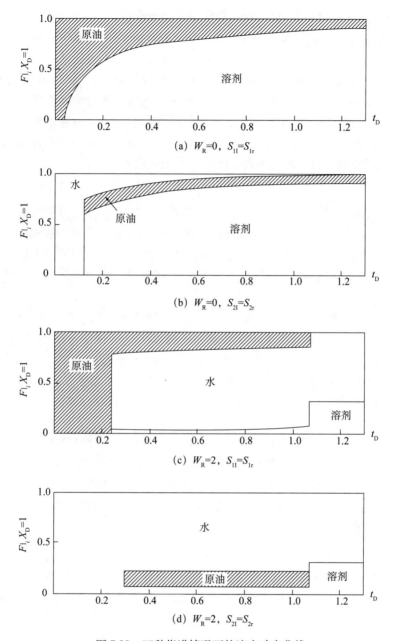

图 7.39　四种指进情况下的流出动态曲线

7.9　溶剂驱替和残余油饱和度

在溶剂驱替过程中，残余油的形成主要是由于以下两个主要现象：

（1）水堵（water blocking）；

（2）弥散或黏性指进与相态行为之间的相互作用。

前一个现象发生在一次接触混相驱替的过程中，后一个现象发生在发展起来的混相驱替的过程中。局部非均质性和黏滞不稳定性都会加剧这两个作用。

混相驱中残余油的定义与水驱中的残余油定义完全不同，水驱中遗留的残余油为被一些毛细管捕获的小油滴。当局部毛管数不发生改变时，即使再大的注入量也无法驱替出这些原油。在一次接触混相驱替或发展起来的混相驱替过程中，只要注入足够量的溶剂，所有的原油（甚至包括由于各种机理圈闭起来的原油）将最终通过抽提作用被开采出来。因此，所谓混相驱替过程中的残余油，是指在某些极限含油率、产油速率和水油比时溶剂驱替中遗留的油量。图 7.37 中的气油比大约为 $550m^3/m^3$。显然，这个定义没有水驱中的定义确切，但是从经济开采的实际观点出发，两者之间的区别不大。

7.9.1　水堵

为了研究局部非均质性对圈闭油饱和度的影响，研究人员在实验室岩心进行了若干一次接触混相驱替实验（Raimondi 和 Torcaso，1964；Stalkup，1970；Shelton 和 Schneider，1975；Spence 和 Watkins，1980）。在这些实验中，通过重力稳定作用或匹配驱替流体与被驱替流体的黏度和密度，抑制了黏性指进作用。研究发现，混相驱残余油的数量与流动水相的高饱和度有关。

在混相驱替圈闭油饱和度中，有关流动水相影响的最普遍解释是，在孔隙尺度水平上，水阻挡或封堵了溶剂与原油的接触。这种解释还可以定性地说明了所观察的润湿性影响，由于润湿性的原因，油相和水相在介质中的分布不同。在水湿介质中，原油位于大孔隙中和基本远离岩石表面。与油相相比，水相的连续性要好得多，因此，水相能够阻挡原本位于孔隙中的原油，但不在主要流动通道中。对于油湿介质而言，相的分布情况正好相反，油相更为连续，水相的阻挡作用不大。

水堵作用的另一个解释（Muller 和 Lake，1991）表明，水堵现象更多的是一个实验室效果，而不是矿场效果。对于低速矿场规模的流体而言，典型的滞留时间（residence time）对于扩散作用而言已经足够长，能够允许溶剂穿过局部的水膜产生运移。另一方面，在发展形成的混相驱替中，很可能轻烃组分的扩散作用决定着产生混相的方法。另外，这些组分的扩散系数远比 CO_2 的小（Bijeljic 等，2002）。

7.9.2　相态特征之间的交叉干扰

当某个驱替过程的混相形成时，其分析是相当复杂的，这是因为除了水堵作用外，溶剂驱替此时也会通过相态特征之间的交叉干扰来圈闭原油。图 7.40 是根据 Gardner 等（1981）的实验和理论研究成果得到的，由图可以看出，CO_2 驱在两种不同压力和弥散程度条件下的实验结果。在这两种压力条件下，驱替均为蒸发气驱。但低压条件下的采收率要比高压条件下的低一些。流速的影响相对不大，并且不存在流动水相，这意味着除了盲端孔隙效应外，还存在其他造成低采收率的原因。

图 7.40（b）给出了图 7.20（a）中 13.6MPa（2000psia）条件下驱替的组成轨迹。弥散作用使得发展起来的混相驱替的组成轨迹进入两相区中［将其与图 7.40（b）中的不存在弥散作用的极限情况做对比］。由图 7.12 可以看出，相态特征不会改变弥散轨迹，弥散轨迹在关系图中为一直线。由于两相区中圈闭相饱和度很高，两烃相之间的界面张力很大，因此该侵入作用将降低原油的采收率。尽管弥散作用对实验数据（低弥散程度）的影响相对

很小，但在高弥散程度时，类似的影响还是很显著的。

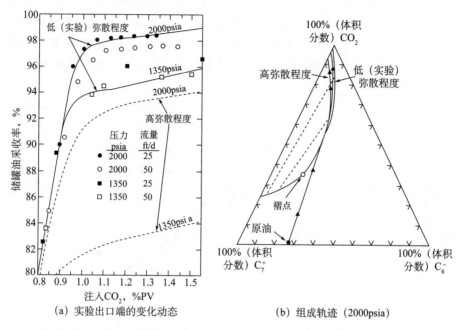

图 7.40   两种不同压力和弥散程度条件下 CO_2 驱的实验结果（Gardner 等，1981）。
高弥散程度的情况是被推算的

图 7.41 进一步尝试着量化相态特征和弥散作用的综合影响。该图是不同所测压力值时发展起来的混相驱替过程的模拟结果，而是将这些压力与最小混相压力进行比较。对于给定的弥散程度（N_{pe} 越大，弥散作用越小）而言，当压力降至低于 MMP 时，驱替效果急剧下降。有趣的是，当压力刚好高于 MMP 时，存在一个明显的非零 S_{2rm}。图 7.41 为模拟 CO_2 驱替多组分原油时的结果，显然，当驱替压力刚好高于 MMP 时，相态特征的影响仍然存在。

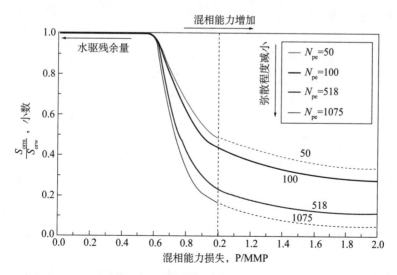

图 7.41   弥散作用和混相能力损失对模拟蒸发气驱的影响（Gharbarnezedeh 和 Lake，2010）

　　图 7.40 中的驱替均为重力稳定驱替，因此，可以不考虑黏性指进的影响。根据 Gardner 和 Ypma（1984）的研究结果，可以证实该现象也导致不稳定驱替过程中圈闭油饱和度的形成。图 7.42 给出了若干二次 CO_2 驱替中圈闭混相油饱和度与滞留时间（$L\phi/u$）之间关系的文献数据。圈闭油饱和度随着滞留时间的增加而减少，这使得横向弥散能够平滑横向的早期指进，图 7.42 中的驱替过程通常是不稳定的，且不存在流动水相。

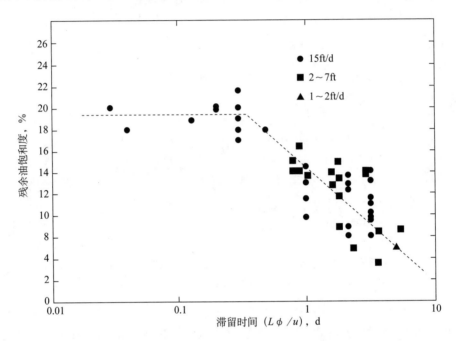

图 7.42　圈闭混相油饱和度与滞留时间（$L\phi/u$）之间关系的文献数据（Gardner 和 Ypma，1984）

　　滞留时间很短时，残余油饱和度会很大，Gardner 和 Ypma 将其解释为相态特征之间的交叉干扰和黏性指进的结果。他们认为，在纵向上黏滞指进的顶端，溶剂与原油之间的混相过程，与前面描述更为相像。在横向上，由于横向弥散的作用和可能的黏滞扰流作用，会产生混合作用。除非滞留时间很长或横向弥散程度很高，否则这种混合作用不会形成发展起来的混相。因此，原油首先被指进的纵向运动驱替出来，指进的顶端包含轻—富 CO_2 溶剂，然后，在横向上重新流入指进中的纯 CO_2 区内。因为 CO_2 和原油不是一次接触混相，在指进中会形成多相，所以形成圈闭。实际上，由于再饱和作用和相态特征的影响，圈闭油大量出现在溶剂指进已经波及的区域中。尽管看似不合理，即最大剩余油饱和度存在于溶剂已波及的地方，但将图 7.42 中的数据与横向弥散的数据进行关联，然后使用模拟重复这一关联，并最终将实验驱替的流出动态曲线与模拟结果进行对照。有趣的是，溶剂指进内、外区域的组分轨迹会穿过三元相图的两相区内部。当横向弥散很大时，在溶剂指进内的驱替相混合物排空之前会产生横向混合，且圈闭油饱和度会减少。

7.10　估算现场的采收率

　　尽管前面介绍了许多方法，但是现场中溶剂驱替的性能预测仍然是一种重大挑战。另一方面，溶剂驱替已经积累了足够的现场经验，即使没有高度精细的预测方法，仍然可能有很好的决策出现。下面将对这些方法进行介绍。有关这些方法更详细的描述可以参考相关文献（Jarrell 等，2002）。

7.10.1　数值模拟

这是一个高度精细和复杂的技术，因此值得单独拿出来进行讨论。在目前的实践过程中（也存在许多变化），数值模拟包括：将油藏划分为许多（通常数百万个）区块或网格，然后对每个区块或网格使用第2章中的物质平衡方程进行求解。第2章中讨论的特殊辅助方程可以将每个过程区分开。

正式的程序包括以下步骤：

（1）确定预测的目标以及它会影响何种判断。

（2）收集有关现场性质的数据，比如渗透率、孔隙度和毛细管压力。

（3）将他们集中在一个地质模型中。

（4）将地质模型升级成为工程模型。这一步骤非常复杂，主要是由于以下两方面的原因：

①工程模型是地质模型的必要浓缩模型，当然一些细节被不可避免地忽略掉，因此，需要足够的细心和经验来判断哪些可忽略的细节是不重要的。

②工程模型必修经过调整（调谐）来与先前的实验工作保持一致，这主要包括相态特征和相对渗透率。

（5）使用工程模型，对该方法进行模拟，对任意已有现场数据进行历史拟合。该步骤是需要的，这是因为尽管作出了上述努力，但仍存在很多参数未被确定。

（6）使用历史拟合的工程模型。

①使用模拟结果预测或推算出未来的结果；

②使用模拟结果来研究模型结果对未知输入数据的敏感性和（或）估算预测过程中的不确定性范围。

由于数值模拟需要一定的规模，因此，前面所述的方法是十分耗时的，有可能会持续数月。但它无疑是最佳的预测方法，但其最佳的用途可能是用来校准代理模型（surrogate model）。

7.10.2　代理模型

许多模型的存在是为了提供快速的项目性能预测，当然结果会很粗糙。这些模型的范围从神经网络（neural network）到第6章中波及系数关系式的应用。有两种代理模型值得更深一步的讨论。

结合压力瞬变分析（pressure-transient analysis）和无量纲变量专题的最初做法，很可能构造出溶剂驱替性能的标准曲线（type curve）。在其中一个模型中，这些曲线以图的形式画出了性能的无量纲测量值，通常，含油率位于纵坐标，无量纲时间位于横坐标。这些曲线自身的建立来源于类似现场的性能和（或）数值模拟的结果。

第二种模型使用 Koval 方法来描述由非均质性造成的溶剂油聚集带和原油聚集带初始原油带之间的形变。该模型得到的预测结果仅仅基于几个参数，这意味着他们能够很容易地拟合现场数据（Molleai 等，2011）。

所有的代理模型必须包含两个要素：预测与无量纲时间有关的采出程度和将无量纲结果转换成有量纲的性能参数。

7.11 结束语

目前，溶剂驱替方法在提高采收率方法中占据主要地位。对于某些类型（低渗透率、埋层深、轻质油）的油藏而言，很明显会选择溶剂驱油方法。未来的溶剂驱油技术，特别是有关重力稳定和流度控制的方法，将是该技术的使用范围有所扩大，但是该技术的目标储量仍然是巨大的。

本章中的重点主要包括：溶剂驱替的分类、最小混相压力关系式的使用、分流量曲线方法以及黏滞不稳定性。由于非均质性的存在，在大规模驱替过程中，黏滞指进的重要性仍然比较模糊。这两种现象是造成实验规模与现场规模采收率之间差异的主要原因。有关弥散作用与段塞的内容以及有关溶剂—水—油分流量的内容可以成为许多设计方法的基础。但是，这两方面的内容都易于用图形表示，并作为本章的主要内容。

此处未给予充分讨论的是溶剂的可利用性。对于甲烷驱和富气驱而言，大部分溶剂可以从产出液中抽提出来。对于氮气驱而言，溶剂可以从空气中抽提得到，对于空气驱而言，最主要的问题当然是压缩问题。对于 CO_2 驱替而言，可利用性是阻碍其现场应用的一个重要因素，这是因为已发现的天然 CO_2 储层很少。通过产出端溶剂的回收利用这一常规做法，CO_2 的需求也被进一步强调。回注 CO_2 的部分或全部目的是为了埋存温室气体。

练习题

7.1 非混相溶剂

假定某给定原油，其相对密度为 0.76，标准沸点为 324K（124℉），相对分子质量为 210，黏度为 15mPa·s。在 8.16MPa（1200psia）和 322K（120℉）的条件下，求解：

(1) CO_2 在原油中的溶解度；

(2) 饱和 CO_2—原油混合物的黏度；

(3) 该混合物的溶胀系数；

(4) 以摩尔分数为单位时，CO_2 在水中的溶解度。

使用 Simon 和 Graue 关系式（图 7.22 至图 7.24）和水的溶解度关系式（图 7.25）。

7.2 计算最小混相压力 MMP

某分离器中原油的分析结果如下，它包括两种不同溶解气含量时的分析结果。使用 Holm 和 Josendal（1982）关系式（图 7.27），估算分离器原油和原油的溶解气油比分别为 53.4m³/m³ 和 106.9m³/m³ 时的最小混相压力。油藏温度为 344K（160℉）。

质量百分数			
组分	分离器中的原油	原油 +53.4m³（气）/m³（油）	原油 +106.9m³（气）/m³（油）
C_1		21.3	53.0

续表

组分	质量百分数		
	分离器中的原油	原油 $+53.4\text{m}^3$（气）$/\text{m}^3$（油）	原油 $+106.9\text{m}^3$（气）$/\text{m}^3$（油）
C_2		7.4	18.4
C_3		6.1	15.1
C_4		2.4	6.0
C_5—C_{30}	86	54.0	6.5
C_{31}^+	41	8.8	1.1

试总结溶解气对最小混相压力的影响，并用三元相图对这些影响进行解释。

7.3　叠加原理和多段塞组合

使用叠加原理处理一维介质中流出物 M 的阶跃变化，证明对流—扩散方程的复合解为：

$$C_i = \frac{C_{i0} - C_{iM}}{2} - \frac{1}{2}\sum_{j=1}^{M}\left[\left(C_{ij} - C_{ij-1}\right)\phi\left(t_D - \sum_{k=1}^{j} t_{Dk}\right)\right]$$

式中，C_{ij} 为时间间隔内相 j 组分 i 的注入浓度（C_{i0} 与 C_{i1} 相同），t_{Dj} 为时间间隔 j 内的持续时间，有

$$\phi(t_D) = \text{erf}\left(\frac{x_D - t_D}{2\sqrt{\dfrac{t_D}{N_{pe}}}}\right)$$

本题中的第一个方程仅适用于 $t_D > \sum_{k=1}^{j} t_{Dk}$ 时的情况。

7.4　三元相图上的稀释轨迹

（1）当 t_D=0.5 时，求出使用 C_{2J}=1.0 的小段塞（t_{Ds}=0.1）驱替组成为（C_2，C_3）=（0.1，0）的原油时的浓度剖面，随后注入组成为 C_{3K}=1.0 的顶替气。假设 Peclet 数为 100。

（2）在三元相图（图 7.32）中画出（1）中浓度剖面的稀释轨迹。

7.5　富气稀释作用

在图 7.43 中，假设原始原油组成为（C_2，C_3）$_1$=（0.1，0）。

（1）确定干气与中间组分驱替液的连续混合液形成混相时的最佳中间组分浓度（C_{2J}）。

（2）使用（1）中的 C_{2J} 作为低边界，估算 t_D=1 和一系列 C_{2J} 值时确保形成一次混相时所需的溶剂段塞大小。绘出中间组分含量（$C_{2J} t_{Ds}$）与段塞大小之间的关系曲线来确定其最佳值。已知 Peclet 数为 1000。

7.6　水气交替注入（WAG）的计算

图 7.44 为 Slaughter Eatate 单位（SEU）下的典型相对渗透率曲线。水、油和溶剂的黏度分别为 0.5mPa·s、0.38mPa·s 和 0.037mPa·s。

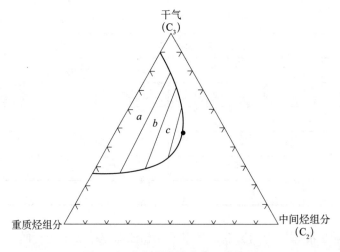

图 7.43 富气驱设计中的三元相图

（1）绘出水—油和水—溶剂的分流量曲线。已知这两条曲线的相渗透率相同，并已知 $\alpha = 0$。

（2）当不存在黏性指进和弥散作用时，确定一次接触混相二次驱替的最佳 W_R。

（3）如果使用最佳 W_R，计算完全取替时的最小溶剂—水段塞大小（t_{Ds}）。已知顶替液为水。

（4）如果溶剂—水段塞大小超过（3）中计算值的 50%，绘出此驱替中的时间—距离关系图和流出动态曲线。

（5）根据图 7.44，估算混相驱替中的圈闭油饱和度 S_{2r}。

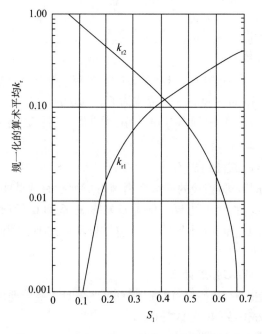

图 7.44 Slaughter Eatate 单位下的相对渗透率曲线

7.7　考虑水—油溶解度的溶剂速度

（1）证明：在圈闭油饱和度的计算过程中考虑溶剂—水溶解度和溶剂的溶解度时的溶剂比速度（方程 7.11b）可写成

$$v_3 = \frac{1 - f_{1J}^s(1 - C_{31})}{1 - S_{1J}(1 - C_{31}) - S_{2r}(1 - C_{32})}$$

式中，C_{31} 为溶剂在水中的溶解度，$C_{31} = R_{31}B_3/B_1$ 和 C_{32} 为溶剂在原油中的溶解度，$C_{32} = R_{32}B_3/B_2$。R_{ij} 为相 j 中组分 i 的溶解度，单位为标准体积相 j 中组分 i 的标准体积，见图 7.22 和图 7.25。

（2）利用练习题 7.6（5）中求得的 S_{2r}，取 $R_{31} = 17.8 \text{m}^3/\text{m}^3$，$R_{32} = 214 \text{m}^3/\text{m}^3$，$B_3 = 10^{-3} \text{m}^3/\text{m}^3$，$B_1 = 1 \text{m}^3/\text{m}^3$ 和 $B_2 = 1.2 \text{m}^3/\text{m}^3$，重复练习题 7.6 中的（2）至（4）。

（3）如果顶替液为性质与溶剂相同的气体而不是水，重复练习题 7.6 中的（3）和（4）。

7.8　碳酸水驱和分流量

早期提高采收率的方法之一就是利用饱和 CO_2 水溶液驱替原油。该技术能够使用分流量理论进行分析（de Nevers，1964）。

（1）证明活塞状碳酸水驱前缘的比速度可由下式求出：

$$v_{\Delta C_3} = \frac{1 - \dfrac{K_{21}^3}{K_{21}^3 - 1}}{1 - S_{2r} - \dfrac{K_{21}^3}{K_{21}^3 - 1}}$$

该方程中已知前缘后方为饱和 CO_2 的残余油相。

（2）将该方程与原油聚集带后缘的比速度进行对比，证明原油聚集带的饱和度和分流量必须满足：

$$v_{\Delta C_3} = \frac{1 - \dfrac{f_1 - C_{32}}{1 - C_{32}}}{1 - \dfrac{S_1 - C_{32}}{1 - C_{32}}}$$

在这些方程中，K_{21}^3 为水相（$j=1$）和油相（$j=2$）之间 CO_2（$i=3$）的体积分配系数，C_{32} 为 CO_2 在原油中的体积分数，$f_1(S_1)$ 为水相的分流量曲线。

（3）根据图 7.22，估算 15MPa 和 340K 条件下的 C_{32} 和 K_3^{21}。假设两相之间为理想混合。

（4）计算并绘出一维可渗透介质中碳酸水驱时流出端的含油量。已知初始（均匀）含油率为 0.1。

（5）在同一张图上，绘出非碳酸水驱时流出端的油相分流量曲线，最后，绘出改善石油采收率（IOR）与 t_D 之间的关系曲线。

对于该问题而言，使用指数型相渗曲线时的参数如下：$n_1 = n_2 = 2$，$K_{r1}^0 = 0.1$，$\phi = 0.2$，$K_{r2}^0 = 0.1$，

μ_1=0.8mPa·s，μ_2=5mPa·s，S_{1r}=S_{2r}=0.2 和 α=0。原油的相对分子质量为 200，密度为 0.78g/cm³，UOP 特征因子（K' 值）为 11.2。

7.9 黏滞指进和驱替效率

使用 Koval 理论（方程 7.20），当原油—溶剂黏度比为 50 和非均质系数为 5 时，绘出一次接触混相驱替时的流出动态曲线。

7.10 通过混合参数求黏滞指进

在 Todd—Longstaff（1972）的黏性指进关系式中，方程（7.17）中的 Koval 数 K_{val} 被 K_{TL} 替代，其中：

$$K_{TL} = \frac{M_{2e}}{M_{3e}} = v^{1-\omega}$$

式中，M_{2e} 和 M_{3e} 分别为混合带内有效溶剂和原油的黏度，v 为黏度比，为混合参数（$0<\omega<1$）。

（1）当 ω=1/3 时，重新计算（方程 7.9）；

（2）已知 K_{val}=K_{TL}，绘制出不同 H_k 时 ω 与 v 之间的关系曲线。

7.11 正态分布的弥散作用

有关弥散作用的另一种观点为沿着独立路径上大量流体颗粒混合时的结果。如果这样，颗粒分布应该遵循正态分布。在本题中，证明第 7.6 中的方程可以简化成这种形式。

（1）证明：已知 C_{i1}=C_{iK}=0 和 $t_{Ds}C_{il}$=1，当 $t_D>>t_{Ds}$ 时，方程（7.5）应用于单位段塞时可简化成

$$C_i = \frac{1}{2t_{Ds}}\left\{\mathrm{erf}\left[\frac{x_D-(t_D-t_{Ds})}{2\sqrt{\dfrac{t_D}{N_{P_e}}}}\right] - \mathrm{erf}\left[\frac{x_D-t_D}{2\sqrt{\dfrac{t_D}{N_{P_e}}}}\right]\right\}$$

（2）利用误差函数的定义（方程 5.54），当 $t_{Ds} \to 0$ 时，证明上述方程可变为

$$C_i = \left(\frac{N_{P_e}}{4\pi t_D}\right)^{1/2} \mathrm{e}^{-\left[(x_D-t_D)^2/(4t_D/N_{P_e})\right]}$$

练习题 7.11 中的第一个方程表明，当 x_D=0 时，大量颗粒的分布一开始就接近于正态分布，平均位置为 x_D=t_D，标准偏差为 $2\sqrt{t_D/N_{P_e}}$。

第8章　聚合物提高采收率方法

聚合物驱是在可渗透介质内的注入水中加入水溶性聚合物，以降低水的流度。与未加聚合物时的水驱情况对比，黏度增加以及使用大多数聚合物时水相渗透率的减小，会造成流度比的降低。流度比的降低主要通过增加体积波及效率和减小波及带的含油饱和度来提高水驱效率，但是，黏度的增加也会减小线性水驱过程中注入水前缘的推进速度。有关这种影响的详细讨论见第6章。

因为在大多数情况下，矿场中只有少数的孔隙可以被波及到。对于水驱和聚合物驱而言，通常假设残余油饱和度 S_{2r} 是相等的。但对于稠油而言，聚合物驱时的残余油饱和度通常比水驱时的小很多。至少在某些条件下，相比于水而言，黏弹性聚合物似乎能够减小残余油饱和度（Huh 和 Pope，2008；Sheng，2011），但是具体减小的是残余油量还是剩余油饱和度，仍是未知的。

在石油开采过程中，聚合物的使用通常包括以下3种方式：

（1）用于处理近井地带。通过封堵高导流地带，来改善注水井和水淹生产井的注采状况。

（2）用于地下交联，封堵油藏深部的高导流地带（Needham 等，1974）。在这些处理方法中，将聚合物与无机金属阳离子一起注入地层内，无机金属阳离子将随后注入的聚合物分子和已经与固体表面键合的聚合物分子发生交联。

（3）用于降低水的流度或水—油流度比。通过增加水的黏度和减小水相渗透率，可以减小水相的流动。渗透率的重要性要比黏度的增加小，对于某些聚合物而言，渗透率较高时的渗透率减小作用可以忽略。

由于第一种方式中的实际驱油介质不是聚合物，因此，实际上不属于聚合物驱。大多数聚合物提高采收率项目指的是第三种方法，即所谓的流度控制驱替方法，它也是本书中将要着重讨论的情况。第5章和第6章已经详细讨论了降低流度比对驱油效率和波及效率的影响。Soebie（1991）撰写过有关聚合物驱提高采收率的专著。

图8.1为典型聚合物驱注入次序示意图。注入次序为：最佳的预冲洗液（通常由低矿化度盐水组成）、由驱替油形成的原油聚集带、聚合物溶液、最佳的淡水缓冲液（用来保护溶液的后部不被稀释）和顶替液（或驱动水）。缓冲液中可能包含某些含量逐渐减少的聚合物，以减少顶替液和聚合物溶液之间的不利流度比。根据该方法的驱替特点，聚合物总是在相互独立的若干组注入井和生产井中进行。由于大多数聚合物在混合时能够抵抗地层盐水，因此通常不需要采用预冲洗液，预冲洗液会耗费大量的时间和对经济带来不利影响，这主要是因为预冲洗液中的低矿化度水由于聚合物的降低流度比作用而进入其他层系中。

在典型聚合物驱中，地面设施包括水处理系统和混合设施、管线、阀门、注入泵和计量设施等。由于混合过程不需要进行高压处理，因此，大部分设施的操作压力都比较低，这与其他设施中的相态特征联系不太紧密。其中某些设施会产生聚合物的机械降解，下文中将会对此进行详细地介绍。因为产出的聚合物会形成乳化，所以有时在生产井中还需要引入某些专用的分离设备。

　　大部分聚合物都会对矿化度和硬度比较敏感，但对压力不敏感。因此，尽管压力梯度是流体流动的必要条件，但本章中对压力的影响讨论相对较少，大部分内容将讨论矿化度和硬度的影响。

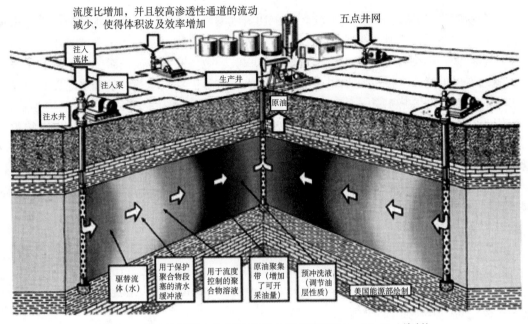

图 8.1　聚合物驱注入次序示意图（美国能源部 Joe Lindley 绘制）

　　油田水（盐水）是非常复杂的，它包含 10~50 种组成，其中大部分为可溶性的负电性（阴离子型）或正电性（阳离子性）无机物。对于原油的表征而言，尽管阴离子和阳离子应该分开对待，但在大多数应用中，将这些组成结合或集中起来研究是非常有用的。水溶性组分的两种常见分类方法为总溶解固体量（total dissolved solids，TDS）和硬度（hardness），前者为盐水中所有无机成分的浓度，单位为 ppm，等同于 g/m^3 或 mg/L，后者为盐水中多价离子的浓度，单位为 ppm、g/m^3 或 mg/L，有时也使用摩尔单位或其他等价单位（Lake 等，2002）。

　　当这种区别很重要时，将使用以上术语。否则，将盐水的组成简称为矿化度（salinity）。通常，聚合物对硬度的敏感性高于 TDS 的敏感性。

　　图 8.2 给出了不同油田盐水的矿化度（以 TDS 表示）和硬度，此时某些归一化处理方法是非常有用的。饮用水的矿化度一般小于 $1000g/m^3$，由图可以看出，大多数的油田水的含盐量高于饮用水，因此使用"盐水"这一术语，而非"水"。海水的矿化度（以 TDS 表示）大约为 $33000g/m^3$，许多油田盐水的含盐量甚至高于海水，海水的硬度高于 $3000g/m^3$。饱和 NaCl 溶液的矿化度大约为 $300000g/m^3$。许多盐水的矿化度都接近该数值。

　　TDS 与硬度之间存在着比较粗略的关系式，特别是对于高 TDS 时的情况而言，该关系式的产生是由于地层与盐水的反应活性，即是由温度和矿物含量决定的。图 8.2 中的主要结论很有可能源自盐水矿化度的变化巨大。

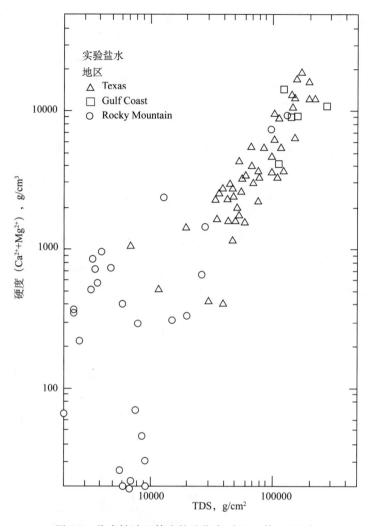

图 8.2　代表性油田盐水的矿化度（Gash 等，1981）

　　由于聚合物相对分子质量高［通常为（200~2000）万］，因此，只需要少量（约 500g/m³）的聚合物便可以显著增加水的黏度。另外，除了通过增加水的黏度来降低流度比外，某些类型的聚合物还可以通过减小水的相对渗透率来降低流度。通过对聚合物化学性质进行讨论，可以解释聚合物的流度降低机理及他们与矿化度之间的相互作用。值得注意的是，在聚合物驱领域中，将只对那些水溶性聚合物进行讨论。

8.1　聚合物的类型

　　聚合物驱中最常见的三种聚合物有部分水解聚丙烯酰胺（HPAM）、丙烯酸（AA）与丙烯酰胺（AM）的共聚物、丙烯酰胺（AM）与 2- 丙烯酰胺基 -2- 甲基丙磺酸（AMPS）的共聚物。共聚物指的是由两种或多种不同类型单体形成的聚合物。在实验中，已经对其他聚合物进行过研究，但在现场实际聚合物驱中，较少使用的聚合物有黄胞胶、羟乙基纤维素（HEC）、羧甲基羟乙基纤维素（CMHEC）、聚丙烯酰胺（PAM）、聚丙烯酸、葡聚糖、右旋糖苷、聚环氧乙烷（PEO）和聚乙烯醇等。尽管在现场实际中，只有前三种聚合物有所使用，但可能还存在许多其他适用的化学剂，可能有些聚合物已被证实比目前广泛使用的聚合物更为有效，但本章不对这些化学药剂进行介绍。图 8.3 和图 8.4 为几种聚合物的典型分子结构。

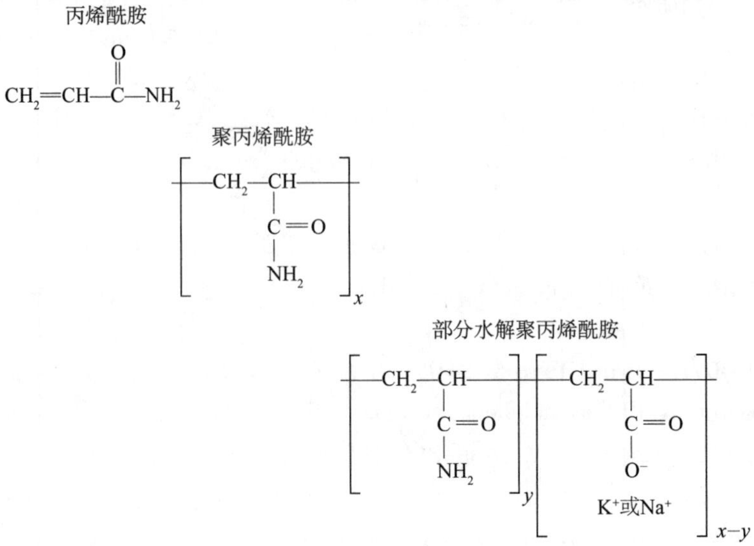

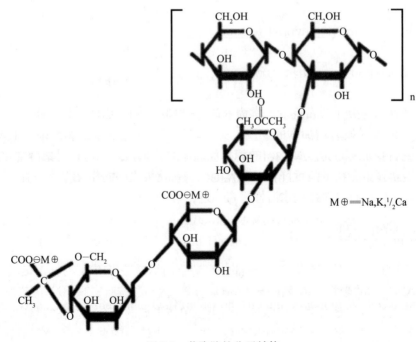

图 8.3　聚丙烯酰胺的合成，y 表示酰胺基的数量（对于 HPAM 而言），$x-y$ 表示羧基的数量，水解度为羧基与酰胺基的比值。如果存在阳离子或阴离子，他们可能会保护图中的羧基

图 8.4　黄胞胶的分子结构

8.1.1　聚丙烯酰胺

这些聚合物中的初始反应单体为丙烯酰胺分子。聚合作用时，丙烯酰胺单体连接成长链分子（即聚合物），如图 8.3 所示。在大多数情况下，聚丙烯酰胺为丙烯酸的共聚物或其水解后形成的能够替换主链上部分酰胺基的阴离子（带负电）羧基（—COO$^-$）的共聚物。丙烯酰胺单体的典型水解度为 30%~35%，因为羧基带负电，所以聚合物为阴离子型聚合物，HPAM 的许多物理性质都与其阴离子特性有关。聚合物的主链为碳—碳单键，他们可以自由旋转。

在优化聚合物的某些性质（比如水溶性、黏度和滞留情况等）时，需要对聚合物的相对分子质量和水解度进行选择。如果水解度太小，则聚合物将不溶于水；如果水解度太大，其性质将对矿化度和硬度非常敏感（Shupe，1981）。

HPAM 的增黏性能是其高相对分子质量的结果。通过聚合物分子之间和同一分子上各链节之间的阴离子排斥力，使得大分子溶液的增黏特性增强。这些排斥力使得分子在溶液中舒展，并与其他类似舒展开的分子相互缠绕，在较高浓度时，这种效应能够进一步降低流度。

如果矿化度或硬度很高，碳—碳键自由旋转（图 8.3）使分子发生卷曲，羧基的离子屏蔽作用会显著地减弱聚合物分子间的排斥力。当矿化度增加至约 40000g/L 时，这种屏蔽作用会使聚合物溶液的黏度下降，当矿化度继续增加时，黏度的变化很小。因此，当矿化度很高时，高浓度的高相对分子质量 HPAM 可以用来获得所需的黏度（Levitt 和 Pope，2008）。当水解度低于约 35% 时，该结论也适用于硬度（钙和其他二价离子）对聚合物溶液的影响。如果将 HPAM 置于高 pH 或高温条件下，水解度会进一步的增加，并最终达到 80% 左右。钙离子将与羧基离子反应，并产生沉淀（Levitt 和 Pope，2008）。如今，已经研发出了不水解的商业性丙烯酰胺共聚物和三聚物，他们可以适应高钙浓度和高温等恶劣环境。

8.1.2　多糖

这类聚合物由图 8.4 中所示的糖类分子通过细菌发酵聚合而成。细菌发酵过程会在聚合物溶液中遗留大量的细胞残渣，在聚合物注入油层之前必须除去这些残渣（Wellington，1983）。另外，除非在这种聚合物中加入有效的杀菌剂，否者他们在地层中容易受到细菌的伤害。这是一种不利的因素，但在某些情况下，他们却在环保方面更具优势。多糖对盐水矿化度和硬度的敏感性比 HPAM 弱。

图 8.4 说明了多糖抗盐性的原因。相对而言，多糖分子是非离子型的，因此，它没有 HPAM 的离子屏蔽效应。多糖的支链比 HPAM 的多，环氧碳键不能完全旋转，他们依靠分子之间的相互阻碍和在溶液中加入更强刚性结构来增加盐水的黏度。多糖溶液不会使渗透率降低，另外，它也不具备明显的黏弹性效应，其相对分子质量一般约为 200 万，较 HPAM 低。

单位数量上的 HPAM 价格比多糖便宜，特别是黄胞胶。在过去的矿场应用中，在已报导的聚合物驱中，约有 95% 的矿场试验使用的是 HPAM（Manning 等，1983）。由于多糖的价格非常昂贵，因此，现在很少在聚合物驱过程中使用多糖类聚合物，但是他们用于其他油田化学处理液中，比如钻井液和压裂液等。

长期以来，使用聚合物的主要问题是其毒性，大分子量是其污染根源。但请记住，这些方法中的聚合物使用量通常比地下水资源的使用量大。某些聚合物是食品（例如啤酒和牙膏）和化妆品中常见的添加剂。

8.1.3　聚合物的形态

上小节中讨论的聚合物可以存在三种明显不同的物理形态，即粉末状、溶液状和乳液状。当聚合物为粉末状时，即三种形态中最初的形态，这种形态便于运输和存储，且费用低。但是，这种形态的聚合物较难与水混合，因为与聚合物首先接触的水往往会在颗粒的周围形成黏度很大的水合层，这会大大减缓后续聚合物的溶解。在实际应用中，粉末状聚合物最常用，许多聚合物的水合作用可能会持续到聚合物溶液到达油藏中的时候。溶液状聚合物是指聚合物质量分数为10%左右的悬浮物溶液，与粉末状聚合物相比，这类聚合物形态更容易与水混合。但是，由于这类聚合物需要更多的运输费用和存储大量的水，因此，它的缺点是费用相当高。另外，溶液状聚合物的黏度非常高，需要使用专门的混合设备。事实上，这种不利因素也会限制溶液中的聚合物浓度。乳液状聚合物是一种新型的聚合物形态，溶液中包含质量分数约为35%的聚合物。在油相中，使用表面活性剂使聚合物悬浮。一旦这种油包水型乳状液发生反转，浓缩的聚合物可与注入水混合，以满足所需的注入浓度。

8.2　聚合物的性质

在本节中，基于下列一些聚合物性质如黏度关系、非牛顿效应、聚合物的运移、不可及孔隙体积、渗透率降低作用、化学与生物降解作用以及机械降解作用，提出一些聚合物提高采收率中的定性趋势、定量关系和代表性数据。

8.2.1　黏性关系

图8.5为聚合物溶液黏度与聚合物浓度之间的关系曲线。在传统方法中，这类曲线根据 Flory–Huggins 方程（Flory，1953；Pope 和 Nelson，1978）进行拟合计算：

$$\mu_1' = \mu_1 \left(1 + a_1 C_{41} + a_2 C_{41}^2 + a_3 C_{41}^3 + \cdots +\right) \tag{8.1}$$

式中，C_{41} 为水相的聚合物浓度，μ_1 为盐水（溶剂）的黏度；a_1 和 a_2 等为常数。在本章的剩余部分中，聚合物浓度中会引入第二个下角标1，这是因为聚合物总是处于水相之中。常用的聚合物浓度单位为 g/m^3（溶液），该单位与 ppm 大致相同。方程（8.1）中的一次项可用来解释聚合物分子单独起作用（无相互缠绕）时的稀释范围。对于大多数聚合物应用目的而言，方程（8.1）通常会舍去三项式，因此，必须从实验数据中估算得到的常数只有三个。

由图8.5可知，当温度为24℃时，1%（质量分数）NaCl 盐水中浓度为 1000g/m^3 的黄胞胶溶液在剪切速率为 5s^{-1} 的条件下，其黏度为 10mPa·s。与相同条件下的盐水相比，由于黄胞胶溶液中有一定的稀释浓度，所以溶液的黏度明显增加。应该注意的是，1000g/m^3=0.1%（质量分数）。

与单独的黏度相比，测量聚合物增黏能力的另一个基本方法是测定其特性黏度，它被定义为

$$[\mu] = \lim_{C_4 \to 0} \left(\frac{\mu_1' - \mu_1}{\mu_1 C_4}\right) \tag{8.2}$$

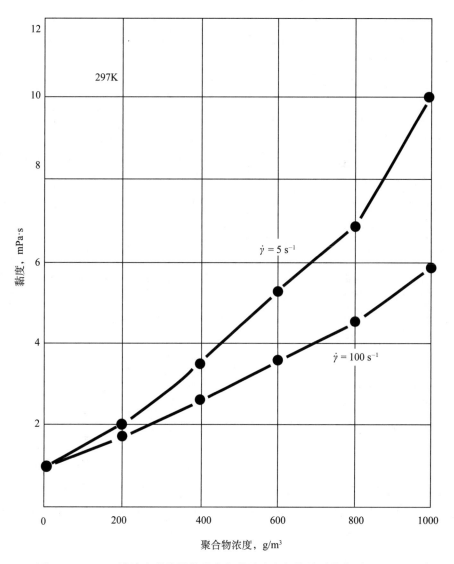

图 8.5　1%NaCl 溶液中黄胞胶的黏度与其浓度之间的关系曲线（Tsaur，1978）

根据定义，[μ] 为衡量聚合物特有增黏能力的度量，它对聚合物的浓度不敏感。在上述给定的条件下，黄胞胶聚合物溶液的特性黏度为 7dl/g❶，该单位与质量分数的倒数相同。特性黏度相当于方程（8.1）中的 a_1 项。

对于任何已知的聚合物及其溶剂而言，根据以下方程（Flory，1953）：

$$[\mu] = K'M_w^a \tag{8.3}$$

其特性黏度随聚合物相对分子质量的增加而增加，式中的指数在大约 0.5～1.5 之间发生变化，使用像淡水这样的优质溶剂时，其指数会更大。K' 为聚合物的特定常数。

---

❶　dl/g 读作"分升每克"，d 是指十分之一，g 指的是克，即 1dl/g=100mL/g。

对于描述聚合物溶液的特性而言，上述关系式是非常有用的。例如溶液中聚合物分子的尺寸可以根据 Flory（1953）提出的平均端距方程进行计算，即

$$d_p = 8(M_w \mu)^{1/3} \tag{8.4}$$

上述方程是一个经验方程，式中对某些单位进行了设定，$[\mu]$ 的单位必须为 dl/g，d_p 的单位为 Å（10^{-10}m）。这种测量聚合物分子尺寸的方法，对于理解大分子在岩石孔隙中的运移时非常有帮助的。黄胞胶的相对分子质量大约为 200 万。根据方程，d_p 约为 0.4μm，该值与中、低渗透性砂岩地层中的许多孔喉尺寸相同。因此，预测可以观察到聚合物与岩石之间的相互作用，包括当孔喉尺寸比聚合物线团尺寸小很多时，聚合物会对孔喉产生堵塞。

8.2.2 非牛顿效应

如果某流体的黏度随着流动速率发生变化，则该流体是非牛顿流体。因为聚合物分子的相对分子质量较大且具有一定的形状，这些形状会随着作用在聚合物上的应力变化而发生变化，因此，聚合物为非牛顿流体。使用有效剪切速率来表示聚合物溶液流动的快慢，这在第 3.1 节中已经有所介绍。

非牛顿行为有两个很明显的特征：

①黏性效应

液体反映材料运动与剪切应力（shear stress）之间的关系。换言之，它反映的是液体在剪切作用下的流动，例如聚合物无法始终维持某个剪切应力。

②弹性效应

固体或流体反映材料运动与法向应力（normal stress）之间的关系，这种材料无法维持某个法向应力。在流变学中，只有法向应力与压力有关，它会使流体产生压缩性。

聚合物溶液具有以上两种效应，但某些聚合物的效应要比其他聚合物的多。例如 HPAM 具有黏性效应和弹性效应，而黄胞胶主要受黏性的影响。下面将首先讨论黏性效应。

图 8.6 为固定矿化度时通过实验室黏度计测得的聚合物溶液黏度 μ_1' 与剪切速率 $\dot\gamma$ 之间的关系。在低剪切速率时，μ_1' 与 $\dot\gamma$（$\mu_1' = \mu_1^0$）无关，溶液为牛顿流体。在较高剪切速率 $\dot\gamma$ 时，μ_1' 减小并最后趋近于某极限值（即 $\mu_1' = \mu_1^\infty$）。在某一高剪切速率 $\dot\gamma$ 下，该值与水的黏度 μ_1 相差不大，此时的剪切速率已经超出图 8.6 的右侧区域。黏度随剪切速率 $\dot\gamma$ 的增加而降低的流体被称为剪切变稀（shear-thinning）流体。

聚合物溶液的剪切稀释特性是由于聚合物分子链在剪切时未能发生卷曲伸展和缠绕等造成的。

在固定聚合物浓度时的不同 NaCl 浓度条件下，图 8.7 为某种含有 AMPS 单体的聚合物溶液黏度与剪切速率之间的关系曲线。低矿化度时，黏度对矿化度是极其敏感的，当 NaCl 浓度每增加 10 倍时，聚合物浓度的黏度大概减少十分之一。HPAM 及其衍生物的黏度对溶液的硬度更为敏感，而多糖溶液的黏度对矿化度和硬度都不太敏感。

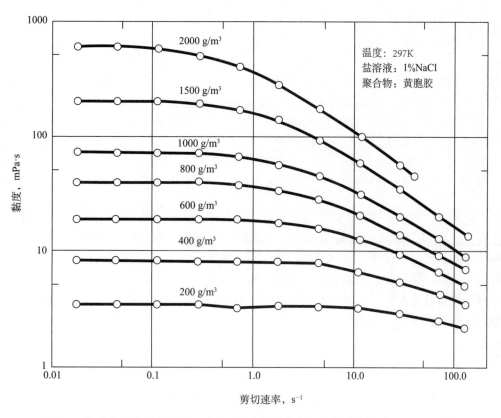

图 8.6　聚合物溶液黏度与剪切速率及聚合物浓度之间的关系曲线（Tsaur，1978）

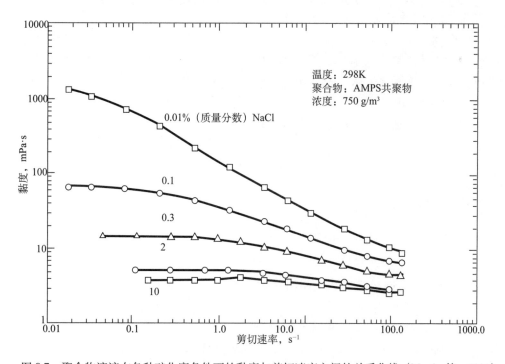

图 8.7　聚合物溶液在各种矿化度条件下的黏度与剪切速率之间的关系曲线（Martin 等，1981）

对于聚合物在地层中的注入性能而言，图 8.6 和图 8.7 中的聚合物特征是非常有利的，因为对于整个油藏体积而言，$\dot{\gamma}$ 通常很低（大约为 $1\sim5s^{-1}$），则有可能使用极少量的聚合物来获得设计的流度比。但是，在注入井附近区域，$\dot{\gamma}$ 很高，使得聚合物的注入性能可能高于根据 μ_1^0 预测得到的结果。一旦能够给出可渗透介质中的剪切速率以及剪切速率与黏度之间的量化关系，则这种注入性能提高幅度的相对大小便能够被估算出来。

当剪切速率位于中间范围时，聚合物溶液的黏度与剪切速率之间的关系可以通过幂律模型（power-law model）进行模拟：

$$\mu_1' = K_{pl}\left(\dot{\gamma}\right)^{n_{pl}-1} \tag{8.5}$$

式中，K_{pl} 和 n_{pl} 分别为幂律系数和幂律指数。对于剪切变稀流体而言，$0<n_{pl}<1$；对于牛顿流体而言，$n_{pl}=1$，此时，K_{pl} 即为黏度，$\dot{\gamma}$ 始终为正值。方程（8.5）仅适用于有限范围内的剪切速率，此时，溶液为剪切变稀流体。低于某剪切速率时，黏度为恒定值 μ_1^0，高于临界剪切速率时，其黏度仍然为恒定值 μ_1^∞。

对于某些计算而言，幂律方程的截断性质并不适用，因此，存在另一种很有用的 Meter 模型（Meter 和 Bird，1964）：

$$\mu_1' = \mu_1^\infty + \frac{\mu_1^0 - \mu_1^\infty}{1+\left(\dfrac{\dot{\gamma}}{\dot{\gamma}_{1/2}}\right)^{n_M-1}} \tag{8.6}$$

式中，n_M 为经验参数，$\dot{\gamma}_{12}$ 为 μ_1^0 与 μ_1^∞ 的平均值在 μ_1' 时的剪切速率。与所有聚合物的性质相同，所有经验参数都与矿化度、硬度和温度有关。

当将聚合物应用于多孔介质流动时，可以继续上述总趋势和方程，正如第 3.1 节中有关牛顿流体的论述一样。μ_1' 通常被称为视黏度 μ_{app}，有效剪切速率 $\dot{\gamma}_{eq}$ 是在毛细管概念的基础上得出的。对于幂律流体，除了初始方程为方程（8.5）外，其方法都是一样的（见练习题 8.2），此处只给出了相应的计算结果。

聚合物溶液处于流动状态时的视黏度（Hirasaki 和 Pope，1974）为

$$\mu_{app} = H_{pl}\mu^{n_{pl}-1} \tag{8.7}$$

式中，

$$H_{pl} = K_{pl}\left(\frac{1+3n_{pl}}{n_{pl}}\right)^{n_{pl}-1}\left(8K_1\phi_1\right)_1^{(1-n_{pl})/2} \tag{8.8}$$

方程（8.7）的右侧为 $K_{pl}\dot{\gamma}_{eq}^{n_{pl}-1}$，由此得出幂律流体的等效剪切速率为

$$\dot{\gamma}_{eq} = \left(\frac{1+3n_{pl}}{4n_{pl}}\right)^{n_{pl}/(n_{pl}-1)}\frac{4\mu}{\sqrt{8K_1\phi_1}} \tag{8.9}$$

在方程（8.8）和方程（8.9）中，K_1 为水相渗透率，它是水相相对渗透率与绝对渗透率的乘积，ϕ_1 为水相孔隙度，它等于 ϕS_1。

上述等效剪切速率与牛顿流体等效剪切速率（方程 3.11）之间的唯一不同之处在于方程的右侧第一项。该系数是一个与 n_{pl} 有关的弱函数，对于典型 n_{pl} 值而言，该系数为 0.78。因此，对于牛顿流体和幂律流体而言，用于计算剪切速率方程时两者之间的差异非常小。但是，聚合物分子的尺寸比孔隙尺寸大，它能表现出其他的效应，比如孔隙壁面上的排斥和漏失，因此，方程（8.9）需要进一步修正以获得更加精确地计算。最简单的方法是将剪切速率乘以一个修正系数 C（Cannella 等，1988）。但是，C 与可渗透介质的特性有关，对于每个特定的情况都必须进行重新测定。

虽然 $\dot{\gamma}_{eq}$ 的单位为时间的倒数，但因为在管内为稳定层流状态，所以剪切速率实质上是一个稳态表达式。由于 $\dot{\gamma}_{eq}$ 的瞬时变化会引起 μ_1' 的类似变化，基本方程（8.5）和（8.6）中只包含黏滞效应的影响。实际上，$\dot{\gamma}_{eq}$ 的起伏变化现象或弹性效应会影响聚合物的性质，这些将在下面分别进行介绍。

8.2.3 聚合物的运移

聚合物溶液能够在可渗透介质中进行传播，这对于聚合物驱方法的基本思想而言，是很重要的。但是，存在许多阻碍聚合物运移的情况，绝大部分是因为聚合物的分子大小。

（1）岩石表面的堵塞

聚合物未完全溶解的聚合物溶液的运移效果很差，因此，适当地水化聚合物是非常重要的。未溶解的聚合物倾向于在井入口处的岩石表面沉积，除了无法运移外，也给聚合物溶液的注入带来困难。消除这种影响是实验室实验的主要目标。在常规实验中测试聚合物溶液通过滤纸时的相对过滤时间。如果过滤时间太长，则应该进一步完善聚合物的溶解机理，或改变聚合物本身的性质，比如降低聚合物的相对分子质量等。一种精确有效的方法是使用 1.2μm 醋酸纤维素滤纸，并且设定过滤时的压降只有 1bar（Levitt 和 Pope，2008）。

（2）滞留

由于聚合物在固体表面的吸附作用或小孔隙对聚合物的圈闭作用，所有聚合物在可渗透介质中都可能存在滞留问题。聚合物的滞留程度因聚合物类型、聚合物浓度、相对分子质量、岩石特征和组成、盐水矿化度和硬度、盐水 pH 值、流速以及温度的不同会有所差异。现场测得滞留量的范围一般为 $4\sim75\mu g/cm^3$（岩石表观体积），而理想的滞留量大约为 $20\mu g/cm^3$。聚合物的滞留作用会减缓聚合物的运移速度和形成原油聚集带的推进速度（见第 8.4 节）。

滞留的常见形式有以下几种：

$$\frac{聚合物的质量}{固体的质量} = \frac{\omega_{4s}}{(1-\omega_{4s})}$$

$$\frac{聚合物的质量}{表面积} = \frac{\omega_{4s}}{\alpha_v}$$

$$\frac{聚合物的质量}{岩石的表观体积} = \omega_{4s}\rho_s(1-\phi)$$

$$\frac{聚合物的质量}{孔隙体积} = \frac{\omega_{4s}\rho_s(1-\phi)}{\phi} = C_{4s}$$

$$\frac{聚合物溶液体积}{孔隙体积} = \frac{\omega_{4s}\rho_s(1-\phi)}{\phi C_4} = D_4$$

最后一种形式为前缘推进损耗(frontal advance loss),与下章中表面活性剂的相关定义类似,并将用于下节的聚合物驱分流量方程中。

(3)不可及孔隙体积

由于不可及孔隙体积(inaccessible pore volume,缩写成 IPV)的存在,使得聚合物溶液通过可渗透介质时的流速增加,这可以抵消滞留引起的滞后作用。不可及孔隙体积的一种解释是聚合物分子太大,聚合物在流动时无法通过最小的孔隙。第二种解释是因为孔壁的排斥效应,使得聚合物在狭窄的中心聚集(Duda 等,1981)。靠近孔壁的聚合物流体层的黏度比孔隙中间流体的黏度低,这将造成流体的视滑脱(apparent fluid slip)现象,第二种解释与大部分实验和模型结果相吻合。

不可及孔隙体积与聚合物相对分子质量、相对分子质量分布、矿化度、含水饱和度、渗透率、孔隙度和岩石的孔隙尺寸分布有关,而且这种关系随着相对分子质量的增加和渗透率与孔隙度的比值(特征孔隙尺寸)的减小变得更加明显。在极端情况下,不可及孔隙体积可以高达总孔隙体积的 30%。但是,聚合物滞留会降低聚合物的流速,且净效应并不明显。总的来说,在聚合物性质中,不可及孔隙体积是最次要的,甚至在大多数情况下可以被忽略。

8.2.4 渗透率降低作用

在可渗透介质聚合物溶液渗流时,存在三种流度降低的衡量方法(Jennings 等,1971):阻力系数(resistance factor)、渗透率降低系数(permeability reduction factor)和残余阻力系数(residual resistance factor)。对于大多数聚合物(如黄胞胶)而言,渗透率降低系数并不明显。甚至对于诸如 HPAM 聚合物而言,当渗透率很高时渗透率降低系数也不明显。

阻力系数 R_F 为盐水的流度与相同条件下聚合物溶液流度的比值:

$$R_F = \frac{\lambda_1}{\lambda_1'} = \lambda_1\mu_{app} = \left(\frac{K_1}{\mu_1}\right)\left(\frac{\mu_1'}{K_1'}\right) \tag{8.10}$$

对于相同流速、饱和度和矿化度条件下的聚合物溶液和水溶液而言,R_F 与可渗透介质中的压降成反比,可以通过稳态压降数据直接得到。R_F 可以衡量聚合物对总流度降低的贡献程度。

为了单独描述聚合物的渗透率降低作用,渗透率降低系数 R_k 被定义为

$$R_k = \frac{K_1}{k_1'} = \frac{\mu_1}{\mu_1'}R_F \tag{8.11}$$

方程(8.11)是方程(8.10)中各项的重新组合。当将 R_k 和 R_F 分开时,需要对流体的黏度进行测定。

最后一种定义是残余阻力系数 R_{RF}，它为聚合物注入前后盐水溶液的流度之比：

$$R_{RF} = \frac{\lambda_1}{\lambda_{1a}} \tag{8.12}$$

R_{RF} 意味着由聚合物溶液造成的渗透率下降作用是永久性的。对于许多情况而言，R_k 和 R_{RF} 基本相等，但在通常情况下，R_F 比 R_k 大很多，因为聚合物有增黏和降低渗透率两种作用。以上三个参数都可以通过聚合物溶液在储层岩石中的渗流实验测得。图 8.8 说明了某种 HPAM 聚合物溶液的典型特征，获取这些数值时会遇到许多实验困难和不确定性，当需要大量水将岩石中的大多数黏性聚合物溶液完全驱替出来时，残余阻力系数在测定时会遇到上述问题。当聚合物在更大油藏规模中流动时，R_F 将高于其真实值。在大多数情况下，设计聚合物驱时应该对不存在 R_{RF} 时的潜在优点给予充分考虑。

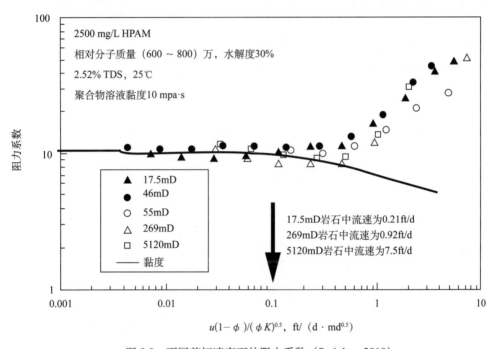

图 8.8　不同剪切速率下的阻力系数（Seright，2010）

在这些数据中，在剪切速率达到 $1ft/(d \cdot md^{0.5})$ 之前，阻力系数均保持相对稳定，阻力系数然后会显著增加。当使用剪切速率作为关联因子时，可以在同一条曲线中同时考虑速率和渗透率特征的影响。图 8.7 中的横坐标为等效剪切，但在随后的示例中将使用油田单位。

【例 8.1】 将图 8.8 中剪切速率的油田单位转换成常用单位。

【解】

$$\dot{\gamma}_{eq} = \frac{1ft}{(d \cdot md^{0.5})} \left[\frac{1d}{24 \times 3600s} \frac{0.305m}{1ft} \frac{(1000md)^{1/2}}{1d^{1/2}} \frac{1d^{1/2}}{10^{-6} m} \right]$$

$$\dot{\gamma}_{eq} = 112s^{-1}$$

换言之，图 8.8 中横坐标的单位转换成 s^{-1} 时大约为初始数值的百分之一。

渗透率降低系数 R_k 对聚合物类型（HPAM 的作用大于糖类）、相对分子质量、水解度、剪切速率和可渗透介质的孔隙结构等非常敏感。在经历了少量的机械降解后，聚合物的渗透率降低作用似乎会被大大削弱。因此，通常使用基于过筛因子装置（screen factor devices）的定性实验来估算聚合物的质量。

简单地说，过筛因子装置由装置在玻璃移液管上的两个玻璃球管组成，如图 8.9 所示。在装置底部的管子内部，装有若干个用于过滤聚合物溶液的粗筛网。使用该装置时，某种溶液经过筛网后被吸起，直至溶液液面上升到上部的计时标记处。当溶液处于自由流动时，液体从上部计时标记处移至下部计时标记处时的时间 t_d 被记录下来。则聚合物溶液的过筛因子（screen factor）被定义为

$$S_F = \frac{t_d}{t_{ds}} \tag{8.13}$$

式中，t_{ds} 为不含聚合物盐水在类似实验中的通过时间。

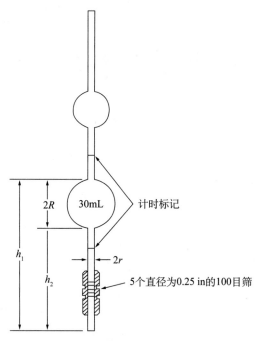

图 8.9 过筛因子装置（Foshee 等，1976）

由于过筛因子被表示成时间的比值，因此，它与温度、装置尺寸和筛网的粗细无关，并且与筛网的间距完全无关。过筛因子的测定不能摆脱聚合物浓度的影响，但是它主要测量的是聚合物溶液结构的弹性部分（与时间相关），也就是说，它测量的是聚合物分子从被扰动时恢复到稳态流动时的速率。下面将要介绍聚合物溶液的弹性效应。聚合物黏性效应和弹性效应的定量解释方法见练习题 8.3。

即使在很高浓度时，多糖溶液也不存在可测量到的过筛因子，因此，对于多糖溶液而言，松弛时间（relaxation time）非常短。这种聚合物类型的较短松弛时间与其刚性分子结构息息相关，可以结合图8.3对其进行解释。当黏度相同时，HPAM溶液的过筛因子比多糖溶液的大很多，因此，HPAM的松弛时间更长。HPAM比糖类的柔性强，换言之，两种聚合物类型都是黏弹性的，但HPAM的变形性更强，恢复到无应力状态时的速率更慢。

过筛因子对聚合物分子本身的破坏程度特别敏感。聚合物质量的一种定义是降解聚合物过筛因子与未降解聚合物过筛因子之间的比值，上述方法对过筛因子装置非常重要，尤其是在一些无法使用较复杂设备的油田现场实验中。过筛因子与表征水泥和钻井液的马什漏斗方法（Marsh funnels）类似（Balhoff等，2011）。

过筛因子的另一种用途是绘出R_F和R_{RF}之间的关系图，如图8.10所示。在对这种关系曲线进行解释时，与前面聚合物松弛现象时所作的解释相似。可渗透介质中的稳态流动是局部（孔隙规模）不稳定的，实际上，它会形成连续的收缩和分支通道。与聚合物松弛时间相比较，聚合物溶液受到这些收缩作用时的频率与渗透率的降低程度有关。这种效应也可以用来解释黏度计在剪切速率非常高时测得的黏度会有所增加（Hirasaki和Pope，1974）。有关上述性质的关系式可以参考相关文献（Kim等，2010）。

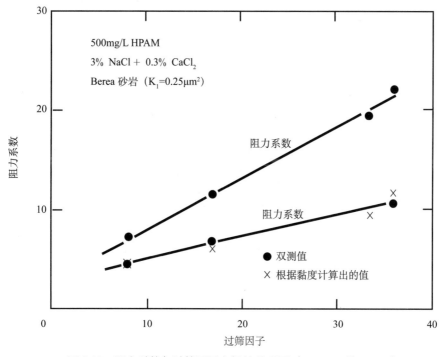

图8.10　阻力系数与过筛因子之间的关系图（Jennings等，1971）

因为这种效应是在玻璃毛细管中观察到的，所以松弛时间还无法完全说明渗透率下降的原因。在这种情况下，渗透率的降低似乎是由于聚合物的吸附作用造成的，如果孔隙的尺寸足够大，聚合物可以减小有效孔隙尺寸（见练习题8.5）。

在数值模拟中，黏性效应和弹性效应通常被量化后代入单一的主方程中（Delshad等，

2008)。详细内容请参考 UTCHEM 技术手册。

一个合理的问题是，是否渗透率降低是一种所需的效应。R_k 很难控制，当聚合物质量稍微有所恶化时，也会非常敏感。当 R_k 非常大时，将造成注入性能的恶化。但是，如果 $R_k>1$，则极有可能通过更少量的聚合物获得预定的流度控制程度。M_T^0 为设计或目标的出口端流度比，即

$$M_T^0 = \left(\frac{K_1'}{\mu_1^0}\right)\left(\frac{\mu_2}{K_2^0}\right) = \frac{M^0\big|_{R_k=1}}{R_k} = \frac{M^0}{R_{RF}} \tag{8.14}$$

在该方程中，$M^0\big|_{R_k=1}$ 为不出现渗透率下降效应时的聚合物流度比，M^0 为出口端水—油流度比。很明显，$R_k>1$ 时的聚合物溶液黏度 μ_1^0 低于 $R_k=1$ 时的黏度，这意味着当两种聚合物溶液的流动黏度相同时，对于某给定浓度的 HPAM 溶液而言，其流度比要低于多糖的流度比。其中，特性黏度（limiting viscosity）μ_1^0 可用于估算方程（8.14）中的 M^0。

【例 8.2】使用少量的聚合物降低渗透率

假设需要获得某个目标流度比 M_T^0，估算所需的聚合物浓度。

【解】

（1）如果，$K_1^0=0.2$；$K_2^0=0.9$，$\mu_2=200\text{mPa}\cdot\text{s}$，和聚合物不能降低渗透率，由图 8.6 估算所需的聚合物浓度。

首先，根据方程（8.14），求得水相黏度：

$$\mu_1^0 = \frac{K_1^0}{M_T^0}\frac{\mu_2}{K_2^0} = \frac{0.2}{0.8}\times\frac{200\text{mPa}\cdot\text{s}}{0.9} = 55.5\text{mPa}\cdot\text{s}$$

当处于低剪切速率极限时，根据图 8.6，可以得到聚合物浓度：

$$C_{4J} = 950\frac{\text{g}}{\text{m}^3} = 950\text{ppm}$$

（2）如果聚合物具有渗透率下降系数 $R_k=1.5$ 时，重新计算有效黏度。

计算过程同前，则

$$\mu_1^0 = \frac{K_1^0}{R_k M_T^0}\frac{\mu_2}{K_2^0} = \frac{0.2}{1.5\times0.8}\times\frac{200\text{mPa}\cdot\text{s}}{0.9} = 37.0\text{mPa}\cdot\text{s}$$

8.3 　剖面调整

有关残余阻力系数的讨论是对前面讨论的聚合物某一用途进行详细介绍。与所有提高采收率方法一样，这种技术也存在几种变化。

其中一种常见的方法被称为剖面调整（profile control）或剖面改善（profile modification），如图 8.11 所示，聚合物溶液与交联剂相互接触，通常使用三价离子，即铬离子（Cr^{3+}）和铝离子（Al^{3+}）。这些阳离子与聚合物分子上的负电位置形成离子架桥作用，产生类似固体的凝胶结构。胶凝作用能够加强聚合物的弹性组分，从而增加第 8.2.4 中讨论的 R_{RF}。最后形成的

结构比液体更加坚固，能够对注入地带进行封堵，使所有流体的流动减小。

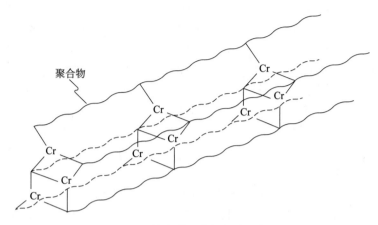

图 8.11　铬交联聚合物凝胶示意图

　　聚合物与前面所述流度控制时使用的聚合物类似，尽管达到该目的时 HPAM 相对分子质量应该相对较低。当然，学者们也提出了其他类型的聚合物（Schechter 等，1989）。当需要考虑操作费用、生产经验和药剂毒性时，也可能会使用其他阳离子，但此处主要对 Cr^{3+} 进行介绍。

　　当存在二价离子时，起流度控制作用的聚合物也会发生类似的现象，但是他们不会形成凝胶结构。在实际的流度控制驱替中，不希望存在二价离子，这是因为二价离子会阻碍聚合物的运移。在这项技术中，运移性很差并不是特别重要，因为在常见的使用方法中，通常是在近井地带使用该技术。

　　交联溶液与聚合物溶液一起注入地层中，或在聚合物溶液之后注入地层中。通过产生交联作用的反应速率可以判断凝胶形成的部位。如果反应速率很快时，在井眼附近产生交联（不希望存在这种情况），如果反应速率很慢，则可以在油藏深部产生交联。

　　图 8.12 说明了该过程的意义。在许多油藏中，都存在大多数注入流体通过的地带，称之为漏失带（thief zone）。漏失带的存在可以通过地质研究加以确定，但是，由第 6 章可以知道，若某油藏中的渗透率呈对数正态分布，则在油藏一小部分区域内存在大量的流动。

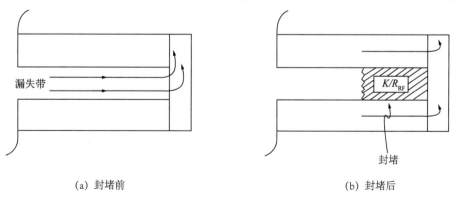

（a）封堵前　　　　　　　　　　　　（b）封堵后

图 8.12　在生产井中使用凝胶封堵漏失带的示意图

图 8.12 为某非均匀层状油藏，其单独漏失层的渗透率为 K。如图 8.12 (a) 所示，完全水驱时的产量将绕过绝大多数的油藏部位。漏失层被波及程度非常好，当毛管数较高时，含油饱和度接近残余油饱和度 S_{2r}，而油藏其他部位的含油饱和度将处于或接近初始含油饱和度 S_{2I}。

将小段塞（数十桶）的交联剂注入生产井中（也可以在注入井实施该处理方法），此时，生产井（注入井）周围某区域中漏失层的渗透率为 K/R_{RF}，明显低于 K。由于封堵的区域较小，因此，该处理方法只能够降低近井漏失带的渗透率。随后的产量将从漏失层转向具有更高含油饱和度的地带，产油量会逐渐增加，如图 8.12 中的右图所示。图 8.12 中所描述的过程类似于蒸汽吞吐过程（见第 11 章），但在这蒸汽吞吐过程中，原油流度的增加主要依靠热量，而此处原油流度的（相对）增加主要依靠封堵作用。可以通过简单的计算对此进行说明，见例 8.2。

剖面调整时的费用比流度控制方法的成本低很多，在流度控制方法中，需要更多的聚合物。当某口井的经济极限产量较高时，如图 1.6 所示，调整剖面是一种很好的方法，特别是当油价很低的时候。另外，在全球范围内已经开展了数百个聚合物封堵项目，他们中间有成功的，也有失败的，但是成功的案例越来越多（TORP，2012）。在处理过程中，产油量通常会形成快速地响应，并且一口井可以进行多次处理。

该方法的缺点有：

（1）相对于油藏的总目标而言，最终采收率比较低，比如在蒸汽吞吐过程中采用此方法的时候。

（2）胶凝剂（gelling agent）的运移性较差（Walsh 等，1983）。

（3）处理方法具有不可持续性。

（4）胶凝时间难以控制。其中，与油藏相关的两个影响因素非常重要。

与图 8.12 中的描述不同，如果胶凝剂可以以某种程度进入所有的层位，这将使整体导流性能有所损失，进而影响整个驱替过程的经济效果。另外，虽然在很小区域内极有可能存在如图 8.12 (b) 所示的非均匀夹层，但在实际中很少出现这种情况。特别地，存在潜在垂向连通性的情况，如果情况很严重，则液流转向只能发生在处理层位，这会完全破坏剖面处理的目的。

油藏中堵塞（plug off）漏失层的方法有很多种。其中一个常见方法是泡沫驱，该方法非常重要，将在第 10 章中进行单独介绍，其他的方法还包括注入大体积的聚合物溶液，调节交联速率（以使其在胶凝之前能够运移至油藏深部）等，或可以通过流体混合方法使其水合时间延迟，这样聚合物可以在油藏更深处以玉米花的形状舒展开。

剖面调整的问题与生产能力密不可分。下面将简要介绍处理体积对剖面调整和生产能力的影响。该方法与第 6 章中线性介质的处理方法以及练习题 11.1 中蒸汽吞吐时的性能类似。串行流动和平行流动的结合是研究非均质油藏中流动特性的一种强有力方法。首先，介绍单层中的流动情况。

对于单层等厚（H_t）油藏中的不可压缩流体稳定渗流而言，连续性方程可化简为

$$\frac{\partial (ru_r)}{\partial r} = 0 \tag{8.15}$$

对于所有的流体类型（即流体性质）而言，该方程都是有效的。将在练习题 8.6 中使用该方程对注入能力进行定义和估算。由于方程（8.15）对于上述假设均适用，则有：

$$2\pi H_t r u_r = q \tag{8.16}$$

式中，q 为恒定的体积产量。对于等厚（H_t）径向泄油体积而言，使用达西定律，得

$$2\pi H_t \lambda \frac{\mathrm{d}P}{\mathrm{d}r} = \frac{q}{r} \tag{8.17}$$

式中，λ 为流体流度。由于此时讨论的是聚合物处理前后的流动情况，因此，流体为牛顿流动。在外边界 $r=R_e$ 处，$p\big|_{r=R_e}=p_e$，假设 λ 为常数，在 $r=R_T$ 与 $r=R_w$ 之间，假设 λ_T 为第二个常数，此时的压力为井底流压（flowing bottomhole pressure）$p\big|_{r=R_w}=p_{wf}$，λ_T（小于 λ）为处理区域的流度。将方程（8.17）应用于这两个区域中，有

$$p\big|_{r=R_T} - p_{wf} = \frac{q}{2\pi H_t \lambda_T} \ln\left(\frac{R_T}{R_w}\right)$$

$$p_e - p\big|_{r=R_T} = \frac{q}{2\pi H_t \lambda} \ln\left(\frac{R_e}{R_T}\right)$$

将上述两式相加，得到生产指数 J（productivity index）：

$$J = \frac{q}{(p_e - p_{wf})} = \frac{2\pi H_t}{\left[\dfrac{1}{\lambda_T}\ln\left(\dfrac{R_T}{R_w}\right) + \dfrac{1}{\lambda}\ln\left(\dfrac{R_e}{R_T}\right)\right]} \tag{8.18}$$

剖面处理将使 λ 到 λ_T 之间的流度比降低，而上式中的常用对数将大幅减小剖面处理对此流度比降低的影响。如果流动为线性流动，则该处理方法的影响将更加深远，比如水平井或裂缝井时的产量。

此时，方程（8.18）可写成

$$J_r = \frac{q}{(p_e - p_{wf})} = \frac{2\pi H_t}{\left[R_f \ln\left(\dfrac{R_T}{R_w}\right) + \ln\left(\dfrac{R_e}{R_T}\right)\right]} \tag{8.19}$$

式中，J 为生产指数，R_f 为残余阻力系数，压差 $(p_e - p_{wf})$ 为生产压差（drawdown pressure）。在某些应用中，相对生产指数的概念是非常有用的，即

$$J_r = \frac{J}{J\big|_{R_T=R_w}} = \frac{\ln\left(\dfrac{R_e}{R_w}\right)}{\left[R_f \ln\left(\dfrac{R_T}{R_w}\right) + \ln\left(\dfrac{R_e}{R_T}\right)\right]} \tag{8.20}$$

剖面调整的深层含义就是改变非均质油藏的产量。假设泄油半径（仍然是径向的）中包含两个均匀层，他们仅在井和外边界处连通。层 1 为漏失层，层 2 为油藏的剩余部分。

层 1 中的流量为

$$q_1 = \frac{2\pi H_{t1}\lambda_1}{R_f \ln\left(\dfrac{R_{T1}}{R_w}\right) + \ln\left(\dfrac{R_e}{R_{T1}}\right)}(p_e - p_{wf})$$

层 2 的流量与之类似。则两流量之间的比值与生产压差无关，即

$$\frac{q_1}{q_2} = \frac{H_{t1}\lambda_1}{H_{t2}\lambda_2} = \frac{\left[R_f \ln\left(\dfrac{R_{T2}}{R_w}\right) + \ln\left(\dfrac{R_e}{R_{T2}}\right)\right]}{\left[R_f \ln\left(\dfrac{R_{T1}}{R_w}\right) + \ln\left(\dfrac{R_e}{R_{T1}}\right)\right]} \qquad (8.21)$$

则生产指数此时变为

$$J \equiv \frac{q_1 + q_2}{(p_e - p_{wf})} = \frac{2\pi H_{t1}\lambda_1}{R_f \ln\left(\dfrac{R_{T1}}{R_w}\right) + \ln\left(\dfrac{R_e}{R_{T1}}\right)} + \frac{2\pi H_{t2}\lambda_2}{R_f \ln\left(\dfrac{R_{T2}}{R_w}\right) + \ln\left(\dfrac{R_e}{R_{T2}}\right)} \qquad (8.22)$$

处理体积为

$$V_T = \pi[H_{t1}(R_{T1} - R_w)^2\phi_1 + H_{t2}(R_{T2} - R_w)^2\phi_2] \qquad (8.23)$$

上述方程能够估算剖面调整的效果，如下例所述。

【例 8.3】剖面调整结果

当某油藏的含油率为 10% 时，实施 50bbl 的剖面调整处理措施，估算此时的含油率和产油量变化。已知外边界半径和油井半径分别为 500m 和 0.1m，残余阻力因子为 10，地层孔隙度为 0.2，漏失层的孔隙度也为 0.2，处理前后的总产量保持不变，均为 100bbl/d。

【解】

首先，假设漏失层（层 1）只产出水，地层的剩余部分（层 2）只产油。上述方程中的流量 q_1 为处理前的出水量，q_2 为产油量。在本例中，漏失层的厚度为 1m，层 2 的厚度为 20m。处理前，有 $R_{T1} = R_{Te} = R_w$，因此，有

$$\frac{q_1}{q_2} = \frac{0.9}{0.1} = \frac{H_{t1}\lambda_1}{H_{t2}\lambda_2} = 9$$

假设剖面调整药剂在胶凝前以上述比例在地层中运移，则

$$V_T = \pi[H_{t1}(R_{T1} - R_w)^2\phi_1 + H_{t2}(R_{T2} - R_w)^2\phi_2] = 10\pi H_{t2}(R_{T2} - R_w)^2\phi_2$$

或：

$$R_{T2} = R_w + \sqrt{\frac{V_T}{10\pi H_{T2}\phi_2}} = 0.1\text{m} + \left[\frac{50\text{bbl}}{10\pi(20\text{m}\times0.2)} \times \frac{5.614\text{ft}^3}{1\text{bbl}}\left(\frac{0.305\text{m}}{1\text{ft}}\right)^3\right]^{1/2} = 0.35\text{m}$$

因此，

$$R_{T1} = R_w + (R_{T1} - R_w)\sqrt{\frac{q_1 H_{t2} \phi_2}{q_2 H_{t1} \phi_1}} = 3.48 \text{m}$$

显然，两者的渗流距离不同，主要由于漏失层的厚度不同。利用上述数值，可以重新计算各层流量之间的比值为

$$\frac{q_1}{q_2} = \frac{H_{t1} \lambda_1}{H_{t2} \lambda_2} = \frac{\left[R_f \ln\left(\frac{R_{T2}}{R_{wf}}\right) + \ln\left(\frac{R_e}{R_{T2}}\right) \right]}{\left[R_f \ln\left(\frac{R_{T1}}{R_{wf}}\right) + \ln\left(\frac{R_e}{R_{T1}}\right) \right]} = 9 \frac{\left[10 \ln\left(\frac{0.35 \text{m}}{0.1 \text{m}}\right) + \ln\left(\frac{500 \text{m}}{0.35 \text{m}}\right) \right]}{\left[10 \ln\left(\frac{3.48 \text{m}}{0.1 \text{m}}\right) + \ln\left(\frac{500 \text{m}}{3.48 \text{m}}\right) \right]} = 4.41$$

或处理后的含油率为

$$f_2 = \frac{1}{1 + 4.41} = 0.185$$

该剖面处理方法使含油率增加了约 8.5%，或产油量增加了 8.5bbl/d。

在该计算过程中，也存在许多变式。例如可以假设层 2 中不存在渗流，当漏失层已经被确定且剖面处理方法使其独立时，可能会发生这种情况。也可以假设两层均处于垂向平衡（见第 6 章），而非不连通的情况。甚至在本例中，也可以使用方程（8.22）来估算生产压差的降低程度，使得处理前后的产量保持一致。最后，也可以假设整个过程中的生产压差保持恒定，该处理方法可能通过减小总产量来增加产油量。

8.4　聚合物的降解

8.4.1　化学和生物降解

聚合物容易产生化学降解，也容易被生物降解。

对于特定的聚合物溶液而言，存在某个使聚合物分子发生链断裂的温度。尽管该温度与特定提高采收率方法时使用的聚合物有关，但该温度通常会非常高，大约为 400K。由于油藏的初始温度通常低于该温度，因此，对于聚合物驱过程而言，需要更加关注的是发生其他降解反应时的温度。

聚合物在油藏中的保留时间一般非常长，大约为几年，因此，即使反应速率很慢，降解也可能会非常严重。反应速率还与其他变量有关，比如 pH 值或硬度等。在中性 pH 值时，降解作用通常不是很明显，而当 pH 值很低或很高时，特别是在高温时，聚合物的降解作用特别明显。对于 HPAM 而言，水解作用是最常见的反应之一。增加聚合物的水解程度会改变聚合物的许多重要特征。对于软质盐水（soft brine）而言，黏度会增加；对于硬质盐水（hard brine）而言，当黏度会增加至某点后，最终硬度将导致聚合物沉降和黏度急剧损失。

通常，氧化或自由基化学反应被认为是化学降解的最重要因素。因此，常常在聚合物溶液中添加除氧剂（oxygen scavengers）和抗氧化剂（antioxidants）来防止或延缓这些反应。连二亚硫酸钠是很强的除氧剂，并且还具有铁离子从 +3 价降低至 +2 价的优点。

Wellington（1983）发现，有些醇类（如异丙醇）和硫化物（如硫脲）是很好的抗氧化剂和自由基抑制剂。实验结果表明，黄胞胶在约 367K 时仍很稳定，而 HPAM 为 394K，对于黄胞胶溶液而言，其热稳定性主要还是与矿化度和 pH 值有关；对于聚合物而言，要想在油藏条件下获得理想的特性，应该根据具体的油藏条件对特定的聚合物溶液进行实验（Sorbie，1991；Levitt 等，2011a；Levitt 等，2011b）。

对于多糖溶液而言，潜在的问题是生物降解反应。影响生物降解的因素有很多，比如盐水中细菌的类型、压力、温度、矿化度和其他化学药剂的存在等。比如在水驱过程中，非常建议使用杀菌剂。杀菌剂用量过少或注入杀菌剂时机过晚所导致的后果通常是无法挽救的。图 8.1 列举了聚合物驱中的典型添加剂。

表 8.1　常用的杀菌剂和除氧剂（《提高采收率》美国国家石油委员会编，1984）

	杀菌剂	除氧剂
常用	丙烯醛	肼
	甲醛	亚硫酸氢钠
	二氯苯酚钠	连二亚硫酸钠
	五氯苯酚钠	二氧化硫
建议使用或不常用	椰油胺乙酸盐	
	椰油二胺乙酸盐	
	牛油二胺乙酸盐	
	烷基氨基	
	烷基二甲基氯化铵	
	磷酸烷基酯	
	硫酸钙	
	椰油二甲基氯化铵	
	戊二醛	
	多聚甲醛	
	氢氧化钠	
	酚钠盐	
	取代酚类	

8.4.2　机械降解

聚合物在其所有应用条件下都存在机械降解的可能性。当聚合物溶液处于高速流动时，会产生机械降解作用，通常发生在地面设施（阀门、喷嘴、泵或管道）和井下条件（射孔或滤砂器）或钻开的生产层井壁。降解作用可能发生在如图 8.1 所示的注入设备中。

射孔完井是造成机械降解的一个重要因素。大量的聚合物溶液被强制通过射孔孔眼时，或有时从裸眼或砾石充填完井的地方注入地层中时，会因受到机械剪切作用而部分降解。

对聚合物溶液进行部分预剪切可以减小聚合物机械降解的趋势。当聚合物溶液远离注入井一段距离后，其流速会迅速下降，在油藏内部一般不会发生机械降解。

与大部分聚合物性质类似，剪切速率是机械降解的主控因素。图 8.13 给出了机械降解特性的示意图。该图表明，剪切稀释黏度（纵坐标）的特性与剪切速率有关，与本章前面讨论的内容一致。在大部分剪切速率范围内，黏度是可逆的，即增加或减小剪切速率会使曲线回到原点。

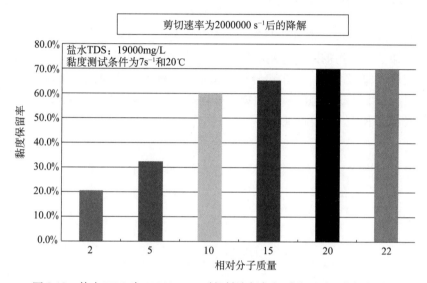

图 8.13　盐水 TDS 为 19000mg/L 时机械降解与相对分子质量之间的关系

但是，高于某最大值时，该曲线是不可逆的，恢复曲线的黏度会降低，这意味着当聚合物置于高剪切速率时，它会损失部分低剪切黏度，这是因为聚合物分子自身的长度已经变短（即被剪切）。黏度的损失可能非常严重，如图 8.14 所示，特别是对于高相对分子质量聚合物而言。

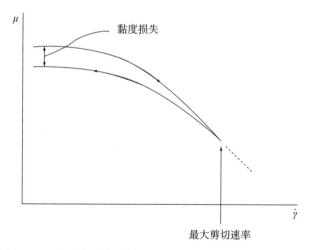

图 8.14　最大剪切速率降解。箭头表示机械剪切速率增加的方向

所有聚合物都是在非常高的剪切速率下出现机械降解的。但是,HPAM 在正常操作条件下也容易产生降解,特别是当盐水的矿化度或硬度很高时。显然,这些阴离子型聚合物分子的离子耦合作用非常脆弱。另外,伸长应力与剪切应力类似,对聚合物溶液具有破坏性,而且这两个应力之间的关系为伴生关系。Maerker (1976) 和 Seright (1983) 对聚合物溶液低剪切黏度损失和伸长应力与长度之间的乘积进行了关联。

8.5 聚合物驱中的分流量理论

聚合物驱中的分流量处理方法与第 7.7 节中的水—溶剂分流量处理方法类似。额外存在的问题是增加了聚合物的滞留作用和不可及孔隙体积 (IPV)。在本节中,将使用常用分流量的各种假设,即不可压缩流体和岩石以及不存在耗散混合时的一维流动等。应当记住的是,当限制为一维流动状态时,则意味着得到的解无法说明油藏中未波及区域的采收率,但这是矿场聚合物驱时的主要特征。

8.5.1 单相流动

首先,考虑水溶性物质(即组分 4)从溶液中被吸附出来的情况。该等温线已经由方程 (8.10) 给出。假设在单相流中,浓度为 C_{4J} 的溶液驱替组分浓度为 C_{4I} 的溶液,其中,$C_{4J} > C_{4I}$。根据方程 (5.41a),则浓度 C_4 的比速度为

$$v_{C_4} = \left[1 + \frac{(1-\phi)\rho_s}{\phi} \frac{\Delta\omega_{4s}}{\Delta C_4}\right]^{-1} = \left(1 + \frac{\Delta C_{4s}}{\Delta C_4}\right)^{-1} \quad (8.24)$$

在此方程中,$\Delta(\ ) = (\ )_J - (\ )_I$,通常对于聚合物而言,有 $C_{4I} = 0$,则方程 (8.24) 可化简为

$$v_{\Delta C_4} = \frac{1}{1 + \dfrac{(1-\phi)\rho_s}{\phi}\left(\dfrac{\omega_{4s}}{C_4}\right)_J} \equiv \frac{1}{1 + D_4} \quad (8.25)$$

式中,D_4 为聚合物的前缘推进损失。由于吸附作用,前缘速度会低于理想混相驱时的速度(见第 5.4 节),它又被称为阻滞系数 (retardation factor)。由于滞留使用与段塞大小一致的孔隙体积单位表示,因此,在聚合物驱和表面活性剂—聚合物复合驱中,聚合物的前缘推进损失 D_4 都是一种最重要的概念。

8.5.2 两相流动

分流量处理方法包含两种相态(水相 $j=1$ 和油相 $j=2$)和三种组分(盐水 $i=1$,油 $i=2$ 和聚合物 $i=4$)的流动。假设可渗透介质中具有均匀的原始含水饱和度 S_{1i}。注入不含油的聚合物溶液 ($f_{ij}=1$,$S_{1J}=1-S_{2r}$)。总聚合物的初始浓度为 0,水相中的聚合物浓度为 C_{4J},聚合物和水在油中不溶解(即 $C_{22}=1$,$C_{12}=C_{42}=0$);油在水相内不溶解(即 $C_{21}=0$)。

(1)不可及孔隙体积的影响。

水相孔隙度为 ϕS_1,聚合物只能进入一部分孔隙体积 ($\phi S_1 - \phi_{IPV}$)。因此,单位表观容

积中总聚合物浓度为

$$W_4 = (\phi S_1 - \phi_{IPV} S_1) \rho_1 \omega_{41} + (1-\phi) \rho_s \omega_{4s} \tag{8.26}$$

同理，由于不可及孔隙体积 ϕ_{IPV} 中只存在水，则

$$W_1 = (\phi S_1 - \phi_{IPV} S_1) \rho_1 (1-\omega_{41}) + S_1 \phi_{IPV} \rho_1 \tag{8.27}$$

但是，由于聚合物浓度非常小 $(\omega_{1x} \cong 0)$，不可及孔隙体积在方程（8.27）中很容易被忽略。

（2）驱油。

聚合物本身既不会改变水相的相对渗透率曲线，也不会改变油相的相对渗透率。正如第3.4节所述，在矿场压力的限制条件下，视黏度不可能增加到足以改变残余相饱和度的程度。另外，如果渗透率的降低程度很明显，它能适应整个饱和度范围，但这只针对润湿相（Schneider 和 Owens，1982）时的情况。因此，仅仅使用视黏度替代水的黏度，然后使用 R_k 除以 K_{r1}，就可以构建出聚合物溶液—油（或聚合物—油）—水的分流量曲线。图8.15 中的左上图给出了水—油（f_1-S_1）、聚合物—油（$f_1^p-S_1$）的分流量曲线，该图可以表示 Cartesian 流动或忽略聚合物溶液的非牛顿特性。Rossen 等（2011）讨论了这些因素的影响。

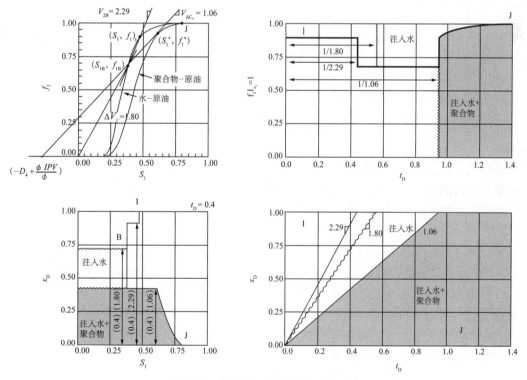

图 8.15　聚合物驱分流量的 Walsh 图

由于聚合物以混相的方式驱替束缚水，所以聚合物前缘呈活塞状，且比速度为

$$v_{\Delta C_4} = \frac{f_1^p(S_1^*)}{S_1^* + D_4 - S_1^* \phi_e} \tag{8.28a}$$

式中，D_4 为方程（8.25）中定义的聚合物阻滞系数，且

$$\phi_e = \frac{\phi_{IPV}}{\phi} \tag{8.28b}$$

S_1^* 和 $f_1^p(S_1^*)$ 分别为聚合物涌波前缘的含水饱和度和水相分流量。S_1^* 也是由 Buckley—Leverett 方程所得混合聚合物—油波传播部分中的某个点。由于 S_1^* 也处于聚合物—油波的涌波部分，根据方程（8.28b），可将 S_1^* 定义为

$$v_{\Delta C_4} = \frac{f_1^p(S_1^*)}{S_1^* + D_4 - S_1^*\phi_e} = \left(\frac{df_1^p}{dS_1}\right)\Big|_{S_1^*} = v_{C_1} \tag{8.29}$$

第 5.2 节中的 Buckley—Leverett 处理方法使用了相似原理。图 8.14 中以 v_1 标记此速度为示踪剂速度，它与方程（8.28a）中 $D_4 = \phi_e = 0$ 时的速度相等。

方程（8.29）还可以用来确定原油聚集带的饱和度，这是因为 S_2 将随着

$$v_{\Delta C_2} = \frac{f_1^p(S_1^*) - f_1(S_{1B})}{S_1^* - S_{1B}} \tag{8.30}$$

给出的速度产生不连续地变化。

正如第 7.7 节中溶剂—水的处理方法，对于类似活塞状的原油聚集带前缘而言，油（水）聚集带前缘的推进速度为

$$v_{\Delta C_2} = \frac{f_{1B} - f_{1I}}{S_{1B} - S_{1I}} = v_{2B} \tag{8.31}$$

其图解方法与第 7.7.5 节中的求解相同。如前所述，Walsh 图（图 8.15）在其右上角给出了分流量曲线，右上角为含水率曲线，右下角为时间—距离关系图，左下角为 $t_D = 0.40$ 时的组分剖面图，其图解方法基于左上角的分流量曲线。

虽然图 8.15 的图解法相对而言比较直接，但也揭示了聚合物驱中的几个重要问题：

（1）原油聚集带的突破时间（原油聚集带比速度的倒数）随着 S_{1I} 的增加而增加，这表明如果能在低原始含水饱和度时进行聚合物驱，则会更加经济有效，开始产油的时间更加提前。当然，S_{1I} 值越低，可动油饱和度越高，采用聚合物驱方法进行采油也越有利。

（2）吸附作用（即聚合物阻滞系数 D_4 值很大）使得所有的前缘推进速度延缓。如果孔隙度很低、滞留率很高或注入的聚合物浓度 C_{4J} 很低，则 D_4 会很大。由于应当至少注入一倍孔隙体积的聚合物溶液来使波及效率最大化，在某些聚合物驱的设计中，聚合物的滞留量应该占聚合物总注入量中的很小部分。应该值得注意的是，吸附作用将产生"洁净水"聚集带或聚合物在滞留时被剥夺的水。

（3）不可及孔隙体积将使所有的前缘推进速度加快，这恰恰与滞留作用的影响相反。事实上，滞留作用和不可及孔隙体积带来的影响可以相互抵消，从而聚合物前缘与洁净水前缘 v_1（图 8.15）的运移速度相同。

（4）聚合物阻滞系数 D_4 和不可及孔隙体积都会影响原油聚集带中的饱和度，进而影响

原油聚集带的流度和预计的聚合物注入浓度。因此，选择某个目标流度（需要的聚合物浓度）时，需要进行迭代计算。

（5）应该记住的是，分流量计算在本质上是一维的，它不能用来解释被水最终波及区域内的采收率。

8.6　聚合物驱设计要点

聚合物驱中的大多数复杂问题源自特定设计中油藏的具体方面。本节将讨论能够适用于各类聚合物驱时的设计方法。当然，在实施方案之前，最终的设计方案需要综合考虑实验室实验结果和数值模拟的各个方面。

聚合物驱的设计方法按照以下六个步骤：

（1）对候选油藏进行筛选。

区分该方法的技术可行性和经济可行性是非常重要的。技术可行性是指当不考虑花费时在某指定油藏中能够开展聚合物驱。经济可行性是指该项目能够获利。技术可行性可以通过如第 1 章所述的一系列二元筛选参数进行衡量，而经济可行性可以使用简单算数方法（如分流量方法）或预测模型（Molleai 等，2011）。

（2）选择正确的聚合物使用方式。

聚合物使用方式的选择包括：

①流度控制（减小 M）；

②剖面调整（改善注入井或生产井的渗透率剖面）；

③深部处理；

④上述三种选择的任意组合。具体方法视具体情况而定。

（3）选择聚合物的类型。

对提高采收率用聚合物的要求是非常严格的。主要有以下几项要求：

①良好的增稠性。

这意味着单位聚合物成本的流度降低程度很高。

②良好的水溶性。

在较宽范围的温度、电解质浓度和存在电解质的条件下，聚合物仍然具有良好的溶解度。

③滞留量小。

在油藏岩石表面，所有的聚合物都有不同程度地吸附。堵塞、圈闭、相分离和其他机理也会造成滞留。

④剪切稳定性。

可渗透介质中的聚合物分子会受到剪切应力作用。如前所述，如果剪切应力过大，则聚合物分子可能会受到机械断裂或永久性降解，从而导致其黏度的降低。由于降解过程是不可逆的，因此，避免此类情况发生是非常重要的。

⑤化学稳定性。

聚合物与其他的分子一样，可以产生化学反应，特别是在高温有氧的环境下。为了防止此类情况的发生，可以使用抗氧化剂。

⑥生物稳定性。

多糖可以被细菌降解，为了防止此类情况发生，可以使用杀菌剂。

⑦在可渗透介质中具有良好的运移性。

这主要包括聚合物能在岩石中向前运移，并且不产生过高的压降或堵塞。良好的运移性也意味着良好的注入性和不出现微凝胶、沉淀和其他残渣等现象。

能够完全满足上述所有储层岩石要求的聚合物并不存在。因此，必须尽量使聚合物在某些程度上适应岩石所需的条件。这些通用标准只能作为最低的标准，但是最终时的选择依据必须是经济可行的。

（4）估算聚合物的使用量。

注入聚合物的总质量（单位为 kg）等于段塞大小与平均聚合物浓度的乘积。理论上，聚合物的注入量应该是一种优化结果，即将原油增产的现值（present value）和注入聚合物的现值进行对比之后产生的结果。在现代的实际油田生产中，聚合物的注入量通常比以往更多，聚合物的单位成本实际上比油价低很多。

①估算聚合物的初始浓度。

假设已经通过数值模拟研究确定了某一目标流度比（见第 6 章）或简单注入极限。如果目标流度比为 M_T，则

$$M_T = \frac{(\lambda_{rt})_{\text{聚合物}}}{(\lambda_{rt})_{\text{原油聚集带}}} = \frac{(\lambda'_{r1} + \lambda_{r2})_{S_1^*}}{(\lambda_{r1} + \lambda_{r2}) S_{1B}} \tag{8.32}$$

简单来说，估算聚合物的初始浓度就是选择注入聚合物的浓度值，此时能够在该方程中得到正确的 M_T。黏度必须在与驱替速度相对应的剪切速率下进行评估。估算方程（8.32）中的分母（即原油聚集带的相对流度）还是比较困难的。

一种估算原油聚集带的饱和度的方法是使用第 8.4 节中的图解法，然后根据此饱和度下的相渗曲线，估算原油聚集带的相对流度：

$$(\lambda_{rt})_{0B} = \left(\frac{K_{r1}}{\mu_1} + \frac{K_{r2}}{\mu_2} \right)\bigg|_{S_{1B}} \tag{8.33}$$

由于 S_{1B} 与聚合物—原油的分流量曲线有关，因此，该方法实际上是一种迭代方法。这种方法又与根据方程（8.32）估算得到的视黏度有关。值得庆幸的是，S_{1B} 与视黏度之间的关系比较微弱，因此，试算法时能够迅速地得到收敛。

另一种估算原油聚集带的饱和度的方法是将原油聚集带的总流度建立在总相对流度曲线中的最小值基础上（Gogarty 等，1970）。一般而言，这些曲线上的最小值并不与根据分流量理论得到的原油聚集带饱和度相对应。但是，由于实际原油聚集带饱和度下的流度比总是低于或等于 M_T，所以当采用最小值为基础的 M_T 时，将形成一个比较保守的设计。这种方法因为不需要使用迭代放大，所以是一种很简单的方法。

上述这两种方法都需要对相渗曲线进行细致地测定，因为滞后作用使得驱替过程和吸

吸过程中的 K_r 不同（Chang 等，1978）。当初始含水饱和度从某一中间值开始时，很难重现这种滞后作用。第二种方法也常用于胶束—聚合物驱的设计中。

此处还存在非常重要的两个认识。第一点是 M_T 不一定非得小于 1。如前所述，$M_T<1$时将抑制均质介质中的指进现象，但大多数油藏都是非均质的，有些甚至是高度非均质的。在这些情况下，$M_T<1$ 时将不会产生活塞式驱替。但与水驱时的情况相比，降低 M_T 始终会提高原油的采收率。

第二点是聚合物的使用量应该多于方程（8.32）中的建议使用量，这是为了考虑聚合物在进入油藏前或在油藏中会存在某些降解作用。

②估算聚合物的段塞大小。

此时存在一种很简单的方法，即假定段塞体积大于滞留体积即可。此时的主要因素为聚合物和顶替液之间的不稳定性。Claridge（1978）给出了估算段塞大小的方法。但是，段塞的体积更多的是由经济因素所决定（如图 1.7）。对于设计方案而言，通常段塞的大小为0.5~1.0PV。在现代油田实际操作中，使用的段塞大小要比以前大很多，这也会克服滞留作用带来的不利影响。

（5）聚合物注入设备的设计。

获得一种优质的聚合物溶液固然重要，但与钻新井和化学药剂的成本相比，注入设备的成本通常很小。

注入设备有三个基本组成：混合装置、过滤装置和注入装置。对于固体聚合物而言，需要使用撬式固体混合器，而对于浓缩型或乳液型聚合物而言，则需要的设备相对简单，尽管后者还需要破乳设备等。在很大程度上，过滤设备与是否混合成功有关，但通常没有注水时的要求严格。但是，如果需要高精度和高难度的过滤处理方法时，该问题会变得非常复杂，且成本也会相应地增加。注入设备与注水时的相同。为了避免聚合物出现各种形式的降解，所有的地面设施和井下设备都应该进行改造。对于水驱而言，必须对水源进行认真地考虑，预先处理其中的固体颗粒和污染物。

（6）对油层的考虑。

除了常规注水时的要求外，对最佳井距、完井方式、井网部署（平衡）、油层特征和允许注入速度的要求比较小。

8.7 现场应用效果

聚合物驱的改善石油采收率（IOR）是实际累计产油量与持续水驱产油量之间的差值（见练习题 8.12）。因此，对于聚合物驱项目的技术分析而言，重要的是建立聚合物驱时的产量递减速率和精确注水时的产量递减速率。其中一个重要的体积增量是估算与聚合物接触的增油体积，可动孔隙体积的增加和产量与累计采收率之间的关系曲线有关，如第 1 章所述。

图 8.16 给出了 Burbank 油田北部聚合物驱生产试验区的改善石油采收率。图中说明了解释现场应用结果时遇到的困难。在注入聚合物之前，就存在很明显的响应，这可能是聚合物注入前相关处理措施的结果。在注入聚合物之前，水—油比异常高，在恢复到预注入

时的数值之前，水—油比接近于 100。聚合物驱中的一个未标记出优点是降低了出水量，这实际上也给聚合物驱的经济成功作出了实质性贡献。

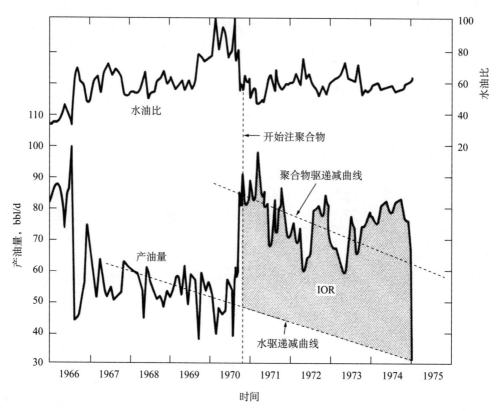

图 8.16　美国俄克拉何马州 Osage 市 Burbank 油田北部使用聚合物进行三次采油时的驱替效果示意图
(Clampitt 和 Reid，1975)

Manning 等（1983）对 250 多个矿场试验和油田聚合物驱应用规模的试验结果进行了总结。采收率数据表明，聚合物驱平均可采出 3.56%（注水之后）的地下剩余油，每注入 1kg 聚合物可采出约 1m³ 的改善石油开采量，但这两者之间的变化幅度均很大。巨大的变化幅度也反映出聚合物驱技术的新兴特征。

另一个有关聚合物驱技术崛起的解释是根据 Manning 的调查，他发现已完成的聚合物驱项目最终采收率多半高于早期的聚合物驱项目。图 8.17 给出了中国大庆油田的聚合物驱提高原油采收率数据。

大庆聚合物驱项目是中国大型油田提高采收率方法中的典型代表。聚合物驱最终采收率大约为 12%，比 Manning 等（1983）调研的平均值高很多（Demin 等，2002）。该图给出了四种累计采收率曲线：实际结果、基于 Molleai 等（2011）提出的方法估算值、连续水驱采收率的外推线以及实际采收率与外推采收率之间的差值（即增产石油采收率）。注入聚合物溶液 800 天后，石油增产量接近 30×10^4 bbl。同样有趣的是其延迟响应，即注入约 250 天时不存在增产石油采收率。这种延迟响应与第 8.5 节中分流量方程预测的结果比较吻合。延迟的时间很长，意味着能有很好的最终采收率，但也会降低最终的经济效果。对于大庆聚合物驱而言，注入水的处理和处置费用比常规水驱时的费用要少很多，因为聚合物驱时的注入水多半是采出水。

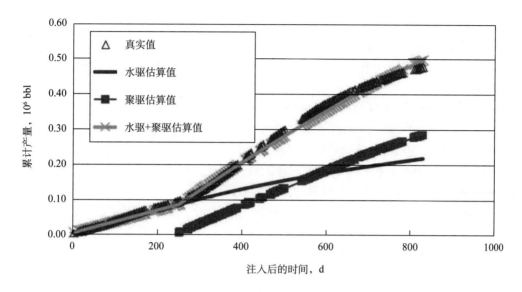

图 8.17   大庆油田聚合物驱矿产试验响应曲线（Molleai 等，2011）

8.8   结束语

本章以讨论大庆油田的试验结果作为结束，大庆聚合物驱提供了一个很好的示例，能为聚合物驱技术指明了前进方向。根据聚合物驱的长期实践结果（Demin 等，2002），聚合物的某些弹性特征可能会降低残余油饱和度，这与本章中的假设存在很大的不同。但对该效应的解释仍然不是特别清晰（这也是该内容在此处被省略的原因），但这多半与聚合物的弹性特征有关（而本章主要侧重的是聚合物的黏性特征），也与可渗透介质中的局部振荡流动有关。实际上，弹性特征将使力不平衡地作用在圈闭油珠上，而并非黏性特征的作用，并最终产生更高的采收率。聚合物驱时使用的低矿化度也有可能作为其内在的采收率机理。

就矿场项目的数量而言，聚合物驱是目前最常用的提高采收率技术之一。其原因在于，聚合物驱是现场应用中除注水外的最简单方法，并且它所需的投资相对比较小。但就采油量而言，大多数聚合物驱规模相对较小，因为聚合物溶液无法降低残余油饱和度。即使聚合物驱的采收率很低，但其仍然具有很大的潜力来获得满意的投资回报。

另外，本章还介绍了如何更好地应用该技术。现代的聚合物驱技术朝着更稳定的聚合物、特定油田的更合适方法、性能更好的混合与注入设备以及更多的聚合物类型等方向发展。该方法的基本原理是扩大驱替药剂水溶液的体积波及效率。

本章中有关聚合物的最重要性质为聚合物的降解以及聚合物溶液性质与剪切速率之间的关系。聚合物注入速率决定着项目的生产寿命，从而决定着经济投资回收率。注入能力的评估随着可动油饱和度的评价一起进行，在具体的现场应用中，能使聚合物保持稳定是聚合物驱成功的最终决定因素。

练习题

8.1 计算剪切速率

计算下列条件下的当量剪切速率:

(1) 裸眼完井(即整个井筒均为渗流),已知 $q=16\text{m}^3/\text{d}$,$R_w=7.6\text{cm}$,产层有效厚度(netpay) $H_t=15.25\text{cm}$。

(2) 在此油田中,隙间流速为 1.77μm/s。

(3) 使用 297K 和 1%NaCl 条件下的黄胞胶数据(如图 8.5 所示),在上述条件下,估算 600g/m^3 聚合物溶液在可渗透介质中的有效黏度。

(4) 假定(1)中的井在整个纯产油层段上进行射孔,射孔孔径为 1cm,射孔密度为 4 孔/m。假设流体分布均匀,估算射孔中的剪切速率。

(5) 对比(1)和(4)中的结果,就聚合物驱而言,应该优选哪种完井方法?在上述问题中,已知 $k_1=0.1\text{μm}^2$,$\phi=0.2$,$S_1=1.0$。

8.2 可渗透介质幂律方程的推导

方程(8.9)可以按方程(3.11)中的方法进行推导,步骤如下:

(1) 证明:当以稳定层流流经管路(如图 3.1 所示)时,环形部分单相流体的力平衡为

$$\frac{1}{r}\frac{\mathrm{d}(r\tau_{rz})}{\mathrm{d}r}=\frac{\Delta p}{L}$$

式中,τ_{rz} 为 r 处圆柱面上的剪切应力,$\Delta p/L$ 为压力梯度。通过积分,则方程变为

$$\tau_{rz}=\frac{\Delta p}{2L}r$$

当 $r=0$ 时,剪切应力必须是有限的。

(2) 剪切应力与剪切速率之间的幂律表达式为

$$\tau_{rz}=K_{pl}\dot{\gamma}^{n_{pl}-1}$$

式中,

$$\dot{\gamma}=-\frac{\mathrm{d}v}{\mathrm{d}r}$$

为剪切速率。证明:将上述四个方程联立时,可得出一个微分方程,且方程的解为

$$v(r)=\left(\frac{\Delta p}{2LK_{pl}}\right)^{1/n_{pl}}\left(\frac{n_{pl}}{1+n_{pl}}\right)\left(R^{\frac{1+n_{pl}}{n_{pl}}}-r^{\frac{1+n_{pl}}{n_{pl}}}\right)$$

在该方程中,使用无滑流动条件 $v(R)=0$。

(3) 使用问题(2)中的方程,证明管壁处的剪切速率取决于平均流速,即

$$\dot{\gamma}_{\text{管壁}} = \frac{1+3n_{\text{pl}}}{n_{\text{pl}}}\left(\frac{\overline{v}}{R}\right)$$

（4）代入方程（3.4）中的等效半径后，得

$$\dot{\gamma}_{\text{eq}} = \left(\frac{1+3n_{\text{pl}}}{n_{\text{pl}}}\right)\frac{u}{(8k_1\phi_1)^{1/2}}$$

转换成合适的变量符号后，将其代入

$$\mu_{\text{app}} = \frac{\tau_{\text{rz}}}{\dot{\gamma}_{\text{eq}}}$$

中，可得到方程（8.7）。

8.3　线性黏弹性表达式

具有某种弹性效应液体的权威初级模型为 Maxwell 模型，该模型为弹簧与减震器的串联组合：

图中，F 为模型受到的力，ε_1 和 ε_2 为应变力（无量纲的变形）。令弹簧为线性弹性元件，则有

$$F = k\varepsilon_1$$

同理，减震器为牛顿黏滞元件，有

$$F = \mu\dot{\varepsilon}_2$$

式中，k 和 μ 分别为弹簧系数和元件的黏度。由于是串联排列，则两个元件受到的力是相同的。但是总应变 ε 为

$$\varepsilon = \varepsilon_1 + \varepsilon_2$$

（1）证明：力的时间特性与应变之间的关系为

$$\mu\dot{\varepsilon} = \theta\dot{F} + F$$

式中，$\theta = \mu/k$ 为模型的松弛时间，$\dot{\varepsilon}$ 为 ε 的时间导数。

（2）将 $\dot{\varepsilon}$ 作为已知函数进行积分。证明其通解为

$$F(t) = e^{-t/\theta}F(0) + ke^{-t/\theta}\int_0^t e^{\xi/\theta}\frac{d\varepsilon}{d\xi}d\xi$$

以下三个问题是完成 Maxwell 模型与黏弹性流动时间之间数值模拟的基础。

（3）假设应变率为常数，模型的初始作用力为 0，证明：

$$F(t) = \mu\dot{\varepsilon}\left(1 - e^{-t/\theta}\right)$$

（4）模型的视黏度被定义为 $F/\dot{\varepsilon}$，根据问题（1）中的方程，证明存在以下关系：

$$\mu_{\text{app}} = \frac{\mu}{1 + \theta\dfrac{\dot{F}}{F}}$$

（5）使用上述方程和问题（3）中的方程，证明：

$$\mu_{\text{app}} = \frac{\mu}{1 + N_{\text{Ded}}}$$

上式分母中的参数为 Deborah 数，有

$$N_{\text{Ded}} = \frac{\theta}{t}$$

该数为松弛时间与岩石颗粒周围未扰动流动时间之间的比值，当 $\phi D_{\text{p}}/\mu$ 取代了表征时间 t 时，它是衡量可渗透介质流动中黏弹性效应的一个度量。

8.4 过筛因子实验装置分析

对于图 8.8 中所示的过筛因子装置而言，可以按照可渗透介质中的重力泄油情况进行分析。根据球管的几何形状，球管内任意高度 h（$h_2 < h < h_1$）处的流体体积 V 为

$$V = \frac{\pi}{3}\left(h - h_2\right)\left(3R - h + h_2\right)$$

如果将筛网看作为一个可渗透性阻力元件，则通过筛网的通量为

$$\mu = -\left(\frac{K\rho gh}{L\mu_{\text{app}}}\right)$$

（1）因为 $\mu = -1/\pi r^2\ (\mathrm{d}V/\mathrm{d}t)$，则根据这些方程，可以证明高度 h 为下式的解：

$$\frac{\mathrm{d}h}{\mathrm{d}t}\left\{\left(h - h_2\right)\left[2R - \left(h - h_2\right)\right]\right\} = \frac{r^2\rho gKh}{\mu_{\text{app}}L}$$

式中，L 为筛网的叠层高度。

（2）当忽略下部球管中上下管内的排液时间时，推导出牛顿流体排液时间的计算公式。其中，排液时间被定义为

$$t_{\text{d}} = t\big|_{h=h_2} - t\big|_{h=h_1}$$

（3）使用黏弹性流体，重新计算问题（2），其中黏弹性流体的视黏度为

$$\mu_{\text{app}} = \frac{H_{\text{VE}}}{1 + bu}$$

根据问题（2）和问题（3）中的方程，证明过筛因子 S_{F} 可由下式进行求解：

$$S_F = \frac{H_{VE}}{\mu_1} + \frac{K\rho g}{\mu_1 L} bI$$

式中，I 为几何因子。过筛因子与流体的松弛时间成正比。

8.5   渗透率降低的简化计算方法

一种有关渗透率降低的解释是岩石表面聚合物层的吸附会降低岩石的有效孔隙大小（或有效岩石颗粒直径增加）。假设介质由直径为 D_p 的球体组成：

（1）当聚合物在岩石表面以厚度为 Δ 的均匀层进行吸附时，推导出渗透率降低系数 R_k 的表达式。必须使用第 3.1 节中的水力学半径概念。

（2）当 $\phi=0.1$ 和 $\phi=0.2$ 时，绘制出聚合物吸附（单位为 mg/g）与 R_k 之间的关系曲线。假设被吸附聚合物的密度为 1.5g/cm³ 和岩石的密度为 2.5g/cm³。

8.6   聚合物的注入能力

在很大程度上，所有提高采收率方法在经济上的成功与项目周期或注入量有关，对于聚合物驱尤为如此。由于这一点很重要，许多油田在驱替之前要进行单井注入性能评价实验。这里将介绍一种利用前面介绍的物理性质来分析注入能力实验的简单方法。

某口井的注入能力被定义为

$$I \equiv \frac{i}{\Delta p}$$

式中，i 为该井的体积注入量，Δp 为井底流压与某一参考压力之间的压降。另一种有效的测量方法为相对注入能力：

$$I_r = \frac{I}{I_1}$$

式中，I_1 为注水能力，I_r 为注入聚合物时预测出的注入能力下降指标。I 和 I_r 都与时间有关，但是对于牛顿型聚合物溶液而言，如果表皮效应比较小，则 I_r 的长时间限制为黏度比。但是，由于剪切变稀作用，实际中的聚合物溶液最终 I_r 比该值更高。

此时，可以作出以下几个简单的假设，当然在这些假设中，存在许多不严格的的地方（Bondor 等，1972）。假设需要计算注入能力的这口井的半径为 R_w，并且它处于一个水平、均质、环形的泄油半径为 R_e 的区域内。R_e 和 R_w 处的压力分别为 p_e 和 p_{wf}。p_e 为常数（稳态流动），p_{wf} 随时间发生变化。形成残余油饱和度后，油藏中流动的流体始终保持为单一水相，由于其流变性能与压力无关，因此是不可压缩的。流动方式为一维径向流动。油藏中的整个剪切速率范围都处于幂律状态，因此，方程（8.7）中描述的是视黏度。

因为体积流量与

$$i = 2\pi r H_t u_r$$

无关，则该方程是当假设流体为不可压缩流体时的必然结果，但 i 与时间无关。

（1）证明：使用达西定律替代上述方程中的 u_r，然后，在 r_1 处的 P_1 和 r_2 处的 P_2 之间任意范围内进行积分，得

$$p_2 - p_1 = \left(\frac{i}{2\pi H_t}\right)^{n_{pl}} \frac{H_{pl}R_k}{K_1\left(1-n_{pl}\right)}\left(r_1^{1-n_{pl}} - r_2^{1-n_{pl}}\right)$$

（2）证明：当 $n_{pl}=1=R_k$ 和 $H_{pl}=\mu_1$ 时，牛顿流动的极限是一个常见的稳态径向流方程：

$$p_2 - p_1 = \frac{i\mu_1}{2\pi K_1 H_t}\ln\left(\frac{r_1}{r_2}\right)$$

现在使用这些方程来计算聚合物驱的注入能力。

在注入过程中的某一时刻 t 时，聚合物的前缘（假设为活塞状）位于径向位置 R_p 处，其中

$$\int_0^t i\,\mathrm{d}t = \pi\left(R_p^2 - R_w^2\right)H_t\phi\left(1-S_{2r}\right)$$

方程的左侧为聚合物溶液的累计注入体积。因此，问题（1）中的方程适用于 $R_w<r<R_p$ 区间，而问题（2）中的方程适用于 $R_p<r<R_e$ 环形区间。

（3）通过适当确定各变量后，结合两个区间的结果，证明从 R_w 到 R_e 的总压降为

$$p_{wf} - p_e = \left(\frac{i}{2\pi H_t}\right)^{n_{pl}} \frac{H_{pl}R_k}{K_1\left(1-n_{pl}\right)}\left(R_p^{1-n_{pl}} - R_w^{1-n_{pl}}\right) + \frac{i\mu_1}{2\pi K_1 H_t}\left[\ln\left(\frac{R_e}{R_p}\right) + S_w\right]$$

式中，S_w 为该井的表皮因子，已经被引入用来计算井的伤害情况。

（4）证明：将上式代入注入能力的定义式中，可得

$$I^{-1} = \left(\frac{i}{2\pi H_t}\right)^{n_{pl}} \frac{H_{pl}R_k}{i\left(1-n_{pl}\right)K_1}\left(R_p^{1-n_{pl}} - R_w^{1-n_{pl}}\right) + \frac{i\mu_1}{2\pi K_1 H_t}\left[\ln\left(\frac{R_e}{R_p}\right) + S_w\right]$$

在 $r_1=R_w$ 和 $r_2=R_e$ 的条件下，注水能力 I_1 由注入能力方程和相似的稳态径向流方程求得。

8.7 恒定生产压差时的剖面调整方法

当含油率为 10% 的油藏中注入 50bbl 剖面调整处理药剂时，估算其含油率和产油量的变化。已知外边界和油井半径分别为 500m 和 0.1m，残余阻力系数为 10，地层的孔隙度为 0.2，漏失层的孔隙度为 0.2。该问题与例 8.3 中的情况相同，只是此时的生产压差恒定在 1000psi。

首先，假设漏失层（即层 1）中只产出水，地层的剩余部分（层 2）只生产油，q_1 为处理前的出水量，q_2 为处理前的产油量，漏失层的厚度为 1m，层 2 的厚度为 20m。

8.8 注入能力的计算

利用下列取自 Coalinga HX 砂岩的数据（Tinker 等，1976）

ϕ=0.28	K_1=0.036μm^2
K_{pl}=7.5mPa·s(s)$^{n_{pl}-1}$	μ_1=0.64mPa·s
n_{pl}=0.8	H_t=2.44m
R_k=3	R_w=10cm
R_e=284m	i=30m^3/d
	S_{2r}=0.2

（1）计算相对注入能力 I_r 与累计聚合物注入量之间的关系，并在线性方格纸上绘制出 I_r 与 t_D（直到 $t_D=0.5$ 时）之间的关系曲线。

（2）证明：当 $R_p=R_e$ 时，牛顿型聚合物流体（即 $n_{pl}=1$ 时的情况）可化简为

$$I_r = \frac{\mu_1}{K_{pl}R_k}$$

（3）按照问题（1）中曲线的要求，绘制出 HX 砂岩中牛顿型聚合物的关系曲线。

8.9 提高注入能力的计算

在某个柱状油藏中，如果剪切速率超过了幂律范围，则必须使用下面有关方程（8.7）的分段函数：

$$\mu_{app} = \begin{cases} \mu_1^0, & u<u_0 \\ H_{pl}u^{n_{pl}-1}, & u_0<u<u_\infty \\ \mu_1^\infty, & u>u_\infty \end{cases}$$

式中，u_0 和 u_∞ 为确定幂律范围界限的表观速度。

（1）假设最大速度和最小速度都位于幂律范围以外，利用本题中的方程重新对练习题 8.6 中的 I 和 I_r 进行求导。

（2）对于数值模拟而言，当确定注入能力时，利用平均地层压力 $\bar{p}$ 可能比 p_e 利用更为方便（Bondor 等，1972）。重新推导过程中利用该方法确定 I 时的计算公式。

（3）对于大型数值模拟过程而言，聚合物特性的总非牛顿范围被限制在井的一个网格内。在这种情况下，非牛顿效应可以有效地表示为随时间而变的表皮因子与平均聚合物"饱和度"之间的关系。推导出此时表皮因子的计算公式。

8.10 分流量与增油量

（1）当最大聚合物吸附量为 38g/m³（总体积）、注入聚合物浓度为 1200g/m³ 和孔隙度为 0.2 时，计算聚合物前缘推进滞后系数 D_4。

（2）利用问题（1）中的 D_4 和图 8.18 中的水油相对渗透率，计算当 $\mu_1^0=30$mPa·s 时聚合物驱中聚合物和原油的流出动态。已知油和水的黏度分别为 20mPa·s 和 1mPa·s，倾角为 0，渗透率降低系数为 1，初始含水饱和度为 0.4。

（3）技术上，评价聚合物驱的正确方法是计算其原油增产量（IOR）：

原油增产量（IOR）= 聚合物驱的产油量 − 注水开发的产油量

计算并绘制出 IOR（单位为 SCM）与时间（单位为 a）之间的关系曲线。已知孔隙体积为 $1.6×10^6$m³，恒定注入量为 480m³/d，所有地层体积系数均为 1.0m³/m³。

8.11 分流量和段塞

在理想条件下，可以利用分流量理论求得聚合物的段塞特性以及聚合物的利用系数。

（1）假设聚合物以段塞的形式注入地层中，顶替液在残余油饱和度的条件下以理想混相驱的方式驱动聚合物溶液，试证明：当聚合物的吸附为不可逆吸附和不计入已占孔隙体积时，聚合物顶替液的前缘推进比速度为

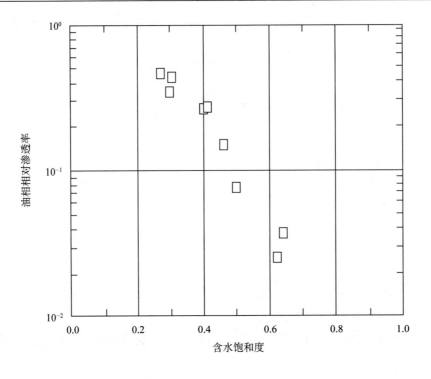

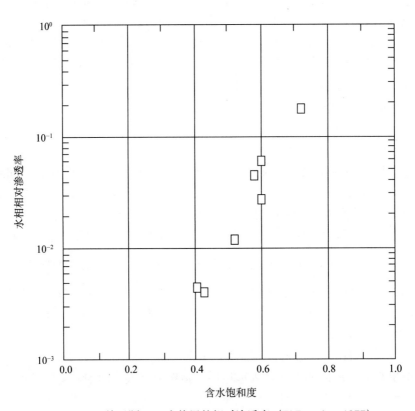

图 8.18　练习题 8.10 中使用的相对渗透率（El Dorado，1977）

$$v_{CW} = \frac{1}{1 - S_{2r}}$$

（2）证明：满足吸附条件时所需聚合物段塞的体积等于 D_4。

（3）本练习题剩余部分使用的数据如下：

$a=1cm^3/g$ 岩石	$C_{4J}=800g/m^3$
$b=100cm^3/mg$	$\rho_s=2.65g/cm^3$
$\phi=0.2$	

如果聚合物段塞体积为吸附所需量的二分之一，绘制出时间—距离关系曲线和（油和聚合物）流出动态曲线。利用练习题 8.10 中的分流量曲线和初始条件。

8.12　聚合物驱设计

给某含油和含盐水的油藏设计一个聚合物驱方案。已知当地层温度为 73℃ 时，油和盐水的黏度分别为 25mPa·s 和 0.38mPa·s。图 8.10 中的相渗曲线适用，图 8.6 中的黄胞胶驱替数据能够满足该储层的条件。

（1）绘制出总相对流度曲线。已知理想流度比为 0.7，估算产生这一流度比时所需的聚合物浓度。利用图 8.5 中的数据，值得注意的是，μ'_1/μ_1 与地层温度基本无关。

（2）估算问题（1）中聚合物浓度的幂律参数 K_{pl}、n_{pl} 和 H_{pl}。

（3）以 $20m^3/d$ 的恒定体积注入量进行聚合物驱。估算注入体积和井底注入压力（MPa）之间的关系，并绘制出二者之间的关系曲线，并从物理上证明其曲线形状的合理性。

（4）当裸眼完井时，估算聚合物溶液受到的剪切速率。它是否能够用来预测聚合物的机械降解？

假定油藏为圆形地层，其中 $R_e=950m$，$p_e=18MPa$。其他特性还有 $K=0.05\mu m^2$、$S_w=0$、$R_w=5cm$、$H_t=42m$，$\phi=0.2$ 和 $S_{2r}=0.3$。

第 9 章　表面活性剂提高采收率方法

地质学家们很早就意识到毛细管力的存在会使大量原油遗留在水驱油藏中的充分波及区域。毛细管力是原油与水之间界面张力产生的结果，除了存在适当黏滞力作用时的情况外，毛细管力的存在会使原油圈闭在孔隙中。当然，浮力也是非常重要的。因此，在早期的提高采收率技术中，主要通过降低油—水界面张力的方法来驱替原油。虽然也提出过很多技术和经历过若干矿场试验，但通过低界面张力的提高采收率技术主要还是表面活性剂提高采收率技术。

降低界面张力是通过降低非混相驱后的残余油毛细管力来采出部分额外的原油。此时的圈闭作用被非常恰当地描述为黏滞力（启动原油）与毛细管力（圈闭原油）之间的竞争作用。局部毛管数 N_{vc} 为黏滞力与毛细管力之间的无量纲比值，它主要通过毛细管驱替曲线（CDC）确定残余油饱和度和束缚水饱和度。第 3.5 节已经介绍了毛细管驱替曲线和局部毛细管数 N_{vc} 的总体特征，而在本章中，主要将这些理论应用于表面活性剂驱替过程中。应该记住的是，需要超低界面张力（数量级为 0.001mN/m），而这些数值只能通过具有高表面活性的化学药剂获得。

9.1　表面活性剂提高采收率方法简介

表面活性剂驱（surfactant flooding）是指任意使用表面活性化学药剂（即表面活性剂）来提高采收率的方法。该定义不同于其他不以降低毛细管力为主要采油机理的提高采收率方法，但它包括表面活性剂—聚合物（SP）复合驱、就地生成表面活性剂的碱驱（alkaline flooding）以及碱—表面活性剂—聚合物（ASP）复合驱。ASP 复合驱综合了碱驱和 SP 复合驱的机理，本章认为 SP 复合驱和 ASP 复合驱遵循相同的机理，即界面张力的降低与相态特征有关。第 8 章已经对该类型中的所有聚合物方法进行了讨论。表面活性剂也是泡沫驱（第 10 章）的重要组成部分，但在泡沫驱过程中，降低界面张力的作用不明显。

在文献中，表面活性剂提高采收率方法的名称有很多，比如 SP 复合驱、ASP 复合驱、胶束—聚合物（MP）复合驱、表面活性剂驱、低界面张力驱、可溶油驱、微乳液驱和化学驱等。本书主要使用"SP 复合驱"这一术语，因为该术语是最清楚的（例如化学驱主要用来描述所有的非热力提高采收率方法）和最能够被理解的（其他名称中不包含重要的聚合物组分）。尽管上述术语之间存在差异，但本章中主要侧重其相似性，因为他们之间的相似性使用得更多，也更为重要。

图 9.1 为 SP 复合驱顺序的理想示意图。该方法通常适用于三次采油，并且总是以驱替的方式（不是周期方式或吞吐方式）进行采油。最常见的表面活性剂注入方式是注入表面活性剂与聚合物的混合水溶液，被称为段塞（slug），可驱替的孔隙体积范围大约为 10%~50%。表面活性剂浓度的变化范围约为 0.2%~2%（质量分数）（活性组分），聚合物浓度的范围为 0.1%~0.4%（质量分数），这与稳定驱替过程中降低流度时所需的聚合物量

有一定的关联。段塞中也包括其他化学药剂，比如助表面活性剂、助溶剂、碱和杀菌剂等。段塞中盐水的组成通常与界面张力最低时的盐水组成相对应，为此，溶液中通常包含碱性化学药剂（比如碳酸钠）提供的电解质。尽管现在这种情况不太常见，但为了改变其矿化度，一般在段塞的前方注入一定体积的预冲洗液（preflood）。由于预冲洗液会增加项目的操作时间和成本，因此，在许多情况下不太需要。在该方法中，段塞和化学药剂这两个方面是重点，也是接下来讨论的主要内容。

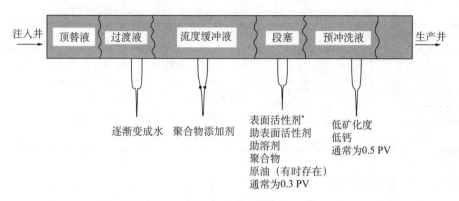

图 9.1　SP 复合驱顺序（* 碱—表面活性剂驱时表面活性剂可由碱替代）

段塞后紧跟着（或被驱替）的聚合物水溶液被称为流度缓冲液。聚合物的浓度取决于产生等于或小于段塞流度时所需的聚合物量，聚合物驱时盐水中的电解质浓度通常低于段塞中的电解质浓度，聚合物驱的大小为可驱替孔隙体积的 50%～100%。其后紧跟着盐水溶液，直至整个驱替过程完成。流度缓冲液中通常包含其他化学药剂，比如杀菌剂、除氧剂和铁还原成分等，这些成分与前面所述聚合物驱中的成分相同。从前往后，聚合物的浓度有时逐渐递减为零（即聚合物浓度递减），但是，很少有证据显示这种聚合物浓度递减对采收率有显著的影响。通常，项目的经济条件决定着流度缓冲液的体积大小。

与聚合物驱相比，上述方法中的表面活性剂设施很少需要昂贵的涡轮机或压缩机。混合过程可以在低压下进行，因此其费用比较少。但是，该过程需要严格的质量管控方法，因为该过程对化学组成非常敏感。另外，与聚合物驱类似，该过程还需要监控和调整方法来控制盐水矿化度和硬度，ASP 复合驱时尤为如此，因为 ASP 复合驱通常需要硬度较低的盐水。

9.2　表面活性剂及其选择

表面活性剂（或表面活性物质）是指任意能够降低两个非互溶相之间表面能垒的物质。表面活性剂由亲水性部分和亲油性部分组成，下面以四种常见的表面活性剂结构为例。

根据表面活性剂的极性基团，可将其分成四种类型（见表 9.1）：

（1）阴离子型表面活性剂（anionics）。阴离子表面活性剂在溶于水时带负电，能与带正电的金属阳离子（通常为钠离子）达到平衡。提高采收率中使用的大部分表面活性剂是阴离子型表面活性剂，因为与其他类型的表面活性剂相比，他们在岩石表面上的吸附量比较低。

（2）阳离子型表面活性剂（cationics）。阳离子型表面活性剂带正电，当他们溶于水时，可以与水中的阴离子达到平衡。有些阳离子型表面活性剂能够用来改变地层的润湿性。

（3）非离子型表面活性剂（nonionics）。非离子型表面活性剂不带电，因此，他们对水溶液中的电解质不敏感。非离子型表面活性剂有时也被称为助表面活性剂。

（4）两性表面活性剂（amphoterics）。在水溶液中，两性表面活性剂同时具有负电性和正电性，或存在一种电荷的其他情况，抑或与 pH 值有关的其他情况。

表 9.1　表面活性剂的分类及相应示例（Akstinat，1981）

阴离子型	阳离子型	非离子型	两性型
磺酸盐类 硫酸盐类 羧酸盐类 磷酸盐类	有机季铵盐 吡啶化合物 咪唑啉化合物 哌啶化合物	烷基 −，烷基 − 芳基 −，芳基 −， 酰氨基 −，酰基胺聚乙二醇 多元醇醚类烷醇酰胺	氨基羧酸

尽管存在各式各样的表面活性剂类型和结构，但是对于某种特定的原油而言，会需要一些主要的表面活性剂特征，使得他们能够适用于提高采收率技术。表 9.2 总结了一些有关表面活性剂的最主要特征。

表 9.2　提高采收率用表面活性剂的理想特征

所需特征	实现方法
能够产生超低界面张力 （较高的增溶比）	在界面处，优先充填大量的表面活性剂分子
在高温下稳定	磺酸盐、羧酸盐，或加入碳酸钠的硫酸盐
避免形成凝胶、液态晶体和黏稠相	支链的疏水基团、碱、助溶剂和表面活性剂的混合物
在砂岩和碳酸盐岩中，表面活性剂的吸附量和滞留量都很低	碱、高 pH 值、良好的微乳液相态特征和低微乳液黏度、低化学梯度
快速聚并和平衡	碱、助溶剂和支链的疏水基团
商业可用性和低成本	使用廉价的原料进行简单合成

良好的表面活性剂可以与原油和水形成分子间最强烈的相互作用。当达到该平衡时，界面张力会尽可能的低。同等重要的是，表面活性剂不会形成黏性结构或刚性表面，以使得其能够在很低的压力梯度下很容易地穿过孔喉。从经济上考虑，岩石中的表面活性剂滞留量必须很低。表面活性剂滞留的形成原因包括矿物表面的吸附作用和孔隙中的圈闭作用。与矿物表面相比，原油与水之间的强相互作用能够降低表面活性剂的吸附作量。低表观黏度和低界面黏度使得表面活性剂在孔隙中的圈闭减少。最近，Solairaj 等（2012）提出在较宽的条件范围内，表面活性剂滞留量与表面活性剂结构、pH 值、矿化度、温度、原油等效烷烃碳数（equivalent alkane carbon number，缩写成 EACN）以及岩心驱替的诸多其他因素有关。

将表面活性剂疏水基团上的分子分支化是阻止表面活性剂形成黏性结构的最理想方式。

达到相同目的的其他方式还包括与助表面活性剂混合和或添加助溶剂（比如低相对分子质量醇类，因为低相对分子质量醇类能够形成一定程度的混乱）。高温时条件下的混乱程度更大，因此，表面活性剂在低温条件下需要添加助溶剂，在高温条件下可能不需要助溶剂。通过添加碱的方法，可以增加 pH 值，进而能够增加微乳液相结构的混乱度并增加其流动性。

在 20 世纪 60—70 年代之间，最常用的主表面活性剂是石油磺酸盐。这类阴离子型表面活性剂由中间相对分子质量精炼原油或将原油在适当条件下进行磺化而得到。如果 R—C≡C—H 表示原料的分子结构式，则磺化反应可以按照下式进行：

$$R—C≡C—H+SO_3 \longrightarrow R—C≡C—SO_3^-+H^+ \tag{9.1}$$

该反应也可以进一步反应，使碳碳双键饱和：

$$R—C≡C—SO_3^-+H_2 \longrightarrow R—CH—CH—SO_3^- \tag{9.2}$$

因此，上式中使用了简化符号，表明只有原子参与反应。按照方程（9.1），生成的表面活性剂为 $\alpha-$ 烯烃磺酸盐，按照方程（9.2），生成的表面活性剂为烷基磺酸盐。如果原料是芳香烃，则磺化后形成烷基苯磺酸盐。

$$R—\bigcirc+SO_3 \longrightarrow R—\bigcirc—SO_3^-+H^+ \tag{9.3}$$

当将 SO_3 以气泡的形式通过原料或使其与溶有 SO_3 的溶剂相接触时，能够得到上述磺酸盐。磺化反应（即方程 9.1 至 9.3）后再进行平行反应，可以得到酸性很高的水溶液。

$$H_2O+SO_3 \longrightarrow H_2SO_4 \tag{9.4}$$

$$H_2SO_4 \longrightarrow H^++HSO_4^- \longrightarrow 2H^++SO_4^{2-} \tag{9.5}$$

向溶液中添加强碱（如 NaOH 或 NH_3）时，溶液可以恢复至中性 pH 值。这种中和作用也为磺酸盐提供了反离子（counter−ion），对于 $\alpha-$ 烯烃磺酸盐而言，其反应式为：

$$Na^++R—C≡C—SO_3^- \longrightarrow R—C≡C—SO_3—Na \tag{9.6}$$

如果反应原料的纯度不高，则会产生更多种类的表面活性剂混合物。这种情况也会发生在使用高纯度原料但反应条件无法控制的时候。这些混合物可能包含相当范围内不同相对分子质量和磺化程度（从单磺化到双磺化）的异构体。除了几种主要的性质外，表征这类混合物是非常困难的。典型的相对分子质量范围为 350~450kg/（kg·mol），当相对分子质量较低时，表面活性剂混合物的水溶性较好。有些产品中还包含某些杂质，比如磺化反应中未反应的油和中和反应中产生的水。还有部分表面活性剂在销售时不具有活性。由于本章的研究重点是表面活性剂本身，因此，所有的段塞浓度应该只代表表面活性剂的浓度（100% 活性物质）。

20 世纪 80 年代以后，石油磺酸盐逐渐被合成的表面活性剂所替代，这些表面活性剂能够具有获得理想特征（见表 9.2）时所需的分子结构，并且能够对他们进行修饰，以适应特定的原油和油藏环境。这些表面活性剂的纯度通常比石油磺酸盐更高。

现场使用的第一代新表面活性剂是烷基醚硫酸盐（alkyl ether sulfates，缩写成 AES）

（Bragg 等，1982）。初始产品为十三醇（tridecyl alcohol，缩写成 TDA）。在该表面活性剂中加入环氧乙烷（ethylene oxide，缩写成 EO）和环氧丙烷（propylene oxide，缩写成 PO）可以形成较好的抗钙能力和耐盐能力。这种表面活性剂由廉价的原料合成得到，因此，与其他合成产品相比，其价格通常更加低廉。对于地层温度低于 60℃的油藏而言，表面活性剂驱时依然使用类似的表面活性剂。当地层温度高于 60℃时，或 pH 值增加至 10 以上时，磺酸盐会产生水解。表 9.3 给出了几种现在最常见提高采收率用表面活性剂的分子结构（Sanz 和 Pope，1995；Levitt 等，2009；Adkins 等，2012；Liyanage 等，2012；Lu 等，2012）。

表 9.3　表面活性剂的结构

在接下来的讨论中，将忽略表面活性剂类型之间的差异，而将表面活性剂简单地处理成图 9.2 中所示的蝌蚪结构。

9.2.1　水溶液中的表面活性剂

如果将阴离子型表面活性剂溶解在水溶液（不存在油）中，则表面活性剂会离解成阳离子和单体。如果表面活性剂的浓度继续增加，亲油部分会缔合形成聚集体（aggregates）或胶束（micelles），胶束中包含着若干个单体。图 9.3 为表面活性剂单体浓度与总表面活性剂浓度之间的关系曲线，该曲线从原点开始，以斜率为 1 的趋势单调增加，并在临界胶束浓度（criticalmicelleconcentration，缩写成 CMC）处趋于平衡。当高于 CMC 时，进一步增加表面活性剂的浓度只会引起胶束浓度的增加。因为 CMC 值通常相当小［约为 $10^{-15} \sim 10^{-14}$（kmol）$/m^3$］，所以在几乎所有 SP 复合驱体系的实际浓度中，表面活性剂主要以胶束的形式存在。图 9.3 中的胶束表示法以及其他表示方法都是示意图。胶束的真实结构并不是静止的，且存在多种形式。

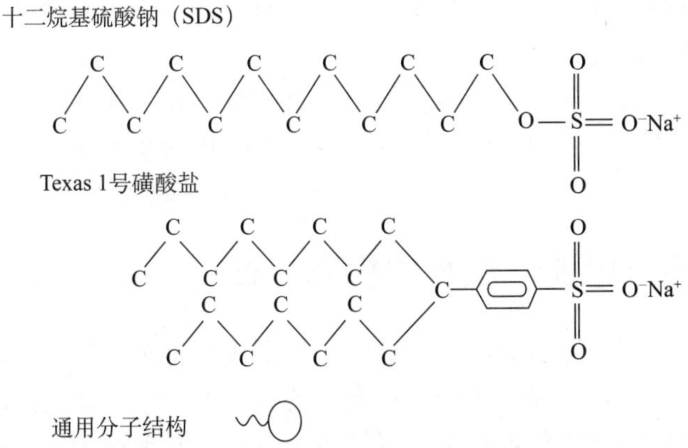

十二烷基硫酸钠（SDS）

Texas 1号磺酸盐

通用分子结构

图 9.2　表面活性剂结构的不同类型。疏水基团是亲油性的，通常为非极性的，亲水基团是憎油性的，通常为极性的。表面活性剂的分子结构通常被表示成蝌蚪结构，其中，尾部代表非极性基团，头部代表极性基团

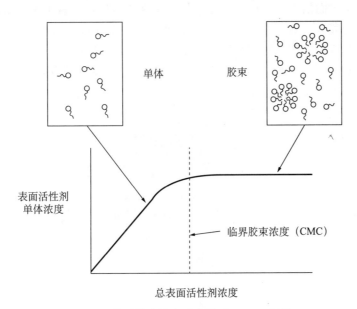

图 9.3　临界胶束浓度示意图（Lake，1984）

9.2.2　与油接触的表面活性剂水溶液

当该溶液与油相（oleic phase）接触时，表面活性剂趋于向界面交界处聚集。"油相"这一术语表明虽然该相中富含油，但不仅仅只包含油。表面活性剂的亲油部分"溶解"在油相中，亲水部分位于水相中。与胶束相比，表面活性剂更倾向于聚集在油—水界面，但是，较低的表面活性剂浓度就能使界面达到饱和状态。表面活性剂的这种双亲特性是非常重要的，因为表面活性剂在界面处的聚集能够降低两相之间的界面张力。两相之间的界面张力与界面处表面活性剂过量浓度有关（Huh，1979）。"过量"指的是界面浓度与体相浓度之间的差值。临界点附近的界面非常模糊，与临界点附近的蒸气—液体界面状态类似。

为了使界面上的聚集量最大化，应该对表面活性剂本身和相应的条件进行调整，但是，

这种效应也会影响表面活性剂在油相和水相中的溶解性。由于溶解度会影响盐水和原油之间的互溶性，而这种互溶性也会影响界面张力，因此，上述讨论很自然地会过渡到研究表面活性剂—原油—盐水之间的相态特征。值得好奇的是，在下面的章节中，与温度、盐水矿化度和硬度等因素相比，表面活性剂浓度自身所起的作用反而相对较小，对于胶束的许多性质尤为如此。

9.3 表面活性剂—原油—盐水的相态特征

在一定的条件下，胶束能够溶解于原油中，并形成一种热力学稳定流体，这种流体被称为微乳液（microemulsion）。在 SP/ASP 复合驱的各个方面中，微乳液的相态特征都发挥着中心作用，包括从实验室实验到数值模拟的各个方面。发现这种相态特征以及他们与界面张力之间的关系，是提高采收率最为显著的智力成果之一。

通常，微乳液的相态特征是在三元相图（见第 4.4 节）上予以说明的。依照惯例，三元相图的顶角表示表面活性剂（$i=3$），左下角表示盐水（$i=1$），右下角表示油（$i=2$）。

微乳液的相态特征在很大程度上会受到盐水矿化度的影响。按照矿化度逐渐增加的顺序，相图依次为图 9.4 至图 9.7。此处介绍的相态特征最初是由 Winsor（1954）提出来的，随后，Healy 等（1976）以及 Nelson 和 Pope（1978）将其应用于表面活性剂驱。下面讨论的所有性质均为平衡状态时的性质。

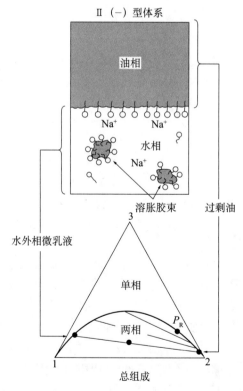

图 9.4 低矿化度时 Ⅱ（一）型体系示意图。静电力的小幅度增加会增加阴离子型表面活性剂在水溶液中的溶解性

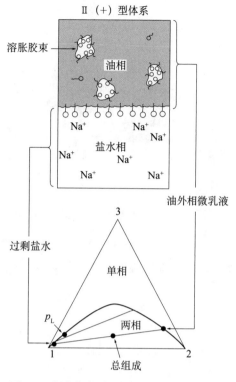

图 9.5 高矿化度时 Ⅱ（+）型体系示意图

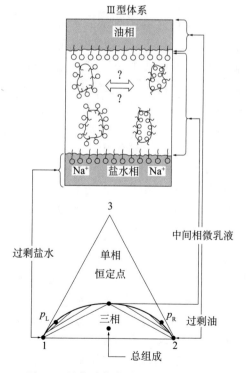

图 9.6 最优矿化度时 Ⅲ 型体系示意图

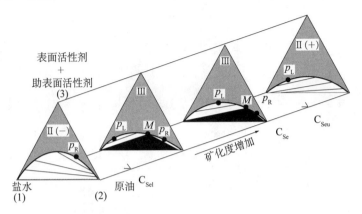

图 9.7　表面活性剂相态特征的拟三元相图或"帐篷"图

在矿化度较低的条件下，阴离子型表面活性剂通常表现出良好的水溶性和较差的油溶性。因此，可以将三元相图中盐水—油分界处附近的总组成将分成两相：

①剩余油（excess oil）相。

②包含盐水、表面活性剂和一些溶解油的（水外相）微乳液相。

溶解油出现在油珠占据溶胀胶束中心的时候。这种类型的相态环境存在若干种名称：Winsor Ⅰ型体系或Ⅱ（−）型体系，因为最多只存在两相，且连结线的斜率为负值；或下相微乳液，因为它比剩油相的密度更大，而此处使用"Ⅱ（−）型"这一术语（图 9.4 所示）。褶点 p_R 通常非常接近油相顶点（右下角），这意味着过剩油相几乎为纯油，双结点曲线以上的任意总组成均为单相微乳液。

对于高矿化度的盐水而言，两相区内的总组成将分成一个过剩盐水相和一个含有大多数表面活性剂及若干溶解盐水的（油外相）微乳液相，如图 9.5 所示。盐水的溶解是通过形成反向溶胀胶束实现的，盐水处于其中心位置。这种相态环境叫做 Winsor Ⅱ型体系或Ⅱ（＋）型体系，因为连结线的斜率为正值；或上相微乳液，因为它比水相的密度更大。褶点 p_R 此时接近盐水相顶点（左下角），这意味着过剩盐水相通常由纯水组成。

上面介绍的两种极端情况，大体上为镜像反映：Ⅱ（−）型体系中的微乳液相为水连续相，而在Ⅱ（＋）型体系中微乳液相为油连续相。

在矿化度介于图 9.4 和图 9.5 之间的条件下，存在一个能够形成第三个富表面活性剂相的矿化度范围（图 9.6 所示）。三相区中的总组成与Ⅱ（−）型和Ⅱ（＋）型体系中的情况类似，可分成过剩油相和过剩盐水相，同时，还可分出一个微乳液相，其组成由一个恒定点来表示。"恒定点"意味着只要总组分位于连结三角形内部，则微乳液相组成（和过剩相的组成）是固定不变的。这种环境被称为 Winsor Ⅲ型体系或中间微乳液相，因为它的密度比过剩盐水相的密度小，但比过剩油相的密度大，或被称为Ⅲ型体系。三相区的右上方和左上方将形成两相的Ⅱ（−）型区域和Ⅱ（＋）型区域，如前所述。三相区的下方存在第三个两相区（根据热力学要求），这个区域的范围通常很小，可以忽略不计。在三相区中，存在两种界面张力，即微乳液与原油之间的界面张力 σ_{32} 和微乳液与水之间的界面张力 σ_{31}。因为微乳液相将过剩油相和过剩盐水相分隔开，所以只存在两种具有意义的界面张力。

图 9.7 为棱镜图或帐篷图，当盐水矿化度变化时，它可以解释从 II（−）型区域到 II（+）型区域的整个相环境演变过程。随着矿化度的增加，通过劈分紧靠盐水—油边界的临界连结线，能够形成 III 型区域（Bennett 等，1981）。在整个 III 型区域的矿化度范围内，在恒定点 *M* 在其相应的临界连结线处消失之前，它从靠近油相顶点的地方向靠近盐水顶点的地方运移。除了盐水矿化度之外，其他几种变量也会使图 9.7 中的相态特征发生变化。任意影响表面活性剂在水中或油中溶解性变化的因素，也会改变微乳液的相态特征。下面主要对这些因素进行详细讨论。

9.3.1　表面活性剂的结构

较大的表面活性剂疏水基团（具有更多碳原子）会增加表面活性剂在油相中的溶解度，因此，相态特征从 II（−）型转变成 II（+）型，最后转变成 III 型。如果表面活性剂的亲水基团带有两负电荷，比如二磺酸盐，能够进一步增加表面活性剂在水中的溶解度，因此，相态特征从 II（+）型转变成 III 型，最后转变成 II（−）型。实际上，这种双阴离子型表面活性剂很少被使用，因为达到平衡时非常大的疏水基团通常需要很强的亲水基团。

在表面活性剂分子中加入环氧乙烷（EO）基团，也可以增加表面活性剂在水中的溶解度，但是提高幅度较小。但它是一种比较实用的方法，通常用来增加表面活性剂在高矿化度或高钙浓度盐水中的溶解度。环氧丙烷（PO）基团对表面活性剂在水相和油相中溶解度的影响机理更加复杂，因为它还与温度和其他变量有关。环氧丙烷（PO）倾向于停留在水—油界面处，因为环氧丙烷（PO）在两者中均有一定的溶解度。可以使用每个分子中的环氧乙烷和环氧丙烷数目调整表面活性剂的性能，以使其更加适应于特定的环境。

9.3.2　助表面活性剂和助溶剂

助表面活性剂是指以某种方式提高主表面活性剂性能的表面活性剂。在理想条件下，他们与主表面活性剂形成混合胶束。主表面活性剂自身还可以溶解在原油中，降低油—水界面张力直至其达到超低界面张力值，但是，在最佳矿化度（将在本章的后续部分进行定义）条件下，主表面活性剂可能无法完全溶解在水相中以形成一个清晰、稳定的水相，特别是当混合物中存在聚合物时，如果溶液是浑浊的，则它不是真溶液，并且最终会形成两个液相（一种液相中富含表面活性剂，另一种液相中富含聚合物）或表面活性剂可能最终会沉淀，在其他问题中，这将导致运移能力变差和滞留量增加。

评价 SP 复合体系水溶液稳定性的实验测定方法被称为水溶液稳定性测试方法，它是最为重要的实验测定方法之一，并且是一种最难达到性能指标的测试方法。溶液有时需要添加助表面活性剂，助表面活性剂的亲水性优于主表面活性剂，但它也会相应地增加最佳矿化度和界面张力，因此，添加助表面活性剂只能解决部分问题。当加入不同结构的助表面活性剂时，通过其多分支形式或以某种形式的复配方式可以解决此类问题。

如果通过添加助表面活性剂的方式还不能使溶液稳定，那么此时可能有必要在溶液中添加助溶剂。助溶剂为轻质醇类，比如仲丁醇（SBA）或类似的化合物（Sahni 等，2010），其他的助溶剂还有乙氧基醇和乙二醇丁醚（EGBE）。理想助溶剂在水相中和油相中的溶解度相等，并且倾向于形成胶束，但是没有表面活性剂的作用明显。在最佳矿化度时，所有助溶剂都能增加界面张力，并且也会增加相应的化学成本，这意味着在满足水相稳定性测试的同时，应该使助溶剂的浓度尽可能低。但不以水相稳定性为目的时，通常也需要添加助溶剂来降低微乳液相的黏度。助溶剂通过降低表面活性剂疏水基团之间的相互作用来降低微乳液相的黏度。

9.3.3 原油的特性

相比于其他因素，微乳液的相态特征对原油的组成更为敏感。随着纯烃类平均碳数的增加，最佳矿化度以及最佳矿化度时的界面张力都会有所增加，这种关系特别的简单。最佳矿化度的对数随着烷烃碳数（alkane carbon number，缩写成 ACN）线性增加。当原油的烷烃碳数不断增加时，相态特征从 II（+）型变成 III 型，最后变化至 II（−）型。

对于更加复杂的原油而言，当观察到的趋势相同时，可使用同样的方式对当量烷烃碳数（equivalent ACN，缩写成 EACN）进行定义（Cash 等，1976）。这种简单法则可用来计算烷烃、烯烃、芳香烃和其他环状烃类的当量烷烃碳数。但是，对于复杂的混合物（比如原油）而言，必须通过对比相同表面活性剂和其他条件下所测原油和纯烃类的相态特征，来推断其当量烷烃碳数。对于低 API 重度（密度大）、高黏度、高相对分子质量的原油而言，其当量烷烃碳数一般较大。原油中的碳原子越多，表面活性剂的疏水基团中所需的碳原子越多或表面活性剂的相对分子质量越高（Graciaa 等，1982）。但是，大多数原油中还包含极性化合物和有机酸，这使得该物质的性质更加复杂，对于低 API 重度的原油尤为如此（Puerto 和 Reed，1982；Nelson，1982）。

如果水溶液中存在碱性物质，那么有机酸中的一小部分会进入水相中，并与碱反应生成脂肪酸盐（图 9.2 所示）。Nelson 等（1984）提出了助表面活性剂强化碱水驱的概念（现在被称为 ASP 复合驱），它主要利用脂肪酸盐与合成类表面活性剂之间的协同作用。

9.3.4 温度

大多数阴离子型表面活性剂的水溶性会随着温度的增加而增加，但对于非离子型表面活性剂而言，其规律正好相反。当烷基醚硫酸盐或类似表面活性剂中的环氧乙烷数（PON）超过 7 时，随着温度的增加，非离子型表面活性剂的溶解性会变差。当阴离子型表面活性剂与非离子型表面活性剂混合时，相态特征可以朝着任意方向运移，但常见的相态变化是随着温度的变化，即从 II 型向 III 型变化，再向 I 型变化。

9.3.5 压力

由于微乳液是液态的，因此，压力对微乳液相态特征的影响不大。对于阴离子型表面活性剂而言，随着压力的增加，相态特征通常从 II（+）型向 III 型变化，再向 II（−）型变化（Skauge 和 Fotland，1990）。产生这种现象的原因是原油密度的增加和表面活性剂在原油中溶解度的降低。

与压力相比，溶解气对微乳液相态特征的影响更大，并且相态特征的变化方向正好相反（Roshanfker 等，2011）。轻质烃类（如甲烷和乙烷）能降低原油的密度，因此，表面活性剂在原油中的溶解度增加，但因为原油中当量烷烃碳数会减少，其效果没有预想的好。

9.4 非理想效应

图 9.4 至图 9.7 为真实微乳液相态特征的理想描述。对于不含助溶剂的纯表面活性剂

而言，在工程应用中，理想的相态特征通常具有很好的近似结果。纯的或接近纯的表面活性剂比复杂表面活性剂混合物（如石油磺酸盐）的理想相态特征更好。当相态特征中显示有黏滞相（如微乳液、液态晶体或凝胶）存在时（Scriven，1976；Healy 和 Reed，1974；Trushenski，1977；Salter，1983；Sahni 等，2010），此时最好的方法是改变表面活性剂的类型、加入助表面活性剂或（和）助溶剂。

即使表面活性剂的设计配方不存在任何上述问题，但其相态特征也只能使用三元相图进行表示。实际上，助溶剂是第四个组分，应当使用四元相图来表示（Salter，1978）。但对于工程应用目的而言，通过定义三个拟组分来继续使用三元相图时，结果也基本准确（Prouvost 等，1985）。

相比于一价阳离子（如 Na^+）的同等变化，二价离子（如 Ca^{2+}）浓度的改变对微乳液相态特征的影响更大。用图来表示这种稀释效应的方法被称为矿化度需求图（图 9.8 所示），该图为总表面活性剂浓度 C_3（横坐标）与矿化度（纵坐标）之间的关系图。图中所有其他变量均保持恒定，纵坐标中矿化度被表示成特高矿化度盐水的稀释百分数。上部分曲线表示 II（+）型和 III 型环境的分界线或 C_{Seu} 与 C_3 之间的关系曲线，下部分曲线表示 C_{Sel} 与 C_3 之间的关系曲线。因此，两曲线之间的区域范围为与 C_3 有关的 III 型区域范围。Glover 等（1979）和 Bourrel 等（1978）以类似方式绘制出了观察到的三元相态特征范围。

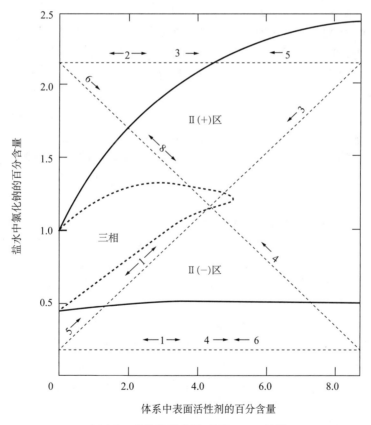

图 9.8　矿化度需求图（Nelson，1982）

图 9.8 给出了矿化度增加而减少时的Ⅲ型区域。对于其他表面活性剂和盐类而言，这种趋势可能完全相反（Bourrel，1978）。对于理想的 SP 复合体系相态特征而言，C_{Seu} 和 C_{Sel} 均与 C_3 无关，即矿化度需求图中的相边界应该由两条水平线构成。软质盐水（即低硬度盐水）中的相态特征将会接近这种理想相态特征，因为当盐水中存在明显数量的二价离子时，稀释效应会特别明显。

表征二价阳离子影响结果的最佳方法是模拟胶束间的阳离子交换能力。相态特征的偏移，不仅对总矿化度敏感，也对盐水的具体组成敏感。因此，将盐水表征成清水或以其总溶解固体含量（total dissolved solids，缩写为 TDS）进行划分是不够充分的。对于阴离子型表面活性剂而言，溶液中的其他阴离子对相态特征的影响很小，但是阳离子却很容易改变相环境。二价阳离子（最常见的是钙离子和镁离子）的势通常是一价阳离子（通常为钠离子）的 5~20 倍。二价阳离子在油田水中的数量要比一价离子的数量少很多（图 8.2 所示），但他们的影响确实非常明显的，因此，除了考虑矿化度外，还需要对盐水中的二价阳离子浓度进行考察。通过阳离子交换作用，一价离子与二价离子之间的比值也会引起黏土矿物的电解质反应。矿化度和硬度之间的不相称效应，可以通过一价离子和二价离子的加权之和（被定义为"有效"矿化度 C_{Se}）来进行近似解释。

9.5 相态特征和界面张力

在有关表面活性剂的早期文献中，已经对获得超低界面张力以及其测定方法进行了详细介绍（Cayias 等，1975）。研究发现，界面张力的大小与表面活性剂结构、助表面活性剂结构、电解质的类型和浓度、原油组成以及温度和压力有关，当使用碱或脂肪酸盐时，这种关系会更加明显。

但在整个表面活性剂驱发展历程中，最重要的突破之一就是证实了测得的界面张力与微乳液相态特征密切相关。Healy 和 Reed（1974）首先提出了界面张力的经验关系式，后来其他研究人员（如 Glinsmann，1979；Graciaa 等，1981）通过实验对其进行了证实。Huh（1979）推导出了界面张力的理论方程，它与较宽条件范围内的实验数据相一致，图 9.9 给出了相应的典型示例。

这种关系式的实际好处是相对较难的界面张力测定在很大程度上可以由相对容易的相态特征测定进行替代。的确，界面张力特征可以根据一系列基于增溶参数的相态特征研究文献内容推导出来（Bourrel 等，1978）。这种好处的更重要特征在于该关系式在逻辑上可为表面活性剂驱设计提供基础。在第 9.14 节中，将对该设计的有关内容进行详细讨论。

为了进一步研究界面张力与相态特征之间的关系，令 C_{23}、C_{13} 和 C_{33} 分别为微乳液相中原油、盐水和表面活性剂的体积百分数。如图 9.4 至图 9.6 所示，所有矿化度条件下均存在微乳液相，因此，这三个物理量都是意义明确的和连续的。为了便于研究，表面活性剂混合物被处理成单一的表面活性剂拟组分。在Ⅱ（-）型和Ⅲ型相态特征条件下，油相增溶参数 S_{32} 被定义为微乳液相中油相体积与表面活性剂相体积之间的比值：

$$S_{23} = \frac{C_{23}}{C_{33}} \tag{9.7a}$$

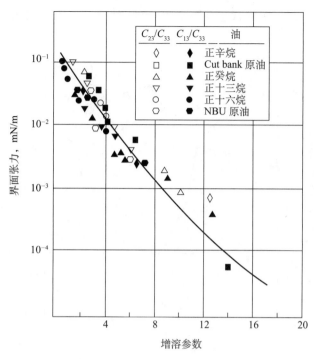

图 9.9　增溶参数与界面张力之间的关系曲线（Glinsmann，1979）

在 II（+）型和III型相态特征条件下，水相增溶参数 S_{31} 被定义为微乳液相中水相体积与表面活性剂相体积之间的比值：

$$S_{13} = \frac{C_{13}}{C_{33}} \tag{9.7b}$$

相对应的各相间界面张力分别为 σ_{32} 和 σ_{31}，他们分别是 S_{32} 和 S_{31} 的函数。

根据有关界面处的表面活性剂聚集理论，Huh（1978）推导出界面张力与增溶参数之间的关系式，该方程的简单形式可表示为

$$\sigma_{i3} = \frac{0.3}{S_{i3}^2} \tag{9.8}$$

式中，σ_{i3} 为相 i 与微乳液相 3 之间的界面张力（单位为 mN/m），S_{i3} 为相对应的增溶参数。Huh（1979）提出的方程已经被大量的实验数据所证实。图 9.9 给出了其典型示例。因为界面张力可以根据相态数据估算出来，所以界面张力的测试数量会相应地减少。但是，只有当微乳液处于平衡状态时，Huh 关系式才有效。任意处的相态特征平衡时间可能需要数天或数周，可能需要大量的观察时间，因此，相态特征测量的后续工作要比测量界面张力时的更为容易。

【例 9.1】计算界面张力

某吸液管内混合有相同体积的盐水和原油，并且包含 3%（基于总体积）的表面活性剂。平衡时，吸液管中具有 30%（体积分数）的上部分原油相（基本纯净）和 70%（体积

分数）的下部分微乳液相。实验状态与图 9.10 中的情况对应，试确定相环境和两相之间的界面张力。

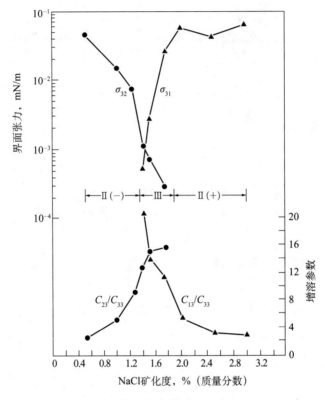

图 9.10　界面张力与增溶参数（Reed 和 Healy，1977）

【解】

需要计算微乳液相中溶解原油（组分 2）的量。首先，根据所给数据计算出总浓度。已知 $C_1+C_2+C_3=1$。当盐水与原油的比值等于 1 时，$C_1=C_2$，则

$$2C_1+0.03=1$$

得

$$C_1=C_2=0.485$$

基于相浓度时的总浓度为 $C_i=S_1C_{i1}+S_2C_{i2}+S_3C_{i3}$。此时，不存在水相，则

$$C_1=S_2C_{12}+S_3C_{13}$$
$$C_2=S_2C_{22}+S_3C_{23}$$
$$C_3=S_2C_{32}+S_3C_{33}$$

为了更加近似，假设过剩油相中只存在油组分（即 $C_{22}=1$），则有 $C_{12}=C_{32}=0$。此时的总浓度为

$$C_1=S_3C_{13}$$

$$C_2 = S_2 + S_3 C_{23}$$

$$C_3 = S_3 C_{33}$$

代入上述物理量的具体数值，有

$$C_{13} = \frac{C_1}{S_3} = \frac{0.485}{0.7} = 0.69$$

$$C_{23} = \frac{C_2 - S_2}{S_3} = \frac{0.485 - 0.3}{0.7} = 0.26$$

和

$$C_{33} = \frac{C_3}{S_3} = \frac{0.03}{0.7} = 0.043$$

根据方程（9.7a），则增溶参数为

$$S_{23} = \frac{C_{23}}{C_{33}} = \frac{0.26}{0.043} = 6.15$$

最后，根据 Huh 方程，得

$$\sigma_{i3} = \frac{0.3}{S_{i3}^2} = \frac{0.3}{(6.15)^2} = 0.0079 \text{mN / m}$$

该值与图 9.7 关系式中的数值非常接近。

图 9.11 以不同的形式给出了增溶参数与界面张力之间的对应关系。假设图 9.7 中的直线位于原油、盐水和表面活性剂的总浓度不变、但矿化度变化的条件下，如果非理想效应不是特别重要，且直线位于表面活性剂浓度与中等盐水与原油比值的条件下，则 σ_{32} 的定义将由低矿化度到 C_{Seu}，且 σ_{31} 的定义由 C_{Sel} 到高矿化度。在 C_{Sel} 和 C_{Seu} 之间的 Ⅲ 型三相区域内，两个界面张力均为最小值，此时，两个增溶参数都非常大。另外，存在一个精确的矿化度值，在此矿化度时，两个界面张力相等，此时的矿化度被称为特定表面活性剂—盐水—原油组合时的最佳矿化度 C_{Sopt}，并且共同的界面张力被称为最佳界面张力。最佳矿化度的定义基于界面张力相等的条件，它等同于图 9.11 中相同的增溶参数（Healy 等，1976）、相同的接触角（Reed 和 Healy，1979）或 C_{Seu} 与 C_{Sel} 的中点。值得庆幸的是，根据上述所有定义得到的最佳矿化度基本相同。

图 9.11b 与图 9.10 中上部分的图形相似，而最底部的图形表示一系列恒定矿化度条件下的岩心驱替采收率。以增溶参数、界面张力和采收率为基础的最佳矿化度具有较好的一致性。由于存在超低界面张力 σ_{32}，最佳矿化度时的残余油能够被有效地启动，但由于超低界面张力 σ_{31} 的存在，微乳液相被过剩盐水相圈闭，最佳矿化度与最小表面张力并不对应（图 9.11c 所示）。由于表面活性剂的吸附量减少，基于经济因素的最佳矿化度可能与基于界面张力时的最佳矿化度不对应。解决这一问题的常规方法是在最佳矿化度时注入一定体积的段塞，在低于最佳矿化度的时候进行聚合物驱，此时会产生一个矿化度梯度。可以通过在 Ⅱ（-）型矿化度环境（低于 C_{Sel}）中设计聚合物驱的方法来抵消相圈闭

作用。由于下面介绍的竞争效应的影响，该问题将转变成特定条件下驱替时的矿化度梯度优化问题。

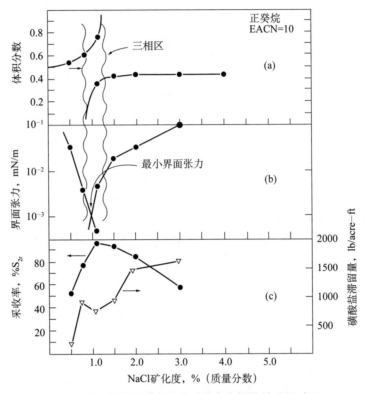

图 9.11　相体积和界面张力特性与滞留量和采收率之间的关系图（Glinsmann，1979）

最佳矿化度与许多因素都有关，最大采收率可以被认为发生在电解质、表面活性剂和助表面活性剂浓度的组合产生最大增溶参数时的情况下。因此，与其称作是最佳矿化度，还不如称作是最佳条件。"最佳矿化度"这一术语已被深深地嵌在了有关 SP 复合体系的文献中，但只有对图 9.7 中的理想相态特征而言，该术语才是确切的。值得注意的是，不要混淆最佳矿化度 C_{Sopt}（表面活性剂—原油—盐水组合的内在性质）与通常所说的矿化度 C_S（SP 复合驱设计中的自变量）这两个概念。

最佳矿化度的变化在很大程度上取决于表面活性剂和盐水拟组分之间的性质。向段塞中添加任意能够增加主表面活性剂在盐水中溶解度的化学药剂，可以提高其最佳矿化度。向 SP 复合体系段塞中添加助表面活性剂通常能够提高最佳界面张力。

最佳条件的概念与 SP 复合体系的相态特征直接相关。即便与相态特征无直接关系的其他性质（如滞留量）也是矿化度、助表面活性剂和温度的函数。这个观察结果会引起非常有趣的猜测，即所有 SP 复合体系的性质（比如滞留、相态特征、界面张力以及流度等）均与最佳矿化度有关，或许还与增溶参数有关。

另外一种非常有用的相态特征表示方法是体积分数图（volume fraction diagram，缩写成 VFD）（图 9.12 所示）。可以设想在图 9.7 中的三元平面内存在一个总组分固定的点（与矿化度坐标轴平行）。观测并绘制出每个相的平衡体积随盐水矿化度的变化曲线。从低矿化度开始，体积分数图给出了一系列减少的油相体积和增加的水相体积，并且在中间出现了三相重叠区域。如果总表面活性剂浓度很低，且盐水与原油之间的比值（即 WOR）约为 1，则下部分盐水相的出现大致相当于Ⅲ型区域的开始（点 C_{Sel}），而上部分油相的消失大致相当于Ⅲ型区域的结束（点 C_{Seu}）。如果表面活性剂和助表面活性剂的浓度都非常低，则盐水相和油相体积相等时的矿化度将会与最佳矿化度非常接近。

在其他变量保持不变时，改变"矿化度（Nacl 浓度）"的情况有时被称为矿化度扫描（salinityscan）。改变矿化度是体积分数图中最常见的做法，而在体积分数图的衍生图中，使用改变助表面活性剂浓度的方法代替改变矿化度的方法有时也是非常有用的。为了最大限度地减少测量次数，在每次的扫描过程中，测量时可以比较粗略（约 10 次测量），然后，在一些重要参数的评估时，再补充一些额外的测试数据。图 9.13 给出了矿化度扫描实验中的吸液管实验图片。

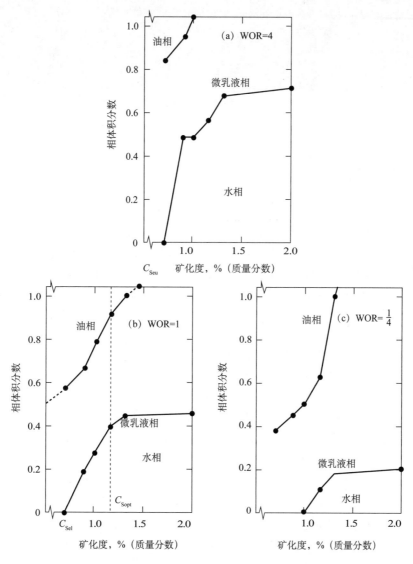

图 9.12　三种水—油比值时的相体积图（Englesen，1981）

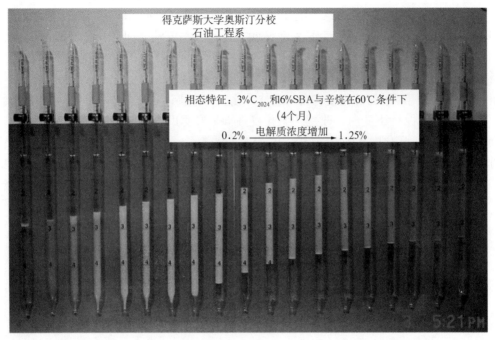

图 9.13 矿化度扫描实验中的吸液管。扫描过程中浑浊的乳状液相为连续相

9.6 其他相态性质

图 9.14 给出了微乳液相黏度与矿化度之间的关系。在此范围内，前面定义的微乳液相是连续的，并且在最佳矿化度附近时，出现最大黏度值。最大值黏度表明，在相转变矿化度时，微乳液相中分子的有序化作用似乎最为强烈。这种黏度最大值的存在既有有利的一面，即这种黏度可以为段塞提供流度控制作用，也存在不利的一面，即会使得流体的黏度非常大。为了抵消后一种不利影响，在 SP 复合体系段塞中可以添加助表面活性剂。如图 9.14 所示，过剩相的黏度不会发生明显的变化。Walker 等（2012）介绍了微乳液相黏度对采收率的影响。

图 9.13 给出了乳状液应该具备的普遍特征：通常他们是牛奶状的（milky）或半透明状的（translucent）。在许多类似的某些液体药剂、废水、存在黏土颗粒悬浮的缓慢流动的河流中、甚至牛奶中也会观察到类似的现象。形成这种乳白色的原因是胶束由能够阻挡光线传播的颗粒组成。微乳液和乳状液之间的区别最主要还是源自胶束颗粒的大小，微乳液中胶束比乳状液中的胶束小，在大多数情况下，微乳液的稳定性更好。

乳状液的形态学不仅仅包括自由形成的胶束。特别是在中间相微乳液中，他们可以形成若干固体状的排列，这些液体可以被称作液态晶体、液态凝胶、或简单地被称为乳状液。图 9.14 中所示特征为上述现象产生的结果。在大多数应用中，设计配方时应尽可能地避免发生上述现象，这也是使用助溶剂的原因之一，但最大值黏度可能成为流度控制的主要因素。

本节和前面几节中介绍的性质在数值模拟中可以使用一系列的方程进行表示，详细内容可以参考《UTCHEM 技术手册》。

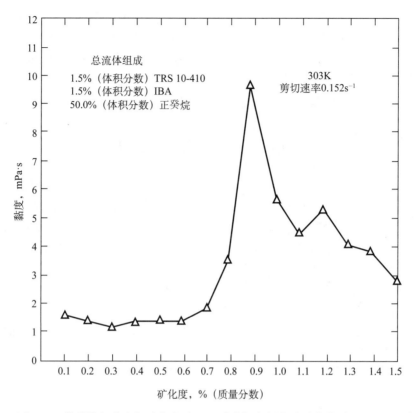

图 9.14　微乳液相黏度与矿化度（NaCl 浓度）之间的关系曲线（Jones，1981）

9.7　高毛管数时的相对渗透率

高毛管数 N_{vc} 时的相对渗透率是一种非常重要的性质，本节单独对其进行介绍。在 Delshad 等（1987）的研究基础上，本节讨论了两相与三相时的实验结果（参考第 3.3 节中有关低毛管数时有关相对渗透率的讨论）。

对于一般情况下的相对渗透率而言，存在的理论关系式是很少的，而在高毛管数的条件下，这种关系式更为少见。应该确信的是，相对渗透率函数的极值出现在残余相饱和度的条件下。根据毛细管驱替曲线（CDC），残余相饱和度与毛管数 N_{vc} 有关（见第 3.4 节）。另外，当毛管数较高时，期望相对渗透率成为从 0 到 1 之间的直线关系，且不存在残余相饱和度。当毛管数较低时，相对渗透率仍与两相或三相的高界面张力有关。

高毛管数时的相对渗透率很难被测定出。在某种些实验中，通过增大流量可以获得很高的毛管数。正如第 3.5 节所述，在出现明显的效应之前，毛管数的增加必须依靠将流量增大成百上千倍才能实现，因此，这种方法会使实验过程进行地非常迅速。很显然，如此高的流速无法代表典型油藏中的流体速度。如果通过降低界面张力产生较高的毛管数，实验结果会受到组成瞬间变化的影响。原理上，这些瞬变现象可以使用第 9.10 节中介绍的方法进行分析，但这种分析需要知道相对渗透率的大小，而测量相对渗透率是实验的重点。

最可靠的测量方法是使用预平衡流体测定稳态的相对渗透率。对于两相流中的胶束流体而言，在矿化度不变的条件下，用连结线一端的组成驱替同一连结线上另一端的组成。当出口端与注入端的分流量相等和因非理想相态特征导致的瞬变现象消失时，各流动相的相对渗透率可能根据出口端流体流度和压降进行计算。在三元体系中，也存在类似的情况，在恒定矿化度时，体系内的所有组成都处于平衡状态。当然，瞬变现象可能需要一段时间才能消失，因此，这种稳态实验是很耗时的。通过上述过程和物质平衡方程，可以得到均匀饱和度，或者最好根据合适的数值模型解释获得的示踪剂数据，求出均匀饱和度（Delshad 等，1987）。

尽管存在上述困难，还是对两相流中高毛管数时的相对渗透率进行了相当充分地测定与研究，但三相时的数据就非常稀少了。图 9.15 给出了两相和三相流动时盐水相、原油相和微乳液相的稳态相对渗透率。在高毛管数条件下，岩心 A 和岩心 B 这两种可渗透介质均为强水湿的。在实验中的最佳矿化度条件下，毛管数为 0.01。实验所用的胶束体系基本遵循理想相态特征。通过这些高毛管数，可以得到以下几点认识：

（1）残余相饱和度为非零值。当然，这些值为毛管数驱替曲线上的一些点。除了油相在水湿介质中的端点很高外，端点相对渗透率与低毛管数时的数值明显不同。

（2）高毛管数时的相对渗透率接近于直线，但与直线不一致。这些图中的曲线数据与方程（3.21）中的指数形式相匹配。

（3）两相流动和三相流动时的数据基本上沿着相同的曲线。

（4）所有三相流动的相对渗透率与其自身的饱和度有关。这个观察结果与高毛管数时油—气—水三相的流动特征是不一致的（Stone，1970）。

（5）最令人惊奇的是，在高毛管数条件下，剩余盐水相并非是最强的水湿相，这与低毛管数时的情况不同。图 9.15 中未能示出的各种观点能解释上述现象。但是，当毛管数等于 0.01 时，微乳液和过剩盐水相的残余相饱和度基本相同。

（6）微乳液曲线的形状是向下凹的，与相对渗透率相比，这种现象比较特殊。

上述应用中的数学表达式可以在《UTCHEM 技术手册》中找到。

9.8　碱—表面活性剂驱

存在许多综合高 pH 值、低界面张力和润湿反转等作用的化学提高采收率方法。这些方法中包括碱驱（A）、碱—聚合物复合驱（AP）、碱—表面活性剂复合驱（AS）、碱—表面活性剂—聚合物复合驱（ASP）和碱—助溶剂—聚合物（ACP）复合驱。这些方法中最常见的、也是本章中将重点介绍的是 ASP 复合驱。与聚合物驱和 ASP 复合驱过程一样，也可能存在使油藏达到规定条件的预冲洗液、有限体积的驱油用化学药剂以及分级的流度缓冲驱替介质等。此外，整个驱替过程通常还需要顶替水进行驱动。SP 复合驱和 ASP 复合驱之间的主要区别在于 ASP 复合驱中的主表面活性剂是碱与原油中的中性有机酸就地反应生成的脂肪酸盐，而在 SP 复合驱中，表面活性剂是被注入进地层中的。但当原油的活性很低和生成的脂肪酸盐时，有时仍然会使用碱，因为碱还能够降低表面活性剂的吸附和具备其他优点，比如增强某些表面活性剂的活性和聚合物的化学稳定性。

pH 值较高时，表示氢氧根离子（OH⁻）的浓度很大，在理想水溶液中，pH 值被定义为

$$pH=-lg(H^+) \tag{9.9}$$

式中，氢离子浓度的单位为 kg−mol/m³（水）。当 OH⁻ 的浓度增加时，H⁺ 的浓度会减少，因为上述两种离子浓度通过水的解离作用相互关联，即

$$K_1 = \frac{(OH^-)(H^+)}{(H_2O)} \tag{9.10}$$

并且水相中水的浓度几乎保持不变。上述条件为油藏增加 pH 值提供了两种方法，即含羟基物质的解离或添加优先与氢离子结合的化学药剂。

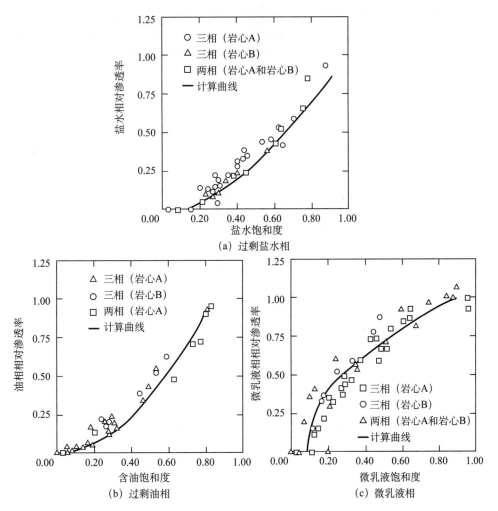

图 9.15　两相流动和三相流动时的相对渗透率（Delshad 等，1987）

许多化学药剂都可以形成较高的 pH 值，但最常用的是氢氧化钠（苛性碱或 NaOH）和碳酸钠（Na₂CO₃）。NaOH 靠直接解离产生 OH⁻

$$NaOH \longrightarrow Na^+ + OH^- \tag{9.11a}$$

而 Na_2CO_3 则是通过形成弱解离酸（碳酸）产生 OH^-，进而将游离的 H^+ 从溶液中除去

$$Na_2CO_3 \longrightarrow 2Na^+ + CO_3^{2-} \tag{9.11b}$$

$$2H_2O + CO_3^{2-} \longrightarrow H_2CO_3 + 2OH^-$$

NaOH 形成的 pH 值高于碳酸钠，但在实际提高采收率方法中仍存在不足，因为氢氧化钠在 pH 值为 13 时的反应消耗量要多于碳酸钠在 pH 值为 10～11 时的反应消耗量。针对上述原因和其他因素，近几年来，氢氧化钠的使用逐渐减少，而碳酸钠的使用逐渐增多。

在软质盐水中，必须同时使用上述两种碱性物质。软质盐水是指二价阳离子低于约 10mg/L 时的盐水，但这并不意味着它是低矿化度水或清水，值得庆幸的是，软质盐水的成本在近几年有明显的下降，特别是海水的软化操作成本也越来越低，因此，在大多数情况下，软化的优点明显超过其成本带来的影响。约有 1%～3%（质量分数）的碱会被加入到表面活性剂段塞中，因此，碱的使用量通常会超过表面活性剂的使用量。但是，单位质量碱的价格要比表面活性的价格便宜很多。通常，ASP 复合体系的段塞大小为 0.3PV。

9.9 表面活性剂的形成

OH^- 本身并不是表面活性剂，因为它缺少使其自身不溶于水中的亲油基团。如果原油中含有酸性烃类组分 HA_2（某些组分为 HA_1），则他们可以部分溶解在水相中，并且在水相中还存在以下反应式（Ramakrishnan 和 Wassan，1983）：

$$HA_2 \Longleftrightarrow HA_1 \ （分离）$$

$$HA_1 \Longleftrightarrow A_1^- + H^+ \ （反应）$$

虽然 HA_2 的具体性质是未知的，但它大概是羧酸盐（或脂肪酸盐），并且与原油的类型有密切关系。水相中氢离子的缺乏会造成这种反应朝着右方向进行。阴离子型物质 A_1^- 为表面活性剂，它可以具有前面所述 SP 复合驱中的许多性质和现象。

如果原油中原本不存在 HA_2，将不会产生足够的表面活性剂。表征原油性质是否适合碱驱的一种方法是参考其酸值（acid number）。酸值是中和 1g 原油时所需的氢氧化钾（KOH）毫克数。为了进行测试，原油需要事先用水进行萃取，直到酸性物质 HA_2 去除为止。含有 HA_1、A_1^- 和 H^+ 的水相，通过添加 KOH 后，可以将其 pH 值调整至 pH=7。

$$KOH \longrightarrow OH^- + K^+$$

$$HA_1 + OH^- \longrightarrow A_1^- + H_2O$$

为了获得有意义的酸值，原油中不应含有酸性添加剂（例如阻垢剂）和酸性气体（CO_2 或 H_2S）。较好碱驱过程中的原油酸值应该在 0.5mg/g 以上，但因为饱和原油—盐水界面时只需要少量的表面活性剂，所以在选用原油酸值时，可以适当地低于 0.2mg/g。图 9.16 给出了酸值的柱状图。

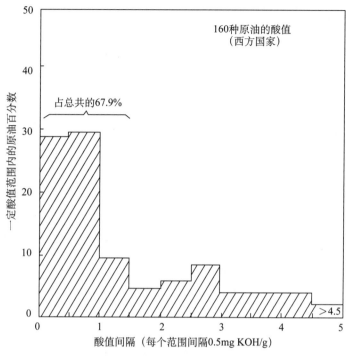

图 9.16　酸值柱状图（Minssieaux，1976）

9.10　驱替原理

高 pH 值水驱的采油机理包含八个方面（de Zabala 等，1982）。在本节中，主要对其中三个主要机理进行介绍，即降低界面张力、润湿性反转和乳状液的形成。后两种机理也存在于 SP 复合驱中，但与低界面张力效应相比，他们的作用不太明显。

9.10.1　降低界面张力

生成的表面活性剂 A_I^- 聚集在油—水界面处，可以降低油—水界面张力（Ramakrishnan 和 Wassan，1983）。通常，这种降低界面张力作用不像 SP 复合驱中的那样明显，但在某些条件下，降低界面张力的幅度足够大，可以产生较好的采收率。图 9.17 给出了不同盐水矿化度条件下，各种碱性溶液时的原油—水界面张力测试结果。界面张力对 NaOH 浓度和矿化度都非常敏感，在 NaOH 为 0.01%~0.1%（质量分数）的浓度范围内，界面张力存在最小值。在这些实验中，界面张力的降低会受到界面张力最小值时油—水混合物自发乳发的制约。

在 SP 复合驱和高 pH 值水驱中，低界面张力效应有很多相似之处。图 9.17 中的数据表明，对于 0.03%（质量分数）的 NaOH 溶液而言，最佳矿化度约为 1.0%（质量分数）NaCl（对比图 9.16 和图 9.17 可以得到）。实际上，Jennings 等（1974）已经证实，在提高采收率实验中，对于给定的矿化度而言，存在最佳的 NaOH 浓度。图 9.16 中的数据表明，Ⅱ（−）型相环境出现在低 NaOH 浓度条件下，而 Ⅱ（+）型相环境出现在高 NaOH 浓度条件下。

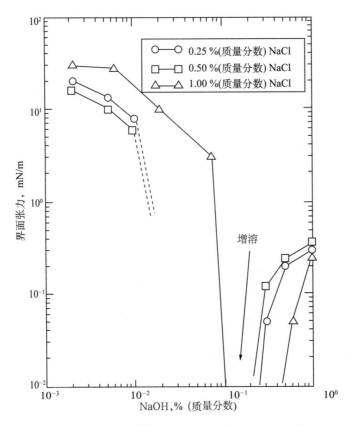

图 9.17　苛性钠—原油—盐水系统的界面张力（Ramakrishnan 和 Wassan，1983）

Nelson 等（1984）指出助表面活性剂能够适当地增加最佳矿化度，并且能够扩大低界面张力的矿化度范围，这种机理将形成一种助表面活性剂强化碱驱方法，即现在所谓的 ASP 复合驱方法。

增溶参数的变化如图 9.10 所示，增溶参数会穿过特定的最佳矿化度。最佳矿化度时的增溶参数范围通常为 10~30，或最佳矿化度时的界面张力数量级为 10^{-3}mN/m。

但是，当碱与原油反应生成脂肪酸盐时，相态特征会更加复杂。脂肪酸盐的摩尔分数与和碱反应的原油量直接成正比例关系。通常，脂肪酸盐的亲水性没有注入的表面活性剂、助表面活性剂和（或）助溶剂的亲水性强。在这种情况下，原油浓度的增加会降低最佳矿化度。实际上，整个超低界面张力区域（Ⅲ型）以相同的原因朝着相同方向运移。图 9.18 所示的活性图给出了矿化度与原油浓度之间关系曲线的Ⅲ型区域，在获得该图时，需要在不同原油浓度的条件下进行相态特征实验。随着原油浓度的降低，最佳矿化度以及最佳矿化度时的增溶参数通常都会随之减小。因此，最重要的测量方法是测量低原油浓度时的相关数据，因为含油饱和度接近零时的界面张力是最终决定残余油饱和度（即化学驱过程中的残余油饱和度）时的界面张力。当含油饱和度降低时，最佳矿化度的降低为相态特征从Ⅱ（+）型变化至Ⅲ型、再变化至Ⅱ（-）型的变化过程提供了有利的矿化度梯度，这类似于 SP 复合驱中的负矿化度梯度，它能够降低表面活性剂的滞留。

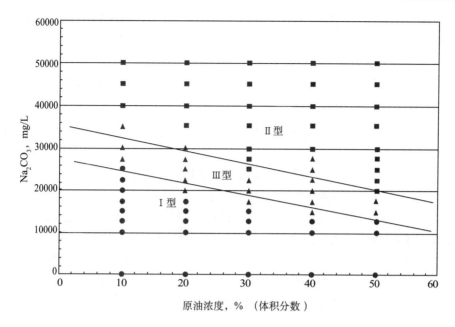

图 9.18　活性图示例。图中的斜率为负值时因为碳酸钠与原油反应形成了脂肪酸盐，
相对于合成类表面活性剂，脂肪酸盐在 ASP 复合体系中是疏水的

在 ASP 复合驱中，有时也使用助溶剂来优化活性图，助溶剂能够降低微乳液的黏度和增加水相的稳定性。例如具有适当亲水性平衡的助溶剂可以用来改变活性图中的斜率，使其转变为有利的方向，并且能够扩大Ⅲ型区域的面积。

Yang 等（2010）给出了活性图以及较宽原油、矿化度、温度和岩样范围内的 ASP 复合体系岩心驱替结果，图 9.18 为其中某个示例。原油采收率与 SP 复合体系岩心驱替的实验结果相当，且明显高于未优化时的驱替结果。Fortenberry 等（2013）给出了碱—助溶剂—聚合物（ACP）复合驱时的类似结果。在适当条件下，这些方法均比 SP 复合驱更为有效和经济。黏稠油的酸值一般较高，因此，可以作为碱类化学提高采收率方法的很好选择。另外，黏稠油的含油饱和度、渗透率、孔隙度和埋深一般也比较大，因此，就经济性而言，上述所有因素都是有利的。

9.10.2　润湿性反转

Owens 和 Archer（1971）证实了提高岩石的水湿程度可以提高最终采收率。有关润湿性的已发表实验数据都是在人造抛光表面上测定其水与油之间接触角的减小情况。其他一些研究人员通过使用高 pH 值化学药剂也证实了存在这种规律（Wagner 和 Leach，1959；Ehrlich 等，1974）。采收率的增加可能是两种驱油机理的结果：

（1）相对渗透率效应，它能够降低驱替时的流度比；

（2）毛细管驱替曲线的偏移（即残余油饱和度发生改变）。

Cooke 等（1974）曾报道采用增加油湿程度的提高采收率方法，其他一些资料也表明，当可渗透介质的润湿性既不强水湿也不强油湿时，可以获得最大采收率（Lorenz 等，1974）。鉴于此以及第 3 章中的相关内容，主要的影响因素可能是润湿性的改变，而不是介质的最终润湿性状态。在介质的初始润湿状态下，非润湿相占据大孔隙，润湿相占据小孔隙。如果介质的润湿性发生反转，则非润湿相将存在于小孔隙中，润湿流体将存在于大孔隙内。每一相都试图达到各自应有的自由状态，所产生的流体重新分布可能会通过黏滞力将两相很容易地采出。Bhuyan（1986）通过实验方法研究了润湿状态对毛细管驱替曲线的影响。

9.10.3　形成乳状液

碱性化学药剂通过形成乳状液可以提高采收率。通过乳化作用增加石油产量的机理至少有两种：

（1）降低流度比，因为许多乳状液的黏度会明显增加；

（2）依靠原油在水流中的增溶作用和夹带作用。

第一种机理与其他流度控制药剂相同，可以提高驱替效率和体积波及效率。但不希望形成局部高黏度乳状液，因为他们会促进黏滞不稳定性的形成。对于不含油的碱性溶液而言，当溶胀水相与剩余油相之间的界面张力很低时，增溶和夹带机理越来越重要。图 9.17 表明，在某些条件下，乳化作用和低界面张力作用可能会同时发生。McAuliffe（1973）发现，注入岩心中的乳状液和就地生成的乳状液得到的采收率大致相同。

9.11　岩石—流体的相互作用

本节将讨论 SP 复合驱和 ASP 复合驱中岩石—流体之间相互作用的影响。这些影响可被划分成物理吸附、化学吸附（主要是阳离子交换作用）、矿物的反应与溶解以及相态特征之间的相互作用。ASP 复合驱方法中岩石与流体之间的相互作用比 SP 复合驱方法更为重要，因为碱可以与储层岩石中常见的矿物发生反应。由于存在上述反应，必须向地层中注入足够的碱以满足其消耗量，并且在（被注入的）表面活性剂存在的条件下，仍然可以保持所需的高 pH 值。可以参考 Lake 等（2002）发表的文献中对单独变量的详细讨论，虽然讨论时只是对他们进行单独讨论，但所有的机理是同时发生的。

9.11.1　物理吸附

表面活性剂滞留可能是 SP 复合驱投入商业性应用的主要障碍。此处讨论的主要问题是表面活性剂的选择性问题。表面活性剂对油—水界面应该有良好的选择性，而对于流体—固体界面而言，他们的选择性比较差。

在金属氧化物表面，表面活性剂单体将首先通过氢键（hydrogenbonding）进行物理吸附。在较高表面活性剂浓度时，这种缔合作用还包括与溶液单体尾对尾之间的相互作用（与前面所述的胶束缔合作用非常接近）。在临界胶束浓度（CMC）和高于临界胶束浓度时，单体的供给逐渐变得恒定，与滞留作用时的情况相同。Langmuir 等温吸附曲线与总表面活性剂浓度之间的关系曲线类似于图 9.3 中的临界胶束浓度曲线。

9.11.2　化学吸附

当盐水的硬度较高时，阴离子型表面活性剂会与二价阳离子结合，形成一价的阳离子，它可与原本束缚在储层黏土上的阳离子进行化学交换反应。平衡反应如下：

$$R-SO_3^- + M^{2+} \longrightarrow MR-SO_3^+$$

$$Na- 黏土 +MR-SO_3^+ \longrightarrow MR-SO_3 - 黏土 +Na^+$$

在交换反应中，束缚在黏土上的钙被表面活性剂—二价离子复合物替代。

通过离子键合和尾—尾相互作用，助表面活性剂的加入能够降低这两种作用产生的滞留量如（如图 9.19 所示）。助表面活性剂通过两种方式来达到上述目的：

（1）占据其他情况时可能被表面活性剂占据的部分表面；

（2）减缓尾对尾的缔合作用。这种滞留形式连同 M^{2+} 和表面活性剂浓度都是可逆的。

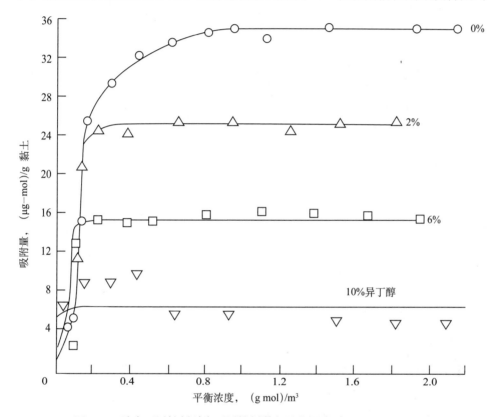

图 9.19　助表面活性剂对表面活性剂滞留量的影响（Fernandez，1978）。图中的表面活性剂为 4- 苯基 - 十二烷基苯磺酸盐

另一种交换反应中不包含表面活性剂，他们包括单价交换，例如钠—钾交换：

$$Na- 黏土 +K^+ \longrightarrow K- 黏土 +Na^+$$

和一价—二价交换，例如：

$$2Na- 黏土 +Ca^{2+} \longrightarrow Ca-(黏土)_2+2Na^+$$

对于 ASP 复合驱而言，在后一种交换中，特别重要的示例是氢—阳离子交换：

$$H- 黏土 +M^+ \longrightarrow M- 黏土 +H^+$$

这些类型的反应可能会耗尽氢的溶解，并且还会使被生成表面活性剂的运移速度减小。图 9.20 给出了这种效应的实验数据。

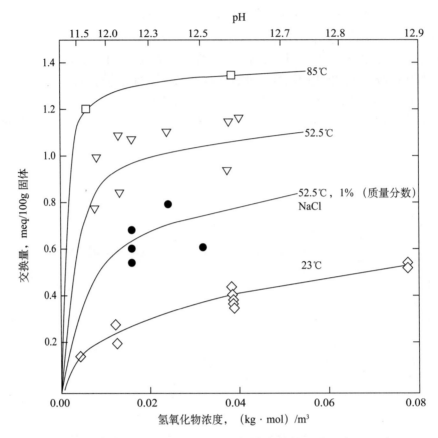

图 9.20　美国威尔明顿市 Ranger 地带砂岩中可逆的氢氧化物吸附量（Bunge 和 Radke，1982）

9.11.3　矿物反应

在硬质盐水中，大量存在的二价阳离子会形成表面活性剂—二价离子复合物：

$$2R\text{-}SO_3^- + M^{2+} \longrightarrow M(R\text{-}SO_3)_2 \downarrow$$

这种复合物在盐水中的溶解度非常有限，它的沉淀物（↓）将使表面活性剂产生滞留作用。当存在油时，它可以与表面活性剂相互竞争。当然，沉淀物也必定会与胶束争夺表面活性剂（Somasundaran 等，1984）。

9.11.4　矿物溶解

碱能够与黏土矿物直接发生反应，并且当 pH 值高于 13 左右时，碱可以与二氧化硅发生反应，以消耗 OH^-（如图 9.21 所示）。碱与黏土之间的反应可以通过岩心驱替中溶解性铝和硅的解吸现象予以证实（Bunge 和 Radke，1982）。形成的溶解物可以进一步和羟基反应生成沉淀（Sydansk，1983）。这种"缓慢"反应中羟基的反应速率可以由下面介绍的处理方法进行确定。阳离子交换速度一般很快，因此，可以使用局部平衡理论。

9.11.5　相态特征的相互作用

在 II（+）型相环境中存在油的情况下，表面活性剂将保留在油外相微乳液相中。由于该区域位于最佳矿化度上方，界面张力相应增加，该相及其中溶解的表面活性剂可能被圈闭。图 9.22 解释了该现象，黑色方格表示被注入的表面活性剂，白色方格表示一系列恒定矿化度条件下岩心驱替中滞留的表面活性剂。当矿化度低于 3%NaCl 时，滞留量随着矿化度平稳增加，当矿化度达到 3%NaCl 时，滞留量显著增加，所有被注入表面活性剂都会被滞留。3%NaCl 刚好高于该体系的 C_{Seu} 点，因此，使用相圈闭作用可以很好地解释这一偏差。在 Ⅱ（－）型相环境中，不会出现类似的相圈闭效应，因为水基流度缓冲液以混相方式驱替被圈闭的水外相微乳液相。因此，使用略低于最佳矿化度的溶液可以消除这种相圈闭作用，这种形式的滞留作用在很大程度上受 SP 复合体系相态特征的影响。

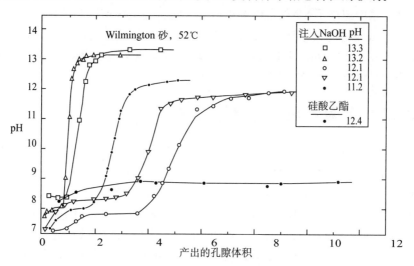

图 9.21　不同 pH 值时实验与理论的流出动态（Bunge 和 Radke，1982）

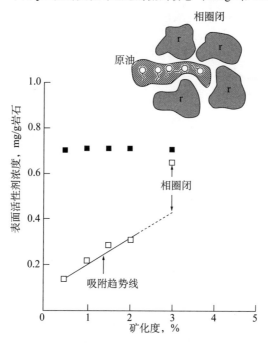

图 9.22　相圈闭引起的表面活性剂滞留现象。在 Ⅱ（＋）型微乳液系统中矿化度为 3%NaCl（Glover 等，1979）。实方格表示被注入表面活性剂，空方格表示被生成表面活性剂

大多数有关表面活性剂滞留作用的研究并没有分清这些机理上的差异性，因此，在特定应用时，究竟何种机理起主要作用还不太明确。所有的机理都是在高矿化度和高硬度条件下，此时滞留的表面活性剂更多，而添加助表面活性剂或调整矿化度可以减少这些滞留量。当储层黏土上的化学吸附机理起主要作用时，通过降低流度缓冲液的矿化度可以消除沉淀与相圈闭作用。此时，表面活性剂滞留量与储层黏土含量之间应该存在某种关系。

图 9.23 试图绘出实验室与现场的表面活性剂滞留量与储层黏土百分数之间的关系曲线。由于这种关系中忽略了 SP 复合体系组成的变化、黏土分布以及矿化度变化的影响，因此，它是一种不太完善的关系图。但是，该图能够把握总的变化趋势，这对于滞留量的初步估算是非常有用的。另外，实验室与现场测得的滞留量结果之间的差别很小，这意味着表面活性剂滞留量可以在实验室中进行有效地测定。

9.12 SP 和 ASP 复合驱的分流量理论

与分流量理论在溶剂驱（第 7.7 节）和聚合物驱（第 8.5 节）中的情况一样，分流量理论也可以应用于 SP 复合驱和 ASP 复合驱中。事实上，上述方法之间存在很多相似之处，此处将主要介绍 SP 复合驱和 ASP 复合驱中分流量理论的主要内容。

为了进一步分析，引入通用分流量理论的假设条件：不可压缩的流体和岩石、一维流动和无耗散效应，另外，忽略聚合物驱的存在，假设三组分 SP 复合驱从时间—距离关系图的原点处开始，其浓度发生阶跃变化。为了缩短推演时间，此处只讨论低矿化度时的 II（−）型驱替情况。对于三相 SP 复合驱的分流量处理方法而言，仍未做过细致的研究（Giordano 和 Salter，1984），但采用第 5.7 节中的方法可以给出类似的分析结果。

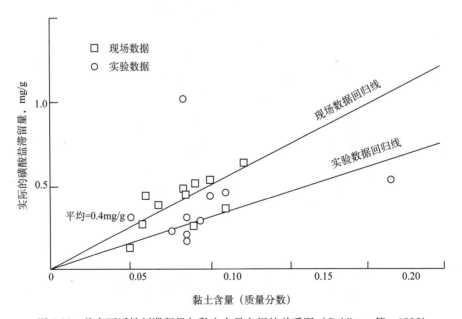

图 9.23   总表面活性剂滞留量与黏土含量之间的关系图（Goldburg 等，1985）

对于 II（-）型相态特征而言，右褶点位于三元相图的油相区域内，微乳液相中溶解的油量可以忽略不计。假设残余油饱和度 S_{2r}^* 为低界面张力（高毛管数）水相分流量的极值，如图 9.24 所示。在三元相图的基础上，该图还给出了沿着连结线上的水—油分流量 f_1。由于水相段塞可以混相驱替束缚水，则根据方程（8.25），相应的惰性波推进速度可表示为

$$v_{C_3} = \frac{f_1^s}{S_1 + D_3} \tag{9.12}$$

式中，f_i^s 为高毛管数时微乳液（水溶液）相的分流量。在该方程中，D_3 为表面活性剂的前缘推进损失，可由下式得到

$$D_3 = \frac{1-\phi}{\phi} \frac{C_{3s}}{C_{3J}\rho_s} \tag{9.13}$$

也可以根据表面活性剂前缘时水和表面活性剂的物质平衡方程推导出上述方程，如第 5.8 节中所述。方程（9.13）中的前缘推进损失主要用来表征表面活性剂的吸附情况。但其作用远不止于此，具体方面可参考下面示例中的计算过程。

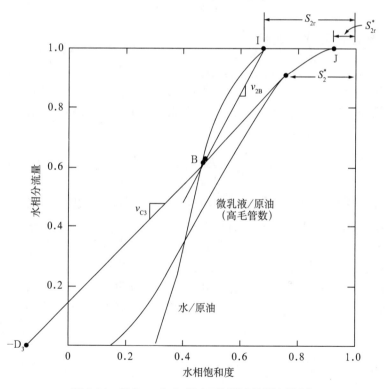

图 9.24　简化 II（-）型表面活性剂驱的图解法

【例 9.2】前缘推进损失

计算前缘推进损失。已知 $C_{3J}=0.03$（3% 被注入表面活性剂浓度），$C_{3S}=0.4\text{mg/g}$，$\phi=0.2$ 和 $\rho_s=1.05\text{g/m}^3$。

【解】

此时也是一个单位换算问题；D_3 应该是无量纲的，则

$$D_3 = \frac{1-\phi}{\phi}\frac{C_{3S}}{C_{3J}\rho_S} = \left(\frac{0.8\frac{cm^3固体}{cm^3总体积}}{0.8\frac{cm^3孔隙}{cm^3总体积}}\right)\left(\frac{0.4\frac{mg表面活性剂}{g固体}}{\left(0.03\frac{cm^3表面活性剂}{cm^3溶液}\right)\left(1.05\frac{g表面活性剂}{cm^3表面活性剂}\right)}\right)\left(\frac{1g表面活性剂}{1000mg表面活性剂}\right) = 0.051$$

上述方程中的解和孔隙体积相同。因为 D_3 是表面活性剂段塞大小的低边界，低表面活性剂浓度的影响非常明显，当 $C_{3J}=0.01$ 时，$D_3=0.152$。另外，孔隙度的影响比较明显，当 $\phi=0.1$ 时，$D_3=0.114$。当表面活性剂段塞的浓度很低时，需要使用较大段塞（或使用降吸附剂）会产生很差的效果。另外，当产油目标较小时，低孔隙度油藏也将需要较大的表面活性剂段塞。

最常见的解法出现在原油聚集带后缘以混合波形式运移的时候，在这个混合波的传播前缘处的某一饱和度 S_1^* 时，方程（9.14）必须与油相的比速度相等，即

$$\left(\frac{df_1^s}{dS_1} = \frac{f_1^s}{S_1+D_3}\right)_{S_1^*} \tag{9.14}$$

原油聚集带后缘涌波部分的比速度为

$$v_{\Delta C_2} = \frac{f_{2B}-f_2^s(s_2^*)}{S_{2B}-S_2^*} \tag{9.15}$$

该速度必须等于 $S_2^*=1-S_1^*$ 时估算得到 v_{C3}。如果原油聚集带前缘是一个涌波，其推进速度可由下式给出：

$$v_{\Delta C_2} = \frac{f_{2B}-f_{2I}}{S_{2B}-S_{2I}} \tag{9.16}$$

上述方程与第 8.5 节中的聚合物驱图解法是完全一样的。通过对比图 9.24 中的情况与图 8.15，相似之处非常明显。图 9.24 中对应的时间—距离和剖面关系图的图解法将作为练习题。

第 8.5 节中未被讨论的一个问题是满足滞留需求时的最小段塞体积。假设表面活性剂驱为活塞式驱替，即假设 $S_{2I}=S_{2r}'=S_2^*$。到达生产井时，所需的以孔隙体积为单位的最小表面活性剂段塞大小为 D_3，这意味着前缘推进损失与该介质的滞留量有关，它的单位与段塞体积一致。因此，在估算 SP 复合驱中的表面活性剂需求量时，应该以求得的 D_3 作为起点。上述结果与活塞状表面活性剂前缘的存在无关。

9.13 典型增产效果

在本节中，将回顾典型的实验室岩心驱替实验和现场试验增产效果（production response），以及 SP 复合驱的主要特征和前景。

9.13.1 实验室驱替效果

图 9.25 给出了 Berea 岩心中典型 SP 复合驱的采出效果曲线，图中分别表示了含油率

（oilcut）、采出的表面活性剂（Mahogany AA）、助表面活性剂（异丙醇）、聚合物和氯离子浓度。所有的浓度都使用其各自的注入浓度进行归一化处理。氯化物代表着驱替时的矿化度，图的顶部为采出流体的相环境。段塞大小为 $t_{DS}=0.1$，横坐标为注入流体的体积 t_D，为段塞开始时注入的流体体积，被表示成岩心孔隙体积的百分数，实验中没有使用预冲洗液。有关该实验室驱替和类似岩心驱替的更详细内容可参考 Gupta（1984）发表的相关文献。

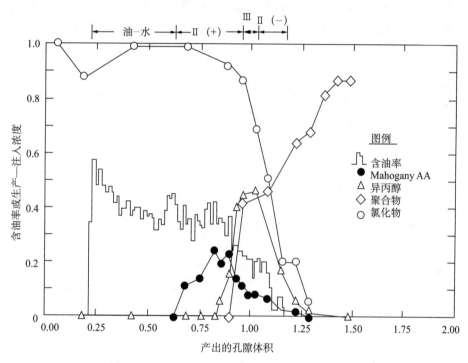

图 9.25　典型实验室岩心驱替实验的增产效果（Gupta，1980）

　　图 9.25 给出了一个典型但非最佳效果的采收率实验。在注入表面活性剂之前，首先对岩心实施水驱，使其在开始注入表面活性剂之前不产油。原油在大约 $t_D=0.2$ 时突破，并以相对稳定（约为 40%）的含油率产出，直到 $t_D=0.6$ 时产出液中才开始出现表面活性剂。

　　这一部分的驱油特征与第 9.12 节中描述的分流量理论一致。大约有 60% 的采出油中不含有注入的化学药剂，而剩余 40% 的原油则与表面活性剂一起被采出，这表明由非理想相态特征引起了黏滞不稳定性现象。对于设计良好的驱替过程而言，可在表面活性剂被采出之前采出 80%～90% 的原油。但是，即使是在实验室实验中，原油总是不可避免地被提前采出，并且含油率非常低。

　　表面活性剂在 $t_D=0.6$ 时突破，在 $t_D=0.8$ 时达到表面活性剂的最大采出浓度（注入浓度的 30%），在 $t_D=1.5$ 时，采出液中不存在表面活性剂。被采出表面活性剂的总含量约为被注入表面活性剂的一半，这说明滞留量虽然不算太多，但仍然很明显。

　　表面活性剂的产出，要比氯化物和聚合物的产出提前约 $0.3V_p$。这个组分分离现象说明在水相与微乳液相之间，助表面活性剂会优先进入水相中（参考第 8.4 节中关于相态特征的非理想特征)。虽然这不会对采收率产生非常明显的影响,原油采收率可能超过残余油量的 90%,但对于 SP 复合物驱而言,组分分离作用是不利的。一个优秀的 SP 复合驱设计,在获得较高原油采收率的同时,还需要同时采出所有 SP 复合驱段塞中的成分。

图 9.26 给出了第二组岩心驱替实验中的增产效果,上部分曲线(a)与前面的图形类似,最终采收率超过 90%,下部分曲线(b)给出了岩心两端的压力梯度变化情况。由于驱替时注入端的速度保持恒定,根据该图,可以得到指定时间下岩心中的流体流度。由于岩心中充满着低流度流体,因此,压力梯度在开始时会增加,在随后的聚合物驱阶段,压力梯度会下降。该实验的主要目的是测试上述效应是否存在并最终可能会导致注入问题。通过压力梯度的较大增幅,可以推测出驱替过程中形成了黏性乳状液。

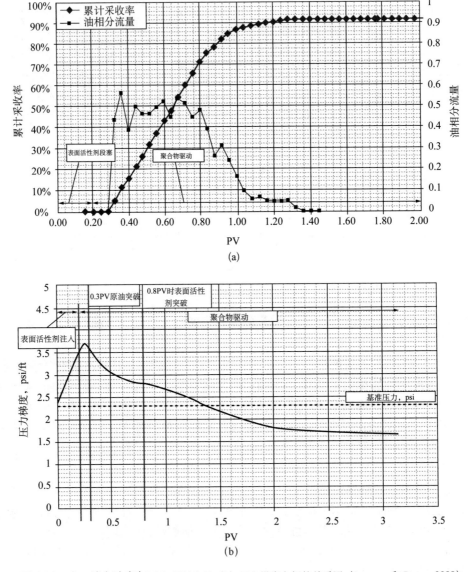

图 9.26 出口端含油率与(a)累计产量(b)压力梯度之间的关系图(Leverett 和 Pope,2008)

9.13.2　现场试验效果

根据 40 多个 SP 复合驱现场试验，图 9.27 给出了测得的最终采收率 E_R（即最终采油量除以 SP 复合驱开始前的地下原油储量）与流度缓冲液段塞大小 t_{DMB} 之间的关系曲线。对比其他过程中所做的类似分析可以看出，两者之间不存在相互关联或关系不大（Lake 和 Pope，1979）。图 9.27 中给出的强相关性显示出流度控制在 SP 复合驱设计中的重要性。尽管本章中基本忽略了流度控制的影响，但很显然它也是一个很重要的变量。

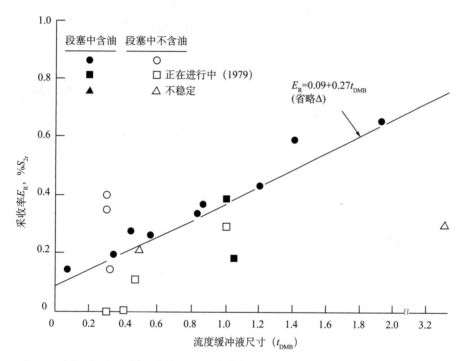

图 9.27　21 个 SP 复合驱现场试验的采收率（Lake 和 Pope，1979）

由图 9.27 可以看出，高含油率段塞一般都依靠聚合物进行驱动，它比高含水量段塞的驱替作用要大得多。在现场试验中，最终采收率平均约为残余油饱和度的 30%（如图 9.27 所示）。在设计较好的岩心驱替实验中，由于采收率可以超过 90%，因此，对于技术上成功的 SP 复合驱现场试验结果而言，粗略而简单的方法是，其获得最高含油率和最终采收率平均为岩心驱替实验的三分之一。

9.14　SP/ASP 复合驱设计

为了有效地提高采收率，成功的 SP 复合驱必须满足以下三条要求（Gilliand 和 Conley，1975）：

（1）SP 复合驱中表面活性剂段塞必须以具有界面活性的形式（即在最佳条件下）在地层中运移；

（2）必须注入足够量的表面活性剂，使得某些表面活性剂不在可渗透介质表面滞留；

（3）由于弥散或窜流的作用，在不形成过度耗散的情况下，具有活性的表面活性剂必须波及大部分油藏体积。

第一条要求可通过 SP/ASP 复合驱设计步骤中的配方阶段来满足，另外两条要求可以通过增加注入规模来实现。尽管他们之间存在相当大的重叠部分，但配方阶段主要由试管实验和岩心驱替实验组成，而增加注入规模主要由岩心驱替实验和数值模拟来实现。

9.14.1 获得最佳条件

存在以下三种方法可以获得 SP/ASP 复合驱时的最佳条件：

（1）将 SP 复合驱体系段塞的最佳矿化度提高至候选油藏中地层水的矿化度。

从原理上而言，该方法是这三种中最容易满足的，但它通常也是最难的。在已经进行的大量研究中，虽然存在具有较高最佳矿化度的表面活性剂，但是，它在油藏条件下是不稳定的，同时还会在固体表面大量滞留，成本也比较高，因此，满足要求的表面活性剂还有待进一步研究。通过采用合成类表面活性剂，现场试验取得了成功经验，已经证实了该方法在技术上的可行性（Bragg 等，1982）。使 SP 复合体系段塞的最佳矿化度接近地层盐水矿化度的另一种途径是添加助表面活性剂。到目前为止，这种方法最常用，但如前所述，它也存在表面活性剂—助表面活性剂分离、界面活性损失以及成本高等问题。

（2）降低候选油藏的地层盐水的矿化度至与 SP 复合体系段塞中的最佳矿化度相匹配。

这种常用的方法也是图 9.1 中所示预冲洗液步骤的主要目的。成功的预冲洗过程正引起大家的注意，因为降低地层盐水矿化度后，SP 复合体系段塞可将储层中的原油驱至其能波及到的任意地方，且滞留量也会很低。为了显著降低由于混合效应和阳离子交换作用形成的地层盐水矿化度，预冲洗液通常需要很大的注入量。通过某种合理的设计，可以在驱替之前的水驱步骤中提前完成预冲洗液的目的。

（3）使用矿化度梯度设计方法，形成具有活性的 SP/ASP 复合体系段塞（Paul 和 Froning，1973；Nelson 和 Pope，1978；Hirasaki 等，1983）。

在驱替过程中，该技术将复合体系段塞置于极度最佳矿化度的地层盐水与未达到最佳矿化度的流度缓冲液之间，使地层盐水矿化度很明显地降低至最佳值。表 9.4 给出了不同矿化度顺序时的岩心驱替实验结果。表中的实验序号与图 9.8 中未被画圈的序号相对应，三个岩心驱替（即 3 号、6 号和 7 号）表现出较低的最终含油饱和度和表面活性剂滞留量。所有这些实验的共同特征是聚合物驱时的矿化度未达到最佳值。事实上，甚至包括表面活性剂段塞在内，没有其他一个变量具有类似强大的效应（Pope 等，1979）。矿化度梯度设计还具有其他一些优点，比如对设计以及驱替过程中的不确定性具有一定的弹性、为流度缓冲液中的聚合物提供有利的环境、或减小滞留量和对表面活性剂稀释效应不敏感等。

表 9.4　图 9.8 中矿化度需求图中的相环境类型与 SP 复合驱特征（Nelson，1982）

化学驱序号	靠以下驱动方式形成的相态类型			化学驱之后的残余油饱和度，%PV	岩石中滞留的表面活性剂，%
	盐水驱	化学剂段塞	聚合物驱		
1	Ⅱ（−）	Ⅱ（−）	Ⅱ（−）	29.1[*]	52
2	Ⅱ（+）/Ⅲ	Ⅱ（+）/Ⅲ	Ⅱ（+）/Ⅲ	25.2[*]	100[*]

续表

化学驱序号	靠以下驱动方式形成的相态类型			化学驱之后的残余油饱和度，%PV	岩石中滞留的表面活性剂，%
	盐水驱	化学剂段塞	聚合物驱		
3	Ⅱ（＋）/Ⅲ	Ⅱ（＋）/Ⅲ	Ⅱ（－）	2.0**	61*
4	Ⅱ（－）	Ⅱ（－）	Ⅱ（＋）/Ⅲ	17.6*	100*
5	Ⅱ（－）	Ⅱ（＋）/Ⅲ	Ⅱ（＋）/Ⅲ	25.0	100
6	Ⅱ（＋）/Ⅲ	Ⅱ（－）	Ⅱ（－）	5.6**	59**
7	Ⅱ（－）	Ⅱ（＋）/Ⅲ	Ⅱ（－）	7.9*	73*
8	Ⅱ（＋）/Ⅲ	Ⅱ（－）	Ⅱ（＋）/Ⅲ	13.7**	100*

* 两次实验的平均值。
** 三次实验的平均值。

9.14.2　注入足够量的表面活性剂

克服滞留作用的第一个方面是在设计驱替方案时使滞留量尽可能地小。这包括使前面所讨论的化学和物理吸附作用最小化和消除在Ⅱ（－）型矿化度环境中因顶替段塞而形成的相圈闭作用。这意味着使驱替液中的矿化度低于段塞中的矿化度，但其绝对值并不低。在预冲洗液内加入助表面活性剂和牺牲剂可能也是非常恰当的做法。必须注入足够量的表面活性剂来满足表面活性剂的滞留量或不被运移至生产井的其中一部分表面活性剂。与聚合物驱时的情况相同，表面活性剂的质量为表面活性剂浓度与段塞大小之间的乘积。

在选择特定的段塞表面活性剂浓度时，不存在很强的理论原因或实际因素。浓度必须足够大以使其在最佳矿化度时能够形成Ⅲ区域，或浓度必须足够小以满足段塞易于处理与输送。在后一种条件中，段塞通常为单相并且黏度不是特别大，并且表面活性剂不会形成沉淀。

在可能更为精确的表面活性剂浓度下，边界与相对推进速度有关（参考方程9.13），前缘推进损失 D_3 在其分母中包含了表面活性剂的浓度，这意味着段塞的运移速率与根据分流量理论（图9.24）计算时的最高含油率一样，随着浓度的降低也会相应减小。由于原油的价格因素，即使最终采收率不受影响，产油量的推迟也将阻碍该方法的实际应用。在最佳矿化度和存在聚合物时表面活性剂在盐水中的溶解度限制以及其他类似限制的条件下，该观点认为浓度应该尽可能的大，而段塞体积应该尽可能小。

对于 SP 复合驱而言，该结论是合理有效的。但在 ASP 复合驱中，低表面活性剂浓度也存在许多优点，这是由于脂肪酸盐的性质以及它对相态特征和界面张力的影响。因此，典型的表面活性剂注入浓度大约为 0.3%（质量分数），因为碱能够降低吸附量，所以即使在低表面活性剂浓度的条件下，前缘推进速度仍然较快。

一旦确定了段塞浓度，根据第9.11节中的 D_3 值，可以求出段塞的大小。为了满足滞留量的需求,根据可波及孔隙体积的定义,段塞大小必须大于滞留量。当然,段塞体积的大小是当今流行经济和油藏特征的强函数,与其有关的图解法可参考 Jones（1972）发表的文献。

9.14.3 保持较大的体积波及效率

图 9.27 证实了这个问题的重要性,特别是对于流度缓冲液而言,其重要性不容忽视。

段塞中的流度控制药剂可以是聚合物或原油。不管采用何种控制剂,最重要的目的是保持段塞—原油聚集带前缘的黏滞稳定性,因为即使存在少量指进,小段塞也无法解决这一问题。因此,所寻找段塞的流度应该小于所驱替原油聚集带的流度。为了给估算原油聚集带的流度提供一个安全边界,在总相对流度曲线中,使聚合物浓度位于最小值(见第 3.3 节)。这些曲线(图 9.28)表明,最小值可以明显低于两端点间的总相对流度。因为这些曲线都受到滞后作用的影响,所以沿三次采油含油饱和度增加的方向测量其相渗曲线是非常重要的。

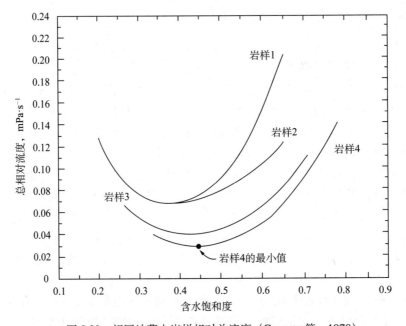

图 9.28 相同油藏中岩样相对总流度（Gogarty 等，1970）

确定流度缓冲液体积的方法与第 8.6 节中聚合物驱时的情况一样。此时,缓冲液前缘的流度必须等于或小于段塞的流度。因为后者与原油饱和度的减少程度有关,因此,缓冲液的流度不能脱离段塞而进行单独设计。

9.15 结束语

就设计时所需的决策数目而言,SP/ASP 复合驱是最复杂的提高采收率方法。其复杂性连同油藏的非均质性以及大量的药剂成本,都是 SP/ASP 复合驱应用限制的主要来源。但这种方法的潜力是巨大的。此外,SP 复合驱和 ASP 复合驱两者似乎都能很好地适应全球的大部分油藏，特别是那些混相气体不适用或油藏压力太低无法形成混相、与混相气体相比黏度很大或需要进行流度控制来消除地层非均质性影响的油藏。

练习题

9.1　SP 复合驱中的单位

已知某特定石油磺酸盐类表面活性剂，其平均相对分子质量为 400kg/(kg−mol)，密度为 1.1g/cm³，单磺酸盐与二磺酸盐的摩尔比为 4。将 5%（体积分数）水溶液的总表面活性剂浓度的单位换算成 g/cm³、kg−mol/cm³、meq/cm³、摩尔分数和质量分数时的情况。

9.2　表面活性剂的平衡与聚集

相对简单的模型可以较好地揭示表面活性剂的平衡状态。在本题中，表面活性剂为单磺酸盐。

（1）在 NaCl 盐水中，当表面活性剂单体聚集成胶束时，可由以下反应式进行表示：

$$N_A(NA^+ + RSO_3^-) \rightleftharpoons (RSO_3Na)_{N_A}$$

式中，N_A 为聚集数。使用总表面活性剂（单体和胶束）时的定义，推导出总磺酸盐浓度与单磺酸盐浓度之间的关系式。如果上述方程中的平衡常数为 1×10^{15} 和 $N_A = 10$，估算临界胶束浓度的大小。已知总的钠浓度为 10000g/cm³。

（2）考虑更加复杂的情况时，将 0.3175kg·mol/cm³ 单磺酸盐表面活性剂溶液加入到 NaCl 盐水中。在 NaCl 盐水中，可以形成五种物质：表面活性剂单体（RSO_3^-），表面活性剂胶束 $[(RSO_3Na)_{N_A}]$，游离的钠—表面活性剂（RSO_3Na），沉淀的钠—表面活性剂（$RSO_3Na \downarrow$）和游离的 Na^+。当总的钠浓度为 100g/cm³ 时，计算每种物质的浓度。使用问题（1）中单体—胶束反应时求得的数据，已知钠—磺酸盐的反应平衡常数为 3×10^6，沉淀物的溶度积常数为 10^{-8}。

（3）如果总的钠浓度为 100000g/cm³，重新计算问题（2），试总结高矿化度对表面活性剂沉淀的影响。

9.3　相态特征与界面张力

图 9.29 给出了六种表面活性剂—盐水—原油混合物相图的下半部分，这些图都被绘制在垂直比例放大的直角坐标中，C_{Se} 为矿化度，单位为 %（质量分数）NaCl。在下面的问题中，表面活性剂浓度为 0.05%（体积分数）。

（1）计算并绘制出盐水—原油比例分别为 0.2、1.0 和 5.0 时的体积百分数。

（2）当盐水—原油比例为 1.0 时，计算增溶参数并将其列于表中。

（3）使用图 9.9 中的相关性，将增溶参数转换成界面张力。绘制出增溶参数与矿化度之间的关系曲线，并估算出最佳矿化度。

（4）在半对数坐标纸中，绘制出问题（3）中界面张力与矿化度之间的关系曲线，根据界面张力和最佳界面张力的定义，估算最佳矿化度。

（5）对比问题（3）和（4）中的最佳矿化度与中点处的矿化度。其中，中点处的矿化度为 C_{Seu} 与 C_{Sel} 之间中点处的矿化度。

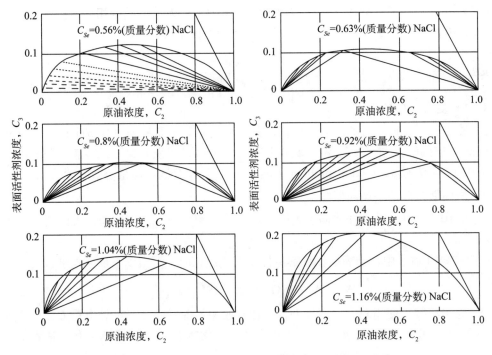

图 9.29　不同矿化度时的三元相图（Engleson，1981）

9.4　计算界面张力

例 9.1 给出了一系列特定条件下界面张力的计算方法。此处对这些方法进行了概括。

（1）根据总表面活性剂浓度和盐水—原油的比值，推导出增溶比的表达式。推导时应该包括所有三相特征的类型。

（2）使用图 9.12 中的方法构建出所有三种盐水—原油比值时界面张力的矿化度扫描图（如图 9.10 所示）。已知总表面活性剂浓度为 0.2。

（3）基于问题（2）中的计算结果，讨论盐水—原油比值和表面活性剂浓度对界面张力的重要性。讨论中假设图 9.12 保持不变。

9.5　Walsh 图和 SP 复合驱

构建由分流量曲线（图 9.24）支配的驱替（连续性表面活性剂注入方式）完整 Walsh 图。假设剖面位于原油聚集带突破处。

9.6　两相 II（−）型分流量

使用图 9.9 和图 9.29 中的数据，已知注入无油段塞的浓度为 0.05%（体积分数）表面活性剂，矿化度固定为 0.56%NaCl，表面活性剂为理想混合物，低毛管数时的相渗曲线由以下数据给出：

| $S_{2r}=0.3$ | $k_{r2}^0=0.8$ | $n_2=1.5$ |
| $S_{sr}=0.2$ | $k_{r3}^0=0.1$ | $n_2=3$ |

当毛管数很低时，第 3 相为水。驱替时的表观速度为 10μm/s，微乳液、原油和水的黏度分别为 2mPa·s、5mPa·s 和 1mPa·s，介质水平放置。使用图 3.21 作为毛细管驱替曲线。

（1）估算并绘制出使用图 9.15 中数据时的微乳液分流量曲线。

（2）如果表面活性剂溶液的注入是连续的，绘制出驱替中原油聚集带突破时的时间—距离关系图和组成剖面图。使用第 9.12 节中简化的分流量分析，已知 $D_3=0.1$。

9.7　段塞与简化的分流量

在下面的问题中，使用第 9.12 节中简化的分流量计算方法。驱替是由不含油的表面活性剂段塞和后续聚合物构成的恒定 II（－）型相环境。水、油和微乳液三相的黏度分别为 1、5 和 10mPa·s。在低毛管数和高毛管数条件下，相对渗透率数据为：

	油相			微乳液相		
	S_{2r}	K_{r2}^0	n_2	S_{3r}	K_{r3}^0	n_3
低 N_{vc}	0.3	0.8	1.5	0.2	0.1	5.0
高 N_{vc}	0.05	0.9	1.2	0.1	0.6	2.5

（1）当段塞与驱替液的流度比为 0.8 时，估算流度缓冲液中聚合物溶液的黏度。假设聚合物不存在渗透率降低效应。

（2）根据问题（1）中的数据和聚合物溶液的黏度，计算并绘制出三条水相的分流量曲线（即分别为水—油、微乳液—油、聚合物溶液—油）。

（3）当使用段塞完全波及一维介质时，估算所需的最小段塞体积。已知 $D_3=0.2$ 和 $D_4=0.1$，段塞内不存在聚合物。

（4）当段塞体积为问题（3）中估算体积的一半时，计算并绘制出时间—距离关系图。

（5）根据问题（4）中的条件，当 t_D 分别等于 0.3 和 0.8 时，计算并绘制出饱和度剖面图。

9.8　流度控制在 SP 复合驱中的重要性

当不存在其他数据时，水相可以使用通过 $(S_{3r}', 0)$ 和点 $(1-S_{2r}, k_{3r}^0)'$ 的直线，油相可以使用通过点 $(S_{3r}, k_{2r}^0)'$ 和点 $(1-S_{2r}', 0)$ 的直线，以靠近 II（－）型体系中高毛管数时的相对渗透率。

（1）在水相（$j=3$）黏度分别为 5 和 50mPa·s 条件下，分别绘制出高毛管数时的分流量曲线。已知 $\mu_2=5$mPa·s、$\mu_3=0.8$mPa·s、$S_{3r}'=0.15$、$S_{2r}'=0.05$、$(k_{3r}^0)'=0.8$ 和 $(k_{2r}^0)'=0.6$，可渗透介质不存在倾角。

（2）利用图 8.18 中 EL Dorado 油藏的相对渗透率数据，计算 $t_D=0.3$ 时问题（1）中两种情况时的含油饱和度剖面图，并解释良好流度控制对 SP 复合驱的影响。已知前缘推进滞后 $D_3=0.16$，被注入表面活性剂水溶液是连续的。

第 10 章　泡沫提高采收率方法

10.1　简介

在前面的章节中，主要介绍了将气体注入油藏中开采石油的主要目的。这些气体可以是蒸汽（热力提高采收率方法，见第 11 章）或 CO_2 与烃类气体（即溶剂提高采收率方法，见第 7 章）。在驱替与蒸汽或溶剂接触（或波及）区域原油时，这些提高采收率方法的效果是相当不错的。但对于某些油田而言，地层中存在渗透率级差和低黏度（更确切地说是高流度）低密度气体，因此，上述提高采收率方法的体积波及效率通常很差。气体会沿着高渗层快速地波及或迅速地运移至储层顶部，然后到达生产井中。一旦这种运移路径被气相所饱和，气体的高流动性会使大部分后续注入气体沿着该路径运移。有关非均质性、流度比以及重力的影响，可以参考第六章。

泡沫能够消除这些影响，因为它能够直接降低气体流度。在大多数情况下，泡沫能够降低大多数高渗层中的气体流度，因此，能够减少渗透率级差的影响（见第 6.4 节）。通过增加水平方方向上黏度的数量级或与重力效应有关的压力大小，泡沫可以降低重力分异作用（见第 6.9 节）。

本章重点介绍泡沫的特性与应用，同时也介绍了泡沫的简化数值模型。值得注意的是，大多数有关泡沫的实验室研究和数值模拟都不包含油，对于不同原油对泡沫性质的影响以及如何模拟这种效应而言，相关机理的理解仍然是模糊的。尽管这些内容非常重要，但本章只是对他们进行了简要介绍。完整的文献综述可参考其他相关文献（Schramm，1994；Rossen，1996；Vikingstad 和 Aarra，2009；Farajzadeh 等，2012）。

泡沫的主要目的是将气体运移至储层体积中，根据其他章节中介绍的机理来开采石油。某些实验研究表明，泡沫能够增加微观驱替效率。因此，实验室驱替中原油产量的增加可能是由于压力梯度的增加和毛管数的增加（第 3.4 节）。当将实验特征推广至现场应用时，除非不同规模之间的压力梯度增加能够相互匹配，否则在推广应用时应该非常小心。

泡沫在多孔介质中的其他应用包括井眼增产措施中的分流酸化作用（Gdanski，1993），SP 复合驱和 ASP 复合驱中的流度控制作用（Li 等，2010），开采含水层中的非水溶性废弃物（Hirasaki 等，2000），上述所有应用都可以被称为"可渗透介质中的泡沫"。但与其他石油操作中的泡沫不同，比如钻井、压裂、固井和从气井中去除积水等，在这些应用中，使用的泡沫通常被称作为"体相泡沫（bulk foams），与孔道几何形状（如井眼或裂缝）相比，泡沫的尺寸相对较小。尽管泡沫在流变学上是非常复杂的，但它可以被看作是一种单相流体。

10.2　可渗透介质中泡沫的性质

泡沫是一种气体在液体内的分散体系，在液体内加入表面活性剂能使体系的稳定性增加。在泡沫进入多孔介质的实际过程中，气泡被认为等于或大于单个孔隙的尺寸，如

图 10.1 所示。气泡被薄液膜分隔开，这些薄液膜被称为气泡薄层（lamellae）（Bikerman，1973）。在本章中，假设岩石为强水湿的（第 10.6 节除外）。因此，水相占据最小孔隙以及大孔隙的裂隙（crevice）和角隅（concer）。图 10.1 中的图（b）和图（c）为图（a）的放大图，第一次放大是对孔隙间的固体界面之间伸展的气泡薄层进行放大（尺寸的数量级为100μm），第二次放大是对气泡薄层的内部进行放大（尺寸的数量级为 30 nm）。

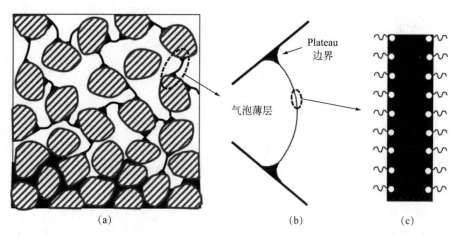

图 10.1　不存在油时泡沫在多孔介质中的不同尺度示意图。(a) 多孔介质中的泡沫，尺寸的数量级为1mm，岩石颗粒为散列的物体，水相（包括气泡薄层）是实心黑色的，气相是白色的。气泡为气泡薄层之间孔隙内的气体，在图下部分的颗粒之间，水相充填了最小的孔隙体积（图由 S.I.Kam 据供）。(b) 固体表面之间伸展的气泡薄层，以及固体表面的 Plateau 边界。该图的尺寸大小为一个孔隙（即约为 100μm）。(c) 气泡薄层在尺寸大小为 30～100nm 时的放大图。表面活性剂分子（亲水基团用圆表示，疏水基团用线表示，如第 9 章中所述）吸附在气泡薄层表面并与其对侧表面上的表面活性剂分子相互排斥，使得气泡薄层在气相中抵抗的压力比气泡薄层内水相中大很多

气泡薄层是热力学亚稳态体系，这意味着它可以被足够大的外界扰动所破坏。吸附在气泡薄层中气—液界面上的表面活性剂通过双电层作用力（electrical double−layer forces）和（或）位阻效应（steric effect）排斥对侧的气—液界面，这种排斥作用被称为楔裂压（disjoining pressure），它与表面活性剂的结构、温度、压力以及其他因素有关。尽管气相两侧中其某一侧的压力更高（即毛细管压力为正），会使气泡薄层向内凹（见第 3.2 节），但楔裂压能够阻止气泡薄层变薄。但当毛细管压力足够高时，虽然存在楔裂压，但液膜也会消失。

因此，对于给定的表面活性剂结构、温度和压力而言，周围介质的毛细管压力与界面张力以及气相和水相饱和度有关，它也决定着气泡薄层和泡沫的稳定性。较强泡沫（即流度低和具有更多的气泡薄层来分隔更小的气泡）比较弱泡沫承受的毛细管压力更大，即较强泡沫（stronger foam）能够适应更低的含水饱和度，此时的毛细管压力也更大。在表面活性剂浓度远高于临界胶束浓度之前，表面活性剂浓度的不断增加也会增加泡沫质量。表面活性剂浓度对泡沫强度的影响示例图将来本章后续部分进行详细介绍。

在有限的毛细管压力范围内，气泡薄层会形成充满液体的边界（plateau 边界）（Bikerman，1973），它的边界由两个液—气界面和一个液—固界面组成，如图 10.1b 所

示。液—气界面与固体壁面之间的接触角与不存在泡沫时液体与固体之间的接触角相同。Plateau 边界的液—气边界与气泡薄层之间的过渡非常平滑。液—气界面的曲率反映周围多孔介质中的普遍毛细管压力,毛细管压力的大小与周围渗透性介质的含水饱和度有关(见第 3 章)。气泡薄层的厚度 (30nm) 与其黏度相比,可以忽略不计,因此,气泡薄层可以被当作是数学表面。当不存在接触角滞后作用时,静止的气泡薄层几乎与孔隙壁面垂直。对于运动的气泡薄层而言,移动 Plateau 边界上的拖拽力能使气泡薄层以某种程度向前突增,这意味着孔隙几何结构对孔隙中的单个气泡薄层的形状和曲率都有很大的影响。

即使在静止条件下,根据其曲率,每个气泡薄层可以承受其两侧之间的压差Δp〔图 10.2 (a) 所示〕。

$$\Delta p = 4\sigma_{13}/R_1 \tag{10.1}$$

式中,Δp 为气泡薄层两侧之间的压差,σ 为气—水界面张力,R_1 为气泡薄层的平均曲率半径。该方程与气—液之间的毛细管压力方程(第 3.2 节)相似,但他们之间的数量关系为两倍关系,因为气泡薄层有两个相同曲率的气—液界面(图 10.1 所示)。方程(10.1)中的压差为两相邻气泡中气体之间的压差,而不是气体与液体之间的压差。

气泡薄层从孔喉处驱出时的阻力最大,因为此时的曲率最大,并且在最小孔喉中的阻力最大(见练习题 10.2)。因此,气泡沿着离散路径通过最大孔隙,并且气泡被圈闭在中间尺寸的孔隙中,水占据最小的孔隙。

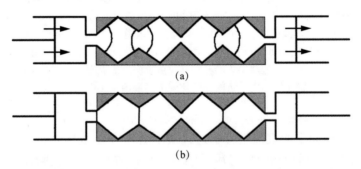

(a)

(b)

图 10.2 (a) 一列气泡通过多孔介质时的示意图,多孔介质被近似成周期性的收缩管。气泡薄层为黑色,气体充填气泡薄层之间的空间。(b) 当流动停止并且不存在压差时,扩散作用允许气泡薄层达到平衡时的最后状态。当气泡薄层位于孔喉中时,扩散作用停止,即使气泡之间的体积可能存在差异,但曲率为零

图 10.2 给出了一系列气泡和气泡薄层通过较大孔隙时的运移路径。尽管有些气泡薄层在后方出现突增,且整个系列被拉拽着向前运移,但在任意时刻,大多数气泡会阻碍该运移过程,即使在静止状态时,泡沫也能阻碍该运移过程,这意味着使特定气泡尺寸的泡沫流动时,需要最小压力梯度。在给定速度条件下,气泡薄层的拖拽作用提供了附加流动阻力。

从体相泡沫日常经验(如剃须刀)中获得的许多直观经验,会给可渗透介质中的泡沫研究带来某些误导。气泡并不是靠剪切作用力或扰动作用形成的,而是依靠毛细管力。泡沫稳定性并非主要取决于体相泡沫搅拌实验中气泡之间的排液作用,而取决于由楔裂压提供的气泡薄层内在稳定性,以及由于气泡薄层快速延伸时瞬间增加的界面张力提供的附加

动态稳定作用。在体相泡沫中，因为穿过气泡薄层的气体扩散作用与方程（10.1）中的压差有关，所有该作用会使最小气泡不断破裂。而在多孔介质中，气体的扩散会使小于单个孔隙的气泡快速破裂，与体相泡沫类似（见练习题 10.1）。但对于大于孔隙的气泡而言，当气泡薄层占据孔喉时，如果停止扩散，此时由于气泡薄层的曲率为零，则气泡薄层之间的压差也为零。因此，对于等于或大于孔隙的气泡而言，可渗透介质中泡沫的气体扩散作用相对而言并不重要。例如当图 10.2（a）中的流动停止时，第二个和第四个孔喉中的气泡可能由于气体扩散作用而破裂，这些气泡的压力高于其任意一侧气泡中的压力，这些气泡中的气体通过扩散被驱出，并且进入与他们相邻的气泡中，当这些气泡消失后，气泡薄层位于孔喉中，曲率为零（即 $R_1 \to \infty$），薄层之间不存在压差（即方程 10.1），即使某些气泡比其他气泡大得多，扩散作用也可能会停止。

泡沫提高采收率方法中使用的表面活性剂通常比第 9 章中表面活性剂的亲水性更强。在砂岩储层中，倾向于使用阴离子型表面活性剂，因为他们的吸附量少，并且硫酸盐的化学稳定性特别好。在 CO_2 驱酸性环境中，非离子型表面活性剂具有很好的溶解性。当泡沫应用于 SP 复合驱、ASP 复合驱或含水层修复中的流度控制时，相同的表面活性剂可能同时提供溶解性以及与原油之间的低界面张力，也能增加一定的泡沫强度。尽管泡沫强度与胶体的性质有关，比如楔裂压、表面弹性和 Marangoni 性质等，但是，仍然不存在表面活性剂性质与可渗透介质中泡沫效果之间的可靠预测标准。在几乎所有的泡沫提高采收率方法中，表面活性剂在注入时都被溶解在水相中。对于 CO_2 泡沫而言，则将表面活性剂溶解在超临界 CO_2 相中，然后与地层中的水形成泡沫。

10.3　泡沫中气相和水相的流度

为了进行合理地近似处理，水相相对渗透率函数 $K_{r1}(S_1)$ 不受泡沫存在或泡沫性质（如气泡大小）的影响。泡沫与原油之间的相互作用见第 10.6 节。

泡沫质量（foam quality）被表示成气相分流量 f_3，其单位通常以百分数表示，为了与其他章节对应，此处表示成小数。泡沫能够显著降低气体的流度，在一定程度上，与气泡的大小成反比（Falls 等，1989）。图 10.3 给出了三种不同渗透率条件下某种泡沫体系的泡沫流度以及泡沫质量的范围。对于这三种不同介质而言，在最低泡沫质量时，泡沫的有效黏度接近于 4mPa·s，在最高泡沫质量时，泡沫的有效黏度为 12mPa·s，这显然高于水的黏度，并且是产生泡沫时所需气体黏度的 500 倍。

气泡跨越弯曲气泡薄层时的压差（方程 10.1）会对气泡的运动形成阻碍。因此，即使泡沫能够流经部分孔隙网络，但多数或大部分可渗透介质中原本存在的气体都是被圈闭的，无法流动。由于存在许多原因，当气泡大小固定时，气泡表现出剪切变稀的表观黏度。在即使很光滑的毛细管中，泡沫的运动依然遵循幂律特征（见第 8.2 节），指数 n_{pl} 为 2～3。随着压力梯度的逐渐增加，更多被圈闭的泡沫开始流动，这进一步验证了泡沫流动时的表观剪切稀释性质。在第 10.4 节介绍的低质量泡沫流动类型中，气泡的大小被认为是相对恒定的，表观幂律指数很小，约为 0.3～0.4。

气体流度的下降幅度与封堵气体流动的气泡薄层数目（即气泡大小）有关，因此，气体流度的下降幅度与气泡薄层的形成和破裂有关。能够在很大程度上（数百倍及以上）降低气体流度的泡沫被称为强泡沫（strong foam）。如前所述，强泡沫为气泡薄层更加稳定的泡沫，它具有更多的气泡薄层，表现为流动阻力的增加。除了表面活性剂配方能使气泡薄层稳定外，强泡沫的形成与附加压力梯度有关（Gauglitz 等，2002）。在泡沫生成过程中，较高泡沫质量 f_3 时所需的压力梯度较高，在较低渗透率介质中，所需的压力梯度较低，在与气体和表面活性剂溶液稳定注入过程相反的条件下，所需的压力梯度也较低（或可能消失）。超临界 CO_2 泡沫形成的最小压力梯度低于许多实验室研究中使用 N_2 泡沫时的最小压力梯度，也可能低于典型现场应用中的压力梯度。在某些情况中，泡沫形成时的最小压力梯度也可能阻止其在距离注入井很远距离时形成泡沫，但是，在注入井附近形成的泡沫也有可能在地层中运移很远的距离。

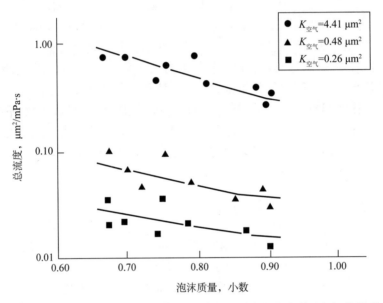

图 10.3　在 0.1% 气体泡沫条件下，三种胶结可渗透介质中总流度与泡沫质量之间的关系（Khan，1965）

　　较弱泡沫可以在较低压力梯度时形成，特别是当气体从较低渗透率流向较高渗透率的急剧过渡区域时（Tanzil 等，2002），对于某种低压力梯度而言，通过上述机理，可以在水平渗透率过渡区域形成泡沫，并且能够显著地抑制气体向上运移。

　　本章剩余部分将主要介绍强泡沫。泡沫的破裂主要发生在气—水毛细管压力超过极限毛细管压力 p_c^* 的时候，即当毛细管压力足够大以破坏楔裂压的稳定效应的时候（Kahtib 等，1988）。因此，极限毛细管压力与表面活性剂的组成以及气体的类型有关，也与介质的渗透率有关，通常还与气体和液体的表观速度有关。运动的气泡薄层不得不在每个孔喉处进行伸展，因此，与静止的气泡薄层相比，破裂时的毛细管压力更低。

　　因为可渗透介质中的毛细管压力与含水饱和度 S_1（第 3.2 节）有关，所以稳定条件通常被简单地描述成极限含水饱和度 $S_1^* = S_1(p_c^*)$，而不是极限毛细管压力。当 $S_1 = S_1^*$ 时，气体流度中存在一个突破（实际上是非连续的），即从 $S_1 > S_1^*$ 时非常低的气体流度到 $S_1 < S_1^*$ 时非常高的气体流度。与讨论泡沫对有效气体相对渗透率相比，讨论泡沫对气体流度的影响是

很方便的，如图 10.4 所示。

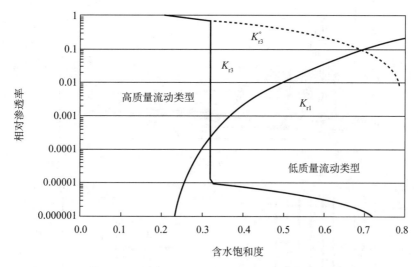

图 10.4　泡沫对水和气体流度的影响示意图（此处可以替换成有效相对渗透率，从不含表面活性剂时的 K_{r3}^0 到 K_{r3}，见方程（10.2）至（10.4）[1]。K_{r3} 的垂直部分表示图 10.5 中的高质量泡沫流动类型，K_{r3} 的明显下降部分表示低质量泡沫流动类型

10.4　两种流动类型中的强泡沫

表征泡沫性质的潜在复杂性是很庞杂的，它包括多种有关气泡薄层的形成与破灭机理、流动气泡的非牛顿效应黏度以及气泡的圈闭和启动现象等。值得庆幸的是，对于不存在油时的泡沫而言，起决定性作用的只有两种机理：

（1）极限含水饱和度 S_1^* 时泡沫的破灭；

（2）最小气泡尺寸的存在。

当不存在油时，强泡沫能够存在于两种流动类型（regime）中，它与 S_1 和 S_1^* 之间的距离有关。图 10.5 给出了压力梯度与气相表观速度 u_3 和水相表观速度 u_1 之间的关系曲线。在高泡沫质量 f_3（图 10.5 中的左上角）区域，Δp 与 u_3 无关，在低泡沫质量（图 10.5 中右下角）区域，Δp 与 u_1 无关。

图 10.5 中的两种流动类型可以出现在很宽范围的条件中（Alvarez 等，2001）：可渗透介质的渗透率 $K<10md$（尽管大部分数据中的 $K>100md$）；填砂管（sandpacks）和填珠管（beadpacks）的渗透率 $K>10000md$；不同类型的表面活性剂；使用 N_2 和超临界 CO_2；室温或温度至少升至 200℉。在某些情况中（Kim 等，2005），低泡沫质量流动类型图中右下角的 Δp 等值线朝右时向上弯曲（即当 u_3 固定时，Δp 随 u_1 的增加而降低），在图 10.5 中，将两种流动类型分离的 f_3 值被记为 f_3^*，尽管它会随着总表观速度的增加而增加，但其值基本为 0.75。Δp 的数量级和 f_3^* 的数值与可渗透介质、表面活性剂的组成和气体的类型有关。与上述特征的不同时的情况可以参考 Kim 等（2005）发表的论文。

---

[1]　本章中的上角标 0 表示不含表面活性剂。

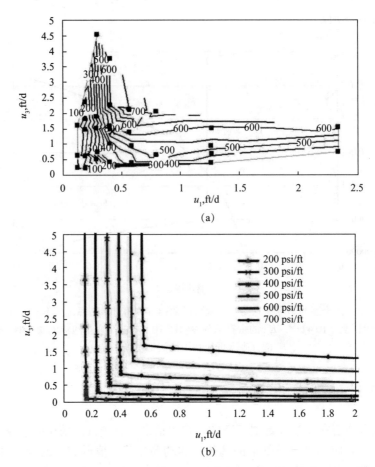

图 10.5　（a）泡沫在 Berea 岩心流动时，稳定压力梯度（psi/ft）与气相表观速度 u_3 和水相表观速度 u_1 之间的等值线图。实心点为构建等值线图时在稳态条件下测得的压力梯度。两种流动类型之间的转变发生在 f_3=0.75 处（Alvarez 等，2001）。另一个例子见本章后续部分。（b）使用方程（10.3）至方程（10.5）以及 ε=0.001，R_{ref}=68500，n_{pl}=0.4714，u_{3ref}=0.867ft/d，ε=0.001 对数据进行拟合（Cheng，2002）。曲线上的符号表示计算值，并非实验数据

　　高质量泡沫流动类型是 p_c^* 和 S_1^* 时泡沫破灭的结果，当 f_3 固定时，该流动类型中的特征可以是牛顿型，剪切变稀型或剪切变稠型，图 10.5 中为剪切变稀型。在该流动类型中，气泡尺寸随着 u_3 的增加或 u_1 的减小而减小，但是 S_1 几乎保持不变，很宽范围内的泡沫质量实际上对应于相同的 S_1 值。在该流动类型中，泡沫对 p_c^* 的敏感性以及 $p_c(S_1)$ 随渗透率降低而增加（第 3 章）的事实表明，流动类型中的泡沫在较高渗层时最强，并且能自发地将流动转向较低渗层（见练习题 10.4）。对于给定的渗透率而言，如果 p_c^* 和 S_1^* 与表观速度无关，则当整个流动类型中的 S_1^* 保持不变时，S_1 也固定不变。因为 $K_{r1}(S_1)$ 与泡沫强度无关（第 10.3 节），则 K_{r1} 在整个流动类型中也保持恒定，当不考虑气相的复杂特征时，将 Darcy 定律（第 3 章）应用于水相，则可以计算该流动类型中的流速和流度。当 f_3 或 u_3 固定不变时，对于 u 而言，表观黏度为牛顿型的，但对于 u_1 固定时的 u_3，表观黏度为极度剪切变稀的（表观幂律指数 n_{pl}=0）。所有这些现象源自气体流度在 S_1=p_c^* 等于单一值时发生

了突变（如图 10.4 所示）。

在低质量流动类型中，$S_1 > S_1^*$（即 $p_c < p_c^*$）。气泡尺寸集中分布在某些小极限尺寸（比如，有可能为孔隙尺寸）内，当低于小极限尺寸时，这种形成机理会受到抑制，通过扩散作用的气泡破灭数量会增多（见练习题 10.1 和图 10.3），随着 u_1 的增加，水占据并且流经某些以前被圈闭气体占据的孔隙。因此，当 Δp 不变时，u_1 会增加。随着 u_3 的增加，Δp 的增加远低于 u_3 的增加比例，因为运动着的气泡的剪切变稀型表观浓度和 Δp 的增加会使更多的圈闭气体重新被启动，有限的可用数据表明，在低质量流动类型中，相对流度与渗透率的关系不大，因此，该流动类型中的泡沫与高质量流动类型不同，它无法将流动转向较低渗层。有关这两种流动类型的模拟将在第 10.8 节中进行详细介绍。

【例 10.1】渗透率对泡沫流度的影响

假设一系列具有不同渗透率的岩样共同使用相同的相对渗透率函数：

$$K_{r1} = 0.2[(S_1 - 0.2)/0.6]^{4.2}$$

$$K_{r3}^0 = 0.94[(0.8 - S_1)/0.6]^{1.3}$$

式中，上角标表示不存在泡沫时的数值。对于给定的表面活性剂配方而言，已知岩心渗透率为 1D 时，$f_1 = 0.1$，表观速度为 10m/d，则稳态时 $\Delta p = 400$psi/ft。水相和气相的黏度分别为 1.2cp 和 0.02cp。相同岩心对气体和表面活性剂溶液的驱替毛细管压力由下式给出：

$$p_c(S_1) = 1.02 + 0.68\ln[0.8/(S_1 - 0.2)] \quad （当 0.2 < S_1 < 1 时）$$

此时，p_c 的单位为 psi，气体进入岩心中的最小毛细管压力为 1.02psi。假设与空气相比，水能够完全润湿岩心。

（1）假设该泡沫能够满足恒定 p_c^* 模型，则对于该泡沫配方体系而言，求以 psi 为单位时岩心中的 p_c^*。

【解】

首先，由测得的 Δp 确定出 K_{r1} 和 S_1^*，u_1 为总表观速度的 1/10，使用 SI 单位时为 1.157×10^{-5}m/s，则使用 SI 单位时 Δp 为 9.05MPa/m。根据水相 Darcy 定律，

$$K_{r1} = \frac{u_1 \mu_1}{K \Delta p} = \frac{1.157 \times 10^{-5} \times 0.0012}{1 \times 10^{-12} \times 9.05 \times 10^6} = 0.00153$$

根据 $K_{r1}(S_1)$ 的表达式，得

$$S_1^* = 0.388$$

由 $p_c(S_1)$ 的表达式，得

$$p_c^* = 2.004\text{psi}$$

（2）对于一系列不同渗透率岩样，在相同泡沫流速和质量条件下测定 Δp，同时 p_c^* 不随渗透率发生变化，所有岩样满足相同的 Leverett j 函数（见第 3 章），并以此作为本例中的第三个方程，预测岩样渗透率分别为 3D、300md、100md 和 30md 时泡沫的 Δp。假设上述所有岩样的孔隙度相同，并且所有泡沫均为高质量流动类型，即在所有岩心中，泡沫位于 S_1^* 处，并且 $p_c = p_c^*$。

【解】

根据假设，在所有渗透率时 $p_c^*=2.004$psi。对于 Leverett j 函数固定时的一系列岩样而言，毛细管压力随渗透率变化时的方程如下：

$$p_c(S_1)=(1/K)^{1/2}\{1.02+0.68\ln[0.8/(S_1-0.2)]\}$$

为了简化，使式中 K 的单位为 D。因此，对于渗透率为 3D 的岩样而言，有：

$$p_c(S_1)=2.004=(1/3)^{1/2}\{1.02+0.68\ln[0.8/(S_1-0.2)]\}$$

因此，可得到 $S_1^*=0.2218$，$K_{r1}=1.79\times10^{-7}$，该数值比 0.00153 小 8520 倍。该结果表明，在相同的表观速度下，Δp 增加了 8520 倍，或 $\Delta p=3.41\times10^6$psi/ft。当渗透率为 0.3D 时，相应的结果高于毛细管入口压力。因为如果气体在岩心中（毛细管压力高于毛细管入口压力），则泡沫无法在这些渗透率条件下存在，因为毛细管压力高于极限毛细管压力。当假设 p_c^* 与渗透率无关时，如果可以推导出 p_c^* 与渗透率有关，则可以预测出渗透率对泡沫强度的显著影响（Rossen 和 Lu，1997），见练习题 10.4。

10.5 泡沫的运移

气泡薄层需要表面活性剂来维持其稳定性。因此，泡沫的运移（propagation）不可能比表面活性剂的运移速度快。表面活性剂的运移受到表面活性剂在储层表面吸附作用的限制，与表面活性剂提高采收率方法相同。在实验室驱替中，如果将气体和液体注入已被表面活性剂预饱和的岩心中，则强泡沫与气体聚集带前缘一起以涌波形式运移。如果在表面活性剂和气体之前注入气体和不含表面活性剂的水溶液，则泡沫的运移速度会变得很慢，比通过吸附作用解释获得的速度更慢。换言之，泡沫前缘推进速度比表面活性剂前缘推进速度慢很多。

在现场应用中，存在一些有关泡沫长距离运移时的数据。在两个蒸汽—泡沫现场试验中，分别在距离注入井 40ft 和 90ft 处的观测井中，能够直接判断出泡沫运移的存在（Patzek，1996）。

10.6 原油和介质润湿性对泡沫的影响

原油可以使水基泡沫（aqueous foam）破灭，它与表面活性剂的配方、原油和气体的组成、压力和温度有关（Schramm，1994；Rossen，1996；Vikingstad 和 Aarra，2009；Farajzadeh 等，2012）。通常认为接近表面活性剂疏水基团相对分子质量的原油组分对泡沫最不利。含氧疏水基团的表面活性剂对烃类不敏感，但对于大多数提高采收率应用而言，他们的价格非常昂贵。原油在水—气界面上的铺展效果被认为是原油使泡沫破灭的主要机理。早期的实验室研究主要集中在极限含油饱和度对泡沫稳定性的影响，当高于极限含油饱和度时，将不会形成泡沫。在实验中，气体和水可能流动一段时间，直至含油饱和度下降至极限含油饱和度，然后可能形成泡沫。该方程可能还包括从原油中提取出某些组分，而不是降低含油饱和度。许多实验研究试图根据可渗透介质测得的性质，推断出原油对泡沫影响的。但到目前为止，仍未获得成功。

如果可渗透介质不是水湿的，则表面活性剂可能会使润湿性发生反转，并且能够形成泡沫（Sanchez 和 Hazlett，1992）。但当原油存在时，这种机理可能会被抑制（至少在实验室实验的时间尺度上）。如果储层保持油湿，则储层中很难形成泡沫。

10.7　泡沫流动模拟：机械泡沫模型

机械"总体平衡"泡沫模型图能够表征所有气泡薄层的形成和破灭、气泡圈闭和释放以及泡沫黏度的每个变化过程（Kovscek 等，1997；Kam，2008）。加上第 2 章的物质平衡方程，这些模型代表给定气泡尺寸时的气体流度，并且包括基于单位体积气泡薄层数量的附加物质平衡方程。如果不确定是否形成稳态的强泡沫或在模拟实验室规模的动态过程中，假设不存在局部稳态模型是很有必要的，在大多数情况下，上述模型在现场规模中的动态过程将很快接近局部稳态（Rossen 等，1999；Chen 等，2010）。另外，局部稳态模型对于本章中的分流量方法是非常适合的。因此，本章的重点是局部稳态模型。

10.8　泡沫流动模拟：局部稳态模型

当表面活性剂、水和气体的量很充足时，局部稳态泡沫模型假设各处都能够瞬间达到强泡沫状态。另外，大多数分流量模型都假设各相是不可压缩的，气相和水相不互溶，可以忽略表面活性剂的化学降解和热降解作用，并且泡沫的流动是牛顿型的。

可以将图 10.4 和图 10.5 中的泡沫特征表示成以下关系式（Cheng 等，2000）。

当 $C_{41} < C_{41}^*$ 或 $S_1 < (S_1^* - \varepsilon)$ 时，
当 $C_{41} \geqslant C_{41}^*$ 和 $S_1 > (S_1^* + \varepsilon)$ 时，

$$K_{r3} = K_{r3}^0(S_1) \tag{10.2}$$

$$K_{r3} = K_{r3}^0(S_1)/R_f \tag{10.3}$$

当 $C_{41} \geqslant C_{41}^*$ 和 $(S_1^* - \varepsilon) \leqslant S_1 \leqslant (S_1^* + \varepsilon)$ 时，

$$K_{r3} = K_{r3}^0(S_1)/\{1 + (R_f - 1)[S_w - (S_1^* - \varepsilon)]/(2\varepsilon)\} \tag{10.4}$$

和

$$R_f = R_{fref}(u_3/u_{3ref})^{(n_{pl} - 1)} \tag{10.5}$$

式中，C_{41} 为水相中表面活性剂的浓度，C_{41}^* 为泡沫形成时的阀浓度（通常设定为注入浓度的一半），$K_{r3}^0(S_1)$ 为不存在泡沫时的气相相对渗透率函数，R_{ref} 为参照气体表观速度 u_{3ref} 时低质量流动类型中的气体流度降低值，n_{pl} 为低质量流动类型时的幂律指数。对于大多数情况而言，特别是使用分流量方程时，假设 $n_{pl} = 1$。方程（10.3）和方程（10.5）描述的是低质量流动类型，方程（10.4）描述的是高质量流动类型。方程（10.2）描述的是泡沫全部破灭时的极度干燥状态，比高质量流动类型更加干燥。其他函数可以表示方程（10.4）中随 S_1 减小时 K_{r3} 的急剧连续上升变化情况。如第 10.8.1 节和练习题 10.9 所示，在某些情况下，这些选择中看似很微小的差异都会产生很显著的效果。方程（10.5）中低质量流动类型为非牛顿型的，假定高质量流动类型也是非牛顿型的，以使 S_1^* 与表观速度有关。图 10.5b 给出了这些方程与图中数据的拟合方法。

图 10.4 给出了相同模型在某一 u_3 时的图形。图 10.6a 给出了相同模型条件下基于 Alvarez 等（2001）方法的数据，包括方程（10.5），即假设在低质量流动类型中为牛顿型特征。基于相同的研究方法，也给出了不存在表面活性剂时气体和水的分流量曲线。假设 S_1^* 随着渗透率的增加而增加（以此作为 S_1^* 机理的结果）且 R_{ref} 保持不变，则会出现一系列不同渗透率时的分流量曲线，如图 10.6b 所示。

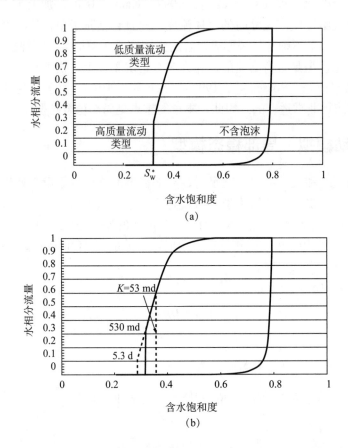

图 10.6　（a）基于拟合方程（即方程 10.5）模型的气—水分流量曲线。（b）渗透率对分流量曲线的影响。只有强泡沫和无泡沫曲线之间突然跳跃处的含水饱和度随渗透率的变化而发生改变。因此，假设 S_1^* 时流度的规模大致与渗透率的平方根相一致（见练习题 10.4）

【例 10.2】根据稳态 Δp 数据估算泡沫模型的参数

图 10.7 为 Kim 等（2005）提供的 Boise 砂岩中 CO_2 泡沫的稳态压力梯度。使用 Cheng 等（2000）提出的方法拟合方程（10.2）至方程（10.4）中适合这些数据的参数，方法如下。假设存在以下物理参数和函数：

$\mu_1 = 1\text{mPa} \cdot \text{s}$ 　　　　　　　　　　K_{r1}^0 和 K_{rg}^0 与第 10.4 节中示例相同

$\mu_3 = 0.02\text{mPa} \cdot \text{s}$ 　　　　　　　　　$K = 1.52 \times 10^{-12}\text{m}^2$

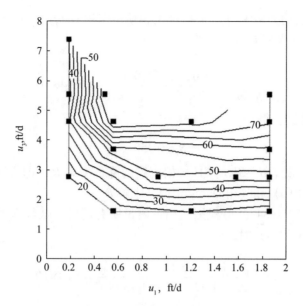

图 10.7   Boise 砂岩中 CO_2 泡沫的压力梯度（单位为 psi/ft）（Kim 等，2005）。方格表示稳态Δp 测量值，u_1 和 u_3 分别为水和气体的表观速度

（1）使用 50psi/ft 等值线来拟合参数。从距离中心某处起重新绘制 50psi/ft 等值线，在高质量流动类型中，等值线非常垂直，然后在高质量向低质量流动转变时，形成尖锐的 90°，而在低质量流动类型中，等值线是水平的。在符合上述限制条件下，对上述数据作出最佳的近似处理。

当 u_3 很大时，Δp=50psi/ft（即 1.13MPa/m）等值线位于约 u_1=0.29ft/d（即约 1.02×10^{-6}m/s）处，当 u_1 很大时，Δp=50psi/ft 等值线位于约 u=3.0ft/d（即 1.06×10^{-5}m/s）处，如图 10.8 所示。

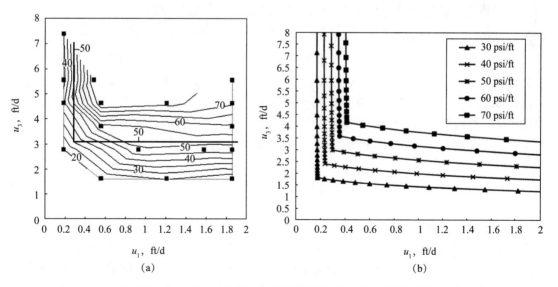

图 10.8   （a）拟合模型参时等值线的构建   （b）适合数据的模型

（2）根据高质量流动类型中的 u_1 值拟合 S_1^*，使用水相 Darcy 定律。

根据 SI 单位制时的水相 Darcy 定律，

$$K_{r1} = \frac{u_1 \mu_1}{K \Delta p} = \frac{1.02 \times 10^{-6} \times 0.001}{1.52 \times 10^{-12} \times 1.13 \times 10^6} = 5.94 \times 10^{-4}$$

根据 $K_{r1}(S_1)$ 表达式，得

$$S_1^* = 0.350$$

（3）在等值线 90° 处，$S_1 = S_1^*$，并且气相流度的降低率为 R_f（即方程 10.3）。使用图中的 u_3 值，根据方程（10.3）和气相 Darcy 定律，求解 R_{ref}。

当 $S_1 = 0.350$ 时，$K_{rg}^0 = 0.647$。但根据气相（假设所有流度降低都在气相相对渗透率中）Darcy 定律（也是 SI 单位制）时，

$$K_{r3} = \frac{u_3 \mu_3}{K \Delta p} = \frac{1.06 \times 10^{-5} \times 2 \times 10^{-5}}{1.52 \times 10^{-12} \times 1.13 \times 10^6} = 1.23 \times 10^{-4}$$

则气体流度的降低率为

$$R_{fref} = \frac{0.647}{1.23 \times 10^{-4}} = 5240$$

（4）根据（2）和（3）中得到的模型参数，绘制与图 10.7 中相同表观速度范围内（即 u_3 从 $0 \sim 8$ft/d 和 u_1 从 $0 \sim 2$ft/d）的 $\Delta p(u_3, u_1)$ 关系曲线，分别画出 30psi/ft、40psi/ft、50psi/ft、60psi/ft 和 70psi/ft 时的等值线。在绘制该曲线时，忽略低质量流动类型可能出现的剪切稀释效应，并讨论该模拟与数据的拟合效果。

使用方程（10.2）至方程（10.4）和 $S_1^* = 0.350$、$R_{fref} = 5240$，$\varepsilon = 0.001$ 以及 $n_{p1} = 1$。结果如图 10.8 所示。该数据拟合不是特别好，但能表示出该数据的主要特征。

10.8.1　一维模型中的连续泡沫注入过程

考虑将气体和表面活性剂溶液以水相分流量 f_{1J} 注入原本被不含表面活性剂水溶液饱和的介质中。注入点 J 位于泡沫分流量曲线 $f_1 = f_{1J}$ 处。初始条件位于不含表面活性剂水溶液分流量曲线 $S_1 = 1$ 处。从 J 到 I 的路径必须在表面活性剂前缘泡沫处与非泡沫曲线之间的某处发生跳跃。该跳跃与第 5.5 节介绍的混相波类似，因此，它被称为混相波（见第 7.7 节）或化学波。在此跳跃处，根据水和表面活性剂的物质平衡方程，得

$$\frac{\Delta x_D}{\Delta t_D} = \frac{f_1^+ - f_1^-}{S_1^+ - S_1^-} = \frac{f_1^+}{S_1^+ + D_4} \tag{10.6}$$

式中，S_1^+、f_1^+、S_1^- 和 f_1^- 分别为涌波上游和下游的含水饱和度和分流量。D_4 为第 9 章中表面活性剂驱时的吸附系数（即方程 9.14）。图形上，它表示化学波穿过泡沫分流量曲线涌波上游点 $(-D_4, 0)$ 与不含表面活性剂溶液分流量曲线涌波下游点之间的直线。如果不存在吸附作用（即 $D_4 = 0$），则该点为 $f_1(S_1)$ 曲线的起点，如图 10.9 所示。在图 10.9 所示的情况中，点 J 处存在泡沫聚集带，点 J 的下游存在气体聚集带（点 GB），利用非混相波将初

始条件 I 驱至下游中更远的地方。阻止气体聚集带在泡沫聚集带前方形成是非常有必要的，则使 f_{1J} 的值大于图中所示点 J 处的值，因此，代表化学波的直线直接穿过点 I。在图 10.9 中，该点在泡沫分流量曲线上用点 B 表示。

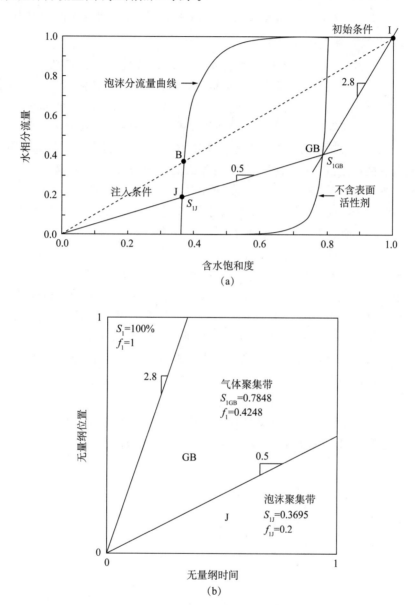

图 10.9　泡沫注入原本被不含表面活性剂盐水饱和的多孔介质中时的（a）分流量图解法和（b）时间—距离关系图。在图（a）中，点 B 表示在其前方不存在气体聚集带时的最干注入泡沫

可以将上述模型应用于不连通两层之间的驱替过程（使用与图 10.7 类似的图形，每层代表一种图形），来解释高质量流动类型中泡沫使液流从高渗层转向低渗层的能力（Zhou 和 Rossen，1995）。也可以表示将泡沫注入原本被气体和不含表面活性剂盐水驱替的储层中。在这种情况下，点 I 位于泡沫前方气体和水注入时的 f_1 值处，但它位于不含表面活

剂溶液的分流量曲线上。

如果泡沫聚集带以注入不含气体的表面活性剂溶液作为前置液，那么点 I 将位于泡沫分流量曲线之上。此时，从 J 到 I 时将会存在简单的非混相涌波。在它到达泡沫前方表面活性剂聚集带前缘之前，该涌波都能够适用，达到该点时的驱替过程类似于图 10.9。

10.8.2 一维模型中的表面活性剂—气体交替式（SAG）泡沫注入过程

在溶剂提高采收率方法中，气体通常与水一起以交替段塞的方式注入储层中，即水气交替注入方式（WAG）进行驱替（见第 7 章）。类似地，泡沫通常以气—液交替段塞的方式注入储层中，被称为表面活性剂—气体交替注入（surfactant alternating gas，缩写成 SAG）或泡沫辅助水—气交替注入（foam-assisted WAG，缩写成 FAWAG）。

在 SAG 方法中，气体段塞的注入过程如图 10.10 所示。假设在注入气体之前，注入某个大段塞的表面活性剂溶液，因此，只需使用表面活性剂分流量曲线。注入第一个气体段塞前的初始条件位于点 I，此时，$S_{1I}=1$。（如果是几个气体段塞，那么在其前缘中将存在圈闭气体，则点 I 的位置会向左偏移，但仍然位于 $f_1=1$ 处）。气体的注入用点 J 进行表示，此时，$S_{1J}=S_{1r}$ 和 $f_1=0$。要使点 J 到点 I 之间曲线的斜率保持不断增加，需要一个涌波前缘，该涌波前缘位于点 I 与分流量曲线在极小 f_1 处的切点（接近 S_1^*）之间。气体聚集带的流度以及整个方法的成功与否，与极小 f_1 处的特征关系密切。如前所述，对于 S_1^* 处的泡沫突然破灭过程而言，不同泡沫模型给出的方程不同（参照方程 10.4）。上述方程之间很小的差异，仍然会使泡沫完全破灭时的切点与有效驱替过程中气体聚集带流度处的切点之间的差异非常明显。使用方程（10.4）中的模型，当切点位于泡沫完全破灭时，使用 Shan 和 Rossen（2004）提出的模型，图 10.10 中泡沫聚集带中的流度仍然足够低，但是与状态 I 时水的流度相比，不是特别低，如图 10.11 中的时间—距离关系图所示。切点的上游（朝向点 J）为传播波，它受到 f_1 低于切点处时分流量曲线斜率的限制。在注入井中，流度为点 J 处的流度（即流度非常高，位于泡沫完全破裂时的某点处），这也正代表着一种有限注入压力条件下期望克服重力超覆作用时的过程（见第 9.6 节），并将在下面进行详细介绍。

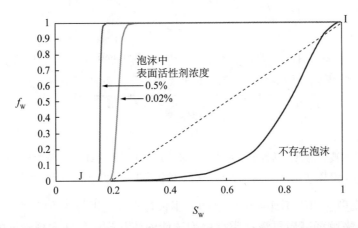

图 10.10 两种不同表面活性剂时 CO_2 泡沫的分流量曲线。同时给出了使用表面活性剂浓度为 0.02%（质量分数）时泡沫 SAG 过程中的涌波（Shan 和 Rossen，2004），也给出了不存在泡沫时的对比曲线，但不将其应用于 SAG 驱替过程

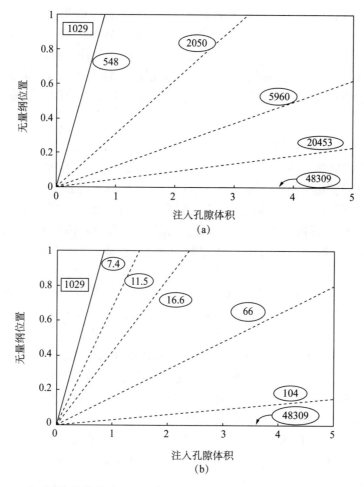

图 10.11　图 10.10 中两种泡沫模型时 SAG 过程的时间—距离关系图。(a) 表面活性剂浓度为 0.02%（质量分数）；(b) 表面活性剂浓度为 0.5%（质量分数）。对于传播波的单独特征而言，画圈的数字为总相对流度，单位为（Pa·s)⁻¹，画方格的数字为恒定状态 I 时的总相对流度。对于较高表面活性剂浓度的泡沫而言，总相对流度比整个泡沫聚集带处的低将近 100 倍（Shan 和 Rossen，2004）

　　存在某些用来预测 SAG 过程中泡沫聚集带内（即切点与点 J 之间）总流度随渗透率变化趋势的方法，由此可以了解 SAG 方法在不同渗透率层之间改变液流方向的相关原理。

　　在该分析方法中，预测气体聚集带的前方存在涌波前缘。涌波内，泡沫向前对流、增强和部分或完全破灭。涌波后的流度要高于涌波内的流度，并且一旦涌波前缘被超越，流度则会不断地增加。在某些实验室规模的 SAG 驱替中，上述特征是不同的：注入若干个孔隙体积驱替剂后，岩心中的平均流度会减少，但注入更多的孔隙体积驱替剂后，流度会逐渐增加。在分流量方法中，假设实验室驱替需要花费很长的时间（大概为数小时），而在现场规模中所需时间会被收缩得不很明显。

　　直到现在，主要的研究重点是 SAG 过程中气体的注入问题，而 SAG 过程中液体的注入方式必须能够与之协调，以显著降低液体的流动（Kloet 等，2009）。注入速度的显著降低，会使得先前注入的气体能够从液体中逸出（通过重力分异作用）的时间增加。大多数有关泡沫后液体注入性的研究，主要关于油井增产时的泡沫—酸的液流转向问题，此时，在注入泡沫之后，再注入表面活性剂（包含酸）溶液段塞（Cheng 等，2002）。泡沫中的大多数气体被圈闭，并且存在一个强有力的证据：在液体段塞的注入过程中，应该使用不同的分流量曲线，例如具有较大圈闭气饱和度的液体段塞。另外，Nguyen 等（2009）通过岩心断层扫描获得的数据表明，泡沫中存在液体指进现象，这主要是因为驱替过程中存在黏滞不稳定性。

10.8.3　连续泡沫注入过程中的重力分异作用

与均质储层中的常规气体提高采收率方法一样，方程（6.88）和方程（6.89）可以用来描述泡沫的重力分异作用，只要泡沫能够基本符合分流量理论的假设，特别是不可压缩相和牛顿型黏度。如前所述，当气体试图向上运移穿过层边界处渗透率急剧过渡区域时，会形成泡沫，它降低 K_z 的程度要大于 K_x 的程度。方程（6.88）和（6.89）表明，当注入压力（超过该压力后泡沫可能不会存在）保持恒定时，上述过程能够增加分异前气体和水的运移距离。

除了泡沫的上述优点外，由方程（6.90）可以看出，如果注入压力（而不是注入量）是被限制的，则仅仅降低流度并不能消除重力分异的影响。如第 6.9 节所述，当注入压力被限制时，对于油田而言，注入井周围的大部分注入压力消耗是一个非常严峻的问题。因此，存在若干种泡沫注入方案，试图最小化注入井周围的压力损失。

例如第 6.9 节中提及的在气体上方注入水的方案，对于泡沫而言，它比气—水流动具有更大的优势。在 Rossen 等（2010）的数值模拟研究中，当在注入压力恒定的条件下，当在水上方注入气体时，预测体积波及效率能够增加 5 倍左右。

另外，如前所述，泡沫是剪切变稀型流体，特别是在低质量流动类型中。Jamshidnezhad 等（2010）预测，根据方程（6.89），极度剪切变稀的泡沫能够使 R_g 在原有的基础上增加约两倍。

10.8.4　SAG 泡沫注入过程中的重力分异作用

原则上，为了克服重力分异作用，均质油藏中的最佳注入方案是在一大段表面活性剂段塞后再注入一大段足够量的气体来波及整个井网（well pattern）。如图 10.11 所示，在该过程中，井附近的流度非常高，因此，大部分井中井的压降集中在驱替前缘附近，此处的流度较小且重力分异作用是被确定的。

使用图 10.11 中所示的两种不同泡沫强度泡沫，图 10.12 解释了在该过程使用连续泡沫注入方式时波及效率的增加示意图。

连续注入泡沫时的情况 [图 10.12（a）] 在此处为稳定状态，不会产生更进一步地运移，并且其体积波及效率约为 20%。在恒定注入量条件下的较弱泡沫 SAG 注入过程 [图 10.12（d）] 中，正好会遇到气体突破，其波及效率约为 43%。在恒定注入压力条件下 SAG 注入方式时的波及效率能够超过 70%，即使较弱泡沫也是如此。较强泡沫能够获得更好的效果 [图 10.12（c）和图 10.12（e）]，固定压降过程时的效果明显优于固定注入量过程时的效果，但使用强泡沫时的注入量要小很多。令人吃惊的是，在相同注入 PV 条件下，两种不同表面活性剂浓度之间效果的差异非常小，其中更高表面活性剂浓度时的流度低 100

倍左右（图 10.11 所示），这是固定压力时 SAG 泡沫注入过程的一般特征（Shan 和 Rossen，2004）。当满足所需的吸附量时，需要在较低表面活性剂浓度时注入更大的表面活性剂段塞，但气体段塞的注入速度要比较低浓度表面活性剂时的速度快得多。

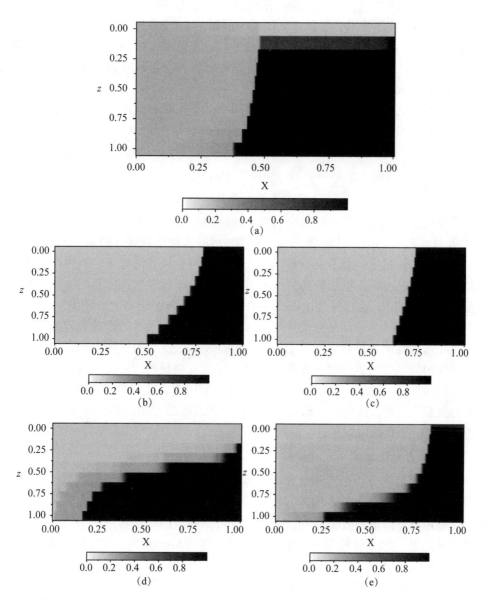

图 10.12　使用图 10.10 和图 10.11 中两种泡沫模型时二维圆柱状油藏横截面中的模拟含水饱和度（白色：$S_1=0$；黑色：$S_1=1$）。（a）固定注入量时的连续泡沫注入过程（$f_{1J}=0.2$；最大压降为 350psi）；当注入压力相同时，各模型的特征相同（即方程 6.90）。（b）0.02%（质量分数）表面活性剂溶液；气体在固定压差为 50psi 的条件下注入。（c）0.5%（质量分数）表面活性剂溶液 [泡沫强度大于图（b）中的泡沫，如图 10.11 所示]，气体也在固定压差为 50psi 的条件下注入。（d）0.02%（质量分数）表面活性剂溶液；气体在固定注入量的条件下注入，产生的最大压差为 50psi。（e）0.5%（质量分数）表面活性剂溶液，气体在非常小的固定注入量条件下注入，产生的最大压差也是 50psi（Shan 和 Rossen，2004）

单个较大体积的表面活性剂段塞和气体段塞组合方式，可以与多个液体段塞和气体段塞组合方式相媲美，至少在均质油藏中的情况是这样的。每当气体的注入被另一个液体段塞打断时，注入量会明显地降低，重力分异作用会增加。但是，单个段塞过程甚至可能与第一个表面活性剂段塞的位置有关。如果在表面活性剂段塞注入之前，油藏中就存在气体，则表面活性剂可能会向下滑移，无法进入油藏的顶部。

在该设计中，假设保持注入压力在其上限时，所需的注入量和产出量不存在实际的限制。当然，在现实中这可能是不切实际的。在这种情况下，目标应该是保持注入量以使得注入压力尽可能地接近最大值。

将该方案扩展至非均质油藏的研究会受到限制。在有限垂向渗透率的层状油藏中，面临的最主要挑战是如何将表面活性剂置于较低渗透率层中（Kloet 等，2009）。一旦较高渗透率层中的气体能够推进至较低渗透率层中表面活性剂前方的某点时，气体能够以相对较快的速度在这些层中运移，并且最终到达生产井中。

10.8.5　表面活性剂提高采收率方法中泡沫的流度控制作用

无论是和聚合物一起，还是替代聚合物，泡沫都可以为表面活性剂提高采收率提供流度控制作用（Li 等，2010）。低界面张力条件下最优的表面活性剂一般不是最好的起泡剂，并且起泡性能最优的配方一般不具有超低界面张力，但在某些情况下，低界面张力条件下优化的表面活性剂也可以充当起泡剂。如图 10.9 所示，连续注入高质量的泡沫，气体会运移至表面活性剂的前方，这将使气体以指进的形式穿过低界面张力聚集带前方的原油区域。这也许不会有任何好处，并且还会浪费气体。因此，在表面活性剂提高采收率方法的实际应用中应该尽可能地使用相对低质量的泡沫。但是，如果使用的气体太少，泡沫的运移速度比表面活性剂聚集带的运移速度慢很多，这将使流度控制能力有所损失。在大段塞气体和表面活性剂的 SAG 过程中，在气体（气体泡沫）稳定前缘之前，表面活性剂聚集带的流度控制能力会有所损失，因此，在表面活性剂提高采收率方法中，当使用 SAG 方法形成泡沫来控制流度时，应该使用相对较小的段塞。

10.8.6　存在原油时的泡沫流动过程模拟

只要气体的运移速度快于泡沫聚集带，泡沫驱替一次接触混相原油或多级接触混相原油的过程可以使用两相分流量方法进行表示。在分流量曲线上存在两个跳跃：一个是溶剂驱替原油时从原油—水分流量曲线到溶剂—水分流量曲线的跳跃，第二个跳跃是表面活性剂聚集带的从溶剂—水分流量曲线到泡沫分流量曲线（Ashoori 等，2010）。通过在溶剂聚集带前缘后方定义残余非水相饱和度，将泡沫不完全驱替原油过程近似成两相模拟是有可能的。混相驱替时的一维分流量模型表明，当气体驱替原油时，存在不稳定的流度比，因此，在二维或三维模型中，当原油与泡沫前缘接触时，会产生指进现象。

原则上，当存在可动（但不完全混相）油时，泡沫的分流量模拟与第 5 章中描述的三相流动模拟非常相似。当不存在表面活性剂时，会形成一个三元或多元相图，它包含一系列的快路径和慢路径，如果在其注入浓度时存在表面活性剂，则会形成另一个泡沫体系相图。当表面活性剂仅存在于水相中并且气、水和原油相互不互溶时，两相图之间的跳跃为惰性波（实际上为涌波），它与水、原油和表面活性剂的物质平衡方程有关。Namdar—

Zanganeh 等（2011）认为，如果在形成泡沫驱之前，泡沫在初始含油饱和度时破灭，则泡沫能够有效的提供流度控制能力。

10.8.7　泡沫在裂缝型油藏中的应用

原则上，对于多分支裂缝型储层的气驱过程而言，泡沫提高采收率方法是一种理想的处理方法。泡沫能够获得很大的流度降低效果，这可以帮助抑制穿过裂缝网格时的窜流和重力分异作用。被处理的油藏体积（裂缝网格）非常小，因此，表面活性剂的吸附损失可能也非常小。重要的问题是泡沫是否与其在岩石孔隙空间中一样，能够在裂缝中再次形成。在宽裂缝的限制条件下，通过毛细管力形成泡沫的机理并不适用，正如实验室中搅拌器和测试试管中泡沫最终会破灭一样，泡沫不可能再次形成。在裂缝宽度与岩石孔隙一样窄的条件下，泡沫有可能再次形成，并且能够运移非常长的距离，但上述情况还未经实验证实，这可能需要非常不同的模拟方法（Skoreyko 等，2011）。

10.9　结束语

泡沫具有特殊的性质，能够适合于流度控制和注气提高采收率方法中的重力分异控制：它能够自发地将流动从高渗层转向至低渗层（在高质量流动类型中）；它是剪切稀释型的（特别是在低质量流动类型中）；它降低垂向流度的能力高于水平方向上的流度；在 SAG 应用中，它能够保持较高的注入性，同时也能够在驱替前缘保持较低的流度。尽管已经开展了一定数量的现场试验，但它仍未得到常规化的应用。泡沫提高采收率方法的主要挑战与表面活性剂提高采收率方法相似：使吸附量最小化以降低操作成本，以及设计出在更高温度和矿化度条件下都有效的表面活性剂。

练习题

10.1　扩散作用对小于孔隙体积气泡的影响

某个半球形的理想气泡，半径为 R_1，位于平整的表面上，如图 10.13 所示（为了简化，该图中忽略了 Plateau 边界）。由于毛细管力的作用，气泡中气体的压力比气泡外气体的压力大。该压差（即方程 10.1）使气体穿过气泡薄层进行扩散，并且气泡会收缩。

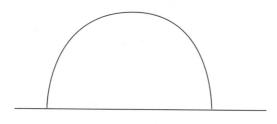

图 10.13　平整壁面上的半球形气泡

（1）假设通过界面时的摩尔转移速率 W（单位为 kg mol/s）由下式给出

$$W = k_s \Delta cA$$

式中，k_s 为传质系数，Δc 为气体在气泡薄层两侧的浓度差（单位为 kg mol/m³），A 为半球形气泡薄层的面积（为 R_1 的函数）。使用理想气体定律时，浓度与压差有关，即

$$\Delta c = \Delta p / (R_{IG} T)$$

式中，R_{IG} 为理想气体常数，数值为 8314.4 J/（kg mol/K），T 为热力学温度。将 Δp 从方程（10.1）代入 Δc 的表达式中，然后再代入 W 的表达式中，得到与 R_1 有关的摩尔转移速率表达式。

（2）推导气泡的物质平衡方程：

$$\frac{\mathrm{d} n_{gb}}{\mathrm{d} t} = -W$$

式中，W 的定义如前所述，n_{gb} 为气泡中气体的 kg mol 数，由下式给出：

$$n_{gb} = 体积 \times 摩尔密度 = (2/3) \pi R_1^3$$

假设气泡中的 c 随时间的变化不大（即将其视为常数）。推导 R_1 与时间之间的微分方程。通过整理该方程，获得半径与时间之间的关系，假设初始半径为 R_{10}。

（3）对于压力为 600psi 和初始半径为 20μm 的氮气气泡而言，$c=1.653$kg mol/m³。已知 $\sigma_{13}=0.03$N/m 和 $k_s=3.8 \times 10^{-4}$m/s。求解气泡半径缩小至零时的时间。

10.2 泡沫阻止流动的原因

某给定孔喉的几何尺寸为炸圈饼状圆形固体，其截面示意图如图 10.14 所示。$R_G=70$μm，通过中心的孔喉半径为 15μm。计算气泡通过该喉道时气泡薄层两侧的最大压差 Δp（图 10.14）。曲率半径和界面张力 σ_{13} 与练习题 10.1 中相同。为了简化，该图忽略了 Plateau 边界，且气泡薄层与固体表面总是垂直的。

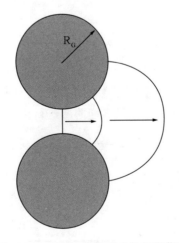

图 10.14　环形孔喉处形成的气泡薄层

10.3 泡沫的运移速率：泡沫质量、含水饱和度以及吸附的影响

假设泡沫存在时的含水饱和度为 0.37，与 Persoff 等（1991）实验中的数据相同，并且多孔介质中不存在原油。对于给定的表面活性剂而言，表面活性剂在每克岩石表面的吸附

损失量为0.5mg，岩石颗粒的密度为2.6g/cm³，岩石的孔隙度为22%，表面活性剂溶液的浓度为1000kg/cm³。

（1）当地层中泡沫体积为1PV（孔隙体积）时，需要注入多少PV泡沫？（即需要满足吸附量和使用表面活性剂溶液填充原本被液体饱和的孔隙体积）。其中，泡沫质量为0.9，液体中表面活性剂的含量为5%（质量分数）。计算吸附占有的比例是多少？气体PV是多少？并求解出第10.8.1节中定义的D_4的值。

（2）当形成泡沫的泡沫质量为0.99时，需要注入多少PV的泡沫？

10.4　再次讨论有关渗透率对泡沫流度影响

对于例10.1中的泡沫和储层渗透率，假设所有的参数和性质都一样，但岩样的p_c^*是不一样的，而假设泡沫质量是固定的，则泡沫Δp与渗透率之间的关系大致为（Rossen和Lu，1997）：

$$\Delta p \sim K^{(-1/2)}$$

与例10.1中一样，某给定的泡沫配方以$f_1=0.1$和表观速度10m/d注入渗透率为1D的岩心中，得到岩心的稳态压差$\Delta p=9.048$MPa/m（400psi/ft）。水相和气相的黏度分别为1.2mPa·s和0.02mPa·s。根据例10.1中的第三个方程，估算出储层渗透率分别为3D、300mD、100mD和30mD时的S_1^*和p_c^*。

10.5　两种稳态泡沫流动类型中的变化与渗透率之间的关系

存在某些有关两种泡沫流动类型的变化与渗透率之间关系的数据。在练习题10.4中，根据给定泡沫质量泡沫中Δp与渗透率之间的变化趋势，可以估算出S_1^*随渗透率变化的趋势。假设所有的S_1^*同样适用于该问题。

一个合理的假设是R_f与渗透率无关，并已知练习题10.4中泡沫的$R_f=20000$，忽略低泡沫流动类型中的剪切变稀效应（即忽略方程10.5，并假设R_f为常数），使用练习题10.4中的所有参数。绘制出渗透率分别为3D、1D、300mD、100mD和30mD时的Δp（u_3，u_1），绘制出u_3在0与2m/d范围内和u_1在0与1m/d范围内的Δp。如果Δp不能覆盖整个图形，则在每种情况下选择部分等值线，使其能够充填图形中部的Δp值。每种曲线中的等值线可能需要不同的Δp值。

10.6　泡沫注入过程中的分流量曲线分析

已知练习题10.5中的μ_1、μ_3^0、K、K_{r1}和K_{rg}^0在本题中都能够被继续适用，并且$D_4=0.1$（参考第10.8.1节），即需要1PV的表面活性剂溶液来满足1PV储层的吸附量，方程（10.2）和方程（10.4）适用，$R_f=15850$、$\varepsilon=0.001$和$S_1^*=0.37$。

（1）绘制出$C_{41}=0$和$C_{41}\geqslant C_{41}^*$时的分流量曲线。假设不存在弥散现象，储层中表面活性的浓度只存在两个值：0和被注入时的浓度，假设其高于C_{41}^*。

（2）假设储层中最初不存在表面活性剂和$S_1=1$。分流量为$f_1=0.333$的泡沫被注入进地层中。根据问题（1），标记出分流量曲线上的点I和点J。在分流量曲线上，使用图解法求解驱替过程，并绘制出如图10.9所示驱替过程中的时间—距离关系图。值得注意的是，图10.9中不存在吸附作用，但本题中存在吸附作用。将时间—距离关系图（与图10.10类似）中不同聚集带的总相对流度表示成

$$\lambda_{rt} = K_{r3} / \mu_3 + K_{r1} / \mu_1$$

(3) 当注入泡沫的分流量为 $f_1=0.01$ 时,重新计算问题(2)。

10.7 SAG 泡沫注入过程中的分流量曲线分析

假设练习题 10.6 的所有参数在本题中都适用。

(1) 假设在注入气体前,注入较大段塞的表面活性剂,与 SAG 泡沫注入方法相似,$S_1=1$,但是储层中最初存在表面活性剂,气体随后被注入($f_1=0$)。标记出表面活性剂分流量曲线上的点 I 和点 J。在分流量曲线上,使用图解法求解驱替过程,并绘制出如图 10.10 所示驱替过程中的时间—距离关系图。在时间—距离关系图上,标记出不同聚集带的总相对流度 λ_{rt}(根据练习题 10.6)和任意传播波存在时的各种特征。计算气体聚集带前缘的总相对流度和注入井($x_D=0$)中的总相对流度。

(2) 对于以下略微不同的情况,重新计算问题(1)。其中方程(10.4)被下式替代:

当 $C_{41} \geqslant C_{41}^*$ 和 $(S_1^* - \varepsilon) \leqslant S_1 \leqslant (S_1^* + \varepsilon)$ 时,

$$K_{r3} = K_{r3}^0 (S_1) \left\{ 1 - \frac{(1 - 1/R_f)\left[S_1 - (S_1^* - \varepsilon) \right]}{2\varepsilon} \right\}$$

实际上,方程(10.3)在 S_1^* 处穿过突变时的气体流动阻力(即黏度)之间进行线性插值,在穿过同样突变时,前一个方程在气相相对渗透率之间进行线性插值。值得注意的是,当将其应用于 SAG 过程时,他们之间的差异会非常明显。更进一步的相关讨论,可以参考 Dong 和 Rossen(2007)发表的文献。

第 11 章 热力提高采收率方法

热力提高采收率方法，特别是蒸汽驱（steam drive）和蒸汽吞吐（steam soak），是最成功的提高采收率方法，也是最为成熟的方法。由第 1 章可以看出，蒸汽方法采油项目约占美国提高采收率项目的一半，热力采油（thermal flooding）方法是商业上最成功的，并且已经使用了将近 50 余年。在本章中，只讨论这种方法取得成功的原因。

尽管该方法在应用上非常成功，且该类提高采收率方法已经开采出十亿多桶原油，但是，仍然存在大量很难开采的原油剩余在储层中。Meyer 和 Attanasi（2003）预测可开采的重质油（heavy oil）和沥青（bitumen）资源量大约有一万亿桶，或大约是可开采轻质油（light oil）的两倍。但该目标中的大部分原油受到现有开采技术的限制，因此，热力提高采收率方法在不断地进步，以满足这一挑战。本章主要对这些新技术进行详细。

本书只能对这些在科学上有趣且复杂的方法进行综述。许多教科书（White 和 Moss，1983；Burger 等，1985；Boberg，1988；Butler，1997）和论文（Parts，1982）是有关热力采油的，在各种油藏工程教科书中也有较为广泛地介绍。而本章的目的是将本书中的两个基本原理（即相态特征和分流量理论）更为具体地应用于热力提高采收率方法中。另外，也将热损失作为第二重要的话题进行详细讨论。

本章的结构与其他章节不同，部分原因是存在许多不同类型的热力提高采收率方法。首先讨论黏度降低原理，然后对各种不同类型的方法进行综述。本章的主体部分主要介绍与热力提高采收率方法直接相关的传质和传热过程，该部分将构建一个传热的通用处理方法，这是因为在热力提高采收率方法中，各种能量传递形式都有可能发生。在本章结尾部分，将对这些特殊的热力提高采收率方法进行重新讨论。

热力提高采收率方法依靠多种驱替机理对原油进行开采，但最重要的机理还是通过增加温度来降低原油的黏度。图 11.1 为原油运动黏度（kinematic viscosity）与温度之间的关系图，由该图可以得出一些重要的结论。

原油的运动黏度随着温度的升高而急剧下降，这种效应也反映在动力黏度 ❶（dynamic viscosity）的变化上，因为原油密度随温度的变化相对较弱。例如某重质油 ❷（10～20° API）的温度从 300K 上升至 400K（这样的温度变化在热力提高采收率方法中是很容易达到的）时，刚好可以使其黏度位于流动的黏度范围内（低于 10mPa·s）。图 11.1 对纵坐标进行了很明显地压缩，目的只是为了将观测到的变化情况绘制在同一比例尺上。

对于轻质油而言，原油黏度降低的幅度较小。因此，采用热力提高采收率方法开采轻质油时，几乎不存在任何优点，因为水驱方法就有可能是一个极具诱惑力的选择。对于超重质油（小于 10° API）而言，黏度降低的幅度是非常明显的，但还不足以使超重质油较经

---

❶ 译者注：运动黏度（kinematic viscosity）v 和动力黏度（dynamic viscosity）μ 是有区别的，运动黏度等于动力黏度除以液体的密度，即 $v=\mu/\rho$。

❷ 编者注：严格意义上，"轻质"和"重质"指的是密度，而在前面的描述中，使用了"轻质"和"重质"分别表示"非黏滞"流体和"黏滞"流体，这是因为黏度和密度之间通常存在某种关系，并且这种使用方法已经是根深蒂固的了，希望读者不要对此有所疑虑。

济地从井底流出。因此，在实际应用中，热力提高采收率方法主要受到这两种极限黏度的限制。

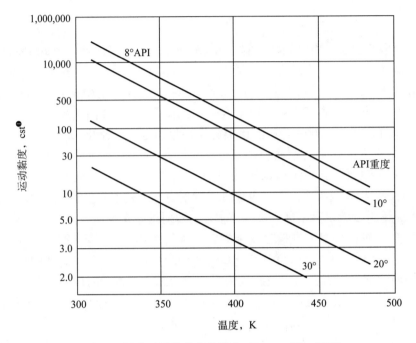

图 11.1 温度对原油黏度的影响（Farouq Ali，1974）

11.1 不同类型的热力提高采收率方法

所有热力提高采收率方法将能量（通常是热能）运移或传播进入（或通过）储层中来开采原油。基本的热传递机理有：

（1）热对流。

热对流（convection）通过运动的流体来传递能量。当流动由势（压力）差引起时，此时的热对流现象被称为强制对流（forcedconvection）。如果热对流由温度变化导致的密度变化引起时，此时的热对流现象被称为自然对流（freeconvection）。通常，热对流是最重要的传热机理。

（2）热传导。

热传导（conduction）发生在储层固体部分或进入其他层系内流体运动不存在的地方（比如通过管壁时的过程），这是一种分子水平上的热传递方式。

（3）热辐射。

热辐射（radiation）是发生在非物相或光子（photon）相中的热传递（Bird 等，2002）。辐射可以发生在不存在物相（固相或气相）的情况下，或发生在与物相一起流动的情况下，在上述种情况中，辐射被吸收进入物相中，从而能够增加物相的温度。

---

❶ cst 厘斯，运动黏度单位 $1m^2/s=10^6cst$

将能量引入储层中的方式有许多，其中大多数都会使用到蒸汽。

（1）蒸汽吞吐。

在蒸汽吞吐（steam soak，或 cyclic stimulation，或 huff-n-puff）过程中，将蒸汽注入井中，关井（shut-in）一段时间后重新开始生产（图 11.2a 所示）。蒸汽能够加热井的周边地带，也能够为后续的生产过程提供某些压力上的帮助。在关井或焖井（soak）期间，热力梯度能够趋于平衡，但为了避免压力损失，关井时间不宜太长。在关井期间，所有注入的蒸汽会产生凝析，因此，油井产出的是水和原油的混合物。蒸汽吞吐的一个最大优点是几乎所有的井可以一直进行生产，而注入期和焖井期通常比较短。

（2）蒸汽驱。

蒸汽驱（steam drive）至少使用两组井，一组用来注入蒸汽，另一组用来生产原油（图 11.2b 所示）。与蒸汽吞吐时的情况相比，蒸汽驱时的蒸汽能够进入油藏的更深处，因此其最终采收率通常高于蒸汽吞吐。同理，达到相同采收率时，蒸汽驱时的井距不需要像蒸汽吞吐中的那样小，而小井距也能够部分抵消由于牺牲某些井作为注入井时带来的不利影响。在所有的热力提高采收率方法中，因为均存在不同程度的蒸汽驱过程，所以在后面的分析中将对其进行重点介绍。

（3）火烧油层。

图 11.2c 给出了正向火烧油层（forward in-situ combustion）方法的示意图。该方法将氧气以某种形式（空气或纯氧）注入地层中，然后混合物产生自燃（或采用外部点火），随后的驱替剂使得燃烧带在油藏中运移。燃烧带通常只有 1m 左右宽，但它能产生很高的温度。这些温度能够使束缚水和部分的原油蒸发，上述两个因素都对驱油有一定的帮助。汽化的束缚水在燃烧前缘形成蒸汽带，这种作用与蒸汽驱非常类似，汽化的原油主要包括能够形成混相驱替的轻质组分。高温燃烧后的反应产物也能够形成层内自生二氧化碳驱替（in-situ carbon dioxide flood）。火烧油层方法有时也被称为高压注蒸汽技术（high-pressure air injection，缩写成 HPAI）。

（4）蒸汽辅助重力泄油 SAGD（Butler，1982）。

图 11.2d 给出了蒸汽辅助重力泄油（steam-assisted gravity drainage，缩写成 SAGD）方法的示意图。该方法与蒸汽吞吐和蒸汽驱相似，利用蒸汽携带的热能来开采石油。但是，SAGD 也与前两者存在许多明显的不同：

① SAGD 使用水平井，而不是垂直井；

② 水平井为非常接近的成对的注入井—生产井。

上述两个方面使得 SAGD 与其他任意的热力提高采收率方法不同，也与本书中介绍的其他提高采收率方法不同。SAGD 是使用复合技术（该情况下为蒸汽注入技术和水平井技术）来开采原油的一种特殊示例。

对于此处介绍的其他提高采收率技术而言，小井距的注入井和生产井（SAGD 中井距的数量级为 10m）是非常不利的，因为小井距将导致过早的蒸汽突破和大量的原油绕流等问题。SAGD 能够取得成功的关键在于其主要机理是浮力作用（由于密度差），而不是黏滞力。在第 5 章的一维驱替中，浮力与黏滞力之间的竞争作用被表示成重力数 N_g^o。

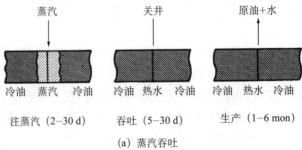

（a）蒸汽吞吐

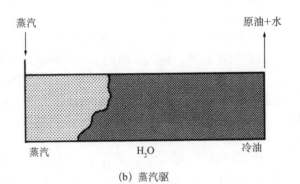

（b）蒸汽驱

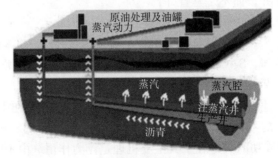

（c）火烧油层

（d）蒸汽辅助重力泄油

图 11.2　不同类型的热力提高采收率方法

$$N_g^0 = \frac{K_v K_{r2}^0 \Delta\rho g}{\mu_2 u} \tag{5.5d}$$

当 N_g^0 很大或 u 很小和（或）K_v 很大时，浮力作用会有所促进。通过井距（通常为 10000ft）可以确保较低的流速，通过积累非常低的流速，最终会导致流体的流动。当 K_v 很大时，该方法的效果最好。

对于大多数情况而言，原油黏度的降低是热力提高采收率方法能够采出更多原油的最主要原因，但是，其他机理也是非常重要的，比如蒸馏、混相驱替、热膨胀、润湿性改变、原油裂解和降低油—水界面等。各种机理的相对重要性与被驱替原油和所采用的方法有关。在蒸汽驱采油方法中，由于温度相对较低，裂解作用相对而言并不重要，但在火烧油层方法中，裂解作用是相当重要的。随着原油°API 的降低，其热膨胀和蒸馏作用变得更为重要。

在另一种类型的热力提高采收率方法中，试图使用电磁能（Karanikas，2012）来将热能引入储层中。图 11.3 介绍了这些方法中的一种。尽管此处能够将能量引入储层中，但蒸汽起到的作用非常微小，这实际上这是不利的，因为使水沸腾也会产生热损失。

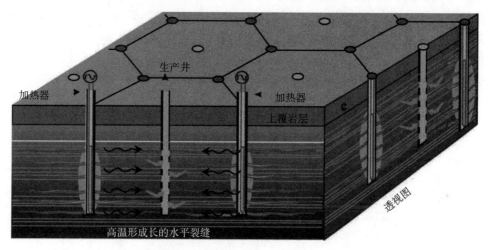

图 11.3　层内热交换（ISC）方法示意图（Karanikas，2012）

层内热交换（in-situ conversion，缩写成 ISC）方法与其他方法不同。在层内热交换方法中，它的目的不完全是降低黏度，而是将烃类进行化学转变，将碳氢比很高的高黏滞性物体（此处的目标通常是油砂和沥青）转变为碳氢比很低的更加具有延伸性（和更具价值）的产物。该方法类似于一个地下化工厂，生产的是高质量产品 [比如干酪根（kerosene）]，而不是原油。当操作时间很长时，许多降解机理将导致黏滞原油的形成。层内热交换方法试图通过加热作用使该方法的操作时间缩短。

在图 11.3 中，通过一系列小井距电阻加热（resistive-heater）井将能量注入某储层中。这些小井距垂直井的综合作用是为了在储层很大体积范围内积累能量，因此，能够产生热裂解作用。将能量引入储层中的另一种方法包括在地下阳极（anodes）和阴极（cathodes）之间的电阻加热方法、感应加热（inductive heating）、使用导热流体（heat-transfer fluid）和线性辐射器（antennas）等（Carrizales，2010；Callaroti，2002）。

11.2   物理性质

了解水和原油的热力学性质和流动特性是阐明热力提高采收率方法机理的基础。在本节中将回顾上述性质以及其与温度之间的依存关系。对于这些热力提高采收率方法而言，水的最重要的性质是水蒸气（steam❶）—水的相包络线、水蒸气干度（quality）和汽化潜热（latent heat of vaporization）。而对于原油而言，最重要的性质是其黏温曲线。

11.2.1   水的性质

在热力采油方法中，温度的升高是由于额外引入的能量或层内生成的能量。在这两种情况中，水起主要作用。下面的内容将回顾水的性质，它与第 4 章中有关相态特征的一般处理方法类似。

图 11.4 给出了水的蒸汽压（vapor pressure）从负压到临界点时的变化情况。应该清楚的是，在恒定温度（或压力）条件下，蒸汽压为纯组分（此处为水）相态发生变化（此处为液体变为蒸汽）时的压力（或温度）。该图还给出了许多成功蒸汽驱示例中的操作范围，蒸汽驱的操作压力趋于低于化学提高采收率方法，比溶剂提高采收率方法的更低。热力提高采收率方法实际上为一个低压开采过程。如下文所述，对于蒸汽提高采收率方法的效率而言，饱和原油的性质是非常重要的，因此，该图还给出了该方法的温度范围，即 320~660℉（433~622K）。

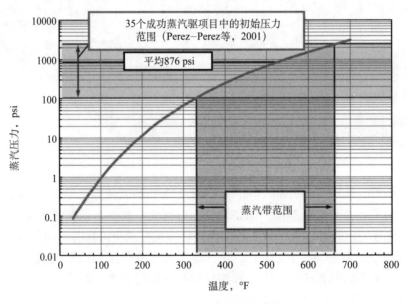

图 11.4   水的蒸汽压关系图

图 11.5 给出了水的压力—比容（specific volume）关系图。包络线右侧的饱和蒸汽压曲线表明，除了非常靠近临界点处的情况外，蒸汽密度比饱和液体的密度小得多。该图包括表示水蒸气干度的曲线，蒸汽干度这一概念将在后文中进行详细介绍。

❶ vapor 为"蒸气"，但不限定为"水蒸气"；steam 只指"水蒸气"。

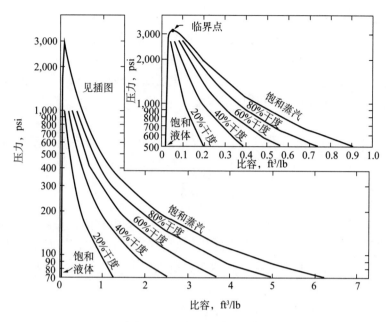

图 11.5　水的压力—比容关系图 (Bleakley, 1965)

　　水的能量值非常近似于水的焓 (enthalpy)。图 11.6 给出了水的压力—焓关系图。该图与第 4.1 节中所述的压力—组成关系图类似，这里的焓会随着组成的变化而发生变化。图 11.6 具有下列一些重要的标志。

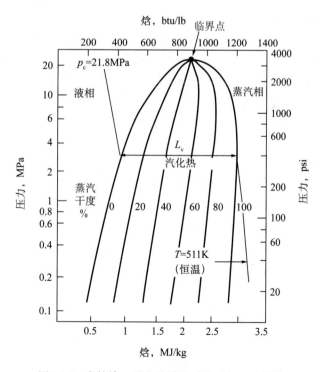

图 11.6　水的焓—压力关系图 (Bleakley, 1965)

（1）相包络线。

与图 4.2 中压力—摩尔体积关系图的相包络线类似，相包络线定义了两相的相态特征区域。左边界为泡点曲线（bubble point curve），右侧为露点曲线（dew point curve）。相包络线的左侧和右侧分别为过冷液体区域和过热蒸汽区域。根据图 11.4，两相区域内的温度与压力有关，他们分别为饱和温度和饱和压力。

（2）水蒸气干度。

蒸汽干度 y 为以质量为单位时计算的总蒸汽量，被表示为液体和蒸汽质量的百分数，即

$$y = \frac{\rho_3 S_3}{\rho_1 S_1 + \rho_3 S_3} \tag{11.1}$$

干度通常以百分数表示，但与流体的饱和度一样，在计算中它的单位通常使用小数表示。两相包络线内的干度线表示总质量中蒸汽的相对量。在图 11.3 中，等温线（图中仅给出了其中一条）在液相区域中急剧地下降，在两相包络线中平稳地穿过，然后在蒸汽区域中再次急剧地下降。

（3）饱和液体（saturated liquid）。

如果液体存在于可产生蒸汽的温度和压力的条件下，则该液体为饱和液体。饱和液体曲线表示的蒸汽干度为 0%。

（4）饱和蒸汽（saturated vapor）。

在某种温度和压力条件下，饱和蒸汽为水 100% 被转换成蒸汽时的水。在两相区域中两相都处于饱和状态。

（5）潜热（latent heat）。

汽化潜热 L_v 为恒定温度条件下将给定质量的饱和水（0% 蒸汽干度）转换成为饱和蒸汽（100% 蒸汽干度）时所需的热量。当液体转换为蒸汽时，由于系统中的温度保持不变，此时的热量被称为潜热。在焓—压力关系图中，潜热为特定压力条件下图 11.5 中露点曲线和泡点曲线在 x 坐标上的差值。在水的临界点处（3206.2psi 和 705.4°F，或 21.8MPa 和 647K）时，潜热消失。在蒸汽提高采收率方法中，临界压力的位置非常重要。例 11.3 中，由于潜热在高压时会消失，蒸汽前缘的推进速度会减慢。

（6）显热（sensible heat）。

显热为使提高某给定质量水的温度、但不使其相态发生变化时必须添加的热量。在水中蒸汽产生之前添加热量（在恒定压力条件下）时，因为温度计会显示温度的升高，所以这种热量是比较明显的。显热为热容（heat capacity）与温差之间的乘积。

在教学过程中，热力学性质（该类型为前面的两个关系图）通常指温度的变化，而不是压力的变化，如图 11.7 所示。在该图中，过热蒸汽区域位于两相包络线的上方，而过冷区域位于两相包络线的下方。两相区域中的恒温线是垂直的，如图中所示，随着温度的变化，热容为

$$C_p = \left(\frac{\partial H}{\partial T} \right)_p$$

它的单位可以是（摩尔）$^{-1}$或（质量）$^{-1}$，取决于 H 的单位。如果热容的单位为（质量）$^{-1}$，则 C_p 通常被称为比热。由图可以看出，在液体中，热容基本与温度 T 和压力 p（即斜率为常数）无关，在蒸汽区域也基本如此，但在靠近临界点的区域中则不同。下文中的部分内容中假设热容为常数。

图 11.4 至图 11.7 中的物理性质可以以表格的形式列出（Keenan 等，1969）。

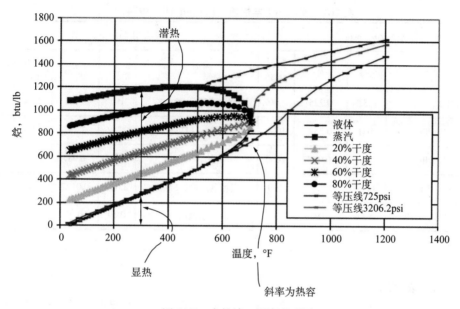

图 11.7　水的焓—温度关系图

【例 11.1】焓的变化

利用图 11.7 进行下列计算：

（1）估算 $1lb_m$ 水在 $T=600\,℉$ 和 $P=725psi$ 条件下的焓，并指出流体在该点时的状态。

【解】

流体为过热蒸汽或水蒸气。由图可以直接得出 $H_{13}=1300Btu$，与所有的热力学物理量类似，该数值相对于一个任意的零。此处的下角标 3 表示蒸汽相。

（2）相对于相同温度条件下的饱和水的焓而言，在该能量条件下，求显热占的比例和潜热占的比例。

【解】

同样根据图 11.7，饱和液体（sl）和饱和蒸汽（sv）的焓分别为：$H_{13}^{sv}=1190Btu$ 和 $H_{11}^{sl}=600Btu$。因此，在（1）中的条件下，焓的变化值为

$$\Delta H=H_{13}-H_{11}^{sl}=(1300-600)Btu=700Btu$$

其中，$\Delta H=H_{13}^{sv}-H_{11}^{sl}=L_v=(1190-600)Btu=590Btu$ 为潜热，剩余部分 $\Delta H=H_{13}-H_{13}^{sv}=(1300-1190)Btu=110Btu$ 为显热。

值得注意的是，为了使流体冷凝，压力不得不显著增加。

（3）如果流体的焓为 $H_1=900Btu$，求其水蒸气干度。

【解】

由图 11.6 可知,y=55% 为其干度。

值得注意的是,此处讨论的所有物理量都处于平衡状态。

这些图形表示法的一个缺点是很难判断出温度 T 和压力 p 同时变化时焓的变化情况。Farouq Ali(1974)曾提出了与水的性质有关的近似解析表达式(见表 11.1)。

表 11.1 水的热力学性质(Farouq Ali,1974)

英制单位 p,psia				国际 SI 制单位 p,MPa				
物理量	a	b	极限 psi	物理量	a	b	极限 psi	误差 百分率
饱和温度,℉	115.1	0.225	300	饱和温度,−256K	197	0.225	2.04	1
显热,Btu/lb$_m$	100	0.257	1000	显热,MJ/kg	0.796	0.257	6.80	0.3
潜热,Btu/lb$_m$	1318	−0.0877	1000	潜热,MJ/kg	1.874	−0.0877	6.80	1.9
饱和蒸汽焓,Btu/lb$_m$	1119	0.0127	100	饱和蒸汽焓,MJ/kg	2.626	0.0127	2.04	0.3
饱和蒸汽比容,ft^3/lb$_m$	363.9	−0.959	1000	饱和蒸汽比容,m^3/kg	0.19	−0.959	6.80	1.2

注:$x = ap^b$。

【例 11.2】 表格对比

表 11.1 中表达式的使用非常方便,因此,可以通过这些方程很好地预测实际中的性质,使用与例 11.1 中相同的条件时,即压力 p=725psi,刚好超过表 11.1 中饱和温度时水蒸汽焓的限制。

(1)估算饱和温度

根据表 11.1(使用英制单位),与图 11.7 中 T=510℉ 相比,有

$$T_s = ap^b = 115.1(725\text{psi})^{0.225} = 507℉$$

(2)估算汽化潜热

根据表 11.1,与 $690\dfrac{\text{Btu}}{\text{lb}_m}$ 相比,有

$$L_v = ap^b = 1318(725\text{psi})^{-0.0877} = 740\frac{\text{Btu}}{\text{lb}_m}$$

(3)估算饱和水蒸气的焓

与 $1190\dfrac{\text{Btu}}{\text{lb}_m}$ 相比,有

$$H_{11}^{sv} = ap^b = 1119(725\text{psi})^{0.012} = 1211\frac{\text{Btu}}{\text{lb}_m}$$

(4)估算饱和蒸汽的比容

与图 11.4 中的 $0.69\dfrac{\text{ft}^3}{\text{lb}_m}$ 相比,有

$$v_1^{sv} = ap^b = 363.9(725\text{psi})^{-0.959} = 0.657 \frac{\text{ft}^3}{\text{lb}_m}$$

即使超过表中推荐的使用范围，但对于大多数工程目的而言，表 11.1 的精度仍然比较高。

11.2.2 原油的性质

值得好奇的是，对于重质油组成而言，似乎还不存在通用的定义。美国地质勘探局（United States Geological Survey，缩写成 USGS）给出的有关定义如下：

（1）轻质油或常规原油。

为 API 重度大于 22° API 且黏度 μ_2 小于 100mPa·s 的原油。

（2）重质油。

为 API 重度小于 22° API 且黏度 μ_2 大于 100mPa·s 的原油。

（3）超重质油。

为 API 重度小于 10° API 且黏度 μ_2 大于 10000mPa·s 的原油。

以上所有的黏度在测定时都处于油藏条件下，USGS 也给出了基于沥青质和含硫量的评判标准（Meyer 和 Attanasi，2003）。

（4）天然沥青质（natural bitumen，有时也被称为沥青 tar 或油砂 oil sands）。

为黏度 μ_2 大于 1000000mPa·s 的超重质油。

对于热力采油方法而言，最重要的原油性质是其黏温关系。对于大多数液体而言，Andrade（1930）方程给出了下列关系式：

$$\mu_2 = Ae^{B/T} \tag{11.2a}$$

式中，T 为热力学温度，A 和 B 为经验参数，他们的数值由不同温度时两次黏度的测试值确定。为了便于进行外推或插值，方程（11.2a）表明黏度与 T^{-1} 之间的半对数关系曲线为一条直线。

如果只存在一种测试方法可供使用，那么可以根据图 11.8 粗略地估算出黏度值。这种单变量关系式假设黏度是温度变化的通用处理函数。使用该曲线时，首先，在纵坐标上找到已知的黏度（此时为 4.38mPa·s），找到其 x 坐标，由于温度增加（101.6℃），因此，沿着 x 坐标向右移动至 101.6℃处，然后折回至黏温曲线上，则该点处代表的就是所需的黏度值。

Butler（1997）提出了另一种在推导过程中使用得到的非常有用的关系式：

$$\frac{v_1}{v} = \left(\frac{T - T_2}{T_1 - T_2}\right)^m \tag{11.2b}$$

式中，1 和 2 均为基准条件（reference condition），通常分别为饱和水蒸气条件和储层条件，v 为运动黏度。

其他一些原油性质，比如比热（specific heat）、体积比容和导热系数（thermal conductivity）等，都是温度的函数。在预测这些性质时，存在许多的经验关系式，包括预测的比热方程（Gambill，1957）：

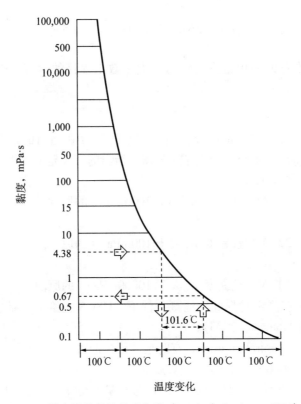

图 11.8　单变量黏度的关系曲线（Lowis 和 Squires，1934）

$$C_{P2} = \frac{0.7 + 0.0032T}{\rho_2^{0.5}} \tag{11.2c}$$

式中，C_{P2} 的单位为 kJ/（kg − K），T 的单位为 K，ρ_2 的单位为 g/cm³。导热系数方程（Maxwell，1950）为

$$k_{T2} = 0.135 - 2.5 \times 10^{-5}T \tag{11.3}$$

该方程中，k_{T2} 的单位为 kJ/（m·h·K）。方程（11.3）建立在原油中组分相关式的基础上。上述估算结果的精确度范围通常在 5% 以内。有关这些关系式更加详细的介绍可以参考相关文献。

　　方程（11.2c）和方程（11.3）可以用来估算原油的热扩散系数（thermal diffusion coefficient）：

$$K_{T2} = \frac{k_{T2}}{\rho_2 C_{P2}} \tag{11.4}$$

该物理量的单位与方程（2.57）中弥散系数的单位相同，为 m²/s。

11.2.3　固体的性质

　　包含单相 j 的非胶结填砂介质的总导热系数（total thermal conductivity）：

$$k_{Tt} = 0.0149 - 0.0216\phi + 8.33 \times 10^{-7} k - 10^{-4}\left(\frac{D_{90}}{D_{10}}\right) + 7.77D_{50} + 4.188k_{Tj} + 0.0507k_{Ts} \tag{11.5}$$

在该方程中，除了 D_{10} 和 D_{90} 为总样品分别为 10% 和 90%（按重量计算）时的颗粒直径外，其他参数都代表其常见的物理意义。总导热系数 k_{Tt}、流体 j 的导热系数 k_{Tj} 和固体的导热系数 k_{Ts} 的单位均为 kJ/（m·s·K），渗透率 K 的单位为 μm^2，充填介质颗粒尺寸 D_{50} 的单位为 mm。

对于被流体充填的胶结砂岩而言，类似的表达式有

$$\frac{k_{Tt}}{k_{Td}} = 1 + 0.299\left[\left(\frac{k_{Tj}}{k_{Ta}}\right)^{0.33} - 1\right] + 4.57\left(\frac{\phi}{1-\phi}\frac{k_{Tj}}{k_{Td}}\right)^{0.482}\left(\frac{\rho}{\rho_s}\right)^{-4.30} \tag{11.6}$$

式中，下角标 a 和 b 分别代表空气和干岩石，β 为被岩体饱和的岩石的密度。方程（11.5）和方程（11.6）中的导热系数是在 293K 的基准温度条件下确定的，Somerton（1973）曾给出其关系式。

在许多热力提高采收率方法的能量平衡中，都出现了体积热容（volumetric heat capacity）这一物理量，对于包括固体在内的所有相而言，它被定义为

$$M_{Tj} = \rho_j C_{pj}, \quad j = 1, \cdots, N_P, \ s \tag{11.7}$$

在方程（2.83）中也包含此物理量，它当时被定义为总体积热容。

表 11.2 列出了有关所选介质的密度、比热、导热系数和热扩散系数的所有数值。这些数值可用于粗略估算岩石—流体的热力学性质，或将其与通过方程（11.5）至方程（11.7）估算得到的精确结果进行对比。随着固体类型的变化，固相热容的变化相对较小，但对于石灰岩和粉砂岩而言，导热系数约增加 2 倍。"热量可以到达流体无法到达的地方"这句话源自后一个论述。大多数非热力学性质的空间变化（特别是渗透率）更加明显。

表 11.2　所选岩石的密度、比热、导热系数和热扩散系数（Farouq Ali，1974）

岩石		体相密度，g/cm³	比热，kJ/（kg·K）	导热系数，J/（s·m·K）	热扩散系数，mm²/s
干岩石	砂岩	2.08	0.729	0.831	0.55
	粉砂岩	1.90	0.801	(0.66)	(0.43)
	粉砂岩	1.92	0.809	0.649	0.42
	页岩	2.32	0.761	0989	0.56
	石灰岩	2.19	0.801	1.611	0.92
	细砂岩	1.63	0.726	0.593	0.50
	粗砂岩	1.74	0.726	0.528	0.42
饱和水的岩石	砂岩	2.27	0.999	2.610	1.15
	粉砂	2.11	1.142	(2.50)	(1.04)

岩石		体相密度, g/cm³	比热, kJ/ (kg·K)	导热系数, J/ (s·m·K)	热扩散系数, mm²/s
饱和水的岩石	粉砂岩	2.11	1.094	(2.50)	(1.08)
	页岩	2.38	0.844	1.600	0.79
	石灰岩	2.38	1.055	3.360	1.34
	细砂岩	2.02	1.344	2.607	0.96
	粗砂岩	2.08	1.249	2.910	1.12

注：括号内的数值为估算值。

【例 11.3】 去往岩石和水的热损失

后续章节将介绍不同类型的热损失，但在此处，将介绍一种最大的热损失来源。

根据方程（2.14），总内能项为

$$\rho \hat{U} = \phi \sum_{j=1}^{N_P} \rho_j S_j \hat{U}_j + (1-\phi) \rho_s \hat{U}_s$$

不处于水的临界点时，内能和焓基本相同，因此，上述方程可变为

$$\rho \hat{H} = \phi \left(\rho_1 S_1 \hat{H}_1 + \rho_2 S_2 \hat{H}_2 \right) + (1-\phi) \rho_s \hat{H}_s$$

下面将讨论只包含水（$i=1$）和油（$i=2$）、孔隙度为 ϕ 的介质（固体，下角标为 s）中的热水驱情况。对于蒸汽驱时的情况，见练习题 11.2。

此时，剩余在原油中的热量分数 $F_{热量}$ 为

$$F_{热量} = \frac{\phi \rho_2 S_2 \hat{H}_2}{\phi \left(\rho_1 S_1 \hat{H}_1 + \rho_2 S_2 \hat{H}_2 \right) + (1-\phi) \rho_s \hat{H}_s}$$

由于不存在蒸汽，则上述方程可写成

$$F_{热量} = \frac{\phi \rho_2 S_2 C_{p2} \left(T - T_{ref} \right)}{\phi \left[\rho_1 S_1 C_{p1} \left(T - T_{ref} \right) + \rho_2 S_2 C_{p2} \left(T - T_{ref} \right) \right] + (1-\phi) \rho_s C_{ps} \left(T - T_{ref} \right)}$$

式中，使用了前面讨论的热容（假设与温度 T 有关），T_{ref} 为基准温度。使用方程（2.83）中的体积热容，则有

$$F_{热量} = \frac{\phi S_2 M_{T2}}{\phi \left(S_1 M_{T1} + S_2 M_{T2} \right) + (1-\phi) M_{Ts}}$$

该比值主要与含油饱和度 S_2 和孔隙度 ϕ 有关。使用热容的典型数值，即 $M_{T1}=3.97 MJ/(m^3 \cdot K)$、$M_{T2}=1.78 MJ/(m^3 \cdot K)$、$M_{T3}=2.17 MJ/(m^3 \cdot K)$，可以得到下列数值：

$F_{热量}$	$\phi=0.2$	$\phi=0.3$
$S_1=0.2$	0.16	0.23
$S_2=0.5$	0.09	0.14

对于高孔隙度高含油饱和度介质而言，超过 20% 的热量剩余在原油中。在低孔隙度油藏的三次采油过程中，该数值可能低至 10%。这些数值也提供了热力提高采收率方法的最佳使用范围，在低孔隙度油藏（可供加热的岩石较少）中，他们最有效。

热力提高采收率方法如果想取得成功，如此低的热量分数是值得关注的。热力提高采收率方法的成功取决于该方法能否有效地降低原油黏度（图 11.1 所示）的，此时剩余在原油中的热量实际上是非常少的。值得注意的是，此时应考虑去往井筒和邻近岩层的热损失。

11.3　热力采油过程中的分流量理论

11.3.1　热力前缘的推进

非燃烧的热力前缘以三种方式在地层中推进，即以热水的方式、饱和蒸汽的方式或非凝析气的方式在地层中向前推进。每种推进方式都有其特征速度。

假设在横截面积固定的一维介质中，使用流体 3 驱替流体 1。通常，流体 1 为冷水，流体 3 可以是热水、非凝析气和饱和蒸汽。流体 3 的温度（T^+）高于流体 1 的温度，并且在所有情况下，驱替过程都在无混合作用的条件下进行，这意味着此时既不考虑驱替时的混相能力，也不考虑其稳定性。假设导热系数可以忽略（即忽略去往相邻介质中的热损失），驱替过程在恒压条件下进行，所有热焓的基准温度为 T^-（即 $H_1=0$），最后，假设所有的热力学性质都与温度无关。上述这些假设可以使第 5 章中分流量理论假设条件应用于热力采油过程。

描述这种驱替过程的方程为一维物质平衡和能量平衡方程（即方程 2.11 和方程 2.36）。这些方程是双曲线型的，并且使用上述假设条件可以对其进行简化，其他章节中介绍的许多方法在此处也是适用的（见第 5.6 节）。在这些限制条件（即相干性 ❶）下，可将前缘推进速度表示成与冷水速度 μ_1/ϕ 的乘数。

根据方程（5.41b），前缘推进速度为

$$v=\frac{1}{\phi}\left(\frac{\rho_3 u_3-\rho_1 u_1}{\rho_3-\rho_1}\right) \tag{11.8}$$

并且根据由能量平衡方程，可以推导出涌波推进速度，则相同的推进速度为

---

❶　相干性指能量波和质量波以相同的速度运动。

$$v = \frac{1}{\phi} \frac{\rho_3 u_3 H_3}{\rho_3 H_3 + \left(\frac{1-\phi}{\phi}\right)\rho_s H_s} \tag{11.9}$$

两个方程中的速度是有量纲的。方程（11.9）忽略了除热能外所有形式的能量，并且令焓与热能相等。$H_s = C_{ps}(T^+ - T^-) = C_{ps}\Delta T$ 为固体的比焓，根据方程（11.8）和方程（11.9），可以得出下列三种特殊的情况。

（1）流体 3 为热水。

在这种情况下，$\rho_3 = \rho_1$，$H_3 = C_{p1}\Delta T$，并且方程（11.9）变为

$$v_{HW} = \frac{1}{1 + \frac{1-\phi}{\phi}\frac{M_{Ts}}{M_{T3}}} \tag{11.10}$$

式中，v_{HW} 为前缘推进的比速度，由 u_3/ϕ 进行归一化处理，方程（11.10）使用了体积热容的定义和方程（11.39）。在上述情况下，有 $\mu_3 = \mu_1$，因此，

$$v_{HW} = \frac{1}{1 + D_{HW}} \tag{11.11}$$

式中，

$$D_{HW} = \left(\frac{1-\phi}{\phi}\right)\frac{M_{Ts}}{M_{T1}} \tag{11.12}$$

为热力前缘的迟滞系数（retardation factor）。方程（11.11）为物质平衡和能量平衡的综合方程，它与速度和温度差无关。对于这种不可压缩流动而言，热力前缘的推进速度比示踪剂前缘的推进速度（$v_{HW}=1$）要慢。这种变慢的推进速度是因为固体的热力学质量使得 D_{HW} 趋于正值，这与聚合物驱方程（8.28a）和表面活性剂—聚合物复合驱方程（9.14）中的迟滞系数趋于正值时的方式相同。

（2）流体 3 为干度 y 的蒸汽。

此时，有 $H_3 = C_{p1}\Delta T + yL_v$，其中，$L_v$ 为汽化潜热，将其代入方程（11.9）中，有

$$v_{SF} = \frac{u_3}{\phi} \frac{C_{p1}\Delta T + yL_v}{C_{p1}\Delta T + yL_v + \frac{1-\phi}{\phi}\frac{\rho_s C_{ps}}{\rho_3}} \tag{11.13}$$

使用方程（11.8）消去 μ_3/ϕ，得

$$v_{SF} = \frac{1}{1 + D_{SF}} \tag{11.14}$$

式中，D_{SF} 为蒸汽前缘的迟滞系数

$$D_{SF} = \frac{D_{HW}}{1 + h_D} \tag{11.15}$$

和 h_D 为无量纲潜热

$$h_D = \frac{yL_v}{C_{p1}\Delta T} \tag{11.16}$$

可以看出，h_D 为潜热与潜热的比值。因为 $h_D \geqslant 0$，在相同的条件下，蒸汽前缘（$\Delta T > 0$）比热水前缘推进地速度快。换言之，L_v 之所以能使前缘推进速度加快，是因为蒸汽能够更好地储存能量。推进速度较快的热力前缘，其热效率也较高，因为储层被接触的时间更早，对于去往下伏岩层和上覆岩层的热损失而言，时间会更早。D_{SF} 既与温度差（$C_{p1}\Delta T$ 项）有关，也与压力（L_v 项）有关。当压力接近水的临界点时，即 $L_v \to 0$，高压蒸汽驱的结果接近热水驱的极限。

【例 11.4】热力前缘的推进

在相同注入焓的条件下，蒸汽前缘的推进速度大于（效率也高于）热水驱前缘，这也同时强调了压力对热力提高采收率方法的影响。在本例中，使用图 11.4 中的饱和温度和图 11.6 中的焓—压力关系。

【解】

分别考虑两种注入情况：压力为 2000psi 时的饱和水蒸汽和压力为 200psi 时干度为 50% 的水蒸气。在这两种情况中，注入焓大约为 $\hat{H}_J = 620\frac{\text{Btu}}{\text{lb}_m}$，初始地层温度为 85℉，使用前面例子中的体积热容，并假设这两种压力条件时的含水饱和度相同。根据方程 (11.12)，有

$$D_{HW} = \left(\frac{1-\phi}{\phi}\right)\frac{M_{Ts}}{M_{T1}} = \left(\frac{1-0.3}{0.3}\right)\left(\frac{2.17\frac{\text{MJ}}{\text{m}^3 \cdot \text{K}}}{3.97\frac{\text{MJ}}{\text{m}^3 \cdot \text{K}}}\right) = 1.28$$

由此可得

$$v_{HW} = \frac{1}{1+1.28} = 0.439$$

这意味着热水前缘的推进速度比示踪剂前缘的推进速度的一半还要小。

对于饱和蒸汽时的情况而言，必须对某些数值进行修正。由图 11.5 可知，

$$yL_v = (0.4)(3-0.9)\frac{\text{MJ}}{\text{kg}}$$

由图 11.4 可得，饱和蒸汽温度 $T_s = 38$℉，因此，$\Delta T_s = (380-82)$℉ $= 166$K。则有

$$h_D = \frac{yL_v}{C_{p1}\Delta T} = \frac{0.4 \times \frac{2.1\text{MJ}}{\text{kg}}}{1\frac{\text{Btu}}{\text{lb}_m \cdot \text{℉}} \times 298\text{℉}} \frac{0.454\text{kg}}{1\text{lb}_m} \frac{1\text{Btu}}{10^{-3}\text{MJ}} = 3.2$$

和

$$D_{SF} = \frac{D_{HW}}{1+h_D} = \frac{1.28}{1+3.2} = 0.3$$

最终有

$$v_{SF} = \frac{1}{1+D_{SF}} = \frac{1}{1+0.3} = 0.77$$

该值是热水驱时的两倍,但是比示踪剂的推进速度仍然低得多。尽管推进速度的数量级对压力并不敏感,但这个顺序能够维持在达到临界点前的整个压力范围之内。

在这两种情况下,注入的焓是相同的,潜热的存在使得蒸汽的效率更高。所有基于蒸汽的提高采收率方法在低压时的操作效率都更加高,因为此时的潜热更加大。

在本书的前面章节中,曾假设蒸汽前缘是自锐缘的,而上述方程为证实该假设提供了一种非常有用的方法。首先,结合方程(11.14)至方程(11.16),有

$$v_{SF} = \frac{1}{1+D_{SF}} = \frac{1}{1+\dfrac{D_{HW}}{1+h_D}} = \frac{1}{1+\dfrac{D_{HW}}{1+\dfrac{yL_v}{C_{p1}\Delta T}}}$$

对于干度为100%水蒸气($y=1$)驱替饱和水($y=0$)的情况,饱和水的推进速度范围为

$$v_{SF}\big|_{y=0} = \frac{1}{1+D_{HW}}$$

饱和水蒸汽的推进速度范围为

$$v_{SF}\big|_{y=1} = \frac{1}{1+\dfrac{D_{HW}}{1+\dfrac{L_v}{C_{p1}\Delta T}}}$$

因此,$v_{SF}\big|_{y=0} < v_{SF}\big|_{y=1}$,并且前缘为涌波,因为较大干度的水蒸气比更大干度水蒸气的推进速度要快。当然,反过来对于饱和水驱替饱和蒸汽时的情况而言,这也是正确的。由于大量连续的水蒸气驱替作用,则水蒸气前缘为涌波。

(3)流体3为非凝析气。

除了$H_3 = C_{p1}\Delta T$这种情况之外,与热水的情况相类似,采用类似上述的方法,可得

$$v_G = \frac{1}{1+D_G} \tag{11.17}$$

式中,此时的迟滞系数为

$$D_G = \left(\frac{1-\phi}{\phi}\right)\frac{M_{Ts}}{M_{T3}} \tag{11.18}$$

这是因为 $\rho_3 C_{P3} \ll \rho_1 C_{P1}$，$D_G$ 比 D_{HW} 大得多。因此，加热气驱的推进速度是上述三种情况中最慢的。

11.3.2 与原油一起的流动

在接下来的几个章节中，将运用分流量分析某些简单的热力采油过程。其中最主要的基本控制方程为水的物质平衡方程：

$$\frac{\partial\left(\rho_1 S_1 + \rho_3 S_3\right)}{\partial t_D} + \frac{\partial\left(\rho_1 f_1 + \rho_3 f_3\right)}{\partial x_D} = 0 \tag{11.19a}$$

原油的物质平衡方程：

$$\frac{\partial\left(\rho_2 S_2\right)}{\partial t_D} + \frac{\partial\left(\rho_2 f_2\right)}{\partial x_D} = 0 \tag{11.19b}$$

和能量平衡方程：

$$\frac{\partial\left[\rho_1 S_1 H_1 + \rho_2 S_2 H_2 + \rho_3 S_3 H_3 + \dfrac{(1-\phi)}{\phi}\rho_s S_s H_s\right]}{\partial t_D} + \frac{\partial\left(\rho_1 f_1 H_1 + \rho_2 f_2 H_2 + \rho_3 f_3 H_3\right)}{\partial x_D} = 0 \tag{11.19c}$$

物质平衡方程式是根据一维分流量方程（2.53）（在相 3 中存在水）和能量平衡方程（2.64）得出的。当然，为了得出这些物质平衡方程，必须进行一些相对严格的假设，当将其应用于热力采油过程中时，会对其进行具体地讨论。

推导出与分流量有关的方程，而不是与通量有关的方程（即用 f_i 替代 u_j），这意味着此时已经认可了分流量理论中的各种假设条件，至少有一部分分流量假设条件是通用的，即假设流体和岩石是不可压缩的。（热的或冷的）原油和水通常可被假设成不可压缩的，这一般不会有大的误差，但是蒸汽是高度可压缩的。为了与本书中其他部分一致，也为了简化，并没有任何令人信服的理由来假设蒸汽是不可压缩的。不将其假设成不可压缩性流体以及固体时的处理方法，可以参考 Shulter 和 Boberg（1972）以及 Aydelotte 和 Pope（1983）发表的论文。

然而，蒸汽带中的压力梯度通常很低，所以蒸汽带中的密度可以被认为是常数。当然，如果假设将岩石为不可压缩性固体，则无法依靠孔隙压缩作用开采原油。此时，分流量假设中的非耗散部分包括导热系数，而在方程（11.19c）中缺少导热系数。

最后，假设原油在水中不溶解，且原油不存在汽化作用。忽略除热能以外所有形式的能量，并假定内能等于热焓。最后，假设不存在横向热损失，可以求出方程（11.19c）。这些假设意味着可以采用无量纲时间和位置的常规定义（即方程 5.9）来求解 $S_1\left(x_D, t_D\right)$ 和 $T\left(x_D, t_D\right)$。

11.3.3　热水驱

对于热水驱时的情况而言，$S_3=0$，并且有关不可压缩流体和固体的假设是适用的。据此，方程(11.19a)可被改写成单一变量的物质平衡方程，则其完整表达式变为

$$\frac{\partial S_1}{\partial t_D} + \frac{\partial f_1}{\partial x_D} = 0 \tag{11.20a}$$

其中，饱和度推进速度为

$$v_{S_1} = \left(\frac{\partial f_1}{\partial S_1}\right)_T = 0 \tag{11.20b}$$

类似地，以分流量形式改写能量平衡方程(2.80)，得

$$\left(M_{T1}S_1 + M_{T2}S_2 + \frac{1-\phi}{\phi}M_{Ts}\right)\frac{\partial T}{\partial t_D} + \left(M_{T1}f_1 + M_{T2}f_2\right)\frac{\partial T}{\partial x_D} = 0 \tag{11.21a}$$

同样地，使用水和原油的物质平衡方程来消去饱和度的导数，则方程(11.20b)转变成温度变化速率：

$$v_T = \frac{M_{T1}f_1 + M_{T2}f_2}{M_{T1}S_1 + M_{T2}S_2 + \frac{(1-\phi)}{\phi}M_{Ts}} \tag{11.21b}$$

由于温度与 f_i 有关，则 v_T 只与温度 T 有关。v_T 对温度 T 的依耐性要比 μ_2 对温度 T 的依耐性弱很多。因此，在热水驱中温度波是一种涌波。

令方程(11.20b)和方程(11.21b)中的速度相等，代入 $S_2=1-S_1$ 和 $f_2=1-f_1$，得

$$\frac{df_1}{dS_1} = \frac{f_1 + \dfrac{M_{T2}}{M_{T1} - M_{T2}}}{S_1 + \dfrac{M_{T2} + \dfrac{(1-\phi)}{\phi}M_{Ts}}{M_{T1} - M_{T2}}} \tag{11.22}$$

使用图 11.9 中的图解法，方程(11.22)可以确定出刚好位于热水前缘后方的含水饱和度 S_1^*。该图解法与聚合物驱油中的图 8.15 类似，但是，物质平衡直线不是从 x 坐标上的某点出发的，这种特性是方程(11.22)中水和原油体积热容之间的差异造成的。水依靠对流作用将热传递给热力前缘，而原油依靠对流作用将热向外传递。根据假设，在这种驱替过程中，对流传热是仅有的一种传热方式。

原油聚集带的后方必须以同样的速度推进，因此，通过物质平衡延伸线和冷油分流量曲线，可以得出原油聚集带的饱和度。冷油聚集带的前缘可以根据如图 11.9 所示的常规正割曲线图解法得到。

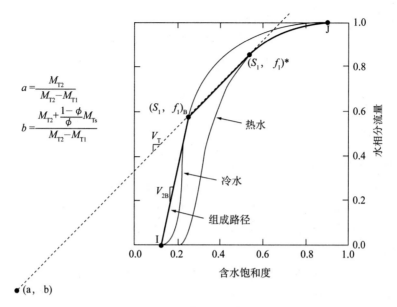

$$a = \frac{M_{T2}}{M_{T2} - M_{T1}}$$

$$b = \frac{M_{T2} + \dfrac{1-\phi}{\phi} M_{Ts}}{M_{T2} - M_{T1}}$$

图 11.9   热水驱图解法

11.3.4   蒸汽驱

当不存在横向热损失时，蒸汽前缘的推进速度将比热水前缘的要快很多，并且不会出现凝析现象。如果发生热损失，就会出现凝析现象，这将留在本章的后续部分予以讨论。由于假设压力为常数（忽略压力梯度），则蒸汽前缘后方的温度也必须是常数。因此，一维能量平衡方程的整个左侧变为

$$\frac{\partial(\rho_3 S_3)}{\partial t_D} + \frac{\partial(\rho_3 f_3)}{\partial x_D} = 0 \tag{11.23}$$

根据方程（11.19a）、方程（11.19b）和方程（11.23），蒸汽带中各相的质量都是平衡的。但这个问题与第 5.7 节中的求解问题相同，在第 5.7 节中，将水、气和原油的流动视为非混相的，构建出组分路径图（图 5.21 所示），它说明了两个波从初始条件 I 到注入条件 J 时的变化情况。

虽然图 5.21 中介绍的解法同蒸汽前缘推进问题时的解是相同的，但他们在某个重要方面存在差异，即在现有的问题中，不再给出初始条件 I，因为该条件紧接着蒸汽前缘后方（上游）。为了找到初始条件 I，需要再次对蒸汽前缘两侧施加相干条件（coherence condition）。

蒸汽前缘的整体相干条件可写成原油量和水量的形式，即

$$\frac{\rho_1(f_1 H_1)^+ + \rho_2(f_2 H_2)^+ + \rho_3(f_3 H_3)^+}{\rho_1(S_1 H_1)^+ + \rho_2(S_2 H_2)^+ + \rho_3(S_3 H_3)^+ + \dfrac{(1-\phi)}{\phi}\rho_s H_s^+} = \frac{\rho_1 f_1^+ + \rho_3 f_3^+ - \rho_1 f_1^-}{\rho_1 S_1^+ + \rho_3 S_3^+ - \rho_1 S_1^-} = \frac{f_2^+ - f_2^-}{S_2^+ - S_2^-} \tag{11.24}$$

（能量）   （水）   （油）

式中，"+"和"−"分别表示紧挨着前缘的上游条件（注入条件）和下游条件。在能量平衡方程中，因为假设热焓的基准温度为 T^-，方程中不出现负号项。可通过假设 $H_3=H_1+L_v$ 和 $H_j=C_{pj}\Delta T$（对于 $j=1$ 和 2 而言）来简化方程（11.24），得

$$\frac{\left(M_{T1}f_1^+ + M_{T2}f_2^+ + M_{T3}f_3^+\right)T^+ + \rho_3 L_v f_3^+}{\left(M_{T1}S_1^+ + M_{T2}S_2^+ + M_{T3}S_3^+ + M_{Ts}\right)T^+ + \rho_3 L_v S_3^+} = \frac{\rho_3 + f_1^+(\rho_1-\rho_3) - \rho_3 f_2^+ - \rho_1 f_1^-}{\rho_3 + S_1^+(\rho_1-\rho_3) - \rho_3 S_2^+ - \rho_1 S_1^-} = \frac{f_2^+ - f_2^-}{S_2^+ - S_2^-}$$

$$(11.25)$$

通常，蒸汽带温度 T^+ 是已知的，但方程（11.25）的两个等式中还留有 10 个未知数（即 $j=1$、$j=2$ 和 $j=3$ 条件下的 f_j^+ 和 S_j^+，以及 $j=1$ 和 $j=2$ 条件下的 f_j^- 和 S_j^-）。在分流量和饱和度之间存在着 5 个独立的方程，其中 3 个在上游，2 个在下游。当然，两侧的 S_j 和 f_j 相加必须均等于 1，因此，还可以加上这 2 个方程。由于现在的 10 个未知数中已存在 9 个方程，这样留下的仍是一个不确定系统。

一个求解这个不确定系统的途径是，在上游条件引入附加假设条件（Shulter 和 Boberg，1972），这种做法的其中一个示例是设定 $f_j^+=0$。最严格的途径将是通过恢复耗散项和求解移动坐标系统中的剖面，来推导附加的跃迁条件（Bryant 等，1986；Lake 等，2002）。确定上游条件（$^+$）后，就可以像第 5.7 节中介绍的方法进行求解。

11.4 来自设备和井筒的热损失

例 11.2 中所示的去往岩石和水中的热损失，可以简单地代表热力提高采收率方法中的最重要热损失。虽然控制热损失已经超出了本书的范围（除了选择热力采收率候选油藏部分外），但还是要尽力减少来自设备和井筒去往周围地层的热损失。

11.4.1 设备的热损失

热量的损失来自地面设备（例如管道、接头、阀门和锅炉）。这些设备一般都是隔热的，从而使热损失很小（极端条件时除外）。大多数有关热传递的教科书中都介绍了地面管线热损失的详细计算方法。表 11.3 给出了大多数设计都适用的近似热损失数值。

表 11.3　地面管线的热损失典型值

管类	隔热条件	不同管内温度下的单位表面积热损失 Btu/（h·ft²）			
		200℉	400℉	600℉	800℉
裸露金属管	静止空气，0℉	540*	1560	3120	—
	静止空气，100℉	210	990	2250	—
	10m/h 风，0℉	1010	2540	4680	—
	10m/h 风，100℉	440	1710	3500	—
	40m/h 风，0℉	1620	4120	7440	—
	40m/h 风，100℉	700	2760	5650	—

续表

管类	隔热条件	不同管内温度下的单位表面积热损失 Btu/（h·ft²）			
		200℉	400℉	600℉	800℉
氧化镁隔热管 （空气温度80℉）	标称 3in 管线	50**	150	270	440
	标称 6in 管线	77	232	417	620
	3in 管线，1¹/₂in 隔热层	40	115	207	330
	6in 管线，1¹/₂in 隔热层	64	186	335	497
	3in 管线，3in 隔热层	24	75	135	200
	6in 管线，6in 隔热层	40	116	207	322

*1Btu/（h·ft²）≈ 3.0J/（m²·s）。

**1Btu/（h·ft）=0.91J/（m·s）。

11.4.2 井筒的热损失

另一方面，如果油藏很深，来自井筒的热损失可以引起相当大的能量损失。在本节的剩余部分中，将致力于估算给定深度时井筒流体温度和蒸汽干度以及热损失的速率。在低于含水层和永久冻土时的热流体中，存在许多有关此类计算的不同版本。此时主要讨论的是注入井，其热损失的估算对热力提高采收率方法的效率是非常重要的。

对来自井筒热损失的估算，可以为热传导理论和近似解应用提供良好的示例。该方法由三部分组成，即井眼区域内的稳态热传递、井筒附近地层的瞬时热传导和井筒中的流动总热平衡。在合适的假设条件下，可以分别对各种问题分别求解，然后将他们进行加和，以求得最后的结果。如上所述，将稳态热传递、瞬时热传导和总热平衡三者加和在一起，可以得到准稳态时的近似结果。能量平衡方程基本方程的具体表达式和一般表达式分别为方程（2.36）和方程（2.92）。当时间导数为零时，为稳态。

11.4.3 估算总传热系数

井眼区域高度为Δz单元内的热传递流量可以由下式进行估算：

$$\Delta \dot{Q} = 2\pi R_{to} U_{T}(T_f - T_d)\Delta z \tag{11.26}$$

式中，$\Delta \dot{Q}$ 为某垂直井截面高度Δz时通过外半径 R_t 时的热传递流量（能量/时间）。u_t 为基于油管外表面的总传热系数，使用方程（11.26）时需要知道 u_t 的估算值。

从井眼区域传递的热在油管中的流动流体和储层之间包含许多种不同的热阻。从地层外向内，依次为水泥带、套管、环形空间、油管隔热层、油管自身以及流动流体。图10.10给出了温度剖面示意图以及各种符号的定义。方程（10.26）被表示成流体温度 T_f 与井眼半径处温度 T_d 之间的温度差。

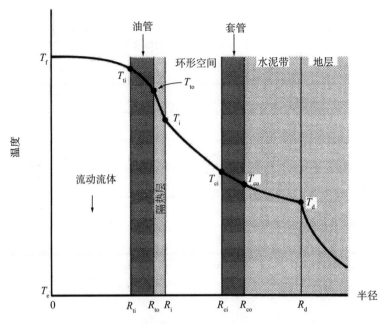

图 11.10 井眼中的温度剖面示意图 (Willhite, 1967)

根据 Willhite (1967) 的研究,假设井眼是径向对称的,在 z 方向上不存在热传导作用,并且导热系数与温度无关。井眼区域所占的体积比储层体积小得多,所以可以假设此处温度瞬变过程要比地层中的快很多。因此,可以将稳态能量用于油管、隔热层、套管和水泥带中,即

$$\frac{\mathrm{d}}{\mathrm{d}r}(rq_c) = 0 \tag{11.27}$$

式中,q_c 为方程 (2.33) 中传递热通量 $\vec{q}_c$ 在径向上的分量,这里的热传递作用只依靠了热传导作用。因为半径—热通量的乘积为常数,所以在整个高度 z 范围内的热传递流量也是一个常数。

$$\Delta \dot{Q} = 2\pi \Delta z q_c = -2\pi r k_T \frac{\mathrm{d}T}{\mathrm{d}r} \Delta z \tag{11.28}$$

方程 (11.28) 可以对每个区域中内测和外侧之间的温度差进行积分,即

$$T_{ti} - T_{to} = \frac{\Delta \dot{Q} \ln\left(\dfrac{R_{to}}{R_{ti}}\right)}{2\pi k_{Tt} \Delta z} (油管) \tag{11.29a}$$

$$T_{to} - T_i = \frac{\Delta \dot{Q} \ln\left(\dfrac{R_i}{R_{to}}\right)}{2\pi k_{Ti} \Delta z} (隔热层) \tag{11.29b}$$

$$T_{ci} - T_{co} = \frac{\Delta \dot{Q} \ln\left(\dfrac{R_{co}}{R_{ci}}\right)}{2\pi k_{Tc}\Delta z}\,(\text{套管}) \tag{11.29c}$$

$$T_{co} - T_d = \frac{\Delta \dot{Q} \ln\left(\dfrac{R_d}{R_{co}}\right)}{2\pi k_{Tcem}\Delta z}\,(\text{水泥带}) \tag{11.29d}$$

方程（11.29a）中的 k_{Tt}、k_{Ti}、k_{Tc} 和 k_{Tcem} 分别为油管、隔热层、套管和水泥带的导热系数。

　　无论是油管中的流体，还是环形空间中的流体，都不是严格地通过热传导作用来传递热量的，因此，必须对他们分别进行处理。假设通过这些区域的热传递流量可以表示为

$$T_f - T_{ti} = \frac{\Delta \dot{Q}}{2\pi R_{ti}\Delta z h_{Tf}}\,(\text{油管内的流动流体}) \tag{11.30a}$$

$$T_i - T_{ci} = \frac{\Delta \dot{Q}}{2\pi R_i \Delta z h_{Ta}}\,(\text{油管内的流动流体}) \tag{11.30b}$$

式中，h_{Tf} 和 h_{Ta} 分别为油管和环形空间中流体的热传递系数，他们主要通过后续讨论的相关式进行估算。

　　可将方程（11.29）和方程（11.30）进行加和，得到总温度差为

$$T_f - T_d = \frac{\Delta \dot{Q}}{2\pi\Delta z}\left[\frac{1}{R_{ti}h_{Tf}} + \frac{\ln\left(\dfrac{R_{to}}{R_{ti}}\right)}{k_{Tt}} + \frac{\ln\left(\dfrac{R_i}{R_{to}}\right)}{k_{Ti}} + \frac{1}{R_i h_{Ta}} + \frac{\ln\left(\dfrac{R_{co}}{R_{ci}}\right)}{k_{Tc}} + \frac{\ln\left(\dfrac{R_d}{R_{co}}\right)}{k_{Tcem}}\right] \tag{11.31}$$

代入方程（11.26）中，则总传热系数为

$$U_T^{-1} = R_{to}\left[\frac{1}{R_{ti}h_{Tf}} + \frac{\ln\left(\dfrac{R_{to}}{R_{ti}}\right)}{k_{Tt}} + \frac{\ln\left(\dfrac{R_i}{R_{to}}\right)}{k_{Ti}} + \frac{1}{R_i h_{Ta}} + \frac{\ln\left(\dfrac{R_{co}}{R_{ci}}\right)}{k_{Tc}} + \frac{\ln\left(\dfrac{R_d}{R_{co}}\right)}{k_{Tcem}}\right] \tag{11.32}$$

上述方程将流体和地层之间的总传热系数表示成一系列按其几何尺寸加权的热阻的总和。如果缺少图 11.8 中的任意一个带（即内半径和外半径相等），则该项将不会出现在方程（11.32）中。另外，如果某组成的导热系数较大（通常为油管和套管），则方程中对应的相会较小。事实上，常常是某一单项控制着整个总传热系数的大小，比如当 k_{Ti} 很小时隔热油管中可能会出现这种情况，使用方程（11.32）时需要知道 h_{Tf} 和 h_{Ta} 的估算值。

11.4.4　油管和环空中的热传导系数

　　使用方程（11.32）的主要困难在于估算 h_{Tf} 和 h_{Ta}，这是因为其他各项均为常数。来自

流体流动的热传递。通过热传导作用和热对流作用，如果流量很大，热量会被黏滞加热作用耗散掉。图 11.11a 给出了速度和温度剖面示意图。理论分析（Bird，2002）表明，对于长度—直径比值很大的油管而言，h_{Tf} 可以使用下列无量纲方程式建立相关关系：

$$N_{Nu}=f(N_{Pr},\ N_{Re},\ N_{Br}) \tag{11.33}$$

方程（11.33）中的无量纲方程组为

$$努塞尔数 = \frac{R_{ti}h_{Tf}}{k_{Tf}} = N_{Nu} \tag{11.34a}$$

$$普朗特数 = \frac{C_{pf}\mu_f}{k_{Tf}} = N_{Pr} \tag{11.34b}$$

$$雷诺数 = \frac{2\rho_f \overline{v} R_{ti}}{\mu_f} = N_{Re} \tag{11.34c}$$

$$布凌克曼数 = \frac{\mu_f v_{max}^2}{k_{Tf}\left(T_f - T_{ti}\right)} = N_{Br} \tag{11.34d}$$

方程（11.34c）中的上划线表示该物理量为体积平均数。

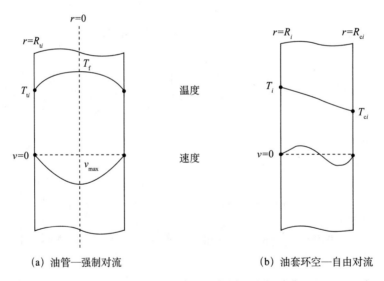

(a) 油管—强制对流　　　　　　　(b) 油套环空—自由对流

图 11.11　油管中和环形空间中速度和温度剖面示意图（Willhit，1967）

　　这些以提出者人名命名的物理量组都是热传递文献中为人所熟知的物理量组，每一个物理量组都有其单独的物理意义。N_{Nu} 为总传递热量与热传导的比值，N_{Pr} 为对流热量与热传导的比值，N_{Re} 为流体流动惯性力与黏滞力的比值，而 N_{Br} 为黏滞热耗散与热传导的比值。在这四个比值中，只有 N_{Br} 包含有温度差。但是，如果 N_{Br} 很小，比如液流中的 N_{Br} 与温度之间的关系就很弱。对于简单几何形状而言，方程（11.33）的具体形式可以通过理论推导得出，在实际情况中，它是一种经验关系式（Bird 等，2002），见练习题 11.6。

环形空间中的热传递是相当复杂的。如果环形空间的两端被密封，则此时不存在体相流动，但是 T_i 和 T_{ci} 之间的温度差会引起环形空间流体中的局部密度差，进而引起流体流动。为了将其与油管中的强制对流（forced convection）区别开来，称这种流动为自由对流（free convection）。图 11.11b 给出了环形空间中的速度和温度剖面示意图。另一个量纲分析提出了各无量纲物理量之间的关系，对于长度—直径比值很大的平滑管而言，其中一个特殊的关系式（Willhite，1976）为

$$N_{Nu}=0.0499(N_{Gr}N_{Pr})^{1/3}N_{Pr}^{0.074} \tag{11.35}$$

方程（11.35）中出现的新的物理量为 Grashof 数，即

$$N_{Gr} = \frac{(R_{ci} - R_i)^3 g\rho_a \beta_T (T_i - T_{ci})}{\mu_a} \tag{11.36}$$

它是自由对流与黏滞力的比值。参数 β_T 为热膨胀系数，被定义为 $-1/\rho_a (\partial \rho_a / \partial T)_p$，下角标 a 表示环形空间流体。$N_{Nu}$、$N_{Pr}$ 和 N_{Gr} 中的流体性质现在以环形空间流体为基础。Grashof 数包含温度差，事先通常是无法知道的。因此，在实际应用中，可能有必要通过试算法来求解热损失。

环形空间中通常是充满空气的，但有时它也是真空的，当出现后一种情况时，热传递似乎只能依靠热辐射作用。热辐射是一种与对流作用或传到作用无关的热流动形式。在某些情况下，热辐射可能在热传递中占有相当大的比重。

11.4.5 储层中的热传导

井筒周围地层中巨大的热质量，仅是其与储层接触的一小部分，这表明此处的热传递是瞬态的。在这一部分中，重复最早由 Ramey（1959）提出的步骤来计算井眼外（$r>R_d$）时的温度。

假设储层中的热传递完全依靠径向传导作用。在不存在任何速度的情况下，方程（2.36）变为

$$\frac{\partial T}{\partial t} = \left(\frac{k_T}{\rho C_p}\right)_s \frac{1}{r}\frac{\partial}{\partial r}\left(r\frac{\partial T}{\partial r}\right) = \frac{k_{Ts}}{r}\frac{\partial}{\partial r}\left(r\frac{\partial T}{\partial r}\right) \tag{11.37}$$

式中，方程（2.34）已经被代入传导热通量中，方程（11.4）被使用来计算热扩散系数。方程（11.37）也假设储层是不可压缩的和单相的，因此，内能的变化只与温度的变化有关（即不存在潜热）。一旦将该方程用于求解 $r>R_d$ 时的 $T(t, r)$，则根据 $r=R_d$ 时的空间梯度可以求得热传递速率。下列的边界条件和初始条件适用于方程（11.37）：

$$T(0, r)=T(t, \infty)=T_e \tag{11.38a}$$

$$-k_{Ts}\left(\frac{\partial T}{\partial r}\right)_{r=R_d} = \frac{\Delta\dot{Q}}{2\pi R_d \Delta z} \tag{11.38b}$$

式中，Δz 为总高度差。未扰动外界温度 T_e 实际上是 z 的函数，即地热梯度

$$T_e = a_T z + T_0 \tag{11.39}$$

式中，Δz 通常大约为 0.18K/km，T_0 为平均地表温度。该梯度的存在意味着来自地心的热传递速率为常数，也表明该问题中与有关的问题未在方程中显现出来。因此，这个解是针对特定的 z 而言的，但是只有当求解流动流体的能量平衡时来回产生随 z 产生变化的问题。方程（11.38b）表达了 $r=R_d$ 处热通量的连续性，将其与方程（11.26）结合，得到"传导"条件为

$$-k_{Ts}\left(\frac{\partial T}{\partial r}\right)_{r=R_d} = \frac{U_T R_{to}(T_f - T_d)}{R_d} \tag{11.40}$$

如前所述，所有的温度均是 z 的函数。

对于非零的 R_d 而言，方程（11.37）、方程（11.38）和方程（11.40）的解必须是数值解（使用 Laplace 变换），该数值解一旦被知晓，则根据方程（11.38b）可以得到热传递速率：

$$\Delta \dot{Q} = \frac{2\pi k_{Ts}(T_d - T_e)\Delta z}{f_T(t_D)} \tag{11.41}$$

式中，f_T 为无量纲时间 t_D 和储层 Nusselt 数的函数，即

$$t_D = \frac{k_{Ts}t}{R_d^2} \tag{11.42a}$$

$$N_{Nu} = \frac{R_{to}U_T}{k_{Ts}} \tag{11.42b}$$

图 11.11 给出了以 N_{Nu} 作为参数时 f_T 的对数与 t_D 的对数之间的关系曲线。

Ramey（1959）给出了上述方程的使用步骤，据此可以求解给定深度和时间条件下的套管内温度 T_{ci} 和热损失速率 $\Delta \dot{Q}$，已知图 11.12 中的半径，油管、隔热层、套管和水泥带的导热系数，流动流体、环形空间流体和地层的热力学性质，流动流体的黏度和平均速度，以及深度 z 和体相流体温度 T_f。该方法的使用步骤如下：

（1）根据方程（11.39）计算 T_e，计算流动流体的 N_{Pr} 和 N_{Re}，以及根据方程（11.34）计算环形空间流体的 N_{Pr}。根据方程（11.42a）计算 t_D。

（2）假设一个 h_{Ta} 值，根据方程（11.32）计算 U_T，所有其他的物理量与温度无关。如果 N_{Br} 不是非常小，也必须假设一个 h_{Ta} 值。

（3）根据方程（11.42b）计算储层 Nusselt 数，并且使用该值和 t_D 由图 11.12 估算出 T_f，根据

$$T_d = \frac{T_f f_T(t_D) + \left(\dfrac{k_{Ts}}{R_{to}U_T}\right)T_e}{f_T(t_D) + \left(\dfrac{k_{Ts}}{R_{to}U_T}\right)} \tag{11.43}$$

计算 T_d，通过消去方程（11.26）和方程（11.41）中的 $\Delta\dot{Q}$，可以得到该方程中的 T_f。然后利用任何一个方程来计算 $\Delta\dot{Q}$。

（4）求得 $\Delta\dot{Q}$ 和 T_d 后，依次使用方程（11.29）和方程（11.30）可以求得 T_{ci} 和所有其他的参数。

此时已经完成了求解，但是步骤（2）中假设的 h_{Ta} 值可能是错误的，进一步的处理需要进行试差法。

（5）根据方程（11.36）计算 N_{Gr} 和使用方程（11.35）估算 h_{Ta}。如果热辐射作用很重要的话，此处应该对该值进行修正。

（6）根据其定义（方程 11.32）重新计算 U_T，将该值与步骤（2）中的数值进行比较，如果吻合程度令人不满意时，应该使用新的 U_T 值来重复步骤（2）至步骤（6）的计算。U_T 的收敛试验，因为 U_T 受温度的影响比受 h_{Ta} 的影响小得多。一般使用不到三次的试算就能获得收敛。

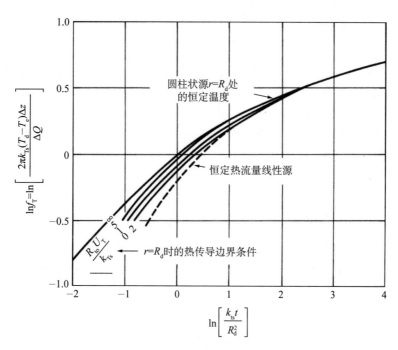

图 11.12　瞬态热传递函数（Ramey，1962）

11.4.6　来自井筒的热损失

现在讲注意力集中在单元 Δz 上，热量穿过 Δz 时的速率为 $\Delta\dot{Q}$。首先，通过方程（11.26）和方程（11.41）来消去 T_d，得

$$\Delta\dot{Q} = \frac{2\pi k_{Ts}R_{to}U_T}{k_{Ts}+R_{to}k_{Ts}f_T(t_D)}(T_f-T_e)\Delta z \qquad (11.44)$$

在后续的讨论中，假设 U_T 为常数。

如果将总体能量平衡（方程 2.56）应用于单元 Δz，则

$$A\Delta z\frac{\mathrm{d}}{\mathrm{d}t}\left(\overline{\rho_{\mathrm{f}}U}\right)+\Delta\dot{H}-\overline{v}\rho_{\mathrm{f}}Ag\Delta z=-\Delta\dot{Q} \tag{11.45a}$$

式中，忽略了动能项和机械功项。此外，通过将流入和流出单元 Δz 的热焓写成比焓与恒定质量流量的乘积 $\dot{m}=\overline{v}\rho_{\mathrm{f}}A$，可得

$$\dot{m}\left(\Delta\overline{H}-g\Delta z\right)=-\Delta\dot{Q} \tag{11.45b}$$

方程（11.45b）使用与前面井眼中相同的准稳态观点来消去时间导数。

通过假设在地面进口温度条件下 T_{f} 为常数（使得 $\Delta\overline{H}=0$），再将所得的常微分方程 $\mathrm{d}Q/\mathrm{d}z$ 在极限 $\Delta z\rightarrow0$ 时求积分，就可以根据方程（11.41）得出最简单的热损失模型（Ramey，1964）：

$$\dot{Q}(z)=\frac{2\pi k_{\mathrm{Ts}}R_{\mathrm{to}}U_{\mathrm{T}}}{k_{\mathrm{Ts}}+R_{\mathrm{to}}U_{\mathrm{T}}f_{\mathrm{T}}\left(t_{\mathrm{D}}\right)}\left[\left(T_{\mathrm{f}}-T_{0}\right)z-\frac{a_{\mathrm{T}}z^{2}}{2}\right] \tag{11.46}$$

式中，在积分前使用方程（11.39）替代 T_{e} 和使用方程（11.26）替代 T_{d}。由于 T_{f} 和 T_{e} 之间的温度差为最大可能值，则该方程能获得到达深度 z 时的最大热损失速率。$\left(T_{\mathrm{f}}-T_{0}\right)$ 为进口温度和地面温度之间的温度差。

多余更为常见的情况而言，消去方程（11.44）和方程（11.45b）之间的 $\Delta\dot{Q}$，再次在极限 $\Delta z\rightarrow0$ 时求积分，得

$$\frac{\mathrm{d}\overline{H}}{\mathrm{d}z}-g=-\frac{2\pi k_{\mathrm{Ts}}R_{\mathrm{to}}U_{\mathrm{T}}\left(T_{\mathrm{f}}-T_{\mathrm{e}}\right)}{\dot{m}\left[k_{\mathrm{Ts}}+R_{\mathrm{to}}U_{\mathrm{T}}f_{\mathrm{T}}\left(t_{\mathrm{D}}\right)\right]} \tag{11.47}$$

方程（11.47）是一个实用方程。符号变化为 z 向下增加，并且当热从井筒中损失时，$\Delta\dot{Q}$ 为正值。通过采用不同形式的比焓，可以将方程（11.47）应用于一些特殊的情况。

如果在油管中流动的流体为理想气体，因为低压时可能是单相水蒸气，因此，焓与压力无关：

$$\mathrm{d}\overline{H}=C_{\mathrm{P3}}\mathrm{d}T_{\mathrm{f}} \tag{11.48a}$$

将该式代入（11.47）中，有

$$\frac{\mathrm{d}T_{\mathrm{f}}}{\mathrm{d}z}=\frac{g}{C_{\mathrm{P3}}}-\frac{2\pi k_{\mathrm{Ts}}R_{\mathrm{to}}U_{\mathrm{T}}\left(T_{\mathrm{f}}-T_{\mathrm{e}}\right)}{C_{\mathrm{P3}}\dot{m}\left[k_{\mathrm{Ts}}+R_{\mathrm{to}}U_{\mathrm{T}}f_{\mathrm{T}}\left(t_{\mathrm{D}}\right)\right]} \tag{11.48b}$$

对于恒定的热容而言，方程（11.48b）通过积分，得

$$T_{\mathrm{f}}=a_{\mathrm{T}}z+T_{0}-A_{\mathrm{T}}\left(a_{\mathrm{T}}+\frac{g}{C_{\mathrm{P3}}}\right)+\left[\left(T_{\mathrm{f}}-T\right)_{0}+A_{\mathrm{T}}\left(a_{\mathrm{T}}+\frac{g}{C_{\mathrm{P3}}}\right)\right]\mathrm{e}^{-zA_{\mathrm{T}}} \tag{11.48c}$$

式中，

$$A_{\mathrm{T}}\left(t_{\mathrm{D}}\right)=\frac{\dot{m}C_{\mathrm{P3}}\left[k_{\mathrm{Ts}}+R_{\mathrm{to}}U_{\mathrm{T}}f_{\mathrm{T}}\left(t_{\mathrm{D}}\right)\right]}{2\pi k_{\mathrm{Ts}}R_{\mathrm{to}}U_{\mathrm{T}}}\tag{11.48d}$$

方程（11.48c）中的 T_{f0} 为 $z=0$ 时地面入口处的温度。此时的 T_{f} 为深度的函数，可以对方程（11.45b）进行积分，可以求出下至 z 时的热损失。这两个方程说明，流体温度和热损失以指数函数外加一个线性项的形式，随着深度发生改变，变化速率由 A_{T} 决定，它与质量流量成正比。

如果流动流体在入口地面温度时为过热蒸汽，则方程（11.84c）可以用来描述温度下降至饱和温度时的情况。低于该饱和温度时，在油管向下的一段距离内，随着更多的热量损失掉，流体将逐渐凝析形成饱和水，所以流体将是饱和的两相混合物。在这种情况下，比焓与水蒸气干度之间的关系为

$$\bar{H}=H_1^{\mathrm{sl}}+yL_{\mathrm{v}}\tag{11.49a}$$

如果压力为常数，这将导致一个相对简单的干度微分方程（Satter，1965）

$$\frac{\mathrm{d}y}{\mathrm{d}z}=\frac{g}{L_{\mathrm{v}}}-\frac{\left(T_{\mathrm{f}}-T_{\mathrm{e}}\right)}{A_{\mathrm{T}}}\tag{11.49b}$$

其中

$$A_{\mathrm{T}}\left(t_{\mathrm{D}}\right)=\frac{\dot{m}L_{\mathrm{v}}\left[k_{\mathrm{Ts}}+R_{\mathrm{to}}U_{\mathrm{T}}f\left(t_{\mathrm{D}}\right)\right]}{2\pi R_{\mathrm{to}}k_{\mathrm{Ts}}}\tag{11.49c}$$

因为恒定压力时蒸汽干度的变化必须发生在恒定温度的时候，在饱和温度下，T_{f} 为常数，对方程（11.49b）进行积分，可以求得油管中的流体干度。

$$y=1+\left[\frac{\left(\dfrac{gA_{\mathrm{T}}}{L_{\mathrm{v}}}\right)+T_0-T_{\mathrm{f}}}{A_{\mathrm{T}}}\right]z+\frac{a_{\mathrm{T}}z^2}{2A_{\mathrm{T}}}\tag{11.49d}$$

式中，当 $z=0$ 时，$y=1$。根据（11.49a）可以得到热损失；应当指出的是，如果流体正处于冷凝状态，则恒定的流动温度并不意味着不存在热损失。

方程（11.49d）正在掩饰其简单性。它已经忽略了垂直管线中两相流动的流体动力学（hydrodynamics）和 U_{T} 随着冷凝作用而发生改变（通过 h_{Tf}）的这种重要效应。另外，该方程是相当具有启发性的，特别是当其与流动气体的热损失计算合并时。

由于在已加热井筒和储层周围地温之间存在温度差，使得热量从井筒中损失掉。图11.13 给出了当井筒中注入过热蒸汽时，井筒中的流体状态与深度和注入时间之间的关系，该计算结果中假设井筒中的压力为常数。

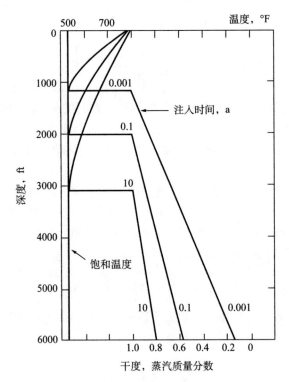

图 11.13　温度或干度随深度的变化（Satter，1965）

图 11.13 中的变化情况也可以反映在图 11.4 中的焓—压力关系图上。假设井筒压力为 3.1MPa，地面温度为 800K。在井筒压力条件下，温度下降至露点温度时，方程（11.48c）可以近似地表示该温度变化情况，在图 11.4 的过热蒸汽区域中，用水平线段进行表示。由该点开始往下移动，井筒压力为恒定的，水蒸气干度如方程（11.49d）预测的那样开始下降，在图 11.4 中，从过热蒸汽区域水平线的延伸，使其与等温线重叠，可以看出这种变化非常地明显，但干度会有所下降。在某固定时刻，单位水蒸气质量的热损失可通过焓—压力关系图上 x 坐标的差值得到。随着时间的增加，整条曲线会沿着井筒方向向下运移。

11.4.7　控制热损失

从井筒到周围地层中的热损失可使用三种方式进行控制。

（1）限定应用范围。

由图 11.13 和图 11.4 可以看出，深井和长期开采时必须避免采用热力采油方法。特别是蒸汽驱方法，当井深超过 1000m 时，该方法通常是不适用的。如果油藏深度不是很深，则井网距离可以相对较近，这样将会缩短开采周期。小井距还会降低进入岩层中的热损失。

（2）对套管进行隔热处理。

井筒热损失的机理是套管的热传导、油管与套管之间的热辐射和环形空间中的自由对流。可通过将套管或油管与地层进行隔热处理，来抑制这些机理的形成。

图 11.14 给出了隔热处理产生的明显效果。在注热水驱方法中，采用隔热处理方法会

使热损失降低近 10 倍。因为注入蒸汽方法时的热传递系数大约为注入热水方法时的 1/2，所以注入蒸汽方法中的隔热处理方程产生的热损失降低效果不会很明显。

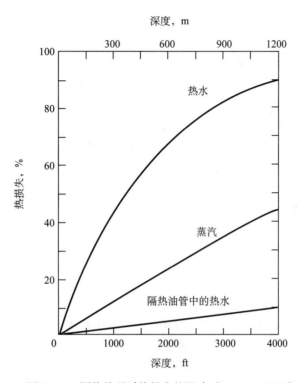

图 11.14　隔热处理对热损失的影响（Ramey，1962）

　　是否进行隔热处理方法取决于节省热量带来的好处能否超过隔热处理的费用，反过来，这又取决于隔热处理的类型和井深。目前为止，常用的方法是在环形空间和油管之间留有一个气体空间，以提供局部隔热的作用。

　　（3）在高排量或高地面压力条件下注入。

　　随着注入量的增加，热流体的热传递也会随之增加。上述一些方程可以证实这一点，比如方程（11.48b）分析了流体温度的变化和方程（11.49b）分析了蒸汽干度的变化。热损失速率随着 m 的增加而增加，但是热损失速率不会像去往地层中的热传递速率一样快，所以相对热损失速率反而会降低。图 11.15 表明了这种处理方法带来的好处，即将注入速度增加了三倍时，会使相对热损失降低约三倍。高排量的第二个好处是可以缩短作业时间。

　　这里还应该注意两点。首先，注入压力不得超过地层破裂压力（formation parting pressure）。正如水驱过程一样，注入压力超过破裂压力时，会在地层中形成高渗透性通道，降低体积波及效率（但这个问题在热力采油方法中不像在其他提高采收率方法中那样严重）。其次，在蒸汽驱过程中，如果蒸汽突破后仍然以高排量方式注入，会通过生产井产生过量的热损失。当出现这种情况时，井筒热损失速率必须与生产井的热损失速率保持平衡，一旦形成了蒸汽突破，注入量也会降低。

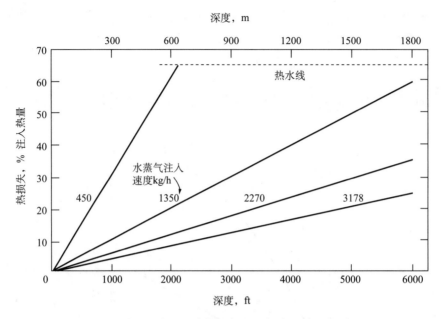

图 11.15　注入量对热损失的影响（Satter，1965）

避免井筒热损失的一种常用方法是在层内自生热量或在井筒底部产生热量。第一种方法是火烧油层（见 11.8 节）的依据，它可以使热力采油方法的实际深度延伸至大约 2000m 处。在这个深度以下，气体压缩费用会非常高。第二种方法是井下蒸汽生成技术（downhole steam generation）。

存在两种可在井下油层砂面处生成水蒸气的井下蒸汽发生器。在直燃式蒸汽发生器（direct-fired generator）中，水和燃料在燃烧室中混合，并进行燃烧，然后将整个混合物（即蒸汽、未燃烧的燃料和燃烧产物）注入地层中。燃烧产物中的 CO_2 本身就是一种提高采收率介质，但是这种设备难以操作和维护。间接火力蒸汽发生器将燃烧混合物返排至地面，虽然它易于维护，但结构更为复杂。这两种发生器的燃烧产物都会给环境带来危害。

11.5　去往上覆岩层和下伏岩层的热损失

热力采油方法中的第四个热损失来源是去往相邻岩层或去往上覆岩层和下伏岩层的热损失。如第 11.4 节所述，分析这种热损失时，需要综合考虑局部的热传递和总体的热传递，这样才能获得更为实际的结果。这里将对 Farouq Ali（1966）提出的 Marx–Langenheim（1959）理论进行介绍。

Marx–Langenheim（ML）理论主要用来计算随时间和油藏性质变化的受热面积。然后通过受热面积，求得产油量、原油—水蒸气比以及能量效率的表达式（见练习题 11.7）。这种处理方法最适用于蒸汽驱过程，但受热面积的表达式适用于所有的热力采油方法。

图 11.16 给出了受热过程示意图，假设面积无限大油藏中的受热区域含有单相流体，这里忽略横向热传导作用，这些假设会产生理想的尖锐温度剖面。进而假设上覆岩层和下伏岩层在正 z 坐标和负 z 坐标上无限延伸。

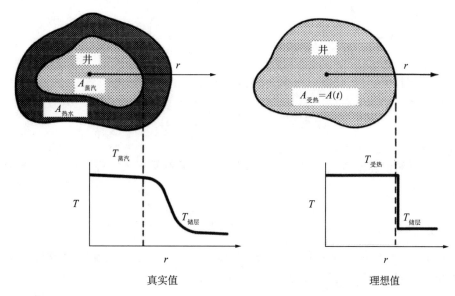

图 11.16　Marx—Langenheim 理论受热面积的理想图

11.5.1　局部热平衡

本节目的是推导出上覆岩层和下伏岩层热损失流量 $\dot{Q}$ 的表达式和受热面积 $A(t)$ 与时间的关系。

如果上覆岩层和下伏岩层是不可渗透性的，那么热量完全通过热传导方式进行传递。此时，所有的流体速率和对流通量都为零，则能量平衡方程（2.36）可化被改写成一维形式：

$$\frac{M_{Ts}}{k_{Ts}}\frac{\partial T}{\partial t}=\frac{1}{K_{Ts}}\frac{\partial T}{\partial t}=\frac{\partial^2 T}{\partial z^2} \tag{11.50}$$

式中，K_{Ts} 为上覆岩层和下伏岩层的热扩散系数，M_{Ts} 为他们的总体积热容。方程（11.50）中假设所有的热力学性质都与温度无关。

将方程（11.50）应用于上覆岩层和下伏岩层横截面积为 ΔA_k 的垂直段上，在 $z=0$（油藏顶部）条件下，该横截面在时间 t_k 之前处于初始温度 T_I，然后温度升高到 T_J。则此时方程（11.50）的边界条件为

$$T(z,\ 0)=T_I=T(\infty,\ t)\ ;\ T(0,\ t>t_k)=T_J \tag{11.51a}$$

方程（11.51a）忽略了油藏外界的地温梯度，因为该问题是对称的，根据假设，并不需要对上覆岩层和下伏岩层进行单独论述。该问题中的时间由 t_k 来抵消，从而方程（11.51a）的最后边界条件为

$$T(0,\ \tau)=T_J \tag{11.51b}$$

式中，$T=T\ (z,\ \tau)$，$\tau=t-t_k$ 和 $\tau>0$。

方程（11.50）和方程（11.51）的形式和边界条件与方程（5.51）和方程（5.53）正好相同，可将他们的解概括为

$$T(z,\tau)=T_\mathrm{I}-(T_\mathrm{I}-T_\mathrm{J})\mathrm{erfc}\left(\frac{z}{2\sqrt{K_\mathrm{Ts}\tau}}\right) \tag{11.52}$$

式中，τ 替代了时间变量。热量从油藏传递进入 ΔA_k 中的热流量为

$$\Delta\dot{Q}_\mathrm{k}=-k_\mathrm{Ts}\left(\frac{\partial T}{\partial z}\right)_{z=0}\Delta A_\mathrm{k} \tag{11.53}$$

通过该解，可以对误差函数在 $z=0$ 时进行微分，然后将结果代入方程（11.53）中，得

$$\Delta\dot{Q}_\mathrm{k}=\frac{k_\mathrm{Ts}\Delta T}{\sqrt{\pi K_\mathrm{Ts}(t-t_\mathrm{k})}}\Delta A_\mathrm{k} \tag{11.54}$$

式中，$\Delta T=T_\mathrm{J}-T_\mathrm{I}$。方程（11.54）表示 $t>t_\mathrm{k}$ 时任意垂直段的热损失流量。当将所有类似的垂直段加和在一起时，t_k 中的最大值仍然远远小于 t，则有

$$\dot{Q}=2\sum_{k=1}^{K}\Delta\dot{Q}_\mathrm{k}=2\sum_{k=1}^{K}\frac{k_\mathrm{Ts}\Delta T}{\sqrt{\pi K_\mathrm{Ts}(t-t_\mathrm{k})}}\Delta A_\mathrm{k} \tag{11.55a}$$

在最大 ΔA_k 的极限值趋于零时，则上式变为

$$\dot{Q}=2\int_{\xi=0}^{\xi=A(t)}\frac{k_\mathrm{Ts}\Delta T}{\sqrt{\pi K_\mathrm{Ts}(t-u)}}\mathrm{d}\xi(u) \tag{11.55b}$$

这些方程中的 z 为上覆岩层和下伏岩层两者热损失的综合。该方法是 Duhumel 定理在某种特殊情况时的应用，即连续变化的边界条件的叠加形式（Carslaw 和 Jaeger，1959）。对于后续计算而言，可以很方便地将方程（11.55b）中的积分变量转变成时间变量，即

$$\dot{Q}=2\int_{\xi=0}^{\xi=t}\frac{k_\mathrm{Ts}\Delta T}{\sqrt{\pi K_\mathrm{Ts}(t-\xi)}}\frac{\mathrm{d}A}{\mathrm{d}\xi}\mathrm{d}\xi \tag{11.55c}$$

方程（11.55c）给出了时间 t 时热损失流量与受热面积增长速率之间的关系。由于该方程的分母中存在平方根，所以被积函数是有限的，但如果不存在某些独立的方式来使热损失流量与时间相互关联，则它将不起到任何作用。

11.5.2 总体热平衡

$\dot{Q}$ 和时间之间的关系可由总能量平衡得到。为了更加简化，取 T_I 为焓的基准温度，这意味着方程（2.91）此时变为

$$\dot{H}_\mathrm{J}-\dot{Q}=\frac{\mathrm{d}}{\mathrm{d}t}(AH_\mathrm{t}\rho_\mathrm{s}U) \tag{11.56}$$

除了热损失外，不存在其他流出项。上述方程中已经忽略了功（PV）项，$\rho_\mathrm{s}U$ 为上覆岩层和下伏岩层的体积内能。因为基准温度为初始地层温度，所有包括非加热或冷油藏的能量

项均为零。使用这种简化方法和忽略热传导作用时，意味着方程（11.56）中的时间导数仅仅表示受热区域的体积变化。如果油藏厚度保持不变，则方程（11.56）变为

$$\dot{H}_\mathrm{J} = 2\int_{\xi=0}^{\xi=t} \frac{k_\mathrm{Ts}\Delta T}{\sqrt{\pi K_\mathrm{Ts}(t-\xi)}} \frac{\mathrm{d}A}{\mathrm{d}\xi}\mathrm{d}\xi + H_\mathrm{t}M_\mathrm{Tt}\Delta T\frac{\mathrm{d}A}{\mathrm{d}t} \tag{11.57}$$

式中，已将方程（11.55c）代入到方程（11.56）中。

方程（11.57）为微分方程的积分式，求解时需要使用初始条件 $A(t)=0$。最直接的求解方法是使用 Laplace 变化（Farouq Ali，1966）。当 $\dot{H}_\mathrm{J}$ 为常数时，其反演解为

$$A(t_\mathrm{D}) = \frac{\dot{H}_\mathrm{J}H_\mathrm{t}}{4k_\mathrm{Ts}\Delta T}\left[\mathrm{e}^{t_\mathrm{D}}\mathrm{erfc}\left(t_\mathrm{D}^{1/2}\right) + \frac{2t_\mathrm{D}^{1/2}}{\sqrt{\pi}} - 1\right] \tag{11.58a}$$

式中，t_D 无量纲时间，被定义为

$$t_\mathrm{D} = \frac{4k_\mathrm{Ts}t}{H_\mathrm{t}^2} = \frac{4k_\mathrm{Ts}t}{M_\mathrm{Tt}H_\mathrm{t}^2} \tag{11.58b}$$

方程（11.58b）中 H_t^2 表明所有的热损失表达式将对油藏厚度 H_t 特别敏感。

Marx–Langenheim 理论的一个重要特征是，其最终结果大体上与受热区域的形状无关。在某种程度上，即使存在重力超覆作用时，观察结果也是如此。此时，较大的上覆岩层热损失差不多通过下伏岩层较小的热损失来均衡。当近似程度要求不高时，如果使用净热焓流量（注入的减去产出的）替代 $\dot{H}_\mathrm{J}$，则在蒸汽驱中，可使用方程（11.58）求出蒸汽到达生产井时的加热面积。

根据方程（11.59）或其他时间导数，可以得到许多中间结果：

$$\frac{\mathrm{d}A}{\mathrm{d}t_\mathrm{D}} = \frac{\dot{H}_\mathrm{J}H_\mathrm{t}}{4k_\mathrm{Ts}\Delta T}\mathrm{e}^{t_\mathrm{D}}\mathrm{erfc}\left(t_\mathrm{D}^{1/2}\right) = \frac{\dot{H}_\mathrm{J}H_\mathrm{t}}{4K_\mathrm{Ts}M_\mathrm{Tt}\Delta T}\mathrm{e}^{t_\mathrm{D}}\mathrm{erfc}\left(t_\mathrm{D}^{1/2}\right) \tag{11.59}$$

结合所有上述方程，可以得到热损失流量，即

$$\dot{Q} = \dot{H}_\mathrm{J}\left[1 - \mathrm{e}^{t_\mathrm{D}}\mathrm{erfc}\left(t_\mathrm{D}^{1/2}\right)\right] \tag{11.60}$$

11.5.3　Marx–Langenheim 理论的应用

通过方程（11.56）和方程（11.59）可以定义平均热效率 $\bar{E}_\mathrm{hs}$，其表达式为

$$\bar{E}_\mathrm{hs} \equiv 1 - \frac{\dot{Q}}{\dot{H}_\mathrm{J}} = \mathrm{e}^{t_\mathrm{D}}\mathrm{erfc}\left(t_\mathrm{D}^{1/2}\right) \tag{11.61}$$

$\bar{E}_\mathrm{hs}$ 为时间 t_D 时油藏中的热量分数，通常使用从注入井到砂面时的热量分数来表示。

图 11.17 使用方程（11.61）作为起点，用图的形式表示了蒸汽驱时的 $\bar{E}_\mathrm{hs}(t_\mathrm{D})$。该图包含由首先由方程（11.16）提出的无量纲潜热，因为它基于更加复杂的物理性质，所以它不出现在方程（11.61）中。在极限无量纲潜热 $h_\mathrm{D} \to 0$ 时，该结果转变为热水驱时的结果。该

现象再次强调了使用水蒸气的好处多于热水。图 11.17 中得出的最出乎意料的结果可能是 $\overline{E}_{hs}(t_D)$ 与时间有关,蒸汽驱时的热效率不可避免地随时间的增加而不断下降。

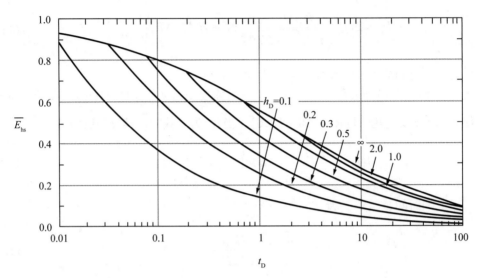

图 11.17　蒸汽带的热效率(Myhill 和 Stegemeier,1978)

假设从受热区域中驱替出单位体积原油时会产出单位体积的原油,那么,将方程(2.51)应用于原油时,可以得出以油藏体积为单位时的产油量:

$$\dot{N}_{p2}=\phi\Delta S_2 H_{\text{NET}}\frac{\mathrm{d}A}{\mathrm{d}t} \tag{11.62a}$$

使用方程(11.61),则上式变为

$$\dot{N}_{p2}=\dot{H}_{J}\left(\frac{\phi\Delta S_2}{M_{Tt}\Delta T}\right)\left(\frac{H_{\text{NET}}}{H_t}\right)\left[\mathrm{e}^{t_D}\mathrm{erfc}\left(t_D^{1/2}\right)\right] \tag{11.62b}$$

式中,$\Delta S_2=S_1-S_2'$ 为由于加热作用形成的含油饱和度变化。净厚度 H_{NET} 为贡献流动时的部分油藏,总厚度 H_t 为整个油藏。该方程已稍作整理,以便将净厚度与总厚度的比值很清晰地包含在方程中。有关蒸汽带中含油饱和度 S_2' 的关系式可以参考相关文献(见第 11.6 节)。

方程(11.62b)总是对产油量进行了过高估计,特别是在蒸汽驱中蒸汽突破之后(突破后,如果 $\dot{H}_J$ 项使用净熔,则该方程可以预测出更加准确的产油量)更为如此,但它直接强调了热力采油过程中的两个重要参数。如果净—总厚度的比值(H_{NET}/H_t)很小,则产油量也相应地很低。在物理意义上,这意味着大量的热量会耗散在加热非产层岩石上。使产油量与净—总厚度比值直接成正比的第二个参数是组合参数 $\phi\Delta S_2$,长期以来,它被用来作为热力采油成功与否的指标。对于蒸汽驱的候选油藏而言,$\phi\Delta S_2$ 值应该尽可能地大。有时方程(11.62b)中得出的 $\phi\Delta S_2 H_{\text{NET}}$ 也可以用来作为筛选参数,$\phi\Delta S_2 H_{\text{NET}}$ 大于 2m 的油藏一般可以作为很好的候选油藏。

最后,时间 t 时被驱替出的累计产油量为

$$N_{p2} = H_{NET} \phi \Delta S_2 A \tag{11.63a}$$

而时间 t 时的总注入热量为

$$H_J = \frac{M_{Tt} H_t A \Delta T}{\overline{E}_{hs}} \tag{11.63b}$$

单位质量水的热量为 $C_{p1} \Delta T + yL_V$。生成 $\dot{H}_J$ 所要求的冷水体积为

$$V_1 = \frac{H_J}{(C_{p1}\Delta T + yL_v)\rho_1} \tag{11.63c}$$

从方程（11.63a）到（11.63c）可以得到累计原油—水蒸气比 F_{23}：

$$F_{23} = \frac{N_{p2}}{V_1} = \frac{M_{T1}}{M_{Tt}}(1 + h_D)\overline{E}_{hs}\left(\frac{\phi\Delta S_2 H_{NET}}{H_t}\right) \tag{11.63d}$$

在蒸汽驱方法中，原油—水蒸汽比值可用来衡量经济效益。在方程（11.63d）中，水蒸气被表示成冷水当量。根据方程（11.63d），图 11.18 给了无量纲的原油—水蒸气比

$$\left(\frac{F_{23}H_t}{\phi\Delta S_2 H_{NET}}\right)$$

该图假设比值（M_{Tt}/M_{Tt}）为常数，它还假设热损失处的含油饱和度将减小。原油—水蒸气比值是热力采油成功与否的另一个重要重要指标。

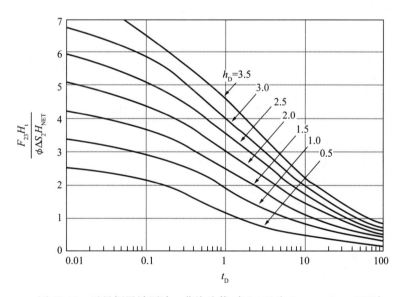

图 11.18　无量纲累计原油—蒸汽比值（Myhill 和 Stegemeier，1978）

11.5.4　Marx–Langenheim 理论的修正

Marx–Langenheim 理论经历了若干改进，每一次改进都给热力采油的不同方法带来重要的指示。

Parts(1982)证明,Marx-Langenheim 理论可以适用于上覆岩层和下伏岩层中的热容量 M_{Tu} 和油藏中的热容量 M_{T0} 不同时的情况,则此时受热面积变为

$$A(t_D) = \frac{\dot{H}_J H_t M_{To}}{4k_{Ts} M_{Tu} \Delta T}\left[e^{t_D} \text{erfc}\left(t_D^{1/2}\right) + \frac{2t_D^{1/2}}{\sqrt{\pi}} - 1 \right] \tag{11.64a}$$

和无量纲时间被定义为

$$t_D = \frac{4k_{Ts} M_{Tu} t}{H_t^2 M_{To}^2} \tag{11.64b}$$

只要使用新的定义,方程(11.60)至方程(11.63)中的各物理量仍然使用。

此处的一个重点是方程(11.64b)中的无量纲时间与本书中其他部分的无量纲时间不同。在其他地方,对于等温过程而言,时间的归一化因子是对流传质速率,或

$$t_D = \frac{ut}{\phi L} = \frac{qt}{V_p}$$

而在方程(11.64b)中,时间被热传导速率进行归一化处理。这两个时间标尺都存在于实际的蒸汽驱中,但方程(11.64b)的广泛使用意味着热传递作用控制着产油量。

一个最重要的改进 Marx-Langenheim 理论是由 Mandl 和 Volek(1969)提出的,他们指出饱和水蒸气前缘的推进速度随着时间递减,直到它的推进速度比热水前缘的推进速度慢时为止。此后,这种驱替形成在水蒸气前缘前方形成热水或凝析液聚集带。发生这种现象的时间被称为临界时间如图 11.19 所示。

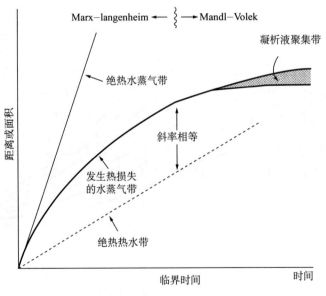

图 11.19 临界时间示意图

根据前述的方程可以推导出临界时间的表达式。假设一个横截面积 W_{Ht} 为常数的介质。对于这种情况而言,蒸汽前缘的推进速度可简化为受热区域增长速率 dA/dt 与介质宽度 W

的比值。热水前缘推进速度 v_{HW} 完全可由方程（11.11）得到。当这两个速度相等且使用方程（11.61）消去面积导数时，临界无量纲时间 t_{Dc} 是下列方程的解：

$$e^{t_{Dc}}\text{erfc}\left(t_{Dc}^{1/2}\right)=\frac{u_1 W H_t M_{Tt}\Delta T}{\phi(1+D_{HW})\dot{H}_J} \tag{11.65}$$

图 11.19 表示在确定临界时间中所涉及的各种波的推进速度，"绝热（adiabatic）"表示不存在横向热损失。

【例 11.4】计算临界时间的长短

临界时间的长短可以通过示例计算来说明。首先，方程（11.65）中的而条件如下：

$$M_{Tt}=\frac{1.78\text{MJ}}{\text{m}^3\cdot\text{K}},\ H_t=30\text{ft},\ D_{SF}=\Delta T=298\text{℉},\ \dot{H}_J=4\times10^8\frac{\text{Btu}}{\text{d}},\ W=220\text{ft},\ 和 h_D=1.28$$

则有

$$e^{t_{Dc}}\text{erfc}\left(t_{Dc}^{1/2}\right)=\frac{u_1 W H_t M_{Tt}\Delta T}{\phi(1+D_{SF})\dot{H}_J}=\frac{1\text{ft}}{\text{d}}\left[\frac{220\text{ft}\times30\text{ft}\times\dfrac{1.78\text{MJ}}{\text{m}^3\cdot\text{K}}\times298\text{℉}}{(1+1.28)\times\dfrac{4\times10^8\text{Btu}}{\text{d}}}\right]\times\left[\frac{(0.305\text{m})^3}{1\text{ft}^3}\frac{10^3\text{Btu}}{1\text{MJ}}\frac{1\text{K}}{1.8\text{F}}\right]=0.0605$$

这是无量纲时间的先验表达式，然后进行试差法求解，步骤中假设 $t_{Dc}=86$，则根据方程（11.59），得

$$t_c=\frac{t_{Dc}H_t^2}{4K_{Ts}}=\frac{86\times(30\text{ft})^2}{4\times\dfrac{1.15\text{mm}^2}{\text{s}}}\left[\frac{(0.305\text{m})^3}{1\text{ft}^3}\frac{(10^3\text{mm})^2}{1\text{m}^2}\frac{1\text{d}}{24\times3600\text{s}}\right]=5525\text{d}$$

显而易见，凝析液聚集带要形成时需要的注入时间为 10 年以上。

严格地讲，Marx–Langenheim 理论仅仅适用于到达临界时间前的时刻。临界时间之后，可以应用更加复杂的 Mandl–Volek 理论或近似的 Myhill–Stegemeier（1978）理论。Myhill–Stegemeier 理论通过方程（11.14）的方式对受热带增长速率重新进行了定义，在Marx–Langenheim 理论中使凝析蒸汽驱中包含汽化热。图 11.17 和图 11.18 都通过使用方程（11.16）中首次定义的无量纲潜热将这种效应包含在内。原始 Marx–Langenheim 理论指 h_D接近无限大时的情况。Myhill 和 Stegemeier 成功地给出了 18 个蒸汽驱项目的累计原油—蒸汽比值关系图，如图 11.18 所示。

最后，Ramey（1959）证实，Marx–Langenheim 理论可能适用于注入井中热焓以任意数目发生阶跃变化时的情况。比如将叠加原理用于方程（11.57）中，尽管任意一项仍然是线性的，但可以得到

$$A(t_D)=\frac{H_t}{4k_{Ts}\Delta T}\sum_{i=1}^{n}\dot{H}_{Ji}\left[\phi(t_{Di})-\phi(t_{Di-1})\right] \tag{11.66a}$$

式中，

$$\phi(t_{Di}) = e^{t_{Di}} \text{erfc}(t_{Di}^{1/2}) + 2\sqrt{\frac{t_{Di}}{\pi}} - 1 \tag{11.66b}$$

并且方程（11.16）中的 t_D 具有与方程（11.64a）中相同的形式，但使用 $(t-t_i)$ 代替了 t。在 t_i 时，热注入量由 $\dot{H}_{J(i-1)}$ 变为 $\dot{H}_{Ji}$，当速度进行每一次变化时，必须保证相同的 ΔT 绝对值以及 $t_D \geqslant t_{Dn}$。

图 11.20 给出了适用于段塞式注入蒸汽时方程（11.66）的结果。在蒸汽注入过程中，由于热损失的缘故（此效应也将在图 11.19 中有所体现），受热面积的增加幅度以平稳地速度逐渐降低。事实上，图中所示的曲线和从原点起与其相切的直线段之间的差值，即为由于热损失而减少的受热面积。当 $t=10^3$ 时，在初始地层温度条件下注入冷水，此时热量从上述已受热的上覆岩层和下伏岩层向水中传递，并使受热区域急剧缩小。注入井附近的分流特性或造成受热区域的加速缩小，其中前缘处面积被冷却的速率要比面积被加热的速率快很多。利用类似图 11.20 中的计算，或许能够解释热力采油时不经常使用段塞方式的原因。

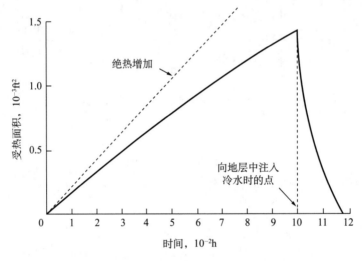

图 11.20　根据叠加的 Marx-Langenheim 理论计算出的受热面积（David Goggin 提供）

以前面讨论的原理为基础，下面对各种具体的热力提高采收率方法进行更加详尽地论述。

11.6　蒸汽驱

超过 Mandl-Volek 临界时间后，蒸汽驱过程包括非加热带、凝析带和蒸汽带，如图11.21 所示。蒸汽带包括由蒸汽以及与少量原油一起流动的水所组成的两相混合物。由于蒸汽黏度较低，蒸汽带基本处于恒压状态，即要求蒸汽带也应该处于恒温状态。蒸汽带中流动着的主要是水蒸气，但因为存在残余水相，所以蒸汽的干度比较低，并且水蒸气的焓通常可被忽略。蒸汽带中的含油饱和度也非常低，主要是因为残留在凝析带后方的原油至少已经被部分蒸馏了。含油饱和度低的另外部分原因是蒸汽侵入并占据了孔隙中流体润湿性最差的位置，使得原油的润湿状态经常发生变化。图 11.22 给出了蒸汽带中含油饱和度的关系曲线。

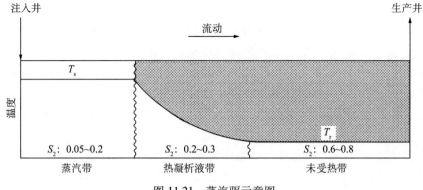

图 11.21　蒸汽驱示意图

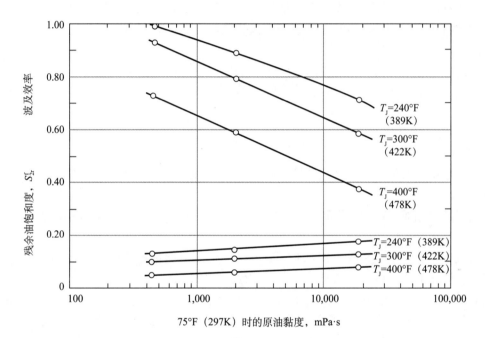

图 11.22　根据物理模拟实验得出的蒸汽带驱替效率和残余油饱和度（Bursell 和 Pittman，1975）

　　由该图可以很容易地看出，该方法中增产原油的出处。如果初始含油饱和度为 0.7，蒸汽带中的含油饱和度为 0.1，则被驱替出的原油占原始原油地质储量的 86%。

　　可将图 11.21 中的温度剖面展示在图 11.4 中焓—压力关系图上。非受热带为低温等温线上液相区中的一点，凝析带为该等温线延伸至泡点曲线的一条水平线段，蒸汽带为从泡点曲线延伸到较小蒸汽干度时的一条水平线段。

　　在 1MPa 的典型热力采油条件下，饱和液体和水蒸气的密度分别为 885kg/m³ 和 5.31kg/m³（即分别为 55.3lbm/ft³ 和 0.33lbm/ft³）。液体性质和蒸汽性质之间的明显差异在几乎所有的物理性质中都存在，并且将对蒸汽驱产生许多重要的影响，比如地下蒸汽干度、黏滞稳定性和超覆现象。

　　油藏中流动蒸汽的干度通常是相当低的。假设蒸汽在油束缚水饱和度存在的可渗透介质中流动。对于将要出现的两相而言，蒸汽和水都必须是已饱和的。在 1MPa 条件下，当典型束缚水饱和度为 0.3 和使用上述密度值时，地下蒸汽干度为 1.3%。蒸汽干度低意味着即使流动的蒸汽干度接近 100%，在此介质孔隙空间中的流体还只是刚好紧挨着图 11.4 中饱和液体线的内侧。

蒸汽密度低的第二个后果是有关稳定性的问题。第 6.8 节中曾经指出，在水平介质中，使用比原始流体黏度低的流体进行驱替时，必然会导致黏性指进和降低体积波及效率。但鉴于下列原因，蒸汽驱的效果仍是相当稳定的：

（1）水蒸气实际上已转换成水。如果蒸汽前缘的扰动将要形成，则蒸汽前缘将以指进方式进入其前方的较冷区域中，并有可能立刻形成凝析液。这种凝析作用将导致形成自稳定效应，进而抑制指进作用。

（2）在蒸汽驱中，运动黏度比一般是有利的。当流度比基于可压缩流动的运动黏度时，运动流动比将更加精确。流度比为一维驱替过程中活塞状前缘前方压力梯度和后方压力梯度的比值：

$$M_v = \frac{\left(\dfrac{\mathrm{d}P}{\mathrm{d}x}\right)_{前}}{\left(\dfrac{\mathrm{d}P}{\mathrm{d}x}\right)_{后}} = \frac{\left(\dfrac{u\mu}{k}\right)_{前}}{\left(\dfrac{u\mu}{k}\right)_{后}} \tag{11.67}$$

①如果通量 u 与位置无关（流体是不可压缩的），则方程（11.67）可化简为第 5.2 节中给出的形式。

②如果质量通量 ρu 与位置无关，则方程（11.67）可化简为基于运动黏度的流度比定义式（见练习题 5.10）。

在蒸汽驱中，以上这两种情况都是不存在的，但质量通量更接近于常数。有关热力前缘稳定性更加详细的介绍可参考 Krueger（1982）发表的文献。

实际上，在相同的温度和压力条件下，水蒸气的运动黏度通常大于热水的运动黏度。图 11.23 给出了蒸汽驱时运动流度比的倒数与压力之间的关系曲线。在整个流度比范围内，热水驱是不稳定的，部分原因是其性能比蒸汽相差，但在压力低于大约 1.5MPa 的所有压力条件下，蒸汽驱则是稳定的。此外，过热蒸汽比饱和蒸汽更加稳定。根据等温驱替时过热蒸汽的黏度非常低的观点，会得到相反的结果。运动流度比随着压力的增加而增加，是其接近于水的临界点的结果。进而，它加强了蒸汽驱的低压限制条件。

蒸汽密度低的最后一个结果与重力分异（即第 5 章中的浮力效应）有关。由于流度性较差的原油和流动性较好的水蒸气之间存在密度差，并且流动性较好的水蒸气倾向于上升至油藏顶部，因此，会产生重力超覆现象，并降低体积波及效率。可根据重力数 N_g^0 来评价蒸汽超覆的严重程度。图 11.24 给出了重力数的倒数（注意，此处已经对方程 5.5d 中的定义进行了更改，以解释可压缩流体和径向流）对超覆流动的影响。如果回顾那些促使 N_g^0 增加的因素，便会知道许多蒸汽驱都会发生在超覆现象几乎无法避免的条件下，比如水平和垂向渗透率较高的纯砂层中、小井距造成的高宽比很小的情况以及重质油造成的密度差较大的情况等。

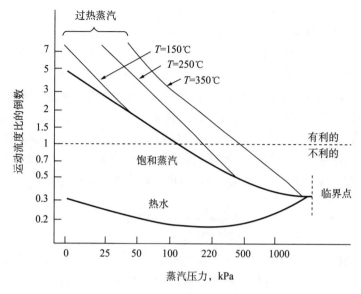

图 11.23　蒸汽驱的有效流度比（Burger 等，1985）

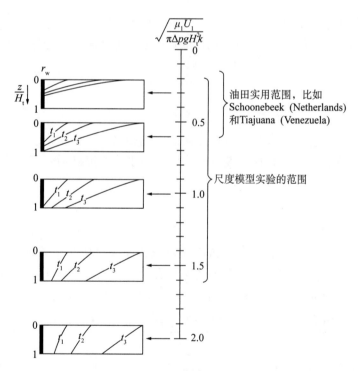

图 11.24　蒸汽驱的重力超覆效应和重力数（van Lookeren，1977）

　　可以使用溶剂驱中用来阻止黏性指进的两种方法，减轻上述超覆效应。当储层的倾角很大时，在油藏顶部注入水蒸气会导致界面与储层走向更加垂直。另外，在注入流体中添加起泡剂能够使界面更加的垂直（见第 10 章）。另一种常用的方法是在油藏底部注入水蒸气，而在油藏顶部进行生产。

超覆作用具有一个重要的正面效果。在蒸汽驱中，一旦水蒸气在生产井中突破，通常会降低注入量来使热量保留在油藏中。在降低注入量的条件下，由于截面面积很大（界面此时基本是水平的），将热量传递给冷油仍然是有效的。加热后，原油的密度比热水低，所以热油会运移至油藏顶部，然后通过蒸汽带流进生产井中。这种现象通常被称为拖曳（drag）流动。如果超覆现象非常严重，则通过拖曳流动，大部分原油会随水蒸气一起采出。

重力超覆和拖曳流动可以产生的另一种可视化的蒸汽驱方法，这种方法基于蒸汽腔的观点。图 11.25 介绍了这一概念。根据 Vogel（1984）提出的观点，下面的简化方法是可行的。首先，水蒸气在生产井中突破时所需的时间与整个驱替的生产寿命相比，是非常短暂的。因此，在方程（11.55）中，$(t-u) \approx t$，假设面积为常数，则能量注入量为

$$\dot{H} = 2\frac{k_T \Delta TA}{\sqrt{\pi K_T t}} + M_T A\Delta Tv_z \tag{11.68a}$$

式中，前两项为去往受热带上部和下部岩层的热损失（方程中的因子为 2），最后一项为此时水平前缘的向下运移。向下运移速率必须通过单独的方法进行估算。产油量为

$$\dot{q}_2 = Av_z \tag{11.68b}$$

尽管前缘推进和拖曳机理在概念上是非常不同的，但 Vogel 认为，这两种方法在受热面积中产生的效果是相似的。例如图 11.19 中所示的热效率，可以通过下式进行很好的估算：

$$E_{hs} = \frac{1}{1+\sqrt{\dfrac{3t_D}{\pi}}} \tag{11.69}$$

对采收率特征而言，前缘推进和拖曳机理之间的差别相当大，前缘推进方法表明，在油田的生产初期，采收率会比较高，而拖曳机理表明，在水蒸气突破后，产油量保持稳定的时间仍然比较持久。

11.6.1 油田实例

为了更加具体地描述蒸汽驱，这里将讨论美国加利福利亚州 Kern River 油田的一个相当成功的蒸汽驱项目。这个大油田具有成功实施蒸汽驱项目所必须的典型特征：油层浅、初始地层压力低、砂层相对厚度大以及渗透率和孔隙度后很高见表 11.4。如前所述，上述每种性质都会使热损失很小。冷油黏度大，但不是非常的大。

表 11.4 Kern River 油田 1968 年蒸汽驱期间的油藏参数（Blevins 和 Billingsley，1975）

深度	$700 \sim 770$ft	$213 \sim 235$m
估算的原始地层压力	225psig	1.53MPa
施工时的地层压力	60psig	0.41MPa
平均砂层净厚度	70ft	21m
地层温度	80℉	300K
85℉ 条件下的原油黏度	2710cP	2710mPa·s

续表

350℉条件下的原油黏度	4cP	4710mPa·s
平均气测渗透率	7600mD	7.6μm²
平均孔隙度	35%	35%
平均含油量	1437bbl/（ac·ft）	0.185m³/m³
平均含油饱和度	52%	52%

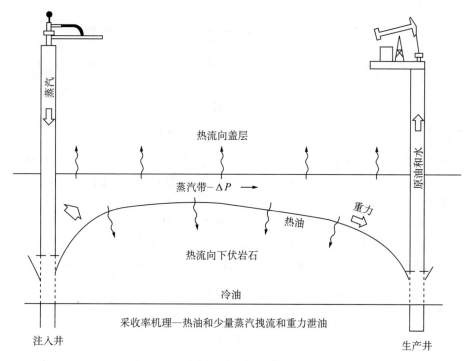

图 11.25　重力超覆示意图（Vogel，1984）

Kern River 油田中的其中一个项目被称为"十点井网蒸汽驱"项目，井的排列是由七点法井网（每口注入井周围存在六口生产井）中的十口井组成的。由于油层较浅，在该区域实行高密度井时比较经济的。

井网规模相对较小，冷油和受热油的生产能力通常低于水蒸气的生产能力，生产井比注入井多时能够更好地维持流体的平衡。

图 11.26 给出了该注蒸汽项目的生产动态情况。注蒸汽最早开始于 1968 年，原油产量的响应迅速且非常强烈。突出的产量响应可能部分是因为在蒸汽驱操作前，增进行过蒸汽吞吐措施，但是几乎所有的后续响应结果都是由于蒸汽驱的作用。产油量在 1970 年末达到最高峰，并且以很小的递减率保持高产，这意味着其增产采收率很高。累计蒸汽—原油比值在 1972 年末达到最低值，此后，由于生产井中的蒸汽突破量越来越多，又开始渐渐回升。

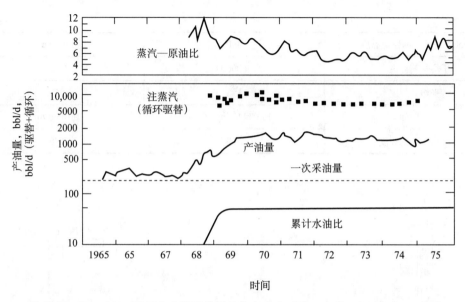

图 11.26　Kern River 油田十个注采井网的生产动态（Blevins 和 Billingsley，1975）

　　有些蒸汽的突破时由于重力超覆效应而造成的。图 11.27 给出了相邻井中测得的温度剖面，并与最近注入井中注入层段的情况进行对比。尽管这两口井的距离非常近，但蒸汽带（图中所示的恒温区）已经朝着油层顶部运移。蒸汽区域的这种向上运移，可以证实图 11.24 中的产油量特征。在油藏的底部注入蒸汽看来是一种使重力分异作用最小化的常见手段。蒸汽带下边热水带中的温度呈梯度下降的趋势，直到油层底部前，这种温度下降的趋势也不会被中断。油层底部和顶部的温度梯度即为去往邻近岩层热损失的具体表现。

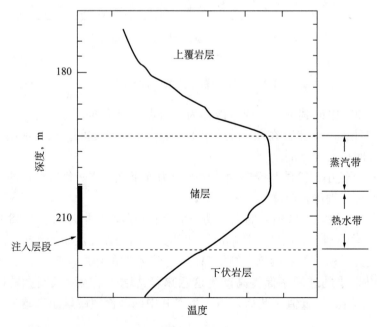

图 11.27　Kern River 油田蒸汽超覆示意图（Blevins 和 Billingsley，1975）

　　近期的一个蒸汽驱项目是特立尼达和多巴哥岛国的 Cruise E 蒸汽驱项目，该项目能够解释许多前面理论分析部分涉及的内容。如图 11.28 所示。该项目注入蒸汽的时间略微短于 2 年，然后进入对比阶段，不注入水蒸气，然后再次注入水蒸气。根据现场的产量响应动态，可以获得以下几点主要的认识。

　　（1）在第一个注入阶段，产油量与蒸汽注入量成正比，这种现象和蒸汽带的增长速率与注入热量成正比相吻合，反过来，它也与产油量成正比。

　　（2）当停止注入蒸汽时，产油量急剧下降，这与图 11.19 以及有关问题的讨论结果相一致。

　　（3）当再次注入蒸汽时，产油量显著增加，这表明重力超覆作用（可以与图 11.26 相关联）很快被再次建立起来。通过已经建立界面的向下运移，油井继续生产。

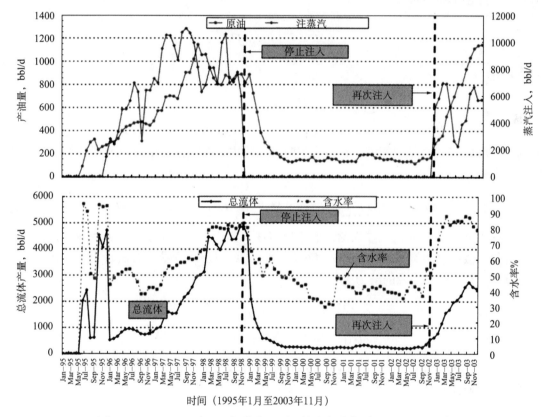

图 11.28　Cruise E（IADB）蒸汽驱项目的生产动态（Raminal，2004）

　　总之，注入的蒸汽量越多，产出的原油也就越多，这一结论能够适用于许多提高采收率方法。

11.7　蒸汽吞吐

　　蒸汽吞吐的作用机理是不可思议的。显然，注入的蒸汽从该井附近驱替出的油量应该相对较少。反之，蒸汽窜入原油中或超覆在原油上，可以为后续的热传导作用提供一个良好的热力作用范围。在这种方法中，可以通过许多机理使受热原油从地层采出，其中包括地层压力、溶解气驱、热力膨胀和重力泄油等。即使原油没有被有效地受热，依靠清除表皮伤害和清洗油管柱等，也可以使产油量增加。当从近井地带中采出一定数量的原油时，后续的注入能力可以得到相应地改善。因此，蒸汽吞吐常常被当做蒸汽驱的先导（以上讨论可以与图 11.2a 相关联）。

【例 11.5】估算受热面积

循环注入蒸汽时原油的生产能力与受热半径和黏度降低程度有关，见练习题 11.1。根据能量平衡方程，可以求得受热半径。本例也介绍了通过能量平衡方程中的便捷方法获得非常实用的结果。

通常，吞吐周期（soak cycles）非常短，因此，去往邻近岩层的热损失可以忽略不计。则方程（11.51）最终变为

$$\dot{H}_J = \frac{\mathrm{d}}{\mathrm{d}t}\left(AH_t\rho_s U\right)$$

积分，得

$$H_J = AH_t\rho_s H$$

使用能量平衡方程的积分形式，因为需要的是某点时的值，而不是变化率。上述方程在其右侧中使用焓 H 代替了内能 U。在很短的时间间隔内，蒸汽注入量 $\dot{m}$ 为常数，则上述方程可以变为

$$\dot{m}\hat{H}_J = AH_t\rho_s H = AH_t\left[\phi\left(S_1 M_{T1} + S_2 M_{T2}\right) + \left(1-\phi\right)M_{Ts}\right]\Delta T$$

式中，$\hat{H}_J$ 为单位质量时的比注入焓，假设所有注入蒸汽已被凝析出时，方程右侧被体积热容所替代。蒸汽对能量平衡的仅有贡献被保留在 $\hat{H}_J$ 项中。假设受热面积 A 是圆柱形的，则上述方程中有关受热半径的解为

$$R_h = \sqrt{\frac{\dot{m}\hat{H}_J t_{\mathrm{inj}}}{\pi H_t\left[\phi\left(S_1 M_{T1} + S_2 M_{T2}\right) + \left(1-\phi\right)M_{Ts}\right]\Delta T}}$$

同许多热力学计算一样，上述方程中也包含许多参数，但是，其中许多参数可以通过关系式或一般性质来进行估算。例如，可以假设体积热容为

$$M_{T1} = 62.5\frac{\mathrm{Btu}}{\mathrm{ft}^3\cdot{}^\circ\mathrm{F}};\quad M_{T2} = 10\frac{\mathrm{Btu}}{\mathrm{ft}^3\cdot{}^\circ\mathrm{F}};\quad M_{Ts} = 41.8\frac{\mathrm{Btu}}{\mathrm{ft}^3\cdot{}^\circ\mathrm{F}}$$

本例中的单位为英制单位。油藏特征参数为 $S_1 = 0.5 = S_2$，$\phi = 0.3$，$H_t = 50\mathrm{ft}$，$T_I = 100{}^\circ\mathrm{F}$。过程值为 $P_s = 200\mathrm{psia}$，$y = 0.6$，$\dot{m} = 3.5\times10^5\frac{\mathrm{lb_m}}{\mathrm{d}}$，注入量大约为每天 1000bbl 冷水，注入周期为 $t_{\mathrm{inj}} = 5\mathrm{d}$。

由表 11.1 中的关系式，可得 $T_I = 395{}^\circ\mathrm{F}$，则有 $\Delta F = 295{}^\circ\mathrm{F}$ 和 $\hat{H}_{11} = 390\frac{\mathrm{Btu}}{\mathrm{lb_m}}$，$\hat{H}_{13} = 1218\frac{\mathrm{Btu}}{\mathrm{lb_m}}$；$L_v = 828\frac{\mathrm{Btu}}{\mathrm{lb_m}}$，可得：

$$\hat{H}_{J} = (1-y)\hat{H}_{11} + y\hat{H}_{13} = 0.4 \times 390 \frac{\text{Btu}}{\text{lb}_{m}} + 0.6 \times 1218 \frac{\text{Btu}}{\text{lb}_{m}} = 887 \frac{\text{Btu}}{\text{lb}_{m}}$$

最后结果为：

$$R_{h} = \sqrt{\frac{3.5 \times 10^{5} \frac{\text{lb}_{m}}{\text{d}} \times 887 \frac{\text{Btu}}{\text{lb}_{m}} \times 5\text{d}}{\pi \times 50\text{ft} \times \left[0.3 \times 0.5 \times 62.5 + 0.5 \times 10 + (1-0.3)\right] \frac{\text{Btu}}{\text{ft}^{3} \cdot {}^{\circ}\!\text{F}} (279{}^{\circ}\!\text{F})}}$$

$$R_{h} = 29.8\text{ft}$$

11.7.1　油田实例

图 11.29 给出了 Paris Valley 油田某口井进行多轮次蒸汽吞吐时的产量响应曲线。从 1975 到 1978 年，大约每年进行两次蒸汽吞吐，每次的持续时间不超过一个月。每一轮吞吐后的累计产油量基本与每次实施吞吐时注入的热量成正比。在每一轮吞吐中，产油量都是快速地达到最高峰，然后以接近指数的形式进行递减。因为在含油率（图中未给出）方面，这种类似的递减还并未得到证实。这种动态表明，每一轮吞吐中的总流量也在不断地递减。这种递减也表明油藏的压力在下降，鉴于此，承包商在最后一轮吞吐中将部分空气混入水蒸气中。对于给定的注入热量而言，随着受热带中含油量的不断减少，每一轮次放热排量峰值也随之降低。但令人吃惊的是，在第七个轮次后仍然出现了较大的产油量。

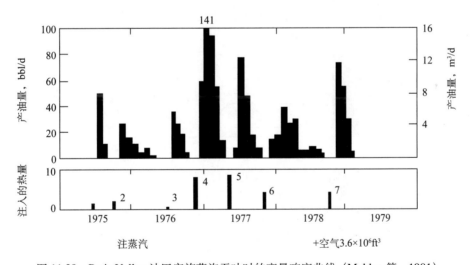

图 11.29　Paris Valley 油田实施蒸汽吞吐时的产量响应曲线（Meldau 等，1981）

11.8　火烧油层

如果地层压力、深度和原油黏度都非常大时，蒸汽提高采收率方法将不再适用，此时，火烧油层方法可能是一个很好的选择。在这种方法中，燃烧掉油藏中的部分原油来产生热能。理论上，被燃烧的部分是原油的焦炭或沥青组分，但该机理在实践中尚不明确。

这个复杂的方法（提高采收率方法中最复杂的方法）包括伴随着动力学现象的热和传质作用。

图 11.30 和图 11.2c 为火烧油层的示意图。在该方法中，通常将某些形式的氧化剂（空气或纯氧）注入到地层中，然后点燃（自燃或外部点火）该混合物。后续注入的氧化剂使燃烧前缘在地层中运移。燃烧前缘非常小（大约为 1m），但是燃烧可以产生很高的温度。这些温度可以使束缚水和一部分原油汽化，并且这两种汽化物能够起到驱替原油的作用。汽化的束缚水会在燃烧前缘的前方形成一个蒸汽带，其作用类似于蒸汽驱。汽化的原油主要包括轻组分，他们可以起到混相驱的作用。高温燃烧的反应产物也可以形成层内 CO_2 驱。

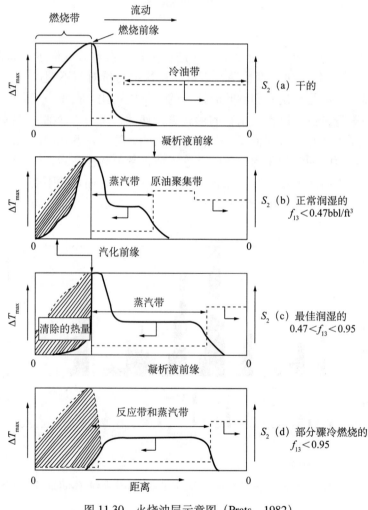

图 11.30　火烧油层示意图（Prats，1982）

图 11.30 给出了该方法的许多衍生类别。除了注入氧化剂外，也可以以一定的比例与水共同注入，这种比例取决于设计的要求。水在此过程中充当着提高波及效率的角色（应该注意这与第 7 章中 WAG 方法之间的相似性），并且能够驱替（清除）燃烧带后方的热量。太多的注入水会扑灭该燃烧带，如图 11.30（d）所示。还有一种图 11.30 中未给出的

变化情况，即水和氧气以相反的方向注入地层中。

　　另一种过程变量是燃烧发生时的温度。图 11.31 为通过对原油进行差热分析（DTA）实验得出的曲线图。差热分析实验包括对原油预先设定的程序进行加热（通常与时间成线性关系），测定成分的消耗速度以及反应产物的含量。从该图可以得到两点认识：首先，氧气的消耗存在两个峰值，在大约 572K（570℉）时产生低温氧化作用，在大约 672K（750℉）时产生高温氧化作用。在低温氧化中，原油被转换成醇、酮和醛。其次，在高温氧化时，燃烧会产生 CO_2 和 CO。图 11.31 给出了这种氧化的变化过程，并且在该过程中，高温时这两种产物的量较大。此外，高温可以使可渗透介质中的大量矿物质氧化，特别是黏土矿物（也会产生催化效应）和黄铁矿。因为高温氧化可以更加有效地加热原油，所以高温时氧化作用较好。

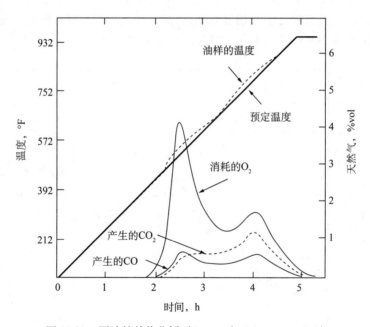

图 11.31　原油的差热分析（Burger 和 Sahuquet，1972）

11.8.1　油田实例

　　罗马利亚中部的 Suplacu de Barcau 油田是现今实施提高采收率项目最大和最久的油田之一。因为原油黏度高且油层埋深非常浅，所以该油田在现场进行火烧油层项目。表 11.5 总结了该油田的相关性质。其他性质（特别是高孔隙度、渗透率和饱和度）是导致该项目成功的主要因素。

表 11.5　**Suplacude Barcau 油田的相关性质**（Panait–Patica 等，2006）

岩性	上新世砂岩
深度	50～200m
净产层	20m

续表

岩性	上新世砂岩
孔隙度	0.32
平均渗透率	$1.7 \sim 2\mu m^2$
储层原油黏度	$2Pa \cdot s$
初始含油饱和度	0.85
项目面积	1700ha❶

　　图 11.32 表明，该项目从 1961 年持续到 2005 年，超过了 44 年之久，但是其产量并没有明显的下降。最终采收率可能会超过 60%。Turta 等（2007）对其他火烧油层项目也进行了调研。Kumar 等（2008）给出了高压空气注入技术的示例。

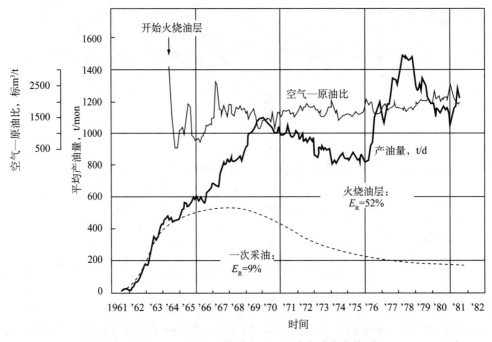

图 11.32　Suplacude Barcau 油田火烧油层项目的生产动态曲线（Carcoana，1982）

11.9　SAGD

　　此时将主要介绍重力辅助蒸汽泄油（SAGD）方法，这一概念首先在第 11.1 节和图 11.2d 中进行了简单介绍。这是一种利用平行井之间的重力作用来生产超重质油和沥青的技术。图 11.33 给出了 SAGD 方法的示意图。

　　该示意图为注蒸汽井（以黑色点表示的上面的井）和生产井（下面的井）的俯视

---

❶ ha 面积公顷的单位。

图。在一小段循环周期以后，注入的蒸汽（远离生产井）进入储层的顶部，形成一个洞（cavern）或腔（cavity）。在蒸汽到达储层顶部之前，腔体逐渐扩张，当蒸汽到达储层顶部时，热量开始向上覆岩层损失，并且腔体向旁边扩张。上升的蒸汽加热原油，原油然后下降（通过重力作用）至腔体底部，进而在生产井中被收集。蒸汽的上升和原油的下降发生在逆流过程中。

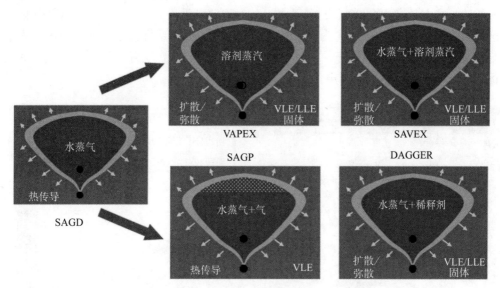

图 11.33　SAGD 过程及其衍生类别示意图

VLE——气液平衡；LIE——液液平衡；SAGD——蒸汽辅助重力泄油；VAPEX——蒸汽萃取工艺技术；

SAVEX——汽提工艺；SAGP——溶剂辅助重力泄油；

图 11.33 也表明，火烧油层过程中也存在许多衍生变化，他们主要依靠不同组合方式的注入介质。当溶剂与蒸汽一起注入时，能够提高驱替效率，也能够降低产物的黏度，当惰性气体与蒸汽一起注入时，也可以达到相同的目的，但也能够增加腔体中的压力。在与其他蒸汽注入形式相结合的方法中，也尝试过许多此类想法。现在大多数 SAGD 产物是未经其他方法协助的 SAGD 方法得到的。

上述评论都掩盖了 SAGD 的一个主要问题，即产出物。当其被生产至地面进行冷却时，几乎能够恢复到其初始状态。非常高黏度的产物很难在地面条件下运输，因此，该方法比其他提高采收率方法需要更多的地面设备，主要包括：

（1）经常加热地面管线的设备。

（2）通过稀释剂对产物进行稀释。将低相对分子质量烃类（比如 35% 煤油）与冷却沥青很合，可以使其能够流动，并且易于运输。稀释剂在处理设备中从产物中分离出来，然后回到经常进行重复利用。

（3）沥青为含氢量很少的烃类。（煤的黏度比沥青还要大，其碳氢比小于 1），天然气的碳氢比为 0.25。解决该问题的方法是加氢处理或对产品进行升级，有关此方面的处理方法还有很多，但是所有的方法都需要大量的资金投入。通常需要将稀释方法和产品升级措施进行组合。

Butler（1997）给出了描述 SAGD 过程中产油量的基本方程，参考 Bonfantir 和 Gonzalez（1996）发表的相关论文。

11.9.1 油田实例

SAGD 方法没有蒸汽吞吐和蒸汽驱成熟。下面引用了 Jimenez（2008）总结的相关内容。

图 11.34 给出了大现场试验中井对（well pairs）的排列情况。井对中的每一组由中心位置向外延伸，井大约有 10000ft 长，井距在设计时能够满足最大采收率，井对应该相隔比较远，这样他们的腔体不会产生重叠，但是也不能相隔太远，这样会使未能采出的沥青位于井对与井对之间。注入井与生产井之间的距离大约为 10m，在实际应用中，井从井底到泄油设备之间应该有一定朝上的倾角。

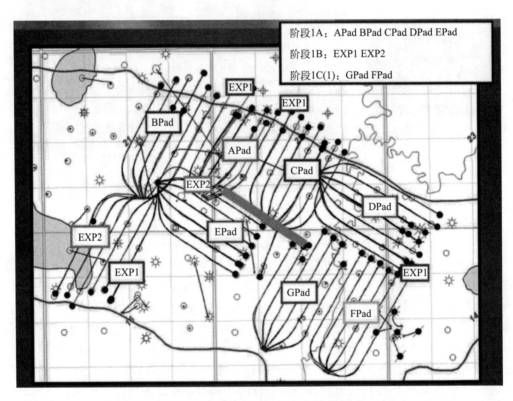

图 11.34 加拿大阿尔伯塔 Foster Creek 项目中井对的排列情况。
每一个轨迹代表一个注入井—生产井对

与图 11.30 中类似，在实施过程中也存在许多衍生变化，例如，可能使用三个一组的组合来保证井对之间较高的采收率，似乎也可以使用单一水平井，在其顶部注入蒸汽，在其底部进行开采。

图 11.35 给出了 Mckay River 油田中若干位置处的生产效果。可以看出，该曲线图与任何前面遇到的图形都不一样。横坐标表示采收程度，纵坐标表示累计蒸汽注入量（以冷水形式），使用原始原油地质储量（而非孔隙体积）来对其进行归一化处理。在上述关系图中，体积产量（注入 1 桶冷水产出 1 桶原油）是斜率为 1 的直线。

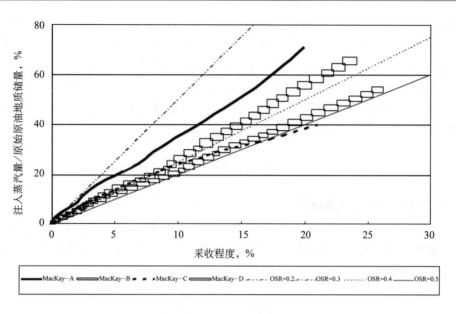

图 11.35　Mckay River 油田七口井处的生产效果

采收率线的斜率均小于 1，这意味着原始条件下存在可流动的水相，或意味着某些水从注入井和生产井之间绕过。尽管如此，许多井的采收程度都接近 30%，并且没有明显的迹象表明他们已经开始进入平稳状态（在该图中曲率朝上）。这些机会是非常好的，他们的最终采收率将会等于或超过蒸汽驱时的情况。

11.10　结束语

此处的讨论，更确切地说是全书中的讨论，都是从油藏工程的角度出发。特别是对于热力采油方法而言，其成功大多数是由于机械、完井和采油技术的进步而造就的。

地面产生蒸汽，在原理上是一个很简单的概念，但在油田条件下却并不简单。对于大多数情况而言，产生蒸汽时所用的水可以使用不同的矿化度盐水。由于这些水容易形成水垢，因此它不能产生蒸汽干度为 100% 的蒸汽。实际上，大部分锅炉只能产生干度为 80% 的蒸汽。

用于产生蒸汽的燃料的不断更新也是该技术进步的一个方面。在早期的蒸汽注入工艺中，地面蒸汽发生器使用的燃料为生产的原油。因为重质油通常包含许多在其燃烧时会污染空气的成分，所以地面蒸汽发生器会污染环境。在整个项目中要花费很多的资金来清理锅炉废气。将天然气作为燃料时，环境问题可以被部分改善。尽管如此，水利用和空气污染等仍然是这些技术所面临的主要问题。

完井方面的困难，曾困扰着早期的注蒸汽作业，对于注入井而言，尤为如此。井下设备的受热膨胀会给现有固井技术带来很多难题。而固井方面的许多难题可以通过在井中使用预应力管材来加以修复。水泥胶结技术和耐高温封隔器的发展已经大大降低了其发生故障的频率。

毫无疑问，热力采油方法的未来发展还是要依靠上述这些以及其他一些技术的共同进步，这些进步主要包括利用蒸汽锅炉的热电联产、使用井下蒸汽发生器、使用泡沫控制流度、在注入蒸汽时使用稀释剂和使用氧气来实施火烧油层作业。上述每一种方法都会进一步扩展热力提高采收率方法的适用范围，比如用于重质油或轻质油的开采，或用于深层油藏和高压油藏等。当上述延伸成为现实时，已经在全球范围内广泛使用的热力采油方法便可以同其他方法一道，进一步提高目标原油的采收率。

练习题

11.1　温度对生产能力改善的影响

蒸汽吞吐并不是一种不可压缩的稳态流动。但是，通过对这两点进行假设，便可以得到生产能力的粗略估算值。已知某井从两个同心柱状体积中排出的体积产量 q 为

$$q = \frac{2\pi K H_{\mathrm{NET}}\left(p_{\mathrm{e}} - p_{\mathrm{wf}}\right)}{\mu_{2\mathrm{h}} \ln\left(\dfrac{R_{\mathrm{h}}}{R_{\mathrm{w}}}\right) + \mu_{2\mathrm{c}} \ln\left(\dfrac{R_{\mathrm{e}}}{R_{\mathrm{h}}}\right)}$$

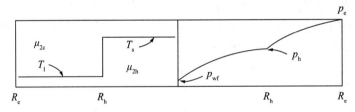

假设内部柱状体为蒸汽吞吐后的受热体积。

（1）推导这种情况下生产指数（PI 或 J）的表达式，即

$$J \equiv \frac{q}{p_{\mathrm{e}} - p_{\mathrm{wf}}}$$

同时，推导出 J 改善值的表达式：

$$J_{改善} = \frac{J_{增产前}}{J_{增产后}}$$

（2）采用下列数据估算单轮次蒸汽吞吐时的 PI 改善值：

地层温度 $=320\mathrm{K}$

受热带温度 $=480\mathrm{K}$

冷油密度 $=0.9\mathrm{g/cm^3}$

热油密度 $=0.8\mathrm{g/cm^3}$

泄油半径 $=116\mathrm{m}$

受热半径 $=20\mathrm{m}$

油井半径 =7cm

API 重度 =20° API

使用图 11.1 中的黏度曲线，求出热油黏度 μ_{2h} 和冷油黏度 μ_{2c}。

（3）判断下列物理量对 J 改善值的影响：蒸汽吞吐的轮次、注入的蒸汽体积、冷油黏度、渗透率和表皮因子。

11.2 估算蒸汽发生器的性能

将处于 294K（70℉）初始地层温度条件下的水通过蒸汽发生器，以 15.9m³/d（100bbl/d）的排量泵入注入井中，井口的温度为 533K（500℉），那么井口处的蒸汽干度是多少？已知发生器每天燃烧 10000sm³ 天然气（热值为 300kJ/sm³），蒸汽发生器的效率为 80%。

11.3 水蒸气去往岩石和水的热损失

当有水蒸气存在时，重新计算例 11.3。除了假设介质被干度为 50% 的饱和水蒸气填充外，其他的参数保持不变。

11.4 热水驱中热力前缘推进速度的另一种推导

方程（11.22）可采用第 7.7 节中组成轨迹构图法来进行推导。已知方程（11.19a）和方程（11.19c）的相干性约束条件为

$$\frac{\mathrm{d}\left(\rho_1 f_1 H_1 + \rho_2 f_2 H_2\right)}{\mathrm{d}\left[\rho_1 S_1 H_1 + \rho_2 f_2 H_2 + \dfrac{(1-\phi)}{\phi}\rho_s H_s\right]} = \frac{\rho_1 H_1 \mathrm{d}f_1}{\rho_1 H_1 \mathrm{d}S_1}$$

已经将密度与热焓的乘积添加进该式右侧的分子和分母中，以确保后续计算中单位的一致性。

（1）通过拓展上述方程中左侧的分子和分母，证明恒温线可以满足相干条件。这些等温线将代表冷油聚集带前缘处的饱和度变化情况。

（2）如果方程式的分子和分母相等，则上述方程能够满足要求，证明分母相等时可以得到常微分方程，其解为：

$$T = I_1\left\{S_1\left(M_{T1} - M_{T2}\right) + \left[M_{T2} + \frac{(1-\phi)}{\phi}M_{Ts}\right]\right\}^{M_{T2}/(M_{T1}-M_{T2})}$$

式中，I_1 为积分常数。应该记得的是 $\rho_j \mathrm{d}H_j = M_{Tj}\mathrm{d}T$。上述方程连同等温线一起在 S_1—T 空间中形成有关组成轨迹的方格，请在该方格中勾画出一些线段。

（3）使第一个方程中的分子相等，并完成类似步骤，可得

$$T = I_2\left[f_1\left(M_{T1} - M_{T2}\right) + M_{T2}\right]^{M_{T2}/(M_{T1}-M_{T2})}$$

式中，I_2 为第二个积分常数，上述方程和等温线在 f_1—T 空间中形成有关组成轨迹的方格。

（4）削去第二个方程和第三个方程之间的温度，证明组成空间中随温度发生变化的路径为：

$$f_1 + \frac{M_{T2}}{M_{T1} - M_{T2}} = I_3 \left[S_1 + \frac{M_{T2} + \dfrac{(1-\phi)}{\phi} M_{Ts}}{M_{T1} - M_{T2}} \right]$$

式中，I_3 为第三个积分常数。

（5）上述方程表明 $\mathrm{d}f_1 = I_3 \mathrm{d}S_1$。对于 $\mathrm{d}T$ 而言，使用与第三个方程和第四个方程相类似的微分形式，证明由第一个方程可以求出 $I_3 = \mathrm{d}f_1/\mathrm{d}S_1$。如果将其重新代入第四个方程中可以得到方程（11.22）。

11.5　热水驱的分流量

下列问题有助于强化图 11.7 中的分流量曲线图解法，并能够练习热力学性质的具体估算方法。

（1）在 1MPa 压力条件下，用饱和的液态水进行热水驱。估算热水温度、热油黏度以及水、油与固相的体积热容。其他有关数据如下：

参数	Initial（cold）	Injected（hot）
温度，K	300	—
水相黏度，mPa·s	1.0	0.5
水相密度，g/cm³	1.0	1.0
原油黏度，mPa·s	700	—
原油密度，g/cm³	0.9	0.9

使用表 11.2 和表 11.3（饱和水砂岩的性质最接近这里介绍的情况）、方程（11.2）和方程（11.7）中的数据和相关式。已知孔隙度为 0.2。

（2）指数型相对渗透率曲线适用于具有以下参数的水平油藏：

$$S_{1r} = 0.2 \qquad k_{r1}^0 = 0.3 \qquad n_1 = 2$$
$$S_{2r} = 0.2 \qquad k_{r1}^0 = 0.8 \qquad n_2 = 2$$

可以假设这些函数与温度无关。利用这些数据和问题（1）中的数据，计算并绘出热水和冷水的分流量曲线。

（3）在上述资料的基础上，计算并绘制出原油一维流出动态曲线和温度的关系曲线。已知原始含水率为 0.1。

11.6　来自油管热传递的量纲分析

在本题中，推导出方程（11.33）的有量纲自变量和油管热流的热传递系数之间的相关式。图 11.11 给出了近似的速度和温度剖面。假设流体流动是稳态的、层流、牛顿型和不可以压缩的，则油管中的速度剖面可表示成

$$v = v_{\max} \left[1 - \left(\frac{r}{R_{ti}} \right)^2 \right]$$

（1）已知孔隙度为1，则方程（2.39）中的能量平衡方程适用于流动流体。如果能量平衡仅保持为径向导热和轴向对流，证明：当用于油管中的流体时，能量平衡方程可化简为

$$\rho_f C_{pf} v_{max} \left[1 - \left(\frac{r}{R_{ti}} \right)^2 \right] \frac{\partial T}{\partial z} = k_{Tf} \frac{1}{r} \frac{\partial}{\partial r} \left(r \frac{\partial T}{\partial r} \right)$$

上述方程中，假设流动流体的恒定导热系数 k_{Tf} 和黏度 μ_f。该方程的边界条件为

$$\left(\frac{\partial T}{\partial r} \right)_{r=0} = 0, \quad T(R_{ti}, z) = T_{ti}, \quad T(r, 0) = T_f$$

式中，T_{ti} 为常数。

（2）将下列自变量

$$r_D = \frac{r}{R_{ti}}, \quad z_D = \frac{K_{Tf} z}{v_{max} R_{ti}^2}, \quad T_D = \frac{T - T_{ti}}{T_f - T_{ti}}$$

代入到第二个方程和第三个方程中，并证明他们可以化简为

$$(1 - r_D^2) \frac{\partial T_D}{\partial z_D} = \frac{1}{r_D} \frac{\partial}{\partial r_D} \left(r_D \frac{\partial T_D}{\partial r_D} \right) \left(\frac{\partial T_D}{\partial r_D} \right)_{r_D=0} = 0, \quad T_D(1, z_D) = 0, \quad T_D(r_D, 0) = 1$$

因此，无量纲温度只与 r_D 和 z_D 有关。

（3）来自油管中的热传递流量 $\dot{Q}$ 为

$$\dot{Q} = -2\pi \int_{\xi=0}^{\xi=L} \left(r k_{Tf} \frac{\partial T}{\partial r} \right)_{r=R_{ti}} d\xi$$

证明：该方程的无量纲形式为

$$\frac{\dot{Q}}{2\pi L k_{Tf} r_D (T_f - T_{ti})} = -\frac{2\pi}{Z_{DL}} \int_0^{Z_{DL}} \left(r_D \frac{\partial T}{\partial r_D} \right)_{r_D=1} d\xi$$

第六个方程中的附加项为

$$Z_{DL} = \frac{K_{Tf} L}{v_{max} R_{ti}^2}$$

和 L 为受热油管的长度。由于是在 $r_D = 1$ 条件下进行估算，并且在已知的极限之间进行积分，因此，积分只与 Z_{DL} 有关。

（4）平均热传递系数 h_{Tf} 可被定义为

$$\dot{Q} \equiv \pi R_{ti} L (T_f - T_{ti}) h_{Tf}$$

消去问题（3）中方程和上述方程中的 $\dot{Q}$，整理后，得

$$\frac{R_{\mathrm{ti}}h_{\mathrm{Tf}}}{k_{\mathrm{Tf}}} = N_{\mathrm{Nu}} = f\left(Z_{\mathrm{DL}}\right)$$

因为将 Z_{DL} 分解为

$$\frac{K_{\mathrm{Tf}}L}{v_{\max}R_{\mathrm{ti}}^2} = \frac{k_{\mathrm{Tf}}L}{\rho_{\mathrm{f}}C_{\mathrm{pf}}v_{\max}R_{\mathrm{ti}}^2} = \frac{k_{\mathrm{Tf}}}{\mu_{\mathrm{f}}C_{\mathrm{pf}}} \cdot \frac{\mu_{\mathrm{f}}}{\rho_{\mathrm{f}}v_{\max}R_{\mathrm{ti}}}\frac{L}{R_{\mathrm{ti}}} = \frac{1}{N_{\mathrm{Pr}}}\frac{1}{N_{\mathrm{Re}}}\frac{1}{R_{\mathrm{ti}}}$$

则可以得到方程（11.33），因为原始方程中不包括黏滞加热作用，所以在最后一个方程中不存在 Brinkman 数。

11.7　计算热损失

对蒸汽驱而言，上覆岩层和下伏岩层的热损失速率通常是非常大的，以至于它自身便可作为该方法成功与否的一个度量。在本题中，可使用理论关系式来估算成功蒸汽驱中的测试值。本题中使用了以下参数：

T_{I}=317K	k_{Ts}=2.1J/(s·m·K)
H_{t}=H_{NET}=11m	M_{To}=2.3MJ/(m³·K)
ϕ=0.3	M_{Tu}=2.8MJ/(m³·K)
ΔS_2=0.31	t=4.5y
H_3=44.4MJ/kg	

（1）估算蒸汽带的温度。已知初始地层压力 P_{I} 为 2.72MPa。

（2）根据方程（11.16），计算无量纲时间和无量纲潜热。已知蒸汽干度 y 为 0.7。

（3）根据 Myhill—Stegement 关系图（图 11.15 和图 11.16），估算有用的热量分数 $\bar{E}_{\mathrm{hs}}$ 和无量纲原油—蒸汽比值。

（4）根据问题（3）中的结果，计算原油—蒸汽比值 F_{23} 和能源效率。能源效率被定义为

$$\eta_{\mathrm{E}} = \frac{\text{原油受热值}}{\text{产生蒸汽所需的热量}}$$

并且由下式给出

$$\eta_{\mathrm{E}} = \frac{F_{23}\gamma_2\eta_{\mathrm{B}}H_3}{C_{\mathrm{pl}}\Delta T\left(1+h_{\mathrm{D}}\right)}$$

式中，η_{B} 为锅炉效率，y_2 为原油的相对密度。已知 γ_2=0.94 和 η_{B}=0.8。

术语符号

一般符号		
术语符号	符号说明	单位 ❶
ACN	烷烃碳数	
ASP	碱—表面活性剂—聚合物复合驱	
A	面积（通常为横截面积）	L^2
A_i	通用双曲函数的累积函数	
A_{jk}	相 j 和相 k 之间的面积； 双曲系统函数的累积矩阵	L^2
A_H, B_H, E_H, F_H	三元相态特征 Hand 表达式中的参数	
A_P	井网面积	L^2
atm	大气压力	F/L^2
a_i	组分 i 的活度	
a_i, b_i	Langmuir 等温吸附参数	
a_T	地热温度梯度	T/L
a_c	比表面积	L^{-1}
B	矢量函数	
B_j	相 j 的地层体积系数	$L^3/$ 标准 L^3
b	立方型状态方程中的排斥参数	L^3/mol
CAPEX	资本投资	
CDC	毛细管压力驱替曲线	
CDCF	累计折现现金流	
CMC	临界胶束浓度	
CV	控制体积	
C_n	n 层时的累积存储能力	
C_i	组分 i 的总浓度	数量 / 体积
$[C_i]$	摩尔单位时的浓度	数量 /kg 溶液
C_i^0	三元相图上的连结线交汇点	与浓度的单位相同
C_{ij}	相 j 中组分 i 的体积分数， 或相 j 中组分 i 的质量浓度	数量 / 相的 L^3

❶ L 表示长度单位、F 表示力、m 表示质量、t 表示时间、T 表示温度和"数量"表示摩尔数

一般符号		
术语符号	符号说明	单位
C_4^*	泡沫形成时的表面活性剂浓度阈值	与浓度的单位相同
C_{2pL}，C_{2pR}	褶点左侧 [Ⅱ（+）型] 和右侧 [Ⅱ（−）型] 原油的坐标	
C_{pj}	相 j 的热容	（F×L）/（数量 ×T）
ΔC_{pr}^0	反应 r 的标准热容变化值	（F×L）/（数量 ×T）
C_s	矿化度	数量 / 溶液体积
C_{Sel}	Winsor Ⅲ型相态特征的较低矿化度极限	
C_{Seu}	Winsor Ⅲ型相态特征的较高矿化度极限	
c	压缩系数	L^2/F
D	递减系数； 毛细管扩散系数	t^{-1} L^2/t
D_i	物质 i 的前缘推进滞留； 阻滞因子	
D_{ij}	相 j 中组分 i 的有效二元扩散系数	L^2/t
D_p	颗粒或球的直径	L
D_z	距离基准面的高度或深度	L
d_p	聚合物分子的有效半径	L
EACN	等效烷烃碳数	
EO	环氧乙烷	
E	Koval 理论中的有效黏度	
E	能量通量	F/（L×t）
E_A	面积波及效率	小数
E_D	驱替或局部波及效率	小数
E_I	垂向波及效率	小数
EL	经济极限产量	数量 / 时间
E_{MB}	流度缓冲液的效率	小数
EOR	提高采收率	
E_R	采收率	小数
E_V	体积波及效率	小数
F	地层电阻系数	
F_n	n 层时的累积产能	

续表

术语符号	符号说明	单位
一般符号		
F_i	组分 i 的总分通量； 常用双曲函数的通量方程	
F_{23}	原油—蒸汽比	原油体积／蒸汽体积（冷水）
f_a	可流动的总孔隙空间百分数	
f_i	相 j 的分流量	
f_3^*	区分两种泡沫流动类型时的 f_3 值	
g	重力加速度矢量（量级为 g）	L/t^2
GB	泡沫注入中在状态 I 和 J 之间形成的气体聚集带	
HPAI	高压注气方法	
HPAM	部分水解聚丙烯酰胺	
H	焓	（F×L）／数量
$\hat{H}_{ij}$	相 j 中组分 i 的部分焓	（F×L）／质量
H_r^0	反应 r 的地层标准焓	（F×L）／数量
H_K	Koval 理论中的有效非均质系数	
H_{NET}	净厚度	L
H_t	总厚度	L
h	水力压头	L
h_T	热传递系数	F/（L²×t）
I	单位矩阵； 初始条件	L⁵/（F×L）
Inj	注入能力	
ISC	层内热交换	
i	注入量； 初始条件	L³/t
IFT	界面张力	F/L
IOR	改善石油采收率或增产石油采收率	标 L³
IR	初始—残余	
J	采油指数； 初始条件	L⁵/（F×L）
J_{jk}	双曲转换曲线的 Jacobian 元素	
j	Leverett j 函数	

一般符号		
术语符号	符号说明	单位
J_{cij}	相 j 组分 i 的对流质量通量	相 j 中 i 的质量 / $(L^2 \times t)$
J_{Dij}	相 j 组分 i 的水动力弥散质量通量	相 j 中 i 的质量 / $(L^2 \times t)$
K'	水力传导系数； UOP 特征因子	L/t
K_{di}	组分 i 吸附在固相时的质量分配系数	(固体中 i 的数量 × 相 j 的体积) / (固体的数量 × 相 j 中 i 的数量)
K_h	水平方向的渗透率	L^2
K_i	平衡闪蒸比	
K_{ij}	相 j 中组分 i 的弥散张量	L^2/t
K_l	弥散系数	L^2/t
K_N	阳离子的选择系数	
K_{pl}	幂律系数	
K_r	反应 r 的平衡常数	
K_T	热扩散系数	L^2/t
K_z	垂向渗透率	L^2
K	渗透率	L^2
k	反应衰变常数	t^{-1}
K_j	相 j 的渗透率	L^2
k_m	传质系数	t^{-1}
K_{rj}	相 j 的相对渗透率	
K_{rj}^0	出口端相 j 的渗透率	
k_T	热传导系数	F/ (F×L)
L	长度	L
L_c	Lorenz 系数	
L_V	汽化潜热	(F×L) /数量
ln	自然对数	
lg	以 10 为底的对数	
M	流度比	
MP	胶束—聚合物复合驱	
M_{Sh}	涌波流度比	

一般符号		
术语符号	符号说明	单位
M_T	体积热容， 或目标流度比	$F/(L^3 \times t)$
M_V	运动流度比	
M_w	相对分子质量	质量 / 数量
M^0	出口端流度比	
m	描述孔隙尺寸分布的正常数	
$\dot{m}$	质量流量	质量 /t
N	混合容器中的接触次数	
N_B	Bond 数	
N_{Br}	Brinkman 数	
N_C	总组分数	
N_D	空间维度数	
N_{Da}	Damkohler 数	
N_{Deb}	Deborah 数	
N_F	自由度数	
N_g^0	重力数	
N_{Gr}	Grashof 数	
N_i	物质 i 的质量通量	i 的质量 / $(L^2 \times t)$
N_{ij}	相 j 中组分 i 的质量通量	i 的质量 / 相 j 的 $(L^2 \times t)$
N_L	总层数	
N_{Nu}	Nusselt 数	
N_p	总相数	
NPV	最大净现值	
N_p	累计产量	质量
N_{pe}	Peclet 数	
N_{pr}	Prandtl 数	
N_R	总化学反应数	
N_{Re}	Reynolds 数	
N_{RL}	Rapoport−Leas 数	
N_{vc}	局部黏滞毛管数	

一般符号		
术语符号	符号说明	单位
n	摩尔数	数量
$\boldsymbol{n}$	朝外的单位法向量	
n_j	相对渗透率解析函数的指数	
n_L，n_V	液体和蒸气的相对数量	小数
n_M	Meter 模型的参数	
n_{pl}	幂律指数	
OOIP	原始原油地质储量	标准 L^3
PO	环氧丙烷	
PON	环氧乙烷数	
p	压力	F/L^2
p_c^*	泡沫中气体与水之间的极限毛细管压力	F/L^2
$p_{c/k}$	相 j 和相 k 之间的毛细管压力	F/L^2
P_V	蒸气压力	F/L^2
Q	热传递	$(F \times L)$
$\dot{Q}$	热传递流量	$(F \times L)/t$
Q_V	阳离子交换能力	当量 / （质量 × 作用物）
q	体积流量	L^3/t
$\boldsymbol{q}_c$	能量传导通量	$F/(F \times L)$
R	半径； 理想气体常数	L ； $(F \times L)/$（数量 ×T）
R_b	孔隙体半径	L
R_f	阻力系数； 泡沫的气相流度下降值	
R_g	水和气体分异前泡沫流动的径向距离	L
R_h	水力半径	L
R_i	绝热半径； 组分 i 生成的质量流量	L ； i 的质量 / 相 j 的 $(L^3 \times t)$
R_k	渗透率降低系数	
R_l	气泡薄层的平均曲率半径	L
R_n	孔隙的颈部半径或入口半径	L

一般符号		
术语符号	符号说明	单位
R_p	聚合物半径	L
R_rf	残余阻力系数	
R_s	溶解气—油比	标准 L^3 溶解组分 / 标准 L^3 液体
R_V	原油蒸发率	标准 L^3 原油中的溶解气 / 标准 L^3 气体
R_w	井半径	L
REV	单元地层体积	
r	径向距离	L
r_i	物质 i 的总反应率	i 的质量 / （总 $L^3 \times t$）
r_{ij}	均相反应速率	i 的质量 / （相 j 的 $L^3 \times t$）
r_m	传质速率	质量 / （$L^3 \times t$）
SAGD	蒸汽辅助重力泄油	
SP	表面活性剂—聚合物复合驱	
S	三相时的标量函数或传质系数	F/L
S	含水饱和度的降低值	
S_l^*	极限毛管压力时的含水饱和度（第 10 章）	
S_l^*	涌波前缘上游的含水饱和度（第 5 章）	
S_F	过筛因子	
$\hat{S}_{ij}$	相 j 中组分 i 的偏（质量）熵	（F×L）/ （T× 质量）
S_j	相 j 的饱和度或相 j 的熵	（F×L）/T
S_{jk}	相 j 和相 k 之间的增溶参数	
S_y	单位出水量	体积分数
SCM	标准立方米	
SRD	矿化度需求图	
S	表皮因子	
ς	Laplace 转换变量	
TDS	溶解度固体总量	
T	温度	T
t	时间	t

续表

一般符号		
术语符号	符号说明	单位
t_{DS}	段塞尺寸	小数
t_{MB}	流度缓冲液尺寸	小数
U	内能	(F×L) /质量
UOP	环球石油产品	
$\hat{U}_{ij}$	相 j 中组分 i 的偏(质量)内能	(F×L) /质量
U_j	双曲方程中未知的矢量或相 j 的内能	(F×L) /质量
U_T	总传热系数	F/ (L×t×T)
$\boldsymbol{u}$	表观速度(量级为 u)	L/t
$\hat{U}_{ij}$	相 j 中组分 i 的数均表观速度	L/t³
V_b	总体积	L³
$\hat{V}_{ij}$	相 j 中组分 i 的偏(质量)体积	L³/质量
V_{DP}	Dykstra–Parsons 系数	
$\bar{V}_M$	比摩尔体积	L³/数量
V_P	孔隙体积	L³
VE	垂向平衡	
VFD	体积分数图	
$\boldsymbol{v}$	隙间流速(量级为 v)	L/t
v_{ci}	浓度 C_i 的比速度	
$v_{\Delta ci}$	涌波浓度变化 $v_{\Delta ci}$ 时的比速度	
W	介质宽度或裂缝半宽	L
$\dot{W}$	单位体积中做功的速率	F/ (L²×t)
$\dot{W}_{CE}$	单位体积中压缩—膨胀功的速率	F/ (L²×t)
$\dot{W}_{pv}$	单位体积中压力体积功的速率	F/ (L²×t)
W_i	组分 i 的总浓度	数量 i/L³
W_R	水气交换比例	L³ 水 /L³ 溶剂
WAG	水气交替注入	
WOR	水油比	L³ 水 /L³ 原油
x	位置	L

续表

一般符号		
术语符号	符号说明	单位
x_i，y_i	蒸气、液相中的摩尔分数	
y	蒸汽干度	
Z_v	离子交换能力	当量 / 孔隙体积的 L^3
z	气体偏差因子	
z_i	组分 i 的总摩尔分数	i 的数量 / 总数量
希腊字母		
术语符号	符号说明	单位
α_l，α_t	纵向弥散系数和横向弥散系数	L
α	倾角	
β	非均质性因子（第 3 章）； 弥散方程中的指数（第 5 章）； 接触面倾角	
β_T	热膨胀系数	T^l
ε	S_1^* 附近控制泡沫突然破裂的参数	
ε_j	相体积分数	
ξ	虚拟的集成变量	
δ_{ij}	相 j 中组分 i 的二元相互作用系数	
η	特征值； 连结线的斜率	
η_B	锅炉效率	
Λ	累计频率	
γ	相对密度	
Δ	离散变量中的算子	
$\dot{\gamma}$	剪切速率	r^{-1}
∇	梯度算子	L^{-1}
λ	孔隙尺寸分布系数； 黏性指进宽度	L
λ_c	临界波长	L
λ_j	相 j 的流度	F–t
λ_{rt}	总相对流度	$(Pa \cdot s)^{-1}$
λ_{rt}^m	气驱中混相驱的总流度	$(Pa \cdot s)^{-1}$

一般符号		
术语符号	符号说明	单位
$[\mu]$	特性黏度	$L^2/$质量
μ	黏度	$(F \times t)/L^2$
Ψ	吸入压头	L
Φ_j	流体势能 $=P_j+\rho_j g D_z$（不可压缩相 j） $=\rho_j \int_{P_0}^{P_j} \dfrac{P}{\rho_j}+g D_z \mathrm{d}P$（其他相）	F/L^2
Φ	孔隙度； 球面坐标	
ρ	密度	质量 $/L^3$
ρ_i^0	物质 i 的纯组分浓度	质量 $/L^3$
ρ_j	相 j 的密度	相 j 的质量 $/L^3$
ρ_j^s	相 j 的标准密度	
ρ_M	摩尔密度	数量 $/L^3$
ρ_D	单位总体积的	$F/(L^2 \times T \times t)$
ρ_{ik}	相 j 和相 k 之间的界面张力	F/L
τ	剪切应力； 迂曲度	F/L^2
θ	接触角； 极坐标或球面坐标； 含水层的湿度	
υ	动力黏度	L^2/t
υ_{LN}	对数正态分布的变异值	
ω_i	相 i 中总质量分数	i 的质量 / 总质量
ω_{ij}	相 j 中组分 i 的质量分数	
上角标		
$\wedge$	对非均质性校正后的物理量； 具体的物理量	
$+，-$	前缘的上游，下游	
$-$	平均； 摩尔量	
$\sim$	拟	
∞	最终值； 长时间（渐近）值	

续表

一般符号		
术语符号	符号说明	单位
*	表示基准线与切线的焦点	
'	指通过使用提高采收率（比如低界面张力或聚合物）流体后修正的物理量	
o	突破时的物理量	
o	不存在泡沫时函数的参数（第10章）	
SP	溶度积	
Sl，sv	饱和液体，饱和蒸气	
S，P	指由表面活性剂、溶剂或聚合物修正后的分流量曲线	
•	指某种速率	
下角标		
A，R，E	前进的，后退的，固有的	
B	聚集带	
c	临界的	
cem	水泥	
ci	套管内部	
co	套管外部	
D	指某个无量纲物理量	
d	井眼	
e	有效的	
eq	等价的	
f	可驱动的，前缘或流动的	
G	非凝析气	
HW	热水	
I，J，K	分别指初始的，已注入的（段塞）和顶替液	
i	物质下标： 1为水（第3、5、6章）；重质烃类（第7章） 2为原油（第3、5、6、8、9章）；中间烃类（第7章） 3为驱替剂（表面活性剂，第9章；溶剂，第7章；气体，第5和10章） 4为聚合物（第8和9章）；起泡剂（第10章） 5为阴离子 6为二价离子 7为助表面活性剂 8为单价离子	

一般符号		
术语符号	符号说明	单位
j	相下标(位于组分变量的第二个位置): 1 为富含水(第 3、5、6、8、9 章);富含重质烃类(第 7 章) 2 为富含油(第 3、5、6、8、9 章);富含溶剂(第 2 章) 3 为微乳液 4 为固体	
l	层数的下标($l=1, 2, \cdots, n, \cdots, N_L$)	
Lim	极限的	
OPT	最佳的	
R	剩余的	
SF	蒸汽前缘	
rm	混相残余	
rw	剩余水	
r	剩余(下角标的第二个位置); 相对的(下角标的第一个位置)	
T	热力学性质	
t	总的	
ti	油管内部	
to	油管外部	
u, l	较高的和较低的有效矿化度	
w, nw	润湿的,非润湿的	
wf	井底流动	
x, z, r	分别表示 x,z 和 r 坐标方向	

参考文献

Aaron, D. and Tsouris, C. 2005. Separation of CO_2 From Flue Gas. *Separation Science and Technology* 40 (1-3): 321-348.

Abbott, M.M. 1973. Cubic Equations of State. *AIChE Journal* 19 (3): 596-601.

Abbott, M.M. 1979. Cubic Equations of State: An Interpretive Review. In *Equations of State in Engineering and Research*, Advances in Chemistry 182. Washington, DC.: American Chemical Society.

Abbott, M.M. and Van Ness, H.C. 1972. *Schaum's Outline of Theory and Problems of Thermodynamics*. New York: McGraw-Hill.

Ader, J.C. and Stein, M. 1984. Slaughter Estate Unit Tertiary Miscible Gas Pilot Reservoir Description. *J Pet Technol* 36 (5): 837-845.

Adkins, S., Pinnawala Arachchilage, G.W.P., Solairaj, S., *et al*. 2012. Development of Thermally and Chemically Stable Large-Hydrophobe Alkoxy Carboxylate Surfactants. Presented at the SPE Improved Oil Recovery Symposium, Tulsa, 14-18 April. SPE-154256-MS. http://dx.doi.org/10.2118/154256-MS.

Ahmad, T., Menzie, D., and Chrichlow, H. 1983. Preliminary Experimental Results of High Pressure Nitrogen Injection for EOR Systems. *SPE J.* 23 (2): 339-348.

Ahmadi, K., Joh, R.T., Mogensen, K., and Noman, R. 2011. Limitations of Current Method of Characteristic Models Using Shock-Jump Approximations To Predict MMPs for Complex Gas-Oil Displacements. *SPE J.* 16 (4): 743-750.

Ahmadi, K. and Johns, R.T. 2011. Multiple Mixing-Cell Model for MMP Determination. *SPE J.* 16 (4): 733-742.

Aithison, J. and Brown, J.A.C. 1957. *The Lognormal Distribution*. New York: Cambridge University Press.

Akstinat, M.H. 1981. Surfactants for EOR Process in High-Salinity Systems: Product Selection and Evaluation. In *Enhanced Oil Recovery*, ed. F.J. Fayers, Chap. 2, 43-62. New York: Elsevier.

Alpak, F.O., Lake, L.W., and Embid, S.M. 1999. Validation of a Modified Carman-Kozeny Equation To Model Two-Phase Relative Permeabilities. Presented at the SPE Annual Technical Conference and Exhibition, Houston, 3-6 October. SPE-56479-MS. http://dx.doi.org/10.2118/56479-MS.

Alvarez, J.M., Rivas, H., and Rossen, W.R. 2001. A Unified Model for Steady-State Foam Behavior at High and Low Foam Qualities. *SPE J.* 6 (3): 325-333.

Amott, E. 1959. Observations Relating to the Wettability of Porous Rock. *Trans.*, AIME, 216: 156-162.

Anderson, W.G. 1986. Wettability Literature Survey–Part 2: Wettability Measurement. *J Pet Technol* 38 (11): 1246–1262. SPE–13933–PA. http: //dx.doi.org/10.2118/13933–PA.

Anderson, G. 2006. *Simulation of Chemical Flood Enhanced Oil Recovery Processes Including the Effects of Reservoir Wettability*. MS thesis, The University of Texas at Austin, Austin, Texas (May 2006).

Andrade, E.N. and Da, C. 1930. The Viscosity of Liquids. *Nature* (1 March): 309–310.

Araktingi, U.G. and Orr, F.M. Jr. 1990. Viscous Fingering, Gravity Segregation, and Reservoir Heterogeneity in Miscible Displacements in Vertical Cross Sections. Presented at the SPE/DOE Enhanced Oil Recovery Symposium, Tulsa, 22–25 April. SPE–20176–MS. http: //dx.doi.org/10.2118/20176–MS.

Arps, J.J. 1956. Estimation of Primary Oil Reserves. In *Transactions of the Society of Petroleum Engineers*, Vol. 207, 182–191. Richardson, Texas: Society of Petroleum Engineers. ISBN 1–55563–013–8.

Arriola, A., Willhite, P.G., and Green, D.W. 1983. Trapping of Oil Drops in a Noncircular Pore Throat. *SPE J.* 23 (1): 99–114.

Arya, A., Hewett, T.A., Larson, R.G., and Lake, L.W. 1988. Dispersion and Reservoir Heterogeneity. *SPE Res Eng* 3 (1): 139–148.

Ashoori, E., van der Heijden, T.L.M., and Rossen, W.R. 2010. Fractional–Flow Theory of Foam Displacements With Oil. *SPE J.* 15 (2): 260–273.

Aydelotte, S.R. and Pope, G.A. 1983. A Simplified Predictive Model for Steamdrive Performance. *J Pet Technol* 35 (5): 991–1002.

Aziz, K. and Settari, A. 1979. *Petroleum Reservoir Simulation*. Vol. 476. London: Applied Science Publishers.

Bail, P.T. and Marsden, S.S. 1957. Saturation Distribution in a Linear System During Oil Displacement. *Producers Monthly* 21 (8): 22–32.

Balhoff, M.T., Lake, L.W., Bommer, P.M., *et al.* 2011. Rheological and Yield Stress Measurements of Non–Newtonian Fluids Using a Marsh Funnel. *J. Pet. Sci. Eng.* 77 (3–4): 393–402. http: //dx.doi.org/10.1016/j.petrol.2011.04.008.

Bear, J. 1972. *Dynamics of Fluids in Porous Media*. New York: Dover.

Benham, A.L., Dowden, W.E., and Kunzman, W.J. 1961. Miscible Fluid Displacement–Prediction of Miscibility. In *Transactions of the Society of Petroleum Engineers*, Vol. 219, 229–237. Richardson, Texas: Society of Petroleum Engineers. ISBN 1–55563–013–8.

Bennett, K.W., Phelps, C.H.K., Davis, H.T., *et al.* 1981. Microemulsion Phase Behavior: Observations, Thermodynamic Essentials, Mathematical Simulation. *SPE J.* 2 (1): 747–762.

Bhuyan, D. 1986. *The Effect of Wettability on the Capillary Desaturation Curve*. MS thesis, The University of Texas at Austin, Austin, Texas (1986).

Bijeljic, B.R., Muggeridge, A.H., and Blunt, M.J. 2002. Effect of Composition on Waterblocking for Multicomponent Gasfloods. Presented at the SPE Annual Technical Conference and Exhibition, San Antonio, Texas, 29 September−2 October. SPE−77697−MS.

Bikerman, J.J. 1973. *Foams*. New York：Springer Verlag.

Bird, R.B., Stewart, W.E., and Lightfoot, E.N. 2002. *Transport Phenomena*, second edition. New York：Wiley.

Bleakley, W.B. 1965. The How and Why of Steam, Part 5. *Oil and Gas Journal*（15 February）：121−122.

Blevins, T.R. and Billingsley, R.H. 1975. The Ten−Pattern Steamflood, Kern River Field, California. *J Pet Technol* 27（12）：1505−1514.

Blunt, M.J., Fenwick, D.H., and Zhou, D. 1994. What Determines Residual Oil Saturation in Three−Phase Flow? Presented at the SPE/DOE Improved Oil Recovery Symposium, Tulsa, 17−20 April. SPE−27816−MS.

Boberg, T.C. 1988. *Thermal Methods of Oil Recovery*. New York：John Wiley and Sons.

Bondor, P.L., Hirasaki, G.J., and Tham, M.J. 1972. Mathematical Simulation of Polymer Flooding in Complex Reservoirs. *SPE J*. 12（5）：369−382.

Bonfantir, B.F. and Gonzalez, I.E. 1996. *Evaluacion del Metodo de Drenaje por Gravedad Asistido con Vapor en Yacimientos de Crudo Pesado enCcampos de la Costa Bolivar, Estado Zulia*. PhD dissertation, Universidad Central de Venezuela, Caracas, Venezuela（April 1996）.

Bourrel, M., Lipow, A.M., Wade, W.W., *et al*. 1978. Properties of Amphile/Oil/ Water Systems at an Optimum Formulation of Phase Behavior. Presented at the SPE Annual Fall Technical Conference and Exhibition, Houston, 1−3 October. SPE−7450−MS.

Brown, W.O. 1957. The Mobility of Connate Water During a Waterflood. *Transactions of the Society of Petroleum Engineers*, Vol. 210, 190−195. Richardson, Texas：Society of Petroleum Engineers. ISBN 1−55563−013−8.

Bragg, J.R., Gale, W.W., McElhannon, W.A., *et al*. 1982. Loudon Surfactant Flood Pilot Test. Presented at the SPE Enhanced Oil Recovery Symposium, Tulsa, 4−7 April. SPE−10862−MS.

Bruggenwert, M.G.M. and Kamphorst, A. 1979. Survey of Experimental Information on Cation Exchange in Soil Systems. *Developments in Soil Science* 5：141−203.

Bryant, S.L., Schechter, R.S., and Lake, L.W. 1986. Interaction of Precipitation/ Dissolution Waves and Ion Exchange in Flow Through Permeable Media. *AIChE Journal* 32 （5）：751−764.

Bryant, S.L., Mellor, D.W., and Cade, C.A. 1993. Permeability Prediction From Geological Models. *AAPG Bulletin* 77（8）：1338−1350.

Buckley, S.E. and Leverett, M.C. 1941. Mechanisms of Fluid Displacement in Sands. *Transactions of the Society of Petroleum Engineers*, Vol. 146, 107−116. Richardson, Texas：

Society of Petroleum Engineers. ISBN 1−55563−013−8.

Bunge, A.L. and Radke, C.J. 1982. Migration of Alkaline Pulses in Reservoir Sands. *SPE J.* 22 (6): 998−1012.

Burger, J.G. and Sahuquer, B.C. 1972. Chemical Aspects of In Situ Combustion−Heat of Combustion and Kinetics. In *Transactions of the Society of Petroleum Engineers of the AIME*, Vol. 253, 410−422. Richardson, Texas: Society of Petroleum Engineers. ISBN 1−55563−013−8.

Burger, J., Sourieau, P., and Combarnous, M. 1985. *Thermal Methods of Oil Recovery.* Paris: Editions Technip and Houston: Gulf Publishing Company.

Bursell, C.G. and Pittman, G.M. 1975. Performance of Steam Displacement in the Kern River Field. *J Pet Technol* 27 (8): 997−1004.

Butler, R. 1982. A Method for Continuously Producing Viscous Hydrocarbons by Gravity Drainage While Injecting Heated Fluids, UK Patent Application GB 2, 053, 328 (1980); US 4, 344, 485 (1982); Canada 1, 130, 201 (1982).

Butler, R.M. 1997. *Thermal Recovery of Oil and Bitumen.* GravDrain, Inc.

Callaroti, R. 2002. Electromagnetic Heating for Oil Recovery. In *Emerging and Peripheral Technologies*, Petroleum Engineers Handbook of SPE, Chapter 12.

Camilleri, D. 1983. *Micellar/Polymer Flooding Experiments and Comparison With an Improved 1D Simulator.* MS thesis, The University of Texas at Austin, Austin, Texas (1983).

Campbell, R.A. *et al.* 1977. The Metric System of Units and SPE's Tentative Metric Standard. *J Pet Technol* 29 (12): 1575−1610.

Cannella, W.J., Huh, C., and Seright, R.S. 1988. Prediction of Xanthan Rheology in Porous Media. Presented at the SPE Annual Technical Conference and Exhibition, Houston, 2−5 October. SPE−18089−MS. http: //dx.doi.org/10.2118/18089−MS.

Carcoana, A.N. 1982. Enhanced Oil Recovery in Rumania. Presented at the SPE Enhanced Oil Recovery Symposium, Tulsa, 4−7 April. SPE−10699−MS.

Carrizales, M.A. 2010. *Recovery of Stranded Heavy Oil Using Electromagnetic Heating.* PhD dissertation, The University of Texas at Austin, Austin, Texas (December 2010).

Carslaw, H.W. and Jaeger, J.C.1959. *Conduction of Heat in Solids*, second edition. Clarendon, Oxford.

Cash, R.C., Cayias, J.L., Fournier, R.G., *et al.* 1976. Modelling Crude Oils for Low Interfacial Tension. *SPE J.* 16 (6): 351−357.

Cayias, J.L., Schechter, R.S., and Wade, W.H. 1975. The Measurement of Low Interfacial Tension Via the Spinning Drop Technique, Adsorption at Interfaces. L.K. Mittal (ed.), American Chemical Society Symposium Series, No. 8 (1975): 234.

Caudle, B.H. 1968. *Fundamentals of Reservoir Engineering*, Part II. Dallas: Society of Petroleum Engineers.

Caudle, B.H. and Dyes, A.B. 1958. Improving Miscible Displacement by Gas−

Water Injection. In *Transactions of the Society of Petroleum Engineers*, Vol. 283, 281–284. Richardson, Texas: Society of Petroleum Engineers. ISBN 1–55563–013–8.

Chang, H.L., Al–Rikabi, H.M., and Pusch, W.H. 1978. Determination of Oil/Water Bank Mobility in Micellar–Polymer Flooding. *J Pet Technol* 30 (7): 1055–1060.

Charbeneau, R.J. 2000. *Groundwater Hydraulics and Pollutant Transport*. Upper Saddle River, New Jersey: Prentice Hall.

Chatzis, I. and Morrow, N.R. 1981. *Measurement and correlation of conditions for entrapment and mobilization of residual oil*. Final report. No. DOE/ET/12077–T1; EMD–2–68–3302. New Mexico Inst. of Mining and Technology, Socorro (USA). New Mexico Petroleum Recovery Research Center.

Chatzis, I., Morrow, N.R., and Lim, H.T. 1983. Magnitude and Detailed Structure of Residual Oil Saturation. *SPE J.* 23 (2): 311–326.

Chen, Q., Gerritsen, M.G., and Kovscek, A.R. 2010. Modeling Foam Displacement With the Local–Equilibrium Approximation: Theory and Experimental Verification. *SPE J.* 15 (1): 171–183.

Cheng, L. 2002. *Modeling and Simulation Studies of Foam Processes in Improved Oil Recovery and Acid–Diversions*. PhD dissertation, The University of Texas at Austin, Austin, Texas (2002).

Cheng, L., Kam, S.I., Delshad, M., and Rossen, W.R. 2002. Simulation of Dynamic Foam–Acid Diversion Processes. *SPE J.* 7 (3): 316–324.

Chen, J., Hirasaki, G., and Flaun, M. 2004. Study of Wettability Alteration From NMR: Effect of OBM on Wettability and NMR Responses. Presented at the 8th International Symposium on Reservoir Wettability, Houston, 16–18 May.

Cheng, L., Reme, A.B., Shan, D., *et al.* 2000. Simulating Foam Processes at High and Low Foam Qualities. Presented at the SPE/DOE Improved Oil Recovery Symposium, Tulsa, 3–5 April. SPE–59287–MS.

Chouke, R.L., van Meurs, P., and van der Poel, C. 1959. The Instability of Slow, Immiscible Viscous Liquid–Liquid Displacements in Permeable Media. *Trans.*, AIME 216 (1959): 188–194.

Clampitt, R.L. and Reid, T.B. 1975. An Economic Polymerflood in the North Burbank Unit, Osage Country, Oklahoma. Presented at the Fall Meeting of the Society of Petroleum Engineers of AIME, Dallas, 28 September–1 October. SPE–5552–MS.

Claridge, E.L. 1980. *Design of Graded Viscosity Banks for Enhanced Oil Recovery Processes*. PhD dissertation, University of Houston, Houston, Texas (1980).

Claridge, E.L. 1978. A Method for Designing Graded Viscosity Banks. *SPE J.* 18 (5): 315–324.

Claridge, E.L. 1972. Prediction of Recovery in Unstable Miscible Flooding. *SPE J.* 12 (2): 143–155.

Coats, K.H., Dempsey, J.R., and Henderson, J.H. 1980. An Equation of State Compositional Model. *SPE J.* 20（5）: 363–376.

Coats, K.H., Dempsey, J.R., and Henderson, J.H. 1971. The Use of Vertical Equilibrium in Two−Dimensional Simulation of Three−Dimensional Reservoir Performance. *SPE J.* 11（1）: 63–71.

Coats, K.H. and Smith, B.D. 1964. Dead−End Pore Volume and Dispersion in Porous Media. *SPE J.* 4（1）: 73–84.

Collins, R.E. 1976. *Flow of Fluids through Porous Materials.* The Petroleum Publishing.

Cooke, C.E., Williams, R.E., and Kolodzie, P.A. 1974. Oil Recovery by Alkaline Waterflooding. *J Pet Technol* 26（12）: 1365–1374.

Courant, R. and Friedrichs, K.O. 1948. *Supersonic Flow and Shock Waves.* New York: Springer Verlag.

Craig, F.F. Jr. 1971. *The Reservoir Engineering Aspects of Waterflooding*, Vol. 3. Society of Petroleum Engineers.

Crane, F.E., Kendall, H.A., and Gardner, G.H.F. 1963. Some Experiments on the Flow of Miscible Fluids of Unequal Density Through Porous Media. *SPE J.* 3（4）: 277–280.

Crawford, H.R., Neill, G.H., Lucy, B.J., and Crawford, P.B. 1963. Carbon Dioxide−A Multipurpose Additive for Effective Well Stimulation. *J Pet Technol* 15（3）: 237–242.

Crichlow, H.B. 1977. *A Simulation Approach.* Englewood Cliffs, New Jersey: Prentice−Hall.

Crocker, M.W., Donaldson, E.C., and Marchin, L.M. 1983. Comparison and Analysis of Reservoir Rocks and Related Clays. Presented at the SPE Annual Technical Conference and Exhibition, San Francisco, California, 5−8 October. SPE−11973−MS.

Cronquist, C. 2001. *Estimation and Classification of Reserves of Crude Oil*, *Natural Gas*, *and Condensate.* Richardson, Texas: Society of Petroleum Engineers.

Culberson, O.L. and McKetta, J.J. 1951. Phase Equilibria in Hydrocarbon−Water Systems III−The Solubility of Methane in Water at Pressures to 10, 000psia. *Trans.*, AIME 192（1951）: 223–226.

Dake, L.P. 1978. *Fundamentals of Reservoir Engineering.* Developments in Petroleum Science, Vol. 8. New York: Elsevier.

Danesh, A. 1998. *PVT and Phase Behavior of Petroleum Reservoir Fluids.* Developments in Petroleum Science, Vol. 47, Elsevier.

De Nevers, N. 1964. A Calculation Method for Carbonated Waterflooding. *SPE J.* 4（1）: 9–20.

Deans, H.A. 1963. A Mathematical Model for Dispersion in the Direction of Flow. *SPE J.* 3（1）: 49–52.

Degens, E.T. 1965. *Geochemistry of Sediments（A Brief Survey）.* Englewood Cliffs, New

Jersey：Prentice—Hall.

Delshad, M., Delshad, M., Pope, G.A., and Lake, L.W. 1987. Two—and Three—Phase Relative Permeabilities of Micellar Fluids. *SPE Form Eval* 2 (3)：327—337.

Delshad, M. 1981. Measurement of Relative Permeability and Dispersion for Micellar Fluids in Berea Rock. MS thesis, The University of Texas at Austin, Austin, Texas (1981).

Delshad, M., Kim, D.H., Magbagbeola, O.A., *et al.* 2008. Mechanistic Interpretation and Utilization of Viscoelastic Behavior of Polymer Solutions for Improved Polymer—Flood Efficiency. Presented at the SPE/DOE Symposium on Improved Oil Recovery, Tulsa, 19—23 April. SPE—113620—MS.

Delshad, M., Pope, G.A., and Sepehrnoori, K. 1996. A Compositional Simulator for Modeling Surfactant Enhanced Oil Recovery Methods. *Journal of Contaminant Hydrology* 23：303—327.

Demin, W., Jiecheng, C., and Yan, W. 2002. Producing by Polymer Flooding More Than 300 Million Barrels of Oil, What Experiences Have Been Learnt? Presented at the SPE Asia Pacific Oil and Gas Conference and Exhibition, Melbourne, Australia, 8—10 October. SPE—7782—MS.

Denbigh, K. 1968. *The Principles of Chemical Equilibrium*, second edition. Oxford, England：Cambridge University Press.

De Zabala, E.F., Vislocky, J.M., Rubin, E., and Radke, C.J. 1982. A Chemical Theory for Linear Alkaline Flooding. *SPE J.* 12 (1)：245—258.

Dicharry, R.M., Perrymann, T.L., and Ronquille, J.D. 1973. Evaluation and Design of a CO_2 Miscible Flood Project—SACROC Unit, Kelly—Snyder Field. *J Pet Technol* 25 (11)：1309—1318.

Dickson, J.L. and Leahy—Dios, A. 2010. Development of Improved Hydrocarbon Recovery Screening Methodologies. Presented at the SPE Improved Oil Recovery Symposium, Tulsa, 24—28 April. SPE—129768—MS.

Dietz, D.N. 1953. A Theoretical Approach to the Problem of Encroaching and By—Passing Edge Water. *Proceedings, Series B, of the Koninklijke Nederlandse Akademie Van Wetenschappen, Amsterdam.*

Dindoruk, B. 1992. Analytical Theory of Multiphase, Multicomponent Displacement in Porous Media. Ph.D. Dissertation, Stanford University, Stanford, California (May 1992).

Dombrowski, H.S. and Brownell, L.E. 1954. Residual Equilibrium Saturation of Porous Media. *Industrial and Engineering Chemistry* 46 (1954)：1207.

Donaldson, E.C., Thomas, R.D., and Lorenz, P.B. 1969. Wettability Determination and Its Effect on Recovery Efficiency. *SPE J.* 9 (1)：13—20.

Dong, Y. and Rossen, W.R. 2007. Insights From Fractional—Flow Theory for Models for Foam IOR. Presented at the European Symposium on Improved Oil Recovery, Cairo, 22—24 April.

Dougherty, E.L. 1963. Mathematical Model of an Unstable Miscible Displacement in Heterogeneous Media. *SPE J.* 3 (2): 155−163.

Douglas, J. Jr., Blair, P.M., and Wagner, R.J. 1958. Calculation of Linear Waterflood Behavior Including the Effects of Capillary Pressure. *Trans.*, AIME 213 (1958): 96−102.

Dria, M.A., Schechter, R.S., and Lake, L.W. 1988. An Analysis of Reservoir Chemical Treatments. *SPE Prod Eng* 3 (1): 52−62.

Duda, J.L., Klaus, E.E., and Fan, S.K. 1981. Influence of Polymer−Molecule/Wall Interactions on Mobility Control. *SPE J.* 21 (5): 613−622.

Dullien, F.A.L. 1979. Fluid *Transport and Pore Structure*. New York: Academic Press.

Dyes, A.B., Caudle, B.H., and Erickson, R.A. 1954. Oil Production After Breakthrough−As Influenced by Mobility Ratio. *Trans.*, AIME 201 (1954): 81−86.

Dykstra, H. and Parsons, R.L. 1950. The Prediction of Oil Recovery by Waterflood. In *Secondary Recovery of Oil in the United States*, *Principles and Practice*, second edition, 160−174. American Petroleum Institute.

Earlougher, R.C. Jr. 1977. *Advances in Well Test Analysis*. New York: Henry L. Doherty Memorial Fund of AIME.

Egwuenu, A.M., Johns, R.T., and Li, Y. 2008. The University of Texas at Austin, Improved Fluid Characterization for Miscible Gas Floods. *SPE Res Eval & Eng* 11 (4): 655−665.

Ehrlich, R., Hasiba, H.H., and Raimondi, P. 1974. Alkaline Waterflooding for Wettability Alteration−Evaluating a Potential Field Application. *J Pet Technol* 26 (12): 1335−1343.

El Dorado. 1977. Micellar−Polymer Demonstration Project. Third Annual Report, U.S. Department of Energy BERC/TPR−77/12.

Embid−Droz, S.M. 1997. *Modeling Capillary Pressure and Relative Permeability for Systems with Heterogeneous Wettability*. PhD dissertation, The University of Texas at Austin, Austin, Texas (1997).

Englesen, S.R. 1981. *Micellar/Polymer Flooding Simulation−Improvements in Modelling and Matching of Core Floods*. MS thesis, The University of Texas at Austin, Austin, Texas (1981).

Ershaghi, I. and Omoregei, O. 1978. A Method for Extrapolation of Cut vs. Recovery Curves. *J Pet Technol* 30 (2): 203−204.

Faghri, A. and Zhang, Y. 2006. *Transport Phenomena in Multiphase Systems*. Burlington, Massachusetts: Elsevier.

Faisal, A., Bisdom, K., Zhumabek, B., Mojaddam Zadeh, A., and Rossen, W.R. 2009. Injectivity and Gravity Segregation in WAG and SWAG Enhanced Oil Recovery. Presented at the SPE Annual Technical Conference & Exhibition, New Orleans, 4−7 October. SPE−124197−MS.

Falls, A.H., Musters, J.J., and Ratulowski, J. 1989. The Apparent Viscosity of Foams in Homogeneous Bead Packs. *SPE Res Eng* 4 (2): 155—164.

Farajzadeh, R., Andrianovkrastev, A.R., Hirasaki, G.J., and Rossen, W.R. 2012. Foam—Oil Interaction in Porous Media: Implications for Foam Assisted Enhanced Oil Recovery. *Adv. Colloid Interface Sci.*, 183—184: 1—13.

Farajzadeh, R., Meulenbroek, B., Daniel, D., *et al.* 2013. An Empirical Theory for Gravitationally Unstable Flow in Porous Media. *Comput. Geosci.* 17 (3): 515—527. http: // dx.doi.org/10.1007/s10596—012—9336—9.

Farouq Ali, S.M. 1974. Steam Injection. In *Secondary and Tertiary Oil Recovery Processes.* Oklahoma City: Interstate Oil Compact Commission.

Farouq Ali, S.M. 1966. Marx and Langenheim's Model of Steam Injection. *Producers Monthly* (November 1966): 2—8.

Fatt, I. and Dykstra, H. 1951. Relative Permeability Studies. *Trans.*, AIME 192 (1951): 249.

Fayers, F.J. 1988. An Approximate Model With Physically Interpretable Parameters for Representing Viscous Fingering. *SPE Res Eng* 3 (2): 551—558.

Fernandez, M.E. 1978. *Adsorption of Sulfonates From Aqueous Solutions Onto Mineral Surfaces.* MS thesis, The University of Texas (1978).

Fetkovich, M.J. 1980. Decline Curve Analysis Using Type Curves. *J Pet Technol* 32 (6): 1065—1077.

Firoozabadi, A. 1999. *Thermodynamics of Hydrocarbon Reservoirs.* McGraw—Hill. ISBN 0—07—022071—9

Firoozabadi, A. and Pan, H. 2002. Fast and Robust Algorithm for Compositional Modeling: Part I—Stability Analysis Testing. *SPE J.* 7 (1): 78—89. SPE—77299—PA. http: // dx.doi.org/10.2118/77299—PA.

Flaaten, A.K. 2012. *An Integrated Approach to Chemical EOR Opportunity Valuation: Technical, Economic, and Risk Considerations for Project Development.* PhD dissertation, The University of Texas at Austin, Austin, Texas (2012).

Flaaten, A.K. 2007. *Experimental Study of Microemulsion Characterization and Optimization in Enhanced Oil Recovery: A Design Approach for Reservoirs With High Salinity and Hardness.* MS thesis, The University of Texas at Austin, Austin, Texas (2007).

Flaaten, A.K., Nguyen, Q.P., Pope, G.A., and Zhang, J. A Systematic Laboratory Approach to Low—Cost, High—Performance Chemical Flooding. *SPE Res Eval & Eng* 12 (5): 713—723.

Fleming, P.D. III, Thomas, C.P., and Winter, W.K. 1981. Formulation of a General Multiphase, Multicomponent Chemical Flood Model. *SPE J.* 21 (1): 63—76.

Flory, P.J. 1953. *Principles of Polymer Chemistry.* Ithaca, New York: Cornell University Press.

Fortenberry, R.P., Kim, D.H., Nizamidin, N., *et al*. 2013. Use of Co−Solvents To Improve Alkaline−Polymer Flooding. Presented at the SPE Annual Technical Conference and Exhibition, New Orleans, 30 September−2 October. SPE−166478−MS.http：//dx.doi. org/10.2118/166478−MS.

Foshee, W.C., Jennings, R.R., and West, T.J. 1976. Preparation and Testing of Partially Hydrolyzed Polyacrylamide Solutions. Presented at the SPE Annual Fall Technical Conference and Exhibition, New Orleans, 3−6 October. SPE−6202−MS.

Francis, A.W. 1963. *Liquid−Liquid Equilibriums*. New York：Interscience.

Franklin, B., Brownrigg, W., and Farish, Mr. 1774. On the Still of Waves by Means of Oil. Extracted from Sundry Letters Between Benjamin Franklin, William Borwnrigg, and Rev. Mr. Farish. *Philosophical Transaction* 64：445−460.

Fussell, L.T. and Fussell, F.D. 1979. An Iterative Technique for Compositional Reservoir Models. *SPE J.* 19 (4)：211−220.

Gambill, W.R. 1957. You Can Predict Heat Capacity. *Chemical Engineering* (June 1957)：243−248.

Gardner, J.W., Orr, F.M., and Patel, P.D. 1981. The Effect of Phase Behavior on $CO_2−$ Flood Displacement Efficiency. *J Pet Technol* 33 (11)：2067−2081.

Gardner, J.W. and Ypma, J.G.J. 1984. An Investigation of Phase Behavior−Macroscopic by Passing Interaction in CO_2 Flooding. *SPE J.* 24 (5)：504−520.

Garrels, R.M. and Christ, C.L. 1965. *Solutions, Minerals, and Equilibria*. San Francisco, California：Freeman, Cooper.

Gash, B.H., Griffith, T.D., and Chan, A.F. 1981. Phase Behavior Effects on the Oil Displacement Mechanisms of Broad Equivalent Weight Surfactant Systems. Presented at the SPE/ DOE Enhanced Oil Recovery Symposium, Tulsa, 5−8 April. SPE−9812−MS. http：//dx.doi. org/10.2118/9812−MS.

Gates, I.G. 2011. *Basic Reservoir Engineering*. Dubuque, Iowa：Kendall Hunt.

Gauglitz, P.A., Friedmann, F., Kam, S.I., and Rossen, W.R. 2002. Foam Generation in Homogeneous Porous Media. *Chem. Eng. Sci.* 57：4037−4052.

Gdanski, R.D. 1993. Experience and Research Show Best Designs for Foam−Diverted Acidizing. *Oil and Gas Journal* (6 September 1993).

Gharbarnezedeh, R. and Lake, L.W. 2010. Simultaneous Water−Gas Injection Performance Under Loss of Miscibility. Presented at the SPE Improved Oil Recovery Symposium, Tulsa, 24−28 April. SPE−129966−MS. http：//dx.doi.org/10.2118/129966−MS.

Ghanbarnezhed, R. 2012. *Modeling the Flow of Carbon Dioxide through Permeable Media*. PhD dissertation, The University of Texas at Austin, Austin, Texas (May 2012).

Gibbs, C.W. ed. 1971. *Compressed Air and Gas Data*, second edition. Woodcliff Lake, New Jersey：Ingersoll−Rand.

Gibbs, J.W. 1993 [1906]. The *Scientific Papers of J. Willard Gibbs*, in two volumes.

eds. H.A. Bumstead and R.G. Van Name. Woodbridge, Connecticut: Ox Bow Press. ISBN 0918024−77−3, ISBN 1881987−06−X.

Gilliland, H.E. and Conley, F.R. 1975. Surfactant Waterflooding. Presented at the Symposium on Hydrocarbon Exploration, Drilling, and Production, Paris, 1975.

Giordano, R.M. and Salter, S.J. 1984. Comparison of Simulation and Experiments for Compositionally Well−defined Corefloods. Presented at the SPE Enhanced Oil Recovery Symposium, Tulsa, 15−18 April. SPE−12697−MS. http: //dx.doi.org/10.2118/12697−MS.

Glinsmann, G.R. 1979. Surfactant Flooding With Microemulsions Formed In−Situ−Effect of Oil Characteristics. Presented at the SPE Annual Technical Conference and Exhibition, Las Vegas, 23−26 September. SPE−8326−MS. http: //dx.doi.org/10.2118/8326−MS.

Glover, C.J., Puerto, M.C., Maerker, J.M., and Sandvik, E.I. 1979. Surfactant Phase Behavior and Retention in Porous Media. *SPE J.* 19 (3): 183−193.

Gogarty, W.B., Meabon, H.P., and Milton, H.W. Jr. 1970. Mobility Control Design for Miscible−Type Waterfloods Using Micellar Solutions. *J Pet Technol* 22 (2): 141−147.

Goldburg, A., Price, H., and Paul, G.W. 1985. Selection of Reservoirs Amenable to Micellar Flooding. US Department of Energy, DOE/BC/00048 and 00051−29 (August 1985).

Goodrich, J.H. 1980. *Target Reservoirs for CO₂ Miscible Flooding*, Final Report, US Department of Energy, DOE/MC/08341−17 (October 1980).

Gorucu, S.E. and Johns, R.T. 2013. Comparison of Reduced and Conventional Phase Equilibrium Calculations. Presented at the SPE Reservoir Simulation Symposium, The Woodlands, Texas, 18−20 February. SPE−163577−MS.http: //dx.doi.org/10.2118/163577−MS.

Gorucu, S.E. and Johns, R.T. 2014. New Reduced Parameters for Flash Calculations Based on Two−Parameter BIP Formula. *J. Pet. Sci. Eng.*116: 50–58.http: //dx.doi.org/10.1016/j.petrol.2014.02.015.

Graciaa, A., Fotrney, L.N., Schechter, R.S., Wade, W.H., and Yiv, S. 1982. Criteria for Structuring Surfactant to Maximize Solubilization of Oil and Water 1: Commercial Nonionics. *SPE J.* 22 (5): 743−749.

Gray, W.G. 1975. A Derivation of the Equations for Multi−Phase Transport. *Chemical Engineering Science* 30 (1975): 229.

Greenkorn, R.A. and Kessler, D.P. 1969. Dispersion in Heterogeneous Nonuniform Anisotropic Porous Media. *Industrial and Engineering Chemistry* 61 (1969): 33.

Grim, R.E. 1968. *Clay Mineralogy.* New York: McGraw−Hill.

Gupta, S.P. 1984. Compositional Effects on Displacement Mechanisms of the Micellar Fluid Injected in the Sloss Field Test. *SPE J.* 24 (1): 38−48.

Gupta, S.P. and Trushenski, S.P. 1979. Micellar Flooding−Compositional Effects on Oil Displacement. *Society of Petroleum Engineers Journal* 19 (2): 116−128. SPE−7063−PA. http: //dx.doi.org/10.2118/7063−PA.

Guzmán Ayala, R.E. 1995. *Mathematics of Three-Phase Flow*. PhD thesis, Department of Petroleum Engineering, Stanford University, Stanford, California (July 1995).

Habermann, B. 1960.The Efficiencies of Miscible Displacement as a Function of Mobility Ratio. *Trans.*, AIME, 219: 264.

Hall, H.N. and Geffen, T.M. 1965. *Miscible Processes*, Vol. 8, 133–142. Richardson, Texas: SPE.

Hand, D.B. 1939. Dineric Distribution: 1. The Distribution of a Consolute Liquid between Two Immiscible Liquids. *Journal of Physics and Chemistry* 34 (1939): 1961–2000.

Hawthorne, R.G. 1960. Two-Phase Flow in Two Dimensional Systems—Effects of Rate, Viscosity and Density on Fluid Displacement in Porous Media. *Trans.*, AIME 219 (1960): 81–87.

Healy, R.N. and Reed, R.L. 1974. Physicochemical Aspects of Microemulsion Flooding. *SPE J.* 14 (1974): 491–501.

Healy, R.N., Reed, R.L., and Stenmark, D.G. 1976. Multiphase Microemulsion Systems. *SPE J.* 16 (3): 147–160.

Hearn, C.L. 1971. Simulation of Stratified Waterflooding by Pseudo-Relative Permeability Curves. *J Pet Technol* 23 (7): 805–813.

Helfferich, F.G. and Klein, G. 1970. *Multicomponent Chromatography*. New York: Marcel Dekker.

Helfferich, F.G. and Klein, G. 1981. Theory of Multicomponent, Multiphase Displacement in Porous Media. *SPE J.* 21 (1): 51–62.

Heller, J.P., Lien, C.L., and Kuntamukkula, M.S. 1985. Foam-Like Dispersions for Mobility Control in CO_2 Floods. *SPE J.* 25 (4): 603–613.

Hendriks, E.M. and van Bergen, A.R.D. 1992. Application of a Reduction Method to Phase Equilibria Calculations. *Fluid Phase Equilibria* 74: 17–34. http: //dx.doi.org/10.1016/0378–3812 (92) 85050–I.

Hill, S. 1952. Channelling in Packed Columns. *Chemical Engineering Science* 1 (1952): 247–253.

Hill, H. J. and Lake, L.W. 1978. Cation Exchange in Chemical Flooding: Part 3–Experimental. *SPE J.* (December): 445–456.

Himmelblau, D.M. 1982. Basic *Principles and Calculations in Chemical Engineering*, fourth edition. Englewood Cliffs, New Jersey: Prentice-Hall.

Hirasaki, G.J. 1981. Application of the Theory of Multicomponent, Multiphase Displacement in Three Component, Two-Phase Surfactant Flooding. *SPE J.* 21 (2): 191–204.

Hirasaki, G.J., Jackson, R.E., Jin, M., *et al.* 2000. Field Demonstration of the Surfactant/Foam Process for Remediation of a Heterogeneous Aquifer Contaminated With DNAPL. In *NAPL Removal: Surfactants, Foams, and Microemulsions*, ed. S. Fiorenza, C.A.

Miller, C.L. Oubre, and C.H. Ward. Boca Raton, Florida: Lewis Publishers.

Hirasaki, G.J., van Domselaar, H.R., and Nelson, R.C. 1983. Evaluation of the Salinity Gradient Concept in Surfactant Flooding. *SPE J.* 23 (3): 486–500.

Hirasaki, G.J. and Pope, G.A. 1974. Analysis of Factors Influencing Mobility and Adsorption in Flow of Polymer Solution Through Porous Media. *SPE J.* 14 (4): 337–346.

Hirshberg, A., de Jong, L.N.J., Schipper, B.A., and Meyers, J.G. 1984. Influence of Temperature and Pressure on Asphaltenes. *SPE J.* 24 (3): 282–293.

Holm, L.W. 1961. A Comparison of Propane and CO_2 Solvent Flooding Processes. *AIChE Journal* 7 (2): 179–184.

Holm, L.W. and Csaszar, A.K. 1965. *Miscible Processes*, Vol. 8, 31–38. Richardson, Texas: SPE.

Holm, L.W. and Josendal, V.A. 1974. Mechanisms of Oil Displacement by Carbon Dioxide. *J Pet Technol* 26 (12): 1427–1438.

Holm, L.W. and Josendal, V.A. 1982. Effect of Oil Composition on Miscible–Type Displacement by Carbon Dioxide. *SPE J.* 22 (1): 87–98.

Homsy, G.M. 1987. Viscous Fingering in Porous Media. *Annual Review of Fluid Mechanics* 19 (1987): 271–311.

Honarpour, M., Koederitz, L.F., and Harvey, H.A. 1982. Empirical Equations for Estimating Two–Phase Relative Permeability in Consolidated Rock. *J Pet Technol* 34 (12): 2905–2908.

Hong, K.C. 1994. *Steamflood Reservoir Management*: Thermal Enhanced Oil Recovery. Tulsa, Oklahoma: PennWell Books.

Hong, K.C. 1982. Lumped–Component Characterization of Crude Oils for Compositional Simulation. Presented at the SPE Enhanced Oil Recovery Symposium, Tulsa, 4–7 April. SPE–10691–MS. http://dx.doi.org/10.2118/10691–MS.

Hougen, O.A., Watson, K.M., and Ragatz, R.A. 1966. *Chemical Process Principles, Part II Thermodynamics*. New York: Wiley.

Hua, Y. and Johns, R.T. 2005. Simplified Method for Calculation of Minimum Miscibility Pressure or Enrichment. *SPE J.* 10 (4): 416–425.

Hubbert, M.K. 1956. Darcy's Law and the Field Equations of the Flow of Underground Fluids. *Transactions of the American Institute of Mining, Metallurgical, and Petroleum Engineers* 207 (1956): 222–239.

Huh, C. 1979. Interfacial Tensions and Solubilizing Ability of a Microemulsion Phase that Coexists With Oil and Brine. *Journal of Colloid and Interface Science* 71 (1979): 408–426.

Huh, C. and Pope, G.A. 2008. Residual Oil Saturation From Polymer Floods: Laboratory Measurements and Theoretical Interpretation. Presented at the SPE Symposium on Improved Oil Recovery, Tulsa, 20–23 April. SPE–113417–MS. http://dx.doi.org/10.2118/113417–MS.

Hutchinson, C.A. Jr. and Braun, P.H. 1961. Phase Relationships of Miscible Displacement in Oil Recovery. *AIChE Journal* 7 （1）：64−72.

Jadhunandan，P.P. and Morrow，N.R. 1992. Spontaneous Imbition of Water by Crude Oil/Brine/Rock Systems. *In Situ* 15 （4）：319−345.

Jahnke，E. and Emde，F. 1945. *Tables of Functions*. New York：Dover.

Jain，Lokendra. 2014. *Global Upscaling of Secondary and Tertiary Displacements*. PhD dissertation，University of Texas at Austin，Austin，Texas （May 2014）.

Jamshidnezhad，M.，Chen，C.，Kool，P.，and Rossen，W.R. 2010. Well Stimulation and Gravity Segregation in Gas Improved Oil Recovery. *SPE J.* 15 （1）：91−104.

Jarrell，P.，Fox，C.，Stein，M. *et al.* 2002. *Practical Aspects of CO_2 Flooding*，No. 22. Richardson，Texas：Monograph Series，SPE.

Jeffrey，A. and Taniuti，T. 1964. *Nonlinear Wave Propagation With Applications to Physics and Magnetohydrodynamics*. New York：Academic Press

Jenkins，M.K. 1984. An Analytical Model for Water/Gas Miscible Displacements. Presented at the SPE Enhanced Oil Recovery Symposium，Tulsa，15−18 April. SPE−12632−MS. http：//dx.doi.org/10.2118/12632−MS.

Jennings，H.Y. Jr.，Johnson，C.E. Jr.，and McAuliffe，C.E. 1974. A Caustic Waterflooding Process for Heavy Oils. *J Pet Technol* 26 （12）：1344−1352.

Jennings，R.R.，Rogers，J.H.，and West，T.J. 1971. Factors Influencing Mobility Control by Polymer Solutions. *J Pet Technol* 23 （3）：391−401.

Jensen，J.L. and Lake，L.W. 1986. The Influence of Sample Size and Permeability Distribution Upon Heterogeneity Measures. Presented at the SPE Annual Technical Conference and Exhibition，New Orleans. SPE−15434−MS.

Jensen，J.L.，Lake，L.W.，and Hinkley，D.V. 1987. A Statistical Study of Reservoir Permeability：Distributions，Correlations，and Averages. *SPE Form Eval* 2 （4）：461−468.

Jerauld，G.R，Lin，C.Y.，Webb，K.J.，and Secccombe，J.C. 2006. Modeling Low−Salinity Waterflooding. Presented at the SPE Annual Technical Conference and Exhibition，San Antonio，Texas，24−27 September. SPE−102239−MS. http：//dx.doi.org/10.2118/102239−MS.

Jessen，K. and Orr，F.M. Jr. 2008. On Interfacial−Tension Measurements To Estimate Minimum Miscibility Pressures. *SPE Res Eval & Eng* 11 （5）：933−939. SPE−110725−PA. http：//dx.doi.org/10.2118/110725−PA.

Jha，R.K.，Lake，L.W.，and Bryant，S.L. 2011. The Effect of Diffusion on Dispersion. *SPE J.* 16 （1）：65−77.

Jha，R.K.，John，A.K.，Bryant，S.L.，and Lake，L.W. 2009. Flow Reversal and Mixing. *SPE J.* 4 （1）：41−49.

Jimenez，J. 2008. The Field Performance of SAGD Projects in Canada. Presented at the International Petroleum Technology Conference，Kuala Lumpur，3−5 December. IPTC 12860−MS. http：//dx.doi.org/10.2523/12860−MS.

Johansen, T., Walsh, M.P., and Lake, L.W. 1989. Applying Fractional Flow Theory to Solvent Flooding and Chase Fluids. *J. Petroleum Science and Engineering* 2: 281−303.

John A.K., Lake, L.W., Bryant, S.L., and Jennings, J.W. 2010. Investigation of Mixing in Field Scale Miscible Displacment Using Particle−Tracking Simulations of Tracer Floods With Flow Reversal. *SPE J.* 15（3）: 598−609.

Johns, R.T., Ahmadi, K., Zhou, D., and Yan, M. 2010. A Practical Method for Minimum Miscibility Pressure Estimation of Contaminated CO_2 Mixtures. *SPE Res Eval & Eng* 13（5）: 764−772.

Johns, R.T., Dindoruk B., and Orr, F.M. 1993. Analytical Theory of Combined Condensing/Vaporizing Gas Drives. *SPE Advanced Technology Series* 1（2）: 7−16.

Johns, R.T. and Orr, F.M. Jr. 1996. Miscible Gas Displacement of Multicomponent Oils. *SPE J.* 1（1）: 39−50.

Johns, R.T. 1992. Analytical Theory of Multicomponent Gas Drives With Two−Phase Mass Transfer. PhD dissertation, Stanford University, Stanford, California,（May 1992）.

Johns, R.T. 2006. Thermodynamics and Phase Behavior. In *Petroleum Engineering Handbook*, *General Engineering*, Vol. 1, eds. J. Fanchi and L.W. Lake, Chapter 7, I333−369. Richardson, Texas: SPE.

Johnson, C.E. Jr. 1956. Prediction of Oil Recovery by Water Flood−A Simplified Graphical Treatment of the Dykstra−Parsons Method. *Transactions of the American Institute of Mining*, *Metallurgical*, *and Petroleum Engineers* 207（1956）: 745−746.

Johnson, J.P. and Pollin, J.S. 1981. Measurement and Correlation of CO_2 Miscibility Pressures. Presented at the SPE/DOE Enhanced Oil Recovery Symposium, Tulsa, 5−8 April. SPE−9790−MS. http://dx.doi.org/10.2118/9790−MS.

Jones, K. 1981. *Rheology of Viscoelastic Fluids for Oil Recovery*. MS thesis, The University of Texas at Austin, Austin, Texas,（1981）.

Jones, S.C. 1972. Finding the Most Profitable Slug Size. *J Pet Technol* 24（8）: 993−994.

Jones, S.C. and Roszelle, W.O. 1978. Graphical Techniques for Determining Relative Permeability From Displacement Experiments. *J Pet Technol* 30（5）: 807−817.

Kam, S.I. 2008. Improved Mechanistic Foam Simulation With Foam Catastrophe Theory. *Colloids Surfaces A: Physicochemical Engineering Aspects* 318（2008）: 62−77.

Kamath, J., Meyer, R.F., and Nakagawa, F.M. 2001. Understanding Waterflood Residual Oil Saturation of Four Carbonate Rock Types. Presented at the SPE Annual Technical Conference and Exhibition, New Orleans, 30 September−1 October. SPE−71505−MS. http://dx.doi.org/10.2118/71505−MS.

Karanikas, J.M. 2012. Unconventional Resources: Cracking the Hydrocarbon Molecules In Situ. *J Pet Technol*（May 2012）: 68−69.

Keenan, J.H., Keys, F.G., Hill, P.G., and Moore, J.G. 1969. *Steam Tables*, *Thermodynamic Properties of Water*, *Including Vapor*, *Liquid and Solid Phases*. New York:

Wiley.

Khan, S.A. 1965. *The Flow of Foam Through Porous Media*. MS thesis, Stanford University, Stanford, California (1965).

Khatib, Z.I., Hirasaki, G.J., and Falls, A.H. 1988. Effects of Capillary Pressure on Coalescence and Phase Mobilities in Foams Flowing Through Porous Media. *SPE Res Eng* 3 (3): 919-926.

Khilar, K.C. and Fogler, H.S. 1981. Permeability Reduction in Water Sensitive Sandstones. In *Surface Phenomena in Enhanced Oil Recovery*, ed. D.O. Shah. New York: Plenum.

Killins, C.R., Nielsen, R.F., and Calhoun, J.C. 1953. Capillary Desaturation and Imbibition in Porous Rocks. *Producers Monthly* (December 1953): 30-39.

Kim, D.H., Lee, S., Ahn, C.H., Huh, C., and Pope, G.A. 2010. Development of a Viscoelastic Property Database for EOR Polymers. Presented at the SPE Improved Oil Recovery Symposium, Tulsa, 24-28 April. SPE-129971-MS. http: //dx.doi.org/10.2118/129971-MS.

Kim, J.S., Dong, Y., and Rossen, W.R. 2005. Steady-State Flow Behavior of CO_2 Foam. *SPE J.* 10 (4): 405-415.

Kloet, M.B., Renkema, W.J., and Rossen, W.R. 2009. Optimal Design Criteria for SAG Foam Processes in Heterogeneous Reservoirs. Presented at the EUROPEC/EAGE Conference and Exhibition, Amsterdam, 8-11 June. SPE-121581-MS. http: //dx.doi.org/10.2118/121581-MS.

Koch, H.A. Jr. and Slobod, R.L. 1956. Miscible Slug Process. *Trans.*, AIME 210 (1956): 40-47.

Koval, E.J. 1963. A Method for Predicting the Performance of Unstable Miscible Displacement in Heterogeneous Media. *SPE J.* 3 (2): 145-154.

Kovscek, A.R., Patzek, T.W., and Radke, C.J. 1997. Mechanistic Foam Flow Simulation in Heterogeneous and Multidimensional Porous Media. *SPE J.* 2 (4): 511-526.

Krueger, D.A. 1982. Stability of Piston-Like Displacements of Water by Steam and Nitrogen in Porous Media. *SPE J.* 22 (5): 625-634.

Kumar V.K., Gutierrez, D., Moore, R.G., and Mehta, S.A. 2008. Air Injection and Waterflood Performance Comparison of Two Adjacent Units in Buffalo Field: Technical Analysis. *SPE Res Eval & Eng* 11 (5): 848-857.

Kyte, J.R. and Rapoport, L.A. 1958. Linear Waterflood Behavior and End Effects in Water-Wet Porous Media. *Trans.*, AIME 213 (1958): 423-426.

LaForce, T. and Johns, R.T. 2005. Composition Routes for Three-Phase Partially Miscible Flow in Ternary Systems. *SPE J.* 10 (2): 161-174.

LaHerrere, J. 2001. Estimates of Oil Reserves. Presented at the EMF/IEA/IEW meeting IIASA, Laxenburg, Austria, 19 June.

Lake, L.W., Bryant, S.L., and Araque-Martinez, A.N. 2002. *Geochemistry and Fluid Flow*. Amsterdam, the Netherlands: Elsevier.

Lake, L.W. and Fanchi, J.R. 2006. *Petroleum Engineering Handbook*: *General Engineering*, Vol. 1. Richardson, Texas: Society of Petroleum Engineers.

Lake, L.W. and Hirasaki, G.J. 1981. Taylor's Dispersion in Stratified Porous Media. *SPE J.* 21 (4): 459−468.

Lake, L.W. and Pope, G.A. 1979. Status of Micellar−Polymer Field Tests. *Petroleum Engineers International* 51 (1979): 38−60.

Lake, L.W., Pope, G.A., Carey, G.F., and Sepehrnoori, K. 1984. Isothermal, Multiphase, Multicomponent Fluid−Flow in Permeable Media. *In Situ* 8 (1): 1−40.

Lake, L.W. and Zapata, V.J. 1987. Estimating the Vertical Flaring in In Situ Leaching. *In Situ II* (March 1987): 39−62.

Lambert, M.E. 1981. *A Statistical Study of Reservoir Heterogeneity*. MS thesis, The University of Texas at Austin, Austin, Texas (1981).

Larson, R.G. 1977. *Percolation in Porous Media With Application to Enhanced Oil Recovery*. MS thesis, University of Minnesota (1977).

Larson, R.G. 1982. Controlling Numerical Dispersion by Variably Timed Flux Dating in One Dimension. *SPE J.* 22 (3): 399−408.

Lax, P.D. 1957. Hyperbolic Conservation Laws II. *Communications on Pure and Applied Mathematics* 10 (4): 537−566.

Lee, A., Gonzalez, M.H., and Eakin, B.E. 1966. The Viscosity of Natural Gases. *J Pet Technol* 18 (8): 997−1000.

LeFebvre Du Prey, E.J. 1973. Factors Affecting Liquid−Liquid Relative Permeabilities of a Consolidated Porous Media. *SPE J.* 13 (1): 39−47.

Lenhard, R.J. and Parker, J.C. 1987. A Model for Hysteretic Constitutive Relations Governing Multiphase Flow 2. Permeability−Saturation Relations. *Water Resources Research* 23 (12): 2197−2206.

Levenspiel, O. 1999. *Chemical Reaction Engineering*. New York: Wiley.

Levitt, D. and Pope, G.A. 2008. Selection and Screening of Polymers for Enhanced−Oil Recovery. Presented at the SPE Symposium on Improved Oil Recovery, Tulsa, 20−23 April. SPE−113845−MS. http://dx.doi.org/10.2118/113845−MS.

Levitt, D.B., Jackson, A.C., Heinson C., *et al*. 2009. Identification and Evaluation of High−Performance EOR Surfactants. *SPE Res Eval & Eng*. 12 (2): 243−253. SPE−100089−PA. http://dx.doi.org/10.2118/100089−PA.

Levitt, D.B., Slaughter, W., Pope, G. *et al*. 2011a. The Effect of Redox Potential and Metal Solubility on Oxidative Polymer Degradation. *SPE Res Eval & Eng* 14 (3): 287−298. SPE−129890−PA. http://dx.doi.org/10.2118/129890−PA.

Levitt, D.B., Pope, G.A., and Jouenne, S. 2011b. Chemical Degradation of Polyacrylamide Polymers Under Alkaline Conditions. *SPE Res Eval & Eng* 14 (3). SPE−129879−PA. http://dx.doi.org/10.2118/129879−PA.

Leverett, M.C. 1941. Capillary Behavior in Porous Solids. *Petroleum Transactions of the American Institute of Mining and Metallurgical Engineers* 142 (1941): 152—168.

Lewis, W.K. and Squires, L. 1934. The Mechanism of Oil Viscosity as Related to the Structure of Liquids. *Oil and Gas Journal* (15 November 1934): 92—96.

Li, R.F., Yan, W., Liu, S., Hirasaki, G.J., and Miller, C.A. 2010. Foam Mobility Control for Surfactant Enhanced Oil Recovery. *SPE J.* 15 (4): 928—942.

Liyanage, P.J., Solairaj, S., Pinnawala Arachchilage, G. *et al.* 2012. Alkaline Surfactant Polymer Flooding Using a Novel Class of Large Hydrophobe Surfactants. Presented at the SPE Improved Oil Recovery Symposium, Tulsa, 14—18 April. SPE—154274—MS. http://dx.doi.org/10.2118/154274—MS.

Lorenz, P.B., Donaldson, E.C., and Thomas, R.D. 1974. Use of Centrifugal Measurements of Wettability to Predict Oil Recovery. US Department of the Interior, Report of Investigations 7873, 1974.

Lu, J., Britton, C., Solairaj, S. *et al.* 2012. Novel Large—Hydrophobe Alkoxy Carboxylate Surfactants for Enhanced Oil Recovery. Presented at the SPE Improved Oil Recovery Symposium, Tulsa, 14—18 April. SPE—154261—MS. http://dx.doi.org/10.2118/154261—MS.

MacAllister, D.J. 1982. *Measurement of Two—and Three—Phase Relative Permeability and Dispersion of Micellar Fluids in Unconsolidated Sand.* MS thesis, The University of Texas at Austin, Austin, Texas (1982).

Mack, J.C. and Warren, J. 1984. Performance and Operation of a Crosslinked Polymer Flood at the Sage Creek Unit A, Natrona County, Wyoming. *J Pet Technol* 36 (7): 1145—1156.

Maerker, J.M. 1976. Mechanical Degradations of Partially Hydrolyzed Polyacrylamide Solutions in Unconsolidated Porous Media. *SPE J.* 16 (4): 172—174.

Mahadevan, J., Larry, W., and Johns, R.T. 2003. Estimation of True Dispersivity in Field—Scale Permeable Media. *SPE J.* 8 (3): 272—279.

Mandl, G. and Volek, C.W. 1969. Heat and Mass Transport in Steam—Drive Processes. *SPE J.* 9 (1): 59—79.

Manning, R.K., Pope, G.A., and Lake, L.W. 1983. A Technical Survey of Polymer Flooding Projects. US Department of Energy DOE/BETC/10327—19, Bartlesville, Oklahoma, 1983.

Marle, C.M. 1981. *Multiphase Flow in Porous Media.* Houston, Texas: Gulf Publishing.

Martin, F.D., Donaruma, G.L., and Hatch, M.J. 1981. Development of Improved Mobility Control Agents for Surfactant/Polymer Flooding. 2nd Annual Report, US Department of Energy DOE/BC/00047—13, 1981.

Martin, J.W. 1951. Additional Oil Production Through Flooding With Carbonated Water. *Producers Monthly* 15 (7): 18—22.

Martin, J.C. 1958. Some Mathematical Aspects of Two—Phase Flow With Applications to

Flooding and Gravity Segregation Problems. *Producers Monthly* 22 （6）：22–35.

Martin, J.J. 1979. Cubic Equations of State–Which? Industrial and Engineering *Chemistry Fundamentals* 18 （2）：81–97.

Martin, J.J. and Hou, Y.C. 1955. Development of an Equation of State for Gases. *AIChE Journal* 1 （2）：142–151.

Marx, J.W. and Langenheim, R.H. 1959. Reservoir Heating by Hot Fluid Injection. *Trans.*, AIME 216 （1959）：312–315.

Maxwell, J.B. 1950. *Data Book on Hydrocarbon*. New York：D. von Nostrand.

McAuliffe, C.E. 1973. Crude–Oil–in–Water Emulsions To Improve Fluid Flow in an Oil Reservoir. *J Pet Technol* 25 （6）：721–726.

McCain, W.D. Jr. 2000. *The Properties of Petroleum Fluids*. Tulsa, Oklahoma：PennWell Publishing.

McMillan, J.M. and Foster. W.R., personal communication in Larson, R.G. （1977）.

McRee, B.C. 1977. CO_2：How It Works, Where It Works. *Petroleum Engineering* 49 （11）：52–63.

Mehra, R.K., Heidemann, R.A., and Aziz, K. 1982. Computation of Multiphase Equilibrium for Compositional Simulation. *SPE J.* 22 （1）：61–68.

Meldau, R.F., Shipley, R.G., and Coats, K.H. 1981. Cyclic Gas/Steam Stimulation of Heavy–Oil Wells. *J Pet Technol* 33 （10）：1990–1998.

Melrose, J.C. 1982. Interpretation of Mixed Wettability States in Reservoir Rocks. Presented at the SPE Annual Technical Conference and Exhibition, New Orleans, 26–29 September. SPE–10971–MS. http：//dx.doi.org/10.2118/10971–MS.

Melrose, J.C. and Brandner, C.F. 1974. Role of Capillary Forces in Determining Microscopic Displacement Efficiency for Oil Recovery by Water Flooding. *J Can Pet Technol* 13 （4）：54–62.

Metcalfe, R.S. 1981. Effects of Impurities on Minimum Miscibility Pressures and Minimum Enrichment Levels for CO_2 and Rich–Gas Displacements. *SPE J.* 22 （2）：219–225.

Metcalfe, R.S. and Yarborough, L. 1978. The Effect of Phase Equilibria on the CO_2 Displacement Mechanism. *SPE J.* 19 （4）：242–252.

Meter, D.M. and Bird, R.B. 1964. Tube Flow of Non–Newtonian Polymer Solutions, Parts I and 2–Laminar Flow and Rheological Models. *AIChE Journal* （November 1964）：878–881, 1143–1150.

Michelsen, M.L. 1986. Simplified Flash Calculations for Cubic Equations of State. *Industrial and Engineering Chemistry Process and Design Development* 25 （1）：184–188. http：//dx.doi.org/10.1021/i200032a029.

Meyer, R.F. and Attanasi, E.D. 2003. Heavy Oil and Natural Bitumen–Strategic Petroleum Resources. US Geological Survey Fact Sheet 70–03 （August 2003）. http：//pubs.usgs.gov.

Minssieux, L. 1976. Waterflood Improvement by Means of Alkaline Water. In *Enhanced*

Oil Recovery by Displacement with Saline Solutions. Houston, Texas: Gulf Publishing. (From a symposium held 20 May 1976 at Britannic House, London, England.)

Mohanty, K.K. 1981. *Fluids in Porous Media: Two−Phase Distribution and Flow.* PhD dissertation, University of Minnesota, Minneapolis, Minnesota (1981).

Mohanty, K. and Salter S.J. 1982. Mulitphase Flow in Porous Media: II. Pore Level Modeling. Presented at the SPE Annual Technical Conference & Exhibition, New Orleans, 26−29 September. SPE−11018−MS. http://dx.doi.org/10.2118/11018−MS.

Mohebbinia, S., Sephernoori, K., and Johns, R.T. 2012. Four−Phase Equilibrium Calculations of CO_2/Hydrocarbon/Water Systems Using a Reduced Method. Presented at the SPE Improved Oil Recovery Symposium, Tulsa, 14−18 April. SPE−154218−MS. http://dx.doi.org/10.2118/154218−MS.

Molleai, A., and Delshad, M. 2011. General Isothermal Enhanced Oil Recovery and Waterflood Forecasting Model. Presented at the SPE Annual Technical Conference and Exhibition, Denver, 30 October−2 November. SPE−143925−MS. http://dx.doi.org/10.2118/143925−MS.

Monger, T.G. 1985. The Impact of Oil Aromaticity on CO_2 Flooding. *SPE J.* 25 (6): 865−874.

Monger, T.G. and Coma, J.M. 1988. A Laboratory and Field Evaluation of the CO_2 Huff 'n' Puff Process for Light Oil Recovery. *SPE Res Eng* 3 (4): 1168−1176.

Moore, T.F. and Slobod, R.L. 1956. The Effect of Viscosity and Capillarity on the Displacement of Oil by Water. *Producers Monthly* 20 (10): 20−30.

Morel−Seytoux, H.J. 1966. Unit Mobility Ratio Displacement Calculations for Pattern Floods in Homogeneous Medium. *SPE J.* 6 (3): 217−227.

Morrow, N.R. and Chatzis, I. 1981. Measurements and Correlation of Conditions for Entrapment and Mobilization of Residual Oil. US Department of Energy, DOE/BETC/3251−12, 1981.

Morrow, N.R. and Chatzis, I. 1974. The Effect of Surface Roughness on Contact Angles. Preprint−35, 48th National Colloid Symposium of the American Chemical Society, Austin, Texas, 1974.

Morrow, N.R. and. 1976. Capillary Pressure Correlations for Uniformly Wetted Porous Media. *J Can Pet Technol* 15 (4): 49−69.

Muller, T. and Lake, L.W. 1991. Theoretical Study of Water Blocking in Miscible Flooding. *SPE Res Eng* 6 (4): 445−451.

Myhill, N.A. and Stegemeier, G.L. 1978. Steam−Drive Correlation and Prediction. *J Pet Technol* 30 (2): 173−182.

Namdar−Zanganeh, M., Kam, S.I., LaForce, T.C., and Rossen, W.R. 2011. The Method of Characteristics Applied to Oil Displacement by Foam. *SPE J.* 16 (1): 8−23.

National Petroleum Council. 1984. *Enhanced Oil Recovery.*

Neasham, J.W. 1977. The Morphology of Dispersed Clay in Sandstone Reservoirs and its Effect on Sandstone Shaliness. Presented at the SPE Annual Fall Technical Conference and Exhibition, Denver, 9−12 October. SPE−6858−MS. http：//dx.doi.org/10.2118/6858−MS.

Needham, R.B., Threlkeld, C.B., and Gall, J.W. 1974. Control of Water Mobility Using Polymers and Multivalent Cations. Presented at the PE Improved Oil Recovery Symposium, Tulsa, 22−24 April. SPE−4747−MS. http：//dx.doi.org/10.2118/4747−MS.

Nelson, R.C. and Pope, G.A. 1978. Phase Relationships in Chemical Flooding. *SPE J.* 18 (5)：325−338. SPE−6773−PA. http：//dx.doi.org/10.2118/6773−PA.

Nelson, R.C. 1982. The Salinity−Requirement Diagram—A Useful Tool in Chemical Flooding Research and Development. *SPE J.* 22 (2)：259−270. SPE−8824−PA. http：//dx.doi.org/10.2118/8824−PA.

Nelson, R.C. 1983. The Effect of Live Crude on Phase Behavior and Oil−Recovery Efficiency of Surfactant Flooding Systems. *SPE J.* 23 (3)：501−510. SPE−10677−PA. http：//dx.doi.org/10.2118/10677−PA.

Nelson, R.C., Lawson, J.B., Thigpen, D.R., *et al*. 1984. Cosurfactant Enhanced Alkaline Flooding. Presented at the SPE Enhanced Oil Recovery Symposium, Tulsa, 15−18 April. SPE−2672−MS. http：//dx.doi.org/10.2118/12672−MS.

Nguyen, Q.P., Zitha, P.L.J., Currie, P.K., *et al*. 2009. CT Study of Liquid Diversion With Foam. *SPE Prod& Oper* 24 (1)：12−21. SPE−93949−PA. http：//dx.doi.org/10.2118/93949−PA.

Oh, S.G., and Slattery, J. 1976. Interfacial Tension Required for Significant Displacement of Residual Oil. Presented at the Second ERDA Symposium on Enhanced Oil and Gas Recovery, Tulsa, Paper D−2.

Oil and Gas Journal Biennial Survey of EOR, since 1988, Pennwell Press.

Okuno, R., Johns, R.T., and Sepehrnoori, K. 2010a. Three−Phase Flash in Compositional Simulation Using a Reduced Method. *SPE J.* 15 (3)：689−703. SPE−125226−PA. http：//dx.doi.org/10.2118/125226−PA.

Okuno, R., Johns, R.T., and Sepehrnoori, K. 2010b. A New Algorithm for Rachford−Rice for Multiphase Compositional Simulation. *SPE J.* 15 (2)：313−325. SPE−117752−PA. http：//dx.doi.org/10.2118/117752−PA.

Okuno, R., Johns, R.T., and Sepehrnoori, K. 2010c. Application of a Reduced Method in Compositional Simulation. *SPE J.* 15 (1)：39−49. SPE−119657−PA.http：//dx.doi.org/10.2118/119657−PA.

Orr, F.M. Jr. 2007. *Theory of Gas Injection Processes*. Copenhagen, Denmark：Tie−Line Publications.

Orr, F.M. Jr., and J.J. Taber. 1984. Use of Carbon Dioxide in Enhanced Oil Recovery. *Science* 224 (4649)：563−569.

Orr, F.M. Jr., and Jensen, C.M. 1984. Interpretation Pressure−Composition Phase

Diagrams for CO$_2$/Crude Oil Systems. *SPE J.* 24（5）：485−497. SPE−11125−PA. http：// dx.doi.org/10.2118/11125−PA.

Orr, F.M. Jr., Jensen, C.M., and Silva, M.K. 1981. Effect of Solution Gas on the Phase Behavior of CO$_2$−Crude Oil Mixtures. International Energy Agency Workshop on Enhanced Oil Recovery, Winfurth, United Kingdom.

Orr, F.M. Jr. and Silva, M.K. 1983. Equilibrium Phase Compositions of CO$_2$/Hydrocarbon Mixtures Part 1：Measurement by a Continuous Multiple−Contact Experiment. *SPE J.* 23（2）：272−280. SPE−10726−PA. http：//dx.doi.org/10.2118/10726−PA.

Osterloh, W.T. and Jante, M.J. Jr. 1992. Effects of Gas and Liquid Velocity on Steady−State Foam Flow at High Temperature. Presented at the SPE/DOE Symposium on Enhanced Oil Recovery, Tulsa, 22−24 April. SPE−24179−MS. http：//dx.doi.org/10.2118/24179−MS.

Owens, W.W. and Archer, D.L. 1971. The Effect of Rock Wettability on Oil−Water Relative Permeability Relationships. *J Pet Technol* 23（7）：873−878. SPE−3034−PA. http：// dx.doi.org/10.2118/3034−PA.

Owolabi, O.O. and Watson, R.W. 1993. Effects of Rock−Pore Characteristics on Oil Recovery at Breakthrough and Ultimate Oil Recovery in Water−Wet Sandstones. Presented at the SPE Eastern Regional Meeting, Pittsburgh, Pennsylvania, USA, 2−4 November. SPE−26935−MS.

Panait−Patica, A., Serbgan, D., and Ilie, N. 2006. Suplacu de Barcau Field−A Case History of a Successful In−Situ Combustion Exploitation. Presented at the SPE Europec/EAGE Annual Conference and Exhibition, Vienna, Austria, 12−15 June. SPE−100346−MS. http：// dx.doi.org/10.2118/100346−MS.

Panda, M.N. and Lake, L.W. 1994. Estimation of Single−Phase Permeability From Parameters of Particle Size Distributions. *AAPG Bull.* 78（7）：1028−1039.

Panda, M.N. and Lake, L.W. 1995. A Physical Model of Cementation and Its Effects on Single−Phase Permeability. *AAPG Bull.* 79（3）：431−443.

Parkinson, W.J. and de Nevers, N. 1969. Partial Molal Volume of Carbon Dioxide in Water Solutions. *Industrial & Engineering Chemistry Fundamentals* 8（4）：709−713. http：// dx.doi.org/10.1021/i160032a017.

Parra Sanchez, C. 2010. *Optimizing the Time of Enhanced Oil Recovery*. MS thesis, The University of Texas（2010）.

Patzek, T.W. 1996. Field Applications of Steam Foam for Mobility Improvement and Profile Control. *SPE Res Eng* 11（2）：79−86. SPE−29612−PA.http：//dx.doi.org/10.2118/29612−PA.

Paul, G.W. and Froning, H.R. 1973. Salinity Effects of Micellar Flooding. *J Pet Technol* 25（8）：957−958. SPE−4419−PA. http：//dx.doi.org/10.2118/4419−PA.

Paul, G.W., Lake, L.W., Pope, G.A., *et al.* 1982. A Simplified Predictive Model for Micellar/Polymer Flooding. Presented at the SPE California Regional Meeting, San Francisco, 24−26 March. SPE−10733−MS. http：//dx.doi.org/10.2118/10733−MS.

Payatakes, A.C., Flumerfelt, R.W., and Ng, K.M. 1978. On the Dynamics of Oil Ganglia Populations During Immiscible Displacement. AIChE 84th National Meeting, Atlanta, Georgia, 26 February−1 March.

Peaceman, D.W. 1977. *Fundamentals of Numerical Reservoir Simulation.* New York: Elsevier.

Pedersen, K.S. and Christensen, P.L. 2007. *Phase Behavior of Petroleum Reservoir Fluids.* Boca Raton, Florida: CRC Press. ISBN−10: 9780824706944.

Peng, D−Y. and Robinson, D.B. 1976. A New Two−Constant Equation of State. *Industrial & Engineering Chemistry Fundamentals* 15 (1): 59−64.http://dx.doi.org/10.1021/i160057a011.

Perez−Perez, A., Gamboa, M., Ovalles, C., and Manrique, E. 2001. Benchmarking of Steamflood Field Projects in Light/Medium Crude Oils. Presented at the SPE Asia Pacific Improved Oil Recovery Conference, Kuala Lumpur, 6−9 October. SPE−72137−MS. http://dx.doi.org/10.2118/72137−MS.

Perry, G.E. 1978. First Annual Report, Weeks Island "S" Sand Reservoir B Gravity Stable, Miscible CO_2 Displacement, Iberia Parish, Louisiana. US Department of Energy, METC/ CR−78/13, Morgantown, West Virginia (June 1978).

Persoff, P., Radke, C.J., Pruess, K., Benson, S.M., and Witherspoon, P.A. 1991. A Laboratory Investigation of Foam Flow in Sandstone at Elevated Pressure. *SPE Res Eng* 6 (3): 365−372. SPE−18781−PA. http://dx.doi.org/10.2118/18781−PA.

Peters, E. 2012. *Advanced Petrophysics*, Vol. 1−3. Austin, Texas: Live Oak Book Company.

Peters, E.J. 1979. *Stability Theory and Viscous Fingering in Porous Media.* PhD dissertation, University of Alberta, Edmonton, Alberta (1979).

Phillips, J.R. 1957. The Theory of Infiltration. *Soil Science* 83: 345−357.

Pirson, S.J. 1983. *Geologic Well Log Analysis*, third edition. Houston, Texas: Gulf Publishing.

Pollack, N.R., Enick, R.M., Mangone, D.J. *et al.* 1988. Effect of an Aqueous Phase on CO_2 / Tetradecane and CO_2/Maljamar−Crude−Oil Systems. *SPE Res Eng* 3 (2): 533−541. SPE−15400−PA. http://dx.doi.org/10.2118/15400−PA.

Poling, B.E., Prausnitz, J.M., and O'Connell, J.P. 2000. The *Properties of Gases and Liquids*, fifth edition. New York: McGraw−Hill Professional.

Pope, G.A. 1980. The Application of Fractional Flow Theory to Enhanced Oil Recovery. *SPE J.* 20 (3): 191−205. SPE−7660−PA. http://dx.doi.org/10.2118/7660−PA.

Pope, G.A. and Nelson, R.C. 1978. A Chemical Flooding Compositional Simulator. *SPE J.* 18 (5): 339−354. SPE−6725−PA. http://dx.doi.org/10.2118/6725−PA.

Pope, G.A., Wang, B., and Tsaur, K. 1979. A Sensitivity Study of Micellar/Polymer Flooding. *SPE J.* 19 (6): 357−368. SPE−7079−PA. http://dx.doi.org/10.2118/7079−PA.

Prausnitz, J.M., Anderson, T.F., Grens, E.A., Eckerf, C.A., Hsieh, R., and O'Connell, J.P. 1980. *Computer Calculations for Multicomponent Vapor—Liquid and Liquid—Liquid Equilibria.* Englewood Cliffs, New Jersey: Prentice—Hall, Inc.

Prats, M. 1982. *Thermal Recovery*, No. 7. Richardson, Texas: Monograph Series, SPE.

Prodanovic, M., Bryant, S.L., and Karpyn, Z.T. 2010. Investigating Matrix/Fracture Transfer via a Level Set Method for Drainage and Imbibition. *SPE J.* 15 (1): 125—136. SPE—116110—PA. http://dx.doi.org/10.2118/116110—PA.

Prouvost, L., Pope, G.A., and Rouse, B. 1985. Microemulsion Phase Behavior: A Thermodynamic Modeling of the Phase Partitioning of Amphiphilic Species. *SPE J.* 25 (5): 693—703. http://dx.doi.org/10.2118/12586—PA.

Puerto M.C. and Reed, R.L. 1983. Three—Parameter Representation of Surfactant/Oil/Brine Interaction. *SPE J.* 23 (4): 669—682. SPE—10678—PA. http://dx.doi.org/10.2118/10678—PA.

Quintard, M. and Whitaker, S. 1988. Two—Phase Flow in Heterogeneous Porous Media: The Method of Large—Scale Averaging. *Transport in Porous Media* 3 (4): 357—413. http://dx.doi.org/10.1007/BF00233177.

Ramakrishnan, T.S. and Wasan, D.T. 1983. A Model for Interfacial Activity of Acidic Crude/Caustic Systems for Alkaline Flooding. *SPE J.* 23 (4): 602—612. SPE—10716—PA. http://dx.doi.org/10.2118/10716—PA.

Ramey, H.J. Jr. 1959. Discussion of Reservoir Heating by Hot Fluid Injection. *Trans.*, AIME 216 (1959): 364—365.

Ramey, H.J. Jr. 1962. Wellbore Heat Transmission. *J Pet Technol* 14 (4): 427—435. *Trans.*, AIME, 225. SPE—96—PA. http://dx.doi.org/10.2118/96—PA.

Ramey, H.J. Jr. 1964. How to Calculate Heat Transmission in Hot Fluids. *Petroleum Engineer* (November 1964): 110—120.

Ramial, V. 2004. Enhanced Oil Recovery by Steamflooding in a Recent Steamflood Project, Cruse 'E' Field, Trinidad. Presented at the SPE/DOE Symposium on Improved Oil Recovery, Tulsa, 17—21 April. SPE—89411—MS. http://dx.doi.org/10.2118/89411—MS.

Raimondi, P. and Torcaso, M.A. 1964. Distribution of the Oil Phase Obtained Upon Imbibition of Water. *SPE J.* 4 (1): 49—55; *Trans.*, AIME, 231. SPE—570—PA. http://dx.doi.org/10.2118/570—PA.

Rapoport, L.A. and Leas, W.J. 1953. Properties of Linear Waterfloods. *J Pet Technol* 5 (5): 139—148. SPE—213—G. http://dx.doi.org/10.2118/213—G.

Reed, R.L. and Healy, R.N. 1984. Contact Angles for Equilibrated Microemulsion Systems. SPE J. 24 (3): 342—350. SPE—8262—PA. http://dx.doi.org/10.2118/8262—PA.

Reed, R.L. and Healy, R.N. 1977. Some Physico—Chemical Aspects of Microemulsion Flooding: A Review. In *Improved Oil Recovery by Surfactant and Polymer Flooding*, ed. D.O. Shah and R.S. Schechter, 383—437. New York: Academic Press.

Richards, L.A. 1931. Capillary Conduction of Liquids Through Porous Mediums. *Physics* 1

(5): 318—333. http://dx.doi.org/10.1063/1.1745010.

Rieke, H.H., Chilingarian, G.V., and Vorabutr, P. 1983. In *Drilling and Drilling Fluids*, ed. G.V. Chilingarian and P. Vorabutr, Chap. 5: Clays. New York: Elsevier.

Risnes, R. and Dalen, V. 1984. Equilibrium Calculations for Coexisiting Liquid Phases. *SPE J.* 24 (1): 87—96.

de Riz, L. and Muggeridge, A.H. 1997. Will Vertical Mixing Improve Oil Recovery for Gravity Dominated Flows in Heterogeneous Reservoirs? Presented at the SPE Reservoir Simulation Symposium, Dallas, 8—11 June. SPE—37996—MS. http://dx.doi.org/10.2118/37996—MS.

Roberts, G.E. and Kaufman, H. 1966. *Table of Laplace Transforms*. Philadelphia, Pennsylvania: Saunders.

Rose, P.R. 2001. *Risk Analysis and Management of Petroleum Exploration Ventures*. Tulsa, Oklahoma: AAPG Methods in Exploration Series, No. 12, AAPG.

Roshanfekr, M., Li, Y., and Johns, R.T. 2010. Non—Iterative Phase Behavior Model With Application to Surfactant Flooding and Limited Compositional Simulation. *Fluid Phase Equilibria* 289 (2): 166—175. http://dx.doi.org/10.1016/j.fluid.2009.11.024.

Roshanfker, M., and Johns, R.T. 2011. Prediction of Optimum Salinity and Solubilization Ratio for Microemulsion Phase Behavior With Live Crude at Reservoir Pressure. *Fluid Phase Equilibria* 304 (1—2): 52—60. http://dx.doi.org/10.1016/j.fluid.2011.02.004.

Rossen, W.R. 1996. Foams in Enhanced Oil Recovery. In *Foams, Theory, Measurements and Applications*, ed. R.K. Prud'home and S. Khan, Chapter 11, 413—464. New York: Marcel Dekker.

Rossen, W.R. and Lu, Q. 1997. Effect of Capillary Crossflow on Foam Improved Oil Recovery. Presented at the SPE Western Regional Meeting, Long Beach, California, 25—27 June. SPE—38319—MS. http://dx.doi.org/10.2118/38319—MS.

Rossen, W.R., van Duijn, C.J., Nguyen, Q.P., *et al.* 2010. Injection Strategies To Overcome Gravity Segregation in Simultaneous Gas and Water Injection Into Homogeneous Reservoirs. *SPE J.* 15 (1): 76—90. SPE—99794—PA. http://dx.doi.org/10.2118/99794—PA.

Rossen, W.R., Venkatraman, A., Johns, R.T., *et al.* 2011. Fractional Flow Theory Applicable to Non—Newtonian Behavior in EOR Processes. *Transport in Porous Media* 89 (2): 213—236. http://dx.doi.org/10.1007/s11242—011—9765—2.

Rossen, W.R., Zeilinger, S.C., Shi, J.—X., *et al.* 1999. Simplified Mechanistic Simulation of Foam Processes in Porous Media. *SPE J.* 4 (3): 279—287. SPE—57678—PA. http://dx.doi.org/10.2118/57678—PA.

Rowe, A.M. 1967. The Critical Composition Method—A New Convergence Pressure Method. *SPE J.* 7 (1): 54—60. SPE—1631—PA. http://dx.doi.org/10.2118/1631—PA.

Sage, B.H. and Lacey, W.N. 1939. *Volumetric and Phase Behavior of Hydrocarbons*. Houston, Texas: Gulf Publishing.

Sanz, C.A. and Pope, G.A. 1995. Alcohol—Free Chemical Flooding：From Surfactant Screening to Coreflood Design. Presented at the SPE International Symposium on Oilfield Chemistry, San Antonio, Texas, USA, 14—17 February. SPE—28956—MS. http：//dx.doi. org/10.2118/28956—MS.

Sahni, I., Stern, D., Banfield, J., and Langenberg, M. 2010. History Match Case Study：Use of Assisted History Match Tools on Single—Well Models in Conjunction With a Full—Field History Match. Presented at the SPE Russian Oil and Gas Technical Conference and Exhibition, Moscow, 26—28 October. SPE 136432—MS.

Salathiel, R.A. 1973. Oil Recovery by Surface Film Drainage in Mixed—Wettability Rocks. *J Pet Technol* 25 (10)：1216—1224；*Trans.*, AIME, 255. SPE—4104—PA. http：//dx.doi. org/10.2118/4104—PA.

Salter, S.J. 1978. Selection of Pseudo Components in Surfactant Oil Brine Alcohol Systems. Presented at the SPE Symposium on Improved Methods of Oil Recovery, Tulsa, 16—17 April. SPE—7056—MS. http：//dx.doi.org/10.2118/7056—MS.

Salter, S.J. 1983. Optimizing Surfactant Molecular Weight Distribution 1. Sulfonate Phase Behavior and Physical Properties. Presented at the SPE Annual Technical Conference and Exhibition, San Francisco, 5—8 October. SPE—12036—MS. http：//dx.doi.org/10.2118/12036—MS.

Samizo, N. 1982. Numerical Simulation of Two—Phase Compressible Flow by the Moving Point Method. MS thesis, The University of Texas at Austin, Austin, Texas (1982).

Sanchez, J.M. and Hazlett, R.D. 1992. Foam Flow Through an Oil—Wet Porous Medium：A Laboratory Study. *SPE Res Eng* 7 (1)：91—97. SPE—19687—PA.http：//dx.doi. org/10.2118/19687—PA.

Sandler, S.I. 2006. *Chemical*, *Biochemical and Engineering Thermodynamics*, fourth edition. Hoboken, New Jersey：John Wiley & Sons.

Sarathi, P.S. 1999. In—Situ Combustion Handbook—Principles and Practices. Final Report, DOE/PC/91008—0374, OSTI_ID 3175, National Petroleum Technology Office, US DOE, Tulsa (January 1999).

Satter, A. 1965. Heat Losses During Flow of Steam Down a Wellbore. *J Pet Technol* (July 1965)：845—851.

Sayegh, S.G., Najman, J., and Hlavacek, B. 1981. Phase Equilibrium and Fluid Properties of Pembina Cardium Stock—Tank Oil—Methane—Carbon Dioxide Sulfur—Dioxide Mixtures. *J Can Pet Technol* 20 (4). PETSOC—81—04—05. http：//dx.doi.org/10.2118/81—04—05.

Schneider, F.N. and Owens, W.W. 1982. Steady—State Measurements of Relative Permeability for Polymer/Oil Systems. *SPE J.* 22 (1)：79—86. SPE—9408—PA.http：//dx.doi. org/10.2118/9408—PA.

Schneider, G.M. 1970. Phase Equilibrium Fluid Mixtures at High Pressures. *Advances in*

Chemical Physics 17, ed. Prigogine and S.A. Rice. New York: Interscience.

Schramm, L.L. ed. 1994. *Foams: Fundamentals and Applications in the Petroleum Industry*, No. 242. Washington, DC: Advances in Chemistry Series, American Chemical Society.

Scriven, L.E. 1977. Equilibrium Bicontinuous Structures. In *Micellization, Solubilization, and Microemulsions*, ed. K.L. Mittal. Springer, US.

Sebastian, H.M., Winger, R.S., and Renner, T.A. 1985. Correlation of Minimum Miscibility Pressure for Impure CO_2 Streams. *J Pet Technol* 37 (11): 2076–2085. SPE–12648–PA. http://dx.doi.org/10.2118/12648–PA.

Seright, R.S. 1983. The Effects of Mechanical Degradation and Viscoelastic Behavior on Injectivity of Polyacrylamide Solutions. *SPE J.* 23 (3): 475–485. SPE–9297–PA. http://dx.doi.org/10.2118/9297–PA.

Seright, R.S. 2010. Potential for Polymer Flooding Reservoirs With Viscous Oils. *SPE Res Eval & Eng* 13 (4): 730–740. SPE–129899–PA. http://dx.doi.org/10.2118/129899–PA.

Shan, D. and Rossen, W.R. 2004. Optimal Injection Strategies for Foam IOR. *SPE J.* 9 (2): 132–150. SPE–88811–PA. http://dx.doi.org/10.2118/88811–PA.

Sheng, J. 2011. *Modern Chemical Enhanced Oil Recovery: Theory and Practice*. Oxford, UK: Elsevier.

Shelton, J.L. and Schneider, F.N. 1975. The Effects of Water Injection on Miscible Flooding Methods Using Hydrocarbons and Carbon Dioxide. *SPE J.* 15 (3): 217–226. SPE–4580–PA. http://dx.doi.org/10.2118/4580–PA .

Shokir, E.M. El–M. 2007. CO_2–Oil Minimum Miscibility Pressure Model for Impure and Pure CO_2 Streams. *J. Pet. Sci. Eng.* 58 (1–2): 173–185. http://dx.doi.org/10.1016/j.petrol.2006.12.001.

Shook, G.M., Pope, G.A., and Asakawa, K. 2009. Determining Reservoir Properties and Flood Performance From Tracer Test Analysis. Presented at the SPE Annual Technical Conference and Exhibition, New Orleans, 4–7 October. SPE–124614–MS. http://dx.doi.org/10.2118/124614–MS.

Shook, M., Li, D., and Lake, L.W. 1992. Scaling Imiscible Flow Through Permeable Media by Inspectional Analysis. *In Situ* 16 (4): 311–349. http://dx.doi.org/10.1016/0148–9062 (93) 91860–L .

Shupe, R.D. 1981. Chemical Stability of Polyacrylamide Solutions. *J Pet Technol* 33 (8): 1513–1529. SPE–9299–PA. http://dx.doi.org/10.2118/9299–PA.

Shutler, N.D. and Boberg, T.C. 1972. A One–Dimensional Analytical Technique for Predicting Oil Recovery by Steamflooding. *SPE J.* 12 (6): 489–498. SPE–2917–PA. http://dx.doi.org/10.2118/2917–PA.

Simlote, V.M., Zapata, V.J., and Belveal, L.A. 1983. A Study of Caustic Consumption in a High–Temperature Reservoir. Presented at the SPE Annual Technical Conference and

Exhibition, San Francisco, 5-8 October. SPE-12086-MS. http：//dx.doi.org/10.2118/12086-MS.

Simon, R. and Graue, D.J. 1965. Generalized Correlation for Predicting Solubility, Swelling, and Viscosity Behavior for CO_2-Crude Oil Systems. *J Pet Technol* 17 (1)：102-106. SPE-917-PA. http：//dx.doi.org/10.2118/917-PA.

Skauge, A. and Fotland, P. 1990. Effect of Pressure and Temperature on the Phase Behavior of Microemulsions. *SPE Res Eng* 5 (4)：601-608.

Skjaeveland, S.M., Siqveland L.M., Kjosavid, A., et al. 2000. Capillary Pressure Correlation for Mixed-Wet Reservoirs. *SPE Res Eval & Eng* 3 (1)：60-67. SPE-60900-PA. http：//dx.doi.org/10.2118/60900-PA.

Skjaeveland, S.M. and Kleppe, J. 1992. *Recent Advances in Improved Oil Recovery Methods for North Sea Sandstone Reservoirs.* Stavanger：SPOR monograph, Norwegian Petroleum Directorate.

Skoreyko, F.F., Pino Villavicencio, A., Rodriguez Prada, H., *et al.* 2011. Development of a New Foam EOR Model From Laboratory and Field Data of the Naturally Fractured Cantarell Field. Presented at the SPE Reservoir Characterisation and Simulation Conference and Exhibition, Abu Dhabi, 9-11 October. SPE-145718-MS. http：//dx.doi.org/10.2118/145718-MS.

Slattery, J.C. 1972. *Momentum, Energy, and Mass Transfer in Continua.* New York：McGraw-Hill.

Smith, J.M. and van Ness, H.C. 1975. *Introduction to Chemical Engineering Thermodynamics,* second edition. New York：McGraw-Hill.

Soave, G. 1972. Equilibrium Constants From a Modified Redlich-Kwong Equation of State. *Chem. Eng. Sci.* 27 (6)：1197-1203. http：//dx.doi.org/10.1016/0009-2509 (72) 80096-4.

S. Solairaj, Britton, C., Lu, J., Kim, D.H., Weerasooriya, U., and Pope, G.A. 2012. New Correlation to Predict the Optimum Surfactant Structure for EOR. Presented at the SPE Improved Oil Recovery Symposium, Tulsa, 14-18 April. SPE-154262-MS.

Somasundaran, P., Celik, M., Goyal, A. *et al.* 1984. The Role of Surfactant Precipitation and Redissolution in the Adsorption of Sulfonate on Minerals. *SPE J.* 24 (2)：233-239. SPE-8263-PA. http：//dx.doi.org/10.2118/8263-PA.

Somerton, W.H. 1973. Thermal Properties of Hydrocarbon Bearing Rocks at High Temperatures and Pressures. API Research Project 117, Final Report, College of Engineering, University of California, Berkeley, California.

Sorbie, K.S. 1991. *Polymer-Improved Oil Recovery.* Boca Raton, Florida：CRC Press, Inc.

Spence, A.P. Jr. and Watkins, R.W. 1980. The Effect of Microscopic Core Heterogeneity on Miscible Flood Residual Oil Saturation. Presented at the SPE Annual Technical Conference and Exhibition, Dallas, 21-24 September. SPE-9229-MS. http：//dx.doi.org/10.2118/9229-MS.

Stalkup, F. 1983. *Miscible Displacement,* 8. Richardson, Texas：Monograph Series,

SPE.

Stalkup, F. 1970. Displacement of Oil by Solvent at High Water Saturation. *SPE J.* 10 (4): 337–348. SPE–2419–PA. http://dx.doi.org/10.2118/2419–PA.

Standing, M.B. 1977. *Volumetric and Phase Behavior of Oil Field Hydrocarbon Systems*. Richardson, Texas: SPE.

Stegemeier, G.L. 1974. Relationship of Trapped Oil Saturation to Petrophysical Properties of Porous Media. Presented at the SPE Improved Oil Recovery Symposium, Tulsa, 22–24 April. SPE–4754–MS. http://dx.doi.org/10.2118/4754–MS.

Stegemeier, G.L. 1976. Mechanisms of Oil Entrapment and Mobilization in Porous Media. *Proc.*, AIChE Symposium on Improved Oil Recovery by Surfactant and Polymer Flooding, Kansas City, Missouri, USA, 12–14 April, pp. 55–91.

Stegemeier, G.L., Laumbach, D.D., and Volek, C.W. 1980. Representing Steam Processes With Vacuum Models. *SPE J.* 20 (3): 151–174. http://dx.doi.org/10.2118/6787–PA.

Stegemeier, G.L., and Vinegar, H.J. 2001. Thermal Conduction Heating for In–Situ Thermal Desorption of Soils. In *Hazardous and Radioactive Waste Treatment Technologies Handbook*, Chap. 4.6–1. Boca Raton, Florida: CRC Press.

Stiles, W.E. 1949. Use of Permeability Distribution in Water Flood Calculations. *Trans.*, AIME 186: 9–13. SPE–949009–G.

Stolwijk, G.H. and Rossen, W.R. 2009. Gravity Segregation in Gas IOR in Heterogeneous Reservoirs. Presented at the 15th European Symposium on Improved Oil Recovery, Paris, 27–29 April.

Stone, H.L. 1982. Vertical Conformance in an Alternating Water–Miscible Gas Flood. Presented at the SPE Annual Technical Conference and Exhibition, New Orleans, 26–29 September. SPE–11130–MS. http://dx.doi.org/10.2118/11130–MS.

Stone, H.L. 2004. A Simultaneous Water and Gas Flood Design With Extraordinary Vertical Gas Sweep. Presented at the SPE International Petroleum Conference, Puebla, Mexico, 7–9 November. SPE–91724–MS. http://dx.doi.org/10.2118/91724–MS.

Stone, H.L. 1970. Probability Model for Estimating Three–Phase Relative. *J Pet Technol* 22 (2): 214–218. SPE–2116–PA. http://dx.doi.org/10.2118/2116–PA.

Sydansk, R.D. 1982. Elevated–Temperature Caustic/Sandstone Interaction: Implications For Improving Oil Recovery. *SPE J.* 22 (4): 453–462. SPE–9810–PA. http://dx.doi.org/10.2118/9810–PA.

Taber, J.J. 1969. Dynamic and Static Forces Required to Remove a Discontinuous Oil Phase From Porous Media Containing Both Oil and Water. *SPE J.* 9 (1): 3–12.

Taber, J.J., Martin, F.D., and Seright, R.S. 1997. EOR Screening Criteria Revisited–Part 1: Introduction to Screening Criteria and Enhanced Oil Recovery Projects. *SPE Res Eng* 12 (3): 189–198. SPE–35385–PA.

Taber, J.J., Kamath, S.K., and Reed, R.L. 1965. Mechanism of Alcohol Displacement of Oil From Porous Media. In Miscible Processes, 39−56. SPE Reprint Series No.8: Richardson, Texas.

Taber, J.J. and W.K. Meyer, 1965. Investigations of Miscible Displacements of Aqueous and Oleic Phases From Porous Media. *Miscible Processes*, SPE Reprint Series No. 8: 57−68.

Tanzil, D., Hirasaki, G.J., and Miller, C.A. 2002. Mobility of Foam in Heterogeneous Media: Flow Parallel and Perpendicular to Stratification. *SPE J.* 7 (2) : 203−212. SPE−78601−PA. http: //dx.doi.org/10.2118/78601−PA.

Taylor, G.I. 1953. The Dispersion of Matter in Solvent Flowing Slowly Through a Tube. *Proceedings of Royal Society London: Series A, Mathematical and Physical Sciences* 219 (1137) : 186−203. http: //dx.doi.org/10.1098/rspa.1953.0139.

Tertiary Oil Recovery Project (TORP) . www.torp.ku.edu.

Thomeer, J.H.M. 1960. Introduction of a Pore Geometrical Factor Defined by the Capillary Pressure Curve. *J Pet Technol* 12 (3) : 73−77.

Tinker, G.E., Bowman, R.W., and Pope, G.A. 1976. Determination of In−Situ Mobility and Wellbore Impairment From Polymer Injectivity Data. *J Pet Technol* 28 (5) : 586−596. SPE−4744−PA. http: //dx.doi.org/10.2118/4744−PA.

Todd, M.R. and Chase, C.A. 1979. A Numerical Simulator for Predicting Chemical Flood Performance. Presented at the SPE Annual Technical Conference and Exhibition, Denver, 31 January−2 February. SPE−7689−MS. http: //dx.doi.org/10.2118/7689−MS.

Todd, M.R. and Longstaff, W.J. 1972. The Development, Testing, and Application of a Numerical Simulator for Predicting Miscible Flood Performance. *J Pet Technol* 24 (7) : 874−882. SPE−3484−PA. http: //dx.doi.org/10.2118/3484−PA.

Toledo, P., Scriven, L.E., and Davis, H.T. 1994. Equilibrium and Stability of Static Interfaces in Biconical Pore Segments. *SPE Form Eval* 9 (1) : 61−65. SPE−27410−PA. http: //dx.doi.org/10.2118/27410−PA.

Treiber, L.E. and Owens, W.W. 1972. A Laboratory Evaluation of the Wettability of Fifty Oil−Producing Reservoirs. *SPE J.* 12 (6) : 531−540. SPE−3526−PA. http: //dx.doi.org/10.2118/3526−PA.

Trushenski, S.P. 1977. Micellar Flooding : Sulfonate−Polymer Interaction. In *Improved Oil Recovery by Surfactant and Polymer Flooding*, eds. D.O. Shah and R.S. Schechter, 555−575. New York: Academic Press.

Tsaur, K. 1978. *A Study of Polymer/Surfactant Interactions for Micellar/Polymer Flooding Applications*. MS thesis, The University of Texas, Austin, Texas (August 1978) .

Tumasyan, A.B., Panteleev, V.G., and Meinster, G.P. 1960. The Effect of Carbon Dioxide Gas on the Physical Properties of Crude Oil and Water. Nauk.−Tekh. Sb Ser. Neftepromysloveo Delo #2: 20−30.

Turek, E.A., Metcalfe, R.S., Yarborough, L., *et al*. 1984. Phase Equilibrium in

CO$_2$–Multicomponent Hydrocarbon Systems：Experimental Data and an Improved Prediction Technique. *SPE J.* 24 (3)：308–324. SPE–9231–PA. http：//dx.doi.org/10.2118/9231–PA.

Turta, A.T., Chattopadhyay, S.K., Bhattacharya, R.N., *et al.* 2007. Current Status of Commercial In–Situ Combustion Projects Worldwide. *J Can Pet Technol* 46 (11)：1–7. PETSOC–07–11–GE. http：//dx.doi.org/10.2118/07–11–GE.

UTCHEM User's Guide. 2013. http：//www.cpge.utexas.edu/?q=UTChem_GI.

van Genuchten, M.Th. 1980. A Closed–Form Equation for Predicting Hydraulic Conductivity of Unsaturated Soils. *Soil Sci. Soc. Am. J.* 44：892–898.

van Lookeren, J. 1983. Calculation Methods for Linear and Radial Steam Flow in Oil Reserves. *SPE J.* 23 (3)：427–439. SPE–6788–PA. http：//dx.doi.org/10.2118/6788–PA.

Vikingstad, A.K. and Aarra, M.G. 2009. Comparing the Static and Dynamic Foam Properties of a Fluorinated and an Alpha Olefin Sulfonate Surfactant. *J. Pet. Sci. Eng.* 65 (1–2)：105–111. http：//dx.doi.org/10.1016/j.petrol.2008.12.027.

Vinot, B., Schechter, R.S., and Lake, L.W. 1989. Formation of Water–Soluble Silicate Gels by the Hydrolysis of a Diester of Dicarboxylic Acid Solubilized as Microemulsions. *SPE Res Eng* 4 (3)：391–397. SPE–14236–PA. http：//dx.doi.org/10.2118/14236–PA.

Vogel, J.V. 1984. Simplified Heat Calculations for Steamfloods. *J Pet Technol* 36 (7)：1127–1136. SPE–11219–PA. http：//dx.doi.org/10.2118/11219–PA.

Vogel, J.L. and Yarborough, L. 1980. The Effect of Nitrogen on the Phase Behavior and Physical Properties of Reservoir Fluids. Presented at the SPE/DOE Enhanced Oil Recovery Symposium, Tulsa, 20–23 April. SPE–8815–MS.

Vukalovich, M.P. and Altunin, V.V. 1968. *Thermodynamic Properties of Carbon Dioxide.* London：Collet's Publishers.

van der Waals, J.D. *On the Continuity of the Gaseous and Liquid States.* 1873. Mineola, New York：Dover Publications, (reprinted 2004).

Waggoner, J.R. and Lake, L.W. 1987. A Detailed Look at Simple Viscous Fingering. Presented at the Second International Symposium on Enhanced Oil Recovery, Maracaibo, Venezuela.

Wagner, O.R. and Leach, R.O. 1959. Improving Oil Displacement by Wettability Adjustment. *Trans.*, AIME 216：65–72. SPE–1101–G.

Walker, D.L., Britton, C., Kim, D.H., Dufour, S., Weerasooriya, U., and Pope. G.A. 2012. The Impact of Microemulsion Viscosity on Oil Recovery. Presented at the SPE Improved Oil Recovery Symposium, Tulsa, 14–18 April. SPE–154275–MS.

Walsh, M.P. and Lake, L.W. 1989. Applying Fractional Flow Theory to Solvent Flooding and Chase Fluids. *J. Pet. Sci. Eng.* 2 (4)：281–303. http：//dx.doi.org/10.1016/0920–4105 (89) 90005–3.

Walsh, M.P. and Lake, L.W. 2003. *A Generalized Approach to Primary Hydrocarbon Recovery.* Amsterdam, The Netherlands：Elsevier B.V.

Walsh, M.P., Rouse, B.A., Senol, N., *et al*. 1983. Chemical Interactions of Aluminum–Citrate Solutions With Formation Minerals. Presented at the SPE Oilfield and Geothermal Chemistry Symposium, Denver, 1–3 June. SPE–11799–MS. http：//dx.doi. org/10.2118/11799–MS.

Watson, K.M., Nelson, E.F., and Murphy, G.B. 1935. Characterization of Petroleum Fractions. *Ind. and Eng. Chem.* 27：1460–1464.

Weaver, C.E. and Pollard, L.D. 1973. *The Chemistry of Clay Minerals*. New York：Elsevier.

Welch, B. 1982. A Numerical Investigation of the Effects of Various Parameters in CO_2 Flooding. MS thesis, The University of Texas, Austin, Texas (1982).

Welge, H.J. 1952. A Simplified Method for Computing Oil Recovery by Gas or Water Drive. *Trans.*, AIME 195：91–98. SPE–124–G.

Wellington, S.L. 1983. Biopolymer Solution Viscosity Stabilization–Polymer Degradation and Antioxidant Use. *SPE J.* 23 (6)：901–912. SPE–9296–PA. http：//dx.doi. org/10.2118/9296–PA.

White, P.D. and Moss, J.T. 1983. *Thermal Recovery Methods*. Tulsa, Oklahoma：PennWell Publishing Co.

Whitehead, W.R., Kimbler, O.K., Holden, W.R., and Bourgoyne, A.T. 1981. Investigations of Enhanced Oil Recovery Through Use of Carbon Dioxide. Final Report, DOE/MC/031036, US Department of Energy, Washington, DC.

Whitson, C.H. 1984. Effect of C_7^+ Properties Estimation on Equation–of–State Predictions. *SPE J.* 24 (6)：685–696. SPE–11200–PA. http：//dx.doi.org/10.2118/11200–PA.

Whitson, C.H. and Brulé, M.R. 2000. *Phase Behavior*. Richardson, Texas：Monograph Series, SPE.

Willhite, G.P. 1967. Over–All Heat Transfer Coefficients in Steam and Hot Water Injection Wells. *J Pet Technol* 19 (5)：607–615. SPE–1449–PA. http：//dx.doi.org/10.2118/1449–PA.

Williams, C.A., Zana, E.N., and Humphreys, G. 1980. Use of the Peng–Robinson Equation of State to Predict Hydrocarbon Phase Behavior and Miscibility for Fluid Displacement. Presented at the SPE/DOE Enhanced Oil Recovery Symposium, Tulsa, 20–23 April. SPE–8817–MS. http：//dx.doi.org/10.2118/8817–MS.

Winsor, P.A. 1954. *Solvent Properties of Amphiphilic Compounds*. London：Butterworth's Scientific Publications.

Yang, H., Britton, C., Liyanage, P.J., Solairaj, S., Kim, D.H., Nguyen, Q.P., Weerasooriya, U., and Pope, G.A. 2010. Low–Cost, High–Performance Chemicals for Enhanced Oil Recovery. Presented at the SPE Improved Oil Recovery Symposium held in Tulsa, 24–28 April. SPE–129978–MS.

Yarborough, L. 1979. Application of a Generalized Equation of State to Petroleum Reservoir Fluids. In *Equations of State in Engineering and Research*, 182, 21, 385–439. Advances in

Chemistry, American Chemical Society. http：//dx.doi.org/10.1021/ba−1979−0182.ch021.

Yarborough, L. and Smith, L.R. 1970. Solvent and Driving Gas Compositions for Miscible Slug Displacement. *SPE J.* 10 (3)：298−310. SPE−2543−PA. http：//dx.doi.org/10.2118/2543−PA.

Yellig, W.F. and Metcalfe, R.S. 1980. Determination and Prediction of CO_2 Minimum Miscibility Pressures. *J Pet Technol* 32 (1)：160−168. SPE−7477−PA. http：//dx.doi.org/10.2118/7477−PA.

Yokoyama, Y. 1981. *The Effects of Capillary Pressure on Displacements in Stratified Porous Media.* MS thesis, The University of Texas, Austin, Texas (1981).

Yokoyama, Y. and Lake, L.W. 1981. The Effect of Capillary Pressure on Immiscible Displacements in Stratified Porous Media. Presented at the SPE Annual Technical Conference and Exhibition, San Antonio, Texas, USA, 4−7 October. SPE−10109−MS. http：//dx.doi.org/10.2118/10109−MS.

Yortsos, Y.C. 1995. A Theoretical Analysis of Vertical Flow Equilibrium. *Transport in Porous Media* 18 (2)：107−129. http：//dx.doi.org/10.1007/bf01064674.

Young, L.C. and Stephenson, R.E. 1983. A Generalized Compositional Approach for Reservoir Simulation. *SPE J.* 23 (4)：727−742. SPE−10516−PA. http：//dx.doi.org/10.2118/10516−PA.

Young, L.C. 1990. Use of Dispersion Relationships to Model Adverse−Mobility−Ratio Miscible Displacements. *SPE Res Eng* 5 (3)：309−316. SPE−14899−PA. http：//dx.doi.org/10.2118/14899−PA.

Yousef, A., Gentil, P., Jensen, J.L., and Lake, L.W. 2006. A Capacitance Model to Infer Interwell Connectivity From Production−and Injection−Rate Rate Fluctuations. *SPE Res Eval & Eng* 9 (6)：630−645. SPE−95322−PA. http：//dx.doi.org/10.2118/95322−PA.

Yuan, H.H. and Swanson, B.F. 1989. Resolving Pore−Space Characteristics by Rate−Controlled Porosimetry. *SPE Form Eval* 4 (1)：17−24. SPE−14892−PA. http：//dx.doi.org/10.2118/14892−PA.

Yuan, H. and Johns, R.T. 2005. Simplified Method for Calculation of Minimum Miscibility Pressure or Enrichment. *SPE J.* 10 (4)：416−425. SPE−77381−PA. http：//dx.doi.org/10.2118/77381−PA.

Zapata, V.J. and Lake, L.W. 1981. A Theoretical Analysis of Viscous Crossflow. Presented at the SPE Annual Technical Conference and Exhibition, San Antonio, Texas, USA, 5−7 October. SPE−10111−MS. http：//dx.doi.org/10.2118/10111−MS.

Zhou, D. and Blunt, M.J. 1997. Effect of Spreading Coefficient on the Distribution of Light Nonaqueous Phase Liquid (NAPL) in the Subsurface. *J. Contam. Hydrol.* 25 (1−2)：1−19. http：//dx.doi.org/10.1016/S0169−7722 (96) 00025−3.

Zhou, Z.H. and Rossen, W.R. 1995. Applying Fractional−Flow Theory to Foam Processes at the "Limiting Capillary Pressure." *SPE Advanced Technology Series* 3 (1)：154−162. SPE−

24180−PA. http：//dx.doi.org/10.2118/24180−PA.

Zudkevitch，D. and Joffe，J. 1970. Correlation and Prediction of Vapor−Liquid Equilibria With the Redlich−Kwong Equation of State. *AIChE J*. 16（1）：112−199. http：//dx.doi. org/10.1002/aic.690160122.

国外油气勘探开发新进展丛书（一）

书号：3592
定价：56.00 元

书号：3663
定价：120.00 元

书号：3700
定价：110.00 元

书号：3718
定价：145.00 元

书号：3722
定价：90.00 元

国外油气勘探开发新进展丛书（二）

书号：4217
定价：96.00 元

书号：4226
定价：60.00 元

书号：4352
定价：32.00 元

书号：4334
定价：115.00 元

书号：4297
定价：28.00 元

国外油气勘探开发新进展丛书（三）

书号：4539
定价：120.00 元

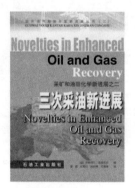

书号：4725
定价：88.00 元

书号：4707
定价：60.00 元

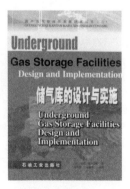

书号：4681
定价：48.00 元

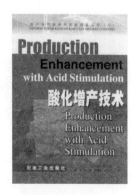

书号：4689
定价：50.00 元

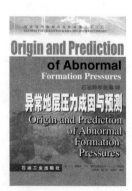

书号：4764
定价：78.00 元

国外油气勘探开发新进展丛书（四）

书号：5554
定价：78.00 元

书号：5429
定价：35.00 元

书号：5599
定价：98.00 元

书号：5702
定价：120.00 元

书号：5676
定价：48.00 元

书号：5750
定价：68.00 元

国外油气勘探开发新进展丛书（五）

书号：6449
定价：52.00 元

书号：5929
定价：70.00 元

书号：6471
定价：128.00 元

书号：6402
定价：96.00元

书号：6309
定价：185.00元

书号：6718
定价：150.00元

国外油气勘探开发新进展丛书（六）

书号：7055
定价：290.00元

书号：7000
定价：50.00元

书号：7035
定价：32.00元

书号：7075
定价：128.00元

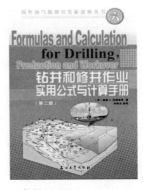

书号：6966
定价：42.00元

书号：6967
定价：32.00元

国外油气勘探开发新进展丛书（七）

书号：7533
定价：65.00元

书号：7802
定价：110.00元

书号：7555
定价：60.00元

书号：7290
定价：98.00元

书号：7088
定价：120.00元

书号：7690
定价：93.00元

国外油气勘探开发新进展丛书（八）

书号：7446
定价：38.00元

书号：8065
定价：98.00元

书号：8356
定价：98.00元

书号：8092
定价：38.00元

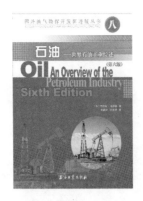

书号：8804
定价：38.00元

书号：9483
定价：140.00元

国外油气勘探开发新进展丛书（九）

书号：8351
定价：68.00元

书号：8782
定价：180.00元

书号：8336
定价：80.00元

书号：8899
定价：150.00元

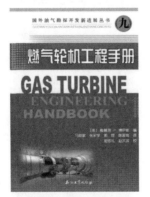

书号：9013
定价：160.00元

书号：7634
定价：65.00元

国外油气勘探开发新进展丛书（十）

书号：9009
定价：110.00元

书号：9989
定价：110.00元

书号：9574
定价：80.00元

书号：9024
定价：96.00元

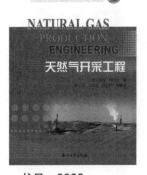

书号：9322
定价：96.00元

书号：9576
定价：96.00元

国外油气勘探开发新进展丛书（十一）

书号：0042
定价：120.00元

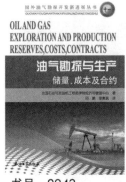

书号：9943
定价：75.00元

书号：0732
定价：75.00元

书号：0916
定价：80.00元

书号：0867
定价：65.00元

书号：0732
定价：75.00元

国外油气勘探开发新进展丛书（十二）

书号：0661
定价：80.00元

书号：0870
定价：116.00元

书号：0851
定价：120.00元

书号：1172
定价：120.00元

书号：0958
定价：66.00元

国外油气勘探开发新进展丛书（十三）

书号：1046
定价：158.00元

书号：1167
定价：165.00元

书号：1645
定价：70.00元

书号：1259
定价：60.00元

书号：1875
定价：158.00元

书号：1477
定价：256.00元

国外油气勘探开发新进展丛书（十四）

书号：1456
定价：128.00元

书号：1855
定价：60.00元

书号：1874
定价：280.00元

国外油气勘探开发新进展丛书（十六）

书号：1979
定价：65.00 元

书号：2274
定价：68.00 元

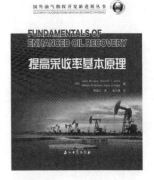

书号：2428
定价：168.00 元